Rolf Walter (Hg.)
Innovationsgeschichte

VSWG

Vierteljahrschrift für
Sozial- und Wirtschaftsgeschichte

Beihefte · Nr. 188

Herausgegeben von
Günther Schulz,
Christoph Buchheim,
Gerhard Fouquet,
Rainer Gömmel,
Friedrich-Wilhelm Henning,
Karl Heinrich Kaufhold,
Hans Pohl

Rolf Walter (Hg.)

Innovationsgeschichte

Erträge der 21. Arbeitstagung der Gesellschaft
für Sozial- und Wirtschaftsgeschichte
30. März bis 2. April 2005 in Regensburg

Franz Steiner Verlag Stuttgart 2007

Bibliografische Information der Deutschen Nationalbibliothek
Die Deutsche Nationalbibliothek verzeichnet diese Publikation in der Deutschen Nationalbibliografie; detaillierte bibliografische Daten sind im Internet über <http://dnb.d-nb.de> abrufbar.

ISBN 978-3-515-08928-9

ISO 9706

Gedruckt auf säurefreiem, alterungsbeständigem Papier.

Druck: Printservice Decker & Bokor, München
Printed in Germany

INHALTSVERZEICHNIS

Rolf Walter

Innovationsgeschichte – Einführung

Wir haben im Rahmen unserer letzten Tagung in Greifswald einstimmig beschlossen, uns in Regensburg der Geschichte der Innovationen und ihrer Bedeutung für Wirtschaft und Gesellschaft vom Mittelalter bis zur Gegenwart zu widmen. Wir sind und bleiben also die Fachgesellschaft, die sich nicht nur dem 20. Jahrhundert und überwiegend der Ökonometrie zuwendet, sondern ganz lange Entwicklungen ins Auge fasst und der qualitativen Komplexität der historischen Realität durch die Berücksichtigung einer Vielzahl unterschiedlicher Richtungen innerhalb der Wirtschafts- und Sozialgeschichte Geltung zu schaffen versucht. Peter Maiwald hat einmal gesagt: „Alles wäre so einfach, wenn das Einfache alles wäre". Albert Einstein meinte zum selben Sachverhalt: „Alles sollte so einfach wie möglich gemacht werden, aber nicht einfacher." Dieses vielschichtige Interesse, das neben theoretischen und konzeptionellen auch montanhistorische, rechts-, technik- und agrarhistorische Aspekte angemessen in den wirtschafts- und sozialhistorischen Kontext einbezieht, focussiert sich bei unserer Regensburger Arbeitstagung auf das Thema Innovationen. Sie gehören zweifellos zu den geschichtsmächtigen, wirtschafts- und gesellschaftsprägenden Kräften, die über das Adaptionsvermögen, den Modernitätsgrad und die Zukunftsfähigkeit von Unternehmen und Volkswirtschaften entscheiden. Dass Innovationen umgekehrt auch bedrohliche, ja zerstörende Kraft entfalten können, hat spätestens Joseph Alois Schumpeter betont.[1] Hierzu werden wir von Herrn Dowling eine sehr differenzierte Darstellung erhalten. Schumpeters schöpferische Zerstörung (*„creative destruction"*) macht deutlich, wie sehr der Marktprozess ein evolutionärer, nämlich ein Prozess der Variation und Selektion, ist. So entstehen permanent Ungleichgewichte, Ungewissheit und Neuheit, weshalb die unternehmerische Funktion immer auch die Übernahme von Risiko einschließt. Darüber werden wir heute und in den nächsten zwei Tagen noch sehr intensiv zu sprechen haben. In der Tat besteht auf diesem Gebiet noch erheblicher Forschungsbedarf.

Bei der Konzipierung der Arbeitstagung haben wir versucht, alle relevanten Aspekte zu erfassen und diese auch als *call for papers* ins Internet gestellt in der Hoffnung, das weite Spektrum einigermaßen erfassen zu können. Mit Blick auf das Tagungsprogramm glaube ich sagen zu dürfen, dass wir die großen Themenfelder in den Referaten abdecken konnten.

---

1 Joseph Alois Schumpeter: Theorie der wirtschaftlichen Entwicklung, 6. Aufl., Berlin 1911/1964; Ders.: Schöpferisches Reagieren in der Wirtschaftsgeschichte (1947), in: Stephan Böhm (Hg.): Joseph Alois Schumpeter, Beiträge zur Sozialökonomik, Wien 1947/1987.

Da ist zunächst die Innovationstheorie und Innovationsökonomik, zu der ich gleich noch etwas sagen, aber nicht zu sehr Herrn Spoerers Ausführungen vorweg nehmen will. Sodann behandeln wir – wie es sich für Historiker geziemt – die Quellenfragen (Spoerer, Feuerle). Selbstverständlich wird auch die Innovationsförderung und deren rechtliche Absicherung z.B. durch Patente Gegenstand der Betrachtung sein, wenn ich z.B. an die Referate der Herren Mathieu und Burhop denke. Sehr intensiv werden wir die Frage behandeln, welche Bedeutung Innovationen in unterschiedlichen Wirtschaftssegmenten hatten, z.B. im berg- und hüttentechnischen Bereich. Dazu wird uns Herr Kreft das Nötige sagen. Wir greifen auch Fragen auf, die seit langer Zeit Gegenstand kontroverser Auseinandersetzung nicht nur innerhalb der Wirtschaftsgeschichte, sondern auch der VWL (hier speziell der Institutionentheorie) und BWL (wenn ich an Herrn Kieser in Mannheim denke) sind.[2] Hierzu gehört etwa die Problematik, ob und inwieweit die Zunft als institutionelles Hemmnis anzusehen ist, das den technischen Fortschritt eher behinderte als förderte. Zu diesem Gegenstand wird Herr Pfister Stellung nehmen. Beim Innovationsbegriff sind wir immer gut beraten, dessen große Reichweite im Auge zu behalten, wie dies ja auch von Schumpeter intendiert war. So ist es z.B. wichtig, die Innovationen nicht nur im industriell-technischen, sondern auch im Handels- und Verkehrsbereich zu untersuchen, wie dies Herr Albrecht tun wird.

Wenn man bedenkt, dass bis weit in das 19. Jahrhundert hinein die Landwirtschaft der dominante Sektor in den meisten Volkswirtschaften der Welt war, versteht es sich von selbst, dass wir die Agrarinnovationen nicht vernachlässigen dürfen. Deshalb haben wir die Herren Herrmann und Pruns eingeladen und ich möchte in diesem Zusammenhang meiner Freude darüber Ausdruck verleihen, dass die obligatorische enge Zusammenarbeit der agrarhistorischen Gesellschaft mit der GSWG damit wenigstens partiell fortgeführt werden kann. Selbstverständlich wird das enge Wechselverhältnis zwischen Innovationen und der industriellen Entwicklung bzw. dem industriellen Wachstum Gegenstand intensiver Erörterungen sein, wozu Herr Streb die Vorlage geben wird. Von hohem Interesse im Zusammenhang mit Innovationen ist freilich auch die räumliche Dimension, die von der *industrial-cluster*-Forschung, von der neuen Wachstumstheorie und der neuen Wirtschaftsgeographie intensiv untersucht werden. Herr Burhop wird die Freundlichkeit haben, uns über diesen interessanten Forschungsgegenstand aufzuklären. Er wird sich auf die regionale Beschäftigungs- und Patentforschung konzentrieren und dabei auch die Frage aufhellen können, weshalb und wie es zu Kompetenz- und Wissensagglomerationen kommt. Von Alfred Chandler und anderen wissen wir, wie relevant der hierarchische Aufbau und die Organisationsstruktur bzw. die kommunikative Vernetzung in Unternehmen ist.[3] Wie sehr es im Rahmen der *bu-*

---

2 Alfred Kieser: Organizational, Institutional, and Societal Evolution. Medieval Craft Guilds and the Genesis of Formal Organizations, in: Administrative Science Quarterly 34/4 (1989), S. 540-564.

3 Alfred Chandler: Strategy and Structure: Chapters in the History of the Industrial Enterprise, Cambridge 1962; Ders./Herman Daems (Hg.): Managerial Hierarchies: Comparative Perspectives on the Rise of the Modern Industrial Enterprise, Cambridge 1980.

siness history bzw. der Frage der betrieblichen Effizienz und Produktivität auf innerbetriebliche Innovationen ankommt, nicht zuletzt auf solche im Bürobereich, dazu werden wir Frau Nienhaus hören, die eine Expertin auf diesem Gebiet ist. Zum Schluss wird sich Frau von Rhein mit einer Industriebranche beschäftigen, die sehr stark auf der Ressource „Wissen“ basiert und Wirtschaft und Gesellschaft geprägt hat wie kaum eine andere, nämlich die Automobilindustrie.

Ich denke also, das Tagungsprogramm zeigt, dass es gelungen ist, die Vielheit der Innovationsthematik einzufangen und mit kompetenten Referenten zu besetzen. Mit den genannten Inhalten ist auch der transdisziplinäre Charakter des Tagungsthemas angedeutet. Befunde aus der Innovationsökonomik, Raumwirtschaftstheorie, Wachstums- und Entwicklungsforschung, der Kreativitäts- und Kognitionsforschung, der Technikgeschichte und allgemein wichtige Felder der Betriebs- und Volkswirtschaftslehre müssen einbezogen werden, um nicht von vornherein auf mögliche Synergieerträge zu verzichten.

Die systematische Beschäftigung der Wirtschafts- und Sozialwissenschaften und insonderheit der Wirtschafts- und Sozialgeschichte mit dem technischen Fortschritt und Innovationen und dessen Voraussetzungen, nämlich Humankapital, kam sehr intensiv mit dem bereits erwähnten Joseph Alois Schumpeter in Gang. Später gab es einen Rückschritt insofern, als die (alte) neoklassische Wachstumstheorie den technischen Fortschritt – mithin also den Hauptfaktor der wirtschaftlichen Entwicklung – unerklärt ließ. Diesen Mangel versuchte man dann um die Mitte der 1980er Jahre im Rahmen der (neuen) neoklassischen „endogenen“ Wachstumstheorie zu beheben, wofür u.a. die Namen Robert E. Lucas und Paul M. Romer stehen.[4] Dabei stützte sich Romer stark auf Arrows Arbeiten der frühen 1960er Jahre (1962), in denen der Faktor „Wissen“ eine zentrale Rolle spielte, indem dieser der Tendenz abnehmender Grenzerträge des Kapitals entgegenwirkt.[5] Investitionen in Wissen und der Erhöhung der Produktivität des Kapitalstocks kam eine entscheidende Rolle zu.

In Romers Modell von 1990, das von drei Sektoren (F&E, Investitionsgüter, Konsumgüter) und vier Produktionsfaktoren (Kapital, Arbeit, Humankapital und Technologie) ausgeht, kommt allerdings ein wesentliches Charakteristikum des Innovationsprozesses zu kurz: das der alten Produkte. Bei Romer nimmt die Produktvielfalt durch Innovationen permanent zu, d.h. nicht einmal der altbekannte Schumpetersche Wettbewerbsprozess der „kreativen Zerstörung“ wird berücksichtigt. Es empfiehlt sich also, theoretisch eher Grossman und Helpman (1991)[6]

4 Paul M. Romer: Endogenous Technological Change, in: Journal of Political Economy (1990), S. 71-102; Ders.: The Origins of Endogenous Growth, in: Journal of Economic Perspectives 8/1 (1994), S. 3-22.

5 J. Kenneth Arrow: Economic welfare and the allocation of resources for invention, in: The Rate and Direction of Inventive Activity, Economic and Social Factors, Princeton (NJ) 1962, S. 609-625.

6 Gene Grossman/Elhanan Helpman: Innovation and Growth in the Global Economy, Cambridge 1991.

oder Aghion und Howitt (1992)[7] zu folgen, die von wechselnden, immer neuen Qualitätsführern ausgehen, die über F&E-Investitionen (häufig durch „Quantensprünge") neue Maßstäbe setzen. Inzwischen ist der Theorie zwar eine Annäherung an die Realität insofern gelungen, als der technische Fortschritt durch Endogenisierung der Wachstumsrate berücksichtigt wurde und man auch institutionelle Faktoren (z.B. die Rolle des Patentschutzes) und den Einfluss des Staates auf das Wachstum betrachtete, doch leidet die Modellierung im Rahmen der neuen neoklassischen Wachstumstheorie noch unter der zweifelhaften Annahme, man könne den Erfolg von F&E-Innovationen näher (Höhe, Wahrscheinlichkeit) bestimmen. Dies widerspricht jedoch dem Grundcharakter einer Innovation, die letztlich ein Ausdruck dessen ist, dass die wirtschaftliche Entwicklung keinen Algorithmus kennt. Karl Popper hat dies einmal originell zum Ausdruck gebracht: „Was wir in der Zukunft wissen werden, können wir nicht wissen, denn sonst wüssten wir es ja." Innovationen wird stets das Neue, Unvorhersehbare, Überraschende anhaften, sonst wären es keine. Dasselbe gilt dann wohl auch für unsere Arbeitstagung und man darf gespannt sein, was sie uns an neuen Einsichten bringen wird.

Wir freuen uns, mit Herrn Dowling einen Kollegen gewonnen zu haben, der ausgewiesener Innovationsökonom ist und mit dem wir trefflich und kritisch auch über Aspekte der „schöpferischen Zerstörung" diskutieren und streiten können. Es war ja in der GSWG schon immer guter Brauch, Kollegen der Nachbardisziplinen zu den Arbeitstagungen einzuladen und so befinden wir uns auch diesbezüglich in einer schönen Kontinuität.

Es war unser großes Anliegen, auch neuere Ansätze der (historischen) Innovationsforschung angemessen zu berücksichtigen, und so freue ich mich, dass mit Herrn Spoerer ein wirtschaftswissenschaftlich versierter Wirtschaftshistoriker unter uns ist, der versuchen wird, uns den *state of the art* in Sachen Innovationsgeschichte zu vermitteln.

Wir werden uns intensiv dem Aspekt der Neuheit zu widmen haben und mit der von Schumpeter nicht gestellten Frage, wie es überhaupt zu Innovationen kommt. Ihnen gehen Inventionen (Erfindungen) voraus und uns Historikern stellt sich in diesem Zusammenhang insbesondere die Frage, inwieweit eine bestimmte gesellschaftliche Disposition oder die prinzipielle Offenheit für Wissensaufnahme und Neuheit einer Volkswirtschaft entscheidende Voraussetzungen für eine bestimmte inventorische oder innovative Disposition sind. Es ist zumindest plausibel anzunehmen, dass eine offene, lernbereite Gesellschaft, die auch viel in Wissensgenerierung investiert, die innovativere und damit zukunftsfähigere ist. Ich bin gespannt, welche Antwort unser Fach in den nächsten Stunden und Tagen auf diese Frage gibt.

Wir sind alle sehr gerne nach Regensburg gekommen, zumal unsere Gesellschaft noch nie hier getagt hat, einem Ort, wo mit Fritz Blaich und dann mit Rainer Gömmel die deutsche Wirtschafts- und Sozialgeschichte immer in guten Händen war und prominent vertreten ist. Ich freue mich deshalb, dass Herr Gömmel

---

7 Philippe Aghion/Peter Howitt: A Model of Growth Through Creative Destruction, in: Econometrica 60/2 (1992), S. 323-351.

bereit war, uns hier zu empfangen und ich darf ihm und seinem Team gleich zu Beginn dafür meinen und unseren herzlichen Dank aussprechen. Sehr erfreulich finde ich auch, dass unsere Arbeitstagung vom Historischen Verein für Oberpfalz und Regensburg wohlwollend begleitet und tatkräftig unterstützt wird. Auch dafür darf ich Dank sagen. Dass es Herrn Gömmel gelungen ist, auch einige Sponsoren, nämlich die Firmen Haas Fertigbau, die St. Leonhards-Quelle und die Volksbank Regensburg für unser Anliegen zu gewinnen, möchte ich ebenfalls gerne dankend erwähnen. Nicht zuletzt danke ich meinen Mitarbeitern, Herrn Länger und Frau Töpel, für die Unterstützung im Vorfeld der Tagung und bei der Drucklegung.

Besonders freut es den Wirtschaftshistoriker, der mit der mittelalterlichen Geschichte bewandert ist, in einem Saal tagen zu dürfen, der den Namen berühmter, international agierender Kaufleute trägt, den der Runtinger. Wer kennt nicht die frühen Oberdeutschen, die im 14. Jahrhundert so intensive Beziehungen zu Italien, nach Venedig, Lucca und Bologna, pflegten, wie Wilhelm Runtinger und sein Sohn Matthäus. Sie kauften dort Gold, Goldbrokate und Seidenstoffe und in Prag Silber. Sie bezogen Tuche aus Brabant und Frankfurt und man kann sagen, sie waren Kaufleute von europäischem Format. Wir freuen uns in deren weithin bekanntem Handelshaus, in diesem stilvollen spätgotischen Bau, tagen zu dürfen und werden so auf Schritt und Tritt an die Glanzperiode der Freien Reichsstadt Regensburg erinnert.

Bei unseren Arbeitstagungen ist es guter Brauch geworden, zur Eröffnung einen Vortrag des gastgebenden Kollegen vorzusehen. Es war nahe liegend, im Rahmen des Tagungsthemas auch gleich jene Region, in der wir uns versammeln, ins Visier zu nehmen und so freuen wir uns auf Rainer Gömmels Eröffnungsvortrag über die „Innovationen in der Region Regensburg“.

Rainer Gömmel

Innovationen in der Region Regensburg

1. Einführung und Problemstellung

Regensburg ist heute eine Stadt mit weithin bekannten high-tech-Unternehmen. Als Beispiel seien Namen wie Siemens-VDO Automotive oder die Krones AG, ein Anlagenbauer für vorwiegend Getränkeabfüllmaschinen, genannt, die mit ihrem Firmensitz und ihren Forschungsabteilungen in Regensburg bzw. seinem Umland beheimatet sind. Es existieren aber auch viele kleine innovative Unternehmen aus der Biotech- und EDV-Branche.

Aus innovationsgeschichtlicher Perspektive lautet deshalb zunächst die Frage: War Regensburg schon immer eine innovative Region, oder wann nicht? Und worin lagen die jeweiligen Gründe? Die Antwort darauf führt logischerweise zu einer Darstellung erklärender Faktoren. Deren Verdichtung zu einem Erklärungsmodell kann hier allerdings nur angedeutet werden, beschränkt sich also eher auf programmatische Überlegungen zu einem umfassenden Forschungsansatz.

Bevor auf die Innovationsaktivitäten in Regensburg und Umgebung seit dem Mittelalter eingegangen wird, seien einige Thesen zu den Grundelementen solcher Aktivitäten formuliert:

Bezogen auf einen bestimmten Ort ist eine Innovation die absolut oder relativ erste Präsentation einer technisch funktionierenden Problemlösung auf dem Markt, also in der ökonomischen Sphäre.

Nach Schumpeter werden Innovationen selten von deren Erfindern, sondern von wagemutigen Unternehmern (Entrepreneuren) auf dem Markt eingeführt. Die eigentlichen Erfinder schaffen außerhalb der ökonomischen Sphäre „nur“ die Invention, die aus einem Pool von Wissen durch kreativ-kombinierende Anwendungen entsteht.[1]

Inventions- und Innovationsprozesse sowie ihre Ausbreitung sind nicht voneinander isoliert oder linear verlaufende gesellschaftliche Phänomene.[2] Einseitige Betonungen eines technology-push- oder eines demand-pull-Effektes erfassen jeweils nur eine Seite der Medaille.

---

1 Vgl. Joseph A. Schumpeter: The Creative Response in Economic History, in: Journal of Economic History, Vol. VII (1949), S. 149-159, hier S. 152.

2 Grundlegend dazu bereits Abbott Payson Usher: A History of Mechanical Inventions, Cambridge (Mass.) 1929.

Als sozio-ökonomische Phänomene unterliegen Inventions-, Innovations- und Ausbreitungsprozesse jeweils gegebenen institutionellen Rahmenbedingungen. Dazu gehört vor allem ein zu einer bestimmten Zeit herrschender „Zeitgeist", oder das vorhandene gesellschaftliche bzw. wirtschaftliche „Klima" in einer Gesellschaft, insbesondere eine Aufgeschlossenheit gegenüber technischen sowie organisatorischen Neuerungen.

Kernelemente dieser Thesen werden nun am Beispiel der wirtschaftlichen Entwicklung Regensburgs dargestellt.

2. Aufstieg und Niedergang der Fernhandelsmetropole Regensburg

Regensburg war bis zur Mitte des 14. Jahrhunderts durch den Fernhandel eine zunehmend reich und bedeutend gewordene Stadt von europäischer Dimension[3].

Die Regensburger Handelsherren, die mit Kiew, der Champagne und mit Venedig intensiven Warenaustausch pflegten, waren finanziell überaus erfolgreiche Unternehmer. Sie betrieben jedoch fast ausschließlich den Transithandel, in verschiedenen Bereichen sogar europaweit führend, entwickelten und produzierten aber bis auf das Mischgewebe Barchent keine neuartigen und anderswo nachgefragten Exportgüter.[4]

Der durch Transithandel erworbene Reichtum der Stadt floss kaum in die Förderung von Wissen und neuen technischen Ideen, sondern in die heute noch bewunderten Patriziertürme und andere Großbauten wie Dom und Steinerne Brücke.

Der Bau der Steinernen Brücke in der ersten Hälfte des 12. Jahrhunderts war ein von vielen Financiers getragenes technisches Wunderwerk seiner Zeit, die erste vollendete Steinbrücke dieses Ausmaßes in Europa. Hier erwiesen sich die Regensburger als innovativ, wobei allerdings mit großer Wahrscheinlichkeit auf von außen kommendes Wissen, auf einen wahrscheinlich auswärtigen Brückenbaumeister und vermutlich auf die seit langer Zeit wieder erstmalige Anwendung antiker römischer Problemlösungen zurückgegriffen wurde.[5] Ansonsten waren, was Wissenschaft und Technik betraf, die hochmittelalterlichen Regensburger weder Wissenschaftler, noch Erfinder, noch Entrepreneure. Man lebte über die Jahrhunderte vom geographisch begünstigten Fernhandel. Hinzu kam, dass sich Regensburg als „Freistadt" und nicht nur als Reichsstadt betrachtete[6], was folglich

3 Vgl. Margarete Wagner-Braun: Wirtschaftliches Leben im Früh- und Hochmittelalter, in: Peter Schmid (Hg.): Geschichte der Stadt Regensburg, Bd. 1, Regensburg 2000, S. 465-477.

4 Vgl. Rainer Gömmel: Die Wirtschaftsentwicklung vom 13. Jahrhundert bis zum Zweiten Weltkrieg, in: Peter Schmid (Hg.): Geschichte der Stadt Regensburg, Bd. 1, Regensburg 2000, S. 478-506, hier: S. 481.

5 Vgl. Helmut Braun: Zum Bau der Steinernen Brücke, in: Edith Feistner (Hg.): Die Steinerne Brücke in Regensburg, Regensburg 2005, S. 30-41.

6 Vgl. Gömmel: Wirtschaftsentwicklung (wie Anm. 4), S. 482.

tung. Wie auch an anderen Standorten von Universitäten gibt es in Regensburg eine entsprechende Szene von Unternehmensgründungen, zum Teil in so genannten Inkubator-Einrichtungen zusammengefasst, hier unter der Bezeichnung „Bio-Park“ und „IT-Speicher“. Während im IT-Bereich ähnliche Innovationszentren in Bologna oder Mailand mittlerweile Mitarbeiter entlassen mussten, entwickelte sich der Regensburger „IT-Speicher“ während der letzten vier Jahre „zu einer führenden Software-Keimzelle Europas“[28]. Insgesamt zählt nach Angaben der Baseler Prognos AG der ostbayerische Raum seit einigen Jahren zu den führenden zehn deutschen Technologiestandorten.

5. Fazit

Aus der langen Geschichte Regensburgs sind im Hinblick auf die eingangs formulierten Bedingungen für Innovationsaktivitäten folgende Thesen abzuleiten:

Wirtschaftswachstum ist auf Dauer nur mit Hilfe von Innovationen möglich. Ist die wirtschaftliche Entwicklung unter einen „kritischen Wert“ gefallen, bedarf es Impulse von außen, um einen Aufschwung (Wirtschaftswachstum und Innovationen) einzuleiten.

Wirtschaftspolitik und andere Rahmenbedingungen sind notwendige, aber noch keine hinreichenden Voraussetzungen für private Innovationen.

Eine langfristige wirtschaftliche Stagnation verhindert ein innovationsfreundliches „Klima“.

---

[28] Ohne Verfasser: IT-Speicher als Keimzelle für Innovationen, in: Mittelbayerische Zeitung vom 10. März 2005, ohne Seitenangabe.

Michael Dowling/Stefan Hüsig

Technologische Innovation als Wettbewerbsfaktor: Von Schumpeters „Schöpferischer Zerstörung" bis zur „Disruptive Technology" von Christensen

Die Analyse von technologischen Entwicklungen gehört zu einem der zentralen Themen in Literatur und Praxis des Technologiemanagements. In letzter Zeit hat die Betonung von technologischer Innovation als Wettbewerbsfaktor in der wirtschaftswissenschaftlichen Forschung allgemein an Bedeutung gewonnen. So steigerte sich bspw. die Zahl der innovationsbezogenen Beiträge in den führenden deutschsprachigen BWL-Zeitschriften von 16 in den 1950ern auf 136 in den 90er Jahren.[1] Außerdem hat die Einführung von neuen Technologien in den letzten 20 Jahren mit zunehmender Geschwindigkeit neue Firmen und Branchen kreiert, aber auch einige von der Industriewelt verschwinden lassen.[2] Diesen Prozess hat Joseph A. Schumpeter bereits 1942 als kreative Zerstörung erkannt:

> „in capitalist reality as distinguished from its textbook picture, it is not (perfect) competition which counts, but the competition from the new commodity, the new technology, the new source of supply, the new type of organization [...] competition which commands a decisive cost or quality advantage and which strikes not at the margins of profits and the outputs of existing firms but at their very lives [...]".[3]

Die Fragestellung, wie neue Technologien Firmen und Branchen auf der einen Seite zerstören und andererseits neu kreieren können, ist in den letzten Jahren auch zunehmend Ziel von wirtschaftswissenschaftlichen Forschern geworden. Wichtige Beispiele aus den letzten Jahren sind bspw. Anderson und Tushman 1990, Christensen 1997, Foster 1986, Henderson und Clark 1990 oder Utterback 1994.[4] Insbesondere die Anwendung des Konzepts von S-Kurven von Foster hat

---

1 Christian Lüthje: Die empirische Innovationsforschung in Publikationen deutschsprachiger Fachzeitschriften, in: Manfred Schweiger/Dietmar Harhoff (Hg.): Empirie und Betriebswirtschaft: Entwicklung und Perspektiven, Stuttgart 2003, S. 267-296.

2 Richard Foster/Sarah Kaplan: Creative Destruction. Why companies that are built to last underperform the market, and how to successfully transform them, New York 2001.

3 Joseph Alois Schumpeter: Capitalism, Socialism and Democracy, New York 1942.

4 Philip Anderson/Michael L. Tushman: Technological Discontinuities and Dominant Designs. A Cyclical Model of Technological Change, in: Administrative Science Quarterly 35 (1990), S. 604-633; Clayton M. Christensen: The Innovator's Dilemma. When New Technologies Cause Great Firms to Fail, Boston (Mass.) 1997; Richard N. Foster: Innovation. The Attacker's Advantage, New York 1986; James M. Utterback: Mastering the Dynamics of Innovation, Boston (Mass.) 1994.

weite Verbreitung in der wissenschaftlichen Praxis gefunden.[5] Die Verfeinerung des S-Kurven-Konzepts durch die Forschungsarbeiten von Clayton M. Christensen, einem Professor an der Harvard Business School, lieferte in diesem Zusammenhang wichtige neue Erkenntnisse.[6] In diesem Beitrag werden die Erkenntnisse aus den Forschungen von Prof. Christensen kurz dargestellt und die Bedeutung für die geschichtliche Analyse von Firmen und Branchen geschildert.

Das S-Kurven-Konzept

Seit einigen Jahrzehnten ist in der wirtschaftswissenschaftlichen Forschung bekannt, dass nicht nur Produkte und Firmen, sondern auch inkorporierte Technologien in bestimmten Produkten oder Dienstleistungen durch einen Lebenszyklus gehen.[7] Der Verlauf solcher Zyklen in Anlehnung an Foster ist in Abbildung 1 vereinfacht dargestellt.[8] Auf der X-Achse wird nicht einfach Zeit gemessen, sondern der kumulierte Forschungs- und Entwicklungsaufwand. Die Y-Achse zeigt die Leistungsfähigkeit von bestimmten Technologien. In einer Reihe von verschiedenen Branchen ist festgestellt worden, dass die zugrunde liegenden Technologien nach einer Anfangsphase, in der investierter Aufwand zu geringen Verbesserungen führt, sehr oft in eine Wachstumsphase eintreten, wo Investitionen zu schnellen Verbesserungen führen und letztendlich eine Abflachung der Leistungsfähigkeitssteigerungen zu beobachten ist. Im letzten Kurvenabschnitt sind Technologien typischerweise nahe an ihren Leistungsgrenzen angelangt, und weitere Verbesserungen können nur mit verhältnismäßig hohem F&E-Aufwand ermöglicht werden. Im Gegensatz zu einem Produktlebenszyklus fällt die Kurve jedoch nicht ab, weil die Leistungsfähigkeit kumuliertes Wissen repräsentiert, das durch Forschung und Entwicklung erreicht worden ist und in der Regel nicht verschwindet. Allerdings ist es auf Branchenebene häufiger der Fall, dass, sobald die Grenzen der alten Technologien erreicht worden sind, Sprünge mit neuen Techno-

---

5 Foster: Innovation (wie Anm. 4). Beispiele für die Anwendung finden sich etwa bei Murat Bengisu T./Ramzi Nekhili: Forecasting Emerging Technologies with the Aid of Science and Technology Databases, in: Technological Forecasting & Social Change 73 (2006), S. 835-844; Mariano Nieto u.a.: Performance Analysis of Technology Using the S-Curve Model. The Case of Digital Signal Processing (DSP) Technologies, in: Technovation 18 (1998), S. 439-457 oder Carl W. I. Pistorius/James M. Utterback: The Death Knells of Mature Technologies, in: Technological Forecasting & Social Change 50 (1995), S. 215-233.

6 Speziell seien hier seine wichtigsten Bücher genannt: Christensen: The Innovator's Dilemma (wie Anm. 4) und Clayton M. Christensen/Michael E. Raynor: The Innovator's Solution. Creating and Sustaining Successful Growth, Boston (Mass.) 2003.

7 David Ford/Chris Ryan: Taking Technology to Market, in: Robert A. Burgelman/Modesto A. Maidique/Steven C. Wheelwright (Hg.): Strategic Management of Technology and Innovation, Irwin u.a. 1981, S. 109-117; Nieto u.a.: Performance Analysis of Technology Using the S-Curve Model (wie Anm. 5).

8 Foster: Innovation (wie Anm. 4).

logien in den Entwicklungen gemacht werden, die dann in ihrer eigenen S-Kurve verlaufen.

Abb. 1: Das S-Kurvenkonzept nach Foster

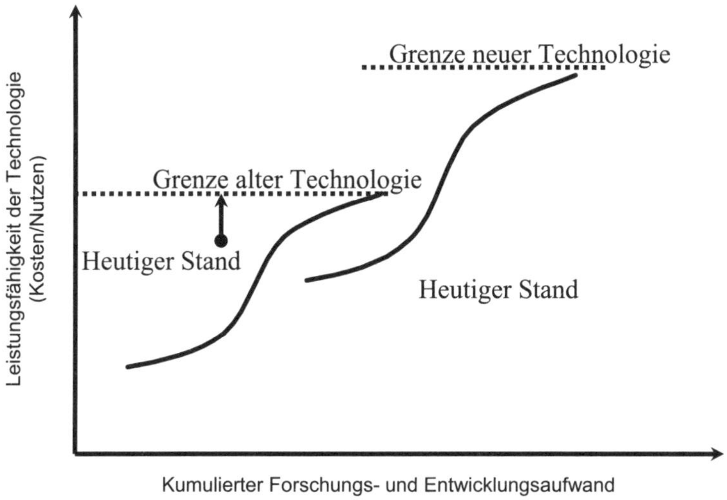

Die berühmteste S-Kurve in der heutigen Zeit ist das sog. „Moore's Law".[9] Gordon Moore hat 1975 als Mitgründer der Firma Intel in den Vereinigten Staaten folgende Regel verkündet: „Circuit density or capacity of semiconductor devices doubles every eighteen month or quadruples every three years". Diese Regel, die immer noch in der Computerbranche seine Gültigkeit hat, führte dazu, dass die Rechnerkapazitäten von vielen verschiedenen elektronischen Geräten kontinuierlich gestiegen und in der gleichen Zeit die Kosten pro Speichereinheit gesunken sind. Diese Verbesserungen ermöglichten eine Reihe von technologischen Innovationen wie Personal Computer, sehr schnelle Rechner und Multimedia-Geräte wie MP3-Spieler usw. zu relativ günstigen Preisen.

Mitte der 90er Jahre schrieb Clayton M. Christensen, damals Doktorand an der Harvard Business School in den USA, seine Dissertation über S-Kurven in verschiedenen Branchen und verfasste daraus das Buch „The Innovator's Dilemma: When New Technologies Cause Great Firms to Fail".[10] In dieser empirischen Studie untersuchte Christensen über einen längeren Zeitraum den Verlauf von S-Kurven, insbesondere in der US-Festplattenbranche. Er wollte hauptsächlich die allgemeine These testen, dass etablierte Firmen anscheinend nicht in der Lage waren, rechtzeitig auf neue Technologien zu setzen und deshalb Wettbewerbsnachteile durch technologische Innovationen hatten. Als Beispiel hierfür soll Ab-

9 Gordon E. Moore: Cramming More Components onto Integrated Circuits, in: Electronics 38 (1965), verfügbar unter: ftp://download.intel.com/research/silicon/moorespaper.pdf.

10 Christensen: The Innovator's Dilemma (wie Anm. 4).

bildung 2 über den Verlauf von S-Kurven für die Speicherkapazität von Festplatten zwischen 1975 und 1995 mit ihren verschiedenen technologischen Möglichkeiten dienen.[11]

Abb. 2: Entwicklung der Speicherkapazität von Festplatten zwischen 1975 und 1995

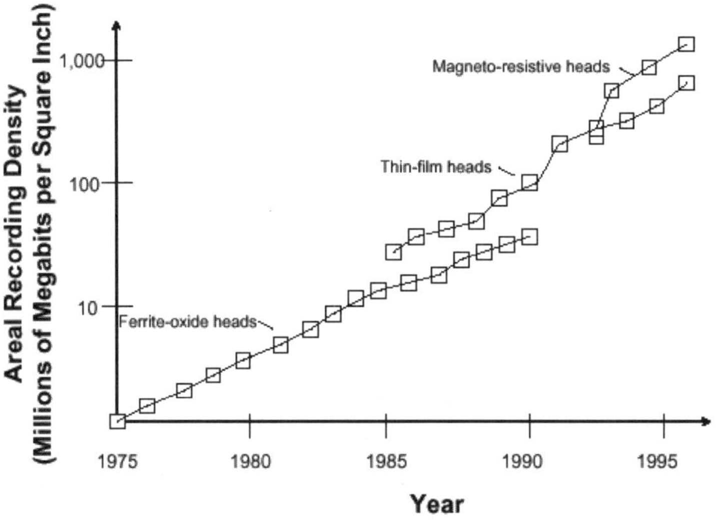

Man sieht sehr deutlich den typischen Verlauf von S-Kurven zwischen sog. Ferrite-oxide heads über Thin-film heads bis Magneto-resistive heads. Aber entgegen der damals allgemein gültigen Thesen fand Christensen in seiner Studie heraus, dass etablierte Firmen doch sehr wohl in der Lage waren, die Sprünge dieser verschiedenen Technologien zu verfolgen, da sie bestimmte Arten von Verbesserung repräsentierten. Diese Verbesserungen waren insbesondere leistungsfördernd für etablierte Produkte in bestimmten Kundenmarktsegmenten.

Allerdings fand Christensen in dieser Branche eine andere Art eines S-Kurvenverlaufs, die er als „Disruptive Technology" bezeichnete. Ein Beispiel zeigt Tabelle 1.

---

11 Ebenda.

Tab. 1: Merkmale eines ablösenden Wandels bei Festplatten

Attribute	**8 inch Drives** (Minicomputers)	**5.25 inch Drives** (Desktop Computers)
Capacity (megabytes)	60	10
Volume (cubic inches)	566	150
Weight (pounds)	21	6
Access time (milliseconds)	30	160
Cost per megabyte	$50	$200

Hier sieht man die Charakteristika von Festplatten in sog. Minicomputern gegenüber sog. Desktop-Computern. Dabei wird deutlich, dass die kleineren Festplatten in Leistungsmerkmalen wie Schnelligkeit und Kosten pro Megabyte schlechter abschnitten als die vorhergehenden Festplatten, aber bei anderen Eigenschaften wie Volumen und Gewicht deutlich überlegen waren, da sie leichter und kleiner ausfielen. Diese Verbesserungen wurden von etablierten Kunden in der Minicomputerbranche nicht gewollt oder akzeptiert. Durch das Ausprobieren von neuen Märkten haben dann schließlich neu gegründete Firmen zum Teil durch Ausgründungen oder Spin Offs von etablierten Unternehmen neue Märkte entdeckt und entwickelt. Diese Art von Innovation nannte Christensen schließlich „disruptive" oder ablösend. Abbildung 3 stellt diese Entwicklungen dar.

Abb. 3: Entwicklung von disruptiven Technologien bei Festplatten 1975-1990

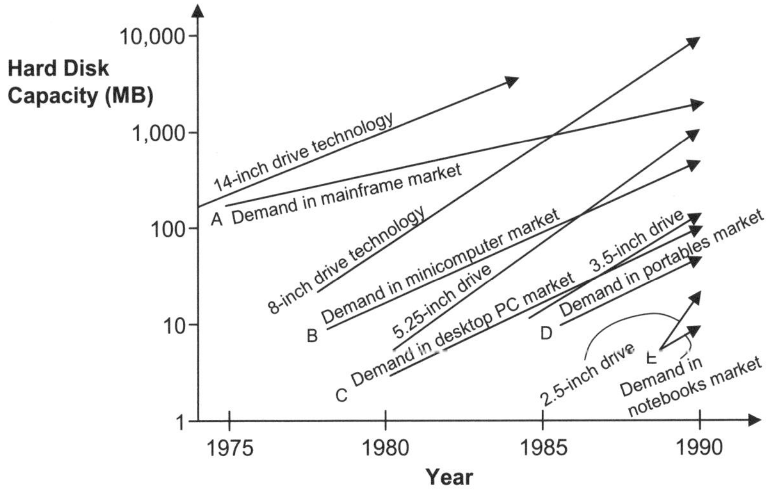

Diese Art von ablösender Innovation wiederholte sich bei jeder neuen Generation von Computern, Minicomputern und Desktop-Computern bis hin zum Laptop und noch kleineren portablen Geräten. In der Mehrheit der Fälle waren es nicht die etablierten Firmen, die es geschafft haben, diese Art von disruptiven Innovationen erfolgreich durchzuführen. Ein wichtiger Grund dafür war, dass die ablösenden Technologien von den Hauptkunden nicht geschätzt wurden. Die etablierten Unternehmen haben daraufhin ihre Ressourcen für sog. „sustaining“ oder erhaltende Technologien verstärkt und die neuen ablösenden Technologien vernachlässigt. Sehr oft verließen Mitarbeiter die etablierten Unternehmen, um ihre eigenen Firmen zu gründen und diese neuen Technologien dann auf den Markt zu bringen. Dies wurde in den 1980er Jahren im Silicon Valley begünstigt, da Gründungen relativ leicht und schnell durch Venture Capital finanziert werden konnten. Sehr viele dieser neu gegründeten Firmen waren schließlich so schnell erfolgreich, dass sie ihre ehemaligen Arbeitgeber aus dem Markt drängen konnten. Diese Beobachtungen wurden von Christensen in Form einer Theorie zum ablösenden technologischen Wandel verallgemeinert. Diese Theorie soll durch Abbildung 4 verdeutlicht werden.

Schwierigkeiten, mit ablösenden Technologien umzugehen

Christensen stellte fest, dass etablierte Firmen Probleme haben, mit ablösenden Technologien umzugehen, da diese Technologien häufig sehr klein in Nischenmärkten anfangen.[12] Je größer eine Firma, umso problematischer wird es, sich um kleine Märkte zu kümmern, wenn sie gerade am Entstehen sind. Aber gerade in schnell entwickelnden Technologien muss man am Anfang dabei sein. Bis man erkennt, dass ein Markt groß genug wird, ist es oft zu spät.

Christensen empfiehlt daher drei Methoden:[13] Erstens kann man versuchen, kleine Märkte schneller zu entwickeln, was nicht immer erfolgreich gesteuert werden kann. Zweitens kann man abwarten, bis ein Markt groß genug ist, damit er überhaupt interessant ist. Hier geht man aber auf jeden Fall die Gefahr ein, dass man zu spät reagiert und dass der Zug der technologischen Entwicklung schon abfährt, bevor man rechtzeitig aufspringt. Als letzte Methode empfiehlt Christensen, die Verantwortung für die Vermarktung von ablösenden Technologien auf kleinere Einheiten oder sogar ausgegliederte Firmen zu übertragen. Diese Einheiten oder neu gegründeten Firmen sollten klein genug sein, damit sie stärkere Anreize haben, sich um kleine Nischenmärkte zu kümmern, wenn sie noch im Entstehen sind.

---

12 Ebenda.

13 Ebenda.

Abb. 4: Schematisierung der Entwicklung eines ablösenden Wandels[14]

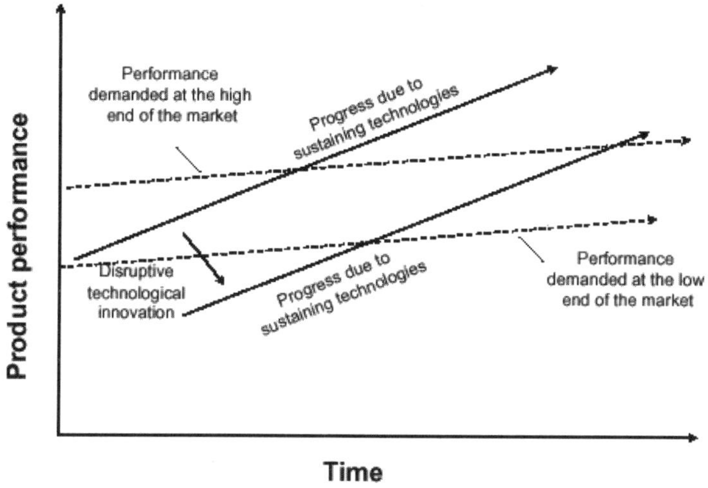

Christensen berichtet in diesem Zusammenhang von einigen interessanten geschichtlichen Beispielen.[15]

1976 hatte die neu gegründete Firma Apple Computer ihren ersten Erfolg mit dem sog. „Apple 1“, wovon sie jedoch nur 200 Stück verkaufen konnte. Die nächste Generation, „Apple 2“, wurde dann zum großen Markterfolg, und innerhalb von zwei Jahren konnten 43.000 Stück verkauft werden. In weiteren zehn Jahren erreichte Apple über fünf Milliarden Dollar Umsatz pro Jahr. 1993 war Apple wiederum die erste Firma, die einen sog. „Personal Digital Assistant“ (PDA) entwickelte: den „Apple Newton“. Die Firma hatte in nur zwei Jahren 140.000 Stück von diesem Newton-Gerät verkaufen können, war aber inzwischen so groß, dass diese Stückzahl nur ein Prozent des Gesamtumsatzes von Apple ausmachte. Die Einführung des Newton PDA wurde von den Aktienanalysten als Flop betrachtet. Dies hatte zur Folge, dass der Vorstandsvorsitzende von Apple gehen musste und das Produkt zwar vorübergehend eingestellt, aber von ehemaligen Apple-Mitarbeitern schließlich doch in einer nächsten Generation erfolgreich als „Palm-PDA“ eingeführt wurde.

Die Firma Seagate war 1980 in der Festplattenbranche der Pionier bei den 5,25 Zoll Festplatten. Sie entwickelte auch 1984 die ersten 3,5 Zoll Festplatten, wartete aber mit der Auslieferung, weil sie der Meinung war, dass der Markt zu klein sei. Bis Seagate erkannte, dass doch ein Markt für derartige kleine Festplatten existierte, vor allem im Laptop-Bereich, wurde der Markt von der Firma Conner Peripherals erobert und übernommen.

---

14 Ebenda.

15 Ebenda.

Christensen zeigt zudem, dass etablierte Firmen erfolgreich mit einem ablösenden Wandel umgehen können, wenn sie neue Organisationsformen zu ihrer Umsetzung wählen.[16] So hatte bspw. die Control Data Corporation, die bei 16 Zoll Festplatten die Führung besaß, zwar komplett den Übergang zu 8 Zoll Festplatten verpasst, konnte allerdings mit einer neuen Organisation erfolgreich in den 5,25 Zoll Festplatten-Markt eintreten.[17] Auch die Firma IBM als sehr erfolgreicher Mainframe-Computerhersteller hatte Schwierigkeiten, einen Personal-Computer (PC) auf den Markt zu bringen. Nur durch eine Quasi-Ausgliederung mit einer Tochterfirma in Bocca Raton (Florida), tausend Meilen von ihrem Hauptsitz in New York entfernt, konnte sie erfolgreich einen PC auf den Markt bringen. In mehreren Fällen zeigt Christensen, dass diese sog. „Go Small Strategy" die wichtigste und erfolgreichste war.

In den letzten Jahren hat Christensen weit über 50 Fälle von Disruptive Technologies identifiziert.[18] Dabei verfeinerte er seine Theorie und zeigt nun auch Unterschiede zwischen verschiedenen Arten von disruptiven Innovationen auf, die in neuen Märkten oder mit neuen Kundengruppen in gleichen Märkten stattfinden.[19]

Darüber hinaus haben mittlerweile andere Wissenschaftler Weiterentwicklungen von Christensens Theorie präsentiert.[20] So wurde bspw. ein Schema zur Identifikation von ablösenden Technologien entwickelt, mit dem man von vornherein beurteilen kann, ob eine bestimmte technologische Entwicklung eher zu einer ablösenden oder erhaltenden Innovation führen wird. Dieses Schema wurde inzwischen erfolgreich für eine Analyse von verschiedenen drahtlosen Funktechnologien (sogenannte WLAN-Technologien) auf die etablierten Mobilfunkbetreiber eingesetzt.[21]

Zusammenfassung

Die geschichtliche Analyse von technologischen Entwicklungen spielt seit mehreren Jahrzehnten eine wichtige Rolle in der wirtschaftswissenschaftlichen Litera-

---

16 Details zu Implementierungsoptionen bei technologischem Wandel auch bei Clayton M. Christensen/Michael Overdorf: Meeting the Challenge of Disruptive Technology, in: Harvard Business Review 78 (2000), S. 66-76.

17 Christensen: The Innovator's Dilemma (wie Anm. 4).

18 Christensen/Raynor: The Innovator's Solution (wie Anm. 6).

19 Ebenda.

20 Als Beispiele für Kritik und Weiterentwicklung seien genannt: James M. Utterback/Happy J. Acee: Disruptive Technology. An Expanded View, in: International Journal of Innovation Management 9 (2005), S. 1-17; Stefan Hüsig/Christiane Hipp/Michael Dowling: Analysing Disruptive Potential. The Case of WLAN and the Mobile Telecommunications Network Companies, in: R&D Management 35 (2005), S. 17-35 oder Ron Adner: When are Technologies Disruptive? A Demand-Based View of the Emergence of Competition, in: Strategic Management Journal 23 (2002), S. 667-688.

21 Hüsig/Hipp/Dowling: Analysing Disruptive Potential (wie Anm. 20).

tur. In den letzten zehn Jahren hat jedoch die Bedeutung des technologischen Wandels für die Analyse von Wettbewerbsfähigkeit sehr an Bedeutung gewonnen. Die Theorie der „Disruptive Technologies“ von Clayton M. Christensen hat sowohl in den USA als auch weltweit einen sehr wichtigen Fortschritt gebracht, um auf einer Seite besser erklären zu können, warum etablierte Firmen große Schwierigkeiten mit bestimmten Arten von technologischen Innovationen haben. Andererseits helfen Christensens Konzepte auch, bei neu gegründeten Firmen zu identifizieren, welche Arten von Innovationen eventuell bestehende Eintrittsbarrieren überwinden können, um erfolgreich in etablierte Märkte einzudringen. Schließlich hat die bisherige Forschung auch gezeigt, dass die Analyse von S-Kurven und Methoden der wirtschaftsgeschichtlichen Analyse einander sinnvoll ergänzen können und somit beide Wissenschaftsgebiete voneinander profitieren.

Rolf Walter

Korreferat zu Michael Dowling

„Technologische Innovation als Wettbewerbsfaktor: Von Schumpeters ‚Schöpferischer Zerstörung' bis zur ‚Disruptive Technology' von Christensen"

Zunächst freue ich mich darüber, dass die auf Schumpeter zurückgehende und in Harvard vor allem durch Clayton Christensen weiterentwickelte und von Herrn Dowling vorgestellte theoretische Konzeption hier zur Sprache gebracht wird, denn es geht um nichts weniger als um die Erklärung, wie es zu technologiebedingten, häufig existenzbedrohenden Zäsuren kommt und wie man diesen am besten begegnet, sofern man bejaht, dass man ihnen überhaupt begegnen kann. Diese Möglichkeit in Zweifel zu ziehen, wird vielleicht dadurch einsichtiger, dass man den größeren Zusammenhang aufdeckt, in den das Thema von Herrn Dowling gehört.

Erstens: Zu Recht lenkte Schumpeter (Herr Dowling hat das Zitat eingangs gebracht) den Blick weg vom vollkommenen Wettbewerb (im Sinne der Marktformenlehre) hin auf den Wettbewerb um das Neue, Zäsursetzende, Zerstörende. Diese Auffassung ähnelt der von Friedrich A. von Hayek, der vom Wettbewerb als Entdeckungsverfahren sprach.

Zweitens: Hilfreich zum Verständnis (um nicht zu sagen unverzichtbar) ist dabei auch die evolutorische Ökonomik, die die langfristige wirtschaftliche Entwicklung als einen durch Variation und Selektion geprägten, nicht-algorithmischen, d.h. nur bedingt prognostizierbaren und entwicklungsgesetzlich nur eingeschränkt bestimmbaren Prozess auffasst. Dies liegt daran, dass durch dynamische Komponenten, beispielsweise durch Lernprozesse, Kumulierung wissenschaftlicher Erkenntnisse, Inventionen, Innovationen und die so erwirkte Schöpfung von Neuem sich die Ausgangslage bzw. der Ereignisraum permanent verändert.[1] Aus der Generierung von Neuheit resultieren zuweilen Fundamentalzäsuren. Am Markt, im Wettbewerb, werden die Karten neu gemischt und das Spiel beginnt von vorne. Es kommt zu Insolvenzen und der Markt wird bereinigt. Diesem nicht vorhandenen oder zumindest nicht bekannten Algorithmus entspringt die Hauptkritik, die auch der *Disruptive Technology*-Theorie entgegen gehalten wurde, nämlich ex ante identifizieren zu wollen, ob eine neue Technologie zerstörend und wie sehr zerstörend sie sein wird. Eine Vorhersage wird aus den genannten

---

1 Vgl. Rolf Walter: Zum Verhältnis von Wirtschaftsgeschichte und Evolutorischer Ökonomik, in: Kurt Dopfer (Hg.), Studien zur Evolutorischen Ökonomik (= Schriften des Vereins für Socialpolitik, N.F. 195/VII), Berlin 2003, S. 113-131, hier: S. 118.

Gründen theoretisch nie möglich sein, aber es gibt immerhin die Chance, strukturelle Analogien oder Verlaufsmuster herauszukristallisieren und aus der Erfahrung zu lernen. Solche Verlaufsmuster hat Herr Dowling mit den S-Kurven exemplifiziert. Derartige Metamorphose-Modelle, wie sie ja auch Gerhard Mensch verwendete[2], sind zur Darstellung von technologischem Wettbewerb sehr sinnvoll und aufschlussreich.

Schumpeter, Christensen und Dowling warnen mit guten Gründen vor dem Beharrungscharakter des Herkömmlichen, der *Sustaining Technologies*, vor zähen Pfadabhängigkeiten wie Traditionen und Usancen in Unternehmen, z.B. dem Festhalten an den *mainstream clients*, quasi den konservativen Kunden. Die Beharrung als großes, ja existentielles Problem zu erkennen ergibt sich in dem Maße mehr, als sich die Wirtschaftsentwicklung beschleunigt und sich der Marktzyklus sowie die Halbwertzeit des Wissens verkürzt.[3] Eine Fülle von Beispielen bietet die historische Insolvenzforschung. Das 19. Jahrhundert war reich an neuen Technologien, die alte zerstörten und bisherige Marktführer zum Bankrott zwangen. Man denke an die Verdrängung von Gaslicht durch elektrisches. Im 20. Jahrhundert ersetzten Kunststoffe häufig Holz oder Metall und Kunstfasern die Naturfasern.

Der Markt erweist sich immer jenen gegenüber als brutal und zerstörerisch, die zu wenig kreativ und innovativ sind. Bei Dowling sind das diejenigen, die unfähig sind, eine Strategieänderung zu Gunsten neuer Wertnetzwerke vorzunehmen, d.h. den Zerstörungscharakter des Neuen zu erkennen und damit umzugehen, ihn zu managen. So lässt sich auch gut verstehen, warum gegenwärtig so viele Unternehmen die Sinnhaftigkeit von Ideen- und Kreativitätsmanagement erkennen. Im Grunde sind es jene Unternehmen, die den Empfehlungen gefolgt sind, die uns Herr Dowling präsentiert hat („Drei Methoden", hier: die dritte: „Verantwortung für die Vermarktung von ablösenden Technologien bei Firmen zu schaffen [...]").

Die Schwierigkeit der Erkennung des zerstörerischen Potenzials einer Basisinvention ergibt sich nicht zuletzt daraus, dass Inventionen entweder komplett neu oder teilweise neu sind. Sie sind zum Teil Rekombinationen existierender Technologien oder Modifikationen von solchen.

Es ist zu beachten, dass jede fundamentale technologische Innovation eine Art Rebellion ist. Eine Rebellion gegen konventionelles Wissen, gegen existierende Praktiken und gegen bestehende Interessen. Die Innovationsgeschichte kennt dabei unterschiedliche Gründe für Widerstände (ökonomische, ideologische, epistemologische, mangelhafte strategische Komplementarität, System-Resistenz,

---

2 Gerhard Mensch: Das technologische Patt. Innovationen überwinden die Depression, Frankfurt am Main 1977, passim.

3 Manchmal ist dieses Überwinden durch eine Fundamentalkrise (-zäsur) extern veranlasst, die Fundamentallernen im Sinne Siegenthalers auslöst (Hansjörg Siegenthaler: Regelvertrauen, Prosperität und Krisen. Die Ungleichmäßigkeit wirtschaftlicher und sozialer Entwicklung als Ergebnis individuellen Handelns und sozialen Lernens, Tübingen 1993, S. 130ff.). Im besten Fall gelingt der Anschluss an die neuen technologischen *Benchmarks*, häufig aber auch nicht. Mehr oder weniger schöpferische Zerstörung durch die disruptive Technologie ist die Folge.

Frequenzabhängigkeit, ethische, sicherheitstechnische). Diese Widerstände hemmen die Investitions- und Innovationsentscheidung.

Herr Dowling geht von der These aus, die „erhaltenden Firmen“ neigten zu Innovationen erst dann, wenn es zu spät ist, dagegen seien die „ablösenden“ schneller. Aber ist diese Unterscheidung in erhaltende und ablösende in der Realität überhaupt vorhanden? (Frage 1) Sind es nicht vielmehr gerade die großen, erhaltenden Firmen, die schnell zu der Einsicht kommen, sie bräuchten eine kleinere ablösende Einheit. Die Beispiele im Fall 3 (*„Go Small“*) IBM (mit dem Aufbau eines gesonderten Unternehmens) und HP (neue Gruppe in Kanada) zeigen ja gerade, dass es große (also *Sustaining Firms*) sind, die kleine Einheiten (*Disruptive's*) gründen, also eine *Spin-Out*-Strategie verfolgen. Und man weiß etwa von Hochtechnologiefirmen wie Schott oder Zeiss, dass sie eine stetige Neubewertung und Infragestellung ihres Produktportfolios vornehmen und dies womöglich angebotsseitig, ohne vorher die Kunden – ob progressive oder konservative – zu fragen. Die kognitive Änderungsbereitschaft und -fähigkeit wird den leitenden Mitarbeitern förmlich antrainiert und sie werden im Ideenmanagement geschult. Sie erhalten genaue Zielvorgaben: So dürfen beispielsweise 75 Prozent des Produktportfolios nicht älter als drei Jahre alt sein. Dies zeigt doch, dass Kundenorientierung nur eine von mehreren möglichen Strategien ist, vermutlich die beste, aber eben nicht die einzige.

Herr Dowling bringt Beispiele von Unternehmen, für die die konservative Strategie von Nachteil war, ja sogar zur Insolvenz führte. Hier schließt sich die zweite Frage an: Sind dies aber nicht einige wenige Ausnahmen (die im Grunde nur die Regel bestätigen, dass die Strategie in den allermeisten Fällen erfolgreich ist)? Woher aber wissen wir, was Ausnahme und was Regel ist? Dies (quasi die Repräsentativität) genau zu bestimmen würde eine Vollerhebung oder doch zumindest eine gesichert repräsentative Teilerhebung erfordern. Gibt es eine solche? Welche empirischen Befunde gibt es also über Erfolg oder Scheitern der *Sustaining*-Strategie? (Frage 2)

Ein weiterer kritischer Aspekt sei noch angesprochen: Herr Dowling hat Beispiele aus sehr unterschiedlichen Branchen und Technologiebereichen (Reifenindustrie, Halbleiter, Festplatten, Disketten ...) gebracht. Hier könnte kritisch eingeworfen werden, das Referat sei recht eklektizistisch komponiert. Wäre es da – auch im Sinne der beiden anderen Fragen – nicht besser gewesen, nur eine Branche zu untersuchen und dafür noch mehr Systematik, Tiefe und Erkenntnissicherheit zu gewinnen?

Und schließlich noch eine Anmerkung: Nicht immer ist die eine oder andere Niederlage im Innovationswettbewerb gleich so total, wie sie zunächst aussieht. Das lässt sich vielleicht an Dowlings Beispiel Seagate (gegründet 1979) zeigen, wo ein vermeintlicher Konkurrent die ersten 3½-Zoll-Laufwerke an den Markt gebracht hat. Dies war aber der ehemalige Mitgründer von Seagate, Finnis Conner, der sich 1985 selbstständig gemacht und 1986 seine eigene Firma Conner

Peripherals gegründet hatte, 1996 aber wieder samt seiner Firma in das Unternehmen Seagate integriert wurde.[4]

4 Die gedruckte Version von Dowlings Beitrag ist teilweise nicht identisch mit der vorgetragenen, auf die sich das Korreferat bezieht. Gleichwohl dürften die kritischen Anmerkungen im Kern nachvollziehbar sein.

Mark Spoerer/Jörg Baten/Jochen Streb

Wissenschaftlicher Standort, Quellen und Potentiale der Innovationsgeschichte

Abstract

Als noch sehr junge historische Teildisziplin bedarf die Innovationsgeschichte einer historiographischen Verortung. Ausgehend von Schumpeters klassischer, heute immer noch aktuellen Dreiteilung der Umsetzung des technischen Fortschritts in Invention, Innovation und Diffusion wird dafür plädiert, die Innovationsgeschichte zwischen der Technikgeschichte und der Wirtschafts- bzw. Unternehmensgeschichte anzusiedeln. Mit letzterer hat die Innovationsgeschichte in der wissenschaftlichen Praxis die Probleme eklektischer Einzelfallbetrachtung und der Überbetonung von Erfolgsgeschichten gemein. In Anlehnung an neuere Entwicklungen der US-amerikanischen Innovationsgeschichte und der wirtschaftswissenschaftlichen Innovationsforschung wird daher dafür plädiert, die Innovationsaktivität mit Massendaten und anhand von Patenten zu messen. Dies wirft diverse methodische Probleme auf, die im Einzelnen diskutiert werden. Abschließend werden erste Ergebnisse eines größeren innovationshistorischen Projekts vorgestellt, das sich auf Massendaten ökonomisch wertvoller, d.h. mindestens zehn Jahre lang gehaltener Patente stützt.

JEL classification: N01, O30

Einleitung

Was ist Innovationsgeschichte? Lässt man eine Suchmaschine im Internet Begriffe wie „Wirtschaftsgeschichte" oder „Sozialgeschichte" suchen, so befinden sich unter den ersten Treffern fast nur Webseiten akademischen Ursprungs. Bei der Suche nach „Innovationsgeschichte" sind dagegen die mit Abstand häufigsten Treffer Produktbeschreibungen von Firmen, die die Entwicklungsgeschichte eines ihrer Produkte mit diesem Label versehen. Die Absicht liegt auf der Hand: Innovation, das klingt modern, dynamisch, zukunftsweisend – genau wie das beworbene Produkt sein soll.

Webseiten akademischen Ursprungs, die den Begriff „Innovationsgeschichte" enthalten, sind noch recht selten. Der Begriff „Technik- und Innovationsgeschichte" kommt auf universitären Webseiten gelegentlich vor, doch eine begriffliche Trennung von Technikgeschichte einerseits und Innovationsgeschichte andererseits wird nicht vorgenommen, vielmehr scheint letzteres ein modernes, dynamisches, zukunftsweisendes Synonym für ersteres zu sein. Ist also Innovationsgeschichte nur ein Modewort?

In den folgenden Ausführungen soll der Begriff „Innovationsgeschichte" mit Inhalt gefüllt und der historiographische Standort dieser noch sehr jungen Disziplin verortet werden. Insbesondere wird dabei interessieren, ob Innovationsgeschichte nur ein modisches Synonym für Technikgeschichte ist, wo Berührungspunkte mit der Wirtschafts- und der Unternehmensgeschichte liegen, von welchen Disziplinen die deutsche Innovationsgeschichte inhaltliche und methodische Impulse aufnehmen könnte, und daran anschließend, wie Innovationsaktivität gemessen werden kann. Innovation wird somit aus einer sozioökonomischen Perspektive betrachtet, kulturelle Aspekte bleiben weitgehend ausgeblendet. Abschließend werden erste Ergebnisse eines größeren innovationshistorischen Projekts der Universitäten Hohenheim und Tübingen vorgestellt.

Begriff und wissenschaftliche Verortung der Innovationsgeschichte

Der Begriff der „Innovation" ist im deutschen akademischen Sprachgebrauch noch relativ jung. Weder im Handwörterbuch der Sozialwissenschaften aus den Jahren um 1960, noch im Handwörterbuch der Wirtschaftswissenschaften, dessen Bände um 1980 erschienen, ist ihr ein Artikel gewidmet. Im Register des Handbuchs der Sozialwissenschaften findet sich ein einziger Verweis, nämlich auf einen Artikel über die Theorie der Distribution. Der Ökonom Erich Preiser erläuterte dort die Schumpeterschen Pioniergewinne und verwendete dabei den englischen Begriff innovation profits.[1] Die einschlägigen wissenschaftlichen Literatur-

1 Vgl. Erich Preiser: Distribution: Theorie, in: Handwörterbuch der Sozialwissenschaften, Bd. II, Tübingen/Göttingen 1959, S. 620-635, hier S. 632.

datenbanken weisen originäre deutschsprachige Titel mit dem Begriff Innovation (d.h. keine Übersetzungen) erst ab dem Erscheinungsjahr 1965 aus. Tatsächlich scheint die Aufnahme des Begriffs Innovation in unseren Sprachschatz darauf zurückzuführen zu sein, dass man Schumpeters *innovation*, mit der er, der emigrierte Österreicher, den Begriff „Neuerung“ ins Englische übertrug, nicht rückübersetzte.[2]

Joseph A. Schumpeter ist auch die inhaltliche Konkretisierung des Begriffs der Innovation zu verdanken. Er unterschied drei Phasen, die jeder neue Produktionsprozess oder jedes neue Produkt durchläuft, nämlich (1.) Invention, (2.) Innovation und (3.) Diffusion. Die Invention ist die Erfindung eines neuen Prozesses (wie wird produziert?) oder eines Produkts (was wird produziert?). Die Innovation stellt die Einführung dieses neuen Prozesses oder Produkts in den Wirtschaftskreislauf dar. Die Diffusion schließlich erfolgt durch Imitation des Pionierunternehmens durch Nachfolger.[3] Schon Schumpeter hat im übrigen darauf hingewiesen, dass der Prozess- bzw. Produktbegriff nicht auf physische Güter begrenzt werden sollte; neue dispositive Verfahren etwa, die die Faktorkombination im Produktionsprozess verbessern, gehören ebenfalls dazu.

Diese Dreiteilung hat sich bis heute zur Analyse des technischen und organisatorischen Fortschritts bewährt.[4] Damit lässt sich nun der Untersuchungsgegenstand konkreter bestimmen und zugleich die Innovationsgeschichte gegen andere historische Teildisziplinen abgrenzen. Die Technikgeschichte interessiert sich nicht nur, aber doch in erster Linie für die Invention. Doch nicht jede Erfindung findet Eingang in den Wirtschaftsprozess, man denke nur an die skurrilen (und z.T. patentierten) Erfindungen, mit denen sich Konrad Adenauer nach seinem von den Nationalsozialisten erzwungenen Rückzug ins Privatleben beschäftigte.[5] Die Innovationsgeschichte, so wie sie nach dem Vorgesagten zu verstehen ist, beschäftigt sich mit der erfolgreichen (oder auch gescheiterten) Einführung eines Prozesses oder Produkts am Markt sowie deren Ursachen und Folgen. Sie beginnt also im Falle einer Prozessinnovation dann, wenn die von der F&E-Abteilung entwickelte Erfindung in der Produktion tatsächlich Anwendung findet, und im Falle einer Produktinnovation dann, wenn Vertrieb und Marketing das fertig ge-

2 Vgl. Joseph A. Schumpeter: Theorie der wirtschaftlichen Entwicklung, Leipzig 1912, S. 284f.; ebenda., 4. Aufl. 1934, S. 212; Ders.: The Theory of Economic Development. An Inquiry into Profits, Capital, Credit, Interest, and the Business Cycle (Harvard Economic Studies, Bd. 46), Cambridge (Mass.) 1951, S. 133. Vgl. auch Hariolf Grupp/Iciar Dominguez-Lacasa/Monika Friedrich-Nishio: Das deutsche Innovationssystem seit der Reichsgründung. Indikatoren einer nationalen Wissenschafts- und Technikgeschichte in unterschiedlichen Regierungs- und Gebietsstrukturen (Technik, Wirtschaft und Politik. Schriftenreihe des Fraunhofer-Instituts für Systemtechnik und Innovationsforschung, Bd. 48), Heidelberg 2002, S. 6.

3 Vgl. Joseph A. Schumpeter: Business Cycles, Bd. I, New York/London 1939, S. 84-87.

4 Vgl. Chris Freeman: Innovation, in: The New Palgrave. A Dictionary of Economics, Bd. 2, London u.a. 1987, S. 858-860, hier S. 858.

5 Vgl. Peter Koch: Die Erfindungen des Dr. Konrad Adenauer, Reinbek bei Hamburg 1986.

stellte Produkt auf dem Markt abzusetzen versuchen.[6] Analog könnte man sagen, dass die Technikgeschichte ihr historisches Untersuchungsobjekt an die Wirtschafts- oder Unternehmensgeschichte übergibt. An der Schnittstelle befindet sich die Innovationsgeschichte.

Ihr Untersuchungsgegenstand lässt sich alternativ auch mit den Elementen der (um den Faktor Wissen erweiterten) neoklassischen Produktionsfunktion $Y = f(A, B, K, W)$ beschreiben.[7] Der Innovationsgeschichte geht es deskriptiv um die Darstellung der Veränderung des Produktionsfaktors Wissen (ΔW) – das ist der oft beschworene technische Fortschritt. Analytisch untersucht die Innovationsgeschichte den Einfluss neuen Wissens auf die Produktion (einer Volkswirtschaft, eines Unternehmens, eines Haushalts; $\partial Y/\partial W$) und deren Einkommenswirkungen sowie in umgekehrter Kausalrichtung die technischen, wirtschaftlichen, gesellschaftlichen und kulturellen Faktoren, die ihrerseits zu einer Erweiterung des Potentials ökonomisch verwendbaren Wissens führen ($W=g[...]$). Insbesondere Institutionen und ihre Anreizwirkungen spielen dabei eine wichtige Rolle.[8]

Zur Bedeutung von Innovationen

Warum wird soviel Aufhebens um Innovationen gemacht? Die erfolgreiche Innovation, die normalerweise Diffusion nach sich ziehen wird, ist *das* Movens wirtschaftlichen Fortschritts und damit eines steigenden Lebensstandards der Menschen. Auf der gesamtwirtschaftlichen Ebene gesehen, erlauben neue Prozesse, gegebene Produkte mit geringerem Ressourcenverzehr zu produzieren als vorher und befriedigen neue Produkte Konsumentenwünsche besser als alte.[9] Die entscheidenden Motive für einen Erfinder oder ein Unternehmen, sich den Mühen und Risiken von Invention und Innovation zu unterziehen, liegen natürlich in den einzelwirtschaftlichen Anreizen. Es war wiederum Schumpeter, der deutlicher als andere vor ihm herausarbeitete, dass der entscheidende Antrieb für den innovativen Unternehmer in den vergleichsweise hohen Pioniergewinnen liegt. Im Falle eines neuen Prozesses kann der Pionierunternehmer aufgrund seiner nunmehr günstigeren Kostenstruktur Konkurrenten mit herkömmlicher Produktionstechnologie preislich unterbieten und dadurch Marktanteile hinzugewinnen. Im Falle

---

6 Dabei ist die Produktinnovation einer vorgelagerten Wertschöpfungsstufe wie beispielsweise dem Textilmaschinenbau oftmals die Prozessinnovation einer nachgelagerten Wertschöpfungsstufe wie der Textilindustrie.

7 Produktion als Funktion der Produktionsfaktoren Arbeit, Boden, Kapital und Wissen. Vgl. grundlegend Robert M. Solow: Technical Change and the Aggregate Production Function, in: Review of Economics and Statistics 39 (1957), S. 312-320.

8 Vgl. grundlegend Joel Mokyr: The Lever of Riches: Technological Creativity and Economic Progress, Oxford 1990; Ders.: The Gifts of Athena: Historical Origins of the Knowledge Economy, Princeton/Oxford 2002.

9 Vgl. Zvi Griliches: Patent Statistics as Economic Indicators. A Survey, in: Journal of Economic Literature 28 (1990), S. 1661-1707, hier S. 1669.

eines neuen Produkts besitzt er zunächst ein Monopol, das es ihm erlaubt, Marktpreise durchzusetzen, die deutlich oberhalb seiner Durchschnittskosten liegen. Allerdings werden im Diffusionsprozess die in beiden Fällen anfallenden Pioniergewinne durch die neu hinzutretende Konkurrenz schrittweise abgebaut und schließlich auf das übliche Maß – also marktübliche Kapitalverzinsung plus kalkulatorischen Unternehmerlohn – zurückgestutzt.

In diesem Streben nach zeitweiligen Pioniergewinnen liegt nach Schumpeter die ganze Dynamik des kapitalistischen Wirtschaftssystems. Der erfolgreichen Innovation kommt somit eine entscheidende Rolle für das gesamtwirtschaftliche Wachstum zu. Obwohl dies bereits klassische Ökonomen wie Adam Smith und Karl Marx erkannten, beschäftigte sich die wirtschaftstheoretische Forschung in den ersten drei Vierteln des 20. Jahrhunderts wenig mit dynamischen Fragen. Im Vordergrund stand vielmehr seit Ende des 19. Jahrhunderts das allgemeine Gleichgewichtsmodell, in dem das Unternehmen als *black box* gesehen wurde, das auf vollständig kompetitiven Märkten keine überdurchschnittlichen Renten erzielen konnte. Im nüchternen Kalkül des gesichtslosen neoklassischen Unternehmer-Automaten sind die Grenzen der zeitgenössischen Technologie ein Datum, das er als gegeben hinnehmen muss. Die Ökonomen haben mit diesem Modell jahrzehntelang zufrieden gearbeitet; den zwangsläufig dynamisch denkenden Historikern hingegen muss(te) diese statische Sichtweise wirklichkeitsfremd erscheinen: Wie hätte der heutige Reichtum jemals erreicht werden können, wenn man nicht in der Vergangenheit technologische Grenzen überwunden hätte? Ökonomische Modelle, die den technischen Fortschritt nicht als endogen modellieren, können offensichtlich auch nichts zu seiner Erklärung beitragen.[10]

Erst die Ökonomik der späten 1970er Jahre erlebte eine Renaissance der Schumpeterschen Ideen, die vor allem mit den Namen Richard Nelson und Sidney Winter verbunden ist.[11] Es entstand die Evolutionsökonomik, eine wirtschaftswissenschaftliche Teildisziplin, die allerdings bis heute eher ein Randdasein fristet.[12]

---

10 Vgl. Robert J. Barro: Determinants of Economic Growth. A Cross-Country Empirical Study, Cambridge (Mass.) 1997, S. 1-8.

11 Richard R. Nelson/Sidney G. Winter: An Evolutionary Theory of Economic Change, Cambridge (Mass.) 1982.

12 Vgl. für einen Überblick: Richard R. Nelson: Recent Evolutionary Theorizing About Economic Change, in: Journal of Economic Literature 33 (1995), S. 48-90; Pier Paolo Saviotti (Hg.): Applied Evolutionary Economics. New Empirical Methods and Simulation Techniques, Cheltenham u.a. 2003, und zur Stellung innerhalb der Wirtschaftswissenschaften: Toni Pierenkemper: Wirtschaftsgeschichte und Wirtschaftswissenschaften: Vom Nutzen ihrer Wechselwirkungen, in: Günther Schulz u.a. (Hg.): Sozial- und Wirtschaftsgeschichte. Arbeitsgebiete, Probleme, Perspektiven. 100 Jahre Vierteljahrschrift für Sozial- und Wirtschaftsgeschichte (Vierteljahrschrift für Sozial- und Wirtschaftsgeschichte, Beiheft 169), Stuttgart 2004, S. 577-597, hier S. 592. Im Gegensatz zum mainstream der Ökonomen hält der renommierte Dogmenhistoriker Mark Blaug den evolutionsökonomischen Ansatz für den einzigen echten Fortschritt in der Wirtschaftstheorie der letzten Jahrzehnte, vgl. Mark Blaug: Is There Really Progress in Economics?, in: Stephan Boehm u.a. (Hg.): Is There Progress in Economics? Knowledge, Truth and the History of Economic Thought, Cheltenham 2002, S. 21-41, hier S. 36f. Für die Anwendung dieses Ansatzes in der Wirtschaftsgeschichte hat

Viel stärkeren Einfluss gewannen die Schumpeterschen Ideen hingegen in einem Teilgebiet innerhalb des neoklassischen Lehrgebäudes, nämlich der *Industrial Organization*. Sie gibt sich nicht mit der Standard-Lehrbuchannahme zufrieden, dass auf den Märkten vollkommener Wettbewerb herrscht, sondern untersucht das Verhalten von Unternehmen auf monopolistisch bzw. oligopolistisch geprägten Märkten. Dieser Ansatz ist wesentlich realistischer und macht damit dieses Feld auch besonders attraktiv für die Wirtschafts- und Unternehmensgeschichte – und für die Innovationsgeschichte.[13] Denn die *Industrial Organization* betreibt ausgiebig Innovationsforschung, wobei Innovation sowohl Explanans als auch Explanandum sein kann: Wie wirkt sich technischer Fortschritt auf Marktstruktur und -ergebnis aus? Sind innovative Unternehmen überdurchschnittlich erfolgreich? Oder besonders krisenanfällig? Sind kleine Unternehmen innovativer als große? Wie wirken sich wirtschafts- oder bildungspolitische Maßnahmen auf die Innovationsfreudigkeit von Unternehmen aus?[14]

Fragen dieser Art lassen sich natürlich nicht nur für die Mikro-, sondern auch die Makroebene stellen. Sind innovative Volkswirtschaften immer erfolgreicher als andere? Das ist keineswegs selbstverständlich, hat sich doch etwa beim Aufstieg Ostasiens erwiesen, dass auch die schnelle Imitation neuer Technologien wirtschaftlich sehr erfolgreich sein kann.[15] Gerade wenn man Innovationstätigkeit

---

sich ausgesprochen: Rolf Walter: Evolutorische Wirtschaftsgeschichte. Zum Verhältnis von Wirtschaftsgeschichte und Evolutorischer Ökonomik, in: Wirtschaftswissenschaftliches Studium 26 (1997), Nr. 2, S. 75-79.

13 Vgl. dazu Naomi R. Lamoreaux/Daniel M.G. Raff/Peter Temin: New Economic Approaches to the Study of Business History, in: Business and Economic History 26 (1997), Nr. 1, S. 57-79, hier S. 61f.; Mark Spoerer: Mikroökonomie in der Unternehmensgeschichte? Eine Mikroökonomik der Unternehmensgeschichte, in: Jan O. Hesse/Christian Kleinschmidt/Karl Lauschke (Hg.): Kulturalismus, Neue Institutionenökonomik oder Theorienvielfalt? Eine Zwischenbilanz der Unternehmensgeschichte (Bochumer Schriften zur Unternehmens- und Industriegeschichte, Bd. 9), Essen 2002, S. 175-195.

14 Vgl. Morton I. Kamien/Nancy L. Schwartz: Market Structure and Innovation, Cambridge 1982 und die entsprechenden Kapitel in Standardlehrbüchern, z.B.: Frederic M. Scherer/Stephen Ross: Industrial Market Structure and Economic Performance, 3. Aufl., Boston u.a. 1990, Kap. 17; Richard Schmalensee/Robert D. Willig (Hg.): Handbook of Industrial Organization (Handbooks in Economics, Bd. 10), Amsterdam 1989, Kap. 14, 18; William G. Shepherd: The Economics of Industrial Organization: Analysis, Markets, Policies, 4. Aufl., Englewood Cliffs 1997, Kap. 5; Helmut Bester: Theorie der Industrieökonomik, 3. Aufl., Berlin u.a. 2004, Kap. 5; und für historische Anwendungen in Deutschland: Mark Spoerer: Der Konzentrationsprozess in der deutschen Tafelglasindustrie 1925 bis 1932. Eine Fallstudie über den Einfluss des technischen Fortschritts auf Marktstruktur und Marktergebnis, in: Zeitschrift für Unternehmensgeschichte 38 (1993), S. 73-113; Jochen Streb: Staatliche Technologiepolitik und branchenübergreifender Wissenstransfer. Über die Ursachen der internationalen Innovationserfolge der deutschen Kunststoffindustrie im 20. Jahrhundert (Jahrbuch für Wirtschaftsgeschichte, Beiheft 4), Berlin 2003.

15 Es wäre allerdings zu fragen, ob für den wirtschaftlichen Erfolg Japans und später der (süd)ostasiatischen Staaten Prozessinnovationen im dispositiven Bereich vorgelegen haben könnten, die eine besonders effektive Umsetzung in der Herstellung von innovativen Produkten aus den Vereinigten Staaten oder Europa ermöglichten. Eine schnelle Imitation beruht im

als endogen annimmt, lässt sich umgekehrt auch fragen, durch welche Faktoren eines nationalen Innovationssystems der technische Fortschritt in einer Volkswirtschaft gesteigert werden kann.[16] So hat etwa Johann Peter Murmann in seiner vergleichenden Studie zur wirtschaftlichen und technologischen Entwicklung der deutschen, amerikanischen und englischen Chemieindustrie im 19. Jahrhundert, die explizit nicht nur erfolgreiche Unternehmen, sondern auch Verlierer des Wettbewerbsprozesses berücksichtigt, verdeutlicht, dass die Innovationsaktivitäten der Chemieunternehmen auf nationaler Ebene maßgeblich durch ein komplexes Zusammenspiel von Patentgesetzgebung, Bildungs- und Forschungsinstitutionen sowie Lobbyismus beeinflusst wurden.[17]

Messung von Innovation

Um solche Fragen operationalisieren zu können, bedarf es jedoch eines Maßes, um innovatives Verhalten, um Innovationen zu messen. Dieses Problem beschäftigt die Forschung schon seit mindestens den 1960er Jahren.[18] Generell lassen sich input- und outputorientierte Maße voneinander unterscheiden. Zu ersteren zählen monetäre Aufwendungen für Forschung und Entwicklung oder die Anzahl der in diesen Abteilungen arbeitenden Personen. Gegen die Verwendung inputorientierter Innovationsmessung in der historischen Innovationsforschung sprechen jedoch zwei Gründe. Erstens gibt es ein Quellenproblem: Diese Größen sind normalerweise nur in aggregierter Form und für die Zeit nach dem Zweiten Weltkrieg erhebbar. Da zweitens nicht davon ausgegangen werden kann, dass die Relation zwischen F&E-Output und F&E-Input, mithin die F&E-Produktivität, über die Zeit und über verschiedene Unternehmensgrößen hinweg konstant ist, sprechen auch methodische Bedenken gegen die Verwendung von inputorientierten Innova-

---

Übrigen auf sehr ähnlichen Fähigkeiten wie Innovation, vgl. Jochen Streb: Möglichkeiten und Grenzen der Schumpeterschen Diversifizierung. Die Entwicklung der Firma Freudenberg & Co. Weinheim vom spezialisierten Ledererzeuger zum Kunststoffverarbeiter mit breiter Angebotspalette, in: Zeitschrift für Unternehmensgeschichte 46 (2001), S. 131-159.

16 Vgl. grundlegend Christopher Freeman: The „National System of Innovation“ in Historical Perspective, in: Cambridge Journal of Economics 19 (1995), S. 5-24; Bengt-Åke Lundvall (Hg.): National Systems of Innovation. Towards a Theory of Innovation and Interactive Learning, London 1992; Richard R. Nelson (Hg.): National Innovation Systems: A Comparative Analysis, New York u.a. 1993. Für Deutschland vgl. auch Jochen Streb: Shaping the National System of Inter-Industry Knowledge Exchange. Vertical Integration, Licensing and Repeated Knowledge Transfer in the German Plastics Industry, in: Research Policy 32 (2003), S. 1125-1140.

17 Johann Peter Murmann: Knowledge and Competitive Advantage: The Coevolution of Firms, Technology, and National Institutions, Cambridge 2003.

18 Vgl. dazu grundlegend: Wesley M. Cohen/Richard C. Levin: Empirical Studies of Innovation and Market Structure, in: Richard Schmalensee/Robert D. Willig (Hg.): Handbook of Industrial Organization (Handbooks in Economics, Bd. 10), Bd. 2, Amsterdam 1989, S. 1059-1107; Rainer Metz/Oliver Watteler: Historische Innovationsindikatoren. Ergebnisse einer Pilotstudie, in: Historical Social Research 27 (2002), Nr. 1, S. 4-129.

tionsmaßen zur Bestimmung der Innovationsleistung eines Unternehmens, einer Branche oder einer Volkswirtschaft. Samuel Kortum hat gezeigt, dass das Verhältnis zwischen den Patenten und den F&E-Ausgaben amerikanischer Unternehmen in den drei Jahrzehnten nach dem Zweiten Weltkrieg beständig abnahm.[19] Diese im Zeitverlauf abnehmende F&E-Produktivität lässt auf ein Ausschöpfen der damals vorhandenen technologischen Potentiale schließen und verdeutlicht die Interpretationsprobleme bei empirischen Längsschnittanalysen auf Grundlage von inputorientierten Innovationsmaßen. Andere Untersuchungen lassen vermuten, dass der unternehmerische Innovationsprozess nach Erreichen einer optimalen Mindestgröße eher abnehmende Skalenerträge aufweist, die F&E-Produktivität eines Unternehmens mit wachsendem Umfang der F&E-Ausgaben demnach abnimmt.[20] Hierdurch ergeben sich Interpretationsprobleme für zeitpunktbezogene Querschnittsanalysen auf Basis inputorientierter Innovationsmaße. Darüber hinaus argumentiert Ulrich Wengenroth, dass es den *prima facie* zu erwartetenden positiven Zusammenhang zwischen verstärkten Forschungsaufwendungen und mittelfristig folgendem Wachstum nicht immer gebe, vielmehr sogar gewichtige Gegenbeispiele in der deutschen Geschichte zu beobachten seien.[21]

In der modernen Innovationsforschung werden daher meist outputorientierte Maße bevorzugt. Die heute gängigsten Methoden sind die Analyse von Patentdatenbanken und Fachzeitschriften.[22] So wird beispielsweise mit bibliometrischen Verfahren ausgewertet, wie häufig bestimmte Patente oder Wissenschaftler zitiert werden.[23] Auf die diversen Vor- und Nachteile dieses Ansatzes einzugehen lohnt an dieser Stelle jedoch noch nicht, da die retrograde Digitalisierung von Patentschriften und Fachzeitschriften erst in einem ganz rudimentären Stadium ist und sich daher deren Nutzung für innovationshistorische Fragestellungen noch nicht absehen lässt.

---

19 Vgl. Samuel S. Kortum: Equilibrium R&D and the Patent R&D Ratio: U.S. Evidence, in: American Economic Review 83 (1993), S. 450-457.

20 Vgl. die Literaturhinweise in Kamien/Schwartz: Market Structure and Innovation (wie Anm. 14), S. 8-11.

21 Ulrich Wengenroth: Vom Innovationssystem zur Innovationskultur. Perspektivwechsel in der Innovationsforschung, in: Johannes Abele/Gerhard Barkleit/Thomas Hänseroth (Hg.): Innovationskulturen und Fortschrittserwartungen im geteilten Deutschland (Schriften des Hannah-Arendt-Instituts für Totalitarismusforschung, Bd. 19), Köln/Weimar/Wien 2001, S. 9-32, hier S. 24f.

22 Patente, das heißt rechtlich geschützte Inventionen, können durchaus auch als Input des eigentlichen Innovationsprozesses gedeutet werden, vgl. Keith Pavitt: Uses and Abuses of Patent Statistics, in: Anthony F. Raan (Hg.): Handbook of Quantitative Studies of Science and Technology, Amsterdam 1988, S. 509-536, hier S. 513, 528; Griliches: Patent Statistics (wie Anm. 9), S. 1669-1673.

23 Vgl. Adam B. Jaffe/Manuel Trajtenberg: Patents, Citations, and Innovations. A Window on the Knowledge Economy, Cambridge (Mass.) 2002, S. 1-22; ferner Hariolf Grupp: Messung und Erklärung des technischen Wandels. Grundzüge einer empirischen Innovationsökonomik, Heidelberg 1997, S. 174-183.

Ein anderer Weg ist die Zusammenstellung von Innovationen durch Experten, wie sie etwa für das Großbritannien der Nachkriegszeit vorgenommen worden ist.[24] Auf eine ähnliche Datenbank stützen sich Rainer Metz und Oliver Watteler. In ihr sind aus verschiedenen als besonders wichtig angesehenen Publikationen die Nennung bedeutender Erfindungen erfasst worden.[25] Auch für diese Quelle ergeben sich methodische Probleme. Die meisten ausgewerteten Literaturquellen sind für ein größeres Publikum geschrieben, so dass vor allem solche Innovationen überrepräsentiert sein dürften, die sich anschaulich beschreiben lassen. Im Bereich der Chemie etwa sind jedoch viele wichtige Innovationen so komplex und bedürfen so viel Vorwissens, dass sie unterrepräsentiert sein dürften. Der Charakter populärwissenschaftlicher Darstellungen bringt es außerdem mit sich, dass Innovationen, die mit dem schillernden Schicksal ihrer Erfinder verbunden sind, weitaus mehr Beachtung finden dürften als Innovationen aus anonymen F&E-Abteilungen, deren Geschichte mit keinen individuellen Komponenten behaftet sind. Aus diesen Gründen dürften Prozessinnovationen systematisch weniger Berücksichtigung gefunden haben als Produktinnovationen.[26] Hinzu kommt, dass sich Literaturdatenbanken auf die wenigen spektakulären Basisinnovationen einer Epoche konzentrieren. Vernachlässigt wird jedoch die weitaus größere Zahl von Verbesserungsinnovationen, die sich insbesondere, aber nicht nur, während der Diffusion der Basisinnovation ergeben. Diese einseitige Selektion ist deshalb problematisch, da sich das technologische und damit wirtschaftliche Potential einer Volkswirtschaft eher in ihrer Fähigkeit zur Hervorbringung vieler breitgestreuter Verbesserungsinnovationen als in der oftmals zufälligen Entdeckung einiger Basisinnovationen offenbart.

In der neueren wirtschaftshistorischen Forschung und der wirtschaftswissenschaftlich ausgerichteten Innovationsforschung, insofern sie sich nicht auf bibliometrische Daten stützen kann, werden dagegen Patente als ergiebigste Quelle für die Innovationsforschung angesehen. Das Patent wird vom Staat erteilt und macht das Know-how, das in einer neuen Erfindung steckt, von einem quasi-öffentlichen Gut zeitweilig zu einem privaten Gut, indem es dem Erfinder ein Eigentumsrecht verleiht, das auch gehandelt werden kann.[27] Der Patentnehmer wird also für eine gewisse Zeit vor Nachahmern geschützt und erhält so im Falle einer Prozessinnovation einen zeitweiligen Kostenvorsprung oder bei einer Produktinnovation ein

---

24 Ausgewertet von Stephen Broadberry/Nicholas Crafts: Competition and Innovation in 1950s Britain, in: Business History 43 (2001), S. 97-118.

25 Metz/Watteler: Historische Innovationsindikatoren (wie Anm. 18), S. 41-53; vgl. auch http://www.gesis.org/Forschung/HSF/Innovationsindikatoren/index.htm (Zugriff am 22. 06. 2006).

26 Dieser Einwand betrifft auch die Nutzung von Exponaten auf Industrieausstellungen als Innovationsindikatoren, vgl. hierzu grundlegend Petra Moser: How Do Patent Laws Influence Innovation? Evidence from Nineteenth-Century World Fairs, in: American Economic Review 95 (2005), S. 1214-1236.

27 „Specification of tradable assets" in der Terminologie von Naomi R. Lamoreaux/Kenneth L. Sokoloff: Market Trade in Patents and the Rise of a Class of Specialized Inventors in the 19th-Century United States, in: American Economic Review 91 (2001), S. 39-44.

zeitweiliges Monopol. In beiden Fällen kann er eine übernormale Rente erzielen, in der der Anreiz zu weiterem Innovationsstreben liegt. Gesamtwirtschaftlich hat das Patentrecht den weiteren Vorteil, dass die Erfindung publiziert wird und somit einem breiten Interessentenkreis zugänglich gemacht wird. Der größte Nachteil ist, dass den Nachfragern für die Dauer des Patentschutzes Konsumentenrente entgeht, weil sie einen überhöhten Preis zahlen müssen. Im Falle von Prozessinnovationen geht darüber hinaus Konkurrenzunternehmen, solange sie die neue Technologie noch nicht nutzen können, Produzentenrente verloren.

Patente als Quelle der Innovationsgeschichte

Das Arbeiten mit Patentdatenbanken ist in der sozialwissenschaftlichen Innovationsforschung seit etwa zwei Jahrzehnten selbstverständlich. Die deutsche innovationshistorische Forschung hat diese Anregung jedoch bis vor kurzem nicht aufgenommen, obwohl es bereits weit zurückreichende Patentdatenbanken gibt.[28] In der deutschen Innovationsgeschichte scheint vielmehr ein eklektischer, fallstudienbasierter Forschungsansatz zu dominieren, den sie mit der Unternehmensgeschichte gemein hat. Quellengrundlage sind dabei vorwiegend Dokumente aus Unternehmensarchiven. Sehr verdienstvoll sind zweifellos komparative Untersuchungen und Zusammenfassungen auf der Ebene von Branchen oder der Gesamtwirtschaft.[29]

Gleichwohl können auch diese Arbeiten den üblichen Problemen unternehmenshistorischer Forschung nicht entkommen. Zu nennen wären hier etwa die Konzentration auf Großunternehmen und ein ausgeprägter *survivor bias*. Denn der

---

28 In der Datenbank EDOC des Europäischen Patentamtes sind Patente der deutschen, französischen und englischen Patentämter seit 1877, 1902 bzw. 1909 erfasst; vgl. Ulrich Schmoch: Eignen sich Patente als Innovationsindikatoren?, in: Rudolf Boch (Hg.): Patentschutz und Innovation in Geschichte und Gegenwart (Studien zur Technik-, Wirtschafts- und Sozialgeschichte, Bd. 11), Frankfurt a. M. 1999, S. 113-126, hier S. 122; vgl. auch Metz/Watteler: Historische Innovationsindikatoren (wie Anm. 18), S. 39.

29 Vgl. Wilhelm Treue: Unternehmer, Technik und Politik im 19. Jahrhundert, in: Technikgeschichte 32 (1965), S. 175-188; Ders.: Wirtschafts- und Technikgeschichte Preußens (Veröffentlichungen der Historischen Kommission zu Berlin, Bd. 56), Berlin 1984; Ulrich Wengenroth: Unternehmensstrategien und technischer Fortschritt. Die deutsche und die britische Stahlindustrie 1865-1895 (Veröffentlichungen des Deutschen Historischen Instituts London, Bd. 17), Göttingen/Zürich 1986; Paul Erker: Die Verwissenschaftlichung der Industrie. Zur Geschichte der Industrieforschung in den europäischen und amerikanischen Elektrokonzernen 1890-1930, in: Zeitschrift für Unternehmensgeschichte 35 (1990), S. 73-94; Ders.: The Challenge of a New Technology: Transistor Research and Business Strategy at Siemens and Philips, in: History and Technology 11 (1994), S. 131-143; Ders.: The Choice between Competition and Cooperation: Research and Development in the Electrical Industry in Germany and the Netherlands, 1920-1936, in: François Caron/Paul Erker/Wolfram Fischer (Hg.): Innovations in the European Economy between the Wars, Berlin/New York 1995, S. 231-253; Ulrich Marsch: Zwischen Wissenschaft und Wirtschaft. Industrieforschung in Deutschland und Großbritannien 1880-1936, Paderborn u.a. 2000.

Untersuchungsgegenstand Innovation wird meist nur auf Ebene großer Unternehmen untersucht, die lange genug lebten, um ein Unternehmensarchiv zu hinterlassen. Will man jedoch innovatives Verhalten in historischer Perspektive untersuchen, kann eine auf wenige Großunternehmen beschränkte Forschung nur Heuristisches beitragen, so wertvoll dies auch im Einzelfall sein mag. Innovation fand jedoch z.B. im 19. Jahrhundert mindestens in selbem Umfang wie heute in kleinteiligen Einheiten statt (vgl. z.B. unten Tab. 1). Somit kann die Beschränkung auf Großunternehmen nur einen kleinen Ausschnitt tatsächlichen Innovationsverhaltens wiedergeben, und zudem einen stark verzerrten, nämlich zugunsten erfolgreicher und langlebiger Unternehmen. Repräsentative Ergebnisse können so grundsätzlich nicht gewonnen werden.[30]

Dieses Problem kann u.E. nur überwunden werden, indem man nicht nur komparativ, sondern idealerweise quantifizierend und auf Massendaten gestützt arbeitet. In den Vereinigten Staaten ist dies mittlerweile in die innovationshistorische Praxis umgesetzt worden. Dort sind seit über 15 Jahren umfangreiche Patentdatenbanken von Historikern aufgebaut worden, die damit wissenschaftlich Furore gemacht haben. Als Pionier zu nennen ist vor allem der Wirtschaftshistoriker Kenneth L. Sokoloff, der 1988 die erste in einer Reihe größerer historischer patentstatistischer Arbeiten veröffentlichte.[31] Seine Arbeiten, meist gemeinsam mit seinen Koautorinnen Zorina Khan und Naomi Lamoreaux, haben mittlerweile auch ihren Weg in hochrangige wirtschafts- und naturwissenschaftliche Publikationsorgane gefunden.[32]

An dieser Stelle sollen nur die wichtigsten Ergebnisse der neueren US-amerikanischen innovationshistorischen Forschung zusammengefasst werden. Schumpeters Hypothese, dass Marktkonzentration und Innovationskraft positiv korrelieren, wird von der heutigen *Industrial Organization*-Literatur skeptisch beurteilt.[33] Für die Jahre 1909-1928 kommt jedoch Tom Nicholas zu einer Bestätigung von Schumpeters These. Nicholas kann mit Hilfe von Patenten und anderen unternehmenshistorischen Daten zeigen, dass US-Unternehmen mit Marktmacht wegen drohenden Marktzutritts ihre Innovationsaktivitäten überdurch-

---

30 Vgl. Mark Spoerer: Unternehmen und Unternehmensgeschichte: Was kommt heraus, wenn Gewinner Geschichte schreiben lassen?, in: Horst-Alfred Heinrich/Claudia Froehlich (Hg.): Geschichtspolitik: Wer sind ihre Akteure, wer ihre Rezipienten?, Stuttgart 2004, S. 111-117.

31 Kenneth L. Sokoloff: Inventive Activity in Early Industrial America: Evidence from Patent Records, 1790-1846, in: Journal of Economic History 48 (1988), S. 813-850.

32 Naomi R. Lamoreaux/Kenneth L. Sokoloff: Long-Term Change in the Organization of Inventive Activity, in: Proceedings of the National Academy of Sciences 93 (1996), S. 12686-12692; Dies.: Market Trade (wie Anm. 27); B. Zorina Khan/Kenneth L. Sokoloff: The Early Development of Intellectual Property Institutions in the United States, in: Journal of Economic Perspectives 15 (2001), S. 233-246.

33 Einen umfassenden Überblick über die frühen empirischen Studien zu Unternehmensgröße und Innovation bieten Morton I. Kamien/Nancy L. Schwartz: Market Structure and Innovation: A Survey, in: Journal of Economic Literature 13 (1975), S. 1-37. Vgl. auch William L. Baldwin/John T. Scott: Market Structure and Technological Change, London/New York 1987, S. 63-88.

schnittlich ausweiteten und dafür vom Kapitalmarkt belohnt wurden. Aus seinem historischen Beispiel leitet er provokante Implikationen für die Wettbewerbs- und Innovationspolitik ab.[34]

Lamoreaux und Sokoloff zeigen, dass die US-amerikanische Patententwicklung im 19. Jahrhundert einen stark prozyklischen Konjunkturverlauf nahm. Zudem entstanden neue Erfindungen tendenziell dort, wo sich ein Markt für Technologie entwickelte.[35] Dabei kam es zu einer Arbeitsteilung zwischen innovativen Erfindern und Produzenten, die ersteren die Patente abkauften. Die Erfinder bevorzugten städtische Dienstleistungs-, insbesondere Finanzzentren, wo sich Märkte für neue Technologien entwickelten, während die Produzenten ihre Standortentscheidungen an klassischen Faktoren ausrichteten, wie etwa billige Materialbeschaffung, geeignete Arbeitskräfte oder Nähe zu den Absatzmärkten.[36] Etwa um den Wechsel zum 20. Jahrhundert vollzog sich jedoch ein Strukturwandel im Innovationsverhalten. Der Schwerpunkt innovativer Tätigkeit verlagerte sich vom Markt hinein in die Forschungs- und Entwicklungsabteilungen der Unternehmen. Im Sinne des Transaktionskostenansatzes von Oliver Williamson wurde also Markt durch Hierarchie ersetzt. Dafür waren zwei Faktoren maßgeblich. Zum einen erforderten Forschung und Entwicklung gerade in den fortschrittlichsten Branchen (Chemie und Elektrotechnik) immer größere finanzielle Ressourcen und begannen zudem, die begrenzten kognitiven Kapazitäten des isolierten Erfinders zu überschreiten. In den industriellen Forschungslaboratorien bildete sich stattdessen eine Arbeitsteilung zwischen den Forschern heraus.[37] Zum anderen gelang es den Unternehmen in zunehmendem Maße, innovative Erfinder durch geeignete vertragliche Anreize in das Unternehmen einzubinden und dort zu halten.[38]

Lamoreaux und Sokoloff sind in einem Teil ihrer Studien mit einem Quellenproblem konfrontiert. Das US-Patentwesen war ausgesprochen erfinderfreundlich; das Patent erhielt der Erfinder, nicht der Anmelder. Ihre Datenbank erlaubt daher nicht direkt zu unterscheiden, ob ein privater Erfinder ein Patent anmeldete oder

---

34 Tom Nicholas: Why Schumpeter was Right: Innovation, Market Power, and Creative Destruction in 1920s America, in: Journal of Economic History 63 (2003), S. 1023-1058. Zum gegenteiligen Ergebnis kommen für das Großbritannien der 1950er Jahre Broadberry/Crafts: Competition and Innovation (wie Anm. 24).

35 Khan/Sokoloff: Early Development (wie Anm. 32), S. 239f.

36 Lamoreaux/Sokoloff: Long-Term Change (wie Anm. 32); Dies.: The Geography of Invention in the American Glass Industry, 1870-1925, in: Journal of Economic History 60 (2000), S. 700-729.

37 Vgl. zu dieser organisatorischen Innovation Ernst Homburg: The Emergence of Research Laboratories in the Dyestuffs Industry, 1870-1910, in: British Journal of History of Science 25 (1992), S. 91-111; Georg Meyer-Thurow: The Industrialization of Invention: A Case-Study from the German Chemical Industry, in: Isis 73 (1982), S. 363-381.

38 Naomi R. Lamoreaux/Kenneth L. Sokoloff: Inventors, Firms, and the Market for Technology in the Late Nineteenth and Early Twentieth Centuries, in: Naomi R. Lamoreaux/Daniel M.G. Raff/Peter Temin (Hg.): Learning by Doing in Markets, Firms, and Countries, Chicago/London 1999, S. 19-57. Vgl. für die Niederlande: Karel David: Patents and Patentees in the Dutch Republic between c. 1580 and 1720, in: History and Technology 16 (2000), S. 263-283.

ein Unternehmen. Nur über sehr umständliche indirekte Verfahren können sie abschätzen, zu welchem Zeitpunkt sich der Schwerpunkt innovativer Tätigkeit vom freien Markt für Technologie in die neu entstandenen Forschungs- und Entwicklungsabteilungen der Unternehmen verlagerte.

Für diese Frage erlauben dagegen die deutschen Patentdaten eine sehr viel präzisere Antwort, was auf die historische Entwicklung des deutschen Patentwesens zurückzuführen ist. Über den Sinn des Patentschutzes diskutierten die Zeitgenossen des 19. Jahrhunderts intensiv und im Grundsatz mit denselben Argumenten wie heute. Die Gegner sahen darin eine unnötige Behinderung des Wettbewerbs, da Innovationen ohnehin entstünden und die Erfinder daher keine besonderen Anreize benötigten. Zudem führe die Publizitätspflicht dazu, dass Imitatoren nur geringfügig geänderte Varianten erfolgreicher Patente zur Patentierung anmelden würden. In großen Teilen der Industrie, angeführt von Werner Siemens, sah man dies allerdings anders. Sie setzten sich schließlich durch, so dass der Reichstag 1877 ein nationales Patentgesetz erließ. Dies folgte im Gegensatz zu den Patentgesetzen in Großbritannien, Frankreich und den Vereinigten Staaten nicht dem Erfinderprinzip, sondern dem Anmelderprinzip. Zudem verankerte der Gesetzgeber das Prinzip der Betriebserfindung im Patentgesetz, nach dem eine Erfindung, die in Zusammenarbeit mehrerer Angestellter entstanden war, nur durch das Unternehmen angemeldet werden konnte. Jährlich steigende und relativ hohe Patentgebühren sowie der Ausführungszwang zwangen den Anmelder dazu, entweder seine Erfindung zu verwerten oder das Patent fallen zu lassen.[39] Die Novelle von 1891 änderte diese Grundsätze nicht. Erst das Patentgesetz von 1936 brachte mit dem Umschwung auf das Erfinderprinzip eine grundlegende Wende, deren Hauptcharakteristika sich bis heute erhalten haben.

Für die Auswertung der reichlich vorhandenen Patentdaten durch die wirtschaftshistorische Forschung hat sich bereits vor über einem Vierteljahrhundert Wolfram Fischer ausgesprochen[40] – freilich lange Zeit ohne Folgen.

Dies mag einen Grund auch in methodischen Vorbehalten haben, da das Arbeiten mit Patentdaten – nicht nur für innovationshistorische Fragestellungen – einige grundsätzliche Probleme aufwirft. Erstens steht zu fragen, ob Patente überhaupt ein guter Indikator für Innovationen sind. Natürlich gibt es viele Erfindungen, die nicht patentiert werden, sei es, weil dies rechtlich nicht zulässig ist, sei es, weil das Unternehmen aus Gründen der Geheimhaltung darauf verzichtet. So gibt es in der Frage der Patentanmeldung durchaus branchenspezifische Unterschie-

---

39 Vgl. Wilhelm Treue: Die Entwicklung des Patentwesens im 19. Jahrhundert in Preußen und im Deutschen Reich, in: Helmut Coing/Walter Wilhelm (Hg.): Wissenschaft und Kodifikation des Privatrechts im 19. Jahrhundert, Bd. 4, Frankfurt a. M. 1979, S. 163-182; Kees Gispen: New Profession, Old Order. Engineers and German Society, 1815-1914, Cambridge 1989, S. 241; Rudolf Boch: Das Patentgesetz von 1877. Entstehung und wirtschaftsgeschichtliche Bedeutung, in: Ders. (Hg.): Patentschutz (wie Anm. 28), S. 71-84.

40 Wolfram Fischer: The Role of Science and Technology in the Economic Development of Modern Germany, in: William Beranek/George Ranis (Hg.): Science, Technology and Economic Development. A Historical and Comparative Study, New York u.a. 1978, S. 71-113, hier S. 96.

de.[41] Doch dürfte es keinen anderen Indikator geben, der einen so großen Anteil aller Erfindungen abdeckt, zumal vor dem Zweiten Weltkrieg Innovationen stärker als heute im gewerblichen Bereich stattfanden, der sich für die Patentierung besser eignet als der Dienstleistungsbereich. Außerdem lassen sich branchenspezifische Unterschiede in der Patentneigung in ökonometrisch testbaren Modellspezifikationen berücksichtigen.

Weiter steht zweitens zu fragen, ob die Patentanmeldung oder die Patenterteilung erfasst werden sollte. Es gibt Stimmen, die ersteres bevorzugen.[42] Doch während die Anmeldung lediglich ein subjektives Empfinden des Anmelders ausdrückt, etwas Neues erfunden zu haben, erfolgt erst in der Erteilung eine, wenn man so will, Objektivierung dieser Ansicht. Auf diese Objektivierung wurde gerade im deutschen Patentverfahren viel Wert gelegt, das im Gegensatz zu vielen anderen Ländern eine gründliche Prüfung vorsah.

Drittens ist zu klären, ob das Patent wirklich für eine Innovation steht und nicht nur für eine Invention. Damit zusammen hängt ein häufig vorgebrachter Kritikpunkt an der Verwendung von Patenten als Indikator für Innovationsverhalten, dass nämlich viele Patente kaum Nutzen haben und lediglich prophylaktisch oder aus wettbewerbsstrategischen Gründen angemeldet werden.[43] Einer großen Anzahl fast wertloser Patente steht ein verhältnismäßig kleiner Anteil sehr wertvoller Patente gegenüber. Ähnlich wie die Einkommensverteilung ist auch die Verteilung des Wertes von Patenten stark rechtsschief.[44]

In der historischen Patentdatenbank, die eine Forschergruppe um Jörg Baten und Jochen Streb in Tübingen und Hohenheim aufgebaut hat und die im Folgenden kurz vorgestellt wird, ist diesem Einwand dadurch Rechnung getragen worden, dass nicht alle Patente erfasst werden, sondern nur diejenigen Patente, die mindestens zehn Jahre gehalten wurden. Das deutsche Patentrecht belegte nicht nur die Anmeldung mit vergleichsweise hohen Gebühren, sondern ließ diese mit jedem Jahr der Verlängerung ansteigen. Nur wer vom wirtschaftlichen Wert seines Patents überzeugt war, wird solche Kosten auf sich genommen haben. Insofern steht ein solches, mindestens zehn Jahre lang gehaltenes Patent, nicht nur für

---

41 Vgl. Pavitt: Uses and Abuses (wie Anm. 22), S. 520; Cohen/Levin: Empirical Studies (wie Anm. 18), S. 1063f.; Richard C. Levin u.a.: Appropriating the Returns from Industrial Research and Development (Cowles Foundation for Research in Economics at Yale University, Paper 714), New Haven 1989; Moser: How Do Patent Laws (wie Anm. 26).

42 Vgl. Grupp: Messung und Erklärung (wie Anm. 23), S. 161, 164f.

43 Vgl. z.B. William G. Shepherd: The Economics of Industrial Organization: Analysis, Markets, Policies, 2. Aufl., Englewood Cliffs 1985, S. 150; Mokyr: Lever of Riches (wie Anm. 8), S. 251; vgl. dagegen Daniele Archibugi: Patenting as an Indicator of Technological Innovation. A Review, in: Science and Public Policy 10 (1992), S. 357-368.

44 Vgl. hierzu grundlegend: Mark Schankerman/Ariel Pakes: Estimates of the Value of Patent Rights in European Countries During the Post-1950 Period, in: Economic Journal 96 (1986), S. 1052-1076.

eine Invention, sondern auch für eine echte Innovation.[45] Abbildung 1 veranschaulicht diese Zusammenhänge.

Abb.1: Zusammenhang zwischen Inventionen, Innovationen, Patenten und 10-Jahres-Patenten

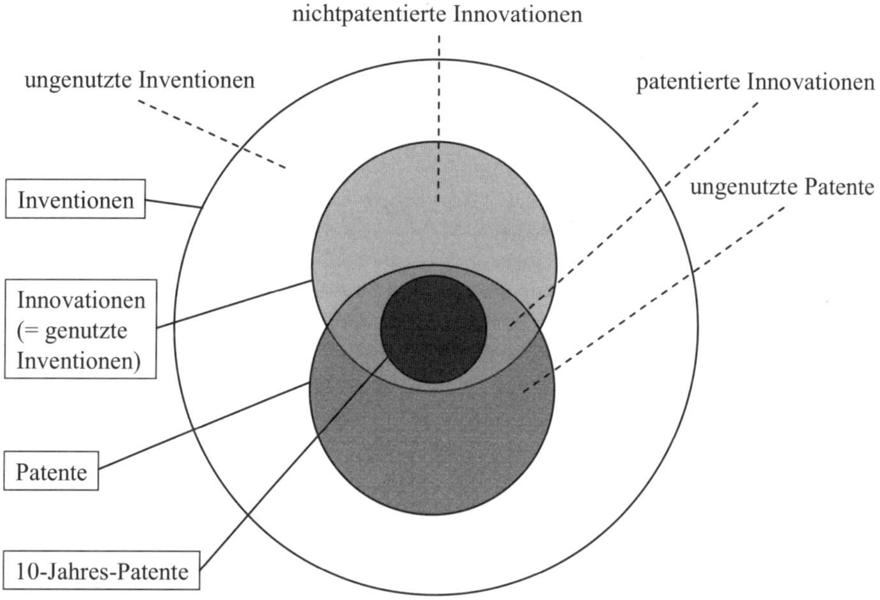

Die Fläche des äußeren Kreises steht für die Menge der Inventionen. Von diesen wird ein Teil genutzt und somit zur Innovation (oberer Kreis). Ein idealer Innovationsindikator würde diese Menge abbilden. Der Indikator Patente (unterer Kreis) ist insofern problematisch, als er neben Innovationen auch nicht genutzte Inventionen umfasst. Die Menge der 10-Jahres-Patente (zentraler Kreis) befindet sich in der Schnittmenge von Innovationen und Patenten. In ihr fehlen zwar nicht patentierte oder weniger als zehn Jahre lang durch Patent geschützte Innovationen, doch enthält sie im Gegensatz zu vielen anderen Innovationsindikatoren kaum unwichtige oder gar ungenutzte Innovationen.

---

45 Vgl. Schankerman/Pakes: Estimates of the Value of Patent Rights (wie Anm. 44); und Pavitt: Uses and Abuses (wie Anm. 22), S. 514; ferner auch Treue: Entwicklung des Patentwesens (wie Anm. 39), S. 181. Eine interessante Alternative hat Nicholas: Why Schumpeter was Right (wie Anm. 34), S. 1031-1037, vorgeschlagen. Er nutzt Patentzitate, die ab dem Jahr 1976 elektronisch vorliegen, um die von ihm herangezogenen Patente der Jahre 1920-1928 zu bewerten. Vgl. auch Petra Moser/Tom Nicholas: Was Electricity a General Purpose Technology? Evidence from Historical Patent Citations, in: American Economic Review 94 (2004), S. 388-394.

Wie wenig Patente das harte 10-Jahres-Kriterium erfüllen, veranschaulicht Abbildung 2.[46] Nur etwa 10 Prozent aller zwischen 1891 und 1907 erteilten Patente wurden mindestens zehn Jahre lang gehalten.

Abb. 2: Überlebensrate deutscher Patente der Kohorten 1891-1907

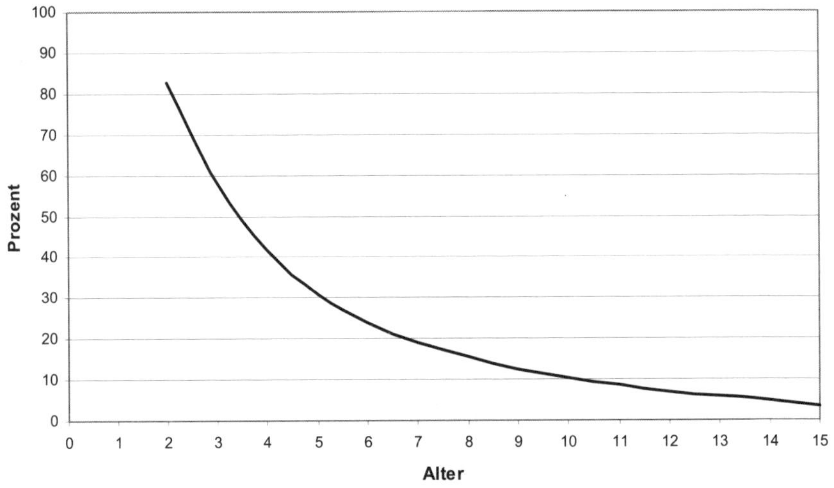

Ganz ohne Nachteile ist freilich auch dieses Kriterium nicht. So ist anzunehmen, dass in besonders dynamischen Branchen durch Patente geschützte Erfindungen technisch schneller überholt sind als in reifen Industrien und daher weniger lang aufrechterhalten werden. Um diesen Effekt abzuschätzen, wäre eine Studie über branchenspezifische Patentmortalitäten vonnöten. Solch eine Studie könnte auf zeitgenössischen Statistiken des Kaiserlichen Patentamts aufbauen, die im Blatt für Patent-, Muster- und Zeichenwesen publiziert wurden. Sie geben an, wie viele Patente eines Jahrgangs einer bestimmten Patentklasse die maximale Lebensdauer von 15 Jahren erreichten.[47]

Ein letztes Problem, das immer bei der Auswertung von Innovationsindikatoren auftritt, ist die Zuordnung des Patents zu einer Branche. In der Literatur werden mindestens drei sinnvolle Zuordnungen unterschieden: in die Branche, aus der (1.) die Produktgruppe oder (2.) das anmeldende Unternehmen kommt, oder (3.) in der die neue Erfindung hauptsächlich angewendet wird.[48] Das Patentamt erfasste die Patente entsprechend ihrer technischen Eigenschaften in bestimmten

---

46 Vgl. auch Alfred Heggen: Erfindungsschutz und Industrialisierung in Preußen 1793 bis 1877 (Studien zu Naturwissenschaft, Technik und Wirtschaft im 19. Jahrhundert, Bd. 5), Göttingen 1975, S. 138f.

47 Vgl. insbes. Blatt für Patent-, Muster- und Zeichenwesen 16 (1910), S. 69-71.

48 Pavitt: Uses and Abuses (wie Anm. 22), S. 520; Archibugi: Patenting (wie Anm. 43), S. 361.

technologischen Klassen – von Klasse 1 (Aufbereitung von Erzen) bis Klasse 89 (Zucker- und Stärkegewinnung). Diese Zuordnung entspricht am ehesten der dritten der oben genannten Möglichkeiten. Beispielsweise enthält die vom Patentamt verwendete Klasse 45 (Land- und Forstwirtschaft) Innovationen, die von diesem Sektor genutzt wurden, aber überwiegend von der Maschinenbauindustrie (landwirtschaftliche Nutzmaschinen) oder von der Chemieindustrie (Schädlingsbekämpfung) hervorgebracht wurden. Im Jahr 1900 untergliederte das Patentamt die 89 ursprünglichen Klassen in zahlreiche Unterklassen. Spätestens auf Grundlage dieser Detailinformationen ist es möglich, eine Konkordanz zu erstellen, durch die ein Großteil der Patente auch der anmeldenden Branche zugeordnet werden kann, sofern diese Information für die ökonomische Analyse benötigt wird.

Damit ist eine Datenbank mit bislang über 67.000 Patenten entstanden, die zwischen 1877 und 1932 angemeldet, erteilt und mindestens zehn Jahre lang gehalten wurden.

Erste Ergebnisse des Projekts

Diese Patentdatenbank lässt sich für eine Vielzahl innovationshistorischer Fragestellungen nutzen. An dieser Stelle sollen kurz einige erste Resultate vorgestellt werden. Schon eine erste deskriptive Auswertung ergibt interessante Resultate. In der folgenden Abbildung ist die Patentaktivität in unterschiedlichen Regionen Deutschlands – gemessen in 10-Jahres-Patenten je 1 Million Einwohner – abgetragen.

Es zeigt sich deutlich, dass die regionale Patentaktivität ihre Schwerpunkte in den industriellen Zentren Rheinpreußen, Oberrhein, Sachsen und Großraum Berlin hatte. Die relative Bedeutung dieser Regionen blieb im Zeitverlauf jedoch nicht konstant. Während der zweiten industriellen Revolution seit etwa Mitte der 1880er Jahre gewannen insbesondere die geographischen Standorte der Chemieindustrie (Rhein) und der Elektrotechnik (Großraum Berlin) an Bedeutung, während Sachsen als traditioneller Standort der Textilmaschinenbauindustrie zurückfiel.[49]

[49] Für weitere Details siehe den Aufsatz von Streb und Baten in diesem Band.

Abb. 3: Die regionale Verteilung der 10-Jahres Patente 1878-1914 je 1 Million Einwohner (Bevölkerung von 1910)

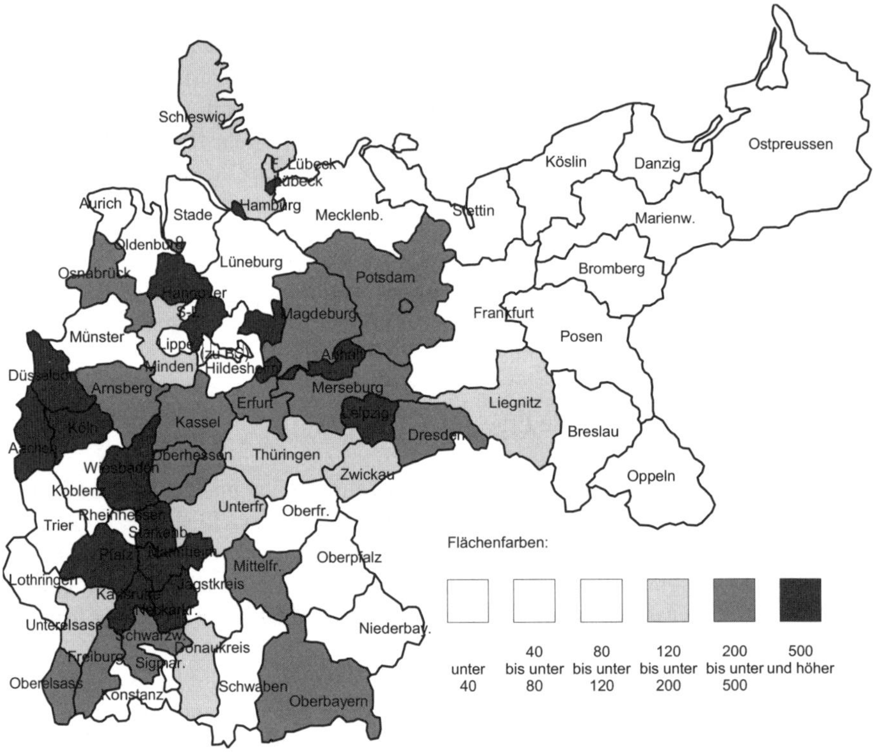

Des Weiteren lassen sich erste Ergebnisse zur Frage nach dem Zusammenhang von Unternehmensgröße und Innovationsaktivität gewinnen. In Tabelle 1 sind die Patentdaten mit einem Datensatz zum Großherzogtum Baden abgeglichen worden, für das alle Industriebetriebe mit 15 und mehr Beschäftigten für das Jahr 1906 erfasst sind (insgesamt 2.407 Unternehmen), wobei die Größe dieser Betriebe auf Basis ihrer Beschäftigtenzahl abgeschätzt werden kann. Insgesamt konnten für diese badischen Industrieunternehmen 337 10-Jahres-Patente identifiziert werden. Ein unmittelbarer Branchenvergleich oder eine Mischung von Branchen wäre wenig sinnvoll, weil die Branchen unterschiedlich kapitalintensiv produzierten und die Patentneigung branchenspezifische Unterschiede aufweist. In Tabelle 1 sind diese Patente auf verschiedene Größenklassen und Branchen bezogen.

Leerzellen zeigen an, dass die jeweilige Branche keine Betriebe in der entsprechenden Größenklasse aufwies. Nullwerte bezeichnen Größenklassen, in denen Betriebe, aber keine Patente vorhanden waren. Die Patente beziehen sich auf den Gesamtzeitraum 1878-1913; allerdings gab es die weitaus größte Zahl von Patenten in den Jahren kurz vor dem Ersten Weltkrieg, so dass die Arbeiterzahl von 1906 ein guter Hilfsindikator für die relevante Unternehmensgröße ist. Ein leichtes Endogenitätsproblem ist allerdings nicht ganz von der Hand zu weisen, d.h. kleine Unternehmen, die zu Beginn des Zeitraums sehr innovativ waren, sind vielleicht gerade deswegen überdurchschnittlich gewachsen und fallen 1906 in die Kategorie der Großbetriebe.

Tab. 1: Patente pro 10.000 Arbeiter in den badischen Unternehmen mit 15 und mehr Beschäftigten 1906

Branche		Patente pro 10.000 Arbeiter nach Größenklasse				Skaleneffekte
	Arbeiter	15-49	50-99	100-499	500 +	bei F&E
Schmuck	17.755	1,6	0,0	17,4	0,0	(zunehmend)
Papier	9.070	6,5	0,0	0,0	0,0	
Leder	4.275	0,0	0,0	6,8	0,0	
Druck	3.723	6,7	0,0	0,0		
Maschinenbau	28.386	96,7	96,7	51,2	82,4	abnehmend
Metallverarbeitung	12.074	6,1	132,7	10,2	38,1	abnehmend
Chemie	6.060	17,8	0,0	34,1	86,2	zunehmend
Steine & Erden	13.293	2,2	18,6	2,1	0,0	
Bekleidung	4.308	5,5	9,3	0,0	0,0	(abnehmend)
Gas & Wasser	729	0,0	0,0	0,0	0,0	
Bau	6.619	5,0	0,0	0,0	0,0	
Tabak	34.223	2,0	0,0	1,7		
Holz	12.521	5,2	3,4	4,5	8,6	zunehmend
Nahrungsverarb.	6.951	4,0	0,0	0,0	0,0	
Textil	31.805	0,0	0,0	0,7	12,0	zunehmend

Man sieht, dass die Zahl der Patente pro Beschäftigten durchaus keinem eindeutigen Muster folgt. In der badischen Chemieindustrie, in der auf die 1.392 Arbeiter in Betrieben mit mehr als 500 Arbeitern immerhin eine Patentintensität von 86,2 kommt, während die Betriebe darunter auf nicht einmal die halbe Patentintensität kommen, waren tatsächlich die größeren Unternehmen innovativer als die kleinen. Allerdings waren in diesen kleineren Chemiefirmen 4.668 Arbeiter beschäftigt, so dass die Zahl der Patente mit 14 leicht höher lag als bei den badischen Großunternehmen (12 Patente). Ähnlich lagen die Verhältnisse in der „alten" Textilindustrie, und auch die Ergebnisse für die Schmuckindustrie weisen auf eine höhere Patentintensität der Betriebe mit mehr 100 Beschäftigten hin (es gab nur sehr wenige mit über 500 Arbeitern).

Interessant ist, dass die besonders patentintensive Maschinenbaubranche einen Verlauf der Patentintensitäten aufwies, die einem U entspricht.[50] Im badischen Maschinenbau wurden die meisten wichtigen Patente von Betrieben unter 100 Beschäftigten angemeldet. Offenbar existierte hier ab einer gewissen Größe so

50 Vgl. hierzu grundlegend Kamien/Schwartz: Market Structure and Innovation (wie Anm. 33), S. 18f.

etwas wie abnehmende Skalenerträge der Forschung und Entwicklung, die erst im extremen oberen Bereich wieder zunahmen. Ähnliches gilt für die Metallverarbeitung, wobei das Maximum der Patentintensität hier in der Gruppe der Betriebe mit 50-99 Beschäftigten liegt.[51] Auch hier sind Großunternehmen nicht unbedingt patentintensiver.

Auf gesamtdeutscher Ebene eignet sich der Patentdatensatz vorzüglich, um die Innovationsaktivität verschiedener Branchen im Zeitablauf der Hochindustrialisierung zu untersuchen. Dabei lassen sich im Wesentlichen vier technologische Wellen unterscheiden. Von der Gründung des Reichspatentamts 1877 bis 1886 dominierten in Deutschland Innovationen aus der Eisenbahntechnik und dem (Dampf-)Maschinenbau. Bis 1896 führte dann die Farbenchemie, die 1897 von der allgemeinen Chemie abgelöst wurde. Ab 1903 war die elektrotechnische Industrie die innovativste deutsche Branche. Die beobachtbare parallele Entwicklung der Patentbooms verschiedener technologischer Klassen (Eisenbahntechnik-Dampfmaschinen, Farbenchemie-Färberei, Elektrotechnik-wissenschaftliche Instrumente) belegt erneut, dass eine Hauptquelle für erfolgreiche Innovationsaktivitäten der interindustrielle Wissenstransfer zwischen technologisch, ökonomisch und geographisch nahe beieinander liegenden Branchen war.[52]

Über die Deskription hinaus ist der Patentdatensatz auch schon zur Beantwortung analytischer Fragestellungen genutzt worden. Auch hier erweist sich die Verknüpfung der Patentdaten mit den badischen Unternehmensdaten als ergiebig. So zeigt sich, dass erfolgreiche Innovationsaktivitäten technologisch fortgeschrittener Unternehmen positive externe Effekte auf die Innovationsaktivität anderer Unternehmen nicht nur in derselben, sondern auch in anderen Branchen ausüben. Offensichtlich überträgt sich innovatives Wissen, vom eigentlichen Innovator intendiert oder auch nicht, innerhalb einer Region über Unternehmens- und Branchengrenzen hinweg. Während sich diese Wissensübertragung sowohl für große als auch für kleine Unternehmen nachweisen lässt, erweist sich die geographische Nachbarschaft zu regionaler Humankapitalbildung (Technische Universitäten, Gewerbeschulen) nur für kleine Unternehmen als Vorteil, wie schon Sidney Winter in seiner Theorie technologischer Regimes postuliert hat. Große badische Unternehmen waren eher dazu in der Lage, das von ihnen benötigte Humankapital auch aus größerer Entfernung zu rekrutieren.[53]

Die Frage des interindustriellen Wissenstransfers ist für zwei Branchen, die auf den ersten Blick vielleicht wenig Berührungspunkte haben mögen, genauer untersucht worden: die „neue" chemische Industrie und die „alte" Textilindustrie.

---

51 Die Branche „Metallproduktion" ist nicht aufgeführt, weil sie keine Patente auswies und in Baden 1906 ohnehin nur 26 Beschäftigte zählte.

52 Vgl. Jochen Streb/Jörg Baten/Shuxi Yin: Technological and Geographical Knowledge Spillover in the German Empire 1877-1918, in: Economic History Review 59 (2006), S. 343-373. Vgl. auch den Aufsatz von Streb und Baten in diesem Band.

53 Vgl. Jörg Baten/Anna Spadavecchia/Jochen Streb/Shuxi Yin: Clusters, Externalities and Innovation: New Evidence From German Firms, 1890 to 1913 (Unveröff. Arbeitspapier), Universität Tübingen 2004.

Interpretiert man den von den deutschen Chemieunternehmen entwickelten Bestand an 10-Jahres-Patenten der Klassen 22 (Farben) und 8 (Färberei) als technologischen Kapitalstock, der von den deutschen Textilunternehmen zur Einführung von Prozess- und Produktinnovationen genutzt werden konnte, so lässt sich mit zeitreihenökonometrischen Methoden zeigen, dass der mittels ebenfalls innovativer Marketingtechniken[54] durchgeführte interindustrielle Wissenstransfer eine endogene Wachstumsspirale hervorrief. In einem ersten Schritt vermittelten die deutschen Chemieunternehmen den deutschen Textilunternehmen das neue Wissen um innovative Textilfarben und Färbetechniken mit Hilfe von Kundenberatung und Kundenausbildung. Die Textilunternehmen nutzten dieses Wissen um Prozess- und Produktinnovationen zur Erhöhung ihrer Weltmarktanteile, indem sie gefärbte Textilien billiger und/oder in höherer Qualität als ihre nicht informierten ausländischen Konkurrenten anboten. In einem zweiten Schritt erhöhte die steigende Nachfrage der expandierenden Textilunternehmen nach Synthesefarben sowohl den finanziellen Spielraum als auch die Bereitschaft der Chemieunternehmen zur Entwicklung einer neuen Generation von innovativen Farben und Färbetechniken, die wiederum an ihre Kunden weitergegeben wurden. Beiden Branchen bescherte diese positive Rückkopplung steigende Wettbewerbsvorteile, Gewinne und Wachstum.[55]

Schon dieser kleine Überblick sollte gezeigt haben, dass die Nutzung von Patentdaten ganz neue Perspektiven eröffnet und neue Einsichten vermittelt, die mit Einzeluntersuchungen prinzipiell nicht zu erlangen wären. In Kombination mit anderen Variablen erlauben Patentdaten, auch solche Branchen und Unternehmen in den Blick zu nehmen, die von der Wirtschafts-, Unternehmens- und eben auch Innovationsgeschichte bislang links liegen gelassen worden sind. Die Ausweitung der Perspektive von einigen wenigen spektakulären Innovationen zur gesamtwirtschaftlichen Innovationstätigkeit – insoweit sie sich in Patenten abbildet – erlaubt darüber hinaus generalisierende Aussagen zu treffen, die an die aktuelle Innovationsforschung anknüpfen und somit sogar Implikationen für aktuelle innovationspolitische Fragen haben können.

---

[54] Vgl. Jochen Streb: Kundenberatung und Kundenausbildung als innovative Marketingstrategien der deutschen Chemieindustrie im 19. und 20. Jahrhundert, in: Christian Kleinschmidt/Florian Triebel (Hg.): Marketing. Historische Aspekte der Wettbewerbs- und Absatzpolitik (Bochumer Schriften zur Unternehmens- und Industriegeschichte, Bd. 13), Essen 2004, S. 85-104.

[55] Vgl. Jochen Streb/Jacek Wallusch/Shuxi Yin: Knowledge Spill-overs from New to Old Industries. The Case of German Synthetic Dyes and Textiles 1878-1913, in: Explorations in Economic History (erscheint demnächst).

Helmut Braun

Korreferat zu Mark Spoerer

„Wissenschaftlicher Standort, Quellen und Potentiale der Innovationsgeschichte“

Die Innovationsgeschichte hat sich, der bekannten Schumpeter'schen Sequenz folgend, nach Spoerer et al. mit „der erfolgreichen (oder auch gescheiterten) Einführung eines Prozesses oder Produkts am Markt sowie deren Ursachen und Folgen“ zu beschäftigen. Studien über die erfolgreiche Durchsetzung von Neuerungen und ihrer „Macher“ sind jedoch sicherlich prickelnd darstellbar und auch öffentlichkeitswirksam – doch hierbei waren schon lange und vielfach Technikhistoriker,[1] Ökonomen[2] und auch (Technik-)Soziologen[3] tätig. Um sich eigenständig positionieren zu können, darf sich Innovationsgeschichte also nicht auf eine „story of winners“[4] beschränken, sondern muss sich intensiv der methodisch sowie der historisch und empirisch viel komplizierteren Analyse von „Flops“ widmen.[5] Denn was Neuheiten betrifft, ist nicht der Erfolg, sondern das Scheitern der Regelfall.[6] Hier wäre auch zu untersuchen, warum Innovationen in bestimmten Umgebungen und zu bestimmten Zeiten scheiterten, später und eventuell anderswo aber erfolgreich am Markt platziert werden konnten. Die Innovationsgeschichte muss daher, auch zum Zwecke der Befruchtung der meist stark ökonomisch geprägten Innovations- und Technologietheorien, Innovationshemmnisse herausar-

---

1 Vgl. Hans-Joachim Braun (Hg.): Symposium on „Failed Innovations“, in: Social Studies of Science 22 (1992).

2 Zum Beispiel John M. Ketteringham/P. Ranganath Nayak: Senkrechtstarter. Große Produktideen und ihre Durchsetzung, dt. Ausgabe, Düsseldorf 1989. Ein Klassiker hierzu bleibt sicherlich Paul David: Clio and the Economics of QWERTY, in: American Economic Review, Papers and Proceedings 75 (1985), S. 332-337.

3 Vgl. z. B. Wiebe E. Bijker/John Law (Hg.): Shaping Technology – Building Society. Studies in Sociotechnical Change, Cambridge (Mass.)/London 1992. David M. Noble: Maschinenstürmer oder Die komplizierten Beziehungen der Menschen zu ihren Maschinen, dt. Ausgabe Berlin 1986.

4 Hans-Joachim Braun: Introduction. Symposium on „Failed Innovations“, in: Hans-Joachim Braun (Hg.): Symposium on „Failed Innovations“, in: Social Studies of Science, Vol. 22 (1992), S. 213-230, hier S. 213.

5 Vgl. Reinhold Bauer: Top oder Flop. Geschichten vom Scheitern, in: Lothar Späth (Hg.): Ausgezeichnete Innovatoren im deutschen Mittelstand, Frankfurt am Main/Wien 2003, S. 202-206.

6 Vgl. Andrew Robertson: The Management of Industrial Innovation. Some Notes on the Success and Failure of Innovation, London 1969.

beiten. Denn nicht zuletzt können beispielsweise religiös-kulturelle Prägungen eine Ursache dafür sein, dass in einigen Regionen der Welt oder zu anderen Zeiten die Beschäftigung mit Neuheiten sowie dem zugrunde liegenden Wissen akzeptiert wurde, in anderen Regionen aber nicht.[7]

Dazu ist aber zu klären, was unter einer „gescheiterten Innovation" zu verstehen ist. Entscheidend ist, dass für den Eintritt eines Erfolgs oder Misserfolgs von Innovationen auch soziale Phänomene wirkmächtig sind.[8] Damit sind immer auch die historischen Rahmenbedingungen sozialer Phänomene relevante Gegenstände der Analyse, letztlich sind damit also Erkenntnisse der Wirtschafts- und Sozialgeschichte, aber auch der Umweltgeschichte zu beachten. Von besonderem Interesse sind auch Innovationsprozesse, deren Erfolg oder Fehlschlag ganze Unternehmen beziehungsweise Branchen in ihrer Existenz tangierten und damit für Branchenstrukturen und Märkte umwälzende Folgen auslösten.[9]

Die von Spoerer et al. vorgeschlagene Verwendung der „klassischen" Schumpeter'schen Abfolge von Invention, Innovation und Diffusion stellt zwar einen ersten, logisch strukturierenden Rahmen für innovationsgeschichtliche Fragestellungen dar, ist aber für tiefergehende Erklärungen eher ungeeignet: Bereits früh[10] wurde die Linearität des ursprünglichen Schumpeter'schen Ansatzes, die als außerökonomisch bewertete Inventionsphase sowie der Ablauf von Invention, Innovation und Diffusion in logischer Zeit kritisiert. Moderne, sozialwissenschaftlich-ökonomische sowie evolutorische Innovationstheorien überwanden diese methodischen Unzulänglichkeiten.[11] Beispielhaft sei genannt, dass statt der Schumpeter'schen Linearität bei der Analyse vieler „Innovationsprozesse" Rück- und Wechselwirkungen zwischen der Inventions-, der Innovations- und der Diffusionsphase identifiziert wurden.[12] Analytisch erfassbar werden diese Wechselwirkungen durch die Definition von technologischen Paradigmen und von den sich im Rahmen dieser Denkweisen entwickelnden technischen Entwicklungslinien, den Trajekten, innerhalb derer die technischen Artefakte entstehen und permanent

---

7 Dies ist auch heutzutage relevant, beispielsweise bei der Gentechnik.

8 Einen Überblick über diese Diskussion gibt Reinhold Bauer: Brauchen wir eine „Geschichte des Scheiterns"? Fehlgeschlagene Innovationen als Gegenstand der historischen Technikgeneseforschung, in: Hamburger Wirtschafts-Chronik, 2004, S. 57-84.

9 Vgl. Clayton M. Christensen: The Innovator's Dilemma. When New Technologies Cause Great Firms to Fail, 2nd ed., New York 2000.

10 Vgl. Abbott Payson Usher: A History of Mechanical Invention, New York 1929, 3. Aufl., Cambridge (Mass.)/London 1966.

11 Als frühe Arbeiten vgl. Edward W. Constant II: The Origins of the Turbojet Revolution, Baltimore/London 1980; Devendra Sahal: Patterns of Technological Innovation, Reading (Mass.) u.a. 1981. Neuere Arbeiten betonen stärker den evolutionären Aspekt und die Schumpeter'sche Tradition. Vgl. Mathias Erlei/Marco Lehmann-Waffenschmidt (Hg.): Curriculum Evolutorische Ökonomik, Marburg 2001; Marco Lehmann-Waffenschmidt/Alexander Ebner/Dirk Fornahl (Hg.): Institutioneller Wandel, Marktprozesse und dynamische Wirtschaftspolitik, Marburg 2004; Andreas Pyka: Der kollektive Innovationsprozess, Berlin 1999; Peter Hall: Innovation, Economics, and Evolution, New York/London 1994.

12 Vgl. Giovanni Dosi: Sources, Procedures, and Microeconomic Effects of Innovation, in: Journal of Economic Literature XXVI (1988), S. 1120-1171.

im Detail verbessert werden.[13] Bei auf network-externalities beruhenden Gütern stellt zudem die tatsächliche, historische Zeit über den Effekt der möglichst schnellen Überwindung einer „kritischen Anwendermasse“ sogar eine zentrale analytische Kategorie dar, mit welcher das langfristige Verweilen in einem inferioren technischen Standard trotz der Existenz einer überlegenen Technik (ein sogenannter „lock-in“)[14] erklärt werden kann. Wichtige neuere Arbeiten verbinden diese modernen innovationstheoretischen Überlegungen bereits mit der Analyse historischer Technologieentwicklungen, sind also in diesem Sinne bereits als innovationsgeschichtliche Arbeiten zu betrachten.[15] Eine sich an Strukturen und Prozessen orientierende Innovationsgeschichte sollte daher die neuen Ansätze der Techniktheorie adaptieren und bei der Erklärung historischer Innovationsprozesse anwenden, also diese als interagierende Inventions-, Innovations- und Diffusionsvorgänge betrachten.

Damit könnten auch mehr oder weniger kontinuierliche Prozesse zur Erzeugung gradueller Verbesserungsinnovationen, sozusagen „neuer Generationen“ einer Innovation, analytisch besser integriert werden. Dies käme dem Ziel einer endogenen Erklärung technischen Fortschritts in der gesamtwirtschaftlichen Produktionsfunktion entgegen, also der „Makroperspektive“ der Analyse von Innovationen. Dabei sollte die gesamtwirtschaftliche Produktionsfunktion aber nicht allein auf die üblichen Faktoren Arbeit, Kapital sowie Boden beschränkt werden. Auch sollten Innovationen nicht allein reflektiert werden vor dem Hintergrund, welcher der Produktionsfaktoren jeweils besonders knapp war und daher die Suche nach einer neuen, innovativen Problemlösung förmlich provoziert hat. Zudem ist in diesem Kontext zu diskutieren, inwieweit die Beseitigung eines Faktorengpasses durch eine Innovation marktlich nicht erfasste Externalitäten verursachte: Man denke hier an arbeitssparende technische Fortschritte durch Verfahrensprozesse[16], deren Energiebedarf letztlich nicht komplett vom Markt monetär internalisierte Kosten verursacht, etwa in der Form von die Wohlfahrt senkenden Umweltschädigungen.[17] Auch die allgemeine Beschleunigung des Lebens durch diverse technische und organisatorische Innovationen mag zwar die rein ökonomische

13 Vgl. Giovanni Dosi: Technological Paradigmas und Technological Trajectories, in: Research Policy 11 (1982), S. 147-162; Devendra Sahal: Technological Guidepost and Innovation Avenues, in: Research Policy 14 (1985), S. 61-82.

14 Vgl. Brian W. Arthur: Competing Technologies, Increasing Returns, and lock-in by Historical Events, in: Economic Journal 99 (1989), S. 116-131.

15 Für einen Überblick zu modernen Arbeiten im Rahmen der Technikgenese- und Technikausbreitungsforschung vgl. Helmut Braun: Von der Technik- zur Umweltgeschichte, in: Günther Schulz/Christoph Buchheim u.a. (Hg.): Sozial- und Wirtschaftsgeschichte. Arbeitsgebiete – Probleme – Perspektiven. 100 Jahre Vierteljahrschrift für Sozial- und Wirtschaftsgeschichte, Stuttgart/Wiesbaden 2004, S. 375-401, hier: S. 379-381.

16 Hier ist noch zu unterscheiden nach rein organisatorischen Verfahrensverbesserungen und technischen Produkten, in denen innovative Verfahrensprozesse technisch eingebunden („embodied“) sind.

17 Vgl. Christian Pfister (Hg.): Das 1950er Syndrom. Der Weg in die Konsumgesellschaft, 2. Aufl., Bern/Stuttgart/Wien 1996.

Effizienz gesteigert, aber zugleich nicht internalisierte Kosten bei den Betroffenen (z.B. Stress, Depressionen) und in der Gesellschaft hervorgerufen haben.[18]

Damit zusammenhängend, besteht ein weiterer Ansatzpunkt innovationsgeschichtlicher Forschungen in der Analyse von historischen Beispielen für die Gestaltung, die Anwendung und den Erfolg von Technikfolgenabschätzungen.[19] Hierbei bestehen interdisziplinäre Berührungspunkte zur Umweltgeschichte, welche wiederum eine bedeutende Wurzel in der Technikgeschichte hat. Darüber hinaus könnten Erkenntnisse historischer Methoden der Technikfolgenabschätzung auch die modernen, auf die Prognose der zukünftigen Technikfolgen ausgerichteten Evaluationsmethoden befruchten. Generell sollte auch gelten, dass bei der historischen Analyse von Innovationsprozessen kritisch der jeweilige Stand der technischen Möglichkeiten und der wissenschaftlichen Erkenntnisse, der Umfang der ökonomischen Möglichkeiten und gesellschaftlich-sozialen Erfordernisse, aber auch weiche Faktoren wie der religiöse Zeitgeist sowie die herrschenden politischen und militärischen Doktrinen betrachtet werden. Dadurch wird evident, dass die neue Teildisziplin in enger Verbundenheit zur Technik- und Wissenschaftsgeschichte, zur Wirtschafts-[20] und Sozialgeschichte[21] sowie gegebenenfalls zu anderen historischen Disziplinen (z.B. Militärgeschichte) stehen muss.

Die „Innovationsgeschichte" als historische Teildisziplin im statu nascendi darf sich aber nicht als der „nur" mehr oder weniger weit in die Vergangenheit zurückreichende Arm neuer sozio-ökonomischer Theorien vereinnahmen lassen,

---

18 Vgl. Peter Borscheid: Das Tempo-Virus. Eine Kulturgeschichte der Beschleunigung, Frankfurt am Main/New York 2004.

19 Vgl. zum Beispiel Christian Mathieu: »Fiat experientia!« Zur Wahrnehmung von Technikfolgen und ihren Auswirkungen auf das venezianische Patentverfahren in der Frühen Neuzeit, in: Zeitsprünge. Forschungen zur Frühen Neuzeit, Bd. 8 (2004), Heft 3/4: Technik in der Frühen Neuzeit – Schrittmacher der europäischen Moderne, hrsg. von Gisela Engel und Nicole C. Karafyllis, Frankfurt am Main 2004, S. 376-388.

20 Die Analyse des Handels beispielsweise hat in der Wirtschaftsgeschichte eine lange Tradition. Das Aufeinandertreffen von Händlern auf Märkten und die geographische Überwindung von Distanzen auf Handelswegen stellen Möglichkeiten der Informationssammlung und Informationsverbreitung durch Kommunikation dar. Gleiches betrifft Pilgerströme sowie militärische Feldzüge. Die bisher hierzu vorliegenden Erkenntnisse können nun vollkommen neu interpretiert werden vor dem Hintergrund, dass die Ausbreitung von Innovation nach Rogers und Shoemaker auf der Existenz funktionierender Kommunikationskanäle beruht. Vgl. Everett M. Rogers/F. Floyd Shoemaker: Communications of Innovations. A Cross-Cultural Approach, 2nd ed., New York/London 1971 sowie Torten Hägerstrand: Innovation Diffusion as a Spatial Process, Chicago 1967. Neben Beobachtungen und Artefakten ist natürlich auch der (Kulturen übergreifende) Transfer wissenschaftlicher Erkenntnisse als Grundlage für später darauf beruhende Inventionen und Innovationen auf Kommunikationskanäle (persönliche Kontakte, aber auch durch schriftlich fixiertes Wissen) angewiesen. Vgl. Paul Benoit/Françoise Micheau: Wissenschaftsgeschichte, Die Araber als Vermittler?, in: Michel Serres (Hg.): Elemente einer Geschichte der Wissenschaften, Frankfurt am Main 1994, S. 269-313.

21 Der soziale Status von Personen sowie persönliche Attitüden und Charakteristika, auch aufgrund ihrer sozialen und geographischen Herkunft, gelten als wichtige Determinanten für die individuelle Einstellung gegenüber Neuheiten. Vgl. Robert K. Merton: Social Theory and Social Structure, New York 1949 sowie Zvi Griliches: Hybrid Corn. An Exploration in the Economics of Technical Change, in: Econometrica 25 (1957), S. 501-522.

etwa allein mit der Aufgabe, diese Techniktheorien empirisch testen zu können. Diese Gefahr kann vermieden werden, wenn sich, wie von Spoerer et al. erkannt, Innovationshistoriker selbst die „Hoheit" über die Erklärung relativ moderner Neuheiten auch empirisch-datentechnisch sichern können sowie entsprechende statistisch-ökonometrische Methoden zur Auswertung dieser Daten (Verweildauermodelle, Quer- und Längsschnittanalysen, Zeitreihenanalysen) anwenden. Diese „Hoheit" kann als gesichert angesehen werden, wenn die empirischen Informationen über zeitlich weit zurückliegende Innovationsprozesse (auch in anderen Kulturkreisen) allein von gelernten Historikern erkannt, erhoben und in ihrer Qualität eingewertet werden, beispielsweise durch kritische Quellenanalysen oder durch historisch-archäologische Methoden der Informationsgewinnung. Damit soll auch eine Lanze dafür gebrochen werden, dass sich Innovationsgeschichte nicht auf die Zeiträume der beiden vergangenen Jahrhunderte beschränken sollte, nur weil für diese Zeiten verwertbare Daten, z.B. über Patente, vorliegen.

Ein forschungsrelevanter Vorteil für Historiker besteht bei der Analyse von Innovationsprozessen auf unternehmerischer Ebene: Unternehmenshistoriker sind mit der quellenkritischen Auswertung von Unternehmensarchiven vertrauter als beispielsweise Techniksoziologen; speziell bei der innovationshistorischen Analyse von „Flops" sollten Unternehmenshistoriker mit ihrem Know-how bei der Quellenverortung und -beurteilung sowie bei den Zugangsmöglichkeiten zu Unternehmensarchiven im Vorteil sein.[22] Für die Emanzipation als neue historische Teildisziplin darf sich die Innovationsgeschichte daher auch nicht als ein Nebenarm der Unternehmensgeschichte vereinnahmen lassen – so interessant Mikroanalysen einzelner Innovationsprozesse auch sind. Für die Makroebene der Analyse der Ursachen und Folgen des in Innovationen verkörperten technischen Fortschritts stellen die Mikroanalysen wertvolles Inputwissen dar, welches durch empirisch-ökonometrisch geschulte Forscher ausgewertet werden kann. Damit sei ausgedrückt, dass die Innovationsgeschichte zwei Entwicklungspfade einschlagen kann: Entweder gelingt eine interdisziplinäre Forschung mit dann neuartigen Erkenntnispotentialen – oder es erfolgt eine „Vereinnahmung" durch irgendeine, die Interpretationshoheit und die Methodik der Analysen dominierende und bereits etablierte Disziplin.

Die bisher genannten Untersuchungsgegenstände einer Innovationsgeschichte umreißen aber noch nicht das ganze Spektrum: Neben (erfolgreichen und fehlgeschlagenen) technischen Innovationen dürfen, wie Spoerer et al. betonen, auch institutionelle, gegebenenfalls relativ detaillierte organisatorisch-betriebliche Innovationen nicht vergessen werden. Organisatorische Innovationen mit einem System von ökonomischen Anreizen und Restriktionen entscheiden letztlich über die „Durchsetzungsfähigkeit" von Unternehmen auf Märkten, institutionelle Innovationen auf gesellschaftlicher Ebene entscheiden hingegen über die „Durchsetzungsfähigkeit" von ganzen Volkswirtschaften im globalen Wettbewerb.[23] Die

22 Vgl. Hartmut Berghoff: Moderne Unternehmensgeschichte, Paderborn u.a. 2004, Kap. 9.

23 Als Beispiel für die Bedeutung institutioneller Innovationen in einem sich über Jahrhunderte abspielenden globalen Wettbewerb vgl. Mancur Olson: Aufstieg und Niedergang von Natio-

„Erfindung" und „Durchsetzung" neuer Unternehmensformen, z. B. der Kapitalgesellschaft nach dem Modell der englischen und holländischen Ost-Indien-Kompanien[24] (EIC und VOC), müssen zum Beispiel ebenso innovationsgeschichtlich perzipiert werden wie „Erfindungen" zur Minderung oder breiteren Verteilung wirtschaftlicher Risiken. Dadurch ergeben sich, nur beispielhaft genannt, Anknüpfungspunkte zur Handels-, Verkehrs- und Versicherungsgeschichte. Zu denken sei hier an eine Erklärung der Herausbildung von Innovationen und deren Folgen im Bereich der physischen und monetären Transportabwicklung (Schiffe, Navigation, bargeldlose Bezahlung etc.) sowie zur Risikoreduktion des Verkehrs, etwa durch Formen der Seeversicherung. Derartige nicht-technische Fortschritte stellten durchaus ein, jedoch schwer formalisierbares, Argument in gesamtwirtschaftlichen Produktionsfunktionen dar. In diesem Kontext muss daher sogar, weit über den relativ „engen" Innovationsbegriff von Spoerer et al. hinausgreifend, die Entstehung und Ausbreitung komplexer neuer gesellschaftlicher Institutionen unter das Forschungsprogramm der Innovationsgeschichte subsumiert werden: Es ist Stand der wirtschaftshistorischen Forschung, dass oft relativ abstrakte neuartige institutionelle Arrangements wie beispielsweise eine von Regierungswillkür abgekoppelte Sicherheit von Verfügungsrechten das wirtschaftliche Wachstum vorantreiben, beziehungsweise sogar erst ursächlich sind für dann folgende (technische) Inventions- und Innovationsaktivitäten.[25] Wird die Übertragung von marktwirtschaftlichen Institutionen in die früher sozialistischen Transformationsstaaten als Prozess der Diffusion einer dort dann neuen institutionellen Innovation verstanden, dann bieten sich für die neue Teildisziplin enorm erweiterte Untersuchungspotentiale: Analysen zur Akzeptanz und der Übertragungs- beziehungsweise der Kommunikationswege der in den Zielstaaten dann relativen institutionellen Neuheiten sowie deren dortige Implementation können Erkenntnisse über beispielsweise kulturelle Barrieren gegenüber marktlichen Koordinationsmechanismen erzeugen.

Von Spoerer et al. wurde die Analyse des Patentwesens beziehungsweise die empirisch-ökonometrische Auswertung von Patentdaten als eine zentrale Quelle innovationsgeschichtlicher Forschung identifiziert und es wurden dazu erste Erkenntnisse, auch auf einer Makroebene, vorgestellt. Hierzu sollten weitere Forschungen folgen, und es sollte damit möglich werden, Wege und Methoden eines

---

nen. Ökonomisches Wachstum, Stagflation und soziale Starrheit, dt. Ausgabe, 2. Aufl., Tübingen 1985. Eric Jones: The European Miracle. Environment, Economies and Geopolitics in the History of Europe and Asia, 3rd ed., Cambridge 2003; Douglass C. North: Structure and Change in Economic History, New York 1981.

24 Galbraith bezeichnete diese neu „erfundene" Unternehmensform als „die größte organisatorische Leistung des Handelskapitalismus". John Kenneth Galbraith: Anatomie der Macht, dt. Ausgabe, München 1987, S. 134.

25 Vgl. Clemens Wischermann/Anne Nieberding: Die institutionelle Revolution, Stuttgart 2004. In diesem Sinne kann die Wirtschaftsgeschichte Englands als eine Geschichte institutioneller, organisatorischer und technischer Neuheiten verstanden werden. Vgl. Leandro Prados de la Escosura (ed.): Exceptionalism and Industrialisation. Britain and its European Rivals, 1688-1815, Cambridge 2004.

regionalen Technologietransfers genauer zu untersuchen. Doch wirken gerade beim Technologietransfer gelegentlich unerwartete Faktoren und Veränderungen in den Rahmenbedingungen, die nicht oder nicht allein mit ökonomischen Kategorien erklärt werden können.[26]

Jedoch dürfen, wie Spoerer et al. auch erkennen, Patente nicht gleichgesetzt werden mit Innovationen: Einige Innovationen, beispielsweise bei Dienstleistungen oder Institutionen, sind rechtlich schlichtweg nicht patentierbar, entfalten aber dennoch gesamtwirtschaftlich bedeutende Wirkungen. Manche, insbesondere komplexe technische Innovationen werden zudem bewusst nicht patentiert, um die Offenlegung von Ideen und Prozesswissen zu umgehen beziehungsweise um Patentkosten zu sparen, insbesondere wenn das betriebsinterne Wissen so unnachahmbar ist, dass es keines rechtlichen Schutzes bedarf. Auch beim Phänomen der „Patentrennen" zwischen Firmen und der anschließenden betriebsindividuell-rationalen Nichtnutzung eines dann erteilten Patents, ist die Patentierungstätigkeit kein unumstrittener Indikator für Innovationsaktivitäten: Ein Rennen um den schnellen Patentschutz von Neuheiten in Verbindung mit einer anschließenden Nicht-Nutzung durch den Patentinhaber schließt zugleich spätere Entdecker von deren Verwertungsinteressenten aus.[27] Eine volkswirtschaftlich gewünschte Innovation kann daher nicht stattfinden; es werden also Wachstumspotentiale blockiert und ein Verharren in einer „eigentlich" veralteten Technik erzwungen: Lässt ein Unternehmen eine technische Neuheit patentieren, um das Patent anschließend in der Schublade zu lagern, allein um ein bestehendes und, verglichen mit dem neuen Patent, „veraltetes" Produkt nicht im laufenden und noch profitablen Produktlebenszyklus selbst zu kannibalisieren, dann ist das neue Patent alles andere als „innovativ" im Sinne der Realisierung technischer Fortschritte.

Hier kreuzt auch die auf den ersten Blicken eingängige Unterscheidung zwischen (patentierbaren) Produktinnovationen und (oft nicht patentierbaren) Prozessinnovationen die Problematik: Liegt zwischen einem technisch neuen Produkt und dem Endkonsumenten ein das neue Produkt einsetzender Intermediär, dann bietet der Intermediär dem Endkonsumenten einen neuen Prozess an, welcher in Konkurrenz zu alternativen Prozessen stehen kann, die nicht zwingend auf Produkten beruhen müssen. Ein Beispiel sind medizintechnische Geräte, mit denen ein Arzt seinen Patienten diagnostische Ergebnisse anbieten kann, die er (wenn auch mit anderer „Qualität") auch ohne Geräteeinsatz, beispielsweise durch ein Patientengespräch mit Anamnese, erzeugen könnte. Technische Produktinnovationen für den Arzt erzeugen damit für den Patienten als Endkonsumenten eine Prozessinnovation auf der Ebene der ärztlichen Leistungserstellung. Inwieweit der Prozess einer technikgestützten diagnostischen Informationsgewinnung aber auch

---

26 Vgl. Helmut Braun: Deutsche Zeppeline und die amerikanische Politik, in: Technikgeschichte, Bd. 71 (2004), S. 261-282 und Helmut Braun: Das „Wundergas" Helium, die US-amerikanische Innenpolitik und die deutschen Zeppeline, in: Vierteljahrshefte für Zeitgeschichte 4 (2005), S. 571-600.

27 Vgl. Jennifer Reinganum: Dynamic Games of R&D. Patent Protection and Competitive Behavior, in: Econometrica 50 (1982), S. 671-688; Jennifer Reinganum: Practical Implications of Game Theoretic Models of R&D, in: American Economic Review 74 (1984), S. 61-66.

(erfolgreiche) therapeutische Maßnahmen auslösen kann, scheint oft unklar zu sein.[28]

Ein grundsätzliches wirtschaftstheoretisches Problem ist das Patentrecht als solches: Das Patentrecht schafft aufgrund der Einräumung einer Monopolstellung zwar erst Anreize für Inventions- und Innovationsprozesse, aber eben die Ausnutzung einer dann eingeräumten Monopolstellung durch denn Innovator hemmt, verglichen mit einer neoklassischen Idealwelt der vollkommenen Konkurrenz, die schnelle Diffusion technischer Fortschritte durch Imitation zum Zwecke der Anhebung des gesamtwirtschaftlichen Produktionsniveaus. Es kommt zu einem dead-weight-loss.[29] Die Innovationsgeschichte sollte sich daher mit den historischen Diskussionen im Vorfeld der Einführung und der konkreten Ausgestaltung von Patentrechtsregelungen, insbesondere zur zeitlichen Gültigkeitsdauer und den Kosten, ebenso beschäftigen wie mit Problemen der Lizenzvergabe, beziehungsweise mit Überlegungen einer zwangsweise hoheitlich durchsetzbaren Lizenzvergabe in bestimmten Fällen.[30] Eine Gleichsetzung der „Innovationsfähigkeit" einer Volkswirtschaft mit deren Patentaktivitäten scheint auch hier vor dem Hintergrund des Arguments des technischen Fortschritts in der gesamtwirtschaftlichen Produktionsfunktion problematisch zu sein.

Damit kann resümiert werden: Eine „innovativ" betriebene Innovationsgeschichte kann zur Erklärung wirtschaftlichen Wachstums sowie konjunktureller Schwankungen wertvolle Beiträge liefern – dies war letztlich auch das Anliegen von Schumpeter's Theorie der wirtschaftlichen Entwicklung. Die Innovationsgeschichte sollte sich deshalb nachhaltig an der Nahtstelle zwischen Technik- und Wirtschaftsgeschichte sowie der Wissenschafts- und Umweltgeschichte einerseits und den „harten" wirtschaftswissenschaftlichen Disziplinen der Wachstums-, Konjunktur- und Ordnungstheorie andererseits (bis hin zu den Gebieten der strategischen Managementlehre und des Marketings) verankern.

---

28 Vgl. Helmut Braun: Das Quintilemma im Gesundheitswesen. Ein Beitrag zur ökonomischen Theorie der Diffusionsprozesse medizintechnischer Großgeräte zur Diagnose und Therapie, Weiden/Regensburg 1995.

29 Vgl. Roland Eisen: Technischer Fortschritt und wir[t]schaftliches Wachstum. Beiträge zu einer Theorie des technischen Fortschritts, Diss. LMU München 1971, S. 119.

30 Während des Ersten Weltkriegs erzwang beispielsweise die Reichsregierung den Austausch oder die Weitergabe von so genannten Kriegs-Patenten zwischen Unternehmen. Vgl. Reinhard Meiners/Lioba Meyer/Dieter Post: Unternehmensgeschichte Luftschiffbau Schütte-Lanz, in: Zeppelin Museum Friedrichshafen, Stadt Oldenburg (Hg.): Schütte-Lanz – Im Schatten des Titanen, Friedrichshafen 2001, S. 41-71.

Mark Feuerle

Invention und Innovation – Die Problematik mittelalterlicher Quellen zur Technikgeschichte am Beispiel des Antwerks

Die Klärung von Innovationsfragen wurde zweifellos von jeher als einer der zentralen Punkte der technikgeschichtlichen Erforschung des Mittelalters betrachtet. Die Bedeutung des gesamten Fragenkomplexes, der sich durch Erfindung und Verbreitung von Technik und Technologien ergab, geht weit über die Bedeutung des einzelnen Gegenstandes hinaus und berührt letztlich zivilisationshistorische Fragen, die sich in den durch Technik beeinflussten Lebensumständen ganzer Regionen oder Gesellschaften manifestieren.

Neben den Problemstellungen, die sich auch für die Technikgeschichte der Moderne ergeben, zeichnet sich die mittelalterliche Erforschung von Invention und Innovation indes durch eine Reihe spezifischer Quellenprobleme aus, von denen im Folgenden die Rede sein soll. Es mag dies an einem eingeschränkten Forschungsbereich geschehen, in dem die permanente, praktisch durchgeführte „Evaluation" von Technik und ihrer Effizienz zum mittelalterlichen Alltag gehörte: der Militärgeschichte.[1]

Für die technikgeschichtliche Untersuchung der militärtechnischen Gegenstände zeigt sich eine Reihe spezifischer Probleme, die eng mit der Genese der technikgeschichtlich relevanten Quellen des Mittelalters verbunden erscheinen. Die Fragen von Invention und Innovation – also der Erfindung und Verbreitung von Technik – wiederum folgen diesen spezifischen Problemen nach und sind in ihrer Klärung von einer genauen Analyse der Quellenproblematik abhängig.

Als wichtigste Quellen kommen, aufgrund der nur schwachen archäologischen Fundsituation, zumeist Bild- und Schriftquellen in Frage, die sowohl aus dem Bereich des Überrests als auch der Überlieferung, etwa in Form vormoderner „Leistungskataloge", entstammen.

Zu den allgemeinen Problemen bei der Beurteilung des Aussagegehaltes gehört eine Schwierigkeit, die in der gesamten mittelalterlichen Technikgeschichte von erheblicher Relevanz ist, nämlich die Tatsache, dass die Beschreibung technischer Geräte vor allem durch technisch nicht – oder nur ungenügend – vorgebildete Laien erfolgt ist, da – wie schon Lynn White treffend bemerkte – „[...] die Technik hauptsächlich in den Händen von Menschen gelegen hat, die wenig ge-

[1] Zu der bereits bei Wilhelm Erben angedeuteten, jedoch erst in den letzten 30 Jahren vollständig erfolgten Ausdifferenzierung der Militärgeschichte in die Teildisziplinen: Geschichte der Kriegskunst, Heeres-, Waffen- und Uniformkunde, Militärpolitik, Rüstung und Wehrverfassung; vgl. u.a.: Volker Schmidtchen: Kriegswesen im späten Mittelalter, Weinheim 1990, S. 4.

schrieben haben [...]"[2]. Dies trifft nicht allein auf einen Großteil klerikaler Quellen, wie die Beschreibung der normannischen Belagerung von Paris durch den Mönch Abbo[3] oder die Chronik des ersten Kreuzzuges des Albert von Aachen[4] zu, sondern auch auf einen Teil der frühneuzeitlichen Kompendienliteratur, wie die Cosmographey des Sebastian Münster[5] oder die Schedelsche Weltchronik.[6]

Naturgemäß machen diese eher beiläufigen Erwähnungen technisch eher ungebildeter Chronisten den quantitativ größten Teil des verfügbaren Quellenmaterials aus. Dies gilt insbesondere für die frühen Zeiten, also etwa den Zeitraum zwischen dem 8. und dem 13. Jahrhundert, da hier vor allem aufgrund mangelnder Alphabetisierung kaum Aufzeichnungen technischer Spezialisten vorliegen. Für die Auslegung – insbesondere der Textquellen – führt dieser Umstand zuweilen zu erheblichen Schwierigkeiten bei der Beurteilung der Glaubwürdigkeit der vorliegenden Beschreibungen.

Die Fragestellungen an die Quellen müssen hier also unter anderem lauten: Hat der Schreiber oder Zeichner das fragliche Gerät wirklich gesehen oder berichtet er nur vom Hörensagen? Zeigen die geschilderten Auswirkungen, etwa von Geschützeinsätzen, ein realistisches Bild der Kampfhandlungen oder handelt es sich vielmehr um die Inanspruchnahme dichterischer Freiheit zur Unterstreichung der Dramatik einer Auseinandersetzung? Und schließlich: Passen die verwendeten Termini und die geschilderten oder gezeichneten Geräte zusammen? Gerade in letztberührter Frage hat es innerhalb der letzten einhundert Jahre eine rege Auseinandersetzung innerhalb der Fachwelt gegeben, weshalb gerade auf diese Problematik im Folgenden kurz eingegangen sein soll, stellt doch die Stringenzannahme der in den Quellen verwendeten Termini eine der Hauptfehlerquellen auch der Forschung der letzten Jahrzehnte dar.

Den Ausgangspunkt zur komplizierten Problematik der Verwendung einer verwirrenden Vielfalt unterschiedlicher Termini innerhalb der Sekundärliteratur bilden die Quellen selbst. Wie bereits angedeutet, zeigen die schriftlichen – aber auch die bildlichen – Quellen keine einheitliche Verwendung von Bezeichnungen, die zeitlich und räumlich konstant mit bestimmten, ihnen entsprechenden Gegenständen verknüpft wären. So stellt beispielsweise keiner der von Aegidius Roma-

---

2 Vgl. Lynn White: Die mittelalterliche Technik und der Wandel der Gesellschaft, München 1968, S. 7.

3 Vgl. Abbonis de bello parisiaco libri III; ed. Pertz, MGH SS rer. Germ. in us. scol. I, Hannover 1871.

4 Vgl. Alberti Aquensis historiae libri XII, RHC Occ. IV, Paris 1879; sowie die deutsche Übersetzung von Herman Hefele: Albert von Aachen: Geschichte des ersten Kreuzzugs, 2 Bde., übers. und eingel. von Herman Hefele, Jena 1923.

5 Vgl. Sebastian Muenster: Cosmographey - das ist Beschreibung aller Länder [...], Basel 1614.

6 Vgl. Hartmann Schedel: Liber chronicarum, dt. von Georg Alt, Wilhelm Pleydenwurff u. Michael Wolgemut. (Faksimile-Nachdruck d. Ausgabe) Nürnberg, Koberger 1493, New York/Brüssel 1966, Blatt LXIIII.

nus in seinem „regimine principum“[7] (um 1280) verwendeten Begriffe für die verschiedenen Geschützarten eine zu seiner Zeit gebräuchliche Bezeichnung dar.[8] Die Unzuverlässigkeit in der Verwendung einheitlicher Termini mag durch die nachgestellten Abbildungen noch einmal besonders deutlich werden. Zwar stellt hier – bezogen auf die Bilder selbst – der Gebrauch unterschiedlicher Ausdrücke keine Schmälerung des Erkenntniswertes dar, doch wird in ihnen gerade durch die direkte Gegenüberstellung von technischem Gerät und verwendetem Terminus die These der Unzuverlässigkeit der Termini in besonders eindringlicher Weise unterstützt.

Abb. 1: Als ‚Balliste' bezeichnetes Gegengewichtshebelwurfgeschütz innerhalb eines Vegetius-Kommentars 1607

So zeigt die mit „Balista maioris“ betitelte Abbildung 1 ein Gegengewichtshebelwurfgeschütz in gespanntem Zustand.[9]

---

7 Vgl. Aegidius Romanus: De regimine principum libri tres. Ed. und hrsg. von Rudolf Schneider, in: R. Schneider: Die Artillerie des Mittelalters, Berlin 1910, S. 105-182; aber auch die Ausgabe: Aegidius Romanus: De regimine principum libri III, Nd. D. Ausg. Rom 1607, Aalen 1967; sowie: Abschnitt 5-8. Zur Einordnung auch. Leng. Ars belli, Bd. 1, S. 77-79.

8 Vgl. hierzu u.a.: Schneider (wie Anm. 7), S. 41f.; Max Jähns: Geschichte der Kriegswissenschaften, Bd. I (Geschichte der Wissenschaften in Deutschland, Bd. 21), München/Leipzig 1889, S. 191ff.; sowie Otto Piper: Burgenkunde, Augsburg 1993 (Neudr. d. 3. Aufl. 1912), S. 388f.

9 Vgl. Godeschalci Stewechi & Franciscii Modii: Commentaria et Notae in Vegetium & Frontinum de Re Militari. In: Vegetius Renatus, Flavius: De re militari libri. Accedunt Frontini

Abb. 2: Als ‚Balliste' bezeichnetes Pfeilgeschütz eines Anonymus 1607

Die mit „Balista quadrirotis" überschriebene Abbildung 2 hingegen[10] zeigt ein Pfeilgeschütz, dessen genaue Antriebsweise zwar unklar bleibt, vermutlich jedoch auf der Verdrillung eines Torsionsstranges im Inneren beruht, der von den gezeigten Männern unter Spannung gesetzt wird. Beide Geräte – wie sie unterschiedlicher kaum sein könnten – werden hier als „Ballisten" bezeichnet. Unter solchen „Ballisten" versteht man in aller Regel jedoch Flachbahngeschütze, die ihre Energie aus zwei senkrecht stehenden Torsionssträngen beziehen.

Abb. 3: ‚Balliste' nach Darstellung Payne-Gallweys

Strategematibus eiusdem auctoris alia opuscula. Cum Commentariis aut Notis Cod. Stewechii & Fr. Modii., Antwerpen 1607, S. 267.

10 Vgl. Anonymi: de Rebus Bellicis liber cum figuris. Semel antea tantum excusus, in: Vegetius Renatus: De re militari 1607, S. 90.

Ein solches Geschütz in seiner technischen Funktionsweise zeigt Abbildung 3, die einer Abhandlung Payne-Gallweys entnommen ist[11] sowie das Relief eines römischen Grabsteins, das in Abbildung 4 zu sehen ist.[12]

Abb. 4: ‚Balliste' auf einem römischen Relief

Zwar ist der Ausdruck „Balliste" in den gezeigten frühneuzeitlichen Abbildungen durch Verwendung zusätzlicher Attribute jeweils näher qualifiziert, doch bleibt hier festzuhalten, dass in diesen Fällen der Terminus „Balliste" zur Bezeichnung zweier grundsätzlich von einander verschiedener, mechanischer (also nicht mit Pulver bestückter) Geschütze dient, deren mechanische Arbeitsprinzipien sich so stark voneinander unterscheiden, dass die einwandfreie Bildung einer Geschützkategorie unter dem Titel „Balliste" für die Zwecke der Forschung kaum sinnvoll erscheinen kann. Verstärkt wird diese Annahme noch, wenn man verschiedene weitere Ansichten zum Wesen der „Balliste" betrachtet. So meinte beispielsweise August Demmin in Abbildung 5 eine „Balliste" erkannt zu haben, der er zugleich aber auch die Bezeichnungen „Wagenarmbrust" und „Bogenspanner" zuordnet.[13] Die um 1350 datierende Darstellung stammt nach Angaben Demmins aus der Bibliothek von Quedlinburg und zeigt ein Geschütz, das seine Kraft aus der Tension eines durchgehenden Bogenarmes bezieht, der nach Meinung Demmins aus Fischbein besteht.[14]

---

11 Vgl. Ralph W. F. Payne-Gallwey: A summary of the history, Construction and Effects in Warfare of the projectile-throwing engines of the ancients, London 1907, S. 21.

12 Relief auf dem Grabstein des C. Vedennius Moderatus, eines Ingenieuroffiziers der Kaiser Vespasian und Domitian (Galleria lapidaria, Mus. Vat. Rom). Hier nach: Schmidtchen: Kriegswesen (wie Anm. 1), S. 153.

13 Vgl. August Demmin: Die Kriegswaffen in ihren geschichtlichen Entwicklungen von den ältesten Zeiten bis auf die Gegenwart. Band I, Leipzig 1893, Nd. Hildesheim 1964, S. 858.

14 Vgl. Demmin: Kriegswaffen (wie Anm. 13), S. 853.

Abb. 5: Darstellung einer ‚Balliste' um 1350 nach August Demmin

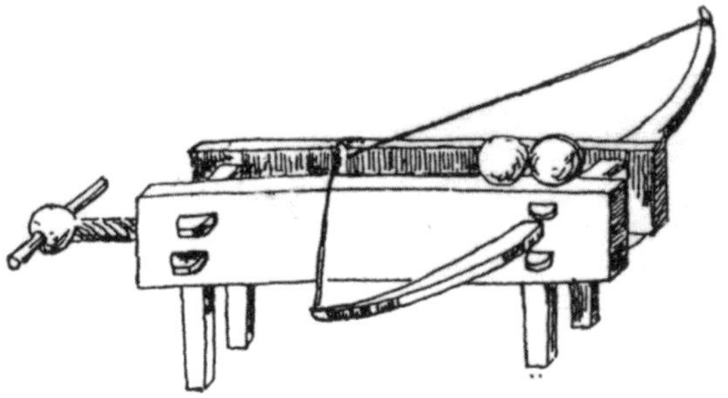

Es zeigt sich also, dass sowohl die Quellen, als auch die Forschung, eine einheitliche Verwendung der Begrifflichkeiten nicht zulassen. Wie in den vorgestellten Beispielen dargelegt, finden sich vom Prinzip der Vection über das der Torsion bis hin zur Tension eines einarmigen Bogens alle für den Bau mechanischer Geschütze relevanten Prinzipien mit dem Begriff der Balliste verbunden. Wobei jedoch noch einmal festzuhalten ist, dass der Terminus „Balliste" von den meisten Autoren nicht als vager Oberbegriff einer oder mehrerer Geschützgattungen betrachtet, sondern als konkrete Bezeichnung eines ganz bestimmten Gerätes benutzt wird. Dies gilt sowohl für die zeitgenössischen Chronisten als auch für die Sekundärliteratur. Im Gegensatz zum Begriff der „petraria", unter dem sich sämtliche mechanische Geschützarten wahllos subsummiert finden[15], verbindet sich der Ausdruck „Balliste" bei den Schreibern also jeweils mit der Vorstellung eines ganz bestimmten Geschützes verbunden, dessen Natur dann aber wiederum von Autor zu Autor variieren kann.

Von dieser Problematik, für die die „Balliste" hier nur exemplarisch stehen sollte, sind indes nahezu alle Termini betroffen, die innerhalb der zeitgenössischen Quellen Verwendung finden. Hierzu gehören etwa auch: „mange", „tormentum", „aedificium", „fustibulum", „ingenium", „funda balearica", „engin volant", „Notstall", „treibendes Werk" etc.[16] Selbst relativ stabile Bezeichnungen, wie der Onager, der in aller Regel das römische Torsionsgeschütz bezeichnet, sind hiervor nicht gefeit, wie Abbildung 6 deutlich zeigt.[17]

---

15 Die häufige Verwendung dieses Begriffs, insbesondere in den frühen Quellen, wie etwa bei Paulus Diaconus, hat jedoch auch hier bei vielen Autoren zu dem Versuch einer einheitlichen Deutung geführt. Vgl. etwa: Schneider (wie Anm. 7), S. 24; sowie Paulus Diaconus: Historia Langobardum; Ed. G. Waitz, MGH SS rer. Germ. in us. scol. IIL, Hannover 1878, lib. XXI.

16 Vgl. hierzu Mark Feuerle: Blide, Mange, Trebuchet - Technik, Entwicklung und Wirkung des Wurfgeschützes im Mittelalter. Eine Studie zur mittelalterlichen Innovationsgeschichte, Berlin 2005, S. 39f.

17 Vgl. Cod. Stew. Com. (wie Anm. 9), S. 268.

Abb. 6: Als ‚onager' bezeichnetes Pfeilgeschütz innerhalb eines Vegetius-Kommentars 1607

Die Ursachen für diese Verwirrungen sind zum Teil nicht allein in verschiedentlichem Bedeutungswandel der Begriffe innerhalb langer Zeiträume zu suchen, sondern beruhen oftmals auch auf Unkenntnis und missverständlicher Verwendung durch militärtechnisch ungenügend vorgebildete Schreiber. Der Versuch einer einheitlichen Zuordnung von Begriff und Referenzgegenstand ist durch diese Umstände zum Scheitern verurteilt. Dieser Ansatz einer modernen Vereinheitlichung missachtet dabei nicht nur die historische Realität, insbesondere der mittelalterlichen Schreiber, sondern verbietet sich auch aus einem weiteren Grund, der methodischer Art ist: Ein „quelleninterner" – also den zu untersuchenden Quellentexten direkt entnommener – Terminus kann nicht einerseits abstrahiert und mit einer bestimmten Gerätegattung in Verbindung gebracht werden, um andererseits (in einer Art Zirkelschluss) bei seinem erneuten Auftauchen an anderer Stelle wiederum als Beleg für die Existenz des angenommenen Referenzgegenstandes zu dienen. Zudem erscheint es methodisch unsauber, einem zeitgenössischen Schreiber die inkorrekte Verwendung eines Terminus vorzuwerfen, dessen inhaltliche Bedeutung man zuvor aus anderen zeitgenössischen Quellen extrahiert hat. So meinte beispielsweise Alwin Schultz, dem französischen Baumeister Villard de Honnecourt die falsche Verwendung des Ausdrucks „Trebuchet" vorwerfen zu dürfen, da dieser den Begriff in anderer Weise besetzt als Aegidius Romanus, zu dem Schultz offenbar größeres Vertrauen hatte.[18] Eine solche Verfahrensweise lässt sich nur schwer in ihrer Methodik begründen und führt darüber hinaus nicht zu den erwünschten Erkenntnisfortschritten.

[18] Vgl. Alwin Schultz: Das höfische Leben zur Zeit der Minnesänger. 2. verm. u. verb. Aufl., Bd. 1.2., Leipzig 1889, S. 377.

Vor dem Hintergrund des bis hierher Gesagten wird deutlich, dass sich der allzu sorglose Umgang mit quelleninternen Termini verbietet und soweit möglich durch die Verwendung übergeordneter Begriffe ersetzt werden sollte, die die technische Funktionsweise des bezeichneten Gegenstandes so genau wie möglich wiedergeben. Dies alles bedeutet indes nicht, dass die innerhalb der Quellen vorgefundenen Begriffe und Ausdrücke keine wichtigen Indikatoren darstellen, die vielfach Rückschlüsse auf die Kategorie der verwendeten Geschütze und Geräte nahelegen können. Doch sollten eben jene „quelleninternen“ Begriffe allenfalls einer bestimmten, definierbaren Kategorie zugeordnet werden und nicht selbst als Bezeichnung eben dieser Kategorie Verwendung finden.

Einen Versuch zur weitgehenden Systematisierung der Begrifflichkeiten brachte bereits Bernhard Rathgen in seiner 1912 erstmals erschienenen umfangreichen Abhandlung „Das Geschütz im Mittelalter“[19] vor. Seither werden die von ihm eingeführten Begriffe des „Drehkraftwurfgeschützes“[20] oder des „Gegengewichtswurfgeschützes“[21] zwar hin und wieder verwandt, konnten sich jedoch innerhalb der Fachliteratur nicht auf breiter Front durchsetzen. Dies mag unter anderem darin begründet sein, dass Rathgen selbst die von ihm eingeführte Begrifflichkeit letztlich nicht stringent umzusetzen versuchte und immer wieder auch Begriffe wie „Notstall“[22] oder „Blide“[23] in seine Systematik aufnahm. Andere Versuche zur Einführung quellenunabhängiger Begrifflichkeiten, wie der von Max Jähns bereits 1878 aufgebrachte Begriff des „Wagebalkengeschützes“[24], waren vermutlich aus ähnlichen Gründen gescheitert, was schon früh zu einem ausgedehnten Forschungsstreit über die Zuordnung von Begrifflichkeiten und Referenzgegenständen geführt hat, der hier aufgrund seiner Fruchtlosigkeit nicht im einzelnen dargestellt sein soll.

Insbesondere in der älteren Fachwelt ist zudem oft versucht worden, sichere Einzelkriterien zu definieren, die innerhalb der Textquellen auf die Erwähnung etwa eines Hebelwurfgeschützes oder eines Torsionsgewerfes schließen lassen.[25] Jim Bradbury hat dazu in seinem vor wenigen Jahren erschienenen Werk „The Medieval Siege“ verschiedene Haltungen diskutiert und kommt zu recht zu dem Urteil, dass einzelne Hinweise, wie z.B. die Schilderung mauerbrechenden Ein-

19 Vgl. Bernhard Rathgen: Das Geschütz im Mittelalter. Neu herausgegeben und eingeleitet von Volker Schmidtchen. Reprint d. Ausgabe von 1928, Düsseldorf 1987.

20 Vgl. ebenda, S. 594.

21 Vgl. ebenda, S. 610.

22 Vgl. ebenda, S. 578.

23 Vgl. ebenda, S. 610.

24 Vgl. Max Jähns: Handbuch einer Geschichte des Kriegswesens, Leipzig/Berlin 1878-80, S. 648.

25 Vgl. zur Problematik im Speziellen und dem Hebelwurfgeschütz im Allgemeinen auch: Mark Feuerle: Das Hebelwurfgeschütz - Eine technische Innovation des Mittelalters, in: Technikgeschichte (TG), Bd. 69 (2002), S. 1-39.

satzes, für sich allein genommen nicht als wirklich sicherer Nachweis gewertet werden können.[26]

Ein weiteres, allein den Corpus der Textquellen betreffendes Problem, stellt zudem die häufige Kompilation und Interpolation vieler Chroniken dar, deren Verfasser oftmals bemüht waren, vorangegangene Schilderungen durch Hinzufügen neuerer Waffentechnik in ihrer Dramatik zu erhöhen. Die Überprüfung der einzelnen Quellenabschnitte hinsichtlich ihrer genauen Kompilationsgeschichte ist vor allem in Fragen des Erstbeleges und des Verbreitungsweges – also der Invention und Innovation – dringend geboten[27], stellt jedoch bei der Vielzahl der Quellen für den einzelnen Forscher eine Überforderung dar, so dass hier zumeist auf bereits vorliegende Arbeiten zur Geschichte der einzelnen Quellen zurückgegriffen werden muss.[28]

Der Vorwurf mangelnder Augenzeugenschaft trifft beispielsweise auf eine Erwähnung von Gewerfen innerhalb der Reichsannalen zu, laut derer sich die Sachsen mit einem missglückten Einsatz mehrerer „petrarien" selbst mehr Schaden zufügten als den belagerten Franken.[29] Neben anderen haben in jüngster Zeit

---

26 Vgl. Jim Bradbury: The medieval siege, Woodbridge 1992, S. 264: „[...] There are some grounds for this, in that counterweight trebuchets could do more damage than previous engines [...] But to see a trebuchet, every time a source says considerable damage was done to walls, is clearly mistaken. [...]".

27 Dies gilt vor allem für Quellen mit einer so kompliziert zu klärenden Ursprungsgeschichte, wie sie die sog. „Fränkischen Reichsannalen" aufzuweisen haben, aber auch für die schwer nachzuzeichnenden Kompilationsgeschichten städtischer Chroniken, wie der des Franciscaner Lesemeisters Detmar oder der Chronik von St. Peter zu Erfurt. Vgl. Annales regni Francorum et Annales qui dicuntur Einhardi, ed. F. Kurze (MGH SS rer. Germ.); ad annum 776, S. 44; sowie Chronik von St. Peter zu Erfurt, hrsg. und übers. von G. Grandauer (Die Geschichtsschreiber der deutschen Vorzeit, Bd. 54, 12. Jh. Bd. 4) Berlin 1893, S. 72f. und Chronik des Franciscaner Lesemeisters Detmar, nach der Urschrift und mit Erg. aus anderen Chroniken, hrsg. von Ferdinand Heinrich Grautoff, Th. 1.2., Hamburg 1829; wie auch Chroniken der deutschen Städte 19, 1884, S. 115-597.

28 Hier bieten sich einerseits die einschlägigen Werke der Fachliteratur zur Quellenkunde (wie Wattenbach-Levison-Löwe oder verschiedene Verfasserlexika), andererseits jedoch auch die spezifischen Aufsätze und Abhandlungen der jeweiligen Editoren an. Zur allgemeinen Literatur vgl. u.a.: Wattenbach-Levison: Deutschlands Geschichtsquellen im Mittelalter - Vorzeit und Karolinger, Heft I-V, bearb. von Wilhelm Levison und Heinz Löwe, 1952-1973; Die Deutsche Literatur d. Mittelalters. Verfasserlexikon. Begr. v. Wolfgang Stammler, hrsg. von Kurt Ruh zus. mit Gundolf Keil, Berlin/New York, Bd. 5, 1985; Hutchinson dictionary of scientific biography, Hg. Roy Porter, 2. Aufl., Oxford 1994. Für das 15. und 16. Jahrhundert bietet das umfangreiche und auf dem neuesten wissenschaftlich-editorischen Stand befindliche Werk von Rainer Leng einen guten Einblick. Vgl. hierzu Rainer Leng: Ars belli - Deutsche taktische und kriegstechnische Bilderhandschriften und Traktate im 15. und 16. Jahrhundert, 2 Bde., Wiesbaden 2002.

29 „[...] Dum enim per placita eos, qui infra ipsum castrum custodes erant, inludere non potuissent, sicut fecerent alios, qui in alium castellum fuerant, coeperunt pugnas et machinas praeparare, qualiter per virtutem potuissent illum capere; et Deo volente petrarias, quas praeparaverunt, plus illis damnum fecerent quam illis, qui infra castrum residebant. [...]". Vgl. Annales regni Francorum. ed. F. Kurze, MGH SS rer. Germ. in us. scol. VI, Hannover 1895; ad annum 776, S. 44.

auch Jim Bradbury und Norbert Ohler diese Stelle als Beweis für ein frühes Geschützwesen bei den Sachsen angenommen[30], ohne jedoch die allgemeine Überlieferungsgeschichte der Reichsannalen[31] oder den fraglichen Passus selbst einer genaueren Überprüfung zu unterziehen. Dieser findet sich nämlich nur in drei als unsicher geltenden Handschriften und wurde bereits 1826 in der Ausgabe von Pertz in Klammern gesetzt.[32] Spätere Editionen verzichteten ganz auf den fraglichen Abschnitt und die Ausgabe von Kurze setzt ihn, unter ausdrücklichem Hinweis auf seine vermutlich sehr viel spätere Einfügung, erneut in Klammern.[33]

Als weiteres Beispiel mag etwa auf die in den letzten Jahren oft geäußerte These verwiesen sein, das mittelalterliche Hebelwurfgeschütz sei im Jahr 1212 durch Otto IV. erstmals in Deutschland eingesetzt worden. Als Beweise werden regelmäßig die Magdeburger Schöppenchronik und die Chronik von St. Peter zu Erfurt angeführt, in der das neue Instrument als „teuflisches Werkzeug" gebrandmarkt wird. Diese Interpretation verkennt jedoch, dass beide Chroniken in dieser Frage keineswegs zeitgenössisch sind, da der fragliche Abschnitt der Magdeburger Schöppenchronik erst um 1360 vom Stadtschreiber Hinrik von Lammespringe verfasst wurde.[34] Und auch die Chronik von St. Peter zu Erfurt ist erst nach dem Jahre 1276 – also über ein halbes Jahrhundert nach der Belagerung Weißensees – niedergelegt worden.[35]

Ähnlich problematisch gestalten sich auch andere Hinweise, wie beispielsweise die Erwähnung von „[...] diversis belli machinis [...]" in der Historia Langobardum des Paulus Diaconus.[36] Hier, wie auch in anderen Quellen, ist die Aus-

---

30 Vgl. Bradbury (wie Anm. 26), S. 34: „[...] All the same, it still tells us that the Saxons could fire a town, and possessed siege engines. [...]"; sowie Ohler, Norbert: Krieg und Frieden im Mittelalter, München 1997, S. 105: „[...] Für Belagerungen waren schwere Waffen unentbehrlich, doch musste man sie zu handhaben wissen. Mit Steinschleudern sollen die Sachsen sich selber einmal höhere Verluste beigebracht haben als den in der Syburg belagerten Franken."

31 Vgl. hierzu vor allem die Ausführungen bei Friedrich Kurze: Über die fränkischen Reichsannalen und ihre Überarbeitung, in: Neues Archiv 19, (1894), S. 295-329; 20, (1895), S. 9-49; 21, (1896), S. 9-82; 26, (1901), S. 153-164; 28, (1903), S. 619ff; 29, (1904); 39, (1914); sowie Matthias Becher: Eid und Herrschaft – Untersuchungen zum Herrscherethos Karls des Großen (=Vorträge und Forschungen, hg. vom Konstanzer Arbeitskreis für mittelalterliche Geschichte, Sonderband 39), Sigmaringen 1993.

32 Vgl. Annales regni Francorum et Einhardi, ed. G.H. Pertz, MGH SS I, Hannover 1826, S. 156.

33 Vgl. Annales regni Francorum, ed. F. Kurze, S. 44.

34 Benutzt wurden hierfür die Erweiterung der Nienburger Annalen und Brunos´ Sachsenkrieg, evtl. auch eine Fortsetzung der Stiftschronik, die jedoch verloren ist. Vgl. hierzu auch Wilhelm Wattenbach: Deutschlands Geschichtsquellen im Mittelalter bis zur Mitte des dreizehnten Jahrhunderts, 2 Bde., Berlin 1885/86, II 316.

35 Vgl. Erich Schmidt: Untersuchung der Chronik des St. Peter-Klosters zu Erfurt, in: Zeitschrift des Vereins für thüringische Geschichte XII (1883), S. 107-184.

36 Vgl. Paulus Diaconus: Historia Langobardum; Ed. G. Waitz, MGH SS rer. Germ. in us. scol. IIL, Hannover 1878, S. 171.

drucksweise zu vage, um genauen Aufschluss über die Beschaffenheit der verwendeten Instrumente zu geben.[37]

Wie bei den Textquellen, so stellt auch bei den Bildquellen der zuweilen unterlassene Zugriff auf das originäre Quellenmaterial und die Arbeit mit Editionen und Sekundärliteratur eine Fehlerquelle dar, die zunächst banal erscheint, sich in den letzten einhundert Jahren indes kaum in ihrer Brisanz verringert hat. Die Praxis erzwingt oftmals unter dem Druck, der gerne mit dem englischen Schlagwort „publish or parish" bezeichnet wird, eine weitgehend unkritische Übernahme von Bildbelegen für technische Gegenstände.

Ein Beispiel mit weitreichenden Folgen für die Fragestellung des antik-mittelalterlichen Techniktransfers bildet dabei etwa die Abbildung eines Torsionsgewerfes, die erstmals 1903 durch den englischen Forscher Ralph Payne-Gallwey veröffentlicht wurde (Abb. 7).

Abb. 7: Angeblich dem Ms. No. 7239 Bibl. Nat. Paris entnommene Darstellung eines Torsionswurfgeschützes

Die Darstellung entstammt angeblich einem Manuskript der Bibliothèque Nationale in Paris.[38] Die von Payne-Gallwey in sämtlichen Veröffentlichungen mit dem bibliographischen Nachweis „Ms. No. 7239 Bibl. Nat. Paris" versehene und in das 15. Jahrhundert datierte Zeichnung kursiert seit 100 Jahren ohne weitere Überprüfung innerhalb der Fachliteratur und gilt aufgrund ihrer Detailliertheit als bester Beleg für die Fortexistenz des antiken Torsionswurfgeschützes im Mittelalter.[39] In

[37] Die weiteren Passagen bei Paulus Diaconus, in denen Ausdrücke wie „manganum" oder „petraria" genannt werden, sind in ihrer Überlieferungsgeschichte heftig umstritten, so dass der Quellenwert hier gering bleibt. Vgl. hierzu auch: Schneider (wie Anm. 7), S. 24; sowie Gustav Köhler: Die Entwicklung des Kriegswesens und der Kriegführung in der Ritterzeit. 3 Bde., Breslau 1886-89, S. 164.

[38] Vgl. Ralph W. F. Payne-Gallwey: The Crossbow, London 1958 (Nd. d. Ausg. London 1903), S. 277.

[39] Vgl. Schmidtchen (wie Anm. 1), S. 159: „[...] Eine aus dem 15. Jahrhundert stammende Bilderhandschrift der Pariser Nationalbibliothek zeigt dagegen eine von erheblichem technischen Verständnis geprägte Zeichnung einer Mange im stationären Einsatz. [...]"

nahezu sämtlichen Veröffentlichungen führender Forscher zur Thematik lässt sich dieser angeblich „beste Beleg“ für das Torsionsgewerf noch heute finden.

Eine Überprüfung des Manuskripts No. 7239 zeigte jedoch, dass diese weder die von Payne-Gallwey präsentierte Darstellung, die ja ihrem Anschein nach allenfalls eine von ihm gefertigte Umzeichnung sein dürfte, noch irgendeine andere Darstellung eines Torsionswurfgeschützes enthält. Auch ein „Zahlendreher“ konnte, durch die zusätzliche Überprüfung der Manuskripte No. 3972 und 7329, ausgeschlossen werden. Der von Payne-Gallwey vorgebrachte Bildbeleg kann somit, zumindest bis zu seinem erneuten Nachweis, nicht als Beweis für die Fortexistenz des antiken Torsionswurfgeschützes herangezogen werden!

Zwar ist hierdurch die Fortexistenz des antiken Torsionswurfgeschützes während des Mittelalters keinesfalls widerlegt, doch kann angesichts der übrigen Quellensituation auch die Fortexistenz desselben nicht zwingend bewiesen werden. Die Bildquellen erweisen sich, wie schon erwähnt, in dieser Frage als mindestens problematisch und auch die allgemeine Unzuverlässigkeit der in den Quellen gebrauchten Termini scheint einem genauen Ratschluss in dieser Frage im Wege zu stehen.

Ob nun Bild- oder Schriftquellen: die Probleme, die sich bei der Interpretation des technikgeschichtlichen Quellenmaterials ergeben, erfordern stets eine ausführliche Analyse der Umstände, die zur Generierung des Quellenmaterials geführt haben. Mag dies für große Teile der sozialgeschichtlichen Forschung nicht nur in der Theorie, sondern auch im Forschungsalltag eine bloße Selbstverständlichkeit darstellen, so bestehen doch im hier gezeigten Bereich der Technikgeschichte mit ihren häufig augenscheinlich offensichtlichen und plastischen Darstellungen der technischen Gerätschaften, erhebliche Defizite. Die Gefahr, die hiervon ausgeht, geht indes weit über eine Fehlinterpretation der einzelnen Quelle hinaus. Gerade die Fragen von Invention und Innovation, mit denen sich vielfältige sozialhistorische Conclusionen verbinden, sind nicht selten die ersten Opfer einer fehlerhaft durchgeführten Quellenanalyse. Schlimmstenfalls kann durch die Annahme falscher Innovationswege das gesamte Bild eines zivilisatorisch-technischen Prozesses verzerrt erscheinen. Hier gilt es daher besonders, das vorhandene Arsenal historisch-kritischer Methoden zur Quellenanalyse nicht nur verfügbar zu halten, sondern in aller Konsequenz zur Anwendung zu bringen.

Rainer Leng

Korreferat zu Mark Feuerle

Invention und Innovation am Beispiel der Blide

I. Das Aufkommen der Blide: Implikationen und Irritationen

Die Ausführungen von Mark Feuerle haben zu Recht herausgestellt, dass die Verbreitung des Hebelwurfgeschützes in Europa im Laufe des 12. Jahrhunderts als ein Musterbeispiel von Invention und Innovation gelten kann.[1] Ihre Verwendung bei der Belagerung von festen Plätzen hatte handfeste Konsequenzen technik-, waffen- und sozialgeschichtlicher Natur. Zu ergänzen wären sicherlich noch die bisher vernachlässigten wirtschaftsgeschichtlichen Folgen. Immerhin erforderte der Bau von Bliden die Zuziehung von hochspezialisierten Werkleuten, die – vor allem in Krisenzeiten – nicht billig zu haben waren; Material und Bedienungsmannschaften mussten ebenfalls beschafft und koordiniert werden. Mindestens einige Dutzend Männer bedienten die Zugkraftmodelle, bei den Schwerkraftbliden, die im 13., spätestens im 14. Jahrhundert die Regel waren, wurden immer noch wenigstens zwei Dutzend Männer für Anfertigung, Aufstellung und Bedienung benötigt. Der Nürnberger Patrizier Endres Tucher berichtet in seinem Memorial über die Zeit der Hussitenkriege, dass 1428 beim Zerspringen einer im

---

1 Siehe dazu den vorhergehenden Beitrag; grundlegend neuerdings Mark Feuerle: Blide – Mange – Trebuchet. Technik, Entwicklung und Wirkung des Wurfgeschützes im Mittelalter. Eine Studie zur mittelalterlichen Innovationsgeschichte. Diepholz/Stuttgart/Berlin 2005 (mit der älteren Literatur); Ders.: Das Hebelwurfgeschütz – Eine technische Innovation des Mittelalters, in: Technikgeschichte 69 (2002), S. 1-39; von der älteren Literatur sei lediglich angeführt Bernhard Rathgen: Das Geschütz im Mittelalter. Neu herausgegeben und eingeleitet von Volker Schmidtchen. Erstmaliger Reprint der Ausg. Berlin 1928. Düsseldorf 1987, S. 612f. mit sehr anschaulichen Schilderungen und Verweisen auf ältere experimentelle Nachbauten; Volker Schmidtchen: Militärische Technik zwischen Tradition und Innovation am Beispiel des Antwerks. Ein Beitrag zur Geschichte des mittelalterlichen Kriegswesens, in: Gundolf Keil (Hg.): gelêrter der arzenîe, ouch apoteker. Beiträge zur Wissenschaftsgeschichte. Festschrift zum 70. Geburtstag von Willem F. Daems (Würzburger medizinhistorische Forschungen, Bd. 24). Pattensen/Han. 1982, S. 91-195, hier S. 123-129; Ders.: Kriegswesen im späten Mittelalter. Technik, Taktik, Theorie. Weinheim 1990, S. 161-165; Donald R. Hill: Trebuchets, in: Viator 4 (1973), S. 99-116. Moderne Nachbauten mit Schussversuchen besitzen derzeit Konjunktur, etwa auf der Runneburg bei Thüringen, durch Mark Feuerle (wie oben, S. 94-116, mit einem Überblick über die älteren Rekonstruktionen) und anderenorts.

Nürnberger Stadtgraben aufgestellten Blide sechs Männer den Tod fanden, darunter neben Fritz Stromer einige Zimmerleute. Bei letzteren dürfte es sich um einen Teil der Bedienungsmannschaft gehandelt haben.[2] Andererseits verkürzte eine erfolgreich eingesetzte Blide eine Belagerung ganz erheblich. Lehensaufgebote konnten früher entlassen werden, Söldner waren für einen kürzeren Zeitraum zu bezahlen. Den erhöhten Kosten stand also auch ein fiskalischer Nutzen gegenüber.[3] Die Rechnung schien für das teure Gerät zu sprechen. Bei den in der ersten Hälfte des 14. Jahrhunderts aufkommenden Feuerwaffen verstärkte sich diese Tendenz noch.[4] Anwerbung von Spezialisten sowie Anschaffung und Unterhalt

---

2 Endres Tucher: Memorial, in: Die Chroniken der deutschen Städte: Nürnberg 2. Leipzig 1864 (ND 1961), S. 18.

3 So auch in der Handschrift Gießen, Universitätsbibliothek, Nr. 996: Regimen, Militär- und Zeughauswesen, Technik und Taktik des Krieges, verfasst von dem Zittauer Baumeister Johann Glöckner im Auftrag der Stadt Nürnberg um 1434; zur Handschrift vgl. Johann Valentino Adrian: Catalogus codicum manuscriptorum Bibliothecae Academiae Gissensis. Frankfurt 1840, S. 302-304; zu Glöckner vgl. Die Chroniken der deutschen Städte: Nürnberg 1. Leipzig 1862 (ND 1961), S. 445 mit Anm. 2 und Die Chroniken der deutschen Städte: Nürnberg 2. Leipzig 1864 (ND 1961), S. 98; eine Edition des Textes wurde mittlerweile abgeschlossen durch Hirum Kümper: Regimen von der Wehrverfassung. Ein Kriegsmemorandum aus der Gießener Handschrift 996, zugleich ein Beitrag zur städtischen Militärgeschichte des 15. Jahrhunderts. Gießen 2005.

4 Beispielhaft für die komplexen logistischen und finanztechnischen Fragen im Zuge der Vorbereitung und Durchführung eines Feldzuges ist der Briefwechsel des Kurfürsten Albrecht Achilles von Brandenburg vor und während der Belagerung von Neuss 1475, vgl. Felix Priebatsch (Hg.): Politische Correspondenz des Kurfüsten Albrecht Achilles. 3 Bde. (Publicationen aus den K. Preußischen Staatsarchiven 59, 67, 71). Leipzig 1894-1898, hier Bd. 2, S. 94f. (Anforderung von Büchsenmeister aus Mainz und Trier), S. 105 (Büchsenmeister Albrechts) S. 108 (Zuzugszahlen, darunter mehrere Büchsen mit Mannschaften), S. 110, 116, 137, 141, 146 (Anforderung von 10 weiteren Büchsenmeistern), S. 84, 141f. (Anschlag für die Wagenburg, auf 1000 Wägen berechnet), S. 147 (Befehl zur Aufrichtung der Wagenburg), S. 151, 153 u.ä. Vgl. allgemein zum Neusser Krieg Ernst Wülcker: Urkunden und Actenstücke betreffend die Belagerung der Stadt Neuss am Rheine. Frankfurt 1877; Joseph Lange (Hg.): Neuss, Burgund und das Reich. Neuss 1975. Zu Beginn des 16. Jahrhunderts ging die Kostenrechnung auch in die handschriftlichen und gedruckten Kriegslehren ein. Beispielgebend hierfür war das Kriegsbuch des Philipp von Kleve und das 'Kriegsregiment' des Michael Ott von Achterdingen und Jacob Preuß, vgl. Peter Renner: Das Kriegsbuch Herzog Philipps von Cleve. Untersuchungen mit besonderer Berücksichtigung und kritischer Ausgabe des Buchs vom Krieg zu Wasser nach den Handschriften. Diss. masch. Heidelberg 1960, besonders S. 59-76 zur Überlieferung (insgesamt 17 Handschriften); zum Inhalt vgl. ausführlich Schmidtchen: Militärische Technik (wie Anm. 1), S. 264-292; Ders.: Das Kriegsbuch des Herzogs Philipp von Kleve. Eine Lehrschrift zur Theorie und Praxis des Kriegswesens im Übergang vom Mittelalter zur Neuzeit unter Einschluss des Krieges um Festungen und seiner Methoden, in: Volker Schmidtchen (Hg.): Festung, Garnison, Bevölkerung. Historische Aspekte der Festungsforschung (Schriftenreihe Festungsforschung, Bd. 2). Wesel 1982, S. 9-30; Philippe Contamine: L'art de la guerre selon Philippe de Clèves, seigneur de Ravenstein (1456-1528): innovation ou tradition?, in: Bijdragen en Medelingen betreffende Geschiedenis der Nederlanden 95 (1980), S. 363-376; Ders.: Guerre, Fiscalité Royale et Economie en France (Deuxième Moité du XVe Siècle), in: Othmar Pickl (Hg.): Krieg, Militärausgaben und wirtschaftlicher Wandel. Graz 1980, S. 1-10 sowie die weiteren Beiträge des Bandes; übergreifend zum

eines Waffenarsenals wurden zu planbaren Kostenfaktoren im Aufbau der frühmodernen Territorialherrschaft. Hier wirkten Innovationen deutlich auf politische und gesellschaftliche Wandlungsphänomene ein.

Ebenfalls mit Recht hat Herr Feuerle festgestellt, dass trotz langer Bemühungen unser Wissen über das Aufkommen, die Funktion und die Verbreitung der Blide in der Anfangsphase ihres Auftretens in Westeuropa angesichts unpräziser Quellen und schwankender Terminologie keineswegs als sicher einzustufen ist.[5] So ist etwa die Herkunftsfrage nach widersprüchlichen Hinweisen nicht sicher zu klären: chinesischer, arabischer oder kleinasiatischer Ursprung, Vermittlung über den gelehrten Austausch im mozarabischen Spanien oder während der Kreuzzüge?[6] Nationale Eitelkeiten haben hier vor allem im 19. Jahrhundert, aber teils noch bis in die unmittelbare Vergangenheit die nüchterne Faktenanalyse überlagert.[7] Eingeschränkte Methodik trug weiter zur Verunklarung bei. Ein bislang vorherrschender einseitiger technik- oder militärhistorischer Zugang ohne profunde Kenntnisse der mittelalterlichen Geschichte und vor allem ihrer Hilfswissenschaften Paläographie, Codikologie und Philologie musste Fehlinterpretationen geradezu hervorbringen. Wer sich jedoch dem Gewirr an widersprüchlichen Aussagen und Thesen mit modernen quellenkritischen Methoden nähert, der wird die Erfahrung von Feuerle teilen: Es bleibt letztlich nicht viel an belastbarem Quellenmaterial übrig.

Dies wirft nur leider hinsichtlich der Generalthematik „Invention und Innovation“ ein virulentes Problem auf, sofern man sich näherhin mit dem frühesten Auftreten und der anfänglichen Ausbreitung der Blide beschäftigt. Denn wenn die berechtigte Quellenkritik die Quellen allzusehr erschüttert, ergibt sich eine Zwickmühle: Aufweichen der Methode bringt unseriöse Ergebnisse – konsequente Anwendung der Methode dagegen führt in den Dekonstruktivismus.

II. Potentiale späterer Quellen: Ingenieurhandschriften und Büchsenmeisterbücher

Wie aus diesem Dilemma herauszukommen sei, dafür gibt es wohl kein Universalrezept, zumindest nicht für jene von Feuerle bevorzugt ins Auge gefasste Periode, in der Schriftlichkeit noch hauptsächlich auf der Vermittlung durch technisch

---

Aufkommen taktischer Lehrschriften einschließlich der Behandlung von Finanzbedarfsberechnungen Rainer Leng: Ars Belli. Deutsche taktische und kriegstechnische Bilderhandschriften und Traktate im 15. und 16. Jahrhundert. Bd. 1: Entstehung und Entwicklung. Bd. 2: Beschreibung der Handschriften (Imagines medii aevi 12,1-2).Wiesbaden 2002, hier Bd. 1, S. 290-295.

5 Feuerle: Blide (wie Anm. 1), S. 20-40.

6 Die ältere Forschung zusammenfassend Schmidtchen: Militärische Technik (wie Anm. 1), S. 118-121 und Ders.: Kriegswesen (wie Anm. 1), S. 157-161.

7 Dies gilt insbesondere für das Aufkommen der Feuerwaffen, siehe dazu Leng: Ars Belli (wie Anm. 4), S. 27-31.

und terminologisch nicht sehr sattelfeste Kleriker beruhte. Zwar beobachteten Chronisten sehr genau die erfolgreiche Anwendung neuartiger Waffen. Aber ihren Beschreibungen fehlte naturgemäß ein Vokabular, das es uns heute gestatten würde, das jeweils Neue eindeutig mit bestimmten Waffentypen zu identifizieren.

Daher erscheint es lohnenswert, die Quellenbasis typologisch und chronologisch zu erweitern. Eine typologische Erweiterung wäre etwa auf Basis einer nur sehr schwer zu erschütternden Quellengattung zu leisten: die Rechnungsbücher.[8] Auch hier muss man sich aber bei städtischen Rechnungen wenigstens in das 14., bei landesherrlichen Rechnungen in das 15. Jahrhundert begeben, um in mühevoller Kleinarbeit Verwertbares zu finden. Für die ältesten Belege der Bliden fallen sie demnach aus.

Noch erfolgversprechender scheint ein Blick in die erstaunlich breit überlieferten kriegstechnischen Bilderhandschriften des Mittelalters. Nimmt man lateinische und volkssprachliche Überlieferung zusammen, so sind über 100 entsprechende Codices allein aus dem 15. Jahrhundert erhalten.[9] Zum Teil stammen sie aus dezidiert höfischem Kontext, wie etwa der um 1405 entstandene „Bellifortis" des Konrad Kyeser, der in etwa 50 Abschriften überliefert ist.[10] Zum anderen Teil stammen sie aus den Händen von Büchsenmeistern, also von kundigen Technikern, die hier ihre Erfahrungen und Konzepte niederlegten.[11] Einige Beispiele aus

---

[8] Exemplarisch durchgeführt für die Artillerie bei Rathgen: Das Geschütz im Mittelalter (wie Anm. 1), passim; den Guss einer Büchse konnte vor kurzem minutiös anhand von Rechnungen nachvollziehen Michaela Bleicher: Das Herzogtum Niederbayern-Straubing in den Hussitenkriegen. Kriegsalltag und Kriegsführung im Spiegel der Landschreiberrechnungen. Diss. Regensburg 2004, bes. S. 215-230 (http://www.opus-bayern.de/uni-regensburg/volltexte/2006/617/), beruhend auf einer Auswertung der Rechnungsbücher des Herzogtums Straubing-Holland für die Jahre 1421-1428 (München, Bayerisches Hauptstaatsarchiv, Ämterrechnungen bis 1506).

[9] Im Überblick Leng: Ars Belli (wie Anm. 4), passim.

[10] Faksimile der Göttinger Handschrift Ms. philos. 63 von Götz Quarg: Conrad Kyeser aus Eichstätt. Bellifortis. Hg. von der Georg-Agricola-Gesellschaft zur Förderung der Geschichte der Naturwissenschaften und der Technik. Bd. 1. Faksimiledruck der Pergament-Handschrift Cod. Ms. Philos. 63 der Niedersächsischen Staats- und Universitätsbibliothek Göttingen. Bd. 2. Umschrift, Übersetzung und Erläuterungen von Dipl. Ing. Götz Quarg. Düsseldorf 1967; neuerdings zwei weitere Göttinger Bellifortis-Handschriften als Farbmikrofiche-Ausgabe von Udo Friedrich/Fidel Rädle: Konrad Kyeser. Bellifortis. Feuerwerkbuch. Farbmikrofiche-Edition der Bilderhandschriften 2° Cod. Ms. philos. 64 und 64a Cim. Einführung und Beschreibung der kriegstechnischen Bilderhandschriften von Udo Friedrich. Anmerkungen zum lateinischen Text, Transkription und Übersetzung der Vorrede von Fidel Rädle (Codices figurati – Libri picturati 3). München 1995; zum Bellifortis siehe auch Theresia Berg/Udo Friedrich: Wissenstradierung in spätmittelalterlichen Schriften zur Kriegskunst: Der 'Bellifortis' des Konrad Kyeser und das anonyme 'Feuerwerkbuch', in: Jan-Dirk Müller (Hg.): Wissen für den Hof. Der spätmittelalterliche Verschriftlichungsprozess am Beispiel Heidelberg im 15. Jahrhundert. München 1994, S. 233-288; Leng (wie Anm. 4), S. 109-149.

[11] Im Überblick Leng: Ars Belli (wie Anm. 4), S. XXXX; zum Berufsbild der Büchsenmeister vgl. ders.: *getruwelich dienen mit Buchsenwerk*. Ein neuer Beruf im späten Mittelalter: Die Büchsenmeister, in: Dieter Rödel/Joachim Schneider (Hg.): Strukturen der Gesellschaft im Mittelalter. Interdisziplinäre Mediävistik in Würzburg. Wiesbaden 1996, S. 302-321; Edition

diesem Materialkomplex sollen im Folgenden ausloten, ob jenseits der Frage von Aufkommen und früher Verbreitung ein differenzierterer Zugang zum Thema Invention und Innovation am Beispiel der Blide möglich ist.

III. Grundtypen und erste Varianten

Konrad Kyeser zeigt in seinem „Bellifortis" ein häufig abgedrucktes Bild einer großen Blide.[12] Die musterhafte Darstellung ist mit Maßangaben versehen. Trotz leichter perspektivischer Schwächen ist die zeichnerische Wiedergabe relativ präzise. Ein 15 bis 17 Meter langer Wurfarm ist mit einem schwingend aufgehängten Gegengewichtskasten versehen. Die Kugel ruht im herabgewundenen Zustand auf einer Gleitbahn unterhalb des Wurfarms. In hochwertiger Buchmalerei sollte den adeligen Adressaten die Blide als probates Instrument einer modernen und erfolgsorientierten (wenngleich wenig ritterlichen) Kriegführung präsentiert werden.[13]

Nur wenig jünger sind die ältesten Darstellungen von Bliden aus den Schriften der Büchsenmeister. Am Beginn der deutschsprachigen Überlieferung stehen die Abbildungen von Bliden aus dem Münchener cgm 600[14], der im ersten Viertel des 15. Jahrhunderts entstand, sowie aus dem Wiener cod. 3069[15], der auf 1411 datiert ist und möglicherweise von einem in habsburgischen Diensten stehenden Kriegsingenieur angelegt wurde. Die hier vorgestellten Bliden scheinen auf den ersten Blick deutlich primitiver als die des „Bellifortis". Das Gewicht ist fix angebracht, die zeichnerische Umsetzung scheint nicht sehr gelungen; jedes schmückende Beiwerk, das den Bildern des „Bellifortis" Anziehungskraft verlieh, wurde weggelassen. Selbst grundlegende Details wie Auslöse- und Aufzugsmechanismus fehlen. Dennoch wird auf den zweiten Blick Wesentliches sichtbar. Im Unterschied zu Kyesers ortsfest aufgestellten Blide ist die Rahmenkonstruktion hier mit Scheibenrädern versehen. Auch ein Teil der vorher präsentierten Büchsen besaß einfache Räderlafetten. Die Waffe ist also – vielleicht unter Anwendung von technischen Konzepten aus dem Büchsenbau – flexibler einsetzbar und schneller auf neue Ziele auszurichten. Wahrscheinlich konnte das bewegliche Gestell ähnlich einer Rückfahrlafette auch die enormen Kräfte beim Wurf der zentnerschweren Steine mit dem tonnenschweren schwingenden Gewichtskasten bes-

---

eines Büchsenmeisterbuches; Ders.: Anleitung Schießpulver zu bereiten, Büchsen zu beladen und zu beschießen. Eine kriegstechnische Bilderhandschrift im cgm 600 der Bayerischen Staatsbibliothek München (Imagines medii aevi 5). Wiesbaden 2000.

12 Quarg: Kyeser (wie Anm. 10), fol. 30[a]; vgl. dazu auch Schmidtchen: Kriegswesen (wie Anm. 1), S. 163.

13 Vgl. Leng: Ars Belli (wie Anm. 4), S. 126ff. und 134ff. mit der älteren Literatur.

14 München, Bayerische Staatsbibliothek, cgm 600, fol. 21[r], Leng: Anleitung (wie Anm. 11), S. 149.

15 Wien, Österreichische Nationalbibliothek, cod. 3069, fol. 21[r], Leng: Anleitung (wie Anm. 11), S. 54-56, 149.

ser ausgleichen. Entsprechende Hinweise auf das Vermögen zum Bau von ruckfrei arbeitenden Gewerfen finden sich gelegentlich in Werbeschreiben von Büchsenmeistern.[16] Damit konnte die massive Konstruktion letztlich auch leichter ausgeführt werden, war somit billiger herzustellen und konnte mit weniger Aufwand an Material und Mannschaften transportiert, aufgestellt und betrieben werden. Zeichnerisch großes Gewicht scheint in den frühen Darstellungen auch auf den eisernen Haken zur Aufnahme der Wurfschlinge gelegt zu sein. Dies verweist auf die alltägliche Erfahrung der Techniker, dass Aufnahme, Schlinge und Seillänge entscheidend sind für Wurfweite, Gewicht, Flugbahn und Präzision des Schusses. Ähnliche Modelle, alle mit kleinen Varianten und technischen Verbesserungen gegenüber der Grundkonstruktion ließen sich aus den Büchsenmeisterbüchern noch im Dutzend anführen.

IV. Innovation durch Variation innerhalb des militärischen Gebrauchs

Eine kleine Serie von Bliden aus „De re militari“ des Roberto Valturio soll die Bandbreite der Entwicklung aufzeigen.[17] Roberto Valturio stand um 1440 in Diensten des recht kriegerischen oberitalienischen Grafen Sigismundo Pandulfo Malatesta. Ihm hatte er seine Abhandlung über das Kriegswesen auch gewidmet. Das Buch fand Gefallen und wurde in etwa 20 Abschriften an den europäischen Fürstenhöfen handschriftlich verbreitet.[18] Roberto Valturio war indes kein Kriegsverständiger. Seine Liebe galt mehr der humanistischen Gelehrsamkeit, und sein Werk beschränkte sich weitgehend auf eine Analyse antiker Militärschriftsteller. Die von versierten Buchmalern gefertigten Illustrationen zeigen neben verqueren Rekonstruktionsversuchen antiken Kriegsgerätes aber auch zeitgenössische Waffentechnik. Hierfür wurden Vorlagen herangezogen, die offensichtlich um 1440 an oberitalienischen Höfen kursierten. Einiges taucht in ähnlicher Form auch in deutschsprachigen Büchsenmeisterbüchern auf, anderes dürfte wohl den Schriften

---

16 Volker Schmidtchen: Bombarden, Befestigungen, Büchsenmeister. Eine Studie zur Entwicklung der Militärtechnik. Düsseldorf 1977, S. 178; Leng: Anleitung (wie Anm. 11), S. 54; Ders.: Büchsenmeister (wie Anm. 11), S. 307f.

17 Roberto Valturio: De re militari libri XII. Verona 1483. Zu Valturio vgl. auch Schmidtchen: Kriegswesen (wie Anm. 1), S. 32; Max Jähns: Geschichte der Kriegswissenschaften vornehmlich in Deutschland. 3 Bde. München/Leipzig 1889-1891 (ND New York/Hildesheim 1966), hier Bd. 1, S. 358-362; Paolo Galluzzi (Hg.): Primi di Leonardo. Cultura delle maccine a Siena nel Rinascimento. Milano 1991, S. 199; Aldo Francesco Masséra: Roberto Valturio „omnium scientiarum doctor et monarcha“, 1405-1475 (Collana di monografie dell'Istituto Technico Statale Commerciale e per Geometri „Roberto Valturio“ di Rimini 1). Faenza 1958; Sergio Ricossa/Pier Luigi Bassignana (Hg): Le Maccine di Valturio: nei documenti dell Archivio storico Amma. Turin 1988.

18 Zur älteren handschriftlichen Verbreitung von 'De re militari' vgl. Erla Rodakiewicz: The Editio princeps of Roberto Valturio's „De re militari“ in relation to the Dresden and Munich manuscripts, in: Maso Finiguerra 5, fasc. 1/2 (1940), S. 15-82.

und Skizzenbüchern des Mariano Taccola entlehnt sein.[19] 1472 wurde das Buch in Verona als erstes technisches Werk gedruckt. In den Holzschnitten des Druckes sind nun – als graphisch vereinfachte Version der Buchillustrationen aus der handschriftlichen Überlieferung – folgende Varianten von Bliden zu sehen.

Zunächst ist eine konventionelle ortsfeste Blide mit schwingendem Gegengewicht abgebildet.[20] Die zweite Abbildung ist interessanter.[21] Statt in einem massiven Rahmen ruht der Wurfarm nur auf einem vertikalen Balken. Um die Funktionsfähigkeit zu gewährleisten, musste das Gegengewicht aufgeteilt werden. Der Wurfarm ist im Lagerpunkt gegabelt, die beiden Gewichte schwingen parallel am zentralen Trägerbalken vorbei. Außerdem ruht der zentrale Träger in einem Drehkreuz. Das Gewerf konnte also rasch seitlich auf verschiedene Ziele gerichtet werden. Innovation wird hier durch Flexibilisierung erzielt. Schneller auf- und abzubauen war dieses Gerät wohl auch. Eine weitere zeichnerische Variante geht von demselben Prinzip aus, ist jedoch ortsfest montiert und besitzt unter dem langen gegabelten Wurfarm eine Laufbahn für die Kugel.[22] Zuletzt wird wieder ein konventionelles Modell mit einem durchgehendem Wurfarm gezeigt, dessen Gegengewicht jedoch mit Polstern abgefedert auf einen Anschlag aufläuft.[23] Dies dürfte das Kugelgewicht und die Wurfweiten deutlich reduziert haben. Das Zielgebiet war somit begrenzt. Nach dem Wurf schwang das Gegengewicht hier aber nicht mehr für längere Zeit nach. Es konnte sofort wieder aufgewunden und erneut geworfen werden. Um Mauern zu brechen, war diese Variante gewiss nicht geeignet. Aber sie dürfte sich bestens geeignet haben, rasch mehrere Salven von Steinhageln aus kürzerer Entfernung auf heranstürmende Angreifer abzufeuern. Innovation bedeutet hier also das Besetzen von Anwendungsnischen und somit eine Verbreiterung des Einsatzgebietes.

In ganz ähnlicher Form hat übrigens auch Konrad Gruter, ein deutscher Ingenieur, der 1393 von der Weser an den päpstlichen Hof ging und um 1420 ein Maschinenbuch verfasste, die Konstruktion weiter gedacht.[24] Ihm war aufgefallen,

---

19 Zur vermutlichen Herkunft der Quellen vgl. Frank Fürbeth/Rainer Leng: Flavius Vegetius Renatus. Von der Ritterschaft. Aus dem Lateinischen übertragen von Ludwig Hohenwang in der Ausgabe Augsburg, Johann Wiener, 1475/76. Farbmikrofiche-Edition des Exemplars der Herzog August Bibliothek Wolfenbüttel, 296.3 Hist 2°. Einführung zum Werk und zur Druckgeschichte von Frank Fürbeth. Beschreibung des Bildkatalogs kriegstechnischer Geräte von Rainer Leng (Monumenta xylographica et typographica, Bd. 6), München 2002, S. 37f.

20 Valturio: militari (wie Anm. 17), fol. 190r (der Druck ist ursprünglich nicht foliiert; die Angaben folgen einer nachträglich, aber zuverlässig ausgeführten Foliierung des Exemplars mit der Signatur 4° Ars. mil. 226/1 Inc. der Niedersächsischen Staats- und Universitätsbibliothek in Göttingen).

21 Valturio: militari (wie Anm. 17), fol. 190v.

22 Valturio, militari (wie Anm. 17), fol. 191r.

23 Ebenda, fol. 191v.

24 Vatican, Bibliotheca Apostolica Vaticana, Vat. lat. 5961, bes. Cap. 62; zum erst jüngst als Konrad Gruter identifizierten Verfasser (vorher als „Anonymus Werdensis" bezeichnet) und seinem Maschinenbuch vgl. die Arbeiten von Dietrich Lohrmann: Turmwindmühlen und Windwagen im 14.-15. Jahrhundert. Bemerkungen zu zwei unedierten Ingenieurhandschrif-

dass die weit nach hinten ausholende Wurfschlinge einen Einsatz unter beengten Raumverhältnissen, etwa innerhalb einer Befestigungsanlage, erschwerte. Vielleicht kannte er auch die gegabelten Arme für das Gegengewicht. Er übertrug das Konzept auf die andere Seite des Hebels und konstruierte eine Blide mit gegabeltem Wurfarm. Sie brauchte kein ausschwingendes Seil, sondern konnte Steine und ganze Baumstämme direkt zwischen den beiden Armen hindurch in steiler Flugbahn nach oben schleudern. Auch hiermit waren sicherlich keine großen Weiten zu erzielen, aber um aus einer belagerten Festung heraus die Angreifer mit Geschossen einzudecken, waren große Weiten auch nicht notwendig. Wieder war ein neuer Anwendungsbereich erschlossen: die Blide zum Einsatz auf Seiten der Belagerten.

Die Bilder aus Roberto Valturios „De re militari" fanden, zumal nach dem leicht erreichbaren Druck von 1472, rasch größere Verbreitung. Als erster benutzte sie Ludwig Hohenwang, der 1475 seine deutsche Übersetzung des Vegetius mit Holzschnitten illustrierte, für die er die Zeichnungen Valturios einfach seitenverkehrt „abkupfern" ließ.[25] Auch er war mehr marktorientierter Übersetzer und Frühdrucker als Kriegsfachmann und hatte für Technik wenig Verständnis: *Das sind bolwerck in mangerlai gestalt und form* ließ er lapidar über die Zeichnungen der Bliden setzen. Hohenwangs Vegetius-Ausgabe war jedoch ein vielgelesenes Buch, das auch in die Hände von Büchsenmeistern gelangte, die jene Zeichnungen in ihren Handschriften kopierten – und dabei oft präzisierten und mit weiteren technischen Informationen anreicherten. So übernahm der Nürnberger Büchsenmeister Johannes Formscheider eine der Bliden aus Valturio/Hohenwang, bezeichnete sie als „Böhmische" Blide und dachte über den in der Vorlage nicht sehr präzise gezeichneten Spannmechanismus nach.[26] In anderen Fällen ergänzte

ten, in: Technikgeschichte 67 (2000), S. 25-40; Ders.: Ein Ingenieurtraktat des frühen 15. Jahrhunderts aus der Bibliothek des Lelio Ruini, Bischof von Bagnoregio (1613-21), in: Quellen und Forschungen aus italienischen Archiven und Bibliotheken 80 (2000), S. 642-656; Horst Kranz: Von Werden an der Ruhr nach Lucca. Ein rheinischer Ingenieur und Autor im spätmittelalterlichen Italien, in: Annalen des Historischen Vereins für den Niederrhein 205 (2002), S. 49-64; eine Edition liegt mittlerweile vor: Dietrich Lohrmann/Horst Kranz/Ulrich Alterz (Hg.): Konrad Gruter von Werden. De machinis et rebus mechanicis. Ein Maschinenbuch aus Italien für den König von Dänemark 1393-1424 (Studie Testi, Bd. 428, 429). Rom 2006, hier: Bd. 2, S. 238f.

25 Vegez. Kurcze Red von der Ritterschafft. Augsburg, Johann Wienner 1475; vgl. Fürbeth/Leng: Flavius Vegetius Renatus (wie Anm. 19), S. 36 und 49, Abb. Nr. 40-43 mit Kommentar (nach dem Exemplar Herzog August Bibliothek Wolfenbüttel, 296.3 Hist 2°).

26 München, Bayerische Staatsbibliothek, cgm 356, S. 71: *Item mit dieser Behemischen pleyden magstu werffen ein drey zenntrigen stein oder ij zenttner als du dann daz müsterlin sichst mit einem großen kasten voller sandz*; zwei weitere Bliden nach der Vorlage mit ergänzenden Kommentaren zu spezifischen Einsatzzwecken, Schussgewichten und technischen Details ebd., S. 72f.; zur Handschrift siehe: Die deutschen Handschriften der Bayerischen Staatsbibliothek München. Neu beschrieben von Karin Schneider. Cgm 351-500. (Catalogus codicum manuscriptorum Bibliothekae Monacensis. Tomus V. Pars III). Wiesbaden 1973, S. 46-48; Leng (wie Anm. 4), Bd. 2, S. 198-201; Ernst Berninger: Die technischen Handschriften des

er technische Detailinformationen, wie die mit der jeweiligen Konstruktionsweise zu erreichenden Schussgewichte.

Diese Transformationen eines technischen Gerätes sind vergleichsweise marginal, erstaunen aber dennoch, zieht man in Betracht, dass das Grundprinzip einer Blide eigentlich kaum Platz für grundlegende Innovationen ließ. Und dennoch ließ sich mit dem einmal erkannten Prinzip noch wesentlich mehr anfangen.

V. Innovation durch Konversion: Die Blide in ziviler Nutzung

Das so genannte Weimarer Ingenieurkunst- und Wunderbuch,[27] eine über 1.000 Zeichnungen umfassende süddeutsche Bilderhandschrift aus der Zeit um 1500, nahm ebenfalls die diversen Blidenvarianten aus älteren Büchsenmeisterbüchern und aus dem Vaturio/Hohenwang-Komplex auf, die an sich schon eine ganze Reihe noch neuen Einsatzkontexten erschlossen. Doch wie in vielen anderen Fällen, so versuchte auch hier der Urheber des Wunderbuches zunächst das Prinzip bis auf seine Wurzeln zurückzuführen, um dann zu sehen, ob ähnliches nicht in ganz anderen Anwendungsbereichen erfolgreich eingesetzt werden könne.

Das Grundkonzept war hinreichend einfach: Speicherung von kinetischer Energie und deren anschließende ruckartige Freisetzung auf der Grundlage eines einfachen Hebels. Einer der Vorschläge tendiert in Richtung Baubetrieb. Hier sind Hebevorgänge an der Tagesordnung. Allerdings bedurfte es dafür einer kontrollierten Freisetzung der Energie. Das Weimarer Ingenieurkunst- und Wunderbuch schlägt dazu beispielsweise vor, das Gegengewicht einer normalen Blide auf etwas mehr als das Gewicht der zu hebenden Last zu reduzieren.[28] Zwei Haspeln an beiden Hebelarmen erleichtern die Steuerung des Hebevorgangs. Das ganze Gestell auf Rollen gelagert erlaubt flexiblen Einsatz; auswechselbare Gegengewichte gestatten eine Anpassung an die jeweiligen Lasten. Anstatt eines Seils konnte der Hebelarm auch mit einer Greifzange für Quadersteine ausgerüstet werden. Wurde der Gegengewichtsarm mit Hilfe der einen Haspel herabgewunden, so ließ sich relativ einfach durch gebremstes Abspulen des Seils an der anderen Haspel ein hohes Gewicht heben. Gegenüber dem klassischen Tretkran war damit zwar keine

15. Jahrhunderts in der Bayerischen Staatsbibliothek München, in: Patrimonia 137, München 2000, S. 72-74, mit Abb. 8 (S. 134), 9 (S. 194), 10 (S. 141).

27 Weimar, Stiftung Weimarer Klassik – Anna Amalia Bibliothek, Fol. 328; zur Handschrift siehe Konrad Kratzsch: Das Weimarische Ingenieurkunst- und Wunderbuch und seine kulturgeschichtlichen Zeichnungen, in: Marginalien 73 (1979), S. 30-38; Konrad Kratzsch: Das Weimarische Ingenieurkunst- und Wunderbuch. Codex Wimariensis Fol. 328, in: Studien zum Buch- und Bibliothekswesen 1 (1981), S. 54-60; Bert S. Hall (Hg.): The technological illustrations of the so-called »Anonymus of the Hussite Wars«. Codex Latinus Monacensis 197, Part 1, Wiesbaden (1979), S. 40f.; Leng: Ars Belli (wie Anm. 4), Bd. 2, S. 292-296; zuletzt Wolfgang Metzger: Ein Bildzyklus des Spätmittelalters zwischen Hofkunst und ‚Magia naturalis', in: Giorgio Bonsanti/Klaus Bergdolt (Hg.): Opere e Giorni. Studi su mille anni di arte europea dedicati a Max Seidel. Venedig 2001, S. 253-264.

28 Weimar, Stiftung Weimarer Klassik – Anna Amalia Bibliothek, Fol. 328, fol. 12^{v}.

unmittelbare Einsparung von Arbeitskraft zu erwarten, aber vermutlich war der Blidenkran einfacher zu bauen und flexibler in der Handhabung, wahrscheinlich ließ er sich auch mit einer kleineren Mannschaft bedienen.

Ein weiterer Vorschlag des Weimarer Ingenieurkunst- und Wunderbuchs versucht, die aufzubringende Arbeitsleistung beim Spannen zu reduzieren. Zwei Bliden sollen über eine zentral gelagerte Verbindungsstange am Gewichtsarm miteinander verbunden werden.[29] Offenbar glaubte der Verfasser, dass die wechselwirkende Verbindung Sparpotential besitzt. Wird eine Blide ausgelöst, so zieht der herabstürzende Gegengewichtskasten den der zweiten Blide nach oben; sie ist somit gleich gespannt und einsatzbereit.

Natürlich funktioniert dieses Prinzip nicht ohne weitere Energiezufuhr. Dem Verfasser war diese Frage aber zweitrangig. Auch sonst suchte er verschiedene Arten von Perpetua Mobilia auszutesten, immer auf der Suche nach einer völlig selbständig Arbeit verrichtenden Maschine. Nichts anderes wäre die wechselwirkende Doppelblide gewesen. Die Wunschvorstellung war eine höhere Schussfrequenz bei reduzierter Bedienungsmannschaft, vielleicht bei Kompromissen hinsichtlich Schussweite und Kugelgewicht.

VI. Elemente der Innovation: Abstraktion und Kombination

Maßgeblich am Umgang mit dem einfachen Grundkonzept des Hebels erscheint jedoch, dass im Weimarer Ingenieurkunst- und Wunderbuch das altbekannte Gerät aus seinem ursprünglichen Kontext herausgelöst wurde. Es ging Verbindungen mit ebenfalls aus anderen Kontexten entnommenen Erfahrungen und Techniken ein. In der Kombination unterschiedlicher Techniken liegt dann der innovatorische Mehrwert. Dass Kombination ein Grundelement der Technikwahrnehmung im Weimarer Ingenieurkunst- und Wunderbuch ist, zeigt übrigens auf das Eindringlichste eine endlos scheinende Bilderserie auf den letzten Blättern der Handschrift. Sie präsentiert ein System aus ein paar einfachen Grundelementen aus Metall, das nahezu in Mero-Manier zu immer wieder neuen Gerätschaften zusammengesetzt werden kann.[30] Mauerhaken, Leitern, Brücken, Brech- und Sprengzeug waren das Haupteinsatzgebiet dieses frühen Metallbaukastens.

War das Weimarer Ingenieurkunst- und Wunderbuch in seinen selbständigeren Partien eher praxisfern, aber von großem Willen zur Innovation getragen, so machten auf der anderen Seite die Praktiker vor, was sich tatsächlich mit einer Blide anfangen ließ, wenn man ihr nur neue Arbeitsgebiete erschloss. Das beeindruckendste Beispiel für die Konversion militärischer Alltagstechnik findet sich bereits vor der Mitte des 15. Jahrhunderts in der Handschrift des anonymen Hussi-

---

[29] Weimar, Stiftung Weimarer Klassik – Anna Amalia Bibliothek, Fol. 328, fol. 14^r.

[30] Ebenda, Fol. 328, fol. 282^r-287^v; 297^r-305^v; mit Abbildungen vgl. Leng: Ars Belli (wie Anm. 4), Bd. 1, S. 273-277 mit Taf. 28; Ders.: Social Character, Pictorial Style, and the Grammar of Technical Illustration in Craftmen's Manuscripts in the Late Middle Ages, in: Wolfgang Lefèvre: Picturing Machines 1400-1700, Cambridge/London 2004, S. 106 mit Fig. 3.11.

tenkriegsingenieurs.[31] Sie zeigt auf einer ihrer Bildseiten eine Blide, die am Rande einer tiefen Baugrube steht. Das Grundprinzip ist praktisch völlig unverändert. Der einzige Unterschied zum militärischen Modell liegt im Gegengewichtskasten. Er war nicht mit einer fixen Menge von Sand und Steinen gefüllt, sondern blieb hohl. Mit Hilfe einer einfachen Rinne konnte jedoch eine präzise steuerbare Wassermenge in den Kasten eingeleitet werden. Sank der Kasten dadurch nach unten, so zog ein am Schwungarm befestigtes Seil zentnerschwere Loren mit Abraum oder anderem Material auf einer Gleitbahn aus der Baugrube. Nach dem Öffnen eines Ventils lief der Kasten wieder leer, der Gewichtsarm hob und der Schwungarm senkte sich, und die nächste Ladung konnte aus der Grube gezogen werden.

Hier schien nahezu der Idealzustand einer selbstständig arbeitenden Maschine erreicht. Es genügte ein einziger Mann, der mit wenigen leichten Handgriffen den Wasserstand im Gewichtskasten regulierte, und enorme Lasten wurden bewegt, die sonst ein Vielfaches an Zeit, Kraft und Personaleinsatz erfordert hätten.

Natürlich hätte sich das Problem auch auf andere Weise lösen lassen. Ein Baukran hätte dieselbe Arbeit leisten können; selbst sein Antrieb durch Menschen- oder Tierkraft hätte mit Hilfe eines Wasserrades effizienter gestaltet werden können. Dies hätte jedoch beträchtlichen Einsatz erfordert: Planung, Konstruktion und Wartung eines komplexen Übersetzungs- und Steuerungsmechanismus.[32] Die vielfach bewährte Blide war dagegen wesentlich günstiger in Herstellung und Betrieb. Sie konnte auch von ein paar Zimmerleuten gebaut und für den Einsatz als Baustellenkran adaptiert werden. Die Lösung fand offensichtlich Gefallen. Sie wurde in einigen späteren Büchsenmeisterbüchern und Ingenieurshandschriften wiederholt.[33]

VII. Invention und Innovation: Voraussetzungen und Techniken

Um einen derartigen Grad an Innovation zu erreichen, war nur scheinbar nicht mehr als ein wenig Bereitschaft zum Nachdenken und Experimentieren erforderlich. Die mentalen Voraussetzungen sind doch ein wenig komplexer. Das einmal als wirkungsvoll erkannte Gerät musste zunächst auf sein mechanisches Grundprinzip reduziert werden: der einfache Hebel im Zusammenwirken mit gespeicherter Energie. War dies gedanklich erreicht, konnte das Prinzip auf beliebige

---

31 Hall: technological illustrations (wie Anm. 27): Faksimile fol. 35^v/36^r, Kommentar S. 185f. Die Handschrift selbst stammt zwar aus den Jahren 1480/90, gibt jedoch eine ältere Vorlage aus der Zeit der Hussitenkriege wieder.

32 Komplexere Maschinen zum Ausfahren von Aushub mit Schienenfahrzeugen, angetrieben durch Laufräder oder Pferdegöppel mit diversen Übersetzungen zeigt Weimar, Stiftung Weimarer Klassik – Anna Amalia Bibliothek, Fol 328, fol. 3^r und 7^v/8^r.

33 München, Bayerische Staatsbibliothek, cgm 734, fol. 67^v/77^r; zur Handschrift Leng: Ars Belli (wie Anm. 4), Bd. 2, S. 206-211; München, Deutsches Museum, Hs. 1949-258, fol. 67^v/77^r (abgebildet bei Leng: Ars Belli [wie Anm. 4], Bd. 1, Taf. 16); Erlangen, Universitätsbibliothek, Ms. B 26, fol. 267^r, auch verwendet in Stuttgart, Württembergische Landesbibliothek, Cod. milit. 4° 31.

Gebiete übertragen werden. Dabei halfen die vorausgegangenen Varianten innerhalb des ursprünglichen Einsatzgebietes. Mit der Transformation in den Baubetrieb wurde eine weitere Stufe der Abstraktion erreicht. Wurden in dieses Modell dann noch Erfahrungen aus anderen Technikfeldern integriert, so ergab sich ein Baukastensystem aus Möglichkeiten, das es gestattete, gezielt Maschinen aus Einzelelementen unterschiedlicher Provenienz für neue Kontexte zu ‚erfinden'.

Für den wassergesteuerten Blidenkran wurde nur noch ein wenig Steuertechnik hinzugefügt. Sie war aus dem Mühlenbau bekannt, der auch das Beispiel von Wasser als relativ einfach verfügbarem Energieträger lieferte, der über weitere Strecken transportierbar ist. Mit dem simplen Hebel der Blide ließ sich dann die komplexe Übersetzungstechnik aus Kran- oder Mühlenbau elegant durch eine billigere Lösung umgehen.

Der ‚Baukasten' des Konstrukteurs bestand dabei nur aus drei Fächern: Antriebseite (Wasser, Mensch, Tiere, Wind), Übersetzung (die einfachen Maschinen: Hebel, Schraube, Zahnrad, schiefe Ebene) und Abtriebsseite (Heben, Senken, Schleudern, Ziehen, Bohren, Hämmern etc.). Dies gestattete erstaunliche und effiziente Transformationsleistungen unterschiedlicher Techniken in neue Einsatzgebiete.

Was zeigt nun das Beispiel der Blide in Bezug auf die Fragen von Invention und Innovation? Vor allem, dass beides mehrschichtige Prozesse sind. Im Grunde genommen war die Einführung und Verbreitung der Blide in Europa gar kein Inventionsprozess. Sie wurde ja aus einem anderen Kulturgebiet übernommen. Mit der Verbreitung auf den Belagerungsplätzen des späten Mittelalters war aber immerhin eine deutliche Innovation verbunden. Mauern boten keinen sicheren Schutz mehr, sie konnten effizient gebrochen werden – mit allen Folgen von der Sozialstruktur des Rittertums bis zur Befestigungsarchitektur. Dies potenzierte sich noch durch die aufkommenden Feuerwaffen.

Bezeichnenderweise setzt nach der Durchsetzung der Blide auf den Kriegsschauplätzen ein weiterer Inventions- und Innovationsprozess ein. Dieser wurde aus drei Wurzeln gespeist:

- Erschließen neuer Einsatzmöglichkeiten,
- Reduktion auf mechanische Prinzipien,
- Kombination mit anderen Techniken.

Betrieben wurde dieser Prozess von zwei Seiten. Die Theoretiker trieben vor allem die Punkte Reduktion und Kombination voran. Die Ergebnisse waren nicht selten fragwürdig, lieferten aber grundlegende Denkmodelle. Die Praktiker dagegen widmeten sich vor allem dem Erschließen neuer Einsatzkontexte für bewährte Techniken. Auch wenn ihnen vielleicht die Abstraktionsfähigkeit der Theoretiker fehlte, so fanden sie doch durch experimentelle Praxis zu Erfolgen, die zur erstaunlichen Dynamik der spätmittelalterlichen Wandlungsphänomene auf dem Gebiet von Gesellschaft, Wirtschaft und Technik beitrugen.

Solche Prozesse sind freilich nicht immer konkret an einem Punkt greifbar. Sie vollziehen sich über Jahrzehnte und sind in zahlreiche Einzelschritte zerlegbar. Ihnen wohnt jedoch ein höheres Innovations- und Inventionspotential inne als die Übernahme einer bewährten Technik aus einem anderen Kulturkreis. Sie verdienen daher auch mehr Aufmerksamkeit als die traditionelle Suche nach dem technikgeschichtlichen Erstbeleg. Dies sollte am Beispiel der Blide gezeigt werden. Dass Invention und Innovation als langfristige und vielschichtige Prozesse verstanden werden sollten, dürfte sich dabei auch an anderen Einzeltechniken, am augenfälligsten bei der Mühlentechnik, zeigen lassen.

Christian Mathieu

Zwischen Innovationsförderung und Technikfolgenabschätzung – Das venezianische Patentverfahren der Frühen Neuzeit als „Theater der Sicherheit“?

Am 28. Februar 1527 – datiert nach dem venezianisch-republikanischen Kalender – inszenierte der Luccheser Regisseur Francesco de'Nobili, genannt Cherea, seine letzte „momaria“ in Venedig.[1] Dem von Cherea betriebenen szenischen Aufwand zum Trotz blieb dem pantomimisch-tänzerischen Maskenspiel der erhoffte Publikumserfolg versagt. Unerhört erschien den Zuschauern das Sujet jener „momaria“, das von Venedigs berühmtestem Tagebuchautor Marin Sanudo als „cosa bruttissima“[2] geschmäht wurde: der Widerstreit und schließlich der Triumph einer neuen Welt über die alte. Vergegenwärtigt man sich indes, dass Cherea sein Lob des Neuen anlässlich des venezianischen Jahreswechsels auf die Bühne gebracht hat, so wird umso augenfälliger, wie sehr die Konfrontation mit Veränderungen zwangsläufig inhärenter Ungewissheit den adligen Venezianer herausforderte[3] – nicht ohne Grund sollte 400 Jahre später Joseph Alois Schumpeter den Prozess der Innovation als „schöpferische Zerstörung“[4] charakterisieren.

Auch der Bankier und Kaufmann Girolamo Priuli, ebenso wie Marin Sanudo Verfasser eines umfänglichen Tagebuchs,[5] empfand wohl ganz ähnlich, als im Abstand nur weniger Jahre zwei Neuigkeiten Venedig erreichten, die seinen vertrauten Erfahrungsraum nachhaltig erschütterten: Zum einen war im Sommer 1499 bekannt geworden, dass Vasco da Gama die Umsegelung des Kaps der Gu-

---

1 Vgl. weiterführend Susanne Tichy: „et vene la mumaria“: Studien zur venezianischen Festkultur der Renaissance (Akádemos 1). München 1997.

2 Marin Sanudo il giovane: I diarii (1496-1533) (Ed. Nicolò Barozzi/Guglielmo Berchet/ Rinaldo Fulin/ Federico Stefani). Venedig 1879-1903, Bd. 44, Sp. 172.

3 Siehe dazu Achatz von Müller: Die Wahrnehmung des Neuen: Zwischen Selbstverortung und Flucht aus der Geschichte, in: Ders./Jürgen von Ungern-Sternberg (Hg.): Die Wahrnehmung des Neuen in Antike und Renaissance (Colloquium Rauricum 8). Leipzig 2004, S. VII-XVII und Winfried Schulze: Wahrnehmungsmodi von Veränderung in der Frühen Neuzeit, in: Mitteilungen des Sonderforschungsbereichs 573 „Pluralisierung und Autorität in der Frühen Neuzeit“ 1 (2005), S. 16-25.

4 Vgl. Joseph Alois Schumpeter: Kapitalismus, Sozialismus und Demokratie (Mensch und Gesellschaft 7). Bern 1946, S. 138. Anregend in diesem Zusammenhang auch Horst Bredekamp: Sankt Peter in Rom und das Prinzip der produktiven Zerstörung: Bau und Abbau von Bramante bis Bernini (Kleine Kulturwissenschaftliche Bibliothek 63). Berlin 2000.

5 Siehe Christiane Neerfeld: „Historia per forma di Diaria“. Venezianische Gegenwartschronistik um 1500, Bonn, Univ., Diss., 2001.

ten Hoffnung geglückt war, was nach Einschätzung Priulis den Verlust von Venedigs Status als Zentrum des internationales Fernhandels erwarten ließ.[6] Zum anderen aber musste der Venezianer zehn Jahre später nicht nur beobachten, wie Venedigs im Verlauf des 15. Jahrhunderts eroberter italienischer Territorialbesitz in kaum mehr als zwei Wochen an die „Liga von Cambrai“ genannte antivenezianische Allianz von römisch-deutschem Kaiser, französischem König und Papst fiel, sondern auch wie die feindlichen Truppen entlang der Lagunenufer Stellung bezogen[7] – mithin Erlebnisse, die das aus der topographischen Situation der Lagunenstadt resultierende Sicherheitsbewusstsein der Venezianer zumindest vorläufig zerstörten.[8] Ungeachtet seiner alarmierten Warnungen sowohl vor den ökonomischen Folgen der Kapumrundung für die Zukunft der Handelsempore Venedig als auch vor der drohenden Eroberung der Stadt durch die alliierten Mächte, empfahl Priuli jedoch in beiden Fällen, zunächst einmal nichts zu unternehmen, stattdessen einfach nur abzuwarten und „den Dingen Zeit zu geben“[9]. Nach seiner Ansicht würde doch namentlich Venedig aufgrund seiner sich selbst perennierenden transpersonalen Staatsform als Republik vom Verlauf der Zeit profitieren, während hingegen alles Menschlich-Sterbliche Chronos' zerstörerischem Wirken ausgeliefert sei: „Le Republice sempre vivenno et li Signori morenno“[10]. Wie Priulis Argumentation dokumentiert, existierte im Venedig der Frühen Neuzeit – neben den von Jacques Le Goff für die Vormoderne identifizierten „Temps de l'Église et temps du marchand“[11] – mindestens ein drittes Zeitkonzept: das des Staats. Fiel nach Ansicht ihrer offiziellen Historiographen oder vielmehr ihrer Mythographen die „Stunde Null“ der Markusrepublik auf den 25. März 421, den legendären Gründungstag der Lagunenstadt, so befanden es dieselben Autoren schlechterdings für unmöglich, das Ende des venezianischen „Temps de l'État“, die Todesstunde des transpersonalen und daher unsterblichen Staatskörpers zu prognostizie-

---

6 Vgl. Girolamo Priuli: I Diarii, 1494-1512, Bd. 2 (Ed. Roberto Cessi) (Rerum Italicarum Scriptores 24,3.2). Bologna 1938, S. 153f. und passim sowie dazu Robert Finlay: Crisis and Crusade in the Mediterranean: Venice, Portugal, and the Cape Route to India (1498-1509), in: Studi Veneziani N.S. 28 (1994), S. 45-90.

7 Vgl. immer noch grundlegend Innocenzo Cervelli: Machiavelli e la crisi dello stato veneziano, Neapel 1974 und zusammenfassend Michael E. Mallett: Venezia e la politica italiana: 1454-1530, in: Storia di Venezia dalle origini alla caduta della Serenissima, Bd. 4: Alberto Tenenti/Ugo Tucci (Hg.): Il Rinascimento. Politica e cultura, Rom 1996, S. 245-310.

8 Siehe z.B. Priuli: Diarii (wie Anm. 6), Bd. 4, S. 325f. und dazu Achille Olivieri: Un momento della sensibilità religiosa e culturale del Cinquecento veneziano: „I Diarii“ di Girolamo Priuli e gli orizzonti della „esperientia“, in: Critica Storica 10 (1973), S. 397-414.

9 Priuli: Diarii (wie Anm. 6), Bd. 4, S. 405.

10 Ebenda, S. 405 und vgl. dazu Erwin Panofsky: Father Time, in: Ders.: Studies in Iconology: Humanistic Themes in the Art of the Renaissance, New York 1967, S. 69-93.

11 Vgl. Jacques Le Goff: Au Moyen Âge: Temps de l'Église et temps du marchand, in: Annales: Économies, Sociétés, Civilisations 15 (1960), S. 417-433 und dazu Simona Cohen: The Early Renaissance Personification of Time and Changing Concepts of Temporality, in: Renaissance Studies 14 (2000), S. 301-328.

ren.[12] Gerade aber ein solches die eminent Herrschaft stabilisierende „Fiktionalität der Dauer“[13] beschwörendes Staatsverständnis zeugt von dem hohen Stellenwert, den die venezianische Aristokratie in Mittelalter und Früher Neuzeit den Kategorien „Kontinuität“ und „Tradition“ zumaß. Der italienische Historiker Roberto Cessi ging in diesem Zusammenhang sogar so weit, dem venezianischen Adel in der Vormoderne eine kollektiv empfundene Angst vor Neuem, „un senso di misoneismo, che gravava sopra l'iniziativa politica di una classe dirigente assai legata alla tradizione“[14], zu unterstellen: ein Befund, der auch von Gaetano Cozzi bestätigt wurde: „L'aristocrazia veneziana“ – so der unlängst verstorbene Nestor der historischen Venedig-Forschung zuspitzend – „temeva le novità“[15].

Wie aber lässt sich der von Cessi und Cozzi diagnostizierte, von Priuli wie Sanudo tatsächlich eingenommene konservative Standpunkt – nur wenige Jahre nach Chereas Inszenierung sollte zudem das Reformprojekt einer umfassenden „renovatio urbis“[16] an den gesellschaftlichen Beharrungskräften in der von Jacob Burckhardt so charakterisierten „Stadt des scheinbaren Stillstandes“[17] scheitern – mit jenem Venedig-Bild vereinbaren, das insbesondere die Wirtschaftsgeschichtsschreibung nach dem Zweiten Weltkrieg gezeichnet hat? Dieser vor dem Hintergrund des Kalten Krieges emergierte[18] und eng mit den Forschungen von Frederic C. Lane verknüpfte Entwurf war der einer scheinbar überwiegend von protokapitalistischen Unternehmern bevölkerten Kaufmannsrepublik[19] bzw. der eines inter-

[12] Vgl. Robert Finlay: The Immortal Republic: The Myth of Venice during the Italian Wars (1494-1530), in: The Sixteenth Century Journal 30 (1999), S. 931-944 und Alberto Tenenti: The Sense of Space and Time in the Venetian World of the Fifteenth and Sixteenth Centuries, in: John R. Hale (Hg.): Renaissance Venice. London 1973, S. 17-46.

[13] Karl-Siegbert Rehberg: Die stabilisierende „Fiktionalität“ von Präsenz und Dauer. Institutionelle Analyse und historische Forschung, in: Reinhard Blänkner/Bernhard Jussen (Hg.): Institutionen und Ereignis. Über historische Praktiken und Vorstellungen gesellschaftlichen Ordnens (Veröffentlichungen des Max-Planck-Instituts für Geschichte 138). Göttingen 1998, S. 381-407.

[14] Roberto Cessi: Evoluzione storica del problema lagunare, in: Atti del convegno per la conservazione e difesa della laguna e della città di Venezia. Venedig 1960, S. 23-64, hier: S. 52.

[15] Gaetano Cozzi: Il tentativo di riforma del diritto veneto sotto il dogado di Andrea Gritti, in: Ders.: Repubblica di Venezia e stati italiani. Politica e giustizia dal secolo XVI al secolo XVIII. Turin 1982, S. 293-318, hier: S. 313.

[16] Vgl. Manfredo Tafuri (Hg.): „Renovatio urbis“: Venezia nell'età di Andrea Gritti (1523-1538). Rom 1984.

[17] Jacob Burckhardt: Die Kultur der Renaissance in Italien. Ein Versuch. 11. Aufl., Stuttgart 1988. S. 48.

[18] So James S. Grubb: When Myths Lose Power: Four Decades of Venetian Historiography, in: Journal of Modern History 58 (1986), S. 43-94 und ähnlich noch Nicholas S. Davidson: In Dialogue with the Past: Venetian Research from the 1960s to the 1990s, in: Bulletin of the Society for Renaissance Studies 15 (1997), S. 13-24.

[19] Siehe Frederic C. Lane: Seerepublik Venedig, München 1980; Ders.: Venice and History. The Collected Papers of Frederic C. Lane, Baltimore 1966 und Ders.: Studies in Venetian Social and Economic History, London 1987 sowie dazu kritisch Eric Cochrane/Julius Kirshner: Deconstructing Lane's Venice, in: The Journal of Modern History 47 (1975), S. 321-334.

nationalen Kommunikationszentrums,[20] in dem Neues und Neuigkeiten – Innovationen[21] ebenso wie Informationen[22] – ob ihres ökonomischen, Profit verheißenden Werts einen besonderen Stellenwert genossen. Vielleicht ist auch der Grund für den in den vergangenen anderthalb Jahrzehnten zu konstatierenden relativen Rückgang wirtschaftshistorischer Studien über Venedig darin zu suchen,[23] dass nach dem Ende der bipolaren Welt das Ansinnen obsolet geworden ist, dem nicht mehr existenten kommunistischen Systemgegner das Modell eines freiheitlichen kapitalistischen Staatswesens entgegenzustellen.

Zwar steht außer Zweifel, dass sich an der Wende vom Spätmittelalter zur Frühen Neuzeit in Venedig kaufmännische Mentalitäten, Praktiken und ökonomisch-rechtliche Institutionen herausgebildet haben, die die vielfältigen mit dem Fernhandel verbundenen Unsicherheiten zu bewältigen halfen.[24] Dennoch aber stimulierte die Konfrontation der Fernhändler mit dem bis ins 18. Jahrhundert als Sammelbecken der Gefahren wahrgenommenen Meer[25] nicht nur – wie in der anthropologischen Literatur herausgestellt – den eher rationalen „gusto del rischio, lo stimolo verso il nuovo, la capacità di affrontare l'incerto"[26], sondern auch eine emotionale Reaktion: Angst.[27] In Konsequenz hatten besagte Institutionen,

---

20 Vgl. Peter Burke: Early Modern Venice as a Center of Information and Communication, in: John Martin/Dennis Romano (Hg.): Venice Reconsidered. The History and Civilization of an Italian City-State 1297-1797. Baltimore/London 2000, S. 389-419.

21 Vgl. Luca Molà: Il mercato delle innovazioni nell'Italia del Rinascimento, in: Mathieu Arnoux/Pierre Monnet (Hg.): Le technicien dans la cité en Europe occidentale, 1250-1650 (Collection de l'École Française de Rome). Rom 2004, S. 215-250.

22 Siehe Pierre Sardella: Nouvelles et spéculations à Venise au début du XVIe siècle (Cahiers des Annales 1). Paris 1948.

23 Besagter Bedeutungsverlust zeigt sich daran, dass einige jüngere Forschungsüberblicke wirtschaftshistorische Aspekte nahezu vollständig ignorieren. Siehe John Martin/Dennis Romano: Reconsidering Venice, in: Dies. (Hg.): Venice Reconsidered. The History and Civilization of an Italian City-State, 1297-1797, Baltimore/London 2000. S. 1-35 und Michele Simonetto: Diritto, giustizia, società: La repubblica di Venezia negli studi degli ultimi quarant'anni, in: Studi Veneziani N.S. 47 (2004), S. 235-272.

24 Siehe zusammenfassend Markus A. Denzel: „Wissensmanagement" und „Wissensnetzwerke" der Kaufleute: Aspekte kaufmännischer Kommunikation im späten Mittelalter, in: Das Mittelalter 6 (2001), S. 73-90; Ders./Jean-Claude Hocquet/Harald Witthöft (Hg.): Kaufmannsbücher und Handelspraktiken vom Spätmittelalter bis zum beginnenden 20. Jahrhundert (Vierteljahrschrift für Sozial- und Wirtschaftsgeschichte, Beiheft 163). Stuttgart 2002 sowie Avner Greif: Political Organizations, Social Structure, and Institutional Success: Reflections from Genoa and Venice during the Commercial Revolution, in: Journal of Institutional and Theoretical Economics 151 (1995), S. 734-740.

25 So Alain Corbin: Meereslust. Das Abendland und die Entdeckung der Küste 1750-1840. Berlin 1990, S. 11-36.

26 Fernando Fagiani: Schizzo storico-antropologico di un gruppo dirigente: Il patriziato veneziano (secoli XII-XV), in: Studi Veneziani N.S. 15 (1988), S. 15-69, hier: S. 22.

27 Vgl. Jean Delumeau: Angst im Abendland. Die Geschichte kollektiver Ängste im Europa des 14. bis 18. Jahrhunderts. Reinbek bei Hamburg 1985, S. 49-63.

etwa in Gestalt der Seeversicherung[28] oder der „commenda“[29], einer Vertragsform zur effizienten Risikoallokation, die Funktion, Vertrauen zu erzeugen; entzog doch Vertrauen – diese auch als „Mechanismus der Reduktion sozialer Komplexität“[30] beschriebene „Schlüsselkategorie wirtschaftlichen Handelns“[31] – Fortuna einen Teil ihrer Willkür und machte die Zukunft erwartbar.[32] Aber mehr noch: Durch das sich zeitgleich und ebenfalls im Orbit der italienischen Fernhandelsstädte herausbildende Konzept des Risikos als moderne Erscheinungsform rationaler ökonomischer Voraussicht wurde die Zukunft sogar kalkulierbar.[33] Gleichwohl reichte die von den frühneuzeitlichen Kaufleuten antizipierte Zukunft nicht sehr weit und blieb vielmehr von deren zwar personengebundenen, zugleich aber interpersonalen Erfahrungsräumen determiniert.[34] Folglich waren auch für die „Rechner vom Rialto“ – so eine Heinrich Kretschmayr zugeschriebene Pointierung – Neuerungen als Kristallisationskerne von Zukunft prinzipiell mit dem ängstigenden Ruch des Ungewissen behaftet: Hiervon zeugen nicht nur Sanudos und Priulis verunsicherte Reaktionen, sondern auch die in venezianischen Kauf-

28 Siehe Karin Nehlsen-von Stryk: Die venezianische Seeversicherung im 15. Jahrhundert (Abhandlungen zur rechtswissenschaftlichen Grundlagenforschung 64). Ebelsbach 1986 und Alberto Tenenti: L'assicurazione marittima, in: Storia di Venezia dalle origini alla caduta della Serenissima, Bd. 12: Alberto Tenenti/Ugo Tucci (Hg.): Temi – Il mare. Rom 1991, S. 663-686.

29 Vgl. Yadira Gonzalez de Lara: Enforcability and Risk-Sharing in Financial Contracts: From the Sea Loan to the Commenda in Late Medieval Venice, in: Journal of Economic History 61 (2001), S. 500-504.

30 Niklas Luhmann: Vertrauen. Ein Mechanismus der Reduktion sozialer Komplexität. 3. Aufl., Stuttgart 1989.

31 Martin Fiedler: Vertrauen ist gut, Kontrolle ist teuer. Vertrauen als Schlüsselkategorie wirtschaftlichen Handelns, in: Geschichte und Gesellschaft 27 (2001), S. 576-592 und Hartmut Berghoff: Vertrauen als ökonomische Schlüsselvariable. Zur Theorie des Vertrauens und der Geschichte seiner privatwirtschaftlichen Produktion, in: Karl-Peter Ellerbrock/Clemens Wischermann (Hg.): Die Wirtschaftsgeschichte vor der Herausforderung durch die New Institutional Economics (Untersuchungen zur Wirtschafts-, Sozial- und Technikgeschichte 24). Dortmund 2004, S. 58-71.

32 Vgl. Stefan Gorißen: Der Preis des Vertrauens: Unsicherheit, Institutionen und Rationalität im vorindustriellen Fernhandel, in: Ute Frevert (Hg.): Vertrauen: Historische Annäherungen. Göttingen 2003, S. 90-118.

33 Siehe Ugo Tucci: Alle origini delo spirito capitalistico a Venezia: La previsione economica, in: Studi in onore di Amintore Fanfani, Bd. 3: Il Medioevo, Mailand 1962, S. 545-557 und weiterführend Wolfgang Bonß: Vom Risiko. Unsicherheit und Ungewißheit in der Moderne. Hamburg 1995.

34 Vgl. Paul Münch: Einleitung, in: Ders. (Hg.): „Erfahrung“ als Kategorie der Frühneuzeitgeschichte (Historische Zeitschrift, Beiheft N.F. 31). München 2001, S. 11-27 und Reinhart Koselleck: „Erfahrungsraum“ und „Erwartungshorizont“ – Zwei historische Kategorien, in: Ulrich Engelhardt/Volker Sellin/Horst Stuke (Hg.): Soziale Bewegung und politische Verfassung: Beiträge zur Geschichte der modernen Welt. Stuttgart 1976, S. 13-33 sowie Anders Schinkel: Imagination as a Category of History: An Essay Concerning Koselleck's Concepts of Erfahrungsraum and Erwartungshorizont, in: History and Theory 44 (2005), S. 42-54.

mannskorrespondenzen des Mittelalters und der Frühen Neuzeit immer wieder gebrauchte Formel „da doman non è certezza“[35].

Wenn sich aber Zukunft nur in den engen Korridoren der Erfahrung als Risiko berechnen, durch promissorische Eide[36] erwarten sowie durch den Aufbau von „Regelvertrauen“ und „Erwartungssicherheit“ – beides Formen der pragmatischen Verlängerung von Erfahrung in die Zukunft – vorwegnehmen ließ,[37] welche Mechanismen standen dann frühneuzeitlichen Gesellschaften darüber hinaus zu Gebote, um Ungewisses mit Bedeutungsgehalten aufzuladen und auf diese Weise Handlungsorientierungen zu produzieren?[38] Gerade in diesem Zusammenhang ist jedoch nicht zu übersehen – hierauf hat vor allem die Kulturanthropologin Mary Douglas aufmerksam gemacht[39] –, dass der Risikobegriff weit über seine probabilistisch-mathematische Bedeutungsdimension als das Produkt aus Eintrittswahrscheinlichkeit und Schadenshöhe hinaus reicht: Aus kulturalistischer Perspektive bezeichnet der Risikobegriff das Resultat eines gesellschaftlichen Selektionsprozesses bzw. den Konsens über diejenigen Unsicherheiten und Gefahren, mit denen sich eine Gesellschaft konfrontiert sieht.[40] Vertreter einer streng konstruktivistischen Risikotheorie, wie z. B. François Ewald, gehen sogar noch weiter: „Nothing is a risk in itself; there is no risk in reality. But on the other hand, anything *can* be a risk; it all depends on how one analyzes the danger, considers the event”[41]. Auch wenn sowohl der probabilistisch-mathematische als auch der konstruktivistische Risikobegriff einen Mechanismus der Reduktion von Ungewissheit und Kontin-

---

35 Zitiert nach Bernard Doumerc: Par Dieu écrivez plus souvent! La lettre d'affaires à Venise à la fin du Moyen Age, in: La circulation des nouvelles au Moyen Âge (Collection de l'École Française de Rome 190). Paris 1994, S. 99-109, hier: S. 101.

36 Siehe Paolo Prodi: Das Sakrament der Herrschaft: Der politische Eid in der Verfassungsgeschichte des Okzidents (Schriften des Italienisch-Deutschen Historischen Instituts in Trient 11). Berlin 1997 sowie Ders. (Hg.): Glaube und Eid: Treueformeln, Glaubensbekenntnisse und Sozialdisziplinierung zwischen Mittelalter und Neuzeit (Schriften des Historischen Kollegs: Kolloquien 28). München 1993.

37 Vgl. dazu Hansjörg Siegenthaler: Regelvertrauen, Prosperität und Krisen: Die Ungleichmäßigkeit wirtschaftlicher und sozialer Entwicklung als Ergebnis individuellen Handelns und sozialen Lernens (Die Einheit der Gesellschaftswissenschaften 81). Tübingen 1993 und Niklas Luhmann: Soziale Systeme: Grundriss einer allgemeinen Theorie. Frankfurt a. M. 1984.

38 Zu diesem Problemkreis vgl. Bernd Roeck: Überleben in der Risikogesellschaft. Formen und Bewältigungen des Wandels im „langen 16. Jahrhundert“, in: Achatz von Müller/Jürgen von Ungern-Sternberg (Hg.): Die Wahrnehmung des Neuen in Antike und Renaissance (Colloquium Rauricum 8). Leipzig 2004, S. 121-133 und allgemein Lucian Hölscher: Zukunft und historische Zukunftsforschung, in: Handbuch der Kulturwissenschaften, Bd. 1: Friedrich Jaeger/Burkhard Liebsch (Hg.): Grundlagen und Schlüsselbegriffe. Stuttgart/Weimar 2004, S. 401-416.

39 Vgl. Mary Douglas: Risk and Blame. Essays in Cultural Theory. London/New York 1992 sowie dies./Aaron Wildawsky: Risk and Culture: An Essay on the Selection of Technological and Environmental Dangers. Berkeley u.a. 1983.

40 Siehe zusammenfassend Deborah Lupton: Risk. London u.a. 1999.

41 François Ewald: Insurance and Risk, in: Graham Burchell/Colin Gordon/Peter Miller (Hg.): The Foucault Effect. Studies in Governmentality. London u.a. 1991, S. 197-210, hier: S. 199.

genz, demnach aber einen Mechanismus der Versicherung[42] bezeichnen, ist erstgenanntes Risikokonzept vorrangig auf die Zukunft gerichtet, während Zweitgenanntes zugleich auch auf die vergangene Gegenwart der soziokulturellen Bedingungen der Risikoselektion verweist. Damit aber ist der Kernpunkt dieser Ausführungen erreicht: Im Folgenden sollen am Beispiel Venedigs wenige Überlegungen konkretisiert werden, wie im frühneuzeitlichen „Theaterstaat"[43] institutionelle Verfahren der Risikoabschätzung oder besser der Risikokonstruktion zur performativen Produktion von Sicherheit dienten.[44] Wie bereits Werner Conzes Vermutung, „dass der [Sicherheits-]begriff mit seinen verschiedenen Konkretionen erst im Zusammenhang der Entstehung, Entwicklung und Intensivierung des modernen Staats geschaffen worden ist"[45], impliziert, scheint in Rede stehender Mechanismus darauf gezielt zu haben, den Staat als Produzenten und Garanten von Sicherheit zu inszenieren, um auf diese Weise das etablierte gesellschaftliche Machtgefüge zu stabilisieren.

Nicht zuletzt auch in Hinblick auf das Thema der 21. Arbeitstagung der Gesellschaft für Sozial- und Wirtschaftsgeschichte in Regensburg ist das 1474 festgeschriebene venezianische Patentverfahren im angesprochenen Kontext von zentraler Bedeutung.[46] Von der wirtschafts- wie rechtshistorischen Forschung vorrangig als Institution zur Steigerung der Attraktivität Venedigs im obrigkeitlichen Wettbewerb um Technologietransfers von europäischer Reichweite und damit als Instrument staatlicher Innovationsförderung interpretiert,[47] blieb jedoch aus einem

---

42 Siehe dazu François Ewald: Der Vorsorgestaat. Frankfurt a. M. 1993.

43 Zu diesem Konzept vgl. neuerdings Christian Horn: Der aufgeführte Staat. Zur Theatralität höfischer Repräsentation unter Kurfürst Johann Georg II. von Sachsen (Theatralität 8). Tübingen/Basel 2004.

44 Vgl. hierzu Wolfgang Bonß: Die gesellschaftliche Konstruktion von Sicherheit, in: Ekkehard Lippert/Andreas Prüfert/Günther Wachtler (Hg.): Sicherheit in der unsicheren Gesellschaft. Opladen 1997, S. 21-41 und Martin Dinges/Fritz Sack: Unsichere Großstädte?, in: Dies. (Hg.): Unsichere Großstädte? Vom Mittelalter bis zur Postmoderne (Konflikte und Kultur – Historische Perspektiven 3). Konstanz 2000, S. 9-66, hier: S. 12-18. Zum Performanzbegriff siehe Jürgen Martschukat/Steffen Patzold (Hg.): Geschichtswissenschaft und „performative turn". Ritual, Inszenierung und Performanz vom Mittelalter bis zur Neuzeit (Norm und Struktur 19). Köln u.a. 2003.

45 Werner Conze: Sicherheit, in: Otto Brunner/Ders./Reinhart Koselleck (Hg.): Geschichtliche Grundbegriffe. Historisches Lexikon zur politisch-sozialen Sprache in Deutschland, Bd. 5. Stuttgart 1984, S. 831-862, hier: S. 831f.

46 Vgl. grundlegend Giulio Mandich: Le privative industriali veneziane (1450-1550), in: Rivista del Diritto Commerciale e del Diritto Generale delle Obligazioni 34 (1936), S. 511-547; Ders.: Privilegi per novità industriali a Venezia nei secoli XV e XVI, in: Atti della Deputazione di Storia Patria per le Venezie 5 (1963), S. 11-38 sowie Christopher May: The Venetian Moment: New Technologies, Legal Innovation and the Institutional Origins of Intellectual Property, in: Prometheus 20 (2002), S. 159-179.

47 Vgl. stellvertretend Roberto Berveglieri: Inventori stranieri a Venezia (1474-1788): Importazione di tecnologia e circolazione di tecnici artigiani inventori. Repertorio. Venedig 1995 und Ders.: Tecnologia idraulica olandese in Italia nel secolo XVII: Cornelius Janszoon Meijer a Venezia (Gennaio-Aprile 1675), in: Studi Veneziani N.S. 10 (1985), S. 81-97. Zum Konzept

solchen Blickwinkel ein keineswegs selbstverständlicher und in gewisser Weise an moderne Verfahren der Technikfolgenabschätzung erinnernder Aspekt des venezianischen Patentverfahrens im Hintergrund:[48] Prinzipiell konnten Patentgesuche nämlich auch abgelehnt werden, war doch im Venedig der Frühen Neuzeit die Gewährung des staatlichen Urheberschutzes für eine Erfindung, gleichbedeutend mit der Lizenzierung ihrer Inbetriebnahme, an das erfolgreiche Bestehen einer technischen Begutachtung gekoppelt – eine Klausel, aus deren Fehlen im englischen Patentrecht sogar der Durchbruch der Industriellen Revolution erklärt worden ist.[49]

Durchgeführt wurde das als „experientia“ bezeichnete Prüfverfahren[50] von den Funktionären derjenigen Verwaltungsbehörden, deren jeweiligem Kompetenzbereich die zum Patent angemeldete Invention zuzuordnen war.[51] Oftmals zusätzlich noch um externe Fachexperten („periti“) erweitert,[52] waren die technischen Gutachterkommissionen gehalten, nach eingehender Untersuchung der betreffenden Invention („ben informati delle cose“) so viel wie nötig über diese zu beratschlagen („visto, servato, et considerato quanto si deve“[53]) und abschließend dem Senat, der in ökonomischen Fragen höchsten politischen Instanz der Republik, eine unverbindliche Empfehlung hinsichtlich der Befürwortung respektive Ablehnung des Patentgesuchs zu übermitteln.[54] Vorgenommen wurde die technische Überprüfung anhand eines Prototyps, dessen Funktionstüchtigkeit und Eig-

---

des institutionellen Wettbewerbs vgl. Oliver Volckart: Obrigkeitlicher Wettbewerb als Faktor der Wirtschaftsentwicklung, in: Ders. (Hg.): Frühneuzeitliche Obrigkeiten im Wettbewerb. Institutioneller und wirtschaftlicher Wandel zwischen dem 16. und 18. Jahrhundert. Baden-Baden 1997, S. 11-30.

48 Vgl. dazu ausführlicher Christian Mathieu: „Fiat experientia!“ Zur Wahrnehmung von Technikfolgen und ihren Auswirkungen auf das venezianische Patentverfahren in der Frühen Neuzeit, in: Zeitsprünge. Forschungen zur Frühen Neuzeit 8 (2004), H. 3/4, S. 376-388.

49 So Marcel Silberstein: Erfindungsschutz und merkantilistische Gewerbeprivilegien. Zürich 1961, S. 106f.

50 Siehe dazu auch Giacinta Spinosa: Empeiria/experientia: Modelli di „prova“ tra antichità, medioevo ed età cartesiana, in: Marco Veneziani (Hg.): Experientia (Lessico Intellettuale Europeo 91). Florenz 2002, S. 169-198.

51 Vgl. hierzu Frank D. Prager: Examination of Inventions from the Middle Ages to 1836, in: Journal of the Patent Office Society 46 (1964), S. 268-291 und Marcus Popplow: Neu, nützlich und erfindungsreich: Die Idealisierung von Technik in der frühen Neuzeit (Cottbuser Studien zur Geschichte von Technik, Arbeit und Umwelt 5). Münster u.a. 1998.

52 Zu Venedigs technischen Experten siehe Giuliana Mazzi/Stefano Zaggia (Hg.): „Architetto sia l'ingegniero che discorre“: Ingegneri, architetti e proti nell'età della Repubblica. Venedig 2004 sowie Achim Landwehr: The Expert in a Historical Context: The Case of Venetian Politics, in: Elke Kurz-Milcke/Gerd Gigerenzer (Hg.): Experts in Science and Society. New York u.a. 2004, S. 215-228.

53 Archivio di Stato di Venezia, Savi ed Esecutori alle acque e Collegio alle acque (im Folgenden: ASV, SEA) 122, o. Pag.

54 Vgl. weiterführend Stefan Fisch/Wilfried Rudloff (Hg.): Experten und Politik: Wissenschaftliche Politikberatung in geschichtlicher Perspektive (Schriftenreihe der Hochschule Speyer 168). Berlin 2004.

nung sich in praxi bestätigen musste. Stand ein Musterstück noch nicht zur Verfügung, konnte die „experientia“ auch auf der Grundlage von Planzeichnungen oder unter Heranziehung eines maßstabsgetreuen Modells vorgenommen werden. Verlief dieser erste Test positiv, war der Erfinder verpflichtet, ein oftmals durch staatliche Kredite finanziertes Exemplar seiner bereits durch ein vorläufiges Patent geschützten Invention innerhalb einer meist sechs- bis zwölfmonatigen Frist anzufertigen und dieses abschließend einem weiteren technischen Prüfverfahren zu unterziehen. Dabei zeigt bereits der experimentelle und damit zugleich spektakuläre Zuschnitt der „experientia“, dass das venezianische Patentverfahren nicht nur auf die Produktion, sondern auch auf die Performanz von Wissen über die begutachtete Erfindung sowie deren potentiellen, bis zum Beginn des Prüfvorgangs noch im Verborgenen liegenden Folgen ausgerichtet war.[55] Strukturiert wurde der Prozess der Reduzierung von Ungewissheit, des Wissen Machens durch die drei vorgegebenen Testkriterien Neuheit („novitas“), Tauglichkeit („idoneitas“) und Nutzen („utilitas“), wobei bereits die erstgenannte, nur scheinbar objektive Kategorie auf die Kulturgebundenheit von Epistemen und sozialer Wirklichkeit hindeutet, war es doch noch im 16. Jahrhundert problemlos möglich, eine etwa bereits in Florenz urheberrechtlich geschützte Invention auch in Venedig als technische Neuerung anerkennen zu lassen. Umso evidenter ist dagegen der konstruktivistische Charakter der Begriffe „Tauglichkeit“ und „Nutzen“. Jedoch gilt es in diesem Zusammenhang zu beachten, dass die Bedeutungsinhalte und Referenzmaße der binären Klassifizierungen – tauglich/untauglich bzw. nützlich/nicht nützlich, schädlich –, auf welche die technischen Gutachten der überprüften „neuen“ Erfindungen zugespitzt waren, keineswegs erst im Rahmen der „experientia“ von den Kommissionsmitgliedern ausgehandelt wurden. Vielmehr spiegelt sich in dem als Ergebnis des institutionellen Begutachtungsverfahrens erzeugten und durch die Fachkompetenz der daran beteiligten Experten autorisierten, „amtlichen“ Wissen der jeweilige gesellschaftliche Konsens wider, was als Risiko zu klassifizieren und was als sicher zu akzeptieren sei. In Rede stehender strukturiert-strukturierender Prozess der Wissensproduktion aber lässt sich auf dem Wege der historischen Diskursanalyse transparent machen, würde ein solches Verfahren doch diejenigen Mechanismen aufdecken, die die – rein sprachlich gesehen – unendliche Menge der möglichen Aussagen über ein beliebiges Thema begrenzten, und in dem hier diskutierten konkreten Falle sichtbar machen, was für die venezianischen Prüfexperten der Frühen Neuzeit sagbar und damit überhaupt sichtbar war.[56] Als Resultat einer derartigen Analysemethode würde also erkennbar wer-

55 Vgl. Helmar Schramm u.a. (Hg.): Bühnen des Wissens: Interferenzen zwischen Wissenschaft und Kunst. Berlin 2003 sowie Ders./Ludger Schwarte/Jan Lazardzig (Hg.): Kunstkammer, Laboratorium, Bühne: Schauplätze des Wissens im 17. Jahrhundert (Theatrum Scientiarum 1). Berlin 2003.

56 So Achim Landwehr: Das Sichtbare sichtbar machen. Annäherungen an „Wissen“ als Kategorie historischer Forschung, in: Ders. (Hg.): Geschichte(n) der Wirklichkeit: Beiträge zur Sozial- und Kulturgeschichte des Wissens (Documenta Augustana 11). Augsburg 2002, S. 61-89.

den, „wie Wahrheiten jeweils historisch hervorgebracht und innerhalb von politischen, wirtschaftlichen, religiösen und kulturellen Zusammenhängen wirksam wurden“[57].

Abschließend sei anhand von „experientia“-Gutachten einer ausgewählten Gattung von Erfindungen skizziert, wie im Venedig des 16. und 17. Jahrhunderts ein gesamtgesellschaftlich geführter ökologischer Risikodiskurs im technischen Diskurs des staatlichen Patentverfahrens Resonanz fand. Bei dem in den Blick genommenen Typ von Maschinen, auf den zudem der Großteil der von der Markusrepublik erteilten Patente entfiel,[58] handelt es sich um „cavafanghi“, Erfindungen demnach, die das in regelmäßigen Abständen notwendige Ausbaggern der verschlammenden innerstädtischen Kanäle sowie die Beseitigung sich ebenso kontinuierlich neu bildender Untiefen in der Lagune von Venedig erleichtern sollten.[59] Attestierte der „Magistrato alle acque“ – die 1501 gegründete und noch heute existierende venezianische Wasseraufsichtsbehörde, die in der Regel mit der technischen Begutachtung der Lagunenbagger betraut war[60] – allem Anschein nach in der überwältigenden Mehrzahl der Fälle den zu erwartenden Nutzen oder zumindest die Unbedenklichkeit der neuartigen Lagunenbagger, konnte gleichwohl die praktische Erprobung auch zu einem negativen, die Ablehnung des Patentgesuchs empfehlenden Gutachten führen. Offenbar ohne an ein vorgeschriebenes Formular gebunden zu sein – in manchen Fällen wurde die geprüfte Erfindung sogar der Lächerlichkeit preisgegeben[61] –, stimmten die negativen Gutachten dennoch in signifikanter Weise in ihrer Begründung der Ablehnungsempfehlung überein. Bemerkenswert ist dabei nicht nur die immer wiederkehrende Warnung vor der durch untaugliche Bagger beschleunigten Verlandung der Lagune, sondern auch die formelhafte Gleichsetzung dieses geomorphologischen Prozesses mit dem Untergang von Stadt und Staat Venedig:[62] Eine Argumentation, die mit ähnlicher Häufigkeit, jedoch im Falle der Befürwortung unter umgekehrten Vorzeichen von den mit der Durchführung der „experientia“ betrauten Gutachtern ebenso wie von den um staatlichen Patentschutz nachsuchenden Supplikanten zur

57 Achim Landwehr: Geschichte des Sagbaren. Einführung in die Historische Diskursanalyse (Historische Einführungen 8). Tübingen 2001, S. 172. Siehe dazu auch Marcus Popplow: Die Analyse von Diskursen über Technik als Brückenschlag zum „Technikverständnis“ vormoderner Epochen, in: Blätter für Technikgeschichte 57/58 (1995/1996), S. 71-78.

58 Von den 2.004 zwischen 1474 und 1797 erteilten Patenten entfielen 197 auf derartige Maschinen. Vgl. Berveglieri: Inventori (wie Anm. 47), S. 38.

59 Zu diesem Maschinentyp siehe Roberto Berveglieri: Le vie di Venezia: Canali lagunari e rii a Venezia. Inventori, brevetti, tecnologia e legislazione nei secoli XIII-XVIII. Sommacampagna 1999.

60 Siehe Marino Folin/Antonio Rusconi/Pasquale Ventrice: Magistrato alle acque: Lineamenti di storia del governo delle acque venete. Rom 2001.

61 So z.B. der Wasserbauexperte Silvio Belli über Ambrosio Bisozeros Lagunenbagger: „Il parer mio è, che la sua inventione sia cosa da ridere, et la sua offerta impossibile“. ASV, SEA 119, B. 274. Siehe dazu auch Alessandra Miraglia: Cultura e percorsi di Silvio Belli, „inzegnero” del Rinascimento, in: Studi Veneziani N.S. 42 (2001), S. 255-279.

62 Vgl. stellvertretend ASV, SEA 121, B. 323f. und SEA, 119, B. 277.

Promotion ihrer Erfindungen bemüht wurde. Gerade aber der in den „experientia“-Gutachten unhinterfragt unterstellte Automatismus zwischen dem Verschwinden der Lagune und dem Untergang der Republik weist diese Texte als technische Variante eines Risikodiskurses aus, der in Venedig zur Mitte des 15. Jahrhunderts wohl vor dem Hintergrund eines Rückgangs des mittleren Niveaus der Adria emergierte[63], was wiederum von den Zeitgenossen als Verlandungsprozess – verursacht durch die Sedimentation der Flüsse Brenta, Piave und Sile – interpretiert wurde.[64] Gleichsam als Kehrseite der als „Mythos von Venedig“[65] bekannten idealisierenden Selbstdarstellung der Markusrepublik kam diesem ökologischen Risikodiskurs eminent Herrschaft stabilisierende Funktion zu, transportierte er doch die aufs Engste mit der außergewöhnlichen Topographie der Lagunenstadt verquickte hegemoniale Souveränitätsideologie der venezianischen Aristokratie. Gründeten nach offizieller Lesart die venezianischen Rechtstitel auf staatliche Unabhängigkeit auf der Lage der Stadt im herrschaftsfreien Meer, das – wie Paolo Sarpi, einer der bedeutendsten Ideologen der Republik, zu Beginn des 17. Jahrhunderts ausführte – „non era sotto il dominio di alcuno“[66], so ergibt sich aus dieser Argumentation die Konsequenz, dass mit dem Verlust des topographischen Charakteristikums zugleich auch die Legitimation von Venedigs Souveränitätsanspruch in Frage gestellt, wenn nicht gar obsolet wäre. Mit Bezug auf die Gründung Venedigs in der Lagune hatte bereits um 1530 der Jurist Thomas Diplovatatius in seinem „Tractatus de Venete urbis libertate“ ausgeführt: „Mare et littora maris sunt de iure naturali et sunt communia hominum sicut aer et aqua profluens“, weshalb das „Serenissimum dominium [Venetorum] nec de iure, nec de facto cognovit nec cognoscit imperium, et sic est liberum de iure communi et exemptum a iurisditione imperii et non cognoscit imperatorem in superiorem“[67] – mithin eine an antikes römisches Recht angelehnte Argumentationslinie, die das Auftreten jenes vielköpfigen Chors von Kassandren verständlich macht, der seit

---

63 Siehe dazu Jean-Claude Hocquet: Métrologie, cartographie et écologie de la lagune de Venise. Les salines et l'oeuvre „contrastée“ de Wladimiro Dorigo, in: Jean-Marie Martin (Hg.): Zones côtières littorales dans le monde méditerranéen au Moyen Âge: Défense, peuplement, mise en valeur (Castrum 7 = Collection de l'École Française de Rome 105/7 = Collection de la Casa de Velázquez 76). Rom/Madrid 2001, S. 541-565.

64 Vgl. Élisabeth Crouzet-Pavan: Toward an Ecological Understanding of the Myth of Venice, in: John Martin/Dennis Romano (Hg.): Venice Reconsidered. The History and Civilization of an Italian City-State 1297-1797. Baltimore 2000, S. 39-66 sowie Christian Mathieu: „indubitata invenzione di capo“ – Zur gesellschaftlichen Konstruktion ökologischer Risiken im frühneuzeitlichen Venedig, in: Traverse. Zeitschrift für Geschichte 3 (2003), S. 75-86.

65 Vgl. zusammenfassend David Rosand: Myths of Venice. The Figuration of a State. Chapel Hill 2001.

66 Paolo Sarpi: Il dominio del mare adriatico (Ed. Roberto Cessi) (Pensatori Moderni e Contemporanei 7). Padua 1945, S. 4 und vgl. dazu Christian Mathieu: „La separazione delle lagune dalla terraferma”, oder: Die Erschaffung der „Inselstadt” – Aspekte der Produktion von Raum im Venedig der Frühen Neuzeit. Saarbrücken, Univ., Diss., 2006.

67 Zitiert nach Ugo Petronio: „Civitas Venetiarum est edificata in mari“, in: Gino Benzoni u.a. (Hg.): Studi veneti offerti a Gaetano Cozzi. Venedig 1992, S. 171-185, hier: S. 179.

der zweiten Hälfte des 15. Jahrhunderts mit einer Stimme vor der Verlandung der Lagune und dem damit einhergehenden Niedergang der Markusrepublik warnte.

Ungeachtet seiner Aufgabe, den in Rede stehenden ökologischen Risikodiskurs und demnach die Risikoselektion der venezianischen Gesellschaft auf der technischen Ebene zu bestätigen, war es im Rahmen des regulären Patentverfahrens jedoch möglich, dass Venedigs Senat Erfindungen urheberrechtlich schützte, die zuvor von den konsultierten Prüfexperten als schädlich oder zumindest als problematisch bewertet worden waren[68]. Gleichwohl muss zum gegenwärtigen Stand der Forschung jedwede quantifizierende wie qualifizierende Aussage bezüglich des verweigerten Patentschutzes vorläufig bleiben, standen doch die „Verlierer" der venezianischen Patentverfahren bislang im toten Winkel einer europäischen Technikhistorie,[69] die allzu lange wie selbstverständlich als lineare success story, als „Technikgeschichte der Sieger"[70] geschrieben worden ist.[71] Unter diesem Vorbehalt drängt sich angesichts der beeindruckenden Gesamtzahl von 2.004 zwischen 1474 und 1797 erteilten Patenten,[72] denen allem Anschein nach nur eine vergleichsweise unbedeutende Zahl verweigerter entgegen steht, die Frage auf, wozu die „experientia" denn Nutze war, wenn im Venedig der Frühen Neuzeit Patentgesuche scheinbar nur in den seltensten Fällen abgelehnt wurden? Selbst bei geringen Aussichten auf erfolgreiche Fertigstellung eines funktionstüchtigen Prototyps einer zum Patent angemeldeten Invention ließen die Gutachter die Erfinder vielfach unter Hinweis auf die Unbedenklichkeit solcher Tüfteleien gewähren: „Però esaminato il tutto diligentemente" – so etwa die fünf im Jahre 1550 mit der „experientia" von Pompeo Corners Lagunenbagger betrauten Prüfkommissare – „respondendo dicendo che la offerta del supplicante è tanto grande, che a noi par impossibile che la riesse; ma poi considerando, che se non la reuscirà el danno sara de lui solo & se la reuscirà sera di grandissimo beneficio et al publico et al private"[73].

Waren demnach die venezianischen Prüfkommissionen alles andere als – wie unterstellt wurde – in „Konservatismus und Verknöcherung" erstarrte, „dem un-

---

68 Vgl. z.B. Berveglieri: Inventori (wie Anm. 47), Nr. 19, 39 und 73.

69 Siehe dazu Reinhold Bauer: Brauchen wir eine „Geschichte des Scheiterns"? Fehlgeschlagene Innovationen als Gegenstand der historischen Technikgeneseforschung, in: Hamburger Wirtschafts-Chronik N.F. 4 (2004), S. 57-84; Joachim Radkau: Auch Innovationsbremsen gehören zur erfolgreichen Innovation. Die historische Erfahrung und die Vernunft der Vorsicht, in: Frieder Meyer-Krahmer/Siegfried Lange (Hg.): Geisteswissenschaften und Innovationen (Technik, Wirtschaft, Politik 35). Heidelberg 1999, S. 285-293 sowie den Beitrag von Helmut Braun in diesem Band.

70 Wolfgang König: Technik, Macht und Markt. Eine Kritik der sozialwissenschaftlichen Technikgeneseforschung, in: Technikgeschichte 60 (1993), S. 243-266, hier: S. 255f.

71 So die Einschätzung von Joachim Radkau: Technik und Umwelt, in: Gerold Ambrosius/Dietmar Petzina/Werner Plumpe (Hg.): Moderne Wirtschaftsgeschichte. Eine Einführung für Historiker und Ökonomen. München 1996, S. 119-136, hier: S. 127.

72 Vgl. Berveglieri: Vie (wie Anm. 59), S. 14f.

73 ASV, SEA 529, o. Pag.

bequemen Fortschritt abholde Körperschaften"[74], und hatten die in Venedig zum Patent angemeldeten Erfindungen tatsächlich mehrheitlich ihre „novitas", „utilitas" und „idoneitas" unter Beweis gestellt? Oder aber, wurden besagte Inventionen nicht vielmehr erst performativ – durch den experimentellen von bis zu drei Kommissionen durchgeführten Praxistest, durch den Sprechakt des abschließenden Gutachtens sowie durch das gesamte formalisierte Patentierungsverfahren – neu, nützlich und einsatztauglich „gemacht"[75]? Anders – in Anlehnung an Melvin Kranzbergs erstes technikhistorisches „Gesetz": „Technology is neither good or bad; nor is it neutral"[76] – gefragt: Waren die im 16. Jahrhundert von dem Veroneser Architekten Michele Sanmicheli summarisch als „Chimären"[77] verworfenen neu erfundenen „cavafanghi" unter Umständen ebenso wenig nützlich für die Lagune, wie sie für deren Fortbestand schädlich waren? Könnte in diesem Fall aber die Hauptaufgabe der „experientia" nicht darin bestanden haben, sowohl den Grad an Neuerungen prinzipiell immanenter Ungewissheit zu reduzieren als auch den gesellschaftlichen Risikokonsens über die drohende Zerstörung und folglich die Schutzbedürftigkeit von Venedigs Umwelt bzw., allgemeiner formuliert, einen intensiv von Machtrelationen durchdrungenen Aspekt sozialer Wirklichkeit zu stabilisieren?

Mit durchaus ähnlichen Fragestellungen wurde bereits mehrfach versucht, einem aus heutiger Perspektive paradox anmutenden „Strukturmerkmal"[78] von Staatlichkeit in der Frühen Neuzeit näher beizukommen: Die Rede ist von dem Phänomen, dass das Erfolgsmodell des frühneuzeitlichen Staats, zumindest unter dem Aspekt der Durchsetzung der von ihm in inflationärer Fülle produzierten Normen ständig scheiterte.[79] Sollten die venezianischen Patentgesuche, die nicht abgelehnt wurden, am Ende jener Flut von Policeyordnungen und Gesetzestexten entsprechen, die von der vormodernen Staatsgewalt ebenso wenig durchgesetzt wurden? Wenn aber vorrangige Funktionen staatlicher Normenproduktion in der Frühen Neuzeit darin bestanden haben, die Mächtigen, in der Regel zugleich die Sprachmächtigen einer Gesellschaft als gute Obrigkeit zu inszenieren sowie die

---

74 Silberstein: Erfindungsschutz (wie Anm. 49), S. 105f.

75 Vgl. dazu Barbara Stollberg-Rilinger (Hg.): Vormoderne politische Verfahren (Zeitschrift für Historische Forschung, Beiheft 25). Berlin 2001 sowie Peter Blickle: Beschwerden und Polizeien. Die Legitimation des modernen Staates durch Verfahren und Normen, in: Ders./Peter Kissling/Heinrich Richard Schmidt (Hg.): Gute Policey als Politik im 16. Jahrhundert. Die Entstehung des öffentlichen Raumes in Oberdeutschland. Frankfurt a. M. 2003, S. 549-568.

76 Melvin Kranzberg: Technology and History: „Kranzberg's Laws", in: Technology and Culture 27 (1986), S. 544-560, hier: S. 547.

77 Depositio magistri Michaelis de Santo Michaele de Verona super fortificacione et defentione civitatis Veneciarum, in: Michele Sanmicheli al servizio della repubblica veneta: Documenti (Ed. Antonio Bertoldi). Verona 1874, S. 6-12, hier: S. 7.

78 Jürgen Schlumbohm: Gesetze, die nicht durchgesetzt werden – ein Strukturmerkmal des frühneuzeitlichen Staates?, in: Geschichte und Gesellschaft 23 (1997), S. 647-663.

79 In Anlehnung an Achim Landwehr: „Normdurchsetzung" in der Frühen Neuzeit? Kritik eines Begriffs, in: Zeitschrift für Geschichtswissenschaft 48 (2000), S. 146-162, hier: S. 148.

Definitionsmacht über die Wahrnehmung der Wirklichkeit zu monopolisieren,[80] so scheint es demgegenüber nicht abwegig, im zeitgenössischen venezianischen Patentverfahren und insbesondere in der „experientia“ ein „Theater der Sicherheit“[81] zu erkennen – mithin eine Bühnenmaschinerie zur performativen Reduktion von Ungewissheit.

80 So Achim Landwehr: Die Rhetorik der „guten Policey”, in: Zeitschrift für Historische Forschung 30 (2003), S. 251-287, hier: S. 287.

81 In Anlehnung an Richard van Dülmen: Theater des Schreckens: Gerichtspraxis und Strafrituale in der frühen Neuzeit. 4. Aufl., München 1995.

Franz Baltzarek

Korreferat zu Christian Mathieu

„Zwischen Innovationsförderung und Technikfolgenabschätzung – Das venezianische Patentverfahren der Frühen Neuzeit als ‚Theater der Sicherheit'?"

Venedig ist mit Recht als letzter europäischer Stadtstaat, als letzte „Polis" alten Zuschnitts bezeichnet worden. Mystisch in seinem Ursprung, herausgewachsen aus einer mittelalterlichen Stadtwirtschaft in Sonder- und Randstellung zwischen byzantinischem Osten und mittelalterlich-feudalem Westen, eingebettet in zahlreiche Levante- und Überseebeziehungen. Primär eine Handelsstadt, viel weniger eine Stadt der Produktion und wenn, dann ist diese Produktion eher in der Sparte der Luxusgewerbe beheimatet gewesen. In den späteren Jahrhunderten bis zum Zeitalter der Industriellen Revolution, insbesondere nach dem Wegbrechen der großen Handelsverbindungen, war Venedig eher eine typische „Konsumentenstadt" im Sinne Werner Sombarts mit einem gewissen, allerdings auf hohem Niveau befindlichen wirtschaftlichen Stillstand. Erst allmählich erfolgte eine verzögerte Anpassung auf industrielle Standards bis zur Gegenwart.

Genau dieses Venedig, das man also nicht als Ort der modernen Produzenten, Erfinder und Innovatoren bezeichnen kann, gibt sich am 14. März 1474 ein Patentgesetz. Wenige Jahre nach dem Fall von Byzanz und wenige Jahre bevor Columbus Amerika entdeckte und große National- und Territorialstaaten mit ihren Überseebeziehungen die wirtschaftliche Dominanz übernahmen. Dieses Gesetz wurde bis zur Mitte des 20. Jahrhunderts von der Forschung nie richtig gewürdigt, später dann aber als Neuentdeckung über alle Gebühr gefeiert, als Urtyp und Mutter der modernen Patentgesetzgebung, während früher Holland und England als Ursprungsländer des Patentwesens angesehen worden waren. Aber dort, wo in der Frühen Neuzeit Holland und England gepriesen werden, da steckt sehr oft Italien dahinter.

Dieses Patentgesetz war neuartig. Zwar gab es Patentprivilegien als Gnade und zeitweiliges Wirtschaftsförderungsinstrument schon viel früher in der Geschichte, zum Teil bis ins 13. Jahrhundert zurück. Besonders auch durch den Bergbau im 14. Jahrhundert wurden solche Privilegien verstärkt üblich und waren auch oft verbunden mit der Anwerbung von ausländischem Know how. Viele Elemente des Gesetzes von 1474 sind aber jetzt neu und wirken sehr modern, auch wenn in der folgenden Praxis das verliehene Patent im Allgemeinen weiterhin als Privileg verstanden wurde und natürlich neben Patenten auch zahllose Privilegien weiter vergeben wurden.

Das Gesetz zielt auf Förderung eigennütziger, auf Wettbewerb am Markt ausgerichteter, individualistisch agierender Unternehmer.

Es geht weg vom Privilegswesen: nicht mehr Zugestehung von Begünstigungen und Monopolen an Günstlinge, sondern an echte Erfinder.

Es geht weg auch vom fiskalischen Aspekt der Einnahmen-Vermehrung für den Staat. Etwas, das z.B. im Privilegswesen Englands eine große Rolle spielte und erst viel später, nämlich 1624, zu dem berühmten „Statute of Monopolies“ führte.

Es entzieht technologischen Neuerungen, die in der altern Stadtwirtschaft im Kollektiv der Zünfte eingebettet gewesen und der “bürgerlichen Nahrungssicherung“ den Boden.

Es geht auch weg von der Alchemie, die an Fürstenhöfen im Dienste der Obrigkeit bastelt, forscht. Das venezianische Patentrecht rückt auch klar ab davon, dass – wie in anderen Zivilisationen immer wieder beobachtet wird – Kaiser, Könige, Fürsten, Oberschichten Erfindungen „einsacken“ und nur für sich allein benutzen, während die Innovation durch Unternehmer unterbleibt, ja sogar verboten ist. Allerdings räumt dieses erste Patentgesetz dem Staat ein Voranwendungsrecht dieser neuen Erfindungen ein, wobei der Urheber den Betrieb führen durfte und dafür bezahlt werden sollte.

Das Gesetz zielt auf Öffentlichkeit: Bekanntgabe der Erfindung, Einsichtsmöglichkeit in die Konstruktionspläne, fordert Modelle und Muster, deren Funktionstüchtigkeit vor Kommissionen vorgeführt werden muss.

Nicht zuletzt zielt das Gesetz ab auf die Belohnung für das harte Brot des Erfinders durch Stärkung der Eigentums- und Verfügungsrechte über geistige Konstrukte und deren praktische Anwendung. Es ist also ein Fallbeispiel für gute „Property-Rights“.

Das Patentgesetz selbst besteht aus drei Teilen. Zunächst wird die wichtige Rolle der Erfindung und der Urheber für den Staat hervorgehoben und ordnet den staatlichen Nutzen dem Schutz vor Nachahmung und Ehre des Erfinders unter. Der zweite Teil definiert die materielle Patentfähigkeit, an die die Neuheit der Erfindung geknüpft wird. Allerdings gelten Erfindungen, die außerhalb Venedigs bereits getätigt worden sind, und nun in der Serenissima angemeldet werden, ebenfalls als Neuheit. Die exklusive Nutzung der Patente wurde differenziert von zehn Jahren bis auf Lebenszeit vergeben. Ohne Zustimmung des Erfinders durfte niemand eine patentierte Erfindung ausnutzen und anwenden. Der dritte Teil setzt Strafen fest bei Patentverletzung: Geldstrafe an den Patentinhaber und Vernichtung des Plagiats.

Sieht man sich die erteilten Patente im folgenden Dreiviertel-Jahrhundert von 1475 bis 1549 an, so wurden 109 Patente erteilt. Davon entfielen 50 allein auf Mühlenvorrichtungen für Wind, Wasser oder Tiere adaptiert, hauptsächlich zur Nutzung in der Textil- und Papiererzeugung und in Sägewerken. 21 gehören dem Bereich der Kanal-, Schleusen- und Brückenbauten an. Vier Patenterteilungen sind zu Bagger- und Brunnenherstellung sowie zur Ausschachtung zu zählen. Drei wollen ein „perpetuum mobile“ erfunden haben.

Im Vordergrund stehen somit Erfindungen aus dem Bereich der Statik, Mechanik und Hydraulik, nur eine Erfindung fällt in die Glasfabrikation. Nichts an Erfindungen geht in die Richtung Chemie, Metallverarbeitung, optische Geräte, Druckverfahren, Fahrbetriebsmittel wie Schiffe. Erfindungen und Neuerungen dieser Art verblieben offensichtlich auch weiterhin im Schoß der zünftischen Gewerbe.

Die Ursachen für die Entstehung des Gesetzes liegen nach wie vor im Dunkeln.

Ist es ein spontanes Zufallsprodukt? Etwa in Fortentwicklung schon lange bestehender Begutachtungsverfahren, insbesondere bei städtischen Bauten (Infrastruktur), die jetzt kodifiziert wurden?

War es bewusste Förderung von mechanischen Erfindungen, eventuell auch unter dem besonderen Druck der drohenden Verlandungsgefahr in Venedig?

War es Förderung mechanischer Erfindungen in Zusammenhang einer Wirtschaftspolitik, die versuchte, im Wettbewerb mit anderen Städten (z.B. Florenz) die „Nase voran zu halten“?

Oder die Einsicht, dass im Zuge eines Rückgangs im Fernhandel und mit der Umwandlung in eine Territorialmacht für die Eroberung und Erschließung der „Terra ferma“ neue Anforderungen auch in der Technik (Hydraulik, Agrartechnik) als notwendig und erstrebenswert angesehen wurden.

Für Christian Mathieu spielt die venezianische Patent-Handhabung noch eine andere Rolle. Denn neben der Überprüfung von Neuheit, Nützlichkeit und Erfindungsreichtum umfasst eine experimentelle Untersuchung von intendierten und nicht-intendierten technischen Neuerungen eine Art „Technikfolgenabschätzung“, die sich wegen der ökologisch prekären Lage Venedigs und der Angst vor einem drohenden Untergang ergibt.

Es wird wohl alles eine Rolle gespielt haben. Darüber hinaus weist der Autor mit Recht darauf hin, dass der Staat der frühen Neuzeit im Sinne von Werner Conze als Produzent und Garant von Sicherheit auftritt. Gerade der frühmerkantilistische Staat in Venedig ist mit Sicherheit in diese Richtung gegangen. Das Patentgesetz mit seinem Risiko-Management ist auch als Durchsetzungsinstrument staatlicher Macht und Disziplinierungsstrategie zu werten. Dies könnte auch mit den Forschungen von zwei anderen wichtigen Vertretern der soziologischen und politologischen Wissenschaften unterstrichen werden: Max Weber und Norbert Elias. Diese haben vielleicht noch präziser als Conze die Perfektionierung der Obrigkeit und die Durchsetzung des Machtmonopols der öffentlichen Hand beschrieben. In diesem Sinne ist die venezianische Patentgesetzgebung als Produkt früher Reife zu verstehen.

Thomas Kreft

Berg- und hüttentechnische Innovationen, besonders des 13. Jahrhunderts, im Raum Südwestfalen und ihre Auswirkungen auf die heutige Raumstruktur

Die Gewinnung und Verarbeitung von Eisen – dieses Metall steht im Folgenden im Mittelpunkt – nahm über Jahrhunderte eine tragende Stellung in der europäischen Wirtschaft ein, sowohl in ziviler wie militärischer Hinsicht. Dieser Beitrag zeigt dies in geographischer Eingrenzung anhand der südlichen Grafschaft Mark (westliches Sauerland), des Herzogtums Berg (Bergisches Land) sowie der Herrschaft Homburg, die ich in meiner Dissertation untersucht habe.[1] Ferner berücksichtige ich als Nachbargebiete das kurkölnische Herzogtum Westfalen (östliches Sauerland) und die nördliche Grafschaft Nassau (Siegerland). Dass sich diese Territorien mit der Zeit verändert haben, spielt hier eine untergeordnete Rolle, sei aber zur Vollständigkeit erwähnt. Der Einfachheit halber fasse ich diese Territorien im Titel als Raum Südwestfalen zusammen.

Zeitlich gehe ich auf die Entwicklung seit Ende der Völkerwanderung ein. Von besonderer Bedeutung ist dabei das 13. Jahrhundert, weil die Eisenhüttentechnik damals einen großen Innovationsschub auslöste, der teilweise bis heute nachwirkt. Auch die Zeit vor der Völkerwanderung ist neuerdings wieder in den Fokus der Wissenschaft gerückt. Im Sauerland bei Plettenberg, Brilon und Bleiwäsche sowie im Bergischen Land bei Rösrath (Grube Lüderich) und Hennef (Grube Altglück) scheinen die Römer aktiv gewesen zu sein (Karte 1).[2] Eine Kontinuität ins Mittelalter hinein ist aber bisher nicht nachgewiesen.

---

1 Thomas Kreft: Das mittelalterliche Eisengewerbe im Herzogtum Berg und in der südlichen Grafschaft Mark (Aachener Studien zur älteren Energiegeschichte 8), Aachen 2002.

2 Bergbau im Sauerland, Westfälischer Bergbau in der Römerzeit und im Frühmittelalter, Münster 2006, hrsg. von R. Köhne, W. Reininghaus, T. Stöllner, darin folgende Beiträge: Peter Rothenhöfer: Metalla pretium victoriae – Neue Erkenntnisse zum römischen Bergbau in Germanien während der Okkupationszeit (S. 5-20); Gabriele Körlin: Römischer Bergbau auf dem Lüderich bei Rösrath, Rheinisch-Bergischer Kreis (S. 21-31); Michael Bode: Neues aus dem alten Rom mit Hilfe der Archäometallurgie (S. 32-44).

Karte 1

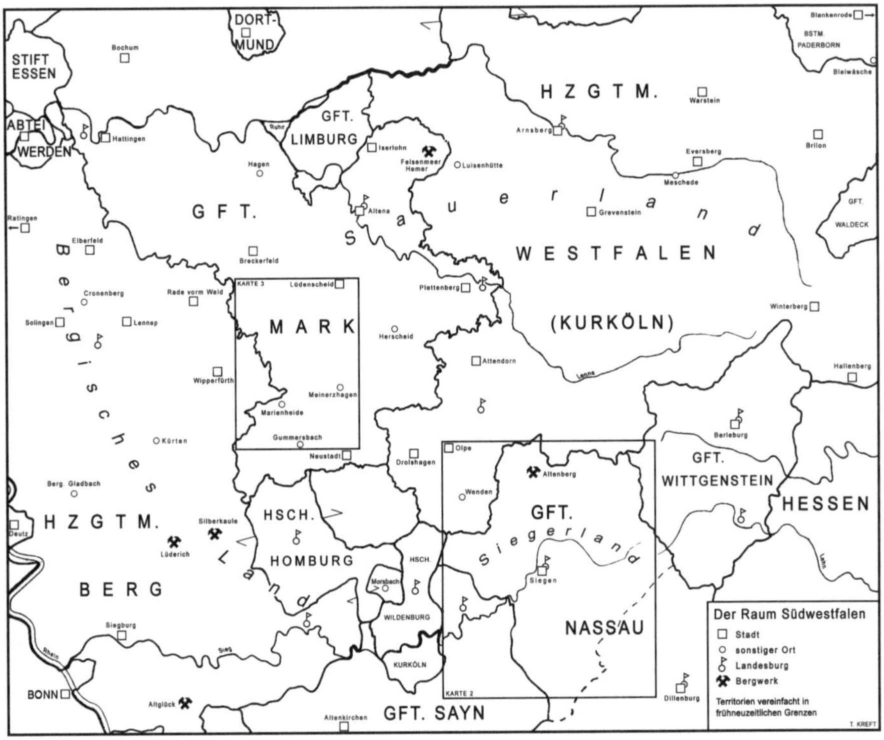

Bergbau

Den ältesten Beleg für den Eisensteinbergbau in Südwestfalen nach der Völkerwanderung erbrachten Archäologen mit Datum um 1000 im Felsenmeer bei Hemer. Der Abbau geschah hier durch Ausräumen natürlicher Höhlen. Künstliche Stollen trieben die Bergleute erst im späten Mittelalter; zuvor arbeiteten sie im Tagebau (Pingen) und im Schachtbau. Der Bergbau auf Silber, Kupfer und Blei ist bereits für das frühe und hohe Mittelalter belegt, archäologisch wie schriftlich. Das bedeutendste Beispiel ist die Kupfergrube Altenberg im Siegerland, wo die Bergleute im 13. Jahrhundert kunstvoll ausgezimmerte Schächte abteuften. Diese Nichteisenmetallgruben sind auch als Nachweis der Eisensteingewinnung wichtig, weil man neben den Schächten der Buntmetallgruben auch auf die Pingenfelder des so genannten „Eisernen Hutes“ stößt.[3] Es bleibt festzuhalten, dass der Eisensteinbergbau die Schachtbautechnik des 13. Jahrhunderts nicht ausnutzte, aus der Invention für diesen Sektor also keine Innovation erwuchs.

---

3 Kreft: Das mittelalterliche Eisengewerbe (wie Anm. 1), Kap. B.1.1.

Aus schriftlichen Quellen sind die Eisengruben erst spät belegt: Die früheste Urkunde aus der Grafschaft Mark, betreffend Altena, trägt das Datum 1395.[4] Die Konzessionen des 15. Jahrhunderts lassen erkennen, dass nun großer technischer Aufwand zum Einsatz kam. Hierzu gehörte die Wasserabführung. Im 16. Jahrhundert erlaubten Schöpfwerke das Eindringen unter Talsohlenniveau. Schwierigkeiten im Absatz von Eisenprodukten im 15. und 16. Jahrhundert zeigen, dass damals kein Mangel an Eisenerz herrschte; Erzmangel hätte im Gegenteil das Warenangebot verringert und entsprechend verteuert. Auf Dauer konnte sich das Hüttenwesen nur entfalten, wenn genügend Erz vorhanden und wirtschaftlich abzubauen war. Im märkisch-bergischen Raum war das gegen 1600 nicht mehr der Fall, während im Siegerland die letzte Grube erst 1965 schloss.[5]

Eisenverhüttung

Ohne Zweifel gehört die Eisenverhüttung zu den interessantesten Kapiteln südwestfälischer Geschichtsforschung, hat doch die Archäologie in den vergangenen Jahrzehnten bahnbrechende Ergebnisse darin erzielt; zu nennen sind die flächendeckenden Geländeprospektionen von Manfred Sönnecken und Hans-Ludwig Knau sowie die Grabungen von Abrecht Jockenhövel und Christoph Willms. Beginnt die schriftliche Überlieferung erst um 1400, gelang der „Spatenforschung“ nicht nur der Nachweis zurück bis in die Merowingerzeit, sondern auch ein weitreichender technischer Einblick.

Am Anfang stand der maximal 1,5 m hohe Rennfeuerofen.[6] Er arbeitete mit Hand- oder Tretblasebälgen. Der dabei erzeugte „Wind“ ist zur Verbrennung der Holzkohle bei hoher Temperatur um 1200 °C notwendig. Das „taube“ Gestein des Erzes, die Gangart, verflüssigte sich beim Prozess und rann durch ein Abstichloch aus dem Ofen (daher „Renn“-Feuer). Das Eisen, dessen Schmelzpunkt von 1536 °C nicht erreicht wurde, blieb als Klumpen (Luppe) übrig. Über 2000 Rennfeuerplätze sind bereits im Bergischen Land, Sauerland und Siegerland nachgewiesen, die frühesten nach der Völkerwanderung bei Bergisch Gladbach und Kürten (8.-9. Jahrhundert) sowie bei Lüdenscheid (8.-11. Jahrhundert). Das Gros der datierten Funde stammt aus dem 11.-13. Jahrhundert. Eine besonders starke Häufung ist in der Umgebung der Burg Altena zu beobachten, und inzwischen gilt

---

4 Hermann Flebbe: Quellen und Urkunden zur Geschichte der Stadt Altena (Westf.), Bd. 1: Von den Anfängen bis 1609, dem Aussterben der männlichen Linie der klevisch-märkischen Herzöge. Altena 1967, Nr. 58.

5 Christoph Bartels: Erzbergbau in Westfalen – ein Überblick, in: C. Bartels/R. Feldmann/K. Oekentorp: Geologie und Bergbau im rheinisch-westfälischen Raum. Münster 1994, S. 35-67, hier S. 47-50 u. 58.

6 Im Folgenden Kreft: Das mittelalterliche Eisengewerbe (wie Anm. 1), Kap. B.2.2.

deshalb als sicher, dass die Festung zur Herrschaftssicherung in dieser eisengewerblichen Landschaft entstand.[7]

Eine technische Neuerung brachte der Einsatz der Wasserkraft zum Betrieb der Blasebälge.[8] Er ermöglichte größere Öfen (bis zu 5 m hoch) mit größerer Produktivität, je nach Ofentyp Gusseisenerzeugung und mehrwöchige Hüttenreisen. Diese Werke werden zusammenfassend als Massenhütten bezeichnet. Es sind zwei Betriebs- bzw. Ofentypen zu unterscheiden:

Der Stückofen arbeitete in Rennwerken nach dem Rennofenprinzip: Das Eisen wurde nicht flüssig, sondern blieb als Eisenluppe zurück. Eine Hüttenreise brachte soviel Eisen, wie eine Ofenfüllung erlaubte. Nach jeder Hüttenreise musste man den Ofen aufbrechen, um die Luppe herauszunehmen, das Loch wieder zumauern und den Ofen neu in Betrieb nehmen. Der Vorteil gegenüber dem Flossofen war direkt schmiedbares Eisen. Gegenüber dem Rennfeuer war die erzeugte Eisenmenge größer.

Der Flossofen (Abb. 1) kam durch besonders starke Luftzufuhr über den Schmelzpunkt des Eisens hinaus und erzeugte in der Roheisenhütte flüssiges Roheisen. Man konnte also außer der Schlacke unten auch das Eisen abstechen und derweil von oben Erz, Kohle und Zuschläge nachfüllen, ohne den Prozess zu stoppen. Die Hüttenreisen dauerten nun mehrere Wochen. Das flüssige Roheisen nahm jedoch so viel Kohlenstoff sowie gegebenenfalls Schwefel und Phosphor auf, dass es sich nicht schmieden ließ. Man musste es zunächst frischen. Alternativ fand es ohne Vorbehandlung im Eisenguss Verwendung. Gusseisen war bis dahin in Europa unbekannt.

---

7 Burgen zum Schutze der Metallgewinnung und -verarbeitung sind nach jüngsten Erkenntnissen im großen Stil in der Oberpfalz entstanden (nach Mitteilung des Regensburger Stadtarchivars Dr. Heinrich Wanderwitz); als Beispiel sei hier die Burg Sulzbach genannt (Mathias Hensch: Ein Herrschaftszentrum des 9. bis beginnenden 11. Jahrhunderts auf dem Nordgau. Die archäologische Erforschung der frühen Sulzbacher Burg – ein Überblick, in: Sulzbach und das Land zwischen Naab und Vils im frühen Mittelalter. Sulzbach-Rosenberg 2003, S. 69-85, hier S. 81f). Den Harz umgab im 10. Jh. ein Kranz von bedeutenden Königspfalzen, die eng mit der Eisengewinnung zusammenhängen (Götz Alper: Die Erforschung einer früh-/hochmittelalterlichen Montanlandschaft am Beispiel des Harzes, in: Sulzbach und das Land zwischen Naab und Vils im frühen Mittelalter. Sulzbach-Rosenberg 2003, S. 123-134, hier S. 130f.).

8 Im Folgenden Kreft: Das mittelalterliche Eisengewerbe (wie Anm. 1), Kap. B.2.3.

Abb. 1: Modell einer Eisenhütte mit Flossofen, nach Funden in der Kerspetalsperre, 13./14. Jh.

Quelle: Museum Burg Altena/Foto: T. Kreft

Im bergisch-märkischen Raum ist der Beginn der Flossofenzeit im 13. Jahrhundert an 18 Standorten archäologisch nachgewiesen. Zugleich endet hier die Phase der Rennfeueröfen. Der Übergang scheint ohne den Zwischenschritt des Stückofens erfolgt zu sein. Für das kölnische Sauerland und das Siegerland fehlen die archäologischen Ergebnisse bislang, schriftliche Quellen setzen erst im 14. Jahrhundert ein:

1311: *mashutte uff der Weste* (Weißbach) bei Siegen.[9]

1327: *Johannes Massenblesser*, Richter in Grevenstein/Meschede.[10]

1348: *hutten proprie* und *proprie ysenwerk*, Grafschaft Arnsberg.[11]

1395: hutten und huttenstad op der Nette in Altena.[12]

1396: *Henneke Renneblesere*, Herscheid/Lüdenscheid.[13]

---

9 F. Philippi: Siegener Urkundenbuch, Bd. 1: Bis 1350. Siegen 1887, ND Osnabrück 1975, Nr. 125, S. 77.

10 Joh. Suibert Seibertz: Urkundenbuch zur Landes- und Rechtsgeschichte des Herzogthums Westfalen, Bd. 3. Arnsberg 1854, Nr. 1114 (Stiftungsurkunde der Kapelle in Grevenstein durch Graf Wilhelm von Arnsberg). Zur Einordnung des Johannes Massenblesser als städtischer Richter (iudex) vgl. Carl Haase: Die Entstehung der westfälischen Städte. 4. Aufl., Münster 1984, S. 112.

11 Seibertz: Urkundenbuch (wie Anm. 10), Bd. 2., Arnsberg 1843, Nr. 795, S. 540.

12 Flebbe: Quellen und Urkunden (wie Anm. 4), Nr. 58.

13 Rolf Dieter Kohl: Das Lüdenscheider Bürgermeisteramt und sein ältester namentlich bekannter Inhaber Vrolich Hake (1396), in: Der Märker 31 (1982), S. 1-3.

Im 15. Jahrhundert folgt in der Grafschaft Mark 1422 eine *Huttenstat* an der Blemke, einem Seitenbach der Lenne bei Plettenberg.[14] Dem stehen 1417/19 im Siegerland bereits 25 schriftlich bezeugte Hütten gegenüber (Karte 2).[15]

Karte 2

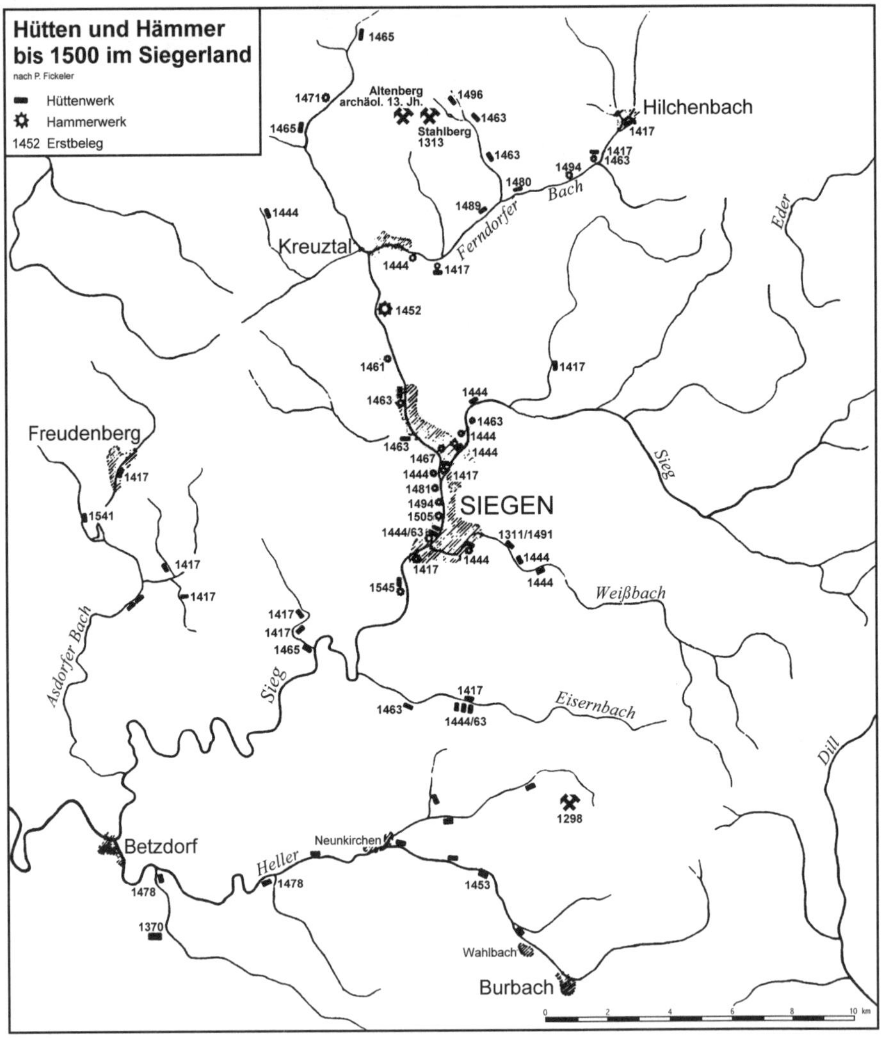

Während die Massenhütten im 16. Jahrhundert eingingen, entstanden im Umfeld ergiebiger Eisengruben im kölnischen Sauerland und im Siegerland größere

---

14 Johann Dietrich v. Steinen: Westphälische Geschichte, Bd. 2/VIII. Lemgo 1755, Nr. 7, S. 63.

15 Hans Schubert: Geschichte der Nassauischen Eisenindustrie. Von den Anfängen bis zur Zeit des Dreißigjährigen Krieges. Marburg 1937, Nr. 4, S. 132f.

Hochöfen, von denen die Luisenhütte bei Balve und die Wendener Hütte bei Olpe noch erhalten und zu besichtigen sind. Nach wie vor arbeiteten sie mit Holzkohle und Wasserkraft. Im Siegerland folgten im 19. Jahrhundert industrielle Hüttenwerke.

Für die Wirtschaftsstruktur der Region zog die neue Massenhüttentechnik erhebliche Umwälzungen nach sich:

Der gestiegene Erzbedarf führte zu einer Konzentration der Hütten in erzreichen Gebieten, während in den übrigen Landstrichen die Verhüttung ganz zum Erliegen kam.

Die Hüttenbetriebe wanderten von den Berghängen in die Täler. Sie begründeten damit lineare Strukturen entlang der kleineren Flüsse, so genannte Industriegassen.

Zu den Roheisenhütten gesellten sich als weitere Neuheit Frischhütten, die aus dem Roheisen schmiedbaren Stahl erzeugten.

In der Nähe der Rennwerke entstanden früh Hammerwerke, die die großen Stückofenluppen durchschmiedeten.

War der Rennfeuerbetreiber zugleich auch Bergmann und Schmied, Schleifer, Drahtzieher, Handelsmann und Landwirt, nahmen die neuen Betriebe die Aufmerksamkeit der Hüttenleute weit mehr in Anspruch. Die neue Hüttentechnik beförderte somit die Arbeitsteilung.

Wo die Massenhütten nicht Fuß fassten, wuchsen neue Gewerbezweige. Dies mag darauf beruhen, dass die nötigen Fachleute bereits vor Ort saßen und sich nach Wegzug von Bergbau und Verhüttung darauf spezialisierten.

Die Hüttenanlagen erforderten durch größere Öfen und Wasserkraftanlagen höheres Investitionsvolumen als ein Rennfeuerofen. Damit schieden die ärmeren Eisenhüttenleute als selbstständige Unternehmer aus, während andererseits fachfremde Personen (Bürger oder Adlige) als Finanziers hinzutraten.

Der enorme Holzkohlenbedarf führte zu abgeholzten Landschaften. Das Siegerland reagierte darauf mit der Haubergwirtschaft. Grundlegend behob diesen Engpass erst die Steinkohleverkokung im 18. Jahrhundert.

Territorien, Städte und weiterverarbeitendes Gewerbe

Die neue Produktivität der Massenhütten blieb den Landesherren nicht verborgen. Es ist bezeichnend, dass der Graf von der Mark im späten 13. Jahrhundert das Gebiet um Gummersbach und Marienheide aus bergischer und saynscher Hand dauerhaft unter seine Kontrolle brachte. Dort sind aus dem 13. Jahrhundert sechs Flossöfen nachgewiesen, und auch in der Folge bis in die frühe Neuzeit hinein ist eine große Flossofendichte zu beobachten (Karte 3).[16]

---

[16] Kreft: Das mittelalterliche Eisengewerbe (wie Anm. 1), S. 45f. u. 111f.

Karte 3

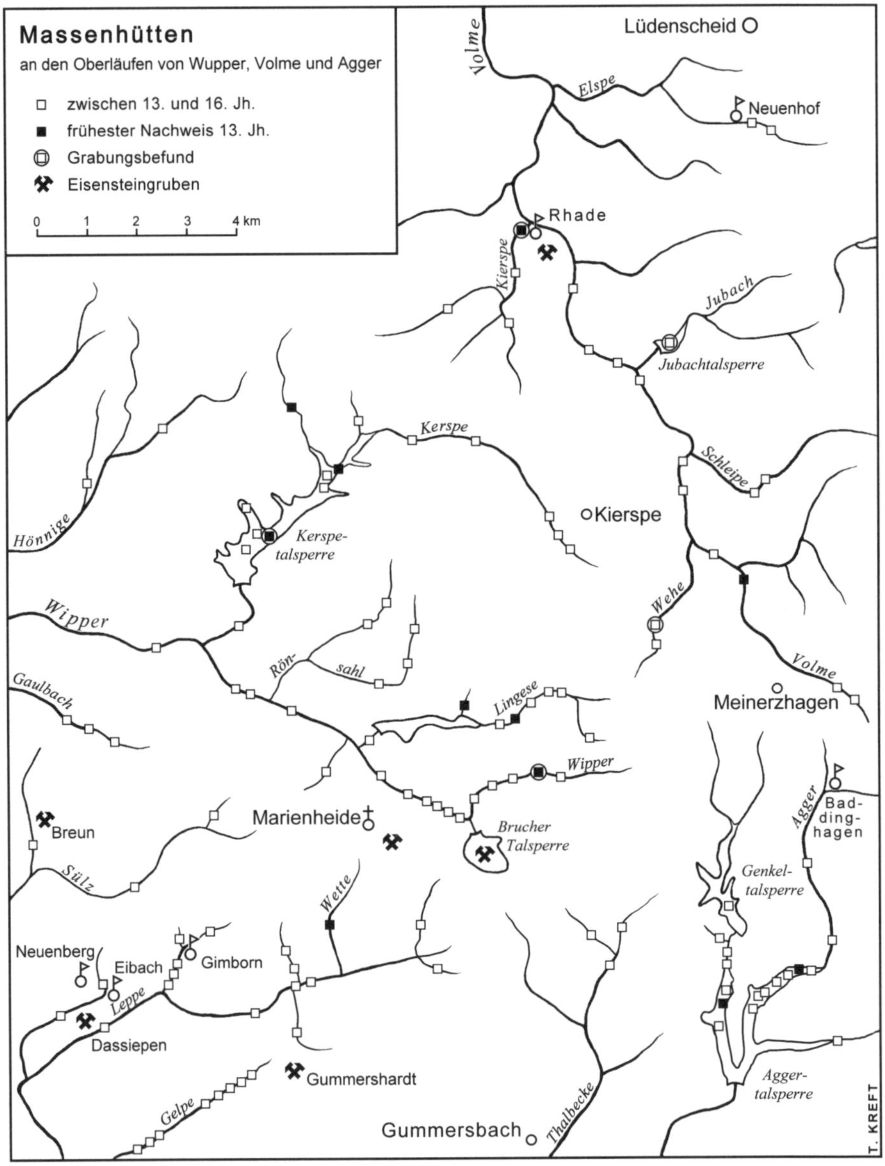

Im 13. Jahrhundert begannen die Territorialherren, befestigte Städte zu gründen. Es wäre zwar falsch, dies auf die neue Technik zu reduzieren. Denn die ersten Städte stammen noch aus der Rennfeuerzeit (Siegen, Attendorn, Arnsberg, Brilon,

Wipperfürth, Lennep).[17] Auch blühten in den landwirtschaftlich dominierten angrenzenden Regionen neue Städte auf. Am Beispiel der Burg Altena ist aber der Beweis erbracht worden, dass die Eisenerzeugung als alleiniges Motiv, sich ein Territorium zu sichern, bereits ausreichte. Zunehmende wirtschaftliche Bedeutung erlangten die Städte im späten Mittelalter. Das wird deutlich an den so genannten Freiheiten (unbefestigte Städte) sowie dem landesherrlichen Engagement, Zünfte zu fördern.

Die Städte spezialisierten sich auf bestimmte Gewerbezweige. Lüdenscheid, Altena und Iserlohn erzeugten Draht, Iserlohn daraus auch Panzerhemden. Die Produktion dort war überregional konkurrenzfähig. Städte wie Nürnberg gehörten zu den Abnehmern. Solingen ist für seine Schwerter bekannt, Ratingen für Scheren. Bergneustadt schmiedete Hakenbüchsen. Breckerfeld und Radevormwald erzeugten Qualitätsstahl. Während in Berg und Mark das Berg- und Hüttenwesen ohne städtische Ausrichtung blieb, waren Siegen und Brilon jeweils dessen Zentrum. In Siegen bestand spätestens im 15. Jahrhundert eine Bergzunft sowie eine Zunft der Massenbläser und Hammerschmiede.[18] Als reine Bergbausiedlungen sind die Siedlungen der Gruben Silberkaule (Engelskirchen) und Altglück (Hennef) im Bergischen Land, die Siedlung Altenberg im Siegerland sowie die Stadt Blankenrode im nordöstlichen Sauerland zu nennen (Karte 1). Sie alle fielen schon im Mittelalter wieder wüst.[19]

Ergänzend ist noch zu erwähnen, dass sich einige Städte auf die Textilherstellung konzentrierten, z. B. Wipperfürth, Lennep (Remscheid) und Eversberg (Meschede). Die Schafzucht war neben dem Metallwesen eine weitere natürliche, exportorientierte Erwerbsquelle; wir haben es in der Region also keineswegs mit einer Monostruktur zu tun.

Das weiterverarbeitende Eisengewerbe nahm in drei Sparten die Wasserkraft zu Hilfe. **Drahtziehereien**, im Sauerland Drahtrollen genannt, sind in Iserlohn am Baarbach 1394 erstmals in zwei Urkunden bezeugt. Den Quellen zufolge war der Wasserlauf erstens in Stadtnähe bereits mit Wasserkraftanlagen ausgelastet, und zweitens bestanden die Drahtwerke bereits „seit altersher". Im Laufe der Zeit entstanden weitere Drahtrollen immer weiter von der Stadt entfernt. Altena war als unbefestigte Freiheit eine reine Drahtziehersiedlung. Die erste Drahtrolle ist 1395 erwähnt, im 18. Jahrhundert reihten sich die Werke an den Bächen entlang weit über die Stadtgrenze hinaus (Abb. 2). Lüdenscheid besaß keinen Wasserlauf in

---

17 Haase: Die Entstehung der westfälischen Städte (wie Anm. 10), S. 28f., 44f. u. Karte 2.

18 Schubert: Geschichte der Nassauischen Eisenindustrie (wie Anm. 15), S. 27f. (Bergleute) u. 43f. (Massenbläser).

19 Michael Gechter: Ein Überblick über den Forschungsstand zur Montanarchäologie im Bergischen Land, in: E. Pohl u.a.: Archäologisches Zellwerk. Beiträge zur Kulturgeschichte in Europa und Asien. Festschrift für Helmut Roth zum 60. Geburtstag. Rahden 2001, S. 39-45, hier S. 42; Bartels: Erzbergbau (wie Anm. 5), S. 37; Claus Dahm/Uwe Lobbedey: Die Ausgrabung der Bergbausiedlung, in: Verein Altenberg (Hg.): Die Bergbausiedlung Altenberg. o. O. 1979.

seiner Nähe und musste seine Drahtwerke von Anfang an ins weitere Umland legen. In der Stadt wurde allerdings früh Grobdraht von Hand geschmiedet.[20]

Abb. 2: „Karte aller in Altena vorhandenen Drahtrollen“

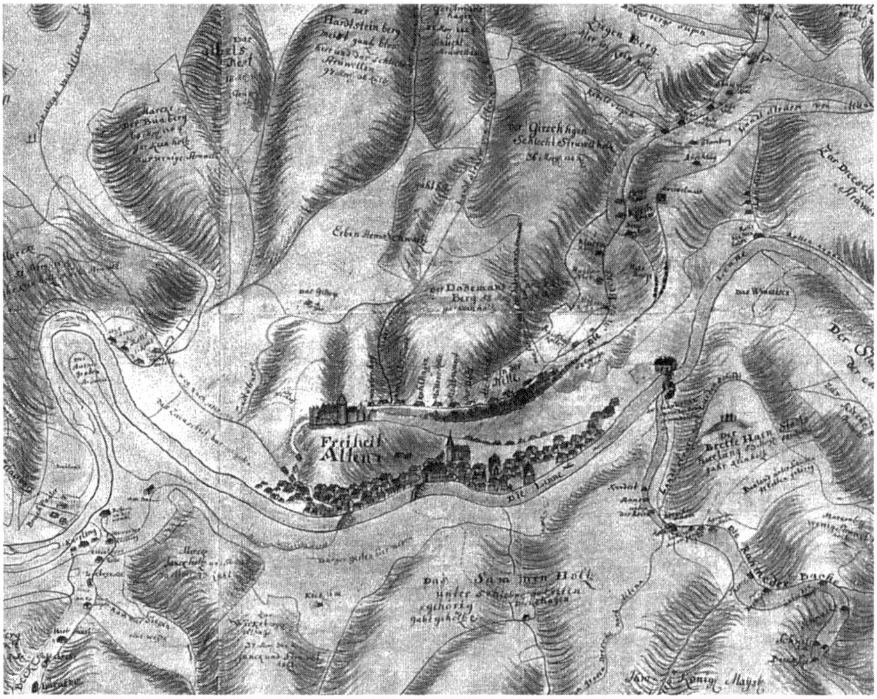

Quelle: J. H. Merner 1769, Ausschnitt. Die Karte zeigt, dass die Drahtziehereien entlang der Lennezuläufe Nette (oben), Brachtenbecke (links unten) und Rahmede (rechts unten) Industriegassen bilden. Im Zentrum Burg und Freiheit Altena (Deutsches Drahtmuseum Altena).

Vor allem das Bergische Land ist für seine Klingenwaren bekannt. Zum Schleifen der Schneiden dienten wassergetriebene **Schleifereien**. Im Bergischen und im Sauerland wurden sie Schleifkotten genannt, im Siegerland sprechen die Quellen von Schleifmühlen. Die frühesten Belege stammen aus Ratingen 1362 und Solingen 1401, es folgen Werden an der Ruhr 1417, Siegen 1417/19 und Attendorn 1449. Später breiteten sie sich auch in die Täler von Ennepe und Volme aus, während die Ratinger Schleiferei mangels ausreichender Wasserkraft im 16. Jahrhundert einging. Für Solingen ist interessant, dass hier drei Zünfte bestanden, die sich allein dem Produkt Schwert widmeten: Schwertschmiede, Härter und Schleifer sowie Reider und Schwertfeger. Dies zeugt von großer Arbeitsteilung. Interessant ist ferner, dass die Zünfte schon vor der Stadterhebung Solingens bestanden, ja

20 Kreft: Das mittelalterliche Eisengewerbe (wie Anm. 1), Kap. B.4.

diese sogar erst bewirkt zu haben scheinen. Landzünfte im Klingengewerbe bestanden außerdem in Cronenberg (Wuppertal) und in Bergisch Gladbach.[21]

Hammerwerke dienten zunächst nur dem Ausschmieden großer Stückofenluppen. Im späten 15. Jahrhundert kamen auch Stahl- und Osemundhämmer in Gebrauch. Die städtische Stahlproduktion im Handbetrieb z.B. in Breckerfeld oder Siegen ging entsprechend zurück. Erste Belege melden die Akten aus dem 15. Jahrhundert: Siegen 1417/19, Attendorn und Drolshagen jeweils 1446 und schließlich um 1470 diverse Werke im oberen bergisch-märkischen Grenzsaum.[22]

Nach 1500 kam das Wachstum zum Stillstand, weil die Wasserläufe ausgelastet und die Holzreserven knapp geworden waren. Schon 1515 verbot der Graf von der Mark den weiteren Bau von Flusswehren.[23]

Als Ergebnis ist festzuhalten: Die Verbindung von Eisenverarbeitung und Wasserkraft bewirkte schon im Mittelalter, dass sich das Handwerk von der Stadt löste oder erst gar nicht vollkommen städtisch wurde. Die Betriebe siedelten sich auch dort an, wo zuvor keine Massenhütten standen.

Auswirkungen auf das 18. bis 20. Jahrhundert

Im späten 18. Jahrhundert begann der großräumig ausgerichtete Bau von Landstraßen. Abweichend von den alten Routen wurden die neuen Trassen vornehmlich durch die Täler gezogen. Dabei spielte die geringe Steigung sowie die Tallage vieler Siedlungen im Sieger- und Sauerland eine wesentliche Rolle. Ein entscheidendes Motiv war aber auch die Anbindung der Industriegassen im Tal. Ebenso verhielt es sich mit dem Eisenbahnnetz. Wo diese neuen Infrastrukturen jedoch ausblieben, fielen die Täler in einen naturbelassenen Zustand zurück. Als Beispiel mag das Gelpetal bei Remscheid gelten, an dessen Vergangenheit heute ein industriegeschichtlicher Lehrpfad erinnert. Die Müngstener Eisenbahnbrücke verbindet die Industriezentren Solingen und Remscheid auf der Hochfläche, während das darunter liegende Tal der Wupper heute ein Naturparadies darstellt.

Gerade im Raum Solingen-Remscheid wirkt sich aus, dass zwar die wassergetriebenen Betriebe in den Tälern lagen, fast alle Wohngebiete jedoch auf der Hochfläche und mit ihnen die Straßen und Eisenbahnen. Auch hier spielen jahrhundertealte Wurzeln eine Rolle. Sie reichen bis in die Zeit der Rennfeuer zurück.

Seit einigen Jahrzehnten verändert das Autobahnnetz die Raumstruktur und zieht Industrie und Dienstleistungsgewerbe an sich, neue Gewerbegebiete entstehen. Jedoch ist auch hier das Beharrungsvermögen des Gewachsenen deutlich erkennbar; nicht umsonst liegen die Zufahrten häufig an der Querung der alten Industriegassen.

---

21 Ebenda, Kap. B.5; Ders.: Wasserenergie für die Scherenindustrie – die Ratinger Schleifkotten im Mittelalter. Mit einem Katalog wassergetriebener Werke. Ratinger Forum 9 (2005), S. 24-41.

22 Kreft: Das mittelalterliche Eisengewerbe (wie Anm. 1), Kap. B.3.2.

23 Ebenda, Kap. B.6.

Der industriegeschichtlich bedeutendste Schritt seit der Einführung der Massenhütten im 13. Jahrhundert ist die Industrielle Revolution des 18./19. Jahrhunderts. Ausgelöst wurde sie durch die Erfindung der Steinkohlenverkokung und verstärkt durch die Erfindung der Dampfmaschine. Im Ruhrgebiet entstanden nun unabhängig von alten Strukturen gewaltige Hüttenwerke allein aufgrund der Kohlenvorkommen. Im Siegerland erlaubten die reichen Erzvorkommen neue Hüttenwerke.[24] Hier wiederum folgten sie dank der Eisenbahn den mittelalterlich überkommenen Industrie-Tallagen.

Schließlich ist auch der Wald im Bergischen Land, Sauerland und Siegerland, wie er sich heute darstellt, eine indirekte Folge der im 13. Jahrhundert eingeführten Massenhüttentechnik. Diese hinterließ eine abgeholzte Landschaft. Sie wurde im 19. Jahrhundert mit Fichten aufgeforstet und präsentiert nicht mehr die naturgegebene Bewaldung.[25]

Abschließend lässt sich sagen, dass die Innovation der Eisenverhüttung im 13. Jahrhundert über Folgeinnovationen bis heute in Südwestfalen nachwirkt. Der Bergbau war zwar der Auslöser und Träger der Verhüttung, spielte als innovatives Element aber eine untergeordnete Rolle.

---

24 Nordrhein-Westfalen. Landesgeschichte im Lexikon (Veröffentlichungen der staatlichen Archive des Landes Nordrhein-Westfalen, Reihe C: Quellen und Forschungen, Bd. 31). Düsseldorf 1993, S. 43, Artikel „Eisen- und Stahlindustrie".

25 Martin Speier: Das Ebbegebirge. Vegetationskundliche und paläoökologische Untersuchungen zur Vegetations- und Landschaftsgeschichte des Hochsauerlandes (Abhandlungen aus dem Westfälischen Museum für Naturkunde 61,4). Münster 1999, S. 144-155.

Harald Witthöft

Korreferat zu Thomas Kreft

„Berg- und hüttentechnische Innovationen, besonders des 13. Jahrhunderts, im Raum Südwestfalen und ihre Auswirkungen auf die heutige Raumstruktur"

„Innovation" und „Invention" sind in der wirtschaftshistorischen Literatur im Zusammenhang mit Wirtschaftswachstum und Industrialisierung seit den späteren 1950er Jahren intensiv diskutiert worden. Quantifizierende Forschungen standen hoch im Kurs. Die Frage einer frühen ersten „industrial" oder „commercial revolution" des 13./14. Jahrhunderts war der angelsächsischen Geschichtsschreibung bereits Jahrzehnte zuvor geläufig.[1] Diese Denkanstöße gehören zum Hintergrund der folgenden Überlegungen.[2]

---

1 Siehe z.B. E. M. Carus-Wilson: An Industrial Revolution of the 13th century, in: Ders. (Hg.): Essays in Economic History I, London 1954, reprint 1966 (Nachdruck aus: Economic History Review 11,1. 1941), S. 41-60; D. C. Coleman: Industrial Growth and Industrial Revolutions, in: ebd., vol. III (Nachdruck aus: Economica, 1956), S. 334-352, hier: S. 336ff., 349f.; in der deutschen Wirtschaftsgeschichtsschreibung hat Friedrich-Wilhelm Henning: Das vorindustrielle Deutschland 800 bis 1800, Paderborn 1974, S. 79-81, eine „erste Industrialisierung" im Kontext einer „Periode der Städtegründung und der Ostkolonisation (1150 bis 1350) reflektiert; siehe auch Jean Gimpel: Die industrielle Revolution des Mittelalters, 2. Aufl., Zürich/München 1981 ([1]1980; Originalausgabe „La révolution industrielle du Moyen Age", Paris 1975). Zur Bedeutung von Innovation und Erfindung siehe u.a. William Woodruff: Impact of Western Man. A Study of Europe's Role in the World Economy 1750-1980, 2. Aufl., Washington 1982 (London etc. [1]1966), S. 164-222: „The Diffusion of European Technology"; seit dem 18. Jahrhundert „Europeans became inventors and innovators on a scale previously unequalled" – „Europe's ability to play a decisive role in technological developments sprang most of all from its social and cultural conditions" (ebd. S. 166); siehe auch Phyllis Deane: The First Industrial Revolution, Cambridge 1969, S. 115-134: The Chronology of Innovation.

2 Die Anregung zu quantifizierenden Forschungen verdanke ich Prof. William Woodruff (jetzt Gainesville, University of Florida) und meinen australischen Kollegen der Faculty of Commerce, University of Melbourne, in den Jahren 1962-1964, vor allem Dr. Allan G. Thompsen; daraus sind zuerst hervorgegangen Harald Witthöft: Struktur und Kapazität der Lüneburger Saline seit dem 12. Jahrhundert, in: VSWG 63,1 (1976), S. 1-117; und Ders.: Produktion, Handel, Energie, Transport und das Wachstum der Lüneburger Saline 1200 bis 1800. Methoden und Ergebnisse, in: Hermann Kellenbenz (Hg.): Wirtschaftswachstum, Energie und Verkehr vom Mittelalter bis ins 19. Jahrhundert (Forschungen zur Sozial- und Wirtschaftsgeschichte 22), Stuttgart 1978, S. 29-54. Aus diesen Ansätzen ging eine langjährige Beschäftigung mit Fragen der historischen Metrologie und der numerischen Strukturen einer frühen

Die Konzentration auf das 13. Jahrhundert im Referat von Thomas Kreft weckt Interesse. Er rückt diese Epoche jedoch nicht in den Mittelpunkt, sondern führt die Darstellung bis ins Zeitalter der Industrialisierung fort. Aus den technischen Entwicklungen im Hochmittelalter wird ein frühes Kapitel einer längeren Erfolgsgeschichte. Der Argumentation gehen dadurch wesentliche kulturelle, wirtschaftliche und politische Akzente verloren.

Der Blick auf eine deutsche Geschichte von Wirtschaft und Technik im Zeitalter der Industrialisierung trägt auch dazu bei zu verdecken, dass die wirtschaftlichen Eigenheiten der behandelten Region(en) markanter waren als ihre Gemeinsamkeiten; das gilt m. E. auch für den Bergbau und das Hüttenwesen. Ihr Zusammenführen in einer Region „Südwestfalen" unter Einschluss z. B. auch des Siegerlandes scheint mir ohne eine erklärende Bemerkung nicht ratsam.[3]

Reiseberichte eines schwedischen Manuskriptes aus den 1660er Jahren zu eisenerzeugenden und -verarbeitenden Regionen in Europa informieren z. B. über Rennwerke „bei den Harz", „Eisen zu Osterode", „Eisenwerke im Surlande" und bieten eine ausführliche „Relation der eiserne Stückengiesserei im Suhrlande, in Hessen, auf den Odenwald, im Trierischen Gebiet, im Neuburgischen und Mark Brandenburg so als die 1668 gewesen". Das Siegerland erwähnen die Berichte nicht – auch nicht als möglichen Lieferanten von Roheisen oder Halbfabrikaten.[4]

Nun ist die Aufgabe eines Korreferenten nicht die eines Rezensenten. Ich möchte vermitteln zwischen einer fakten- und beispielreichen, am Erfolg orientierten, traditionell stärker additiven Darstellung zur Technikgeschichte, die im

---

materiellen Wirtschafts- und Währungsordnung hervor, auf deren Ergebnisse sich auch meine folgenden Überlegungen stützen. Siehe u.a. Ders.: Maß und Gewicht [zwischen Römerzeit und Mittelalter], in: Heinrich Beck/Dieter Geuenich/Heiko Steuer (Hg.): Reallexikon der Germanischen Altertumskunde, begründet von J. Hoops, Bd. 19, Berlin/New York 2001, S. 398-418; auch Ders.: Die Währung in sich wandelnden Wirtschaftsordnungen im Fränkischen und Deutschen Reich zwischen dem 8. und dem 16./17. Jahrhundert, in: Jürgen Schneider (Hg.): Öffentliches und privates Wirtschaften in sich wandelnden Wirtschaftsordnungen. Referate der 18. Arbeitstagung der Gesellschaft für Sozial- und Wirtschaftsgeschichte vom 7. bis 9. April 1999 in Innsbruck (VSWG-Beih. 156), Stuttgart 2001, S. 19-52.

3 Siehe u.a. Bernd D. Plaum/Harald Witthöft: Das Siegerland. Ein historisches Profil, in: Rainer Schulze (Hg.): Industrieregionen im Umbruch. Historische Voraussetzungen und Verlaufsmuster des regionalen Strukturwandels im europäischen Vergleich (Veröffentlichungen des Instituts zur Erforschung der europäischen Arbeiterbewegung, Reihe A, Bd. 3), Essen 1993, S. 318-336, hier: S. 326; auch Ders./Thomas A. Bartolosch: Die wirtschaftliche Entwicklung eines Eisenlandes im Zeitalter der Industrialisierung, in: Thomas A. Bartolosch/Karl Jürgen Roth/Harald Witthöft (Hg.): Historische Statistik des Siegerlandes vom späteren 18. bis ins frühe 20. Jahrhundert (Quellen und Forschungen zur Historischen Statistik von Deutschland 24, Bd. 1), St. Katharinen 1999, S. XXIII-XXXI.

4 Svenskt och utländskt järn på 1600-talets Europamarknad. En samtida relation om framställningsformer och avsättningsmöjligheter, hrsg. v. Jernkontorets Berghistoriska utskott, Sonderdruck aus: Med Hammara och Fackla XXVIII, Lund 1981, darin S. 49-142: „Von Eisengruben auf zu finden, des Malms Art und Natur zu kennen und selbiges wiederum zu arbeiten", hier: S. 66f., 69f., 71, 83, 108ff.; dte. Ausgabe: Jernkontorets Berghistorischer Ausschuss (Hg.): Eisen und Stahl. Der europäische Markt des 17. Jahrhunderts, Hamburg 1983.

Beitrag von Thomas Kreft auf originärer, denkanstoßender Forschung beruht, und den struktur- und problemorientierten Fragen eines Wirtschafts- und Sozialhistorikers. Dazu konzentriere ich mich auf das 12./13. Jahrhundert und das Allgemeine; das Siegerland und jüngste Harzforschungen bieten Beispiele. Das Besondere bleibt ein Problem. Wie war es u.a. um Nachfrage und Angebot bei Erzen, Metallen und metallenen Gütern im Einzelnen bestellt? Es fehlt nach wie vor an frühen aussagekräftigen quantitativen, die Produktionsverläufe abbildenden Daten.

Nordeuropäische Kultur.
Erz und Metalle – Kräfte, Ressourcen und Produkte

Die Kultur des Mittelalters wurzelte fraglos in der Antike und war durch das Ethos des Christentums geprägt. Von Roswitha von Gandersheim wird aus der zweiten Hälfte des 10. Jahrhunderts überliefert: *Je deutlicher der Mensch erkennt, wie wunderbar des Herrn Gesetze in Zahl, Gewicht und Maß das All regieren, je größere Liebe wird er zu Gott verspüren.*[5] Dieser Satz, dieser Glaube wurzelte im Denken der späteren Antike. Aurelius Augustinus (354-430) und die frühchristlichen Kirchenschriftsteller verstanden „das Messen, Wiegen und Zählen" als „unabdingbare Elemente der Erkenntnis".[6] Nach Isidor von Sevilla (um 560-636) waren die Zahlen vor den Dingen.[7]

Auch in der Denkart Karls des Großen hing die „gute Ordnung" der Dinge „davon ab, ob die ihnen zugrunde gelegten Zahlen ´richtig´ gewählt waren. Wer umsichtig plante, hatte also dafür Sorge zu tragen, daß seine Maßnahmen sich dem Gefüge der ´guten´ Zahlen einpaßten".[8] Die gewachsenen Besonderheiten des

---

5 Roswitha von Gandersheim: Die Bekehrung der Buhlerin Thais, 1. Akt (nach H. Beseler u. H. Roggenkamp), Die Michaeliskirche in Hildesheim, Berlin 1954, S. 121; zitiert bei Günther Binding: Burg und Stift Elten am Niederrhein (Sonderdruck aus: Die Ausgrabungen 1964/65 = Rheinische Ausgrabungen 8), Düsseldorf 1970, S. 30. Hier und im Folgenden ggf. in enger Anlehnung an Harald Witthöft: Die Rolle der Metalle in der Geschichte des frühen und hohen Mittelalters, in: Christiane Segers-Glocke (Hg.): Auf den Spuren einer frühmittelalterlichen Industrielandschaft. Naturraum – Mensch – Umwelt im Harz (Arbeitshefte zur Denkmalpflege in Niedersachsen 21), Hameln 2000, S. 121-128; eine Übersicht ausgewählter, vor allem jüngerer Literatur zur frühen Geschichte von Bergbau, Hütten- und Hammerwesen siehe bei Segers-Glocke: Auf den Spuren, S. 171-181.

6 Israel Peri: *Omnia mensura et numero et pondere disposuisti*: Die Auslegung von Weish 11,20 in der lateinischen Patristik, in: Albert Zimmermann (Hg.): Mensura. Maß, Zahl, Zahlensymbolik im Mittelalter 1 (Miscellanea Mediaevalia 16/1), Berlin/New York 1983, S. 1-21, hier: S. 20.

7 Siehe Harald Witthöft: Münzfuß, Kleingewichte, pondus Caroli und die Grundlegung des nordeuropäischen Maß- und Gewichtswesens in fränkischer Zeit (Sachüberlieferung und Geschichte. Siegener Abhandlung zur Entwicklung der materiellen Kultur 1), Ostfildern 1984, S. 53.

8 Percy Ernst Schramm: Karl der Große. Denkart und Grundauffassungen, in: Ders.: Kaiser, Könige und Päpste. Gesammelte Aufsätze zur Geschichte des Mittelalters 1, Stuttgart 1968,

mittelalterlichen Europa erklären sich erst im Kontext auch der materiellen und geistigen Kultur des Nordens[9] und eines dynamischen Wandels der Mentalitäten seit dem 11.-13. Jahrhundert, umschrieben mit dem Entstehen von Stadt und Bürgertum, Stadtkultur und Geldwirtschaft[10]. Die Handarbeit und die *artes mechanicae*, damit die Gewerbe und auch die Kaufmannschaft, erhielten neben den sieben *artes liberales* – den „Studien, die nicht dem Gelderwerb dienen" – ihren kulturellen und sozialen Rang.[11]

S. 314; siehe auch Harald Witthöft: *Denarius novus*, *modius publicus* und *libra panis* im Frankfurter Kapitulare. Elemente und Struktur einer materiellen Ordnung in fränkischer Zeit, in: Rainer Berndt (Hg.): Das Frankfurter Konzil von 794. Kristallisationspunkt karolingischer Kultur. Akten zweier Symposien [...] anlässlich der 1200-Jahrfeier der Stadt Frankfurt am Main (Quellen und Abhandlungen zur mittelrheinischen Kirchengeschichte 80, Teil I = Politik und Kirche), Mainz 1997, S. 219-252, hier: S. 224.

9 Zur Auseinandersetzung um den Übergang von der Antike zum Mittelalter und in diesem Zusammenhang zu frühgeschichtlichen nordeuropäischen Traditionen siehe u.a. Alfons Dopsch: Wirtschaftliche und soziale Grundlagen der europäischen Kulturentwicklung aus der Zeit von Cäsar bis auf Karl den Großen, 2 Bde., Neudruck der zweiten Auflage, Aalen 1968 (Wien [1]1920, [2]1923); die Beiträge von Francesco Gabrieli (S. 173-206), André Guillou (S. 111-172), Bryce Lyon (S. 7-19) und Heiko Steuer (S. 207-300), in: Henri Pirenne: Mohammed und Karl der Große. Die Geburt des Abendlandes, Stuttgart/Zürich 1987; dazu auch Witthöft: Münzfuß (wie Anm. 7), S. 72ff., u. Ders: Denarius novus (wie Anm. 8), S. 228ff.

10 Zu den Grundzügen der Entwicklung siehe u.a. Johannes Fried: Der Weg in die Geschichte. Die Ursprünge Deutschlands bis 1024 (Propyläen Geschichte Deutschlands 1), Frankfurt a. M./Berlin 1994, hier: S. 262ff. (Die Ordnung des Reiches), S. 737ff. (Fernhandel und Städte), S. 808ff. (Geistige Kultur); Alfred Haverkamp: Aufbruch und Gestaltung. Deutschland 1056-1273 (Die Neue Deutsche Geschichte 2), München 1984; Jacques Le Goff: Kultur des europäischen Mittelalters, München/Zürich 1970 (Paris [1]1964); Jürgen Miethke/Klaus Schreiner (Hg.): Sozialer Wandel im Mittelalter. Wahrnehmungsformen, Erklärungsmuster, Regelungsmechanismen, Sigmaringen 1994.

11 Siehe Eberhard Knobloch: Klassifikationen, in: Menso Folkerts (Hg.): Maß, Zahl und Gewicht: Mathematik als Schlüssel zu Weltverständnis und Weltbeherrschung (Katalog zur Ausstellung im Zeughaus Wolfenbüttel 1989), Weinheim 1989, S. 13-40, hier: S. 13; vgl. auch Fried: Weg in die Geschichte (wie Anm. 10), S. 823f.; Günther Binding: Der früh- und hochmittelalterliche Bauherr als *Sapiens Architectus* (61. Veröffentlichung der Abteilung Architekturgeschichte des Kunsthistorischen Instituts der Universität zu Köln), Köln 1996, S. 161-202 (Artes liberales) und S. 203-214 (Artes mechanicae); Helmut Flachenecker: Handwerkliche Lehre und Artes mechanicae, in: Uta Lindgren (Hg.): Europäische Technik im Mittelalter 800 bis 1400. Tradition und Innovation. Ein Handbuch. Berlin 1996, S. 493-502. Das Ethos der (Hand-)Arbeit spielt z.B. im Aufbau der von Wolfgang König herausgegebenen Propyläen-Technikgeschichte eine gedankenführende Rolle (vgl. Dieter Hägermann/Helmuth Schneider: Landbau und Handwerk 750 v. Chr. bis 1000 n. Chr. (= Propyläen-Technikgeschichte 1), Frankfurt a M./Berlin 1991, und Karl-Heinz Ludwig/Volker Schmidtchen: Metalle und Macht 1000 bis 1600 (= Propyläen Technikgeschichte 2), Frankfurt a. M./Berlin 1992); so z.B. in einem Kapitel über „Ökonomisch-technische Impulse aus der Neubewertung der Arbeit in christlicher Spätantike und frühem Mittelalter" (Dieter Hägermann: Technik im frühen Mittelalter zwischen 500 und 1000, in: Ders./Helmuth Schneider: Propyläen Technikgeschichte 1, S. 317ff.).

Als das Mittelalter begann, war die Entdeckung der Metalle als Zäsur in der Entwicklung der Kulturen bereits Geschichte; ebenso die Nutzung der Wasserkraft als einer Quelle von Energie, die technische Innovationen nach sich zog und bis ins 18. Jahrhundert prägend war.[12] Bedeutsam blieben jüngere Entwicklungen in der Nutzung der Ressourcen und Kräfte im Mittelalter auch nördlich der Alpen und außerhalb der ehemals römischen Provinzen. Hier sind die Innovationen des Montanwesens im Deutschen Reiche u. a. des 13. Jahrhunderts festzumachen.

Montanwesen, Wirtschaft und Gesellschaft

Das 12./13. Jahrhundert bedeutete in wirtschaftlicher und technologischer Sicht eine qualitative Zäsur mit quantativen Folgen. Weltliche Herren wie die Luidolfinger bzw. Ottonen im Stammesgebiet der Sachsen, geistliche wie die Zisterzienser zogen seit dem frühen bzw. hohen Mittelalter aus den Erzvorkommen ihren Nutzen.[13] Harz und Harzvorland sind überzogen mit Spuren herrschaftlicher und königlicher fester Plätze.[14] Die Nassauer errichteten ihre Burgen, wo immer sich

---

12 Bei einer Unterscheidung von „fünf Stadien in der Geschichte der Technologie je nach der Nutzung von Muskelkraft des Menschen, Muskelkraft von Mensch und Tier, Wasserkraft, Dampfkraft (Elektrizität) und schließlich Atomenergie [...] wird das Mittelalter als 'lange Zwischenzeit' zu einer diffusen Grauzone, der unter technikgeschichtlichem Aspekt kaum Bedeutung zukommt" – jedoch hatten „die zivilisatorische Entwicklung des Mittelalters, wie der allgemeinhistorische Prozeß", im Verlauf erkennbar, „Verdichtung und Expansion, Stagnation und Verengung aufzuweisen" (Hägermann: Technik im frühen Mittelalter, S. 321, zitiert R. J. Forbes). Siehe u.a. Christoph Bartels: Der Bergbau – Ein Überblick, in: Segers-Glocke: Auf den Spuren (wie Anm. 5), S. 106-111; Heiko Steuer: Die Ursprünge des Silber-Bergbaus im Mittelalter: Wirtschaft und Münzgeld, in: ebd. S. 112-118; Lothar Klappauf: Spuren deuten – Frühe Montanwirtschaft im Harz, in: ebd. S. 19-27.

13 Siehe u.a. Andreas Bingener: Silber-, Kupfer-, Blei- und Vitriol-Handel in der Harzregion – Käufer, Märkte und Verkehrswege des Mittelalters, in: Segers-Glocke: Auf den Spuren (wie Anm. 5), S. 146-152; zu den Zisterziensern z.B. Haverkamp: Aufbruch und Gestaltung (wie Anm. 11), S. 60-62; Rolf Sprandel: Eisengewerbe im Mittelalter, Stuttgart 1968, S. 43ff.

14 Siehe Lothar Klappauf: Zum Stand montanarchäologischer Untersuchungen im Oberharz, in: Matthias Puhle (Hg.): Hanse. Städte. Bünde. Die sächsischen Städte zwischen Elbe und Weser um 1500. Ausstellung Kulturhistorisches Museum Magdeburg 1996, Bd. 1 (Magdeburger Museumsschriften 4), Magdeburg 1996, S. 433-447; Michael Fessner/Angelika Friedrich/Christoph Bartels: „gründliche Abbildung des uralten Bergwerks". Eine virtuelle Reise durch den historischen Harzbergbau. CD und Textband (Montanregion Harz 3), Bochum 2002, hier vor allem: S. 11-27 (Montanraum Harz) und S. 33-62 (Montangeschichte des nordwestlichen Harzes). Zu den Ergebnissen der jüngeren Forschung siehe auch Werner Kroker/Ekkehard Westermann (Bearb.): Montanwirtschaft Mitteleuropas vom 12. bis 17. Jahrhundert. Stand, Wege und Aufgabe der Forschung (Der Anschnitt, Beih. 2), Bochum 1984; Heiko Steuer/Ulrich Zimmermann (Hg.): Alter Bergbau in Deutschland (Sonderheft 'Archäologie in Deutschland'), Stuttgart 1993; Dies. (Hg.): Montanarchäologie in Europa. Berichte zum Internationalen Kolloquium 'Frühe Erzgewinnung Verhüttung in Europa' in Freiburg i. Breisgau 1990 (Archäologie und Geschichte. Freiburger Forschungen zum ersten Jahrtausend in Südwestdeutschland 4), Sigmaringen 1993; Albrecht Jockenhövel (Hg.):

Erze fanden – z.B. in Laurenburg an der unteren Lahn, in Dillenburg und im Siegerland.[15] Die innere Organisation des Ordens der Zisterzienser und vor allem die Einrichtung neuer Zisterzen sorgten für einen Austausch auch von technischen Informationen.

Bergbau, Hütten- und Hammerwesen, Weiterverarbeitung und Vertrieb lösten sich vielerorts aus der unmittelbaren herrschaftlichen Bindung – bevor sie in späteren Jahrhunderten wieder in diese zurückfielen. Entwicklung und Wandel finden in der wachsenden Zahl und den sich ändernden Anlagen von Stätten des Bergbaus, der Hütten und Hämmer, der Meiler und Schmieden ihren Ausdruck. Im Siegerland wird zum Jahre 1311 „erstmals eine Blas- oder Massenhütte am Weißbach erwähnt", eine ‚Maßhutte vuf der Weste'.[16]

Die Montanerzeugnisse einerseits, die zünftischen Metallgewerbe andererseits wurden seit dem hohen Mittelalter zahlreicher und differenzierter. Die Erzvorkommen, die Erzeugung bzw. Bearbeitung von Metallen sowie die Märkte und Messen bildeten ein sich verdichtendes Netz der wirtschaftlichen Kommunikation zu Zeiten einer stark zunehmenden Bevölkerung in Mitteleuropa. Köln und Frankfurt, Nürnberg und Breslau waren derartige Plätze. Die Eisenwaage in Köln oder die Bleiwaage in Breslau bieten Hinweise.[17]

Produktions- und Gewerbelandschaften von eigener Art waren die Küstengebiete und das norddeutsche Flachland. Raseneisenstein wurde hier seit „den Jahr-

---

Bergbau, Verhüttung und Waldnutzung im Mittelalter. Auswirkungen auf Mensch und Umwelt. Ergebnisse eines internationalen Workshops in Dillenburg 1994, (VSWG-Beih. 121), Stuttgart 1996.

15 Zur älteren Wirtschaftsgeschichte des Siegerlandes siehe Hermann Kellenbenz: Wirtschaft des Sieg-Lahn-Dillgebietes durch die Jahrhunderte, in: Ders./Jürgen H. Schawacht (Hg.): Schicksal eines Eisenlandes. 125 Jahre Industrie- und Handelskammer Siegen, Siegen 1974, S. 14-171; zum Montanwesen zuletzt Andreas Bingener: Der mittelalterliche Bergbau im Siegerland. Zur Montangeschichte im südwestfälischen Raum vom 13.-16. Jahrhundert, in: Siegerland. Blätter des Siegerländer Heimat- und Geschichtsvereins 82/2 (2005), S. 105-120.

16 Andreas Bingener: Erzbergbau und Hüttenwesen im Siegerland. Von der vorrömischen Eisenzeit bis zum Ende des 18. Jahrhunderts – ein Resümee, in: Siegerland. Blätter des Siegerländer Heimat- und Geschichtsvereins 73/1-2 (1966), S. 33-42, hier: S. 34; zu Ergebnissen von Grabungen „zwischen Weißufer und Siegberghang", zu den möglichen Ursprüngen der Grafen von Laurenburg-Nassau im Siegerland und zum Bergbau auf blei- und silberhaltige Erze auf dem Altenberg nahe Müsen im 13. Jahrhundert siehe Ders.: Siegen und das Siegerland im Mittelalter, in: ebd. 77/1 (2000), S. 11-34, hier: S. 14ff., 17ff. u. 23f.; siehe auch Claus Dahm/Uwe Lobbedey/Gerd Weisgerber (Hg.): Der Altenberg. Bergwerk und Siedlung aus dem 13. Jahrhundert, Bd. 1: Die Befunde (Denkmalpflege und Forschung in Westfalen 34), Bonn 1998.

17 Zur Eisenwaage siehe Bruno Kisch: Gewichte- und Waagemacher im alten Köln (16.-19. Jh.) (Veröffentlichungen des Kölnischen Geschichtsvereins 23), Köln 1960, S. 30; zur *pensa plumbi* in Breslau siehe Harald Witthöft: Umrisse einer historischen Metrologie zum Nutzen der wirtschafts- und sozialgeschichtlichen Forschung. Maß und Gewicht in Stadt und Land Lüneburg, im Hanseraum und im Kurfürstentum/Königreich Hannover vom 13. bis zum 19. Jahrhundert (Veröffentlichungen des Max-Planck-Instituts für Geschichte 60, 1/2), Göttingen 1979, S. 140f.

hunderten um Christi Geburt" verhüttet und genutzt[18], im Mittelalter auch schwedisches Osemund oder Blei und Kupfer aus Berg-Regionen durch das grundherrliche oder städtische Handwerk verarbeitet.[19] Diese Überlieferung schränkte die Zentralität der ertragreicheren Bergwerke des Binnenlandes in gewissem Maße ein. Je später desto zahlreicher finden sich sekundäre Metall-Gewerbe auch in entfernteren Gegenden entlang der Handels- und Transportwege oder in der Nähe der wachsenden Verbrauchszentren – im Norden z. B. in Braunschweig oder in den Städten des Wendischen Viertels der Hanse.[20]

Von der Statik zur Dynamik.
Wert und Kurs – Ordnung und Kommunikation

Die tiefstgreifenden Veränderungen erfuhren im Hohen Mittelalter nicht die Landwirtschaft, nicht der Bergbau, nicht die Technik per se, sondern vielmehr das Denken, Erfassen und Durchdringen der Welt mit Hilfe von ordnenden Begriffen in einer frühen Geldwirtschaft und die Kommunikation mit ihren Folgen für Wertvorstellungen, Währung und Kapital. Trotz allen Wandels der Technik und des Wachstums von Kapazitäten und Mengen – entscheidend waren die qualitativen, wert- und kursbestimmten Veränderungen u. a. im Umgang mit Erzen und Metallen.

Leitfossile besonderer Art für den sich abzeichnenden Kulturwandel waren Gold und Silber als Währungsmetalle. Sie dokumentieren den Übergang von der Zahlung *in auro et argento* bzw. der (Um-)Rechnung *inter aurum et argentum* –

---

18 Hajo Hayen: „Isernbarg". Ein Eisenverhüttungsplatz im Streckermoor (Gemeinde Hatten, Landkreis Oldenburg). Ein vorläufiger Grabungsbericht, in: Oldenburger Jahrbuch 67 (1968), S. 133-173, hier: S. 137, 141; Albert Bantelmann u.a.: Kulturverhältnisse, in: Georg Kossak/Karl-Ernst Behre/Peter Schmid (Hg.): Archäologische und naturwissenschaftliche Untersuchungen an ländlichen und frühstädtischen Siedlungen im deutschen Küstengebiet vom 5. Jh. v. Chr. bis zum 11. Jh. n. Chr., Bd. 1 = Ländliche Siedlungen, Weinheim 1984, S. 245-394 (S. 298-301: W. Haarnagel: Güterproduktion V); Kurt Schietzel: Güterproduktion in Haithabu, in: Herbert Jankuhn/Kurt Schietzel/Hans Reichstein (Hg.): Archäologische und naturwissenschaftliche Untersuchungen an ländlichen und frühstädtischen Siedlungen im deutschen Küstengebiet vom 5. Jh. v. Chr. bis zum 11. Jh. n. Chr., Bd. 2 = Handelsplätze des frühen und hohen Mittelalters, Weinheim 1984, S. 230-241, hier: S. 239ff.

19 Siehe u.a. Schietzel: Güterproduktion in Haithabu (wie Anm. 18), hier: S. 239-241; für das hohe und späte Mittelalter siehe u.a. die Warenlisten der Kaufhaus-, Sandträger- und Zollrollen zwischen 1278 und 1566 bei Harald Witthöft: Das Kaufhaus in Lüneburg als Zentrum von Handel und Faktorei, Landfracht, Schifffahrt und Warenumschlag bis zum Jahre 1637, Lüneburg 1962, S. 242ff.

20 Siehe z.B. Bernd Ulrich Hucker: Frühe „Industrien" im Umkreis des braunschweigischen Raubschlosses Ampleben, in: Braunschweigisches Jahrbuch 62 (1981), S. 47-51; zur Entwicklung der Metallhandwerke in Lüneburg siehe z.B. Eduard Bodemann: Die älteren Zunfturkunden der Stadt Lüneburg (Quellen und Darstellungen zur Geschichte Niedersachsens 1), Hannover 1883.

in bzw. zwischen Gold und Silber – zu einer kursabhängigen Währung im hohen und späten Mittelalter.[21] Seit dem 11./12. Jahrhundert haben wir es vor allem, und dann ausschließlich, mit dem variablen Wert eines Metalles zu tun. Der Markt bestimmte den Preis.[22]

Es war die Epoche des Albertus Magnus.[23] Aus dieser Zeit stammen die ersten Bergrechte. Sie bestätigen jüngere Errungenschaften, führen diese aber nicht herbei – wie „die älteste erhalten gebliebene Kodifizierung von Bergrechtsgebräuchen" von 1208/1214 für das Bergbaugebiet nordöstlich von Trient[24], das Bergbuch von Massa Marittima in der Toskana aus den Jahren 1225-1335[25] oder auch „die Bergordnung der Herzöge von Braunschweig, erlassen für die Forsten des Oberharzes unter Einschluß des Rammelsberges" von 1271.[26] Auch die größere Teufe der Schächte, der Wandel in den Prozessen der Verhüttung, die Gewältigung der Wasser waren Ergebnisse, nicht Ursachen.

Wir konstatieren seit dem 11.-13. Jahrhundert in Nordeuropa, fortschreitend von Süd nach Nord und West nach Ost, einen unumkehrbaren Übergang von der Statik zur Dynamik, von einer dominant materiellen, naturgebundenen in eine dominant geistige, stärker abstrahierende Kultur.[27] Dieser Zeitraum bietet markante Zäsuren in Fülle – eine Revolution des Handels, der Kommunikation, sich ändernde Begriffe von Gott und der Natur, eine neue Rolle von Gold und Geld, von Rechenhaftigkeit und Schriftlichkeit, und als deren Folge und Voraussetzung zugleich eine Blüte des bürgerlichen Handwerks, technische Innovationen und Verbesserungen.[28]

---

21 Siehe Witthöft: Münzfuß (wie Anm. 7), S. 25ff.; Ders.: Denarius novus (wie Anm. 8), S. 238ff.

22 Siehe Witthöft: Die Währung in sich wandelnden Wirtschaftsordnungen (wie Anm. 2), S. 19ff.

23 Christoph Bartels: Albertus Magnus und das Montanwesen des Mittelalters, in: Wolfgang Ingenhaeff/Roland Staudinger/Kurt Ebert (Hg.): Festschrift Rudolf Palme zum 60. Geburtstag, Innsbruck 2002, S. 23-50; siehe auch Odd Langholm: Economics in the Medieval Schools. Wealth, Exchange, Value, Money and Usury according to the Paris Theological Tradition, 1200-1350 (Studien und Texte zur Geistesgeschichte des Mittelalters XXIX), Leiden u.a. 1992.

24 Michael Ziegenbalg: Aspekte des Markscheidewesens mit besonderer Berücksichtigung der Zeit von 1200 bis 1500, in: Werner Kroker/Ekkehard Westermann (Bearb.): Montanwirtschaft Mitteleuropas vom 12. bis 17. Jahrhundert. Stand, Wege und Aufgaben der Forschung (Der Anschnitt, Beih. 2 = Veröffentlichungen aus dem Deutschen Bergbau-Museum 30), Bochum 1984, S. 40-49, hier: S. 44; siehe auch Dieter Hägermann/Karl-Heinz Ludwig: Europäisches Montanwesen im Hochmittelalter, Köln u.a. 1986, S. 10ff., 53ff.

25 Bergbuch Massa Marittima. Constitutum Comunis et Populi Civitatis Massae, bearb. u. übers. v. Kurt Pfläging. Lünen (Gewerkschaft Eisenhütte Westfalia), 1976/77.

26 Ziegenbalg: Aspekte des Markscheidewesens (wie Anm. 24), S. 44; Fessner/Friedrich/Bartels: „gründliche Abbildung" (wie Anm. 14), S. 38ff.

27 Siehe u.a. Witthöft: Denarius novus (wie Anm. 8); S. 220ff., S. 234ff.

28 Siehe Uta Lindgren (Hg.): Europäische Technik im Mittelalter 800 bis 1400. Tradition und Innovation. Ein Handbuch, Berlin 1996, darin jeweils mehrere Beiträge u.a. zu: Metallhand-

Entwicklung und Wandel – Montanwesen und Geldwirtschaft

Für den Wandel im Montanwesen stehen die Entwicklungen des Schachtbaus und der Öfen, der Hüttenprozesse, der Übergang von den Kuppelprozessen Silber-Blei, Silber-Kupfer etc. zum Einzelprozess, die allmähliche Trennung von Bergbau und Hütte, Hammer und Schmiede unter dem Einfluss neuer und schließlich knapper werdender Energie, der Weg vom herrschaftlichen Eigenmann zum freien Gewerken oder Bürger, die wachsende Differenzierung und Spezialisierung der Roh- und Halbprodukte, die sich verändernden Bindungen zwischen Produktion, Transport und Handel auf den Märkten.

Erst im hohen Mittelalter begannen Münzgeld, Edelmetalle und geldwerte Ressourcen in einer sich entfaltenden Geldwirtschaft auch die Grundlage und Organisation von Herrschaft bleibend zu verändern. Allmählich wurde das Wirtschaften, zumal unter fiskalischen Aspekten, auch der Politik rational zugänglich.[29] Damit änderte sich die Rolle der Urproduktion. Das Bergregal, Anteile an der Förderung und Verhüttung wurden zu kapitalisierbaren Rechten und Ansprüchen.

Die Rechts- und Arbeitsformen einer Geldwirtschaft entwickelten sich hinter den Palisaden der frühen kaufmännischen Siedlungen und den Mauern der späteren Städte. Sie gelangten an die feudalen Höfe und in die Kanzleien, erfassten auch das Montanwesen. Der bürgerliche Kaufmann ebenso wie der Montanunternehmer und der Bankier erlangten Einfluss und Macht mit ihrer Hände Arbeit. Eine Epoche kündigte sich an, die man merkantilistisch nennt – und in der doch nur der umstürzende Wandel des 11.-13. Jahrhunderts augenscheinlich wurde, seinen kulturprägenden ökonomischen und zugleich politischen Ausdruck fand.[30]

---

werke (S. 137-220), Bergbau und Verhüttung (S. 235-300, hier u.a. Christoph Bartels: Der Bergbau – im Zentrum das Silber, S. 235-248; Radomir Pleiner: Vom Rennfeuer zum Hochofen – die Entwicklung der Eisenverhüttung, 9.-14. Jh., S. 249-256), Vermessung des Himmels und der Erde (S. 381-412), Vermittlung des Wissens um Technik (S. 493-536).

29 Siehe Erich Maschke: Die Wirtschaftspolitik Kaiser Friedrichs II. im Königreich Sizilien, in: VSWG 53 (1966), S. 289-328; Ulf Dirlmeier: Friedrich Barbarossa – auch ein Wirtschaftspolitiker?, in: Alfred Haverkamp (Hg.): Friedrich Barbarossa. Handlungsspielräume und Wirkungsweisen des staufischen Kaisers (Vorträge und Forschungen 40), Sigmaringen 1992, S. 501-518; auch Ders.: Heinrich der Löwe und ‚die Wirtschaft', in: Johannes Fried/Otto Gerhard Oexle (Hg.): Heinrich der Löwe. Herrschaft und Repräsentation (Vorträge und Forschungen 57), Ostfildern 2003, S. 293-309.

30 Der deutsche Merkantilismus bedarf im Lichte des Kultur und Wirtschaftswandels im Mittelalter einer erneuten Diskussion. Siehe dazu u.a. Harald Witthöft: Die Metrologie bei Georgius Agricola. Von geistiger und materieller Kultur im 16. Jahrhundert, in: Der Anschnitt 1 (1996), S. 19-27, hier: S. 22f.; und Ders.: Ansätze zu merkantilistischem Denken um die Mitte des 16. Jahrhunderts – Georgius Agricola, in: Friedrich Naumann (Hg.): Georgius Agricola – 500 Jahre. Wissenschaftliche Konferenz vom 25. bis 27. März 1994 in Chemnitz, Basel u.a. 1994, S. 423-429, hier: S. 427ff.

Ulrich Pfister

Zünfte und technologischer Wandel – Die Bandmühle im europäischen Seidenbandgewerbe, 17. und 18. Jahrhundert

Ökonomische Institutionen, die das Entstehen technologischer Innovationen und ihre Diffusion fördern sowie der raschen Adaptation einer Innovation zuträglich sind, tragen zur wirtschaftlichen Wohlfahrt bei. Handwerkszünfte sind in dieser Hinsicht nicht besonders günstig beurteilt worden. Allgemein wird oft festgestellt, dass sie primär die Erzielung hoher Arbeitsrenten für ihre Mitglieder anstrebten, indem sie Nicht-Mitglieder vom Arbeitsmarkt ausschlossen und mittels Kartellen hohe Preise für die von ihnen hergestellten Gütern durchzusetzen suchten, sowie dass sie gegen die Einführung von arbeitssparenden technologischen Innovationen Widerstand leisteten. Der Niedergang oder die schlichte Abschaffung von Handwerkszünften ist deshalb oft als Voraussetzung für eine erfolgreiche protoindustrielle oder industrielle Entwicklung gesehen worden.[1] Die ungefähre zeitliche Parallele zwischen dem Verschwinden von Zünften und dem Aufstieg industrieller Gewerbe ließe sich so als Hinweis auf die negativen Wohlfahrtseffekte von Zünften interpretieren.

Zwar trifft es sicher zu, dass sich Handwerkszünfte unter bestimmten Voraussetzungen, die im Folgenden im Einzelnen zu untersuchen sind, technologischem Wandel entgegen stellten[2], doch wird diese Aussage leicht übergeneralisiert. Im überwiegenden Teil Europas folgte die Auflösung der Zünfte ab dem ausgehenden 18. Jahrhunderts eher politischen als industriepolitischen Motiven, auch wenn konkrete Maßnahmen oft mit ökonomischen Argumenten begründet wurden.[3] Argumente der historischen Forschung, die von der Koinzidenz des Niedergangs der Handwerkszünfte und der industriellen Entwicklung ausgehen, übernehmen oft die Argumente der Debatten des 18. Jahrhunderts und stützen sich auf

1 Für allgemeine Aussagen siehe insbesondere Peter Kriedte/Hans Medick/Jürgen Schlumbohm: Industrialisierung vor der Industrialisierung: Gewerbliche Warenproduktion auf dem Land in der Formationsperiode des Kapitalismus (Veröffentlichungen des Max-Planck-Instituts für Geschichte, Bd. 53). Göttingen 1977, S. 58-60; Joel Mokyr: The lever of riches. Technological creativity and economic progress. New York 1990, S. 178f., 258f.; Ders.: The gifts of Athena. Historical origins of the knowledge economy. Princeton 2002, S. 258-61.

2 Für eine Zusammenstellung von Beispielen v. a. aus dem 15.-17. Jh. siehe Walter Endrei: Kampf der Textilzünfte gegen die Innovationen, in: Ungarische Akademie der Wissenschaften (Hg.): II. Internationales Handwerksgeschichtliches Symposium. Veszprem 1983, S. 129-44.

3 Heinz-Gerhard Haupt (Hg.): Das Ende der Zünfte. Ein europäischer Vergleich (Kritische Studien zur Geschichtswissenschaft, Bd. 151). Göttingen 2002.

hoch aggregierte Evidenz. Zieht man eine Verbindung zwischen der Auflösung der Handwerkszünfte und der Industrialisierung ohne die Analyse von Entscheidungsmechanismen auf der lokalen Ebene einzelner Produktionsstandorte oder Zünfte, riskiert man jedoch einen ökologischen Fehlschluss, d. h. eine (potentiell falsche) Aussage über Einzelvorgänge auf der Basis aggregierter Daten. Die derzeit in der Forschung stattfindende Neueinschätzung der ökonomischen Effekte von Handwerkszünften rechtfertigt deshalb eine Untersuchung der Art und Weise, wie Handwerkszünfte in der Zeit vor ihrer Auflösung auf technologische Innovationen reagierten.[4]

Die gegenwärtige Untersuchung bietet eine Fallstudie zur Verbreitung einer technologischen Innovation im frühneuzeitlichen Textilgewerbe, nämlich zur Bandmühle (*engine loom*, *métier à la barre*) in der Seidenbandfabrikation (Posamentiergewerbe). Sie erlaubte die gleichzeitige Produktion von acht, später als Folge allmählicher technologischer Verbesserungen von 16 bis 40 Bändern und stellte damit eine arbeitssparende Innovation dar.[5] Obwohl die Seidenbandweberei ein relativ kleines Gewerbe darstellte, das in erster Linie Accessoires wie Hutbänder und Ausgangsmaterial für Schleifen herstellte, hatte die Verbreitung der Bandmühle tief greifende Auswirkungen auf die Organisation dieses Gewerbezweiges. Allerdings wurde die Bandmühle trotz der Komplexität und des hohen Beschaffungspreises des Geräts in der Regel immer noch im Rahmen der Hauswirtschaft der Gewerbetreibenden eingesetzt.

Langfristig führte die Verbreitung der Bandmühle wohl nicht zuletzt wegen der gesteigerten Kapitalintensität zur Verbreitung des Verlagssystems in der Seidenbandweberei; im Fernhandel tätige Kaufleute verliehen Garn und manchmal selbst den Bandwebstuhl an in der Regel nicht zünftisch organisierte Heimarbei-

---

4 Zur gegenwärtigen Diskussion um die Leistungen von Zünften als ökonomische Institutionen vgl. Bo Gustavsson: The rise and economic behaviour of medieval craft guilds. An economic-theoretical interpretation, in: Scandinavian Economic History Review 25 (1987), S. 1-40; Stephen R. Epstein: Craft guilds, apprenticeship and technological change in pre-industrial Europe, in: Journal of Economic History 58 (1998), S. 684-713; Ulrich Pfister: Craft guilds and proto-industrialization in Europe, 16th to 18th centuries, in: Stephen R. Epstein/Heinz G. Haupt/Carlo Poni/Hugo Soly/Clara E. Núñez (Hg.): Guilds, economy and society (Twelfth International Economic History Congress, Madrid 1998, session B1). Sevilla 1998, S. 11-23; ausführlichere Neufassung als: Craft guilds, the theory of the firm, and early-modern proto-industry, erscheint in: Stephen R. Epstein/Maarten Prak (Hg.): Craft guilds in non-modern worlds. Eine wichtige Fallstudie, die eher traditionelle Positionen stützt, ist Sheilagh Ogilvie: State corporatism and proto-industry. The Württemberg Black Forest. 1580-1797. Cambridge 1997; siehe auch Dies.: Guilds, efficiency, and social capital. Evidence from German proto-industry, in: Economic History Review 57 (2004), S. 286-333.

5 Die faktorsubstituierende Bedeutung dieser Innovation wird insbesondere auch betont von Alfred P. Wadsworth/Julia de Lacy Mann: The cotton trade and industrial Lancashire. 1600-1780. Manchester 1931, S. 101, 105f.; zur technischen Entwicklung der Bandmühle Reinhold Reith: Technische Innovationen im Handwerk der frühen Neuzeit? Traditionen, Probleme und Perspektiven der Forschung, in: Karl H. Kaufhold/Wilfried Reininghaus (Hg.): Stadt und Handwerk in Mittelalter und Früher Neuzeit (Städteforschung, Reihe A, Bd. 54). Köln 2000, S. 21-60, hier S. 36-40.

terhaushalte. Allerdings erfolgte diese Entwicklung weder universell noch geradlinig. Die Adaptation der Bandmühle konnte in einem zünftischen Kontext vollzogen werden, und Standorten mit einem durch Zünfte geprägten Produktionsregime standen auch tragfähige Alternativen der gewerblichen Entwicklung offen. Dies mag erklären, weshalb die Diffusion der Bandmühle nur relativ langsam vor sich ging.

Erstmals sicher bezeugt ist die Anwendung der Bandmühle 1604 in Leiden, und zwar für die Herstellung verschiedener Sorten von Kleinwaren. Die geringe Relevanz der Innovation für das europäische Seidengewerbe in dieser ersten Phase dürfte auch dadurch bedingt sein, dass in den Niederlanden Bänder vorwiegend aus anderen Materialien als Seide verfertigt wurden (insbesondere Leinen). Trotz des Widerstands von Webern und zeitweisen Beschränkungen seitens städtischer Obrigkeiten vermehrte sich der Einsatz der Bandmühle, und sie verbreitete sich auch in anderen holländischen Gewerbestädten. Allerdings erließen die Generalstaaten 1623, 1639, 1643 und 1661 Bestimmungen, welche die Anwendung der Bandmühle auf bestimmte Artikel begrenzte. Danach sind keine Informationen über das Gewerbe in den Niederlanden greifbar. Ausgehend von Holland breitete sich die Bandmühle in die meisten Standorte des Seidenbandgewerbes außerhalb Frankreichs aus. Zwar ist sie in London schon in den 1610er Jahren fassbar, doch scheint die Diffusion vor allem im letzten Drittel des 17. Jahrhunderts erfolgt zu sein. Für diese Zeit sind jedenfalls Konflikte um die Einführung der Seidenbandmühle in etlichen Städten belegt. Bemerkenswerterweise entwickelte sich jedoch im Stéphanois im Südwesten Lyons seit dem frühen 18. Jahrhundert ein wichtiger Standort des Seidenbandgewerbes, der allerdings erst gegen Ende des 18. und stärker noch im frühen 19. Jahrhundert die Seidenbandmühle adaptierte.[6]

Der Schwerpunkt der gegenwärtigen Studie liegt auf der Analyse der Konflikte um die Übernahme der Bandmühle im letzten Drittel des 17. Jahrhunderts. Die Konzentration dieser Konflikte auf diesen Zeitraum ist nicht einfach zu erklären. Am plausibelsten erscheint der Verweis auf veränderte Nachfragestrukturen. Der Höhepunkt barocker Hofkultur dürfte eine Ausweitung der Nachfrage nach luxuriösen Textilien in der Elite bewirkt haben, und der Anstieg realer Einkommen außerhalb der Landwirtschaft aufgrund gesunkener Getreidepreise mag *trickledown*-Prozesse befördert haben. Vergleichbar zur zeitgleichen Ausweitung des Markts für bedruckte Baumwolltücher scheint sich der Absatz besonders für billi-

---

6 Die Darstellung der frühen Geschichte der Bandmühle scheint immer noch stark auf Johann Beckmann: Beyträge zur Geschichte der Erfindungen. Leipzig 1782, S. 122-133 zu beruhen; vgl. zu diesem Text Ulrich Troitzsch/Gabriele Wohlauf (Hg.): Technikgeschichte. Historische Beiträge und neuere Ansätze. Frankfurt am Main 1980, S. 48-56. Interessanterweise beschreibt die Encyclopédie Diderots einen einfachen Bandwebstuhl und erwähnt an einer einschlägigen Stelle die Bandmühle nicht; Denis Diderot (Hg.): Encyclopédie, ou dictionnaire raisonné des sciences, des arts et des métiers par une Société de Gens de Lettres, 36 Bde. Genève 1777-1779, hier Bd. 10, S. 464 und Bd. 14, S. 423. Einen guten Überblick über die frühe Geschichte der Bandmühle bieten Wadsworth/Mann: The cotton trade and industrial Lancashire (wie Anm. 5), S. 98-106; zum ersten Auftreten der Bandmühle vgl. Endrei: Kampf der Textilzünfte (wie Anm. 2), S. 134f.

ge Sorten von Seidenbändern zu einem eigentlichen Massenmarkt ausgeweitet zu haben.[7] Entsprechend entwickelte sich die Marktstruktur von einem Nebeneinander lokaler, von kleinen Gruppen städtischer Handwerker bedienter Märkte zu einem wenigstens zum Teil integrierten überregionalen, wenn nicht internationalen Markt, der durch wenige Produktionsstandorte dominiert wurde. Es scheint somit ein gewisser Zusammenhang zwischen Nachfrageverschiebungen, technologischem Wandel sowie den Veränderungen von Produktionsregimes zu bestehen.

Die Verbreitung der Bandmühle verdient das Interesse nicht zuletzt deshalb, weil das Gewerbe wenigstens bis ins frühe 18. Jahrhundert über zahlreiche Produktionsstandorte verteilt war. Ein systematischer Vergleich vermag deshalb einen Zusammenhang zwischen unterschiedlichen Entwicklungspfaden und spezifischen Ausgangsbedingungen herzustellen und so allgemeine Aussagen über Zusammenhänge zwischen Struktur, Institutionen und technologischem Wandel zu generieren. Der Aufsatz beginnt mit der Formulierung von Hypothesen zur Beziehung zwischen Strukturvariablen und lokalen Entwicklungspfaden. Darauf werden kurze Fallstudien zu den Reaktionen von Handwerkszünften auf die Verbreitung der Bandmühle in wichtigen Produktionsstandorten präsentiert. Der Schlussteil führt eine vergleichende Diskussion mit Blick auf die eingangs formulierten Hypothesen.

Adaptation an Innovationen, mögliche Alternativen und die Determinanten unterschiedlicher Entwicklungspfade

Das Folgende entfaltet zwei zusammenhängende Argumentationsstränge: Erstens verfügten zünftische Produktionsregimes beim Auftreten einer technologischen Innovation neben der Übernahme bzw. Ablehnung über alternative Reaktionsmöglichkeiten, die zusammen mit der Adaptation der Innovation einen Vektor von Optionen ergeben. Zweitens diskutiere ich die verschiedenen Variablen, welche die in einer bestimmten Situation getroffene Auswahl unter diesen Optionen erklären.

---

7 Zum Anstieg des Textilkonsums im 17. Jahrhundert grundlegend Margaret Spufford: The great reclothing of rural England. Petty chapmen and their wares in the seventeenth century. London 1984; für das 18. Jahrhundert Daniel Roche: La culture des apparences. Paris 1989, Kap. 4; speziell zum Seidengewerbe Salvatore Ciriacono: Silk manufacturing in France and Italy in the seventeenth century. Two models compared, in: Journal of European Economic History 10 (1981), S. 167-199, hier S. 178; Reinhold Reith: Arbeits- und Lebensweise im städtischen Handwerk. Zur Sozialgeschichte Augsburger Handwerksgesellen im 18. Jahrhundert (Göttinger Beiträge zur Wirtschafts- und Sozialgeschichte, Bd. 14). Göttingen 1988, S. 167, insbesondere Fußnote 10; zur Anwendung von Seidenbändern in der zeitgenössischen Mode s. Aileen Ribeiro: The art of dress. Fashion in England and France 1750-1820. New Haven 1995, S. 53-59, 66f., 75-78.

Abgesehen von der Übernahme einer arbeitssparenden Innovation konnten Handwerkszünfte in mindestens drei verschiedenen Weisen auf eine technologische Innovation reagieren.

1. *Veränderung der Produktionsstruktur* zu höherer Arbeits- und Humankapitalintensität. Eine arbeitssparende Innovation verschiebt Faktorproportionen und Einkommen von Arbeit zu Kapital. Mit Blick auf die Wohlfahrtseffekte zünftischer Institutionen, die sich insbesondere auf die Ausbildung und den Transfer von Fähigkeiten bezogen, stellte die Veränderung der lokalen Produktionsstruktur eine rationale Alternative zur Adaptation einer arbeitssparenden Innovation dar. Konkret konnten sich Zunfthandwerker der Bedrohung ihres Fähigkeitskapitals durch die Spezialisierung auf die Herstellung von qualitativ hochwertigen, arbeits- und fähigkeitsintensiven Gütern, die sich mit der neuen Technologie nicht herstellen ließen, entziehen. Die Ausbreitung arbeitssparender Technologien konnte so Standorte mit gut ausgebildeten Arbeitskräften zu Produktinnovationen antreiben, welche ihren komparativen Vorteil hinsichtlich fähigkeitsintensiver Produktionslinien aufrecht erhielt, wenn nicht gar noch verstärkte. Indirekt konnte so eine technologische Innovation regionale Spezialisierung fördern. Ein Beispiel für einen derartigen Vorgang außerhalb der Seidenbandmanufaktur betrifft den Strukturwandel des Textilgewerbes in Nîmes und seinem Hinterland des unteren Languedoc in der zweiten Hälfte des 17. Jahrhunderts. In dieser Zeit verlagerte sich das Wollgewerbe, das durch hohe Arbeitsintensität, aber nur in wenigen Arbeitsschritten durch hohe Fähigkeitsintensität, sowie durch einen hohen Bedarf an fließendem Wasser gekennzeichnet war, von der Metropolis zu kleineren Städten im hügeligen Hinterland. Komplementär dazu erfuhren die Seidenstoffweberei und die Strumpfstrickerei, die beide fähigkeits- und kapitalintensiv waren, in Nîmes einen raschen Aufschwung. Zwar nicht die (vor allem kapitalintensive) Strumpfstrickerei, aber die Seidenweberei entwickelte sich im Rahmen einer Zunftorganisation. Eine nicht unähnliche Entwicklung stellte sich in Genf ein, wo sich in den mittleren Jahrzehnten des 17. Jahrhunderts die ehemals städtische Wollweberei abgesehen von der Endverarbeitung in die umgebende Landschaft verlagerte. Die zünftische Handwerkerschaft der Stadt wandte sich in der Folge neuen, besonders fähigkeitsintensiven Sektoren zu, insbesondere dem Uhren- und Juweliergewerbe.[8]
2. *Erhöhung von Distanzkosten und Marktsegmentierung.* Vor dem Eisenbahnbau in den mittleren Jahrzehnten des 19. Jahrhunderts waren Landtransporte auf dem europäischen Kontinent oft prohibitiv. Da Seidenbänder im Vergleich zu ihrem Wert sowohl klein als auch leicht waren, konnten sie selbst

[8] James K. J. Thomson: Clermont-de-Lodève 1633-1789. Fluctuations in the prosperity of a Languedocian cloth-making town. Cambridge 1982, Kap. 4-7; David K. Smith: "Au bien du commerce". Economic discourse and visions of society in France. Ann Arbor 1995, S. 435-442; Line Teisseyre-Sallmann: L'industrie de la soie en Bas-Languedoc. XVIIe–XVIIIe siècles. Paris 1995, S. 150-179; Anne-Marie Piuz/Liliane Mottu-Weber: L'économie genevoise de la Réforme à la fin de l'Ancien Régime. XVIe–XVIIIe siècles. Genf 1990, Kap. 15, 16.

von Hausierern über ein breites Gebiet abgesetzt werden; wie schon oben erwähnt, war der Markt für Seidenbänder im 18. Jahrhundert vermutlich gut integriert. Dennoch lohnt sich auch hier die Feststellung, dass ein Konkurrenzdruck zur Übernahme einer Innovation nur besteht, wenn das Preisdifferenzial zwischen innovierendem und nicht-innovierendem Standort größer ausfällt als die Transport- und Transaktionskosten des Handels zwischen den beiden fraglichen Regionen. Hohe Distanzkosten konnten somit als Sicherheitswall für nicht innovierende Standorte fungieren und zur Marktsegmentierung nach unterschiedlichen Technologien beitragen.
Neben den primär technologisch bedingten Transportkosten und den Transaktionskosten der Handelsabwicklung schlossen Distanzkosten auch Zölle und nicht-tarifäre Handelshemmnisse mit ein, die von in Interessengruppen organisierten Wirtschaftssubjekten potentiell beeinflusst werden konnten. Entsprechend wird man erwarten, dass Produzenten, die sich gegen den Druck zur Adaptation einer von Konkurrenten eingeführten Innovation abschirmen wollen, die Distanzkosten des Handels mit den fraglichen Gütern durch die Erhöhung von Zöllen oder durch nicht-tarifäre Hemmnisse zu erhöhen trachteten. Zünfte konnten hier eine wichtige Funktion als Organisationen der Interessenvertretung spielen.

3. *Änderung der Beschäftigungsstruktur*. Arbeitskosten ließen sich auch durch andere Maßnahmen als durch die Übernahme einer arbeitssparenden Innovation senken. Denn die Beschäftigungsstruktur und damit die Struktur der Entlohnung war auch in einem zünftisch verfassten Produktionsregime keineswegs homogen. Neben den Meistern arbeiteten in den Werkstätten Gesellen, Lehrlinge und meist auch Familienmitglieder, die jeweils ein unterschiedliches Einkommen bezogen. Eine Alternative zur Übernahme einer arbeitssparenden Innovation, die wenigstens bis zu einem gewissen Grad die Konkurrenzfähigkeit eines Standorts aufrecht erhielt, bestand in einer Veränderung des Anteils der einzelnen Gruppen dergestalt, dass Arbeitskräfte, die hohe Einkommen beanspruchten, durch niedrig entlohnte Arbeitskräfte substituiert wurden. Natürlich setzte dies voraus, dass nicht in jedem Arbeitsschritt ein großes Fähigkeitskapital erforderlich war und dass es ausreichte, wenn eine gelernte Kraft die Arbeit von ungelernten Beschäftigten überwachte. Die angestrebte Änderung in der Struktur der Arbeitskraft ließ sich erreichen durch eine Kombination der Erschwerung des Zugangs zur Meisterschaft, durch die Reduktion der Beschäftigung relativ gut entlohnter Gesellen und komplementär die vermehrte Beschäftigung von Lehrlingen bzw. Einbindung von Familienangehörigen in die Arbeit in der Werkstatt. In der Tendenz resultierte eine Verschiebung des Produktionsregimes von kleinen Werkstätten, in denen überwiegend gelernte Arbeitskräfte zusammen arbeiteten, zu größeren Werkstätten, in denen mehrheitlich ungelernte Kräfte arbeiteten. Während die Einkommen von Meisterhaushalten stabilisiert wurden, drohte eine Störung des typischen Lebenszyklus zünftischer Arbeitskräfte, sobald sich steigende Zahlen von fertig ausgebildeten Lehrlingen geringen Beschäftigungschancen von Gesellen und einem beschränkten Zugang zur Meisterschaft gegenüber sahen.

In der Summe bestanden somit für Zünfte bzw. für die Gewerbestandorte, in denen sie tätig waren, vier unterschiedlich kombinierbare Möglichkeiten der Reaktion auf das Auftreten einer technologischen Innovation: Übernahme der Innovation, Veränderung der Produktionsstruktur mit Blick auf Beibehaltung oder Steigerung der Humankapitalintensität, Erhöhung der Distanzkosten des Handels von Konkurrenten sowie Reduktion der aggregierten Arbeitskosten. Jede dieser Strategien bzw. Kombination von Strategien definierte letztlich einen je spezifischen industriellen Entwicklungspfad.

Der zweite Schritt in der Entfaltung des begrifflichen Rasters besteht nun in der Diskussion möglicher Erklärungen dafür, weshalb an verschiedenen Standorten unterschiedliche Optionen gewählt wurden. Drei Variablen scheinen hierfür ausschlaggebend gewesen zu sein:

1. *Typ der technologischen Innovation.* Treffen wir zu Beginn die Annahme, dass Handwerkszünfte ausschließlich aus kleinen selbständigen Produzenten bestanden, deren hauptsächlicher Vorteil in der Verfügung über Fähigkeitskapital lag und für die Kapital eine sehr knappe Ressource darstellte. Wenn wir weiter davon ausgehen, dass die Allokationsentscheidungen von Wirtschaftssubjekten durch ihre Faktorausstattung beeinflusst werden, lässt sich die Hypothese formulieren, dass Handwerkszünfte in erster Linie kapitalsparende Prozessinnovationen sowie arbeits- und fähigkeitsintensive Produktinnovationen mit trugen, wenn nicht gar förderten. Umgekehrt opponierten sie gegen arbeitssparende und kapitalintensive Innovationen, welche die Prämie auf Fähigkeitskapital reduzierten und den Bedarf an knappem Kapital erhöhten. Dieses Argument trägt sicher dazu bei, den Widerstand vieler städtischer Zünfte gegen die Einführung der Bandmühle und die Wahl alternativer Strategien zu erklären. Auch der Widerstand der Strumpfstrickerzünfte in Milano und Padova gegen die Substitution der Handstrickerei durch den englischen Strumpfstrickstuhl im späteren 17. Jahrhundert wurde zum Teil explizit mit der drohenden Arbeitslosigkeit für unqualifizierte Arbeitskräfte und der Knappheit gut ausgebildeter Arbeitskräfte begründet.[9] Umgekehrt lenkt das Argument auch den Blick auf Fälle, in denen Zünfte eine wichtige Grundlage für humankapitalintensive Produktinnovationen darstellten. Ein Beispiel ist der Übergang zur Produktion hochwertiger Stoffe im französischen Wollgewerbe in der Ära der Industriepolitik Colberts, die sich stark auf lokale Zünfte stützte. Vor allem die an südfranzösischen Standorten hergestellten Fabrikate entwickelten sich zu erfolgreichen Exportartikeln, die bis ins frühe 18. Jahrhundert holländische Wolltuche weitgehend aus den wichtigen Märkten der Levante verdrängten.[10]

---

9 Carlo M. Belfanti: Le calze a maglia. Moda e innovazione alle origini dell'industria della maglieria (secoli XVI–XVII), in: Società e storia 69 (1995), S. 481-501, hier S. 489-491, 496-498.

10 Allgemein siehe Epstein: Craft guilds (wie Anm. 4), S. 695f.; zur französischen Wollmanufaktur und ihrer Position auf Exportmärkten siehe Thomson: Clermont-de-Lodève (wie

2. *Innere Struktur von Zünften.* Die oben getroffene Annahme, dass Zünfte die Interessen kleiner selbständiger Gewerbetreibender vertraten, trifft keineswegs allgemein zu. Zwar herrschte eine derartige Situation im Reich, in ostmitteleuropäischen Gebieten mit einem hohen Anteil deutscher Einwanderer sowie in vielen kleineren Städten anderswo vor. Besonders in großen Manufakturstädten im Westen und Süden Europas fanden sich jedoch Zünfte, die in sich alle Phasen der Produktion und Distribution eines Gutes organisierten und deshalb sowohl aus unabhängigen Meistern, *master-manufacturers*, zum Teil gar *merchant-manufacturers*, wie auch aus abhängigen Beschäftigten bestanden.[11] Die innere Struktur von Zünften ist deshalb als Variable zu betrachten. Meister, die als Organisatoren der gewerblichen Produktion auftraten (*master-manufacturers, merchant-manufacturers*) nutzten die Institution der Zunft oft als funktionales Äquivalent zu einer Unternehmensorganisation. Es kann deshalb erwartet werden, dass diese technologische Innovationen begrüßten, da sie die Profitabilität ihrer Geschäfte erhöhte. Arbeitssparende Innovationen wie die Bandmühlen hatten somit das Potential, innerzünftische Konflikte zwischen unternehmerisch agierenden Meistern und kleinen selbständigen bzw. unselbständigen Produzenten auszulösen. Sofern die Meister mit großen Betrieben einflussreiche Stellungen innerhalb der Zünfte besetzten, wird man erwarten können, dass Zünfte mit einer differenzierten Binnenstruktur arbeitssparenden Innovationen nicht ablehnend gegenüber standen.
3. *Der polit-ökonomische Kontext.* Handwerkszünfte konkurrierten mit anderen unterschiedlich gut organisierten Gruppen um politischen Einfluss. Die Vielfalt politischer Systeme und Formen der Aggregation von Interessen im frühneuzeitlichen Westeuropa lässt es wenig sinnvoll erscheinen, systematisch jede mögliche Konstellation zu analysieren. Immerhin lässt sich die allgemeine Hypothese formulieren, dass Strategien des *rent-seeking* durch Zünfte, wie die Errichtung von Handelshemmnissen oder die Segmentierung von Arbeitsmärkten zugunsten von Handwerksmeistern, in unabhängigen Städten, in denen Zünfte vielfach eine wichtige Rolle spielten, relativ leicht zu verfolgen waren. In Städten, welche in größere territoriale Gebilde eingebettet waren, stellten Zünfte dagegen meist nur eine marginale politische Kraft dar, und entsprechend schwieriger dürfte sich die Artikulation und Durchsetzung ihrer Interessen gestaltet haben.

Insgesamt liefern die hier entwickelten Hypothesen potentielle Erklärungen dafür, weshalb unterschiedliche Typen von Innovationen an verschiedenen Standorten in unterschiedlichem Grad adaptiert wurden. Zusammen mit den früher angestellten Überlegungen zu unterschiedlichen industriellen Optionen von gewerblichen Standorten besteht ein analytisches Raster zur Erklärung der vergleichsweise langsamen Diffusion von technologischen Innovationen vor dem 19. Jahrhun-

---

Anm. 8), Kap. 5-9; Jonathan I. Israel: Dutch primacy in world trade. 1587-1740. Oxford 1989, S. 306-313, 382f.

11 Für Beispiele siehe die Typologie von Zünften in Pfister: Craft guilds (wie Anm. 4), S. 12-14.

dert. Die nachfolgenden kurzen Fallstudien zur Verbreitung der Bandmühle an verschiedenen Standorten des europäischen Seidenbandgewerbes stellen einen ersten, sektoral beschränkten Test dieser Hypothesen dar.

Posamentierzünfte in den Reichsstädten

Die deutschen Reichsstädte waren dadurch, dass sie nur den Kaiser als Oberherrscher anerkannten, bekanntermaßen weitgehend unabhängige Stadtstaaten mit einem bestenfalls kleinen Hinterland. In den Reichstagen stellten sie eine wichtige Klientel des Kaisers dar. In den meisten größeren Reichsstädten stellten Handwerker einen beträchtlichen Teil der erwachsenen männlichen Bevölkerung dar, und abhängig von der jeweiligen Verfassung spielten Handwerkszünfte auch eine wichtige politische Rolle. Da Zünfte in erster Linie unabhängige Handwerksmeister organisierten, steht aufgrund der oben angestellten Überlegungen zu erwarten, dass die Handwerkszünfte in Reichsstädten der Einführung der Bandmühle ablehnend gegenüber standen und dass angesichts des kurz geschilderten polit-ökonomischen Umfelds ein Widerstand auch gute Aussicht auf Erfolg hatte.

Reichsstädte wie Augsburg, Nürnberg, Köln und Hamburg waren im 17. Jahrhundert wichtige Zentren des Posamentiergewerbes. So verdoppelte sich z. B. in Augsburg die Zahl der Posamentiermeister im Zeitraum 1654-1687 von 73 auf 148, um noch bis ins frühe 18. Jahrhundert weiter zuzunehmen. Sowohl in Augsburg als auch in Köln, offenbar die wichtigsten Produktionsstandorte im Reich, war das Gewerbe teilweise im Verlagssystem organisiert, wobei Exportkaufleute, die im Falle Augsburgs den Absatz in habsburgische Lande und darüber hinaus besorgten, die Produktion vorfinanzierten. Diese Kaufleute waren keine Zunftmitglieder.[12]

Die Tatsache, dass die Reichsstädte auf den Reichstagen einen eigenen Stand darstellten sowie wie schon erwähnt eine wichtige Klientel des Kaisers bildeten, machte es ihnen trotz ihrer geographischen Zersplitterung möglich, mit gewisser Aussicht auf Erfolg Strategien der Marktsegmentierung zu verfolgen. 1676 bewirkten sie ein reichsweites Verbot des Imports französischer Luxusgüter, und die rasche Expansion des Posamentiergewerbes in Augsburg in den darauf folgenden

---

12 Reinhold Reith: Zünftisches Handwerk, technologische Innovation und protoindustrielle Konkurrenz. Die Einführung der Bandmühle und der Niedergang des Augsburger Bandmacherhandwerks vor der Industrialisierung, in: Rainer A. Müller/Michael Henker (Hg.): Aufbruch ins Industriezeitalter: Aufsätze zur Wirtschafts- und Sozialgeschichte Bayerns 1750-1850, Bd. 2. München 1985, S. 238-249, hier S. 238f.; Ders.: Arbeits- und Lebensweise (wie Anm. 7), S. 166f.; zu Köln siehe Hans Koch: Geschichte des Seidengewerbes in Köln vom 13. bis zum 18. Jahrhundert (Staats- und sozialwissenschaftliche Forschungen, Bd. 128). Leipzig 1907, S. 110, 113; für einen Überblick über die Geschichte des frühneuzeitlichen Posamentiergewerbes in Deutschland siehe Peter Kriedte: Der Aufstieg des deutschen Seidengewerbes im 18. und 19. Jahrhundert. Standortausweitung, Arbeitsteilung zwischen Stadt und Land, Arbeitskräfte, in: Simonetta Cavaciocchi (Hg.): La seta in Europa secc. XIII–XX (Settimane di Studi 24). Prato 1993, S. 247-275, hier S. 248f., 252-255, 258-263.

Jahren könnte die Realisierung des Potentials für Importsubstitution dokumentieren, das sich aus dieser Maßnahme ergab.[13]

Bereits seit den 1640er Jahren hatten sich Zünfte und Obrigkeiten mit der Ausbreitung der Bandmühle und ihren Folgen für die Beschäftigung auseinander gesetzt. 1645 bzw. 1647 verboten Köln und Frankfurt die Verwendung der Bandmühle. 1664 verbot Nürnberg die Einfuhr von Seidenbändern, die mit der Bandmühle verfertigt waren, und die Hamburger Obrigkeit ließ öffentlich einen Bandwebstuhl zerstören. Angesichts der fehlenden Jurisdiktion der meisten Reichsstädte über ihr weiteres Hinterland lösten diese Maßnahmen zunächst vor allem Substitutionsbewegungen in die Richtung benachbarter Territorien aus. Jedenfalls strebten die Reichsstädte ab 1676 ein reichsweites Verbot der Bandmühle an. Nach längeren Verhandlungen mit den anderen Ständen erreichten die Städte 1685 ihr Ziel, indem der Kaiser ein Edikt ratifizierte, das sowohl den Gebrauch der Bandmühle als auch den Handel von darauf verfertigten Posamenten verbot.[14]

Die von Zünften und reichstädtischen Obrigkeiten für diese Maßnahme formulierten Begründungen bezogen sich auf allgemeine Werte und Ziele, die in städtischen Gemeinwesens des späten Mittelalters und der Frühen Neuzeit hohe Legitimität genossen. Im engeren Sinn nutzten sie eine spezifisch »zünftische Sprache« (*corporate language*), indem vor allem drei Argumente entfaltet wurden:

Erstens wurde hervorgehoben, dass eine arbeitssparende Innovation Arbeitslosigkeit hervorrufen würde, die ihrerseits zu Armut und einer Belastung des Armengutes führen würde. Die Übernahme der neuen Technologie würde es verunmöglichen, dass alle Mitglieder des städtischen Gemeinwesens die ihrem Stand entsprechenden Subsistenzbedürfnisse, ihre »Nahrung«, mit eigener Hände Kraft befriedigen konnten.

Zweitens wurde behauptet, dass auf der Bandmühle produzierte Posamente von minderwertiger Qualität seien. Dies könnte insofern zugetroffen haben, als bis ins frühe 18. Jahrhundert, möglicherweise darüber hinaus, für die große Mehrheit der auf der Bandmühle verfertigten Bänder entweder vollständig oder nur für den Schuss nicht gezwirnte, sondern aus Abfällen gesponnene Seide (Floretgarn) verwendet wurde. Dies dürfte den maschinell hergestellten Bändern einen zusätzlichen Kostenvorteil gegenüber den handgewobenen Posamenten verschafft haben.

---

13 Ingomar Bog: Der Reichsmerkantilismus. Studien zur Wirtschaftspolitik des Heiligen Römischen Reiches im 17. und 18. Jahrhundert. Stuttgart 1959, S. 76-80.

14 Fritz Blaich: Die Wirtschaftspolitik des Reichstags im Heiligen Römischen Reich. Ein Beitrag zur Problemgeschichte wirtschaftlichen Gestaltens. Stuttgart 1970, S. 216-220; zu einzelnen Städten siehe Ludwig Arentz: Die Zersetzung des Zunftgedankens. Nachgewiesen an dem Wollenamte und der Wollenamtsgaffel in Köln (Veröffentlichungen des Kölnischen Geschichtsvereins, Bd. 12). Köln 1935, S. 99-103; Alexander Dietz: Frankfurter Handelsgeschichte, Bd. 4. Frankfurt am Main 1925, Teil 1, S. 76-87; Wolfgang Klötzer: Reichsstadt und Merkantilismus. Über die angebliche Industriefeindlichkeit von Frankfurt am Main, in: Volker Press (Hg.): Städtewesen und Merkantilismus. Köln 1983, S. 135-155, hier S. 140-146; Reith: Zünftisches Handwerk (wie Anm. 12), S. 240f.; Ders.: Arbeits- und Lebensweise (wie Anm. 7), S. 169f.

Das Argument verband zwei Gesichtspunkte nämlich einerseits die Sorge insbesondere von Obrigkeiten um die Qualität der Versorgung der eigenen Bürger und um ihren Schutz vor minderwertiger, zu ungerechtfertigt hohen Preisen abgesetzter Ware. Andererseits ging es um die Aufrechterhaltung des (nicht zuletzt einkommensrelevanten) Prestiges »währschafter« handwerklich verfertigter Ware und um ihren Schutz vor unredlicher Konkurrenz.

Schließlich wiesen Zunftleute und Bürger in Augsburg darauf hin, dass eine erhöhte Kapitalintensität der Bänderfabrikation eine Ungleichheit zwischen Meistern, die zur Beschaffung einer Bandmühle in der Lage waren, und solchen, die nicht über die hierzu erforderlichen Mittel verfügten, schaffen würde. Dies würde die gute Ordnung des städtischen Gemeinwesens in Gefahr bringen.[15]

Das Reichsedikt von 1685 erwies sich allerdings nur als vorübergehender Erfolg. Territorialstaaten und sogar einzelne Reichsstädte wie Köln zögerten bei seinem Vollzug, und der deutsche Markt wurde von Bändern überschwemmt, die außerhalb der Reichweite der Reichsstädte produziert wurden, insbesondere in Basel sowie in kleineren Städten am Niederrhein (vgl. unten). Deshalb begannen die Reichsstädte unter der Führung von Augsburg ab 1712 ein neues und schärferes Verbot der Bandmühle bzw. der mit ihr hergestellten Posamente zu betreiben. Diesmal scheiterte die Bewegung jedoch an den Territorialstaaten, deren Vertreter sich mittlerweile mit merkantilistischem und kameralistischem Gedankengut vertraut gemacht hatten und die die Ansprüche der Reichsstädte deutlich zurückwiesen. Ihr Hauptargument basierte auf Überlegungen hinsichtlich der unterschiedlichen Folgen eines Verbots für Produzenten und Konsument(inn)en: Die Arbeitslosigkeit einiger Hunderte von Posamentern in den Reichsstädten stellte reichsweit gesehen vergleichsweise geringe Opportunitätskosten dar gegenüber dem Nutzen der Bandmühle für die Konsument(inn)en und den Beschäftigungsmöglichkeiten, die sich aus der Verschiebung der Produktionsfunktion ergaben. Bis 1716 war deutlich geworden, dass der Reichstag den Forderungen der Städte nicht entsprechen würde, und die darauf hin erreichte erneute Publikation des Edikts von 1685 scheint keinerlei Wirkung erzielt zu haben. Die Argumente einer »zünf-

[15] Zu den Belegen für die einzelnen Argumente siehe die voranstehende Fußnote; zur Kategorie der auskömmlichen Nahrung siehe Renate Blickle: Nahrung und Eigentum als Kategorien in der ständischen Gesellschaft, in: Winfried Schulze (Hg.): Ständische Gesellschaft und soziale Mobilität (Schriften des Historischen Kollegs. Kolloquien, Bd. 12). München 1989, S. 73-93; allgemein zu kommunalistischen Werten sowohl in städtischen als auch ländlichen Gemeinwesen siehe Peter Blickle: Der Kommunalismus als Gestaltungsprinzip zwischen Mittelalter und Moderne, in: Nicolai Bernard/Quirinus Reichen (Hg.): Gesellschaft und Gesellschaften (Festschrift Ulrich Im Hof). Bern 1982, S. 95-113; zu vergleichbaren Werten in Verlautbarungen von Zünften in anderen Kontexten siehe Maarten Prak: Individual, corporation and society. The rhetoric of Dutch guilds (18th c.), in: Marc Boone/Maarten Prak (Hg.): Statuts individuels, statuts corporatifs et statuts judiciaires dans les villes européennes (moyen âge et temps modernes) (Actes du colloque tenu à Gand les 12-14 octobre 1995). Gent 1995, S. 255-279; Smith: “Au bien du commerce” (wie Anm. 8), S. 447-449, 463f. et passim; allgemein zur »zünftischen Sprache« als Code zur Repräsentation eines städtischen Gemeinwesens und seiner Werte siehe Simona Cerutti: La ville et les métiers. Naissance d’un langage corporatif (Turin, 17e-18e siècle). Paris 1990.

tischen Sprache« hatten offensichtlich ihre Überzeugungskraft verloren. Das klassische Dilemma kollektiven Handelns, dass diejenigen, welche die Opportunitätskosten einer Innovation tragen, weniger zahlreich und hinsichtlich ihrer Struktur homogener sind, deshalb auch leichter organisiert werden können als diejenigen, die von einer Innovation profitieren, wurde offensichtlich durch Territorialstaaten überwunden. Entscheidend hierfür dürfte die Einsicht gewesen sein, dass die Höhe der Staatseinnahmen unter anderem von der Wohlfahrt der breiten Bevölkerung abhing, so dass Forderungen einzelner Interessengruppen mit zunehmender Skepsis begegnet wurde.[16]

Die Folgen dieser gescheiterten Politik stellten sich aber für die verschiedenen Produktionsstandorte durchaus unterschiedlich dar. Gut lässt sich dies anhand der unterschiedlichen Entwicklungspfade der Seidenbandweberei in Augsburg und Köln aufzeigen. In der letzteren Stadt war das Gewerbe im späten 16. Jahrhundert von protestantischen Flüchtlingen eingeführt worden. In den ersten Jahrzehnten seiner Existenz war seine Anbindung an die korporativen Strukturen der Stadt schwach; erst in den späten 1620er Jahren erfolgte die Eingliederung ins Wollenamt, d. h. in die Tuchmachergilde. (Da das Posamentiergewerbe von Männern ausgeübt wurde, während die Seidenverarbeitung in den Händen von Frauen lag, war offenbar die Eingliederung in die Seidenmacherzunft undenkbar.) Eine förmliche Zunftorganisation des Gewerbes bildete sich erst ab der Mitte der 1640er Jahre heraus, und zwar vor allem im Zusammenhang mit einem Konflikt über die Verwendung der Bandmühle. Ein Ratsbeschluss von 1659 enthielt eine Reihe von Bestimmungen, die sich auf solche Posamentiermeister bezogen, welche die Bandmühle verwendeten. Die Verordnung unterschied somit zwei unterschiedliche Gewerbe innerhalb derselben Zunft, die je eine spezifische Technologie verwendeten. Gleichzeitig wurde eine säuberliche Marktsegmentierung angestrebt: Die Bandmühle wurde auf die Herstellung bestimmter Qualitäten von Bändern beschränkt, besonders auf solche, die mit Floretgarn gewoben wurden. Gleichzeitig erhielten die Genossen, welche den Handstuhl weiterhin verwendeten, das Recht, die Werkstätten der Posamentierer, welche die Bandmühle verwendeten, zu inspizieren. Die legale Anwesenheit von Meistern, welche die Bandmühle verwendeten, mag erklären, weshalb in Köln die Reichsedikte von 1685 und 1719 nicht vollzogen wurden. Dennoch kam es weiter zu Auseinandersetzungen zwischen den beiden Gruppen von Produzenten. Den Höhepunkt stellte die 1714 erfolgte Emigration führender evangelischer Bandfabrikanten im Gefolge antiprotestantischer Agitation in den Zünften dar. In den folgenden Jahrzehnten erlebte das Bandmachergewerbe in Köln einen Niedergang, während sich das Gewerbe

[16] Blaich: Wirtschaftspolitik des Reichstags (wie Anm. 14), S. 221-225; Reith: Arbeits- und Lebensweise (wie Anm. 7), S. 171f.; zur politischen Ökonomie des Widerstands gegen technologische Innovationen siehe Mokyr: The lever of riches (wie Anm. 1), S. 178, 256; Ders.: The gifts of Athena (wie Anm. 1), S. 252-282; zur merkantilistischen bzw. kameralistischen Bewertung der Wohlfahrt der breiten Bevölkerung siehe Wolf-Hagen Krauth: Wirtschaftsstruktur und Semantik. Wissenssoziologische Studien zum wirtschaftlichen Denken in Deutschland zwischen dem 13. und 17. Jahrhundert. Berlin 1984, S. 165-188.

in kleinere Städte im Sauerland bzw. um den Niederrhein verlagerte. Offensichtlich hatte sich die Segmentierung von Technologien und Produkten innerhalb ein und derselben Zunft nicht als stabile Lösung erwiesen.[17]

Dagegen expandierte in Augsburg die Bandweberei bis gegen 1720, und auch danach bildete sich das Gewerbe nur langsam zurück. Obwohl Kaufleute und Verleger das Gewerbe aufs Land zu verlegen trachteten, gelang der Aufbau einer ländlichen Protoindustrie in diesem Fall nicht. Zwei Faktoren dürften dies erklären: Erstens war Ostschwaben, dessen Zentrum Augsburg darstellte, ein wichtiger Standort für die Produktion von Leinwand und Mischgeweben (Barchent). Die Opportunitätskosten der Arbeitskräfte für die Aufnahme eines neuen und dazu noch relativ kapitalintensiven Gewerbes waren somit beträchtlich. Für die am Niederrhein gelegenen Nachbargebiete Kölns galt dies nur zum Teil. Den städtischen Handwerkern Augsburgs fiel es deshalb leichter als anderswo, konkurrenzfähig zu bleiben.[18]

Zweitens nutzten die im Vergleich zu Köln offenbar stärker in die korporativen Strukturen der Stadt integrierten Augsburger Handwerker die Tatsache, dass sie das lokale Arbeitsregime beeinflussen konnten. Mehrere Hinweise deuten darauf hin, dass in der ersten Hälfte des 18. Jahrhunderts die Posamentiermeister vergleichsweise teure Gesellen durch billigere Arbeitskräfte zu substituieren trachteten. Unter dem Druck anderer Gewerbestädte musste Augsburg 1693 die Beschäftigung von Ehefrauen, Töchtern und Dienstmägden von Meistern in Werkstätten verbieten. Dass diese Vorschrift alles andere als konsequent befolgt wurde, belegt der Sachverhalt, dass in den späten 1720er Jahren Posamentiergesellen aus Augsburg in mehreren anderen Städten gebannt wurden, weil die Augsburger Posamentierer wieder weibliche Familienangehörige und Dienstmägde in ihren Werkstätten beschäftigten. Entsprechend wurde das genannte Verbot 1734 erneuert. Die Tendenz zur Substitution von Gesellen ist auch aus Auseinandersetzungen in den späten 1730er und 1740er Jahren zwischen Gesellen und Meistern um die Beschäftigung von städtischen Soldaten zu erkennen. Bei diesen Personen handelte es sich überwiegend um Gesellen, die vor der Erlangung der Meisterschaft geheiratet hatten und deshalb sowohl von Zunft als auch Gesellenschaft ausgeschlossen worden waren und sich mit dem Einkommen aus dem städtischen Wachtdienst und der Nebentätigkeit im Posamentiergewerbe notdürftig behalfen. Weiter wurden Gesellen offenbar auch durch Lehrlinge ersetzt, deren Anzahl sich in der ersten Hälfte des 18. Jahrhunderts praktisch verdoppelte. Schließlich reduzierten die Posamentiermeister nach 1730 mehrfach die Gesellenlöhne. Offen-

---

17 Koch: Geschichte des Seidengewerbes (wie Anm. 12), S. 105-115; Arentz: Zersetzung des Zunftgedankens (wie Anm. 14), S. 51-55, 101, 113, 139.

18 Reith: Zünftisches Handwerk (wie Anm. 12), S. 241-243; Ders.: Arbeits- und Lebensweise (wie Anm. 7), S. 173; allgemein zur ostschwäbischen Gewerberegion Rolf Kießling: Ländliches Gewerbe im Sog der Proto-Industrialisierung? Ostschwaben als Textillandschaft zwischen Spätmittelalter und Moderne, in: Jahrbuch für Wirtschaftsgeschichte. Protoindustrialisierung. 1998/2, S. 49-79; Anke Sczesny: Zwischen Kontinuität und Wandel. Ländliches Gewerbe und ländliche Gesellschaft im Ostschwaben des 17. und 18. Jahrhunderts (Oberschwaben – Geschichte und Kultur 7). Tübingen 2002.

sichtlich versuchten die Augsburger Bandweber systematisch, ihr Haushaltseinkommen durch die Verringerung der mit der Beschäftigung von Gesellen verbundenen Lohnkosten zu stabilisieren.[19]

Um 1750 scheint sich das Potential dieser Strategie erschöpft zu haben, denn langfristig verschärfte sie die Probleme, die sich aus der Nicht-Übernahme der Bandmühle ergaben. Die Vermehrung der Lehrlingszahlen musste sich über kurz oder lang in einer Vermehrung der Anzahl der Meister niederschlagen, was das Bestreben zur Stabilisierung von deren Einkommen konterkarieren musste; in der Tat erhöhte sich die Zahl der Posamentiermeister zwischen 1720 und 1750 um ein Fünftel. Lehrlinge, die nach ihrer Lehre keine Möglichkeit zur Errichtung einer Werkstatt in der Stadt erhielten, ließen sich als nicht-zünftige Produzenten außerhalb der Stadtmauer nieder und produzierten ausschließlich für Verleger. Entsprechend erfuhr das zünftische Posamentiergewerbe in Augsburg nach der Mitte des 18. Jahrhunderts einen raschen Niedergang.[20]

Eine intern geschichtete Zunft in einem komplexen politökonomischen Umfeld: London

Im Gegensatz zum Reich und in Übereinstimmung mit einer im westlichen und südlichen Europa häufig anzutreffenden Tendenz gehörten in London einfache Produzenten sowie als Organisatoren des Gewerbes und des Absatzes tätige Meister derselben Zunft an. Aufgrund der Stellung Londons als Kapitale eines Königreichs waren die Zünfte dieser Stadt zudem in ein ganz anderes politökonomisches Umfeld eingebettet als im Reich. Auf der Basis der im ersten Teil dieser Studie angestellten Überlegungen wird ein höheres Potential für innerzünftische Konflikte um die Einführung einer arbeitssparenden Innovation und gleichzeitig eine geringe Chance für erfolgreichen Widerstand dagegen erwartet.

Die Londoner Zünfte waren in Gesellen, householder und liverymen gegliedert. Householder waren Zunftmitglieder, die das Recht zum Betrieb einer Werkstatt besaßen. Meister, die zur *livery* aufstiegen, hatten eine Gebühr zu bezahlen, so dass der Zugang zu dieser Kategorie auf reiche Zunftmitglieder beschränkt war. Die *liverymen* stellten somit die Zunftelite dar, und die Zunftbeamten (*assistants*) wurden aus dieser Kategorie gewählt. In der zweiten Hälfte des 16. Jahrhunderts gehörten etwa ein Fünftel der Zunftmitglieder zur *livery*. *Liverymen* und Zunftbeamte verfügten über wirtschaftliche Vorrechte; so durften die Bandweber in der Weberzunft, die *liverymen* waren, mehr Stühle betreiben als einfache *householders*. Da überdies die Zunftangelegenheiten weitgehend in ihrer Hand lagen, konnten *liverymen* das Produktionsregime eines Sektors in ihrem Sinn beeinflussen. Dennoch waren die *householders* nicht ganz ohne Einfluss. Einerseits fungierten Mitglieder dieser Gruppe als Vollzugspersonal in die Zunft betreffenden

---

19 Reith: Zünftisches Handwerk (wie Anm. 12), S. 243f.; Ders.: Arbeits- und Lebensweise (wie Anm. 7), S. 167f., 173-177.

20 Ebenda, S. 174, 179f.

Vorgängen. So wirkten sie etwa als Inspektoren in der periodischen Überprüfung der Werkstätten. Andererseits waren *householders* und Gesellen in der sog. *yeomanry* organisiert. Im Alltag der einfachen Zunftmitglieder spielte diese eine wichtige soziale Funktion. Sie überwachte nicht zuletzt das Benehmen der Gesellen und war für den Übergang vom Gesellen- zum Meisterstatus zuständig.[21]

Die deutliche Binnendifferenzierung der Zünfte nach Maßgabe von sozialem Status, wirtschaftlichen Vorrechten und regulativen Befugnissen verlieh unternehmerisch agierenden *liverymen* die Möglichkeit, ihre Geschäfte innerhalb zünftischer Institutionen zu entwickeln, indem deren firmenähnlichen Funktionen ausgenutzt wurden. Letztere umfassten die Akkumulation und den Transfer von Fähigkeiten, die Bewältigung des Problems der Kontrolle von Arbeitskräften sowie Transaktionskosten, die bei vertikal differenzierten Produktionsprozessen entstanden. Unternehmerisch agierende Meister unter den *liverymen* waren potentiell an arbeitssparenden und produktivitätssteigernden Innovationen interessiert, was ihre Interessen deutlich von denen der Masse der Zunftmitglieder unterschied, deren Hauptinteresse wohl in erster Linie im Schutz ihres Fähigkeitskapitals und ihrer existierenden Beschäftigung lag.[22]

Die beschränkte Aussagekraft der verfügbaren Quellen erschwert die Feststellung des Ausmaßes, in dem die *liverymen* in der Londoner Weberzunft, die sich mit der Bandfabrikation befassten, diesem stilisierten Profil entsprachen. Immerhin ist es bemerkenswert, dass bereits in den 1610er Jahren aus dem Kreis der *yeomen* Klagen über die Verwendung der Bandmühle durch Einwanderer vom Kontinent geäußert wurden. Zwar gingen die Zunftbeamten im frühen 17. Jahrhundert wiederholt gegen zugewanderte Weber vor, aber es existieren keine Belege für eine systematische Unterbindung der Innovation. 1635 denunzierten mehrere Petitionen, von denen einige an Instanzen außerhalb der Zunft gerichtet waren, das Verhalten von zugewanderten Webern und die geringe Beachtung, die den Vorschriften der Zunft selbst durch ihre Beamten geschenkt würde. Konkrete Beschwerden richteten sich wieder gegen die Anwendung der Bandmühle durch Zugewanderte. 1638 wurde der König zu einem Verbot der Verwendung der Bandmühle veranlasst, aber die Zunftakten der 1650er und 1660er Jahren belegen aufs Neue deren Gebrauch. Im Zuge eines zunftinternen Verfassungskonflikts errang die *yeomanry* in den 1660er Jahren größere Mitwirkungsrechte im Vollzug von Zunftvorschriften. 1661 ernannten die Zunftbeamten sechzehn *yeomen* mit der Inspektion der unter der Aufsicht der Weberzunft befindlichen Werkstätten und erteilten ihnen die Befugnis, den Zunftvorschriften Zuwiderhandelnde zu verklagen. Auf dieser Basis gingen 1666 die Zunftbeamten gegen den Betreiber einer Bandmühle vor und ermunterten die Inspektion anderer Werkstätten. Einen ersten Höhepunkt fand die latente Auseinandersetzung um die Anwendung der Bandmühle 1670, als die Zunftbeamten eine Petition der *yeomen* gegen die »großen

---

21 Steve Rappaport: Worlds within worlds. Structures of life in 16th-century London (Cambridge Studies in Population, Economy and Society in Past Time, Bd. 7). Cambridge 1989, Kap. 7.

22 Epstein: Craft guilds (wie Anm. 4); Pfister: Craft guilds (wie Anm. 4).

Übel«, die aus der Bandmühle folgten, dem Parlament zustellten. Allerdings fiel die Angelegenheit im folgenden Jahr aus der Agenda des Parlaments, offenbar als Folge des erfolgreichen Lobbying durch diejenigen Meister, welche Bandmühlen betrieben. Die neue Technologie konnte sich auch fernerhin weitgehend ungehindert verbreiten.[23]

Die geringe Entschlossenheit der Zunftbeamten, den Interessen der großen Masse der einfachen Zunftmitglieder Nachachtung zu verschaffen, sowie die fehlende Bereitschaft der politischen Behörden, auf die Sorgen der kleinen Produzenten einzugehen, waren wahrscheinlich die Gründe, weshalb es im August 1675 um die Verwendung der Bandmühle zu einer mehrtägigen Revolte kam. Während vier Tagen zogen Gruppen von zwischen 30 und 200 Personen durch die Stadt und zerstörten Bandmühlen. Zur Wiederherstellung der Ordnung war eine Intervention der königlichen Wache erforderlich. Das Vorgehen der Revoltierenden war allerdings – entsprechend einem allgemeinen Befund zur Erforschung vormoderner Revolten – alles andere als unreflektiert. Vielmehr verfuhren die Revoltierenden in der Form einer (zünftischen) Inspektion von Werkstätten und verbrannten Bandmühlen auf der Werkstatttür oder auf der Strasse. Es wurde somit ein symbolischer Bezug zwischen dem eigenen Vorgehen und dem Konzept währschafter Handwerksarbeit, das der zünftischen Werkstätteninspektion zugrunde lag, hergestellt. Das Verhalten der Zunftbeamten gegenüber der Revolte war ambivalent. Auf der einen Seite bestritten sie die Legitimität der Versammlung, die den Ereignissen vorangegangen war, indem sie diese als »unruly, disordered, and tumultuous« bezeichneten. Mehrere Mitglieder der Zunft, darunter auch ein Zunftbeamter, zählten zu den Opfern der Revolte, was die Interessendivergenz zwischen den einzelnen Gruppen der Zunft belegt. Auf der anderen Seite boten die Zunftbeamten nach der Revolte den gefangenen Widerständigen finanzielle Unterstützung an, und sie leiteten wiederum eine Petition der *yeomanry* für ein Verbot der Bandmühle ans Parlament weiter. Nach umfangreichen Abklärungen lehnte das Parlament jedoch ein solches Verbot ab. Zwei Begründungen wurden angeführt: Erstens eröffnete die hohe Produktivität des neuen Bandwebstuhls die Möglichkeit, importierte niederländische und französische Bänder durch englische Fabrikate zu ersetzen. Die aus der Adaptation der Innovation folgende Steigerung der Konkurrenzfähigkeit würde die Beschäftigungsmöglichkeiten eher erweitern als vermindern. Zweitens würde das Verbot der Bandmühle einen Präzedenzfall schaffen, der ein für künftige technische Innovationen ungünstiges Klima schaffen würde. Die Bandmühle wurde nicht verboten, und ihre Anwendung durch Zunftmitglieder ist auch für spätere Zeiträume bezeugt.[24]

---

23 Alfred Plummer: The London weavers' company 1600-1970. London 1972, S. 162-169; Richard M. Dunn: The London weavers' riot of 1675, in: Guildhall Studies in London History 1975, S. 13-23, hier S. 13-16; Tim Harris: London crowds in the reign of Charles I. Cambridge 1986, S. 195; Joseph P. Ward: Metropolitan communities. Trade guilds, identity, and change in early modern London. Stanford 1997, S. 128f., 131f., 134 .

24 Wadsworth/Mann: The cotton trade (wie Anm. 6), S. 101-103; Plummer: London weavers' company (wie Anm. 23), S. 166f.; Dunn: London weavers' riot (wie Anm. 23), S. 16-23; Harris: London crowds (wie Anm. 23), S. 192-198; Michael Berlin: 'Broken all in pieces'. Arti-

Das Beispiel Londons verweist auf zwei Elemente im eingangs entwickelten kategorialen Raster: Erstens ermöglichte die auch in der Zunftverfassung verankerte interne Stratifizierung der Weberzunft die Entstehung einer Gruppe von unternehmerisch agierenden Meistern, die ein Interesse an der Ausnützung des Potentials auch von arbeitssparenden technologischen Innovationen hatten. Der Widerstand gegen die Bandmühle erstreckte sich nicht auf die ganze Zunft, sondern stützte sich in erster Linie auf die – allerdings die Mehrheit der Zunftmitglieder ausmachende – Gruppe der mit wenig Kapital produzierenden einfachen Produzenten und Gesellen in der *yeomanry*. Ihr Gewicht in der internen Machtverteilung, die überhaupt Widerstand als sinnvolle Option erscheinen ließ, ergab sich vor allem aus ihrer Rolle im Vollzug von Zunftbestimmungen, insbesondere in der periodischen Inspektion von Werkstätten. Zweitens waren die Zünfte nur ein Element eines komplexen politökonomischen Umfelds. Anders als die reichsstädtischen Zünfte mit der Vertretung ihrer Obrigkeiten im Reichstag besaßen Londoner Zünfte kaum organisierte Fürsprecher in der entstehenden parlamentarischen Öffentlichkeit. Zugleich vermochte dieses politische System in Gestalt der königlichen Wachen Gewaltmittel außerhalb des unmittelbaren Kontextes mobilisieren; die an sich für die Aufrechterhaltung der Ordnung zuständigen Zunftmilizen versagten in der Revolte von 1675 nicht unerwartet ihren Dienst. Das politökonomische Umfeld der Londoner Zünfte und damit wohl der meisten west- und südeuropäischen Großstädte war somit dem Widerstand gegen produktivitätssteigernde Innovationen wenig förderlich. Im vorliegenden Fall veränderte sich die Lage zusätzlich zum Nachteil der kleinen selbständigen Warenproduzenten, indem sich das Parlament einem entstehenden Diskurs anschloss, der die Wohlfahrtseffekte von wissenschaftlichen und technischen Innovationen hoch einschätzte und diese deshalb gegen Renten suchende Strategien einzelner Interessengruppen zu verteidigen bestrebt war.[25]

Abschließend sei vermerkt, dass die Einführung der Bandmühle nicht ausreichte, um den Standort London dauernd zu sichern. Seit dem ausgehenden 17. Jahrhundert entwickelte sich in Manchester und anderen Orten in Lancashire eine auf dem Einsatz der Bandmühle basierende Fabrikation von Bändern aus Baumwolle, Kammgarn und Leinen; bis zur Mitte des 18. Jahrhunderts entwickelte sie sich bis zu einem Gewerbe von beachtlicher Bedeutung. In der zweiten Hälfte des 18. Jahrhunderts entstand darüber hinaus in Coventry ein wichtiger Standort der Seidenbandherstellung. Allerdings scheinen eher Arbeitskosten und möglicherweise sinkende Transaktionskosten im Zugang zu Seidengarn als institutionelle Faktoren die Verlagerung des Gewerbes befördert zu haben: Auch in Coventry war der Arbeitsmarkt bis ins frühe 19. Jahrhundert stark reguliert, indem Gesellen

---

sans and the regulation of workmanship in early modern London, in: Geoffrey Crossick (Hg.): The artisan and the European town. 1500-1900. Aldershot 1997, S. 75-91, hier S. 85; Ward: Metropolitan communities (wie Anm. 23), S. 136-138.

25 Margaret C. Jacob: Scientific culture and the making of the industrial West. New York 1997.

und im Gewerbe tätige junge Frauen eine fünf- bis siebenjährige Lehrzeit zu absolvieren hatten.[26]

Neue Gewerbestandorte ohne zünftische Regulierung: Basel und Krefeld

Einer der frühesten Gewerbestandorte, an denen nicht-zünftische Arbeitskräfte in großem Ausmaß Seidenbänder woben, ist der Kanton Basel (Schweiz). Das Posamentierhandwerk war im späten 16. Jahrhundert von evangelischen Flüchtlingen in Basel eingeführt worden. Bis nach 1650 war das Gewerbe als Zunfthandwerk organisiert, obwohl Kaufleute, die nicht Mitglieder der Zunft waren, bereits gegen Mitte des 17. Jahrhunderts begonnen hatten, ländliche Bandmacher im hügeligen Hinterland der Stadt zu beschäftigen. In den späten 1660er Jahren, also zur selben Zeit als die Bandmühle in deutschen Reichsstädten eingeführt wurde, betrieb auch ein Basler Kaufmann erstmals eine aus den Niederlanden eingeführte Bandmühle. Im Zuge einer langwierigen Auseinandersetzung zwischen Kaufleuten und dem Posamentierhandwerk erließ der städtische Rat zwischen 1670 und den 1690er Jahren eine Reihe von Bestimmungen, die im Ergebnis den Kaufleuten das Recht verliehen, sowohl ländliche Arbeitskräfte zu beschäftigen als auch auf der Bandmühle arbeiten zu lassen. In der Folge entwickelte sich das Gewerbe rasch zu einer ländlichen Verlagsindustrie, die in den höher gelegenen Teilen der Basler Landschaft einen substantiellen Teil der Bevölkerung beschäftigte, während die Produktion in der Stadt verschwand. Die Kaufleute stellten das Garn und üblicherweise auch die Bandmühle. Die Region spezialisierte sich auf billigere Varianten von Bändern, für die Floretseide (die ihrerseits in der nicht allzu weit entfernten Zürcher Landschaft bzw. später in der Innerschweiz gesponnen wurde) verarbeitet wurde. Wahrscheinlich wegen der überlegenen Technologie und dem Einsatz billiger ländlicher Arbeitskräfte entwickelte sich der Kanton Basel seit dem ausgehenden 17. Jahrhundert zu einem der wichtigsten Standorte für die Seidenbandfabrikation, dessen Absatzgebiet sich über weite Teile Mitteleuropas erstreckte.[27]

Wie lässt sich dieser Regimewandel erklären? Zwar glich die Zunftverfassung Basels derjenigen vieler Reichsstädte – schließlich gehörte auch Basel zu dieser Kategorie von Städten, auch wenn die damit verbundenen Rechte und Pflichten aufgrund der Zugehörigkeit zur Eidgenossenschaft in der Frühen Neuzeit nicht mehr aktiv wahrgenommen wurden. Der weitere politökonomische Kontext unterschied sich hingegen in verschiedener Hinsicht von den Reichsstädten. Erstens

---

26 Wadsworth/Mann: The cotton trade (wie Anm. 6), S. 103f.; Maxine Berg: The age of manufactures. Industry, innovation and work in Britain 1700-1820. London 1985, S. 203, 214f.; zu Transaktionskosten im Seidenzwirngewerbe siehe Steven R. H. Jones: Technology, Transaction Costs, and the Transition to Factory Production in the British Silk Industry, 1700-1870, in: Journal of Economic History 47 (1987), S. 71-96.

27 Paul Fink: Geschichte der Basler Bandindustrie 1550-1800 (Basler Beiträge zur Geschichtswissenschaft, Bd. 147). Basel 1983, S. 14-49, 152-155.

war Basel als Mitglied der Eidgenossenschaft vom Geltungsbereich der Reichsgesetzgebung ausgenommen. Dies verunmöglichte es den Zünften der Stadt, an Reichstag und Kaiser zu appellieren, die existierende Technologie zu schützen. Es bedeutete aber auch, dass Basel außerhalb des Banns auf die Bandmühle fiel, das entsprechende Reichsedikt also nicht zu vollziehen war. Zudem konnten in Basel hergestellte Bänder aufgrund von früher gewährten Zollprivilegien frei ins Reichsgebiet exportiert werden.[28] Dieser spezifische institutionelle Rahmen schuf ein Potential hoher Profite aus der Einführung und Verwendung der Bandmühle und mag die Kaufleute zu einer besonders harten Verhandlungsposition motiviert haben.

Zweitens verfügte Basel im Gegensatz zu den meisten deutschen Reichsstädten über ein substantielles ländliches Hinterland. Dies hatte einerseits wichtige Implikationen für die Herrschaftsstruktur der Stadt. Ein zwar kleines, aber nicht zu vernachlässigendes Segment der Honoratiorenelite hatte die Möglichkeit, durch eine Beamtenkarriere in der Verwaltung dieses kleinen Territorialstaats den Lebensunterhalt zu gewährleisten, was die politische Unterstützung von Zünften weitgehend unnötig machte.[29] In deren Perspektive musste die Verbesserung der Einkommensmöglichkeiten der ländlichen Untertanen als genau so erstrebenswertes Ziel gelten wie der Schutz der städtischen Zunftgenossen. Dies musste sich zum Nachteil der Verhandlungsposition des Posamentierhandwerks auswirken. Andererseits bot die verwaltungsmäßige und rechtliche Hoheit über ländliche Untertanen institutionelle Vorteile, die den meisten deutschen Reichsstädten außerhalb ihrer Stadtmauern fehlten. Hierzu zählte insbesondere die bessere Möglichkeit, Kontrakterfüllung seitens ländlicher Arbeitskräfte durchzusetzen und gegen Unterschlagung und Diebstahl von Garn sowie die (verbotene) Ausfuhr von mechanischen Bandstühlen vorzugehen bzw. die Emigration qualifizierter Arbeitskräfte zu verhindern.[30] Die politische Ökonomie Basels war somit derart beschaffen, dass die Anreize zur Adaptation der neuen Technologie besonders groß und der zünftische Widerstand vergleichsweise leicht zu überwinden waren. Zugleich schuf sie auch einen Rahmen, der Transaktionskosten bei der Ausstattung billiger ländlicher Arbeitskräfte mit wertvollen Halbfabrikaten und einem vergleichsweise komplexen Instrument in Grenzen hielt.

Die Entstehung des zweiten wichtigen Produktionsstandorts für Seidenbänder, welcher die Bandmühle außerhalb eines zünftischen Rahmens anwandte, war eng mit den schon dargestellten Auseinandersetzungen im Kölner Seidengewerbe verbunden. Im Zuge der Emigration evangelischer Unternehmer verlagerte sich der die Bandmühle anwendende Zweig des Seidenbandgewerbes in den 1710er Jahren zunächst nach Osten in die unmittelbare rechtsrheinische Nachbarschaft der Stadt, nämlich nach Mülheim und Deutz. Einige Jahrzehnte später entwickelte sich das Gewerbe auch weiter östlich in den kleineren Gewerbestädten des niedrigen Sau-

28 Bog: Reichsmerkantilismus (wie Anm. 13), S. 122f. et passim.

29 Zur Verfassung siehe z. B. Alfred Müller: Die Ratsverfassung der Stadt Basel, in: Basler Zeitschrift für Geschichte und Altertumskunde 53 (1954), S. 1-98.

30 Fink: Basler Bandindustrie (wie Anm. 27), S. 119-122, 137f.

erlands, so insbesondere in Wuppertal, Schwelm und Iserlohn. In diesen kleinen Städten, die alle ein gewerblich verdichtetes Umland aufwiesen, war bereits das metallverarbeitende Gewerbe heimisch, so dass das unternehmerische Potential für eine neue Aktivität vorhanden war. Besonders Mülheim profitierte von der Aufnahme protestantischer Unternehmer, die einen Teil ihrer Arbeitskräfte mitbrachten. Darüber hinaus wurde die protoindustrielle Entwicklung im 18. Jahrhundert durch eine gewerbefreundliche Wirtschaftspolitik der Herzöge von Berg in der Form von steuerlichen Begünstigungen und der Exemption der Arbeitskräfte vom Militärdienst begünstigt.[31]

Rheinabwärts von Köln entwickelte sich Krefeld zum wichtigsten Standort der Seidenbandherstellung.[32] Diese kleine Stadt war eine oranische, seit 1702 preußische Enklave im Territorium des erzbischöflichen Hochstifts von Köln. Als solche übte sie eine starke Anziehungskraft auf evangelische und mennonitische Flüchtlinge aus, die im 17. Jahrhundert aus benachbarten katholischen Territorien vertrieben worden waren. Darüber hinaus lag Krefeld am Rand eines am linken Rheinufer gelegenen Leinendistrikts. In diesem Gewerbe spielten Mennoniten wegen ihrer Beziehungen zu den Bleichereien von Haarlem eine wichtige Rolle. Wegen der fortwährenden Verfolgung dieser Minorität in den umliegenden Territorien entwickelte sich Krefeld trotz seiner vollständigen Zerstörung 1580 im 17. Jahrhundert allmählich zu einem bedeutendem Zentrum für den Einkauf und den Absatz von Leinen. Zur Gründung von Zünften kam es dabei nicht.

Die Entwicklung des Seidenbandgewerbes setzte erst viel später im Gefolge der Einwanderung eines mennonitischen Flüchtlings namens Adolf von der Leyen ein. Er und sein Sohn handelten mit Seide und Seidenbändern. Sie scheinen zunächst ihre auf Köln ausgerichteten Handelsaktivitäten fortgesetzt zu haben. Erst zu Beginn des 18. Jahrhunderts begannen Mitglieder der Familie auch mit der Fabrikation von Seidenbändern, und in den 1720er und 1730er Jahren verdrängte die Seidenbandherstellung die Leinwandweberei als wichtigsten Gewerbezweig. Unterstützt durch ein vom preußischen König verliehenes Monopol behielten die

---

31 Arentz: Zersetzung des Zunftgedankens (wie Anm. 14), S. 101, 111-114; Franz T. Cramer: Gewerbe, Handel und Verkehrswesen der Freiheit Mülheim a. Rh. im 18. Jahrhundert. Ein Beitrag zur Wirtschaftsgeschichte des Herzogtums Berg, in: Beiträge zur Geschichte des Niederrheins 22 (1908/09), S. 1-100, hier S. 66-87; Karl Wülfrath: Bänder aus Ronsdorf. 150 Jahre J. H. vom Baur Sohn. o. O., o. J. [1955], S. 13f., 18-21; Walter Dietz: Die Wuppertaler Garnnahrung. Geschichte der Industrie und des Handels von Elberfeld und Barmen 1400-1800 (Bergische Forschungen, Bd. 4). Neustadt/Aisch 1957, S. 51-54; Wilfried Reininghaus: Die Stadt Iserlohn und ihre Kaufleute 1700-1815 (Untersuchungen zur Wirtschafts-, Sozial- und Technikgeschichte, Bd. 13). Dortmund 1995, S. 163-171; allgemein zur gewerblichen Entwicklung der Region vgl. Stefan Gorißen: Vom Handelshaus zum Unternehmen. Sozialgeschichte der Firma Harkort im Zeitalter der Protoindustrie 1720-1820 (Bürgertum, Bd. 21). Göttingen 2002, Kap. 2.

32 Für das folgende siehe Herbert Kisch: Die hausindustriellen Textilgewerbe am Niederrhein vor der industriellen Revolution. Von der ursprünglichen zur kapitalistischen Akkumulation. Göttingen 1981, Kap. 2; Peter Kriedte: Proto-Industrialisierung und großes Kapital. Das Seidengewerbe in Krefeld und seinem Umland bis zum Ende des Ancien Régime, in: Archiv für Sozialgeschichte 23 (1983), S. 219-266, hier S. 221-232.

Unternehmen der Familie von der Leyen bis zum Ende des 18. Jahrhunderts eine dominierende Stellung im rasch wachsenden Krefelder Seidenbandgewerbe.

Zu Beginn glichen sich die gewerblichen Strukturen in Krefeld und Basel. Auch in Krefeld dominierten billige Sorten mit einem Schuss aus Floret, und die Kaufleute besaßen die Bandmühlen. Aber obwohl auch das Umland bis zu einem gewissen Grad in den Verarbeitungsprozess mit eingebunden wurde, dominierten bis ins 19. Jahrhundert städtische Arbeitskräfte, die in kleinen, durch Webermeister kontrollierten Werkstätten arbeiteten. Die Webermeister besaßen in der Regel ihre Werkstatt, aber die Gesellen wurden ihnen meistens von den Kaufleuten zugewiesen und wohnten überwiegend in anderen Haushalten. Eine solche Organisation, die qualifizierte Arbeitskräfte eng an den Unternehmer band, unterstützte langfristig den Übergang zu einer qualitativ hochwertigeren Produktpalette. Tatsächlich begann in der zweiten Hälfte des 18. Jahrhunderts das Weben von Seidenstoffen auf Kosten der Bandweberei eine zunehmend größere Rolle zu spielen.

In einer vergleichenden Sicht ist Krefeld deshalb besonders interessant, weil es auf dem Kontinent den einzigen Fall eines wichtigen Produktionszentrums darstellt, in dem sich die Bandfabrikation auf der Basis der Bandmühle ohne vorhergehende Tradition eines zünftisch organisierten Posamentierhandwerks entwickelte. Offensichtlich waren die Kaufleute in der Lage, die Qualitätskontrolle selbst durchzuführen und die Arbeitskräfte zu beurteilen – Gesellen wurden ja von den Kaufleuten Webermeistern zugewiesen, und auch die Beschäftigung eines Gesellen als Meister lag im Ermessen des Kaufmanns – und damit wichtige Funktionen einer zünftischen Gewerbeorganisation zu übernehmen. Allerdings stellt sich die Frage, wie der Erwerb von Fähigkeiten organisiert und abgesichert war. Informationen hierzu liegen erst aus dem frühen 19. Jahrhundert vor. Viele Jugendliche waren im elterlichen Haushalt zunächst als Spuler(innen), dann als Weber(innen) tätig. Dennoch gab es Lehrlinge; deren Tätigkeit bei einem Meister basierte in der Regel auf einer rein mündlichen Abmachung. Im Gegensatz zum Zunfthandwerk lebten Lehrlinge nicht im Meisterhaushalt. Die Tätigkeit bei einem Meister als Lehrling ersetzte offenbar eine fehlende Ausbildung in der Herkunftsfamilie, seitens des Meisters substituierten Lehrlinge Kinder in arbeitsfähigem Alter. Das Motiv für Meister, Lehrlinge zu beschäftigen, lag zusätzlich darin, dass sie einen erheblichen Teil der vom Kaufmann für die Arbeit des Lehrlings bezahlten Lohnsumme einbehielten. Dennoch beinhaltete ein Lehrlingsvertrag durchaus auch ein Ausbildungselement. Dies wird durch Konflikte um das Abwerben von Lehrlingen angezeigt; in diesen Fällen hatte der Meister offensichtlich seine ausbildende Tätigkeit noch nicht durch Einkünfte aus der Arbeitskraft des Lehrlings amortisiert. Die geringe Formalisierung der Lehrlingsverträge und die daraus folgende Unsicherheit mögen erklären, weshalb sich in den Quellen relativ wenige Lehrlinge finden.[33]

---

[33] Peter Kriedte: Eine Stadt am seidenen Faden. Haushalt, Hausindustrie und soziale Bewegung in Krefeld in der Mitte des 19. Jahrhunderts (Veröffentlichungen des Max-Planck-Instituts für Geschichte, Bd. 97). Göttingen 1992, S. 100-121, 128, 163.

Insgesamt dürfte jedoch der Mitarbeit in der häuslichen Wirtschaft der Herkunftsfamilie gegenüber dem Lehrlingsstatus ein deutlich größeres Gewicht in der Ausbildung zugekommen sein. Dieser nicht zuletzt mit dem Fehlen einer Zunftorganisation zusammenhängende Sachverhalt mag erklären, weshalb eine vergleichsweise lange Zeitspanne verstrich, bis Krefeld den komparativen Vorteil, der sich für die Stadt aus den Wirren im Kölner Posamentierhandwerk ergab, ausnützen konnte. Dies unterstreicht die Bedeutung, die wenigstens in der Anfangsphase der Diffusion einer technologischen Innovation der durch eine Zunftorganisation unterstützten Bereitstellung von Fähigkeitskapital sowie etablierten Netzwerken zwischen Handwerkern und Kaufleuten trotz aller möglichen Interessendivergenzen zwischen den beteiligten Akteuren zukam.

Ein erfolgreicher Nachzügler: das Lyonnais und das Stéphanois

Einer der wichtigsten Standorte des Seidengewerbes und der Seidenbandfabrikation in der Zeit des 17.-19. Jahrhunderts blieb bislang unerwähnt, nämlich Lyon und sein gewerbliches Hinterland, das sich in südwestlicher Richtung bis zur ca. 50 km entfernten Stadt Saint-Étienne erstreckte. Im frühen 17. Jahrhundert war das Posamentiergewerbe in mehreren großen französischen Gewerbestädten vertreten, so in Tours, Paris, Nîmes, Montpellier und Rouen.[34] Ab dem ausgehenden 17. Jahrhundert entwickelten sich jedoch Saint-Étienne und das benachbarte Saint-Chamond zu einer dominierenden Stellung im französischen Seidenbandgewerbe. Gleichzeitig spezialisierte sich Lyon auf die Herstellung façonnierter Seidenstoffe, die eine qualifizierte Arbeiterschaft und einen hohen Kapitalaufwand erforderte. Zwar blieb die Bandherstellung auch noch im 18. Jahrhundert bestehen, aber sie beschäftigte immer eine im Vergleich zur »großen« Seidenstoffweberei geringe Anzahl an Meistern.[35]

Im 16. und frühen 17. Jahrhundert wurde das Posamentiergewerbe durch einheitliche Zunftstatuten geregelt, die für das ganze Lyonnais und Beaujolais galten,

34 Zu Tours vgl. die verstreuten Hinweise bei Abbé L. Bosseboeuf: Histoire de la fabrique de soieries de Tours des origines au XIXe siècle, in: Bulletin et mémoires de la Société archéologique de Touraine 41 (1900), S. 193-527, hier S. 249, 255, 269-272. In Nîmes stellte die Bandweberei im 17. Jahrhundert die wichtigste Branche des Seidengewerbes dar, scheint aber am Übergang zum 18. Jahrhundert im Gefolge des Aufstiegs der Seidenstoffweberei und der Strumpfweberei weitgehend verschwunden zu sein; vgl. Teisseyre-Sallmann: L'industrie (wie Anm. 8), S. 84, 93, 179.

35 Ciriacono: Silk manufacturing (wie Anm. 7), S. 169, 178, 195, Fußnote 152; Maurice Garden: Lyon et les Lyonnais au XVIIIe siècle. Paris 1970, S. 275-87; Ders.: Le Lyonnais première région industrielle de France, in: André Latreille (Hg.): Histoire de Lyon et du Lyonnais. Toulouse 1975, S. 233-253, hier S. 234-238; für einen neueren Überblick über die Geschichte der Bandweberei im Stéphanois siehe Ronald Aminzade: Reinterpreting capitalist industrialization. A study of nineteenth-century France, in: Steven L. Kaplan/Cynthia J. Koepp (Hg.): Work in France. Representations, meaning, organization and practice. Ithaca 1984, S. 393-417.

obwohl die Meister von Lyon, Saint-Chamond und Saint-Étienne schon zu diesem Zeitpunkt die dominierenden Kräfte dieses Gewerbes waren. Die weitere Entwicklung des Zunftwesens erfolgte allerdings an den einzelnen Standorten in unterschiedliche Richtungen. Die fortwährende Expansion der Seidenbandweberei besonders in Saint-Étienne ist mit dem Niedergang der dortigen Zunftorganisation um oder noch bevor 1700 in Zusammenhang gebracht worden. Dieser Vorgang ging einher mit der Entstehung von *maîtres faisant fabriquer*, d. h. von Meistern, die von anderen fabrizieren ließen, somit als Verleger fungierten. Im Gegensatz dazu existierte in Lyon die Zunftorganisation fort bis zu ihrer Abschaffung in der Revolution (1791). Dabei entsprach die zünftische Organisation wenigstens der Seidenstoffmanufaktur dem für andere west- und südeuropäische Gewerbezentren geltenden Muster, wonach dieselbe Zunftorganisation sowohl selbstständige und unselbstständige Kleinproduzenten als auch als Verleger agierende Meister und zum Teil Kaufleute umfasste und von den letzteren Gruppen dominiert wurde.[36]

Ob zünftisch organisiert oder nicht – die Bandmühle war offenbar im Posamentiergewerbe in Lyon und seinem Hinterland ebenso wie im restlichen Frankreich bis ins frühe 18. Jahrhundert unbekannt.[37] Die neue Technologie scheint zuerst in Marseille durch einen aus Basel eingewanderten Arbeiter eingeführt worden zu sein, der 1736 ein Privileg zu ihrer Nutzung erhielt. Ähnliche Privilegien wurden 1739 und 1741 für andere französische Städte erteilt. 1769 erfuhr die Bandmühle eine systematische Förderung durch die königliche Regierung, indem der Einsatz jeder Bandmühle durch eine Prämie subventioniert wurde. In Saint-Étienne selbst scheint der mechanische Webstuhl erst um 1750 oder etwas später erstmalig zum Einsatz gekommen zu sein. Noch 1789 waren erst etwa 10 Prozent der in Saint-Étienne eingesetzten Webstühle Bandmühlen, und die mechanische Fertigung setzte sich erst in den ersten Jahrzehnten des 19. Jahrhunderts durch.[38] Es scheint, dass das Vorhandensein bzw. Fehlen einer Zunft im Lyonner Raum ohne Belang für die Verbreitung der Bandmühle war. Zugleich stellte es offensichtlich für den wichtigsten Produktionsstandort in Frankreich kein Problem dar, die traditionelle Technologie noch ein volles Jahrhundert über den Zeitpunkt hin-

---

36 Louis-Joseph Gras: Histoire de la rubanerie et des industries de la soie à St.-Etienne et dans la région stéphanoise. St. Etienne 1906, S. 25-60; Garden: Lyon et les Lyonnais (wie Anm. 35), S. 572-582; zum inneren Aufbau der Seidenweberzunft in Lyon siehe Justin Godart: L'ouvrier en Soie – Monographie du tisseur lyonnais – Etude historique, économique et sociale. La réglementation du travail (1466-1791). Lyon 1899; Neudruck Genf 1976, Kap. 4.

37 Vgl. auch Fußnote 6. Nach Ciriacono: Silk manufacturing (wie Anm. 7), S. 179, Fußnote 57 wurde 1668/70 in Paris eine Bandmühle zur Herstellung von Seidenbändern verwendet, aber es bleibt unklar, wie verbreitet der Einsatz dieses Instruments war.

38 Gras: Histoire de la rubanerie (wie Anm. 36), S. 61-76, 136-142. Ein ungelöstes Rätsel stellt die lokale Bezeichnung der Bandmühle als Zürcher Stuhl dar. Tatsächlich wies Zürich nie ein bedeutendes Posamentiergewerbe auf und die Einführung der Bandmühle wurde 1690 auf zünftische Intervention hin verboten; vgl. Walter Bodmer: Die Entwicklung der schweizerischen Textilwirtschaft im Rahmen der übrigen Industrien und Wirtschaftszweige. Zürich 1960, S. 163f. Zugleich verweist Gras an der angeführten Stelle nur auf Basel als Quelle der neuen Technologie.

aus zu verwenden, an dem wichtige andere europäische Standorte die Bandmühle zu verwenden begonnen hatten. Beides verlangt nach einer Erklärung.

Erstens lässt sich argumentieren, dass französische Produzenten hinter hohen Zollmauern geschützt waren. Aufgrund seiner großen Bevölkerung stellte Frankreich im späten 17. und 18. Jahrhundert den größten Markt für Manufakturwaren in Europa dar. Im Gefolge der Zollreformen der 1660er Jahre war der Binnenmarkt vergleichsweise gut integriert, und aufgrund hoher Zollsätze waren Importe wenig konkurrenzfähig.[39] Angenommen, dass angesichts des großen Binnenmarkts die meisten französischen Bandwaren problemlos im eigenen Land abgesetzt werden konnten, bestand angesichts der hohen Distanzkosten für den Absatz konkurrierender Erzeugnisse in Frankreich kein Anreiz zur Einführung der Bandmühle.

Zweitens ist auf die Rolle der Produktdifferenzierung sowohl als defensive Strategie wie auch als objektiver Grund für die Nichtübernahme einer Innovation hinzuweisen. Es wurde schon erwähnt, dass die Bandmühle anfangs vor allem für die Produktion billiger, aus Floretseide verfertigter Bänder geeignet war. Das Lyonnais spezialisierte sich jedoch auf die Produktion höherwertiger Bänder aus gezwirnter Seide, und ein Teil der Erzeugnisse bestand aus façonnierten Bändern, die auf der Bandmühle gar nicht hergestellt werden konnten.[40] Die Produktionsstruktur ließ deshalb lange eine Übernahme der Innovation gar nicht als sinnvoll erscheinen. Die Verlagerung der Produktpalette zur (arbeits- und fähigkeitsintensiven) Seidenstoffweberei in Lyon sowie zur Herstellung höherwertiger, zum Teil façonnierter Bänder in Saint-Chamond und Saint-Étienne, deren Herstellung ebenfalls arbeits- und fähigkeitsintensiv war, stellte eine nachhaltige industrielle Alternative zur Übernahme einer arbeitssparenden Innovation dar.

Die Rationalität der Technologiewahl im Stéphanois wird auch dadurch unterstrichen, dass sich die Verwendung der Bandmühle in den 1830er und 1840er Jahre und damit zu dem Zeitpunkt vollständig durchsetzte, als sich auch der Jacquard-Mechanismus stark verbreitete, der zur seriellen Herstellung façonnierter Artikel ein Lochkarten-Schema nutzte und diese somit mechanisierte.[41] Beide Technologien, sowohl die Bandmühle als auch der Jacquard-Mechanismus, ergänzten einander bei der Substitution von Arbeit durch Kapital bei der Herstellung hochwertiger Bänder. Diese gegenseitige Koppelung der technologischen Entwicklung war aber in keinerlei Weise an die Veränderung des Zunftregimes gebunden, da dieses in dieser Region schon lange vorher verschwunden war.

---

39 Eine Darstellung der einzelnen Maßnahmen bei Pierre Clément: Histoire de Colbert et de son administration, 2 Bde. Paris 1874; Nachdruck Genf 1980, Bd. 1, S. 287-296.

40 Vgl. nochmals Reith: Technische Innovationen (wie Anm. 5), S. 38-40.

41 Gras: Histoire de la rubanerie (wie Anm. 36), S. 586f., 609.

Schluss

Eine weit verbreitete Sicht versteht die europäischen Handwerkszünfte des Spätmittelalters und der Frühen Neuzeit in erster Linie als rentensuchende und dadurch die Gesamtwohlfahrt negativ beeinflussende Institutionen. Begründet wird dies unter anderem mit der Aussage, die Zünfte wären in der Regel technologischen Innovationen ablehnend gegenüber gestanden. Ohne die Tatsache in Abrede zu stellen, dass Zünfte durchaus immer wieder rentensuchende Organisationen waren, verfolgte die vorliegende Studie das Ziel, einerseits zu belegen, dass sich Zünfte unterschiedlich zu produktivitätssteigernden Innovationen verhielten, und andererseits zu erklären, welche Faktoren in einer bestimmten Situation eine Innovationen ablehnende bzw. Innovationen unterstützende oder gar erst ermöglichende Beziehung zwischen Zünften und Produktionssystemen bewirkten.

Als zentrales Unterscheidungskriterium erwies sich zunächst der Typ einer Innovation. Nehmen wir dabei zunächst an, dass Handwerkszünfte in erster Linie kleine selbständige Produzenten organisierten, deren Hauptmerkmal in der Verfügung über Humankapital in der Form spezifischer Fähigkeiten lag, während Kapital für sie ein knappes Gut darstellte. Insofern als die Faktorausstattung die Interessen von Wirtschaftssubjekten bestimmen, musste sich das Verhältnis von Handwerkszünften zu unterschiedlichen Typen von Innovationen verschieden gestalten. Produkt- und Prozessinnovationen, welche die Arbeits- und Fähigkeitsintensität eines Produktionszweigs erhöhten, wurden von Zünften mitgetragen. Da die Entwicklung und der Transfer von Fähigkeiten zentrale Funktionen von Zünften darstellten, gingen solche Innovationen oft mit der Reorganisation bestehender bzw. der Gründung neuer Zünfte einher. Beispiele sind der Übergang zur Herstellung qualitativ hochwertiger Wolltücher im Languedoc bzw. der Aufschwung der Fabrikation schwerer, z. T. façonnierter Seidenstoffe in Lyon im späteren 17. Jahrhundert sowie die rasche Entwicklung des Juwelier- und Uhrengewerbes in Genf in der zweiten Hälfte des 17. Jahrhunderts. Demgegenüber verschlechterten arbeitssparende Innovationen, die nicht gleichzeitig neue Fertigkeiten erforderlich machten, die Einkommensposition handwerklicher Produzenten, und entsprechend finden sich in diesem Fall häufig Hinweise auf den Widerstand von Zunfthandwerkern gegen die Einführung einer Innovation. Paradebeispiel ist sicher die hier untersuchte Verbreitung der Bandmühle, welche das gleichzeitige Weben mehrerer schmaler Bänder in einem Arbeitsgang erlaubte, im 17. und 18. Jahrhundert.

Allerdings zeigt die hier durchgeführte Analyse der langsamen, sich über zwei Jahrhunderte hinziehende Verbreitung der Bandmühle in den verschiedenen westeuropäischen Produktionsstandorten, dass selbst im Fall arbeitssparender Innovationen die Reaktionen von Zünften vielfältiger sind als die einfache Dichotomie von Adaptation vs. Widerstand und dass kontextuelle Faktoren die Wahl einer bestimmten Option bzw. ihre Erfolgschance mit bestimmen.

Zunächst ließen sich drei alternative Reaktionen zur Adaptation einer arbeitssparenden Innovation beschreiben. Erstens ließ sich ein gewisser Schutz vor unliebsamem Innovationsdruck durch das Ausnutzen von hohen Distanzkosten bzw.

die Erhöhung von Distanzkosten durch Zölle und die Einführung nicht-tarifärer Handelshemmnisse, die zur Marktsegmentierung führten, erzielen. So wurde die späte Einführung der Bandmühle in französischen Produktionsstandorten teilweise mit den hohen Zollsätzen für gewerbliche Importe und dem großen Umfang des Binnenmarkts interpretiert. In Deutschland erreichten die Reichsstädte zeitweise ein Verbot sowohl des Gebrauchs der Bandmühle als auch des Handels von darauf verfertigten Bändern und milderten dadurch wenigstens temporär den auf ihnen lastenden Innovationsdruck.

Zweitens ergab sich eine gewisse Marktsegmentierung auch daraus, dass wenigstens anfänglich die Bandmühle vor allem für die Herstellung von teilweise (gesponnener) Floretseide und damit relativ billigen Bändern verwendet wurde, während qualitativ hochwertige, insbesondere façonnierte Bänder vor der Einführung des Jacquard-Mechanismus auf dem einfachen Stuhl gewoben werden mussten. Die Spezialisierung auf die Herstellung qualitativ hochwertiger Ware, wie sie in und um Lyon erfolgte und welche die Prämie auf Fähigkeiten aufrecht erhielt wenn nicht gar steigerte, hob den Druck zur Adaptation der Bandmühle weitgehend auf. Gleichzeitig leistete sie der regionalen Spezialisierung entlang von Faktorproportionen Vorschub. In kleinerem Maßstab wurde das Gewerbe in Köln entlang von produktbezogenen Kriterien in zwei Segmente, die unterschiedliche Technologien verwendeten, aufgeteilt. Doch blieb diese Lösung, die nicht auf komparative Standortvorteile gegründet war, nur bis zum Beginn des 18. Jahrhunderts halbwegs stabil.

Schließlich konnten Arbeitskosten alternativ zur Übernahme einer arbeitssparenden Innovation durch die Substitution von Gesellen durch Lehrlinge und Familienmitglieder reduziert werden. Im vorliegenden Fall konnte diese Strategie besonders unter den Augsburger Posamentiermeistern beobachtet werden.

In einem zweiten Schritt wurden die Variablen identifiziert, welche die Wahl unterschiedlicher Optionen bestimmten. Wie schon ausgeführt, ist die Berücksichtigung des Typs einer Innovation, d. h. die Art und Weise, wie sie zur Verschiebung von Faktorproportionen führt, eine erste, sehr wichtige Variable. Weiter ist es in einer komparativen Perspektive wichtig, dass die Annahme fallen gelassen wird, Handwerkszünfte würden ausschließlich die Interessen selbständiger kleiner Produzenten organisieren. Vielmehr ist die innere Struktur von Zünften als Variable zu begreifen. Vor allem in Gewerbezentren im Westen und Süden Europas fanden sich Zünfte, die unter ihren Mitgliedern auch Meister oder gar Kaufleute einschlossen, welche die Produktion organisierten und trotz ihrer kleinen Zahl oft einen starken Einfluss auf die Leitung der Zunft ausübten. Diese Gruppe musste an jeder Maßnahme interessiert sein, welche die Profitabilität ihrer Unternehmungen förderte, entsprechend auch an arbeitssparenden Innovationen. Im vorliegenden Fall erklärt das Argument, weshalb in London die Zunft als Ganzes nicht entschlossen gegen die Bandmühle vorging, die Zunftbeamten auf Widerstand mit einer Verzögerungstaktik reagierten. Obwohl sich dadurch ein schwerer innerer Konflikt ergab, trug dieses Verhalten dazu bei, dass in London die Bandmühle in eine zünftisch organisierte Bandherstellung Einzug hielt.

Als dritte Variable wurde der polit-ökonomische Kontext, d. h. in erster Linie die Möglichkeit der Handwerkszünfte zur politischen Einflussnahme, identifiziert. Er bestimmte, wieweit Widerstand gegen die Innovation und die Verfolgung einer alternativen Wirtschaftspolitik erfolgversprechend war. Vor allem in den Reichsstädten, in denen Handwerkszünfte ein wichtiges politisches Potential darstellten, konnte sich der Widerstand kleiner selbstständiger Produzenten gegen die Bandmühle erfolgreich artikulieren, und wegen der Bedeutung der Reichsstädte als politische Klientel des Kaisers schlug er sich wenigstens temporär in Maßnahmen des Reichstags, konkret in einem Verbot der Anwendung der Bandmühle und des Handels mit auf der Bandmühle verfertigten Bändern, nieder. Wo Zünfte und Städte dagegen in Territorialstaaten eingebunden waren, blieben die Einflussmöglichkeiten der Zünfte geringer. Dies gilt selbst für den relativ kleinen Kanton Basel, eine ursprüngliche Reichsstadt, die sich aber ein ländliches Untertanenland erworben hatte. Die fehlende Möglichkeit für Zünfte, an Kaiser und Reich zu appellieren, ihr vergleichsweise geringes politisches Gewicht und umgekehrt die Chancen, die sich durch die Beschäftigung billiger ländlicher Arbeitskräfte und das Ausnützen von Zollvorteilen im Reich ergaben, führten hier dazu, dass Kaufleute gegen zünftischen Widerstand von der Obrigkeit das Recht erhielten, auf der Bandmühle weben zu lassen und hierzu ländliche Untertanen zu beschäftigen. In London führten die Tatsache, dass die Interessen der Zünfte im maßgeblichen Parlament kaum vertreten waren, sowie die Präsenz der königlichen Wache dazu, dass der innerzünftische Konflikt zugunsten der definitiven Ablehnung eines Verbots der Bandmühle entschieden wurde. Sowohl in London als auch im Reich zeigt sich zusätzlich die Relevanz der sich verändernden wirtschaftspolitischen Sprache: Schon um 1675 in England, ab dem frühen 18. Jahrhundert auch im Reich, war die Legitimität typisch zünftischer Forderungen nach einer auskömmlichen Nahrung für städtische Bürger sowie nach einem Schutz der nach zünftischen Regeln hergestellten Produkte gebrochen. Vielmehr hatten die Eliten zunehmend die gesamtwirtschaftliche Wohlfahrt im Auge und orientierten sich dabei auch an den Opportunitätskosten des Festhaltens an einer bestehenden Technologie.

Zwar entwickelte sich die Bandweberei bis zum späten 18. Jahrhundert überwiegend zu einem nicht-zünftischen Gewerbe, das kaum mehr in großen Zentren, sondern vorwiegend in Kleinstädten oder auf dem Land angesiedelt und als Verlagsgewerbe organisiert war. Allerdings wurde die Bandmühle zunächst an Standorten eingesetzt, in denen bisher ein in einer Handwerkszunft organisiertes Posamentiergewerbe ansässig war. Standorte des Seidenbandgewerbes ohne ansässiges Zunftgewerbe entwickelten sich in einer relativ späten Phase der Verbreitung der Bandmühle, nämlich Krefeld im frühen, Coventry im späten 18. Jahrhundert. Zudem war in Coventry offenbar die Ausbildung bis ins frühe 19. Jahrhundert stark reguliert. Informationen zum Ausbildungswesen in Krefeld deuten darauf hin, dass nicht zuletzt aufgrund der Vertragsunsicherheit in Abwesenheit einer Zunftorganisation die Ausbildung von Arbeitskräften stark auf die Tätigkeit in der Hauswirtschaft der Herkunftsfamilie beschränkt war. Außerhalb einer Zunftorganisation muss somit die Elastizität des Arbeitsangebots wenigstens anfänglich sehr beschränkt gewesen sein. Dies erklärt die enge Bindung der Verbreitung der Bandmühle an Standorte mit einem existierenden zünftischen Posamentiergewerbe, trotz möglichen Widerstands des Zunfthandwerks gegen die Einführung dieser arbeitssparenden Innovation.

Insgesamt zeigt die vorliegende Studie, dass der Zusammenhang zwischen Innovationen und Handwerkszünften differenziert zu betrachten ist. Je nach der Richtung, in der eine Innovation die Faktorproportionen verschob, unterschieden sich die Interessen von Produzenten und damit auch das Verhalten zünftisch organisierter Handwerker. Und je nach dem Ausmaß der inneren Schichtung von Zünften unterschied sich deren Interessenartikulation; falls Organisatoren des Gewerbes (Kaufleute, *master-manufacturers*) Zunftmitglieder waren, konnten Zünfte auch deren Interessen vertreten. Weiter ist bei der Bewertung der Optionen zünftisch organisierter Gewerbestandorte zu berücksichtigen, dass neben der Übernahme einer Innovation durchaus lebensfähige industrielle Alternativen existierten. Schließlich ist das Paradox im Auge zu behalten, dass Zünfte Ressourcen bereitstellten, so etwa den Aufbau und die Verbreitung von Fähigkeiten, die trotz möglichen Widerstands seitens zünftischer Handwerker auch für die Diffusion einer Innovation eine wichtige Voraussetzung stellten. Alle diese Argumente helfen zu erklären, weshalb die Ausweitung der gewerblichen Produktion in der frühen Neuzeit vielfach mit einer Fortexistenz, wenn nicht gar Vermehrung von Zünften einherging und weshalb sich die Transformation eines Gewerbes wie der Seidenbandproduktion in ein Gewerbe, das arbeitssparende Technologien nutzte und als nicht-zünftisches Verlagsgewerbe organisiert war, vergleichsweise langsam vollzog.

Hartmut Kiehling

Korreferat zu Ulrich Pfister

„Zünfte und technologischer Wandel – Die Bandmühle im europäischen Seidenbandgewerbe, 17. und 18. Jahrhundert“

1. Die Januskȍpfigkeit der Zünfte ist offensichtlich. Christian Pfister hat dies eindrucksvoll dargestellt: hier rent-seeking Institutions und partielle Innovationsfeindlichkeit, dort eine aktive Rolle bei der Verringerung der Transaktionskosten und der Bewahrung und Vermittlung technischer Fertigkeiten. Diese Janusköpfigkeit möchte ich zeitlich und fachlich in einen größeren Zusammenhang stellen.
2. Das Späte Mittelalter und die Frühe Neuzeit stehen zwischen zwei Perioden ungleich höherer Dynamik und Innovationskraft, dem Hochmittelalter und der Industriellen Revolution. Sichtbarster Ausdruck war das Bevölkerungswachstum als dem wichtigsten Indiz vorindustrieller Dynamik: In Deutschland hat sich die Bevölkerung zwischen 1000 und 1300 vermutlich knapp verdreifacht – mit etwa derselben Rate wie im 19. und 20. Jahrhundert. Dagegen kam es in dem sehr viel längeren Zeitraum zwischen 1350 und 1800 lediglich zu einer Verdoppelung.[1]
3. Die hochmittelalterliche Wachstumsphase war zunächst geprägt durch die konsequente Erschließung der vorhandenen Ressourcen. Es wurden also zuerst solche Verbesserungen realisiert, die vergleichsweise schnell zu Ergebnissen führten. Das waren zum einen reine Kapazitätserweiterungen wie die Gewinnung neuer Anbauflächen im Zuge der Binnen- und Ostkolonisation. Auch die schrittweise Verdrängung der Fleischwirtschaft muss man so interpretieren, schuf die Umstellung auf rein pflanzliche Kost doch weitere Ernährungsspielräume. Hinzu kamen vielfach aber auch erhaltende Innovationen, also solche auf der Basis bestehender Technologien. Beispiele dafür sind Mühlenrevolution, Dreifelderwirtschaft und schwerer Räderpflug, neue Kolonisierungstechniken im Gebirge und an der Küste, die Übernahme neuer

[1] Vgl. Carlo M. Cipolla/Knut Borchardt (Hg.): Europäische Wirtschaftsgeschichte, Bd. 1: Mittelalter. Stuttgart/New York 1983, S. 21; Wolfram Fischer/Jochen Krengel/Jutta Wietog: Sozialgeschichtliches Arbeitsbuch I: Materialien zur Statistik des Deutschen Bundes 1815-1870. München 1982, S. 21; Gerd Hohorst/Jürgen Kocka/Gerhard A. Ritter: Sozialgeschichtliches Arbeitsbuch II: Materialien zur Statistik des Kaiserreiches 1870-1914, 2. Aufl., München 1978, S. 23; Christian Pfister: Bevölkerungsgeschichte und historische Demographie 1500-1800 (Enzyklopädie deutscher Geschichte, Bd. 28). München 1994, S. 10.

Pflanzen und Techniken aus dem Orient sowie eine erste Welle der Arbeitsteilung im Zuge der massenhaften Städtegründungen.[2] Das Wachstumspotential dieser Maßnahmen war Ende des 13. Jahrhunderts weitgehend ausgeschöpft, zumal sich das Klima verschlechterte und die Vegetationsperiode verkürzte.[3]

4. Als sich gegen Ende des Hochmittelalters Wachstumsgrenzen abzeichneten, entwickelte sich innerhalb weniger Generationen eine erstaunliche innovative Kreativität. Diese neuen Entwicklungslinien traten in nahezu allen Bereichen des Lebens auf. Sie umfassten erste Ansätze einer moderner Staatlichkeit und eines verlässlichen Rechtswesens vor allem im Stadt- und Gewerberecht genauso wie eine Fülle technischer und organisatorischer Innovationen von der Buchhaltung über neue Schiffstypen bis hin zu Brille, mechanischer Uhr, Landkarten etc. Hinzu kamen geänderte Einstellungen zu Individualität und Zeit, zu einer rationalen Wissenschaft, zu Kindern und Frauen usw.[4] In den letzten Jahrzehnten des Hochmittelalters kam es also zu einer explosionsartigen Entwicklung disruptiver Innovationen und neuer Einstellungen.[5]

Tab. 1: Psychische und ökonomische Eigenschaften der Innovationstypen

Kriterium	**Disruptive Innovation**	**Erhaltende Innovation**
Technologische Basis	neue Technologiebasis	vorhandene Technologien
Erforderlicher Denkstil	divergentes Denken	konvergentes Denken
Situative Faktoren	Förderung	Toleranz
Umfeld	unbestimmt	spezialisiertes Milieu
Lock-in-Effekte	ja	nein
Hersteller	neue Hersteller	bisherige Hersteller
Widerstände	groß	gering
Diffusionsphase	lang	kurz
Primäre Innovationsart	Produktinnovation	Prozessinnovation

5. Solche disruptiven Innovationen brechen mit bestehenden technischen und organisatorischen Grundlagen und sind mit verschiedenen Lock-in-Effekten verbunden:

---

2 Vgl. allgemein Michael Mitterauer: Warum Europa? Mittelalterliche Grundlagen eines Sonderwegs, 2. Aufl., München 2003; Felix Butschek: Europa und die Industrielle Revolution. Wien/Köln/Weimar 2002.

3 Vgl. Michael North (Hg.): Deutsche Wirtschaftsgeschichte. Ein Jahrtausend im Überblick. München 2000, S. 48f.

4 Vgl. Robert I. Moore: Die erste europäische Revolution. Gesellschaft und Kultur im Hochmittelalter (Europa bauen). München 2001; Peter Dinzelbacher: Europa im Hochmittelalter. Eine Kultur- und Mentalitätsgeschichte. Darmstadt 2003.

5 Vgl. zum Konzept von Disruptive Technology bzw. Disruptive Innovation: Clayton M. Christensen: The Innovator's Dilemma. Boston (Mass.) 1997; Clayton M. Christensen/Michael E. Raynor: The Innovators Solution. Boston (Mass.) 2003.

- Disruptive Innovationen treffen auf den entschiedenen Widerstand der bisherigen Produzenten und Händler. Allerdings haben sie auch das Potential, bisher gültige Kapazitätsgrenzen zu sprengen.
- Bis dahin ist es jedoch vielfach ein weiter Weg. Disruptive Innovationen benötigen meist eine Reihe von Verbesserungen, bis sie ausgereift sind und ihr Potential befriedigend ausschöpfen können.[6]

6. Mit anderen Worten: Es war noch eine Vielzahl erhaltender Innovationen erforderlich, bis diese disruptiven Innovationen des Hochmittelalters die Wachstumsgrenzen hinausschieben konnten. Erhaltende Innovationen fußen also auf bestehenden Techniken. Zu ihrer Weiterentwicklung entstehen typischerweise spezialisierte Milieus, die dazu über genügend Wissen und Fertigkeiten verfügen. Das waren in Spätmittelalter und Früher Neuzeit vielfach die Zünfte.

Tab. 2: Kreativitätsfördernde Faktoren

Selbstbestimmung	Selbstwirksamkeits- und Kompetenzerwartung Individualität Lineare Zeitauffassung Aufgaben- und Leistungsorientierung Zahl der Meinungsführer flache Hierarchien
Unterstützung	Partizipative Sicherheit (Beteiligung an und Rückendeckung für Entscheidungen) Materielle und ideelle Unterstützung Keine zu repressive Erziehung der Kinder Keine frühe Vernachlässigung der Kinder Keine zu große Macht der Status-quo-orientierten Schichten Keine absoluten Denkverbote und Tabus
Anregung	Offenheit für Neues Fremde Kultureinflüsse Divergentes Denken (ganzheitliches Denken) Visionen (Ziele)

7. Die psychologischen und organisatorischen Entstehungsfaktoren disruptiver Innovationen unterscheiden sich grundlegend von denen erhaltender Innovationen. Disruptive Innovationen erfordern insbesondere kreativitätsfördernde Faktoren. Sie lassen sich in Faktoren der Selbstbestimmung, der Unterstützung und der Anregung einteilen:
   - Die Faktoren der Selbstbestimmung umfassen einerseits die Aufgaben- und Leistungsorientierung der Menschen[7], andererseits müssen diese ge-

[6] Vgl. ebenda.

[7] Vgl. Michael A. West: The Social Psychology of Innovation in Groups, in: Michael A. West/ J.A. Farr (Hg.): Innovation and Creativity at Work. Psychological and Organizational Strategies. Chichester 1990, S. 4-36.

nügend Selbstvertrauen haben (Selbstwirksamkeits- und Kompetenzerwartung).[8] Diese Determinante ist kulturübergreifend die bedeutendste Erklärungsvariable für Unternehmertum (Entrepreneurship).[9] Voraussetzungen für Selbstvertrauen sind Individualität[10], für Aufgaben- und Leistungsorientierung eine lineare Zeitauffassung[11] und flache Hierarchien. Letztere befördern in Organisationen Zahl und Aktivität von Meinungsführern, die wiederum disruptive Innovationen begünstigen.[12]

- Unterstützende Faktoren sind die Beteiligung an und eine Rückendeckung für Entscheidungen („partizipative Sicherheit") sowie materielle und ideelle Unterstützung – etwa durch Gewinnchancen und Ehre.[13] Hinderlich sind Faktoren wie die frühe Vernachlässigung und die repressive Erziehung in der Kindheit[14], Denkverbote, Tabus und eine zu große Macht der vom Status quo profitierenden Schichten.
- Anregende Faktoren umfassen Ziele („Visionen")[15], Offenheit für Neues und fremde Kultureinflüsse.[16] Ganz wichtig ist auch ein ganzheitlicher, „holistischer" Denkansatz („divergentes Denken").[17]

---

8 Vgl. Ralf Schwarzer: Stress, Angst und Handlungsregulation, 3. Aufl., Stuttgart 1993; Ann E. Auhagen: Die Realität der Verantwortung. Göttingen 1999.

9 Vgl. Philipp Köllinger/Maria Minniti/Christian Schade: Entrepreneurial Overconfidence. Evidence from C.A.R.T. Approach (DIW Discussion Papers 465). Berlin 2005.

10 Vgl. Serge Moskovici: Social Influence and Social Change. London 1976. Dt. Sozialer Wandel durch Minoritäten. München 1979.

11 Vgl. Todd I. Lumbart: Creativity across Cultures, in: Robert J. Sternberg (Hg.), Handbook of Creativity. Cambridge 1999, S. 339-350.

12 Vgl. Günter W. Maier/Dieter Frey/Stefan Schulz-Hardt/Felix C. Brodbeck: Stichwort „Innovation", in: Gerd Wenninger (Hg.): Lexikon der Psychologie, Bd. 2 (F-L), Heidelberg/Berlin 2001, S. 264-267.

13 Vgl. West: Innovation in Groups (wie Anm. 7).

14 Vgl. Philippe Ariès: Geschichte der Kindheit, 3. Aufl., München 1980; Lloyd de Mause (Hg.): Hört ihr die Kinder weinen? Eine psychogenetische Geschichte der Kindheit. Frankfurt/M. 1977; Lloyd de Mause: Was ist Psychohistorie? Eine Grundlegung. Gießen 2000; Ralph Frenken: „Da fing ich an zu erinnern..." – Die Psychohistorie der Eltern-Kind-Beziehung in den frühesten deutschen Autobiographien (1200-1700). Gießen 2003; Friedhelm Nyssen/Ludwig Janus (Hg.): Psychogenetische Geschichte der Kindheit, Gießen 2001; Friedhelm Nyssen/Peter Jüngst (Hg.): Kritik der Psychohistorie. Anspruch und Grenzen eines psychologischen Paradigmas. Gießen 2003; Shulamith Shahar: Kindheit im Mittelalter, 4. Aufl., München 2004.

15 Vgl. West: Innovation in Groups (wie Anm. 8).

16 Vgl. Moskovici: Social Influence (wie Anm. 10); Charlan J. Nemet/Joel Wachtler: Creative Problem Solving as a Result of Majority vs. Minority Influence, in: European Journal of Social Psychology 13 (1983), S. 45-55; Charlan J. Nemet: Differential Contributions of Majority and Minority Influence, in: Psychological Revue 92 (1986), S. 23-32.

17 Vgl. Thomas B. Ward/Steven M. Smith/Ronald A. Finke: Creative Cognition, in: Robert J. Sternberg (ed.), Handbook of Creativity. Cambridge 1999, S. 189-212.

All diese Faktoren wurden in einer Vielzahl psychologischer, soziologischer und ökonomischer Untersuchungen herausgearbeitet. An dieser Stelle seien noch einige Worte zu den beiden Denkstilen des Menschen erlaubt.

So ist für den kreativen Anfangsprozess ein ganz anderer Denkstil erforderlich als für die Ausarbeitung und Durchsetzung der Idee: Für Kreativität sind breite Kategorien im Denken eine wichtige Voraussetzung. Die Psychologie nennt dies divergentes im Gegensatz zum konvergenten, analytischen, aufs Detail fixierten Denken. Divergentes Denken ist sowohl breit im Ansatz als auch holistisch, also ganzheitlich.[18] Dieses assoziative Denken ist typisch für frühe Gesellschaften. Es war also sehr wahrscheinlich auch im Frühmittelalter das vorherrschende Denken, ja es wurde von den Wissenschaftlern der Zeit bis hin zu Anselm von Canterbury (1033-1109), dem „Vater der Scholastik“, systematisch zur wissenschaftlichen Methode ausgebaut. Man denke nur an Zahlenmystik und Typologie, die alt- zu neutestamentarischen, zeitgenössische zu biblischen Ereignissen assoziierte.[19] Vereinfacht ausgedrückt ist divergenter Denkstil also erforderlich für disruptive, konvergenter für erhaltende Innovationen.

Tab. 3: Disziplinfördernde Faktoren

	Konvergentes Denken Verträglichkeit Emotionsregulation Schnelligkeit Ausreichende Kommunikationswege und -strukturen

8. Im Gegensatz zu disruptiven sind erhaltende Innovationen nämlich in ihrer Inventions- und Diffusionsphase wesentlich auf disziplinfördernde Faktoren angewiesen. Dazu zählen neben einem konvergenten Denkstil[20] die Fähigkeit zur Selbstbeherrschung („Emotionsregulation“), ein genügend hohes (Arbeits-) Tempo sowie ausreichende Kommunikationswege und -strukturen.[21] Dem konvergenten Denken kommt dabei eine Schlüsselrolle zu.
9. Die Wachstumsgrenzen, an die Europa gegen Ende des Hochmittelalters gestoßen war, konnten auch in den nun folgenden Jahrhunderten nur ganz allmählich hinaus geschoben werden. Das lag daran, dass einige wesentliche Prozesse zu viel Zeit beanspruchten: die Bildung des modernen Staates und seines Rechtswesens, die der modernen Wissenschaft, der westlichen Mentali-

18 Vgl. ebenda.

19 Vgl. Barbara Deimling: Das mittelalterliche Kirchenportal in seiner rechtsgeschichtlichen Bedeutung, in: Rolf Toman (Hg.): Die Kunst der Romanik. Köln 1996, S. 324-327; Uwe Geese: Romanische Skulptur, in: Rolf Toman (Hg.): Die Kunst der Romanik. Köln 1996, S. 328-345.

20 Vgl. Ward/Smith/Finke: Creative Cognition (wie Anm. 17).

21 Vgl. Mieneke W. H. Weenig: Communication Networks in the Diffusion of an Innovation in an Organization, in: Journal of Applied Social Psychology 29 (1999), S. 1072-1092.

tät mit seiner Kombination aus Tempo, Disziplin und Individualität,[22] der Massenbildung,[23] einer leistungsfähigen Infrastruktur etc. Selbst technische Innovationen benötigten oft Jahrhunderte bis zu ihrer Vervollkommnung. Man denke nur an die Räderuhr – in der 2. Hälfte des 13. Jahrhunderts erfunden und erst 1761 genau genug für Messungen von Längengraden –[24], oder auch an den Kachelofen, der bereits im 11. Jahrhundert nachzuweisen ist, im 15. Jahrhundert noch heute übliche Formen annahm und bis heute an Effizienz gewinnt.[25] Weitere Beispiele sind Hochseeschiffe, Kutschen, Feuerwaffen oder Brücken. Technik und Institutionen – den Begriff der Institution im ökonomischen Sinn gebraucht – waren also insgesamt zunächst noch nicht entwickelt genug, um die entscheidende Hilfestellung für die Sprengung der alten Wachstumsgrenzen geben zu können. Es ging insgesamt nur sehr verhalten voran – von Zeit zu Zeit sogar unterbrochen durch größere Katastrophen wie vor allem verheerende Kriege.

10. Dennoch ist diese lange Zeit der Stagnation in Spätmittelalter und Früher Neuzeit auch unter Wachstums- und Innovationsgesichtspunkten höchst bemerkenswert, weil es zumindest in einem breiten Länderstreifen von den britischen Inseln und dem Ostseeraum über Mitteleuropa und Frankreich bis nach Norditalien und Slowenien gelang, statische mit dynamischen Elementen so zu kombinieren, dass das dynamische Potential erhalten blieb, ohne die Stabilität des Gesamtsystems zu gefährden. Da die Gesellschaften nicht erstarrten, konnten sie ihre Innovationsfähigkeit bewahren. Sie durften aber auch nicht zu stark wachsen, weil sie dadurch sehr schnell an ihre Wachstumsgrenzen gestoßen wären mit katastrophalen Folgen für ihre Stabilität. Dieses prekäre Gleichgewicht musste so lange Zeit aufrechterhalten bleiben, bis Technik und Institutionen reif für den nächsten großen Schritt waren. Die Zeit dazwischen war also, wie Pfister für den wichtigen Bereich der Zünfte gezeigt hat, ein fein ausbalanciertes System gebremster Dynamik. Das ist vor allem im Vergleich zu anderen Epochen wie dem europäischen Altertum und zu anderen Kulturen wie dem islamischen Raum und China höchst bemerkenswert, deren Wachstumsdynamik ebenfalls im europäischen Hochmittelalter abbrach, dort aber einer lang anhaltenden gesellschaftlichen und technischen Erstarrung Platz machte.[26]

---

22 Vgl. beispielhaft für das Tempo Peter Borscheid: Das Tempo-Virus. Eine Kulturgeschichte der Beschleunigung. Frankfurt/M. 2004.

23 Vgl. Notker Hammerstein et al. (Hg.): Handbuch der deutschen Bildungsgeschichte, 7 Bde., München 1987-2005; Martin Kintzinger: Wissen wird Macht. Bildung im Mittelalter. Ostfildern 2003.

24 Vgl. Ulrich Troiztsch: Technischer Wandel in Staat und Gesellschaft zwischen 1600 und 1750, in: Wolfgang König (Hg.): Propyläen Technikgeschichte Bd. 3: Mechanisierung und Maschinisierung 1600 bis 1840. Berlin 1991, S. 210f.

25 Vgl. Ulf Dirlmeier: Geschichte des Wohnens Bd. 2: 500-1800. Stuttgart 1998, S. 212f., 239f., 303f., 459; Torsten Gebhard: Kachelöfen. Mittelpunkte häuslichen Lebens. Entwicklung, Form, Technik. München 1980.

26 Vgl. Butschek: Europa (wie Anm. 2), S. 96-110.

Abb. 1: Staatenvielfalt und Innovationsstärke Europas

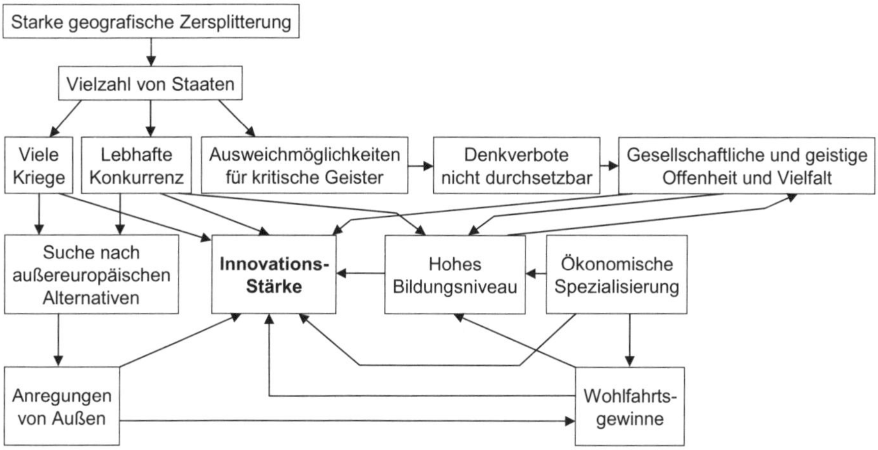

11. Ein wesentlicher Grund für diesen „europäischen Sonderweg" liegt in der staatlichen Zersplitterung Europas:[27]
    - Seine geografische Kleinteiligkeit begünstigte seit dem Zerfall des fränkischen Großreiches die Bildung einer Vielzahl unabhängiger Staaten.
    - Wegen dieser Zersplitterung entwickelte sich auf Dauer auf relativ engem Raum eine lebhafte Konkurrenzsituation, die dazu führte, dass Hegemoniebestrebungen entweder geografisch oder zeitlich in Ansätzen stecken blieben. Habsburg im 16.–18. Jahrhundert und das Sowjetimperium sind Beispiele für die eine, Napoleon und Nazideutschland für die andere Variante.
    - Die Konkurrenz der Länder und Regionen führte zu deren ökonomischer Spezialisierung. Da die Transportkosten bei der Kleinräumigkeit des Kontinents vielfach nicht prohibitiv wirkten, konnte Ricardos Gesetz der komparativen Kosten greifen. Danach wird durch Spezialisierung immer ein Wohlfahrtsgewinn erzielt, wenn ein Erzeuger einen komparativen Kostenvorteil genießt. Er muss sich also nur auf diejenigen Güter spezialisieren, die er im Vergleich zu anderen Gütern (relativ) kostengünstig produziert, während es nicht darauf ankommt, dass er bei diesen Güter auch im Vergleich zu seinen Konkurrenten (absolute) Kostenvorteile hat. Durch die Spezialisierung wichtiger Landschaften seit dem Hochmittelalter konnte Europa also seine ökonomische Effizienz insgesamt steigern.

---

[27] Vgl. Eric L. Jones: Das Wunder Europa. Umwelt, Wirtschaft und Geopolitik in der Geschichte Europas und Asiens (Einheit der Gesellschaftswissenschaften, Bd. 72), 2. Aufl., Tübingen 1991; Jean Baechler/John A. Hall/Michael Mann (Hg.): Europe and the Rise of Capitalism. Oxford/Cambridge (Mass.) 1989.

- Die Konkurrenzsituation schlug sich auch in vergleichsweise vielen Kriegen nieder sowie in der Suche nach außereuropäischen Alternativen. Seit dem Hochmittelalter war Europa daher eine der ausgreifendsten Regionen der Weltgeschichte.[28] Hinzu kam ein reger Fernhandel. Diese Außenkontakte sicherten stets neue Anregungen.
- Die territoriale Aufsplitterung hatte gerade für unruhige Geister, die tendenziell auch immer die kreativeren sind, sein Gutes: Es bot sich für sie fast immer die Möglichkeit auszuweichen und sie konnten oft sogar aus der Ferne weiter wirken. Das galt seit der Bildung Tausender kleiner souveräner Einheiten seit Abschluss des Territorialisierungsprozesses in besonderem Maße für Deutschland. Auch ganze Gruppen von Menschen profitierten von dieser Ausweichmöglichkeit, so dass eine Vielzahl gesellschaftlicher Bewegungen konserviert wurde. Bestimmte Geistesströmungen konnten sich nie absolut durchsetzen; stets kam es vielmehr zu lebhaften Diskussionen. Besonders wichtig waren dabei die unabhängigen Städte Italiens und Deutschlands, die alte republikanische und demokratische Ansätze weiter trugen. Durch all das erhielt das europäische Geistesleben eine Offenheit und Vielfalt, die ihresgleichen sucht.
- Die Konkurrenzsituation führte auch zu einem relativ hohen Bildungsniveau größerer Bevölkerungskreise sowie einem hohen Maß an technischen und organisatorischen Innovationen.

12. Das „System gebremster Dynamik" wurde durch die institutionelle Verankerung innerhalb der Territorien und Städte noch gefördert:
    - So waren zentrale Institutionen durch eine Janusköpfigkeit gekennzeichnet. Die Zünfte sind ein wichtiges Beispiel, das europäische Heiratsmuster ein anderes.[29] Seine Basis war die für Kerneuropa typische Kleinfamilie, die Lohnarbeit und Privateigentum beförderte. Um das Überleben einer solchen Familie zu sichern, war eine Heirat in weiten Teilen des europäischen Kernlandes im Prinzip nur möglich, wenn eine Meister- oder Hofstelle zur Verfügung stand. In kargen Zeiten führte das zu generationenverschränktem Heiraten: Der Geselle heiratete die Meisterwitwe und nach deren Tod eine junge Frau, mit der er Kinder hatte. Das Heiratsalter war also im Durchschnitt relativ hoch. Wenn die Erwerbs- und Ernährungsgrundlage jedoch nach Bevölkerungseinbrüchen oder in Neusiedelgebieten günstig war, standen mehr Heiratsstellen zur Verfügung; man heiratete jung und vermehrte sich kräftig.
    - Zwar lässt sich über den Zeitraum des Spätmittelalters und der Frühen Neuzeit auch eine Tendenz zur ökonomischen und gesellschaftlichen Erstarrung feststellen, es gab jedoch Ausnahmebereiche. Sie waren entweder neu entstanden, wie Post und Manufakturen, oder unterlagen einem vergleichsweise schnellen Wandel wie Wissenschaft, Militär, Handel,

---

28 Vgl. Josep Fontana: Europa im Spiegel. Eine kritische Revision der europäischen Geschichte. München 1995, S. 158-177.

29 Vgl. Pfister: Bevölkerungsgeschichte (wie Anm. 1), S. 24-32, 81-85.

Hofkünstler und -handwerker. Für diese Bereiche galten die bisherigen Regeln nicht und sie genossen vielfach größere Freiheiten.

- Die Mobilität war zwar vermutlich geringer als im Hochmittelalter, im Vergleich zu anderen Kulturen jedoch relativ hoch – und zwar quer durch alle Bevölkerungsschichten von den Unbehausten über Wanderhandwerker und wandernde Spezialisten bis zu Boten, Viehtreibern, Wallfahrern, Wissenschaftlern und Kavalieren.[30]

Tab. 4: Interdependenz zwischen disziplinfördernden Faktoren, Innovationstyp, Änderbarkeit und Haltung der Zünfte

	Notwendig für disruptive Innovationen	Notwendig für erhaltende Innovationen	Prozess-typ	Änder-barkeit	Haltung der Zünfte
konvergentes Denken	nein	ja	2	lfr.	förderlich
Verträglichkeit	nein	ja	2	lfr.	förderlich
Emotionsregulation	nein	ja	2	lfr.	förderlich
Schnelligkeit	ja	ja	2	lfr.	förderlich
Ausreichende Kommunikationswege und -strukturen	ja	ja	2	lfr.	förderlich

13. Auch die o. g. kreativitäts- und disziplinfördernden Faktoren unterlagen im Vergleich zu Hochmittelalter und Industrieller Revolution einer bemerkenswerten Entwicklung. Sie fügt sich gut ein in das Bild der gebremsten Dynamik:
    - Alle disziplinfördernden Faktoren der Innovation wurden in Mittelalter und Neuzeit durchgehend gestärkt, was sich insbesondere günstig auf erhaltende Innovationen auswirkte. Die Gesellschaft legte also offenbar großen Wert auf die Entwicklung der Disziplin.[31]
    Bei den kreativiätsfördernden Faktoren, wie sie für disruptive Innovationen notwendig sind, ist das Bild differenzierter:
    - Einzelne Faktoren erfuhren ebenfalls eine stetige Verstärkung (Prozesstyp 2 in Tab. 5). Bei anderen trat in Spätmittelalter und Früher Neuzeit eine Verschlechterung des innovativen Umfeldes ein, während sie in den dynamischeren Zeiten des Hochmittelalters und der Industriellen Revolution gestärkt wurden (Prozesstyp 1 in Tab. 5).
    - Dabei fällt auf, dass aus jedem der drei Gebiete, die die Voraussetzungen für Kreativität darstellen (Selbstbestimmung, Unterstützung und Anregung), einzelne Faktoren kontinuierlich erfüllt waren.

30 Vgl. Michael Maurer (Hg.): Neue Impulse der Reiseforschung. Berlin 1999; Norbert Ohler: Reisen im Mittelalter. Zürich/München 1986; Holger T. Gräf/Ralf Pröve: Wege ins Ungewisse. Reisen in der Frühen Neuzeit. Frankfurt/M. 1997.

31 Dies ist auch die zentrale These Norbert Elias. Vgl. Norbert Elias: Über den Prozess der Zivilisation. Soziogenetische und psychogenetische Untersuchungen, 2 Bde., Frankfurt/M. 1997.

Tab. 5: Interdependenz zwischen kreativitätsfördernden Faktoren, Innovationstyp, Änderbarkeit und Haltung der Zünfte

	Notwendig für disruptive Innovationen	Notwendig für erhaltende Innovationen	Prozess-typ	Änder-barkeit	Haltung der Zünfte
Selbstbestimmung					
Selbstwirksamkeits- und Kompetenzerwartung	ja	weniger	1	mfr.	ambivalent
Individualität	ja	weniger	2	lfr.	ambivalent
Lineare Zeiterfassung	ja	ja	2	lfr.	ambivalent
Aufgaben- und Leistungs-orientierung	ja	weniger	1	mfr.	ambivalent
Zahl der Meinungsführer	ja	nein	1	kfr.	ambivalent
Flache Hierarchien	ja	weniger	2	kfr.	ambivalent
Unterstützung					
Partizipative Sicherheit	ja	weniger	1	mfr.	förderlich
Materielle und ideelle Unterstützung	ja	weniger	1	kfr.	förderlich
Repressive Erziehung (-)	ja	nein	1	lfr.	förderlich
Frühe Vernachlässigg. (-)	ja	weniger	2	lfr.	förderlich
Macht der Status-quo-orientierten Schichten (-)	ja	nein	1	mfr.	ambivalent
Denkverbote u. Tabus (-)	ja	nein	2	lfr.	ambivalent
Anregung					
Offenheit für Neues	ja	weniger	1	mfr.	ambivalent
Fremde Kultureinflüsse (Minoritäteneinflüsse)	ja	weniger	2	kfr.	ambivalent
Divergentes Denken	ja	nein	1	kfr.	ambivalent
Visionen	ja	weniger	1	kfr.	ambivalent

Prozesstyp 1: in Spätmittelalter und Früher Neuzeit schlechtere Bedingungen als in Hochmittelalter und Industrieller Revolution.
Prozesstyp 2: stetige Verbesserung der Bedingungen.

- Mit einer Ausnahme waren dies ausschließlich solche Faktoren, deren Optimierung eine sehr lange Zeitspanne benötigt, weil sie – meist ohne historisches Vorbild – Mentalitätsänderungen der breiten Masse bewirken mussten.
- Es gibt nur eine Ausnahme von dem entworfenen Muster: Fremde Kultureinflüsse verstärkten sich mehr oder weniger kontinuierlich über die Jahrhunderte, obwohl dies kurzfristig änderbar gewesen wäre. Die Vermutung liegt nahe, dass es sich bei ihnen um einen Katalysator der Gesamtentwicklung gehandelt hat.
- Die Zünfte nahmen im fraglichen Zeitraum bei kreativitätsfördernden Faktoren von Fall zu Fall wechselnde Positionen ein. Bei disziplinfördernden Faktoren jedoch war ihre Haltung immer fördernd. Die Zünfte

begünstigten also ganz eindeutig erhaltende Innovationen, während sie bei disruptiven Innovationen eine ambivalente Haltung einnahmen – erneut ein typisches Bild für Spätmittelalter und Frühe Neuzeit.

Peter Albrecht

Die Erschließung neuer Absatzwege durch Braunschweiger Firmen in der zweiten Hälfte des 18. Jahrhunderts

Auf der Jahrestagung in Regensburg ging es um Innovationen und das unter vielfältigen Aspekten. Ich wollte dort und will mit diesen Ausführungen deutlich machen, dass Innovationen auch im Bereich des Absatzes weitreichende Bedeutung haben und die wirtschaftliche Struktur einzelner Regionen nachhaltig verändern können. Mein Untersuchungszeitraum ist die zweite Hälfte des 18. Jahrhunderts, als Beispiel dient mir die Stadt Braunschweig. Um keinen falschen Eindruck zu erwecken, es geht im Folgenden nur darum aufzuzeigen, ab wann sich für den Bereich der Stadt Braunschweig gewisse Vertriebsformen belegen lassen. Es geht nur sehr eingeschränkt darum, ob die ausgewählten Braunschweiger Firmen wirklich die ersten waren, die solche Wege einschlugen, sondern mehr darum, dass sie damit erfolgreich waren. Dies Erfolgreiche kann leider nicht durch Bilanzen, ja noch nicht einmal durch Umsatzzahlen belegt werden, denn solche fehlen sowohl für die ausgewählten Firmen als auch für alle anderen dieser Art, die im Rahmen einer gerade erarbeiteten Wirtschaftsgeschichte des Herzogtums berücksichtigten Firmen für diesen Zeitraum. Die Aussagen stützen sich auf amtliches Schriftgut, das nur im geringen Umfang vorhanden ist, und auf Annoncen in politischen Zeitungen und in Intelligenzblättern. Außerdem wurden zeitgenössische ‚Zeitschriften' ausgewertet. Keine gute Ausgangsbasis für wirtschaftsgeschichtliche Aussagen, daran kann kein Zweifel bestehen, doch soll man deswegen darauf ganz verzichten? Nun, ich meine nein, denn dann – so vermute ich – müssten ganze Sparten völlig außer Betracht bleiben, denn solche missliche Lage findet sich nicht nur für Braunschweig.

An vier Beispielen möchte ich zeigen, auf welche Ideen Braunschweiger Unternehmer kamen, um ihren Absatz zu steigern. Es geht um Tabak, um Zichorienkaffee, eine Reihe chemischer Produkte wie Braunschweig Grün und Salmiak und um den Vertrieb von Lotterielosen.

Tabak

Das Produkt Tabak, egal ob Rauch- oder Schnupftabak, erforderte es, verpackt in den Handel zu kommen. Ebenso üblich war es, diese ‚Briefe' – also jene Päckchen, wie sie heute noch die Selbstdreher kaufen – werblich zu nutzen.[1] Diese wurden mit einer Sortenbezeichnung und meist auch mit einer Vignette versehen, viel seltener mit dem Namen des Produzenten. Das war alles nicht neu, und auch nicht der Umstand, dass man in dieser Branche sich ganz ungeniert erfolgreicher fremder Marken und Verpackungen bediente. Zu leiden hatten darunter in Norddeutschland insbesondere die Bremer Kaufleute, die sich darüber bei den zuständigen Obrigkeiten natürlich arg beschwerten, wenn auch mit wenig Erfolg. Es fehlte dazu ganz offensichtlich das Unrechtsbewusstsein, so ganz nach mittelalterlicher Vorstellung, Recht ist, was unseren Untertanen nutzt, ‚Ausländer' darf man getrost betrügen. In diesem Punkt herrschte im 18. Jahrhundert noch eine sehr ausgeprägte Binnenmoral. Großes Aufsehen erregte daher, dass im Jahre 1804 durch Urteil des Baseler Kriminalgerichtes ein Baseler Bürger für sechs Jahre aller Ehrenstellen verlustig ging, weil er Marke und Wappen einer Offenbacher Tabakfirma imitiert hatte. Die Baseler Richter werteten dieses Verhalten als Betrug.[2] Viel geändert hat das aber nicht, weder in Basel noch anderswo.

Wenden wir uns den Tabakfabrikanten zu, wohlgemerkt nur jenen, die in der Stadt Braunschweig ihre Produktionsstätte hatten. Tabak war in dieser Stadt kein unbekanntes Produkt, doch die erste nachweisbare Konzession für eine Tabaksfabrik wurde erst 1676 erteilt. Erfolgreich war weder diese noch all die anderen, die bald folgten. 1716 wurde im Herzogtum die Tabak-Regie eingeführt, die bis 1744 bzw. 1747 bestand. Diese ‚Fürstliche Tabacks-Fabrique zu Braunschweig', von dem Hof- und Schutzjuden Alexander David geführt, durfte als erste ihre Tabaksbriefe mit dem Braunschweigischen Pferd und den Buchstaben A.W. und der Nummer des Tabaks, also der Sortenbezeichnung, auszeichnen. Die Buchstaben A.W. stehen für August Wilhelm, den zu dieser Zeit regierenden Herzog.

Nach dem Ende der wenig erfolgreichen Regie versuchten verschiedene Privatleute auf dem Markt Fuß zu fassen und griffen dabei zu dem in dieser Branche nicht unbekannten Mittel, fremde eingeführte Marken zu imitieren, ja selbst auch gleich noch deren Namen zu übernehmen. Bemerkenswert, wie der Geheime Rat, die Regierung des Landes, dies einschätzte: „Von Gottes Gnaden, Carl, Herzog zu Braunschweig und Lüneburg usw. Demnach Uns unterthänigst vorgetragen worden, wasgestalt unter den in Unseren Landen befindlichen Tabacs-Fabricanten einige, zu vermeintlicher Erweiterung ihres Gewerbes, auf den Irrweg verfallen, daß sie auf ihren Briefen sich fremder Namens bedienet, solcher Missbrauch aber um so schädlicher befunden, als dadurch diejenigen Tabacs-Fabriquen, welche gute und der auswärtigen nichts nachgebende Waaren verfertigen, unkentbar, und des besten Mittels zu einer dauerhaften Aufnahme, eines wolverdienten Credits, beraubet werden, diejenigen aber, welche wider Verhoffen die Käufer mit schlechter Waare zu hintergehen, den Vorsatz fassen mögten, einen Deckmantel erhalten, unter welchem sie eine Zeitlang unerlaubten Gewinn erhaschen, und die bessern Waaren anderer, die mit eben den Namen debitiret werden, zugleich in

1 Daneben wurde Tabak auch in ‚bleyernen Dosen' angeboten, z. B. Braunschweigische Anzeigen 8. Stück 1757, Firma Lambelet, Braunschweig.

2 Reichsanzeiger 296/1804.

Miß-Credit und Abfall bringen: So setzen, ordnen und wollen Wir gnädigst und ernstlichst, daß hinfüro alle und jede Tabacs-Fabricanten ihre Namen, mit Beyfügung des Orts wo sie wohnen, auf die Briefe setzen lassen, wogegen selbigen allerdings unverwehrt bleibt, solche Zeichen, Wapen und Benennungen, falls letztere nicht auf eine unwahre und unbillige Anpreisung der Waare abzielen, sich zu bedienen als ihnen gefällig. Es soll hierauf von denenjenigen, welchen solches von Amtswegen zustehet, fleißig geachtet, und gegen die Contravenienten mit der Confiscation und andern nahmhaften Strafen unausbleiblich verfahren werden." An diese Regelung wurde 1784 nochmals erinnert.[3]

Allerdings gibt es nicht den geringsten Hinweis darauf, dass sich Wesentliches änderte. Die wenigen erhaltenen Andruckbögen aus der Braunschweiger Waisenhausdruckerei sprechen da eine eindeutige Sprache.

Abb. 1: Siegelmarke

Quelle: NStA WF: 56 Alt 43; Die Firma Lambelet hatte ihren Sitz ausschließlich in Braunschweig.

Selbst die westfälische Verwaltung, die ja mit allerlei Seltsamkeiten aufräumte, änderte daran kaum etwas. Sie ließ wissen: „Es ist vorgekommen, daß einländi-

3 Braunschweigische Anzeigen (Br Anz) 87/1751, 4.11.1784 40 Slg 12558. Druck 1751 StA BS: G IV 2 Nr. 450f. 61. Zur Auflagenhöhe und der allgemeinen Verbreitung dieser und aller anderen regionalen Blätter vgl. Britta Berg/Peter Albrecht: Presse der Regionen Braunschweig/Wolfenbüttel, Hildesheim, Goslar. Kommentierte Bibliographie der Zeitungen, Zeitschriften, Intelligenzblätter, Kalender und Almanache sowie biographischer Hinweise zu Herausgebern, Verlegern, Druckern und Beiträgern periodischer Schriften bis zum Jahre 1815, 2 Bde. Stuttgart-Bad Cannstatt 2003. (Zugleich Bd. 3.1 und 3.2 der Reihe: Deutsche Presse. Biobliographische Handbücher zur Geschichte der deutschsprachigen periodischen Presse von den Anfängen bis 1815.)

sche Tabacksfabrikanten sich der Vignette und des Namens eines fremden auf den Packeten des von ihnen fabricirten Tabacks bedienen. Damit die Gefälle von diesem Steuer-Gegenstande gesichert werden, ist es erforderlich, daß der inländische Tabacksfabrikant, der sich der Vignette eines fremden bedient, darauf nicht allein seinen Namen drucken, sondern auch bemerken lasse, daß der Taback nach der Art des fremden fabricirt sey."[4] Aufmerksame Raucher wussten also nun was Sache war und andere konnten zumindest hoffen, Tabak nach Art der imitierten Marke zu erhalten. Doch die Herren Fabrikanten blieben wohl bei ihren Gewohnheiten. Deswegen erging knapp ein Jahr später eine weitere Mahnung an jene Fabrikanten, „welche sich zu ihrem Paquet-Toback solcher Etiketten oder Vignetten bedienen, die ausländischen ähnlich oder mit denselben übereinstimmend sind", sie sollten auf ihre Pakete „wenigstens ihren Namen oder Wohnort mit drucken [...] lassen, widrigenfalls sie es sich selbst beizumessen haben werden, wenn ihre, mit fremden Etiquetten versehnen Tobacke, ohne die Einrede der einländischen Fabriction zu berücksichtigen, gleich dem ausländischen Toback zur Versteuerung gezogen werden."[5] Etikettenschwindel war offensichtlich ein sehr ausgeprägter Brauch in der Tabakbranche, ein Brauch, der sehr lange ausgeübt wurde.

Aber Braunschweiger Tabakfabrikanten waren nicht nur Produktpiraten, teilweise wurden auch ihre ‚Briefe' von Mitbewerbern im Ausland imitiert. Sie reagierten mit der Angabe ihres Namens auf den Briefen und Hinweiszetteln mit dem Motto: ‚nur echt mit [...]'. Ein Beispiel aus dem Jahre 1789 zeigt nachstehende Abbildung.

Abb. 2: Hinweiszettel auf Nachahmungen

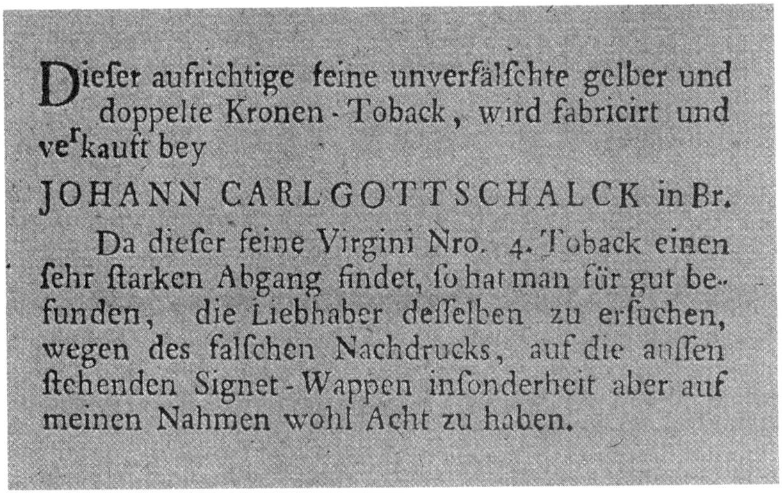
Dieſer aufrichtige feine unverfälſchte gelber und doppelte Kronen-Toback, wird fabricirt und verkauft bey

JOHANN CARL GOTTSCHALCK in Br.

Da dieſer feine Virgini Nro. 4. Toback einen ſehr ſtarken Abgang findet, ſo hat man für gut befunden, die Liebhaber deſſelben zu erſuchen, wegen des falſchen Nachdrucks, auf die auſſen ſtehenden Signet-Wappen inſonderheit aber auf meinen Nahmen wohl Acht zu haben.

Quelle: NStA WF: 56 Alt 43.

4 Br Anz 40/1811, Holzmindisches Wochenblatt 21/1811.

5 Br Anz 26/1812.

Solche Hinweiszettel lassen sich ab 1777 über die Abrechungsunterlagen der Waisenhausdruckerei nachweisen, durchaus denkbar, dass sie schon früher üblich waren. Wie sehr die Braunschweiger unter solchen Nachahmungen wirklich zu leiden hatten, ist nicht bekannt, die Grundlage sind Eigenaussagen der Fabrikanten. Vielleicht war es ja auch nur ein groß aufgezogener Werbefeldzug nach dem Motto: Was nachgemacht wird, das muss gut sein.

Abb. 3: Hinweiszettel auf Nachahmungen

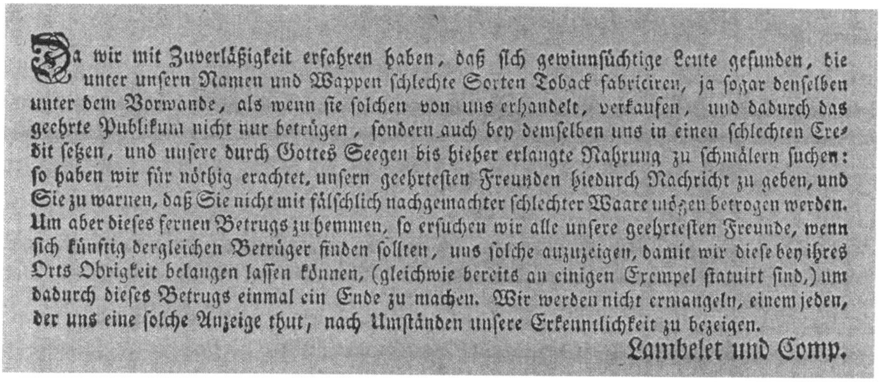
Da wir mit Zuverläßigkeit erfahren haben, daß sich gewinnsüchtige Leute gefunden, die unter unsern Namen und Wappen schlechte Sorten Toback fabriciren, ja sogar denselben unter dem Vorwande, als wenn sie solchen von uns erhandelt, verkaufen, und dadurch das geehrte Publikum nicht nur betrügen, sondern auch bey demselben uns in einen schlechten Credit setzen, und unsere durch Gottes Seegen bis hieher erlangte Nahrung zu schmälern suchen: so haben wir für nöthig erachtet, unsern geehrtesten Freunden hiedurch Nachricht zu geben, und Sie zu warnen, daß Sie nicht mit fälschlich nachgemachter schlechter Waare mögen betrogen werden. Um aber dieses fernen Betrugs zu hemmen, so ersuchen wir alle unsere geehrtesten Freunde, wenn sich künftig dergleichen Betrüger finden sollten, uns solche anzuzeigen, damit wir diese bey ihres Orts Obrigkeit belangen lassen können, (gleichwie bereits an einigen Exempel statuirt sind,) um dadurch dieses Betrugs einmal ein Ende zu machen. Wir werden nicht ermangeln, einem jeden, der uns eine solche Anzeige thut, nach Umständen unsere Erkenntlichkeit zu bezeigen.

Lambelet und Comp.

Quelle: NStA WF: 56 Alt 43.

Die Braunschweiger Tabakfabrikanten, groß und klein, passten sich den Gewohnheiten der Branche an. Sie verließen sich dabei nicht auf Hilfe durch ihre Obrigkeit, noch weniger ließen sie sich durch diese in ihrem Verkaufsgebaren beeinträchtigen. Allerdings, blieben sich die Herren Geheimräte auch treu; entgegen den sonst üblichen Gepflogenheiten wurden nur zwei ‚Marken' privilegiert, das heißt unter Schutz gestellt. Mit den vielen Mogelpackungen wollte man offensichtlich nichts zu tun haben.

Zichorienkaffee

Anders als beim Tabak, wo die führenden Firmen im ‚Ausland' zu Hause waren und die Braunschweiger Tabakfabrikanten mit erheblichem zeitlichen Abstand ihre Tätigkeit aufnahmen, ist das bei den Zichorienkaffeefabrikanten. Dies Produkt trat von Braunschweig aus seinen Siegeszug im deutschsprachigen Raum an. Zwar waren es keine Braunschweiger Untertanen, die erstmals Zichorienkaffee herstellten und darüber berichteten, aber der Major von Heine und der Kaufmann Christoph Gottlieb Förster waren es, die die Produktion im Großen aufnahmen und die Bezeichnung Zichorienkaffee zu einem Markennamen entwickelten.

Zichorienkaffee war ein gänzlich neues Produkt, für das sowohl die Rohstoffbasis als auch die Absatzseite erst erschlossen werden musste. Aus der Gartenpflanze galt es ein landwirtschaftliches Produkt zu formen. Kein leichtes Unterfangen, Bauern waren Neuerungen gegenüber recht skeptisch. Damit nicht durch Ungeschick schlechte Ernten zu beklagen waren, verteilten die Unternehmer recht großzügig genaue Anbauanleitungen und sicherten für die ‚grünen Wurzeln' einen guten Preis zu.[6] Dieser Teil war erfolgreich, soweit er die Region Braunschweig betraf. In Preußen, wo sie entsprechende Aktivitäten entwickelten, wurde statt Zichorien- Endiviensamen ausgesät, was – dies sei schon einmal hier mitgeteilt – den finanziellen Ruin dieser Firma herbeiführte.

Die Sicherung einer soliden Rohstoffbasis war die eine Seite, die dauerhafte Gewinnung von Kunden die andere. Heine und Förster waren – zumindest im Braunschweigischen – die ersten Fabrikanten, die ihre potentiellen Abnehmer über den richtigen Gebrauch ihres Produktes mittels Handzettel aufklärten. Beim Kauf eines Päckchens Zichorienkaffee gab es beim Kramer oder Hoken die Gebrauchsanweisung gleich dazu. „Von dem Gebrauch des gnädigst privilegirten vorzüglich gefundenen Braunschweig[ischen] Cichorien-Caffee."[7] So wollten sie die Gefahr abwenden, dass wegen fehlerhafter Dosierung ein missratenes Getränk auf den Tisch kam. Die Sache machte im übrigen Schule, gar manch anderer Fabrikant in der Stadt folgte ihrem Beispiel, die Palette reichte von der Waschtinktur bis hin zum Salmiak.

Als Kenner der Materie wussten sie nur zu gut, wie leicht man Zichorienkaffeemehl fälschen konnte. So stellte sich von vornherein die Frage: Wie kann man das verhindern? Wie schafft man es, dass auf dem Wege von der Fabrik bis zum Endverbraucher keine Verfälschungen erfolgen? Zichorienkaffee musste aus produktionstechnischen Gründen gemahlen abgegeben werden. Diesem Endprodukt konnten leicht allerlei Fremdstoffe – von anderen Wurzeln bis hin zu Sand – untergemischt werden, was von Normalverbrauchern kaum bemerkt werden konnte.

Zichorienmehl wurde von Heine und Förster und all ihren Nachfolgern in speziellen Tüten verkauft. Diese waren üblicherweise aus blauem Papier, einer Sorte, aus der auch Tüten für Zucker gemacht wurden.[8] Nur Bleibtreu[9] und ab 1819 nachweislich Johann Degener haben alle oder doch zumindest einige ihrer Sorten in rotem Papier verkauft. Darüber hinaus haben wohl alle Zichorienkaffeefabrikanten ihre Tüten durch speziell angebrachte Vignetten gegen ein unbemerktes Öffnen geschützt. Wobei mehrfach darauf hingewiesen wurde, dass die Packungen ‚mit doppelter Vignette' gesichert sind, also vermutlich sowohl der Boden als auch die Spitze ohne Beschädigung dieser Marke nicht geöffnet werden

---

6 1771 Niedersächsisches Staatsarchiv Wolfenbüttel (NStA WF): 2 Alt 14037.

7 Br Anz 88/1771. Zu Einzelheiten vgl. Peter Albrecht: Die Förderung des Landesausbaues im Herzogtum Braunschweig-Wolfenbüttel im Spiegel der Verwaltungsakten des 18. Jahrhunderts (1671-1806). Braunschweig 1980, S. 529-537.

8 Stadtarchiv Braunschweig (StA BS): G IV 2: 442 (1771), G IV 2: 443 (1772). Zur Herstellung dieses ‚blauen Zuckerpapiers' siehe Handlungs-Zeitung 5. Jg. (1788), S. 232.

9 Braunschweigische Zeitung für Städte, Flecken und Dörfer, insonderheit für die lieben Landleute Alt und Jung (genannt Rothe Zeitung) RZ 17/1800.

konnte.[10] Bei den größeren Firmen waren sie mit der Bezeichnung des Kaffees, meist eingebettet in eine firmeneigene Vignette, und mit dem Namen des Herstellers bedruckt. Einige, die sich als Belegexemplar in den Rechnungen der Braunschweiger Waisenhausdruckerei erhalten haben, seien hier abgedruckt.[11]

Abb. 4: Vignetten einer Zichorienkaffeefirma

Quelle: NStA WF: 56 Alt 43.

Heine und Förster gelang es bereits 1769, also kurz vor der Aufnahme der eigentlichen Produktion, den obrigkeitlichen Schutz für diese Marke zu erlangen.[12]

Abb. 5: Marke der Zichorienkaffeefirma Heine & Förster

Quelle: NStA WF: 40 Slg 10033.

---

10 Han Anz 77/1773.

11 NStA WF: 56 Alt 44. StA BS: G IV 2:443.

12 1769, 1770 NStA WF: 40 Slg 10033, 40 Slg 10068. Umfangreiche Druckaufträge (insgesamt mindestens 44 Buch) für dies Privileg: StA BS: G IV 2:441.

Diese sehr auffällige Vignette war bald einigen Missinterpretationen ausgesetzt. Christoph Gottlieb Förster als Mitinhaber führte in seinem später erschienen Buch dazu aus: „Hierauf wurde die auf dem Titelblatt befindliche Vignette von uns vorgeschlagen und genehmigt. Sie stellet einen Deutschen vor, welcher Cichoriensamen säet, und die Schiffe, welche von den in der Entfernung liegenden Inseln ihm Caffee zu führen, mit den Worten zurück weiset: ohne euch gesund und reich. Da einige diese Sinnbild unrecht verstanden, so muß ich hier anführen, daß der Deutsche, welcher Cichorien säet, nicht die Entreprenneurs, sondern die ganze deutsche Nation vorstellet, und von dieser auch die Worte: gesund und reich zu verstehen sind.“[13] Es handelt sich, das sollte hier nochmals herausgehoben werden, eindeutig um die originellste jemals im Herzogtum bis zur Mitte des 19. Jahrhunderts geschützte Marke. Ihr Aufmerksamkeitswert war ohne Frage hoch, was unter anderem auch die originelle Missinterpretation beweist. Vermutlich war mit diesem privilegierten Zeichen auch die Packung bedruckt, so dass die Fabrikanten im Herzogtum, aber auch in befreundeten Ländern vor Nachahmern geschützt waren.

Produktbezeichnung – Produktdifferenzierung

Zunächst galt es einmal, die Namen Zichorienkaffee bekannt zu machen. Der erste gewerbliche Anbieter von Kaffee aus Zichorien in Braunschweig, der Apotheker Johann Philipp Sander, verkaufte ihn unter den Namen ‚Wurzelkaffee'.[14] Erst Heine und Förster machten den Namen ‚Zichorienkaffee' wirklich bekannt. Die Bezeichnung ‚Braunschweiger Cichorien-Caffee' ist im ‚Ausland' erstmals für das Jahr 1772 nachweisbar.[15] Mehrere Kaufleute in Bremen boten noch 1796 ausdrücklich Braunschweiger Zichorienkaffee mit Zusätzen wie ‚ächter', ‚aufrichtiger' und ‚reinschmeckender' an.[16]

Zur Zeit der Braunschweiger Frühjahrsmesse findet sich 1790 folgende kleine Anzeige: „Bei dem Kaufmann Hrn. J[ohann] H[einrich] Grassau, ist deutscher Kaffee, der auch ohne Zusatz von andern Kaffee angenehm zu trinken ist, Cichorien-Kaffee bester Güte, [...] in guten Preisen zu kaufen.“[17] Was es mit dem neuen ‚Deutschen Kaffee' auf sich hat, das konnte man im Herbst des Vorjahres genauer erfahren. „Der Kaufmann Herr J. H. Grassau macht hiedurch bekannt, daß er von der neuen Cichorien-Erndte, einen Cichorien-Kaffee bereiten wird, der ohne Hin-

13 Christoph G. Förster: Christoph Gottlieb Försters Geschichte von der Erfindung und Einführung des Cichorien Caffees. Bremen 1773, S. 51.

14 Br Anz 17/1768, 86/1768, 12/1770, 98/1772, 62/1773, 61/1774, 62/1774, 68/1774, 9/1775, 73/1781. Frankfurter Ober-Post-Amts Zeitung 7/1782. Hamburgischer unpartheyischer Correspondent (HuC) 54/1798.

15 Han Anz 48/1772, 60/1772, 73/1772, 75/1772, 97/1772, 9/1773, 33/1773, 76/1773, 77/1773, 78/1773, 91/1773, 91/1773, 3/1774, 4/1774, 33/1774, 24/1775.

16 Bremer Wöchentliche Nachrichten 34/1796, 36/1796, 40/1796, für Peine Han Anz 17/1790.

17 Br Anz 9/1790, 10/1790, 11/1790, 24/1790, 61/1790, 62/1790, 63/1790.

zuthuung von andern Kaffee mit Wohlgeschmack getrunken werden kann, Proben von 4 Loth sind davon bei ihm zu haben; beliebige Bestellungen hiervon können aber nicht früher als im September abgeliefert werden, weil die Verfertigung des Kaffees von solcher Güte, bloß auf die Zubereitung beruhet, welche ohne Zusatz fremder Sachen geschiehet. [...] Die bisher bekannte Sorte Cichorienkaffee ist bei demselben in bekannter Güte und billigen Preis zu haben. Derselbe empfiehlt sich zu vielen Aufträgen in den verlangenden Sorten.“[18] Geschickt wie Grassau war, informierte er über die richtige Anwendung seines neu erfundenen Kaffees mittels einer Beilage zu den Braunschweigischen Anzeigen, der er den Titel gab: „Ueber Cichorien-Kaffee von J. H. Grassau.“ Was seinen Mitbewerber, Ludwig Otto Bleibtreu, veranlasste, seinerseits mit einer entsprechenden Beilage zu antworten, in der er sich dagegen verwahrte, dass dieser neue Kaffee besser als seine eigenen Produkte sei.[19] Das mag sogar gestimmt haben, doch auch er erkannte bald den Vorteil, der sich ergibt, wenn man zwei Sorten zu unterschiedlichen Preisen anbietet. Es dauerte nur wenige Jahre, und fast alle Zichorienkaffeehersteller, die im Braunschweigischen wie auch die im ‚Ausland', hatten zwei Sorten im Angebot und zahlreiche übernahmen auch gleich noch die Sortenbezeichnung. So wurde nach relativ kurzer Zeit ‚Deutscher Kaffee' das Synonym für guten Zichorienkaffee.

Spätestens 1796 fügte Grassau seinem Sortiment eine weitere Sorte hinzu, und zwar „ganz feiner Cichorien Caffee, oder Gesundheitscaffee“.[20] Auch diesmal dauerte es nicht lange, bis die Konkurrenz nachzog. So inserierte Friedrich Julius Stargardt „Gesundheits-, teutscher, wie auch Zichorien-Kaffee, sämtlich gut zubereitet“. Die führenden Braunschweiger Zichorienfabrikanten boten nun alle drei unterschiedliche Qualitäten zu unterschiedlichen Preisen an, d.h. ihnen war es gelungen, den Gesamtmarkt in drei Teilmärkte zu spalten und so insgesamt zu höheren Erlösen und sicherlich auch zu höheren Gewinnen zu kommen. Auch wenn in Schedels Waaren-Lexikon nur von zwei Sorten die Rede ist, die Anklänge an die Braunschweiger Verhältnisse sind offenkundig: „Man liefert diesen Artikel in zweierlei Sorten, nämlich unter den Namen des deutschen Caffee oder des extrafeinen Cichorien- oder Gesundheitscaffee zum Handel.“[21]

---

18 Br Anz 61/1789, 62/1789.

19 Beilagen vorhanden in dem Exemplar der Br Anz in der Universitätsbibliothek Braunschweig.

20 Philip C. Ribbentropp: Braunschweiger Meß- und Kaufmanns Calender auf das Schaltjahr 1796. Braunschweig 1796, S. 78.

21 Johann Christian Schedels neues und vollständiges, allgemeines Waaren-Lexikon [...], 1. Theil, 3. Aufl., Offenbach 1800, S. 22.

Abb. 6: Vignette einer Zichorienkaffeefirma

Quelle: NStA WF: 56 Alt 43.

Lästig oder doch zumindest störend war, dass die teueren Sorten immer noch unter dem offensichtlich nicht sehr guten Image des ‚einfachen' Zichorienkaffees zu leiden hatten. Doch auch hier gab es einen Ausweg. Als erster beschritt ihn der Braunschweiger Kaufmann Heinrich Friedrich Wieduwilt. Er inserierte 1808: „Neuer Westphälischer Caffee, welcher den bisher gemachten sehr übertrifft, und der Gesundheit sehr zuträglich ist, wie auch rein und gut von Geschmack, weil von 2 Lot ohne Zusatz von ausländischen Caffee oder Cichorien 10 Tassen starken Caffe machen kann, der Preis ist [...]."[22] Ohne Frage, den guten Zichorienkaffee – halt diesen Westphälischen – konnte man nicht durch den Zusatz von einfachem Zichorienkaffee verbessern, wohl wahr. Nur, die Bestandteile dieses neuen Kaffees waren Betriebsgeheimnis, wurden also auch vor den Käufern verborgen. Auch dieser Schachzug fand bei den Mitbewerbern Anklang. So ‚erfand' 1808 Friedrich Dieckmann, Chirurg in dem Braunschweigischen Ort Hessen, einen ‚National-Caffee', der in der Stadt in Kommission bei Franz Biancone zu erhalten war.[23] Johann Georg Bosse kreierte einen ‚Continental-Caffee'[24], wobei diese Bezeichnung auch von dem Fabrikanten Johann Andreas Pilß [auch Pilz geschrie-

[22] Br Anz 20/1808, 22/1808 (Nussbaum) 23/1808, 24/1808 (Friesenstraße) 61/1808, 62/1808, 10/1809.

[23] Br Anz 86/1808, 89/1808 Sp. 3294f., 3278, 92/1808, 9/1809, Marke NStA Wf: 56 Alt 44.

[24] Br Anz 49/1812, 51/1812, 52/1812, Han Anz 52/1812, 53/1812, 55/1812.

ben] verwandt wurde.[25] In Helmstedt traten der Domänenpächter Professor Doktor Friedrich Carl Gustav Gericke und der Wirt des Gesundbrunnens, Karl Borcherdt, mit einem ‚Nordischen Kaffee' hervor.[26]

Ludwig Otto Bleibtreu, der Inhaber der führenden Fabrik für Zichorienkaffee, ‚erfand' 1811 einen ‚Café du Continent'.[27] Er durfte diesen dank guter Verbindungen zu Entscheidungsträgern der neuen Westphälischen Regierung in Kassel mit dem Staatswappen schmücken. Dass es mit Wahrheit und Klarheit bei der Bezeichnung von Produkten nicht sehr genau zuging, darauf wurde schon mehrfach hingewiesen, der Bereich Zichorienkaffee machte da keine Ausnahme. So beschwerte sich auch Bleibtreu öffentlich: „Es haben nicht allein mehrere, den von mir erfundenen inländischen Kaffee dem äußeren nach, nachgemacht, sondern man hat sogar meinen Nahmen gemißbraucht, was mich daher veranlasst, das handelnde Publikum wiederholt darauf aufmerksam zu machen, daß derselbe nur allein ächt bei mir unter dem Nahmen: Café du continent zu haben, und daß das Geheimniß der Zubereitung ausschließlich mein Eigenthum ist. Ludwig Otto Bleibtreu."[28] Als dann einer seiner Mitbewerber, der Kaufmann Ernst Haase[29], sowohl Produktnamen als auch Staatswappen einfach übernahm und zu allem Überfluss auch noch den Vermerk ‚Le vente seulement' [Alleinverkauf] auf die Packungen drucken ließ, startete Bleibtreu eine Kampagne, deren Ziel es war, die gesamte Aufmachung, also Namen, Text und Staatswappen, für sich exklusiv geschützt zu erhalten. Der Streit wurde von vornherein auf zwei Ebenen ausgetragen: Mit Eingaben an die Obrigkeit und mit Annoncen in den Braunschweigischen Anzeigen. Es ging also nicht **nur** um eine Rechtsfrage, sondern auch um das Image der beiden beteiligten Unternehmen. So etwas hatte es vorher im Braunschweigischen in dieser Form noch nicht gegeben. Dies war qualitativ etwas ganz anderes als die bis dahin üblichen gegenseitigen Verdächtigungen, die nach den Regeln für Beleidigungen ausgehandelt wurden. Am Ende musste sich Bleibtreu damit begnügen, dass ihm exklusiv die Nutzung des Staatswappens im Zusammenhang mit seinem ‚Café du Continent' zugesprochen wurde. Ob dieser ‚Teilsieg' den erhofften wirtschaftlichen Erfolg gebracht hätte, kann nicht gesagt werden, da das Königreich Westphalen nur noch wenige Monate bestand. So wurde dann auch aus dem Westfälischen Cafe der Firma Johann Julius Degener der ‚Germanische Cafe', ebenso wandelte sich der ‚Continental-Caffee' in einen ‚Germanischen'. Vom ‚Café du Continent' hörte man auch nichts mehr.[30]

---

25 Br Anz 62/1812.

26 Helmstädtisches Wochenblatt 50/1811.

27 Bleibtreu Br Anz 44/1811, 59/1811, 60/1811, 84/1811, 8/1812 Sp. 315, 320, 9/1812, 61/1812, 62/1812, 63/1812, 65/1812, 67/1812, 68/1812, 9/1813, 10/1813, 56/1813, Westphälischer Moniteur 110/1811, 181/1813, HuC 1.6.1811, 114/1813, StA BS: H VIII A 370, H VIII A 1172 (Franquet). Verkauf in Hannover: Han Anz 25/1812, 26/1812, 31/1812, 43/1812, 46/1812, 47/1812 (2 Anzeigen), 67/1812, 68/1812, 90/1812.

28 Br Anz 61/1812, 62/1812, 63/1812.

29 Br Anz 90/1812, 91/1812, 11/1813, 23/1813, 24/1813, 61/1814, 62/1814; RZ 93/1812.

30 NStA WF: 56 Alt 44.

Abb. 7: Zwei Vignetten und Gebrauchsanweisung einer Zichorienkaffeefirma

Anweisung

zum Gebrauche

des

germanischen, vormals Continental-Caffee.

Zu einer Portion von drei Tassen nimmt man von diesem Caffee ein Viertel Loth, und will man denselben dem Indischen Caffee am Geschmack fast gleich haben, so darf man nur von letzterm drei bis vier Bohnen darunter mischen, und ihn wie gewöhnlich kochen.

Aber auch ohne diesen Zusatz wird man ein angenehmes wohlschmeckendes Getränk daran finden, weil bei dessen Anfertigung die größte Reinlichkeit beobachtet wird, und die Bestandtheile nur aus solchen Sachen bestehen, die der Gesundheit nur zuträglich, keineswegs aber nachtheilig sind, und jeder ärztlichen Prüfung unterworfen werden können.

Nur allein ächt zu haben in der Fabrik von

Joh. Julius Degener,

Scharrnstraße Nro. 753.

Quelle: NStA WF: 56 Alt 43.

Über die beste Sorte wurden aber auch die anderen nicht vergessen und kreativ vermarktet. Angeboten wurden zum Beispiel: Feiner Gesundheits-Caffee, Ganz feiner Cichorien Kaffee, Feinster Cichorien-Caffee, Extra feiner Deutscher Gesundheits-Caffee, Café de Santé – Health Coffee, Ganz feiner deutscher Caffee, Beste und feinste Sorte Cichorien Caffe.

Worin bestanden denn nun aber die wirklichen Unterschiede zwischen den Sorten? Das wurde bei einer Untersuchung, welche auf Veranlassung der Fürstlichen Polizeidirektion 1814 innerhalb der Stadt Braunschweig durchgeführt wurde, recht deutlich und überraschte schon damals die Untersuchungsführer. Er bestand im Wesentlichen in den unterschiedlichen Anteilen von Sand und Lehm am Produkt. Dieser schwankte bei der einfachen Sorte Zichorienkaffee, die von 10 verschiedenen Firmen genauer untersucht wurde, von knapp 6 bis zu gut 19 Prozent. Bei den feinen Sorten – also den Germanischen Café usw. – fanden sich dagegen nur wenig Erdanteile.

Genaueres ergab dann noch die Vernehmung aller in Braunschweig tätigen 18 Zichorienmüller. Der eigentliche Unterschied bestand darin, (1) ob man die frischen Wurzeln vor dem Darren durch Waschen reinigte oder nicht und (2) ob man die gedarrten Wurzeln vor dem Mahlen siebte oder nicht. Üblicherweise ergab das drei bis vier verschiedene Sorten, auch wenn einzelne Firmen mehr Sorten im Angebot hatten. Lehm oder Sand würde nicht extra zugefügt, gebräuchlich sei dagegen, alles durch die Darre Gefallene aufzufegen, also von den kleinen Stücken bis hin zu der Erde, und dieses Fegegut mit größeren Stücken zusammen zu mahlen. Dann kam noch heraus, dass es besonders beim ‚Deutschen Kaffee' häufig üblich sei, Runkelrüben zuzusetzen. Manche fügten auch etwas Butter hinzu, damit der Kaffee eine schöne braune Farbe erhalte. Die Firma Johann Andreas Pilz mischte ihren Produkten als einzige auch noch Kakaobohnen und Nelken bei. Auch dies erstaunlich, denn eigentlich waren seit 1788 Zusätze wie Möhren, Runkelrüben, Pastinaken und ähnliche Dinge verboten.[31] – Aber halt nur beim Zichorienkaffee – nicht beim Deutschen Kaffee!

Interessant, wie die Polizeidirektion 1816 diese Affäre beurteilte: „Es besteht nicht zu befürchten, daß durch die Verschlechterung des Cichorienpulvers mit Zusätzen von erdigen Theilen, so einige Fabricanten vornehmen könnten oder vorgenommen haben mögten, der Kauf des hiesigen Cichorien im allgemeinen leiden könne, indem jeder Cichorienfabricant seinen Namen auf die Pakete setzet, und nicht etwa solche gleich dem Hopfen, unter dem allgemeinen Namen Braunschweigisch verkauft werden. Ein Cichorienfabricant, der dergleichen fremdartige Zusätze macht, schadet sich vielmehr nur allein, indem er durch seine Betrügereien veranlasset, daß bey Entdeckung des Betruges sich die Käufer von ihm und an andere Fabricanten wenden. Es wird in dieser Hinsicht also zu Erhaltung des guten Credits der hiesigen Cichorien Fabrikanten kein öffentlicher Schritt nöthig seyn." Allerdings, vorher hatten die Herren sich versichern lassen, dass Lehm und Sand als Zusätze gesundheitlich unbedenklich seien. Und wie hatte einer der beschuldigten Fabrikanten ausgesagt: Solch ordinärer mit Lehm versetzter Zichorienkaffee ginge nur ins Ausland, insbesondere nach dem Erzgebirge. Von dort

[31] 1786 NStA WF: 40 Slg 12387, 1788 111 Neu 2884. Br Anz 5/1783, 95/1803. Johann S. Ersch/Johann G. Gruber (Hg.): Allgemeine Encyclopädie der Wissenschaften und Künste: mit Kupfern und Charten, Theil 17: Chiococca-Claytonia. Leipzig 1828, S. 244.

würde solcher Kaffee direkt verlangt. Das mit dem billigen Kaffee mag bei der sprichwörtlichen Armut in dieser Region schon stimmen, aber ob sie wirklich von dem Anteil von knapp 6 bis zu gut 19 von Hundert Erde wussten?[32]

Die Regierung schloss sich im übrigen nicht der Meinung des Polizeiamtes an, sondern verordnete:

„Es sollen sämmtliche Cichorien-Fabrikanten vorgefordert und ernstlich verwarnt werden, sich aller Verfälschung oder Beimischung fremdartiger Theile zum Cichorien-Mehl zu enthalten, wobei auch besonders als Verfälschung angenommen werden soll, wenn das, durch die Darre gegangenen sogenannte Malz, nicht zuvor von den darunter befindlichen Erd-Theilen, mittelst eines Siebes, gänzlich gereinigt wird, und soll denselben dabei eröffnet werden, dass gleich der erste, nach dieser geschehenen Warnung entdeckte Verfälschung des Chicorien-Mehls, neben der Confiscation sämtlicher verfälschten Vorräthe, der Verlust der Concession zur unausbleiblichen Folge haben werde."

Die Zichorienmüller wurden eidlich verpflichtet, Verfälschungen zu melden und der Polizeidirektion und dem Obersanitäts-Kollegium aufgetragen, von Zeit zu Zeit gemeinsame Untersuchen anzustellen.[33]

Als Zwischenergebnis kann festgehalten werden, dass Zichorienkaffee von Anfang an als Markenartikel eingeführt wurde. Alle als typisch angesehene Merkmale trafen auf dieses Produkt zu: (1) Der Hersteller übernimmt Verantwortung für das Produkt vom Verlassen seiner Fabrik bis hin zum Haushalt des Endverbrauchers, (2) das Produkt ist durch Namen und/oder andere firmenbezogene Merkmale eindeutig dem Hersteller zuordenbar, (3) das Produkt ist durch geeignete Verpackung vor Fremdeingriffen geschützt, (4) der Fabrikant müht sich unter Zurückdrängung des Zwischenhandels eine gefestigte Beziehung zwischen Hersteller und Verbraucher herzustellen. Den führenden Braunschweiger Zichorienfabriken gelang das gegen Ende des 18. Jahrhunderts in geradezu vorbildlicher Weise. Das war nicht selbstverständlich.

Noch in einem weiteren Zusammenhang waren Heine und Förster innovativ. Zur Sicherung ihres Absatzes errichteten sie nachweislich in Andreasberg, Braunschweig, Blankenburg, Bremen, Celle, Hannover, Hasselfelde, Hildesheim, Holzminden, Markoldendorf, Quedlinburg, Rehburg, Seesen und Sondershausen Depots.[34] Das war wirklich nicht neu. Neu war allein, dass sie dies öffentlich machten und zu Werbezecken einsetzten. So drängten sie zum einen die Rolle des örtlichen Einzelhändlers, damals im Braunschweigischen Kramer oder Hoke genannt, zurück, zum anderen demonstrierten sie so die Verbreitung ihres Produktes und damit auch die Bedeutung ihrer Firma.

Heine und Förster waren überaus innovative Unternehmer. Sie konzentrierten sich auf ein Produkt, entwickelten eine auch im Großen anwendbare Produktionstechnik und gingen neue Wege sowohl zur Sicherung der Rohstoffbasis, als auch

32 Zur ganzen Affäre vgl.: NStA WF: 133 Neu 470 und 111 Neu 2894.

33 NStA WF: 111 Neu 2894.

34 Br Anz 88/1771, 99/1771, vgl. auch 1772 ‚Zweytes Avertissement' StA BS: G IV 2: 433.

des Absatzes ihres Produktes, des Zichorienkaffees. Sie waren, soweit feststellbar, innerhalb der Stadt Braunschweig die ersten Unternehmer, die alle Bereiche ihres Gewerbes planvoll aufeinander abstimmten, dabei neue Wege einschlugen und die Öffentlichkeit sehr weitgehend daran teilhaben ließen. Dies alles recht erfolgreich, nur nicht für ihr eigenes Unternehmen, das bald in Insolvenz ging, sondern für die einige Jahre später sich rasant entwickelnde Braunschweigische Zichorienkaffeefabrikation, die mehrere Jahrzehnte als führend im deutschen Sprachraum galt.

Chemische Fabrik Gebrüder Gravenhorst

Die Brüder Johann Heinrich und Christoph Gravenhorst waren Inhaber einer Chemischen Fabrik in Braunschweig, in Publikationen aus dem Bereich Chemie- und Pharmaziegeschichte wird sie oft als erste chemische Fabrik überhaupt im deutschen Sprachraum bezeichnet. Hergestellt wurden im wesentlichen Salmiak [ab 1762], Braunschweigischer Rother Alaun [ab 1767], Braunschweigisch Grün [ab 1767] und Glaubersalz [ab 1769]. Keines dieser Produkte wurde von ihnen erfunden. Ihre Leistung bestand darin, jeweils eine fabrikmäßige Technologie entwickelt und einsatzreif gemacht zu haben, die eine Herstellung dieser Produkte in großer Reinheit ermöglichte.[35] Hier soll aber allein die Vermarktung interessieren, auch auf diesem Gebiet waren die Brüder recht innovativ.

Dabei standen sie gleich vor einer ganzen Reihe von Problemen. Einmal erforderte die Produktion eine gewisse Mindestgröße, zum anderen war für die so anfallenden Produktionsmengen der einheimische Markt viel zu klein. Weiterhin musste für die Produkte erst ein Bedarf erzeugt werden, da weder deren Anwendung noch deren Einsatzgebiete einem größeren Kreis von Menschen bekannt waren. Sie bedienten sich dazu der zeitgenössischen Presse, allerdings auf eine sehr ungewöhnliche Weise. Nicht Anzeigen schalteten sie – dies zwar auch, aber nur zur Mitteilung, wo man ihre Produkte kaufen könne, – sondern sie schafften es, ihre Produktwerbung überaus geschickt in Artikeln allgemein aufklärenden und belehrenden Charakters zu verstecken. Durch ihren langjährigen Umgang mit Leuten, die sich selbst als Aufklärer verstanden, kannten sie sich in den Gepflogenheiten dieser Kreise gut aus, so dass sie es geschickt verstanden, jene Grenze nicht zu überschreiten, an denen die Artikel als reine Werbung zurückgewiesen worden wären. So erschienen in den Gelehrten Beyträgen zu den Braunschweigischen Anzeigen zwischen 1762 und 1782 allein 18 Beiträge im Umfang von 130 Druckseiten im Quartformat, die sich direkt oder indirekt mit Produkten der Gebrüder befassten.[36] Und nicht nur dort wurden sie gedruckt, bei anderen Re-

---

35 Johann Beckmann: Beyträge zur Geschichte der Erfindungen, Bd. 5. Leipzig 1805, S. 254-285, Verweis auf Gravenhorst S. 285.

36 Gelehrte Beyträge zu den Braunschweigischen Anzeigen (GB): als Anlage zu 64/1762 (Anmerkungen über den rothen Allaun und Salarmmoniac...), 60/1766, S. 473-488, 96/1766 Sp. 769-776, 25/1767 Sp. 193-196, 64/1767 Sp. 501-508, 10/1768 Sp. 73-80, 83/1768 Sp. 673-680, 8-10/1769 Sp. 57-88, 15/1770 Sp. 113-120, 61/1770 Sp. 481-488, 8/1771 Sp. 49-94, 61-

cherchen sind mir so nebenbei über 50 Abdrucke aufgefallen. Wahrlich ein gewaltiger Erfolg.

Die Anlage der jeweiligen Grundartikel war immer gleich, sie sei hier am Glaubersalz verdeutlicht: „Nachricht an das Publikum: das Sal mirabile Glauberi oder Glaubersche Wundersalz, sonderlich dasjenige, welches allhier zu Braunschweig in der Gravenhorstschen Fabrik verfertiget wird, betreffend. Entworfen von den Gebrüdern Gravenhorst“, Erstdruck 1769 in den Gelehrten Beyträgen zu den Braunschweigischen Anzeigen. Auf 16 Quartseiten wird in der Form eines Lexikonartikels das ganze Wissen der Zeit, von der Produktion bis hin zur Anwendung, ausgebreitet, Lehrmeinungen durchaus eingeschlossen. Hier ist nicht der Ort, darauf näher einzugehen. Erwähnenswert aber, wie diese Sachinformationen in Eigenwerbung eingekleidet wurden. So der Beginn: „Wir haben bereits drey unserer Fabrik-Produkte, ihren Eigenschaften nach, vermittelst gedruckter Nachrichten umständlich und deutlich beschrieben [...] Eine umständliche öffentliche Nachricht von dem vierten unserer Fabrik-Produkte, so wir bis hieher ins Publikum haben gelangen lassen, nemlich von dem Sale mirabile Glauberi, ist annoch zurück: und wir schmeicheln uns, daß es dem Publiko wenigstens nicht unangenehm seyn werde, wenn wir selbigen durch einige Nachrichten von diesem Salze in diesen Blättern nützlich zu werden suchen. Die **Zubereitung** der Salzart wovon wir allhier handeln wollen, ist schon seit geraumer Zeit allen Chymisten bekannt gewesen. [...] **Wir** können uns daher in dieser Sache nichts weiter zueignen als **die Entdeckung** eines nähern Weges, nach welchem wir im Stande sind, dem Publiko das Salz um einen sehr geringen Preis, und gleichwohl vollkommen rein, auch in beliebiger Menge, in die Hände zu liefern; da man es vorhin unter die **kostbaren** Salze zählen mußte.“ Nun folgen wie schon erwähnt, längere Ausführungen, natürlich nicht zum eigentlichen Ablauf des Produktionsprozesses in der Fabrik, dafür um so mehr über die Anwendung von Glaubersalz. Erst auf Seite 16 geht es wieder näher um die Firma. Einige Zeilen aus dem Schlussabschnitt: „Vermuthet man, wir möchten die gegenwärtige Nachricht unserer Vortheile wegen entworfen haben; so wollen wir zwar diese Meynung nicht bestreiten: hoffentlich werden aber auch einige unserer Leser, wenigstens diejenigen die uns kennen, unsere Gedanken für aufrichtig halten, indem wir anzeigen; wie wir wünschen, daß unsere Arbeit doch zugleich auch dem Publiko Nutzen schaffen möchte! Es zielet dieser unser wohlgemeynter Wunsch nicht blos auf den gegenwärtigen schon entdeckten, sondern vielmehr zugleich auf einen zukünftigen durch neue Versuche u. Entdeckungen vergrösserte Nutzen. Und da wir mit Vergnügen erfahren haben, wie eine große Anzahl berühmter sowol einheimisch- als auswärtiger Aerzte u. Chemisten, uns, unserer in das Publikum gebrachter Produkte wegen, gewogen geworden sind; so können wir auch an der Gewärung unseres Wunsches wenig zweifeln.“ Dies galt der Zunft der Chemiker, Ärzte und Apotheker,

---

62/1771 Sp. 481-496 , 24-26/1772 Sp. 185-208, 39/1772 Sp. 205-212, 23-24/1773 Sp. 177-192, 25-26/1773 Sp. 193-206, 21/1780 Sp. 157-168, 5/1782 Sp. 33-40. Vgl. auch Hinweise auf Anwendungen in Br Anz 64/1762, 10/1763, 9/1766, 60/1766, 84/1766, 98/1766, 101/1767, 77/1771, 64/1786.

das Allgemeinwohl ward aber auch nicht vergessen: „Ist das Sal mirabile Glauberi in Wahrheit ein heilsames Mittel wider viel Gebrechen des menschlichen Körpers; wie man denn nicht in Abrede seyn wird; so gewinnet die Armuth offenbar am mehresten bey der Sache. Denn wie oft ist nicht der arme Mann der Hülfe gänzlich beraubt; blos deswegen, weil die ihm dienlichen Arzeneyen für ihn zu kostbar sind. Unser Salz verkaufen wir hingegen um einen so geringen Preis, daß man die Kosten eines solchen Quanti davon, als man gewöhnlich nur benöthiget ist, beynahe für nichts schätzen kan. Auch die Menschenliebe wird daher bey rechtschaffenen Aerzten einen Bewegungsgrund abgeben; um dieses heilsame Mittel immer mehr in Aufnahme zu bringen, und allgemein nützlicher zu machen."[37] Das Gesamtkonzept der Vermarktung der Gebrüder Gravenhorst war im Übrigen überaus erfolgreich.

Abb. 8: Firmenwerbung

Gelehrte Beyträge

zu den

Braunschweigischen Anzeigen.

8tes Stück.

Sonnabends, den 28. Januarii, 1769.

Nachricht an das Publikum: das Sal mirabile Glauberi oder Glaubersche Wundersalz, sonderlich dasjenige, welches allhier zu Braunschweig in der Gravenhorstschen Fabrik verfertiget wird, betreffend.

Entworfen von den Gebrüdern Gravenhorst.

Wir haben bereits drey unserer Fabrik-Produkte, ihren Eigenschaften nach, vermittelst gedruckter Nachrichten umständlich und deutlich beschrieben. Das erste war umständliche öffentliche Nachricht von dem vierten unserer Fabrik-Produkte, so wir bis hieher ins Publikum haben gelangen lassen, nemlich von dem *Sale mirabile Glauberi*, ist annoch zurück:

Quelle: Gelehrte Beyträge zu den Braunschweigischen Anzeigen, 8. Stück 1769.

37 GB 8-9. Stück 1769, Zitate Spalten 57, 58, 88. Hervorhebungen im Original.

Ein Beispiel für viele. So berichten die in Hamburg erscheinenden Gemeinnützigen Nachrichten 1768: „Wir wären ungerecht gegen unsere Leser, wenn wir ihnen nicht meldeten, daß die Herren Gebrüder **Gravenhorst** in Braunschweig, dem Publiko, zu den billigsten Preisen, den feinsten und alle chymische Proben aushaltenden Salmiak, und ein höchst reines Glauberisches Wundersaltz liefern, Produkte, welche diese Kaufleute auf ihre Rechnung durch die Kunst verfertigen lassen, und die in Russland, England, Holland, Deutschland u.s.w., alle Vorurtheile überwunden haben, die man gegen sie gefasst hatte. Den Salmiak durch die Kunst reiner als den egyptischen zu verfertigen, und ihn weit wohlfeiler überlassen zu können, ist das Geheimniß dieser Herren: wer sich von der Wahrheit desselben völlig überzeugen will, wendet sich mit seinen Briefen gerade an die selbst. Bisher kostete ein Pfund dieses Salmiaks 20 ggr [Gute Groschen], aber um mehrere Bekanntschaft zu erlangen, haben sie den Preis desselben noch mehr verringert. Der Arzt, der Chymist, der Künstler (usw) werden diesen Salmiak überall mit mehrerem Vortheil anwenden, als sie bisher den Egyptischen zu nutzen gewohnt waren.“[38]

Wie schon bei den Zichorienkaffeefabrikanten war es nicht eine einzige Maßnahme, die den langfristigen Erfolg sicherte, sondern ein ganzes Bündel aufeinander abgestimmter Aktivitäten. So gab es über die Artikel der Gebrüder Gravenhorst stets Sonderdrucke, welche großzügig an die Kunden verteilt wurden. Die Auflagen lagen in der Regel zwischen 500 und 6.000 Stück je Druckauftrag. Die Gebrüder waren gute Kunden der hiesigen Waisenhausdruckerei.[39]

Wie nicht anders zu erwarten, unterhielten sie in diversen Städten auch Depots. Wo genau, kann wegen der fehlenden Geschäftsunterlagen nicht gesagt werden, durch Zufallsfunde lassen sich solche jedoch für Hannover, Hamburg und Frankfurt am Main eindeutig belegen.[40] Für Göttingen liest sich das so:

> „Die Gebrüder Gravenhorst in Braunschweig machen hiemit bekannt, wie sie nunmehr besorgt haben, und auch künftig dafür sorgen werden, daß das geehrte Publicum ihren Salmiak, Braunschweigisches Grün und Glauberisches Wundersalz, nicht weniger alle ihre übrigen Fabrikproducte, die sie jetzt öffentlich verkaufen, namentlich den rothen Alaun, das mineralische alcalische Salz, das geläuterte Braunschweigische Grün, und die medicinische Seife, Sapo vegeromineralis genannt, sowohl in Partheyen als bey Kleinigkeiten, auch in Göttingen, und zwar bey dem Kaufmann Johann Peter Dumont, aufrichtig habhaft werden können: wie denn auch ihre gedruckten Nachrichten eben daselbst zu haben sind. Die Preise der Producte können zwar in Göttingen, der Transportkosten und des schwerern Gewichts wegen, den Braunschweigischen Preisen nicht gleich gestellt werden: jedoch werden selbige daselbst gewiß billig seyn.“[41]

Werbetechnisch waren die Gebrüder im Übrigen so erfolgreich, dass noch heute die Encyclopädia Americana das Stichwort ‚Brunswick Green' verzeich-

---

38 Gemeinnützige Nachrichten 51. St. (16.12.1768). Hervorhebung im Original.

39 StA BS: G IV 2:433, 436, 439, 440, 443, 444.

40 Altona: Altonaischer Mercurius 178/1772; Hamburg: Hamburgischer Relations Curier 53/1772, Frankfurt am Main: Staatsristretto 61/1781.

41 Han Anz 42/1774.

net.[42] Schon am Ende des 18. Jahrhunderts deutete sich an, dass aus der Firmenmarke eine Sortenbezeichnung wird. Ein – wie bekannt – bei Markenartiklern nicht gern gesehener Effekt, weil sich in solchen Fällen die gedankliche Verbindung von Produkt und Firma löst.

Weniger erfolgreich waren sie trotz aller Bemühungen und aller obrigkeitlichen Unterstützung, den Produktionsprozess geheim zu halten. Wie man zu dieser Farbe gelangt, das wurde 1792 in der Handlungs-Zeitung veröffentlicht.[43] Aber auch schon vorher hatten wohl einige Nachahmer den Weg erkannt.

Es geht um Innovationen im Bereich Absatz. Den Gebrüdern gelang es, ihre Produkte auf einem bis dahin sehr ungewöhnlichen Weg zu allgemeiner Geltung zu verhelfen, indem sie sich die Gebräuche des aufklärerischen Diskurses zu Eigen machten und generell über das Produkt informierten und dabei der Eigenwerbung nur bescheidenen Platz einräumten.

Vertrieb von Lotterielosen

Lotterien waren am Ende des 18. Jahrhunderts nichts Neues, also wahrlich nichts Innovatives.[44] Neues gab es jedoch im Bereich des Absatzes von Losen zu vermelden: Direktwerbung per Post bei Unbekannten und das auch noch weitgehend auf deren Kosten. Dazu aus dem Reichsanzeiger: „Warnung. Die wiederholten zudringlichen Uebersendungen unverlangter, besonders Braunschweiger Lotterie-Loose von den Herren Collecteurs Hampe, auch Spehr & Berckhan daselbst, nöthigen mich, ein- für allemal hiermit öffentlich zu erklären: daß ich weder Collecteur noch Spieler bin. Die in dergleichen Angelegenheiten unfrankirt an mich eingegangenen Briefe werden daher ferner (wie es mit den letzten gegangen ist) auf Kosten der Einsender zurück gehen, die frankirten aber, ohne weitere Berücksichtigung liegen bleiben. Gera, im Dec[ember] 1793. Felbrig."[45] Und das war nicht die einzige Beschwerde dieser Art. Schon 1789 konnte man in den Braunschweigischen Anzeigen lesen: „Die Herren Kollekteurs, welche mir unverlangte Loose zugesandt haben, werden hiemit gebeten, mich mit allen Lotteriezetteln künftig zu verschonen, weil ich sie sonst ganz für ihre Rechnung liegen lassen werde. Cassel, den 19ten August 1789. [Georg Friedrich] Götz, Pfarrer."[46] Ihm folgte 1790 Johann Martin Miller, Prediger und Professor zu Ulm, eine bekannte Größe seiner Zeit. Er schrieb darüber im Jahrbuch für die Menschheit.[47] Einer der

---

42 Encyclopädia Americane, vol 4. New York 1965, S. 639.

43 Handlungs-Zeitung Jg. 9 (1792), S. 278.

44 Johann Beckmann: Beyträge zur Geschichte der Erfindungen, 5. Bd., Göttingen 1805, S. 309-339.

45 Reichsanzeiger Bd. I, 18. Stück 1794.

46 Br Anz 77/1789.

47 Jahrbuch der Menschheit, 1. Bd. 1. Stück 1790, S. 1-23.

dort Angegriffenen, Franz Heinrich Wegener antwortete mit einer achtseitigen überaus ironischen Gegenerklärung.[48] Dank dieser, kennen wir auch den Text des Schreibens, mit dem Wegener die Lose verschickte:

„P.P. Ewr. Hochehrwürden,

habe ich die Ehre nach untenstehender Nota einige Loose zur 34sten Braunschweiger Waisenhaus-Lotterie ersten Classe zu offeriren. Da es sich in meiner Collecte schon öfters zugetragen, daß ein von ohngefehr zugesandtes Loos den glücklichsten Gewinn mit sich geführet, so wünsche ich auch, daß unter diesen Loosen ebenfalls ein solch glückliches Loos seye, und Dieselben zu Deren geneigten Annahme sich entschließen mögen. Aus beygefügten Avertissement werden Sie gefälligst bemerken, daß diese Lotterie für den Einsetzer sehr vortheilhaft ist. Die Haupt-Gewinne sind: 1. Gewinn von 30000 Rthlr., 1 von 15000 Rhtlr., 2 von 10000 Rthlr., 1 von 6000 Rthlr., 2 von 5000 Rthlr., 2 von 4000 Rthlr., 2 von 2500 Rhtlr., 2 von 2000 Rthlr., 50 von 1000 Rthlr., 89 von 200 Rthlr., 332 von 100 Rthlr., und demohngeachtet sind in dieser Lotterie 13000 würkliche Gewinne, und nur eine Niete gegen einen Gewinn. Ist meine Offerte gefällig, so erbitte ich mir bald Dero geneigte Entschiessung, weil die Ziehung der ersten Classe vielleicht schon früher als den 9ten Junii [1788] den Anfang nimmt. Ich hoffe, daß Sie sämmtliche Loose gern annehmen werden, was aber davon nicht gefällig ist, erbitte ich mir zurück. Die Devise [das Motto, unter dem es gezogen werden sollte] auf das ganze Loos erbitte ich mir aber bald. Der Einsatz geschiehet in vollwichtigem Golde oder Conventions-Münze, leicht Gold und schlechte Münzsorten werden gar nicht angenommen. Die Zahlung hat Anstand bis nach Ziehung der zweiter Classe, oder bis zur nächsten Braunschweiger Sommer-Messe, nur erbitte ich mir der Ordnung wegen auf das späteste vor dem 9ten Junii Dero geneigte Entschliessung. Ist das Glück Ihnen günstig, so könne Sie nicht nur eine reelle Behandlung erwarten, sondern sich auch vest darauf verlassen, daß von meiner Seite ihr Gewinn nicht bekannt wird. Nach der Ziehung erfolgen allemal die Ziehungs-Listen prompt. Sollten Dieselben auch einige Viertel-Loose verlangen, so stehen solche zu Dero Befehl. Ich wünsche übrigens viele große Gewinne usw. usw.

Braunschweig, den 3ten May 1788, ganzgehorsamst Frantz Heinrich Wegener.

Nota
Ein ganzes Loos 34sten Braunschweigischen Waisenhaus-Lotterie,
erste Classe 1 Rthlr.
Zwey halbe Loose in verschiedenen Nummern dette ersten Classe,
jedes halbe Loos 12 Ggr 1 Rthlr.
Summe 2 Rthlr.“[49]

Nun, die Pferdefüße sind zu offenkundig, als dass sie hier noch hervorgehoben werden müssen. Leicht konnte man sich da auf der nächsten Braunschweiger Messe einer kräftigen Forderung von Wegener gegenübersehen. Es ging, das darf nicht übersehen werden, um große Summen. Allein die hier ausgelobten Gewinne betrugen 199.000 Reichstaler, und das waren dann auch nur 484 von den genannten 13.000 Gewinnlosen.

48 Antwort an einen höchstlieblosen und ungesitteten Ausfall des Herr Johann Martin Miller, Prediger und Professor in Ulm auf einen ehrlichen Mann unter den Namen eines Lotterie-Commissärs, Frantz Heinrich Wegener. Braunschweig 1790. (Vorhanden: Herzog August Bibliothek Wolfenbüttel, Sig. Db 3087). Diese Affaire wurde auch in der Gothaischen gelehrten Zeitung ausführlich kommentiert. Nr. 71/1790.

49 Wegener: Antwort (wie Anm. 48), S. 3f.

Franz Heinrich Wegener war lange Jahre Inhaber des Großen Kaffeehauses in Braunschweig, darüber hinaus überaus erfolgreicher Unternehmer, wobei sein Tätigkeitsbereich recht ausgedehnt war. Er war z. B. sowohl Tabakfabrikant als auch Hersteller von Zichorienkaffee. Überhaupt, all die Braunschweiger Lotteriekollekteure waren keine armen Leute, sondern fast alle erfolgreiche Geschäftsleute, die alle in mehren Bereichen tätig waren. So erbot sich Johann Heinrich Hampe auch, neben den Losen Braunschweiger Wurst und Schinken zu vermitteln. Die Herren waren im übrigen ‚reichsweit' tätig. Beschwerden lassen sich aus folgenden Orten belegen: Alsleben an der Saale, Bochum, Buttstedt, Erfurt, Gera, Gotha, Halberstadt, Jena, Königsberg, Ohrdruf, Stürza in Sachsen und Tharand.

Das unaufgeforderte Versenden von Lotterielosen hatte in vielen Fällen auch noch einen strafrechtlichen Aspekt, denn in gar manchen Ländern waren zu dieser Zeit alle Lotterien verboten, in aller Regel galt das auch für ‚ausländische'. Die Spieler machten sich also strafbar.[50] Und dann gab es zu dieser Zeit auch noch in den Blättern eine heftige Debatte darüber, ob Lotterien überhaupt moralisch vertretbar seien. So konnte man in der Rubrik ‚Allerhand' folgendes lesen:

„Einige Fragen. Wenn ein gewisses Gewerbe geradezu durch Sittenlehre und allgemeine Stimme aufgeklärter Rechtschaffenen, verdammt ist; kann dann wol ein Mann von besserer moralischer Ausbildung ein solches Gewerbe treiben, oder ein Amt dabey annahmen, gesetzt auch, es sey aus Irrthum oder bloßem Eigennutze von State begünstiget? Wenn ein rechtlicher Mann im höhern Sinne ein solches Amt mit Ehren nicht annehmen kann, können Gesellschaften, welchen eine vorzüglichere Sittlichkeit Hauptgesichtspunct ist, Menschen, die dennoch solche Gewerbe treiben, oder solche Aemter bekleiden, als Mitglieder unter sich aufzunehmen? Man überdenke und beantworte sich diese Fragen, ehe man weiter liest, gewissenhaft, und erst dann überdenke und beantworte man die folgende: Dürften und sollten Freymaurer Lottobedienten unter sich aufnehmen?"[51] Und direkt auf drei Braunschweiger Kollekteure bezogen, die durch unvollständig freigemachte Briefe den Empfängern Kosten verursacht hatten: „An Menschen, die durch solche niedrige, verpönte Speculation und Geldgier andern zur Last fallen, versündigt man sich durch Schonung; – nein, man stelle sie, wie es Ehrlosen gebührt, zum warnenden Beyspiel an den Schandpfahl!"[52]

Also viel Grund für Regierungen, sich der Sache anzunehmen. So beschwerte sich die Preußische Regierung im Dezember 1791 ganz offiziell beim Herzog über die ihren Untertanen unverlangt und vor allem auch unfrei zugeschickten Lose. So richtig überrascht dürfte der Geheime Rat wohl nicht gewesen sein, denn schon vorher war das Agieren der Kollekteure auf Kritik gestoßen. An Johann Heinrich Hampe und seine Kollegen erging umgehend die Weisung, dies in Zu-

50 Reichsanzeiger 38/1794, 41/1794, 57/1794, 76/1794, 294/1796, 32/1797. Privilegirte Hildesheimische Zeitung 20/1777, HuC 56/1804, 178/1809.

51 Reichsanzeiger 48/1802, 169/1802, 66/1803. Grundsätzlich dazu: Sind Hazardspiele, und besonders Zahlenlotterien, öffentlich zu dulden?, in: Staats-Archiv, angelegt und geordnet von dem Hofrath und Prof. Häberlin zu Helmstedt, Bd. 3, 1797, S. 186-196.

52 Reichsanzeiger 1798, Bd. I, Sp. 760.

kunft zu unterlassen. Was aber nicht bedeutete, dass der Versand nun wirklich eingestellt wurde. Zum einen betraf das Verbot – wenn man es geschickt auslegte – nur Preußen und zum anderen, so schrieb Hampe an den Geheimen Rat, verschicke er schon seit 18 Jahren, also seit 1773, auf diese Art Lose und anders sei die große Zahl der Lose auch nicht an den Mann zu bringen.[53] Und was er nicht deutlich aussprach, aber jeder sofort verstand: Nur so kann die hiesige Waisenhauslotterie wirklich erfolgreich arbeiten. Es änderte sich wohl gar nichts oder allenfalls recht wenig. Das Geschäft blühte. Klagen im Zusammenhang mit dem ‚Versandgeschäft' liegen für folgende Firmen vor:

Franz Heinrich Wegener, Kaufmann[54] (1788); Ludewig August Weddy[55] (1796, 1798); Philipp Carl Roer[56] (1798); Hodann[57] (1798); Johann Heinrich Hampe Commissair[58] (1788, 1793, 1794, 1795, 1796, 1799); Spehr & Berckhan[59] (1793); Friedrich Wilhelm Metzel[60], (1802). Auch zwei ‚ausländische' Firmen werden in diesem Zusammenhang genannt: Bartsch jun. Ysenburg[61] (vor 1788, 1794) und jemand Unbekanntes aus Westerburg bey Frankfurt[62] (1794).

Die Beschwerden blieben und die Beteiligten waren offensichtlich bemüht, Konfliktfälle möglichst stillschweigend zu bereinigen. Wer hartnäckig war, bekam zum Beispiel sein aufgewandtes Porto erstattet.[63] 1799 gingen gar das Kaiserliche Reichs-Postamt und auch das Herzoglich Sächsische Postamt dazu über, die unerbetenen Lotterielose an die Absender zurückzuschicken und den Empfängern das Porto zu erstatten.[64] Ob man dies ganz uneigennützig im Interesse der sich betrogen fühlenden Kunden machte, sei mal dahingestellt. Vermutlich fürchteten sie mehr, dass die veröffentlichte Meinung ein Verbot dieser Form der Kundenwerbung erreichen könnte, was die Einnahmen der Post ohne Frage geschmälert hätte.

---

53 StA BS: C VII 897.

54 Jahrbuch (wie Anm. 47), S. 10-13. Nach seinem Tode ging dieses Geschäft auf Benjamin Pott über, der in den Beschwerden nicht genannt wird. Vielleicht hat er sich an dem Versand nicht mehr beteiligt. Br Anz 6/1799, 7/1799.

55 Reichsanzeiger 1796, Bd. II, 183. Stück, 1798, Bd. I. Sp. 760.

56 Reichsanzeiger 1798 Bd. I, Sp. 760.

57 Viel spricht für die Tabakfabrikanten Christian Heinrich und Ludwig Hodann; es könnte sich aber auch um einen Angehörigen der Brauerfamilie Hodann handeln. Reichsanzeiger 1798, Bd. I Sp. 760.

58 Jahrbuch (wie Anm. 47), S. 13-16; Reichsanzeiger 1794, Bd. I, 18. Stück, 1794, Bd. II, 41. Stück, 112. Stück; 1795, Bd. II, 216. Stück; 1796, Bd. II. 161. Stück, 294. Stück; Westphälischer Anzeiger 1799, Bd. II. 101. Stück.

59 Reichsanzeiger 1794 Bd. I. 18. Stück.

60 Reichsanzeiger 1802, Bd. II, 102. Stück.

61 Jahrbuch (wie Anm. 47), S. 7; Reichsanzeiger 1794, 112. Stück.

62 Reichsanzeiger 1794, Bd. II, 112. Stück.

63 Reichsanzeiger 2. Bd. 216/1795, 47/1799.

64 Reichsanzeiger 47/1799.

Die Sache wurde am Ende selbst dem Geheimen Rat, der Regierung des Herzogtums, zu viel. 1801 wurde „Allen Kollekteurs und Subkollekteurs [...] gemessenst untersagt, irgend jemanden unaufgefordert und mit unbescheidener Zudringlichkeit in unfrankirten Briefen Lotterie-Loose zuzusenden." [65] Auch wurde untersagt, dass, wenn jemand die Lose nicht zurückschickte, dies als stillschweigende Zustimmung mit Zahlungsverpflichtung zu werten. So ganz ernst haben die Losvertreiber die Sache wohl nicht genommen. Schon ein Jahr später gab es eine weitere Verordnung und höhere Strafen drohten. Der eigentliche Anlass wurde diesmal ganz offen angesprochen.

> „Da die fortdauernden Zudringlichkeiten der hiesigen Lotterie-Collecteure zu so manchen Beschwerden neuen Anlaß gegeben und der Regierung selbst deshalb unverdiente Vorwürfe zuziehe, selbige auch auf die öffentliche Würdigung der Lotterie den nachtheiligsten Einfluß haben; so mag hierunter ferner nicht nachgesehen werden, sondern es ist gegen dergleichen Ungerechtigkeiten nach Vorschrift [...] zu verfahren."[66]

Am Ende hatten also die Proteste gegen die „Unverschämtheit der braunschweigischen Collecteurs"[67], gegen den massenweisen Versand von Lotterielosen, Erfolg. Die Debatte entzündete sich an den Aktionen Braunschweiger Lotteriekollekteure und im Verlauf ist auch meist nur von diesen die Rede. Ob sie wirklich die Erfinder dieser Methode sind, sei einmal dahingestellt,[68] aber sicher ist, dass sie jene waren, die dieses Absatzinstrument zum ersten Mal im großen Stil eingesetzt haben.

Schlussbetrachtung

War hier nun von Innovationen die Rede? Was haben die angeführten Unternehmer denn geleistet? Waren sie die ersten, die die geschilderten Wege einschlugen? Berechtigte Fragen und das insbesondere im Zusammenhang mit einem Band, der auf der Regensburger Tagung fußend, sich mit Innovationen beschäftigt.

Den Tabakfabrikanten in der Stadt Braunschweig gelang es trotz ungünstiger Ausgangslage, sich durch Abkupfern fremder Warenzeichen dauerhaft am Markt zu etablieren, einigen Firmen gar so gut, dass sie später selbst Opfer solcher Praktiken wurden.

Den Zichorienkaffeeproduzenten Heine und Förster gelang es, ein völlig neues Produkt als Markenartikel in den Markt einzuführen und dabei Wege einzuschlagen, welche die wirtschaftlich viel erfolgreicheren Nachfolger kopierten und geschickt weiter entwickelten. Sie legten den Grundstein für ein Gewerbe, was viele Jahrzehnte der Stadt und der Region gute Arbeitsmöglichkeiten bot und ei-

---

65 Br Anz 81/1801.

66 Alt. Mercurius 29/1803, Hild. Ztg. Beilage 8 vom 23.2.1803, Fr StR 161/1803.

67 Reichsanzeiger 107/1793.

68 Franz Heinrich Wegener hat nachweislich schon 1766 und 1770 Lotterielose ins Ausland verschickt, auf welche Weise dies geschah, ist jedoch nicht bekannt. NStA WF: 2 Alt 14385. Br Anz 11/1766, 13/1766.

nen wirklich nennenswerten Beitrag zum Wohlstand der Region leistete.

Die Gebrüder Gravenhorst führten viele Jahrzehnte eine überaus erfolgreiche chemische Fabrik, deren Produkte europaweit Beachtung fanden. Ihr Geschick, die Gebräuche der zeitgenössischen Presse für ihre Zwecke zu nutzen, sicherte ihnen einen dauerhaften Absatz ihrer Produkte.

Auch in der vom Lottofieber erfassten zweiten Hälfte des 18. Jahrhunderts war es überaus schwer, Lose zu verkaufen. Zu vielfältig war das Angebot. Die von den Losvertreibern eingeschlagenen Wege – die aus moralischem Blickwinkel durchaus nicht so ohne weiteres zu bejahen sind – ermöglichten der Braunschweiger Waisenhauslotterie einen beachtlichen Umsatzzuwachs und den Vertreibern einen schönen Zusatzgewinn.

Sie alle haben, und daran ist kein Zweifel möglich, für Braunschweig ganz neue Wege beschritten. Den Erfolg der Innovatoren kann man vor allem daran messen, dass die ortsansässigen Mitbewerber sich ihrem Vorgehen jeweils bald anschlossen. Dies ist im Übrigen auch noch bei einer Reihe anderer Innovatoren zu beobachten, die hier nicht näher vorgestellt werden konnten. Gemeinsam ist allen, darauf ist besonders zu verweisen, dass ihr Erfolg sich nicht auf eine einzelne Maßnahme zurückführen lässt, sondern jeweils auf ein von ihnen entwickeltes Gesamtkonzept. Mal abgesehen von den Tabakfabrikanten, die mehr Imitatoren waren, fanden die anderen alle über Braunschweig hinausgehende Aufmerksamkeit, sowohl für ihre Produkte, aber vor allem auch wegen der von ihnen eingeschlagenen Wege, diese zu verkaufen. Der Autor ist der Ansicht, die geschilderten Beispiele weisen Innovatoren aus, die durch innovatives Verhalten im Bereich der Absatzstrategien ihre jeweiligen Unternehmen gut im Markt positionieren konnten.

Mark Häberlein

Korreferat zu Peter Albrecht

„Die Erschließung neuer Absatzwege durch Braunschweiger Firmen in der zweiten Hälfte des 18. Jahrhunderts"

Peter Albrechts Beitrag versucht am Beispiel der Stadt Braunschweig in der zweiten Hälfte des 18. Jahrhunderts zu zeigen, „dass Innovationen auch im Bereich das Absatzes weit reichende Bedeutung haben und die wirtschaftliche Struktur einzelner Regionen nachhaltig verändern können." Die von ihm präsentierten Beispiele vermitteln indessen kein besonders günstiges Bild des „Innovationsstandorts" Braunschweig: Tabakfabrikanten betrieben Etikettenschwindel, Kaffeesurrogathersteller mischten Lehm und Sand in ihr Produkt, Chemiefabrikanten lancierten pseudowissenschaftliche Artikel, um ihre Substanzen an den Mann zu bringen, und Lotterieagenten betätigten sich ganz ungeniert als Drücker. Albrechts Beitrag ist insgesamt stark deskriptiv und empirisch ausgerichtet. Anschauliches Material gewinnt er insbesondere aus Zeitungen und Zeitschriften der Aufklärungsepoche, was insofern hervorhebenswert erscheint, als diese Quellengattung für die Rekonstruktion von Innovationsdebatten und innovativen Praktiken im späten 18. Jahrhundert von der Forschung noch längst nicht ausgeschöpft worden ist. Gehen wir über die rein deskriptive Ebene hinaus, so wirft der Beitrag einige weiterführende Fragen auf, die im Mittelpunkt dieses Kommentars stehen sollen.

Nach sehr knappen einleitenden Bemerkungen zu seinen Erkenntniszielen und seiner Quellenbasis exemplifiziert Albrecht die Absatzstrategien Braunschweiger Unternehmer anhand von vier Produkten: Tabak, Zichorienkaffee, chemischen Substanzen und Lotterielosen. Wenn wir die vier Beispiele Revue passieren lassen, so lassen sich durchaus produkt- und branchenspezifische Unterschiede ausmachen. Im ersten Fall, der Tabakfabrikation, verlief die Entwicklung im Herzogtum Braunschweig offenbar nach einem ähnlichen Muster wie in anderen deutschen Territorien: die frühesten Tabak verarbeitenden Betriebe entstanden als Resultat merkantilistischer Privilegienpolitik, teilweise unter der Leitung von eng mit dem Hof und dem Staat verbundenen jüdischen Finanziers. Als private Unternehmer um die Mitte des 18. Jahrhunderts in die Tabakfabrikation einstiegen, beschränkten sich ihre „Innovationen" im Wesentlichen auf Markenimitation: Eichsfelder Kraut wurde als feiner Virginia-Tabak feilgeboten. Auch wenn wir aus der jüngeren asiatischen Wirtschaftsgeschichte wissen, dass erfolgreiche Markenimitation durchaus eine Basis für spätere eigenständige Produktinnovationen bilden kann, scheint dies hier nicht der Fall gewesen zu sein. Bemerkenswert ist allerdings der Quellenbefund, dass sich die Braunschweiger Regierung angesichts der weit verbreiteten Markenimitation um den „Credit" der Fabrikanten Sorgen machte. Kredit wurde hier offensichtlich als soziale Währung verstanden, die eng mit dem guten Namen der Unternehmer und der Qualität ihres Produkts verbunden war.[1] Die Frage, wie das Argument der „Kreditwürdigkeit" bei der Entwicklung neuer Absatz- und Vermarktungsstrategien im 18. Jahrhundert eingesetzt wurde und welche Rolle es in Debatten um „innovatives" unternehmerisches Handeln spielte, wäre einer genaueren Untersuchung wert.

Bei Albrechts zweitem Beispiel, dem Zichorienkaffee, handelte es sich hingegen um ein genuin neues Produkt, und das Spektrum an innovativen Vermarktungsstrategien scheint hier wesentlich breiter gewesen zu sein als im Falle des Tabaks. Es reichte von Markennamen, die an patriotische Gefühle und Gesundheitsbedürfnisse appellierten, über eine differenzierte Preisgestaltung bis hin zu Gebrauchsanweisungen auf Beipackzetteln. Die von den Fabrikanten angeführten Gesundheits- und Nützlichkeitsargumente wurden auch im aufklärerischen Diskurs der Zeit rezipiert. Christian Wilhelm Dohm beispielsweise schrieb 1777: „Daß dieß Getränk sehr gesund sey, daß es, wenigstens mit etwas Kaffee gemischt – eine Toleranz, die anfangs wohl nöthig seyn möchte – auch den Liebhaber [des Bohnenkaffees] befriedige, ist bewiesen. Die Kultur dieser Pflanze ist auch sehr vortheilhaft, und wahrscheinlich kann man nebst Krapp und Tabak den Boden nicht vortheilhafter als mit Cichorienbau nutzen."[2]

Dass der billige Zichorienkaffee offenbar in erster Linie im heimgewerblich strukturierten Erzgebirge abgesetzt wurde, scheint mir ein deutlicher Hinweis auf den Kontext der „Konsumrevolution" des späten 18. und frühen 19. Jahrhunderts zu sein, zu deren wesentlichen Kennzeichen der vermehrte Verbrauch von Kolonialwaren (oder wie in diesem Falle Kolonialersatzwaren) gerade in protoindustriell geprägten Regionen gehörte.[3] Inwieweit die Braunschweiger Tabak- und Kaffeesurrogatfabrikanten auf veränderte Konsumbedürfnisse im nord- und mitteldeutschen Raum reagierten oder diese Bedürfnisse sogar aktiv beeinflussten, bedürfte allerdings der weiteren Klärung.

---

1 Vgl. Craig Muldrew: The Economy of Obligation. The Culture of Credit and Social Relations in Early Modern England. Houndmills/Basingstoke 1998.

2 Zitiert nach Annerose Menninger: Genuss im kulturellen Wandel. Tabak, Kaffee, Tee und Schokolade in Europa (16.-19. Jahrhundert) (Beiträge zur Wirtschafts- und Sozialgeschichte, Bd. 102). Stuttgart 2004, S. 397.

3 Jörg Ludwig: Amerikanische Kolonialwaren in Sachsen 1700-1860. Leipzig 1994. Die Forschungsliteratur zur Konsumgeschichte wächst rasant. Stellvertretend sei hier nur auf drei neuere Sammelbände verwiesen: Michael Prinz (Hg.): Der lange Weg in den Überfluss. Anfänge und Entwicklung der Konsumgesellschaft in der Vormoderne. Paderborn u.a. 2003; Reinhold Reith/Torsten Meyer: „Luxus und Konsum" – eine historische Annäherung (Cottbuser Studien zur Geschichte von Technik, Arbeit und Umwelt, Bd. 21). Münster u.a. 2003; Rolf Walter (Hg.): Geschichte des Konsums. Erträge der 20. Arbeitstagung der Gesellschaft für Sozial- und Wirtschaftsgeschichte. 23.-26. April 2003 in Greifswald (VSWG-Beiheft 175). Stuttgart 2004.

Im dritten Fall, der Vermarktung chemischer Substanzen durch die Gebrüder Gravenhorst, handelte es sich nicht um eigentlich neue Produkte, wohl aber um Waren, die aufgrund eines innovativen Herstellungsverfahrens in verbesserter Qualität und größerer Menge produziert wurden und deren Absatz daher auch innovative Marketingstrategien erforderte. Albrechts Beobachtung, dass sich die Gravenhorsts den Fortschritts- und Nützlichkeitsdiskurs der Aufklärung gezielt zu eigen machten, um ihre eigenen Produkte zu vermarkten, gehört zweifellos zu den interessantesten Aspekten seines Beitrags. Im vierten Fall schließlich, der unverlangten Versendung von Lotterielosen, handelte es sich demgegenüber um eine ausgesprochen plumpe und eindimensionale Strategie. Freilich ist hier auch der rechtliche und politische Kontext zu berücksichtigen, denn während im angloamerikanischen Raum um die Mitte des 18. Jahrhundert bereits Lotterien veranstaltet wurden, um Kirchenbauten zu finanzieren,[4] haftete dem Lotteriegeschäft im deutschsprachigen Raum noch lange Zeit das Stigma des Unmoralischen an.

Im Rahmen einer kritischen Würdigung von Peter Albrechts Beitrag ist auf einige konzeptionelle Schwächen hinzuweisen. Erstens wird der Innovationsbegriff weder inhaltlich noch konzeptionell präzisiert, und Innovationsprozesse werden nur oberflächlich erfasst, wenn man lediglich danach fragt, ob bestimmte Produkte und Vermarktungsstrategien für eine bestimmte Region „neu" waren. Zweitens liegt dem Beitrag offenbar eine sehr holzschnittartige Auffassung vormodernen ökonomischen Denkens zugrunde, wenn Albrecht von der „mittelalterliche[n] Vorstellung" schreibt, „Recht" sei, „was unseren Untertanen nutzt, ‚Ausländer' darf man getrost betrügen." Diese Behauptung verkennt völlig, wie stark mittelalterliches und frühneuzeitliches Wirtschaftsdenken an ethische und moralische Normen gebunden blieb. Daher kann es Albrecht auch nicht gelingen, „innovative" Wirtschaftspraktiken mit Veränderungen der Wirtschaftsmentalität und des ökonomischen Denkens im späten 18. Jahrhundert in Beziehung zu setzen.

Drittens schließlich werden die eigentlichen Absatzwege und Vertriebsstrukturen in keinem der vier Beispiele richtig deutlich. Die Belege, die Albrecht anführt, deuten darauf hin, dass der Vertrieb häufig über Kommissionäre erfolgte und sich die Märkte für die behandelten Produkte weitgehend auf den nord- und mitteldeutschen Raum beschränkten. Quellenlage und Forschungsstand scheinen indessen keine genauere Analyse der räumlichen und personellen Strukturen des Vertriebs zuzulassen. Einige jüngere Studien legen jedoch die Hypothese nahe, dass die Erschließung neuer Absatzwege im 18. Jahrhundert in der Regel mit der Ausweitung und Neustrukturierung kommerzieller Netzwerke einherging. So konnte Renate Wilson zeigen, dass Bücher und Medikamente, die in den Francke'schen Stiftungen in Halle hergestellt wurden, über das Netzwerk der lutherischen Geistlichen in Nordamerika in beträchtlichen Mengen über den Atlantik

[4] In der Stadt Lancaster in Pennsylvania beispielsweise veranstalteten die anglikanische und die deutschreformierte Kirchengemeinde in den 1760er Jahren Lotterien zu diesem Zweck: vgl. Pennsylvania Gazette, 12. März und 23. Juli 1761; Harry M. J. Klein/William F. Diller: The History of St. James' Church (Protestant Episcopal) 1744-1944. Lancaster (Pa.) 1944, S. 35-39.

hinweg vertrieben wurden.[5] Klaus Weber hat in einer Studie über die deutschen Kaufmannskolonien in Cádiz und Bordeaux vorgeführt, wie gewerbliche Produzenten in protoindustriellen Regionen Mitteleuropas ihre Güter über Familienangehörige, Verwandte und Mittelsmänner in den spanischen und französischen Hafenstädten nach Übersee vermarkteten und so – ungeachtet merkantilistischer Handelsrestriktionen – an der Entwicklung eines atlantischen Wirtschaftsraums partizipierten.[6] Die Augsburger Firma Obwexer schließlich, die im ausgehenden 18. Jahrhundert über Amsterdam Handelsbeziehungen in den karibischen Raum anknüpfte, stützte sich auf ein Netzwerk katholischer Familien aus dem savoyischen und oberitalienischen Raum, das durch Heiratsbeziehungen, Teilhaberverhältnisse und längere Aufenthalte bei den jeweiligen Geschäftspartnern stabilisiert wurde.[7] Ohne die Bedeutung der von Albrecht vorgestellten Werbemaßnahmen und Vermarktungsstrategien negieren zu wollen, würde ich vor allem solchen Netzwerkstrukturen entscheidende Bedeutung für die Erschließung neuer Absatzwege und -märkte in der Frühen Neuzeit beimessen.[8] Es wäre interessant, über deren Existenz und Struktur auch im Braunschweiger Fall Näheres in Erfahrung zu bringen.

5 Renate Wilson: Pious Traders in Medicine. A German Pharmaceutical Network in Eighteenth-Century North America. University Park (Pa.) 2001.

6 Klaus Weber: Deutsche Kaufleute im Atlantikhandel 1680-1830. Unternehmen und Familien in Hamburg, Cádiz und Bordeaux (Schriftenreihe zur Zeitschrift für Unternehmensgeschichte, Bd. 12). München 2004.

7 Mark Häberlein/Michaela Schmölz-Häberlein: Die Erben der Welser. Der Karibikhandel der Augsburger Firma Obwexer im Zeitalter der Revolutionen (Schwäbische Forschungsgemeinschaft bei der Kommission für Bayerische Landesgeschichte, Reihe 1, Bd. 21). Augsburg 1995.

8 Vgl. neben den genannten Studien auch die Beiträge in Margrit Schulte Beerbühl/Jörg Vögele (Hg.): Spinning the Commercial Web. International Trade, Merchants, and Commercial Cities. c. 1640-1939. Frankfurt am Main u.a. 2004.

Klaus Herrmann

Agrartechnische Innovationen vom 18. bis 20. Jahrhundert – Bodenbearbeitung, Pflanzenpflege, Pflanzenernte, Erntelagerung

Die Agrartechnik ist ein weites Feld. Betrachtet man die drei grundlegenden Monographien zum agrartechnischen Wandel der beiden letzten Jahrhunderte, dann umfasst die 1910 von Geheimrat Gustav Fischer unter dem Titel „Die Entwicklung des landwirtschaftlichen Maschinenwesens in Deutschland" herausgegebene Festschrift zum 25jährigen DLG-Jubiläum 14 Themenbereiche auf 436 Seiten.[1] Der als Fortsetzungsband angelegte, 1969 von Günther Franz edierte Titel „Die Geschichte der Landtechnik im 20. Jahrhundert" enthält 23 Kapitel mit zusammen 449 Seiten und zeigt an, dass die Agrartechnik weitere Bereiche der landwirtschaftlichen Tätigkeit erobert hat.[2] Den dritten als Grundlagenlektüre anzusprechenden Band „Handbuch der Landtechnik" hat Carl Heinrich Dencker im Jahre 1961 vorgestellt.[3] In 13 Kapiteln mit 1.046 Seiten sollte „ein Überblick über den Stand der gesamten Entwicklung" geboten werden, der, wie es im Geleitwort heißt, „bislang fehlte".[4] Hinzu kommt eine geradezu verwirrende Fülle landtechnischer Fachzeitschriften. Ob sie nun „Landtechnik", „Agrartechnik", „Landtechnische Forschung" oder „dlz" heißen, in jedem Falle beschäftigen sie sich Jahr für Jahr auf vielen hundert Seiten mit agrartechnischen Innovationen.[5] Und dies nicht erst seit gestern. Die ältesten landtechnischen Fachzeitschriften heißen „Der Pflug" oder auch „Correspondenz über landwirthschafliche Maschinen" und wurden bereits um die Mitte des 19. Jahrhunderts ins Leben gerufen.

Eine besondere Qualität erhielt die Beschäftigung mit agrartechnischen Innovationen durch die Gründung von dem landwirtschaftlichen Fortschritt verpflichteten Organisationen. In England waren dies vor allem die 1754 ins Leben gerufene „Society of Encouragement of Arts, Manufactures and Commerce" und die 1838 gegründete „Royal Agricultural Society" (RAS).[6] Beide Gesellschaften be-

1 Gustav Fischer u.a. (Hg.): Die Entwicklung des landwirtschaftlichen Maschinenwesens in Deutschland. Festschrift zum 25jährigen Bestehen der Deutschen Landwirtschafts-Gesellschaft (Arbeiten der DLG H. 177). Berlin 1910.

2 Günther Franz (Hg): Die Geschichte der Landtechnik im 20. Jahrhundert. Frankfurt am Main 1968.

3 Carl Heinrich Dencker (Hg.): Handbuch der Landtechnik. Hamburg/Berlin 1961.

4 Franz Ahlgrimm: Geleitwort, in: Ebenda, S. IX.

5 Friedhelm Meier: Die Entwicklung landtechnischer Zeitschriften in Deutschland, in: 50 Jahre Landtechnik. Beilage zu Landtechnik 51 (1996) H. 1, S. 10-15.

6 Graeme Quick/Wesley Buchele: The Grain Harvesters. St. Joseph (Michigan) 1978, S. 17ff.

ließen es nicht bei der Registrierung und Dokumentation agrartechnischer Innovationen. Sie initiierten vielmehr den Fortschritt, indem sie Preise auslobten. Beispielhaft sei der 1774 ausgerufene Wettbewerb genannt, in dessen Verlauf die ersten Mähmaschinen der Moderne zur Anmeldung gelangten. In Deutschland hat sich vor allem die im Jahre 1885 von Max Eyth gegründete Deutsche Landwirtschafts-Gesellschaft des agrartechnischen Fortschritts angenommen.[7] Auf alljährlich stattfindenden Wanderausstellungen bot sie den Innovatoren ein Forum, ihre Neuerungen publikumswirksam vorzustellen. Auch führte sie Auszeichnungen durch. „Neu und beachtenswert“ lautete das höchste Prädikat, das der Innovation bei den Landwirten Erfolg in Aussicht stellte.

Es ist hier nicht der Ort, um der Fülle der agrartechnischen Innovationen vom 18. bis zum 20. Jahrhundert in voller Breite nachzugehen. Die im Untertitel vorgegebene Einschränkung gibt eine Konzentration auf die Außenwirtschaft vor und hier wiederum auf den Pflanzenbau, der ja auch so breit genug angelegt ist. Von der Bodenbearbeitung über die Pflanzenpflege bis zur Ernte reicht das Spektrum, das sich in der bäuerlichen Arbeit nicht nur über das ganze Jahr erstreckt, sondern in der wissenschaftlichen Bearbeitung kaum je von einer Person allein in Angriff genommen wurde. Nicht zuletzt deshalb soll das Thema enger verstanden werden, denn selbst der Pflanzenbau umfasst vom Getreide über das Halmfutter bis zum Kartoffel- und Rübenanbau ein weites Spektrum. Im Rahmen des Beitrags wird daher eine Konzentration auf agrartechnische Innovationen im Getreidebau stattfinden, denen in der Zeitspanne vom 18. bis zum 20. Jahrhundert besondere Bedeutung zukam.

Begonnen wird mit der Bodenbearbeitung. Sie erfolgte im 18. Jahrhundert weithin nach „alter Väter Sitte“. Der „Altdeutsche Landpflug“ in seinen unterschiedlichen, regional und teilweise sogar lokal geprägten Varianten war das meistvertretene Instrument.[8] In Abhängigkeit von der wirtschaftlichen Verfassung der Betriebe wurden sie entweder von Menschenhand, von Rindern oder von Pferden über den Acker gezogen. Die Leistungsfähigkeit dieser ganz überwiegend aus Holz gefertigten Geräte war, sowohl was die Bodenbearbeitungstiefe als auch die Flächenleistung angeht, bescheiden. Innovationsdruck bestand und führte Ende des 18. Jahrhunderts zu spürbaren Verbesserungen. Der „Schwingpflug“, vom schottischen Uhrmacher James Small im Jahre 1763 konstruiert, kam nicht nur ohne Schleifstelze, Stelzrad oder Vorderkarren aus, er verfügte auch über ein eisernes Streichblech, mit dessen Hilfe der Boden exakt in einem Winkel von 135 Grad gewendet werden konnte.[9] Letzteres war vor allem deshalb wichtig, weil der Bauer damit der Verunkrautung in zuvor nicht erreichter Güte Herr werden konnte.

---

7 Fritz Lachenmaier: 100 Jahre Deutsche Landwirtschafts-Gesellschaft. Ein Rückblick in Wort und Bild. Frankfurt am Main 1985.

8 Paul Leser: Entstehung und Verbreitung des Pfluges (Anthropos-Bibliothek III, 3). Münster 1931, S. 56-89.

9 Klaus Herrmann: Pflügen, Säen, Ernten. Landarbeit und Landtechnik in der Geschichte. Reinbek 1985, S. 124f.

Das Wissen um den Small'schen Pflug blieb nicht auf England beschränkt. Kein geringerer als Albrecht Daniel Thaer, der Begründer der rationellen Landwirtschaft, machte sich zu Beginn des 19. Jahrhunderts um die Verbreitung der englischen Pflugtechnik in Deutschland verdient. Die 1980 von Otto Ulbricht vorgelegte Arbeit „Landwirtschaft in Kurhannover in der 2. Hälfte des 18. Jahrhunderts" zeichnet den Weg der Verbreitung dieser agrartechnischen Innovation in Deutschland anschaulich nach.[10]

Der Small'sche Pflug markiert nur eine, wenngleich wichtige Station in der Entwicklung der Bodenbearbeitung. Hohenheim, im Jahre 1818 gegründet und damit älteste landwirtschaftlich ausgerichtete Hochschule Deutschlands, hat sich in der ersten Hälfte des 19. Jahrhunderts in besonderer Weise dem Fortschritt des Pflugbaus gewidmet.[11] Die auf den Gründungsdirektor Johann Nepomuk Schwerz zurückgehenden Hohenheimer Pflüge zeichneten sich vor allem durch einen ansatzlosen Übergang von Schar zum Streichblech aus. Das Ergebnis überzeugte. Bei reduziertem Bodenwiderstand konnte die Pflugleistung auch für schlichte Gemüter nachvollziehbar gesteigert werden. Interessant sind die Wege, auf denen die Schwerz'schen Pflüge unter den Bauern populär gemacht wurden. Als besonders wirksam hat sich die Auslobung als Prämie für innovative Landwirte bei landwirtschaftlichen Festen herausgestellt.[12] Die Könige von Württemberg und Bayern verfuhren so und verschafften den Hohenheimer Pflügen sowohl auf dem Zentrallandwirtschaftsfest in München als auch beim Landwirtschaftlichen Hauptfest in Stuttgart Foren mit beachtlicher Breitenwirkung.

Eine dritte Stufe des modernen Pflugbaus setzt mit der Entwicklung volleiserner Geräte ein. Ab 1850 waren es Unternehmen wie Rud. Sack (Leipzig), Gebr. Eberhardt (Ulm), oder Heinrich Ferdinand Eckert (Berlin), die beim Pflugbau als erste gänzlich auf den Werkstoff Holz verzichteten.[13] Größere Stabilität der Pflüge bei besserer Haltbarkeit waren die Konsequenz und bewirkten, dass an die Stelle der zuvor über Jahrhunderte gebräuchlichen Einscharpflüge alsbald schon Mehrscharpflüge traten. Dem erhöhten Zugkraftbedarf wurde durch größeren Vorspann entsprochen, wobei das Zusammenspannen von drei und mehr Zugtieren größeren Betrieben vorbehalten geblieben ist.

Das Aufkommen der Dampfmaschine Ende des 18. Jahrhunderts ließ Neuerer daran denken, die neue Technologie für die Bodenbearbeitung zu nutzen. James Watt selbst hat im Jahre 1780 das erste Patent für das Pflügen mit Dampf beantragt. Weitere 70 Jahre vergingen, bis es John Fowler aus Leeds gelang, eine prak-

---

10 Otto Ulbricht: Englische Landwirtschaft in Kurhannover in der zweiten Hälfte des 18. Jahrhunderts. Ansätze zur historischen Diffusionsforschung. Berlin 1980.

11 Ernst Klein: Die historischen Pflüge der Hohenheimer Sammlung landwirtschaftlicher Geräte und Maschinen. Ein historischer Katalog (Quellen und Forschungen zur Agrargeschichte, Bd. XVI.). Stuttgart 1967.

12 Ulrich Thomas: Die landwirtschaftlichen Prämierungen in Württemberg im 19. Jahrhundert (Arbeiten der Landwirtschaftlichen Hochschule Hohenheim, Bd. 36). Stuttgart 1966.

13 Heinrich Puchner: Bodenbearbeitungsgeräte, in: Fischer: Entwicklung (wie Anm. 1). S. 22-70.

tikable Variante des Dampfpflügens zu entwickeln.[14] Dazu fuhr er mit zwei selbstfahrenden Dampfpflug-Lokomotiven rechts und links am Ackerrand auf und ließ von diesen Maschinen einen vielscharigen Kipp-Pflug an Stahlseilen über den Acker ziehen. Die Bodenbearbeitungstiefe konnte bis 35 cm betragen und die Flächenleistung beim 10stündigen Arbeitstag lag in Abhängigkeit von der Bodenbeschaffenheit und der Schlaggröße bei 14 Hektar.

Das Dampfpflügen verkörperte bis Ende des 19. Jahrhunderts absolute High-Tech und erfuhr vielfache literarische Verklärung. Max Eyth, der schwäbische Dichter-Ingenieur, Inhaber zahlreicher Patente und rund 20 Jahre lang Chefingenieur bei Fowler, setzte der Dampfpflügerei mit seinen Romanen „Hinter Pflug und Schraubstock" oder „Der Kampf um die Cheopspyramide" bis in die Gegenwart spannend zu lesende Denkmale.[15]

Das Aufkommen der Zugmaschinen mit Verbrennungsmotoren leitete das Ende der Dampfpflügerei ein. Kleinere, wendigere, vor allem schnellere Einheiten waren ab Mitte der 1920er Jahre gefragt. Gelangten zunächst noch der Gespannära entstammende Anhängepflüge zum Einsatz, so war es dem Iren Harry Ferguson vorbehalten, Pflug und Traktor zu einer arbeitsfähigen Einheit zu kombinieren. Die Hinzufügung von Hydraulik und Dreipunktaufhängung erlaubte schließlich die Handhabung des Geräts vom Traktorsitz aus, ein Verfahren, das in der Folge soweit optimiert wurde, bis in der zweiten Hälfte des 20. Jahrhunderts mit stärker gewordenen Traktoren der Einsatz von vier-, sechs-, ja bis zu zwölfscharigen Pflügen möglich wurde.[16]

Die Aussaat des Getreides haben die Sämänner im Laufe von Jahrhunderten zu einer beachtlichen Meisterschaft entwickelt. Aus umgehängtem Sack warfen sie Saatkörner breitwürfig aus, um sie dann in einem weiteren Arbeitsgang einzueggen. Der Engländer Jethro Tull leitete Anfang des 18. Jahrhunderts mit der Erfindung der Reihenkultur den Übergang zu modernen Aussaat- und Bestelltechniken ein. Bei der Reihenkultur erhält jede Pflanze nicht nur genügend Raum, um sich zu entwickeln, sie erlaubt dem Landwirt auch eine qualifizierte Pflanzenpflege. Mit Haue, Hacke, Karst oder Schiffel konnten die in Reihen aufwachsenden Nutzpflanzen besser als jemals zuvor von Unkraut befreit werden. Erste Reihensämaschinen, bald schon Drillmaschinen genannt, kamen 1785 auf. Zunächst von Hand ins Feld geschoben, wurden sie nur wenige Jahre später als Gespann-Drillmaschinen angeboten. Unterschiedliche Ausbringungssysteme wie Löffelscheiben, Schubring oder Nockenrad haben die Aussaat weiter präzisiert.[17]

Seit dem Aufkommen des Traktors beherrschen Anbau-Drillmaschinen das Geschehen. Ihre Merkmale sind große Flächenleistung, exakte Tiefenablage und

---

14 Michael R. Lane: The Story of the Steam Plough Works Fowlers of Leeds. London 1980.

15 Adolf Reitz: Max Eyth. Ein Ingenieur reist durch die Welt. Pioniertaten eines Landtechnikers. Heidelberg 1956.

16 Klaus Herrmann: Ackergiganten. Technik, Geschichte und Geschichten. 2. Aufl., Braunschweig 1991.

17 Georg E. Fussell: The Farmers Tools 1500-1900. The history of British farm implements, tools and machinery before the tractor came. London 1952, S. 92-114.

einheitlicher Pflanzenabstand in einer Güte, wie es dem besten Sämann nie möglich gewesen wäre.[18] Vorbei ist auch die Zeit der Unkrautbekämpfung mit Handarbeitsgeräten. Hack- und Vielfachmaschinen traten um die Wende vom 19. zum 20. Jahrhundert an ihre Stelle, häufig von Landwirten aus der Praxis heraus konstruiert.[19] Allerdings blieb die mechanische Pflanzenpflege ein aufwändiges, zeitraubendes Geschäft. Unvergessen ist das Wort, nach dem „Pflanzen groß gehackt werden müssen". Die chemische Unkrautbekämpfung, ab 1920 auf dem Vormarsch, eröffnete da bis in die Gegenwart andere, arbeitssparende Perspektiven.[20]

In der Ernte finden die bäuerlichen Mühen ihren krönenden Abschluss. Hier zeigt sich, ob die sich über Monate hinziehenden Arbeiten erfolgreich waren. Sichel und Sense waren bis weit ins 19. Jahrhundert hinein die vorherrschenden Arbeitsgeräte.[21] Ihre Vielfalt ist beeindruckend, schließlich steckte das technische Wissen von Hunderten von Jahren in ihnen. Ihre Effizienz allerdings hält sich in engen Grenzen. Zu Beginn des 19. Jahrhunderts nahmen in England Bemühungen zu, erste Mähmaschinen zu entwickeln. Reverend Patrick Bell griff sogar auf den römischen Agrarschriftsteller Palladius zurück, um eine praxistaugliche Maschine zu konstruieren. 1826 kam seine in vielem an den Gallischen Mähwagen erinnernde Mähmaschine zum Einsatz. Von Pferden ins Getreidefeld hineingeschoben, verfügte sie bereits über Schneideapparat, Haspel und Endlostuch zur Halmbeförderung. 4,8 Hektar vermochte sie an einem 12stündigen Arbeitstag zu mähen, dreimal so viel wie dem geübtesten Schnitter möglich war.[22]

Wesley Buchele und Graeme Quick haben in ihrem exzellenten Buch „The Grain Harvesters" den aufregenden Weg von der ersten Getreidemähmaschine zum modernen Mähdrescher beschrieben.[23] Sie weisen die führende Rolle britischer Innovatoren nach, die sich in den ersten Jahrzehnten des 19. Jahrhunderts intensiver als andere mit der Mechanisierung sowohl des Getreideschnitts als auch den zeitlich nachfolgenden Tätigkeiten des Dreschens, der Körnerreinigung und der Körnerlagerung, beschäftigt haben. Ab 1830 blieb es dann vorwiegend nordamerikanischen Erfindern vorbehalten, der Getreideerntetechnik entscheidende Impulse zu geben. Der Getreideableger wurde ebenso in Nordamerika entwickelt wie der Mähbinder, eine Getreidemähmaschine, die das Korn nicht nur schneidet und ablegt, sondern gleichzeitig mit Hilfe eines mechanischen Knoters zu Garben bindet. Cyrus Hall McCormick, Obed Hussy oder John Appleby sind einige der Pioniere, die wichtige Meilensteine zur modernen Getreideerntetechnik beigesteuert haben. Die Gründe für die Dominanz nordamerikanischer Innovatoren sind

---

18 Max Hupfauer: Sämaschinen, in: Franz: Geschichte (wie Anm. 2). S. 178-186.

19 Hans Zödler: Hackmaschinen, in: Franz: Ebenda, S. 196-215.

20 Martin Hanf: Wirksamer Pflanzenschutz ist nur mit geeigneten Geräten möglich, in: Industrieverband Pflanzenschutz (Hg.): Die Pflanzen schützen – den Menschen nützen. Eine Geschichte des Pflanzenschutzes. Frankfurt am Main 1987, S. 85-91.

21 Heinrich Steinmetz: Sichel – Sicht – Sense. Gerätekunde und Dokumentation (Landwirtschaftliche Handgeräte, Bd. III). Emmelshausen 1989.

22 Herrmann: Pflügen (wie Anm. 9), S. 192ff.

23 Buchele/Quick: Grain Harvesters (wie Anm. 6).

vielfältig. Vor allem aber lag es am Arbeitskräftemangel und den riesigen Feldern, die nach Maschineneinsatz geradezu riefen.

Auch die Entwicklung der ersten Mähdrescher blieb Nordamerikanern vorbehalten. George S. Berry, Daniel Best und Benjamin Holt fassten um 1880 die unterschiedlichen Arbeitsgänge der Getreideernte vom Schnitt über den Drusch bis zur Körnerreinigung in einer Maschine zusammen. Anfangs von bis zu 40 Zugtieren ins Feld gezogen, waren es bald schon Dampfmaschinen und ab der Wende vom 19. zum 20. Jahrhundert dann Verbrennungsmotoren, die den Mähdreschern das Fahren ermöglichten.[24]

Bis zur Akzeptanz der Mähdrescher in Europa vergingen rund 50 Jahre. 1930 wurden bei der im westfälischen Harsewinkel ansässigen Maschinenfabrik Gebr. Claas erste Versuche unternommen, einen auf europäische Verhältnisse zugeschnitten Mähdrescher zu konstruieren.[25] Als Anhängegerät kam der MDB (Mähdreschbinder) 1936 auf den Markt, seine Erfinder hießen Walter Brenner und August Claas. Weitere 30 Jahre vergingen, ehe der Mähdrusch alle konkurrierenden Ernteverfahren aus dem Felde geschlagen hatte. Auch war aus der zunächst gezogenen Maschine nun der Selbstfahrer geworden, dessen Leistung ständig weiter verbessert wurde und auch heute noch weiter gesteigert wird.[26] Betrug die Arbeitsbreite des Durchschnittsmähdreschers um 1955 ca. 1,50 m, so liegen heutzutage die Durchschnitts-Schnittbreiten bei 4,80 m, Spitzenmähdrescher weisen aber durchaus auch Arbeitsbreiten von 8,00 m und mehr, neuerdings sogar bis zu 14 m auf.[27]

Die vom 18. bis zum 20. Jahrhundert stattgefundenen Innovationen haben die Getreideernte grundlegend verändert. Aus reiner Handarbeit wurde Maschinenarbeit von höchstem technischen Niveau, die im Extremfall bei Einsatz von GPS (Global Positioning System) und Autopilot sogar ohne Menschenhand auskommt. In Zahlen ausgedrückt heißt dies, dass dort, wo Ende des 18. Jahrhunderts bei der Getreideernte um 200 Arbeitskraftstunden (Akh) je Hektar (ha) benötigt wurden, zu Beginn des 21. Jahrhunderts 0,5 Akh/ha ausreichen. Dabei ist die Flächenleistung nur ein Aspekt. Ebenso schwer fallen die gewaltig gestiegenen Erträge je Flächeneinheit ins Gewicht. Mussten die Bauern Ende des 18. Jahrhunderts froh sein, wenn zehn Dezitonnen (dt) vom Hektar geerntet wurden, so bringen mitteleuropäische Landwirte zu Beginn des 21. Jahrhunderts durchaus 90 dt und mehr vom Hektar ein. Aber das ist dank des Landmaschinenseinsatzes kein Problem. Die Innovatoren mit ihren Erfindungen haben es möglich gemacht.

---

24 Walter G. Brenner: Ernte- und Dreschtechnik der Halmfrüchte, in: Franz: Geschichte (wie Anm. 2), S. 306-336.

25 Horst-Dieter Görg/Wilhelm Kemper (Hg.): Claas-Chronik. Dokumentation eines traditionsreichen Maschinenbauunternehmens seit 1913. Frankfurt am Main 2004.

26 Heinz-Dieter Kutzbach: Mähdrescher, in: VDI-Fachgruppe Landtechnik (Hg.): 25 Jahre VDI-Fachgruppe Landtechnik. Düsseldorf 1983, S. 173-183.

27 Hubert Wilmer: Mähdrusch in neuen Maßstäben, in: profi – Magazin für professionelle Agrartechnik 9 (2005), S. 30-34.

Herbert Pruns

Innovationen in der Rübenzuckerindustrie – Ein frühes Segment des Industrialisierungsprozesses[1, 2]

1. Ausgangslage

Auf der Suche nach Alternativen zu dem um die erste Jahrtausendwende n. Chr. in Europa bekannt gewordenen Produkt des Kristallzuckers[3], extrahiert ursprünglich aus einem saccharosereichen Schilf aus Indonesien [*Saccharum officinarum L.*], entdeckten Berliner Naturwissenschaftler kristallinen Zucker in verschiedenen Pflanzen der mitteleuropäischen Vegetationszone. Es war dem Berliner Apotheker SIGISMUND MARGGRAF [1709-1782], Mitglied der Preußischen Akademie der Wissenschaften, vorbehalten gewesen, im Rahmen allgemeiner Pflanzenuntersuchungen im Jahre 1747 ein „süßes Salz", den Zucker, u. a. auch in der *Beta vulgaris*, der allgemeinen Runkelrübe, nachzuweisen. Es dauerte dann fast ein halbes Jahrhundert, bis der experimentierfreudige Berliner Chemiker und Physiker FRANZ CARL ACHARD [1753-1821], ebenfalls Mitglied der Preußischen Akademie der Wissenschaften und Nachfolger MARGGRAFS, unter dem Eindruck hoher Weltmarktpreise für Rohrzucker an der *Beta vulgaris* systematische Pflanzenbau- und Selektionsversuche vornahm, um Rüben mit einem relativ hohen Zuckeranteil zuerst nach äußeren Merkmalen herauszufinden und diese untereinander zu kreuzen mit dem Ziel, daraus Zucker zu extrahieren.

---

1 Dem Wirtschafts- und Agrarhistoriker Dr. habil. Hans-Heinrich Müller, Saalburg, gewidmet anlässlich seines 80. Geburtstages am 9. März 2006.

2 Der Verfasser lehnt sich an den von Joseph Alois Schumpeter [1883-1950] entwickelten Innovationsbegriff an, erweitert diesen aber teilweise. Schumpeter umschrieb die Innovation als Entwicklung, Erzeugung und Durchsetzung neuer Produkte und Produktqualitäten am Markt sowie als Verfahrens-, Organisations-, Managements- und Institutionsveränderungen. Trotz dieser relativ offenen Definition reicht sie für den komplexen Gegenstand dieser Darstellung dennoch nicht für alle Situationen aus. Innovationen entstehen auch aus Beobachtungen, gedanklichen Kombinationen, Tüfteleien, Experimenten und aus der Zusammenstellung von Regeln zum Aufbau von Verfahrensabläufen; man spricht insoweit auch von Technologien, die aber weit über das Technische und die Technik als Fertigungsprozess hinausgehen.

3 Die erste urkundliche Nachricht vom Zucker (Sarkara, Sukkar) ist in Venedig im Jahre 996 nachweisbar.

Zielgerichtet wurde diese Suche nach Zucker erst durch eine Gesellschafts- und Wirtschaftskrise. Erste Anzeichen ergaben sich in den amerikanischen Unabhängigkeitskriegen der frühen 70er Jahre des 18. Jahrhunderts, als auch Zuckersendungen von den Transportstörungen auf einzelnen Transatlantikrouten von der Karibik nach Europa betroffen waren. Als dann im Verlauf der Französischen Revolution ein Sklavenaufstand in S. Domingo im Jahre 1791 ausbrach, führte dies zu einer teilweisen Versorgungskrise nicht nur in Frankreich, sondern in ganz Europa. Die Preise schnellten spekulativ in die Höhe. Der Aufstand führte zu einem Zusammenbruch nicht nur der dortigen Arbeit durch Sklavenhaltung, sondern auch zu einer Zerstörung der Produktionsanlagen, Zuckerrohrplantagen, Zuckerrohrmühlen und Zuckersiedereien. Etliche europäische Zuckerfachleute kamen um. In Europa war man davon überzeugt, dass der Produktionsausfall in S. Domingo nicht nur vorübergehend, sondern dauerhaft sein werde.

Die Verteuerung des Rohzuckers auf den europäischen Märkten führte zu einer erheblichen Betriebskostenbelastung bei der Erzeugung von Zuckerraffinaden und zu ersten Betriebsschließungen. Als dann im Verlauf der 90er Jahre des 18. Jahrhunderts die Versorgungskrise innerhalb Europas durch die Seekonflikte, Kaperkriege und offenen Seeschlachten zwischen Frankreich und Großbritannien verlängert und noch verschärft wurde, ergaben sich als Reaktion darauf erste ernsthafte Überlegungen zu einer dauerhaften Zuckerproduktion aus europäischen Kulturpflanzen, um der transatlantischen Abhängigkeit zu entgehen. Ein Verzicht auf Zucker war aus der Sicht der europäischen Konsumenten nicht mehr vorstellbar. Zucker war als vielseitiger Geschmacksträger trotz aufwändiger und knapper Produktion als Breitbandmedizin, als Konservierungsmittel und zu besonderen Speisen verwendet worden. Dies sollte so bleiben.

Unter mehreren alternativen Rohstoffen, nämlich den Weintrauben, dem Mais und der Kartoffel, wurde Ende des 18. Jahrhunderts von ACHARD die *Beta vulgaris* vorgeschlagen, weil er davon überzeugt war, eine zuckerreiche Art züchten zu können, aus der zu vertretbaren Kosten ausreichend Zucker erzeugt werden konnte. Diesem Vorschlag waren bereits gedankliche konzeptionelle Überlegungen und experimentelle Versuche vorausgegangen.

Die komplexe Gesellschafts- und Wirtschaftskrise der Zeit verlangte aber nicht nur bei der Auswahl einer alternativen Rohstoffressource ein Umdenken und das Bewältigen vieler Probleme. Auch auf der Zuckerproduktionsseite mit einem neuen Rohstoff ergaben sich vielfältige Ungewissheiten. Es ging um die Rohsaftgewinnung, die Klärung der Säfte durch Aussonderung und Bindung von Nicht-Zuckerstoffen. Es stellte sich die Überlegung, ob man sich bei der Klärung und Eindickung der Säfte an das Rohrsaftreinigungs- und -eindickungsverfahren anlehnen konnte. Welche Probleme sich beim Auskristallisieren eines Zuckers aus anderen Kulturpflanzen ergeben würden, war jedoch noch nicht voraussehbar. Würde der Zucker aus anderen Kulturpflanzen dem Rohrzucker gleich in der Wirkung und im Nutzen sein? Schließlich war langfristig die Frage zu lösen, ob und wie die ausschließlich an den Rohrzucker gewöhnten Konsumenten bereit sein würden, Zucker aus anderen Kulturpflanzen nicht nur als Ersatzstoff, als Surrogat, in Krisenzeiten zu akzeptieren. Eine Zuckerfabrikation auf der Basis eines alternativen Rohstoffs würde betriebswirtschaftlich nur dann rentabel sein und sich am Markt durchsetzen, wenn die Gesellschaft diesen Zucker auf Dauer als gleichwertig anerkennen würde. Dass daraus einmal ein Verdrängungswettbewerb entstehen konnte, war im späten 18. Jahrhundert nicht ernsthaft vorstellbar, wenn auch Hoffnungen dieser Art die Pioniere beflügelte.

Die hier aufgeworfenen Fragen und viele Detailprobleme verlangten nach Lösungen, wenn eine neue Industrie entstehen sollte. Dazu ist ein hohes Potenzial an neuen Ideen sowie technischen Verfahrensanpassungen und Wertentwicklungen aus bereits bewährten Gewerben und Industrien erforderlich gewesen. Erfasst man diese und viele andere Aspekte mit dem komplexen Begriff *Innovation*, so ergibt sich daraus für das vorgegebene Thema eine mehrfach wechselnde Betrachtungsweise. Sie ergeben sich hier aus den Innovationszielen beim Aufbau einer Industrie als einem Segment, aus dem ein Sektor werden sollte. Innovationsziele werden in der Regel vorgegeben durch Rohstoffe, deren Verwendbarkeit, die verfügbaren Energien, Energieeinsparungsziele, Gewinnstreben der Unternehmer und deren Ertragserwartung sowie durch Konkurrenzdruck zwischen Unternehmern. Alle diese Aspekte machen deutlich, dass Menschen und Materien, insbesondere Rohstoffe, Zwischen- und Endprodukte im Mittelpunkt unendlicher innovativer Prozesse stehen. Der erste Faktor ist der Schöpfer geistiger, organisatorischer und technischer Ideen, der Tüftler und rationale Konstrukteur. Der zweite, damit verbundene Faktor erfasst den Unternehmer, in erster Linie also den Warenproduzenten und den Händler, als Nutzer dieser geistigen, technischen und organisatorischen Ideen. Ist die Innovation in die Produktion eingeführt, treten die Arbeiter hinzu, also die Feldarbeiter, die Handwerker, die Geräte- und Maschinenbauer, die Manufakturarbeiter und die Industriearbeiter. Der Mensch muss an neue Arbeitsprozesse herangeführt werden. Dazu müssen Fachkräfte und Betriebsleiter ausgebildet werden. Sie müssen nicht nur technische und organisatorische Befähigungen und Kenntnisse erwerben, sondern sie sollten auch Menschen führen und Arbeiter anleiten können. Dieser Ausbildungsauftrag hat nicht nur einen ökonomischen Inhalt. Es geht auch um Menschenführung, betrieblichen Schutz und soziale Fürsorge. Die Innovationsfähigkeit der Menschen muss durch eine verantwortungsbereite kreative Erziehung gefördert werden.[4] Nicht zu unterschätzen sind in diesem Zusammenhang Verzögerungen in der Umsetzung von Innovationen und entsprechende Blockaden, die sich aus Gesellschaftsordnungen, Gewohnheiten und Begabungen der Menschen ergeben haben. Die Fähigkeiten, Unternehmer und Schöpfer zu sein, können sich decken. In enger Verbindung zum Ideenschöpfer, Erfinder, Produzenten und Arbeiter steht der Gesetzgeber als situationsorientierter Gestalter zentraler Regelungswerke mit umfassenden Bindungswirkungen seiner Entscheidungen. Ihm folgen die Träger öffentlicher Verwaltung als Gutachter, Förderer, Kontrolleur und Vermittler zur Gesellschaft insgesamt.

---

4 Nach Claudia Solzbacher in: Elisabeth Dostert: Innovationen: Mehr Wert für Deutschland. Süddeutsche Zeitung, Nr. 27 vom 02.02.2006, S. 22.

2. Runkelrübe [Beta vulgaris], ein Beitrag zur Intensivierung des Ackerbaus

Als es bei der Auswahl der Runkelrübe zum ersten Mal darum ging, den Wert der *Beta vulgaris* auch als Industrierohstoff zu ermitteln, mussten sehr schnell viele pflanzen- und ackerbauliche sowie erntetechnische Fragen gelöst werden. Alle Autoren, die sich mit dem Thema eines fortschrittlichen Ackerbaus im 18. Jahrhundert befasst haben, betonen, dass Rüben neben Kartoffeln, Topinambur, Tabak, Zichorien, Kohl, Bohnen und Erbsen bereits zu den wichtigsten Hackfrüchten des Ackerbaus gehören.[5] Man sprach vom Mangold, meinte aber in der Regel nicht das Blattgemüse, sondern die Futterrübe *Beta vulgaris*. Bereits die Entscheidung, die *Beta vulgaris* als Zuckerrohstoff in den Vordergrund der ersten weiterführenden Versuche zu stellen, war ein großer innovativer Schritt, erbracht von F. C. ACHARD. Damit war zugleich eine Grundentscheidung für viele spätere, Ende des 18. Jahrhunderts noch nicht voraussehbare Innovationen getroffen worden. Mit dieser Auswahl der *Beta vulgaris* folgten weitere innovative Schritte, nämlich die wechselseitige Anpassung des Ackerbaus an diese Kulturpflanze, also die systematische Orientierung der Bodenbearbeitung nach den Bedürfnissen und Besonderheiten einer Rübe, deren Zuchtergebnis noch völlig im Dunkeln lag. Es mussten die Möglichkeiten herausgefunden werden, wie der Rübensamen und die Jungpflanze zunächst den herrschenden und dann künftig den möglichen technischen Rationalisierungen angepasst werden konnten. Dazu bedurfte es auch der näheren Erforschung der *Beta vulgaris* als Kulturpflanze und der Erfassung ihrer ursprünglichen Standorte, um daraus Zuchtüberlegungen für eine zuckerreiche Rübenart abzuleiten.

3. Spuren einer Wildpflanze auf dem Weg zur Kulturpflanze

Es erscheint nur auf den ersten Blick zufällig, dass mit der *Beta vulgaris*, der künftigen Konkurrenzpflanze des Zuckerrohrs, nach dieser eine weitere Kulturpflanze zumindest teilweise dieselben Wanderungswege zurückgelegt hat. Die Pflanzenforschung[6] weist zutreffend darauf hin, dass viele unserer heutigen europäischen Kulturpflanzen ihren Ursprung in Südost-, Südwest- und Westasien haben und sich von dort aus über den Orient westwärts an die östliche Mittelmeerküste und ins Nildelta verbreitet haben. Auch der Ursprung der *Beta vulgaris* reicht weit zurück in die Erforschung der Beta-Rüben als Wildpflanzen in Asien

[5] Johann Nepomuk Schwerz: Anleitung zur Kenntniß der Belgischen Landwirthschaft. Bd. 1. Halle 1807, S. 211ff.

[6] Alphonse de Candolle: Origin of cultivated plants. Neudruck der 2. Aufl., New York 1959; Georg Buschan: Vorgeschichtliche Botanik der Cultur- und Nutzpflanzen der alten Welt auf Grund prähistorischer Funde. Breslau 1895; Franz Bertsch/Karl Bertsch: Geschichte unserer Kulturpflanzen. 2. Aufl., Stuttgart 1949; Moreley B. Crane/William J. C. Lawrence: The genetics of garden plants. 4. Aufl., London 1952; Brian V. Ford-Lloyd/Jeff T. Williams: A revision of Beta section Vulgares (Chenopodiaceae), with new light on the origin of cultivated herbs, in: Botanical Journal of the Linnean Society 71 (1975), S. 89-102.

und im Orient. Ursprungszonen der *Beta vulgaris*, *Beta maritima* und *Beta lomatogona* sind nach heutigen Erkenntnissen[7] die Feuchtzonen am südlichen Himalaya, in Mittel- und Vorderasien. Wichtige Ursprungsstandorte speziell der *Beta maritima* sind das Grenzgebiet zwischen Aserbaidschan und dem Iran im Talyschgebirge, das kaukasische Georgien und das anatolische Hochland. Aus diesen Vegetationszonen wanderten die Wildrüben mit Tieren und Menschen westwärts bis zur Atlantikküste. Ein Wanderungsweg führt vom Kaukasus entlang der südlichen Schwarzmeerküste bis zur östlichen Ägäis. Eine zweite Route verläuft vom Kaspischen Meer südwestlich zum Mündungsgebiet von Euphrat und Tigris und von dort flüsseaufwärts bis an die östliche Mittelmeerküste. Hier sind besonders viele Standorte der *Beta vulgaris* und der *Beta maritima* nachweisbar. Spuren der wilden Beta-Rüben lassen sich auch an der Küste des Sinai bis ins Deltabecken des Nils, auf Zypern, Rhodos, Kreta, Sizilien und in Algerien nachweisen.

Neben Sizilien und Nordafrika ergaben sich wichtige Vegetationsstützpunkte an den Küsten und an den Gebirgshängen von Sardinien, Korsika und den Balearen. Über Südwestspanien verläuft eine weitere starke Spur entlang der portugiesischen Küste über Galicien nach Westfrankreich und von dort über die Bretagne in die Normandie. Einen Wanderungsweg bot die Loire von der Atlantikküste landeinwärts. Von der Normandie aus wanderten Beta-Rüben auch in die Mündungszone der Seine, wohl bis ins Pariser Becken und über die Seine ostwärts entlang den nordfranzösischen, belgischen und niederländischen Küsten bis zum Niederrhein und nach Helgoland. Weitere Wege führten vom Mittelmeer rho-

[7] Lothar Frese: The Dutch-German Beta Genetic Resources Program – Objectives and Activities, in: Zuckerindustrie 115 (1990), S. 268-274; 1989 wurde zur Erhaltung, Evaluierung und Dokumentation der genetischen Ressourcen von Beta vulgaris eine 14tägige Sammelexpedition nach Portugal und dem Südwesten Spaniens durchgeführt. Vgl. dazu den Bericht von Lothar Frese/E. de Meijer/J. P. W. Letschert: New wild beet genetic resources from Portugal and Spain, in: Zuckerindustrie 115 (1990), S. 950-955; 1990 wurde auf Initiative der deutschen und niederländischen Forschungsanstalten ein „International Beta Genetic Resources Workshop“ abgehalten, auf dem eine „World Beta Network“ Organisation gegründet wurde. Ziel der Netzwerkorganisation ist es u. a., Vermehrungsprogramme und Samensammelreisen zu koordinieren. Für 1990-1992 wurden Sammelreisen in die Türkei, Armenien und den Kaukasus organisiert und mit Hilfe eines EG-Förderprogramms durchgeführt. 1991 fand der zweite internationale Workshop zur Beta-Gen-Forschung in Braunschweig statt. Vgl. dazu den Report zum 2nd Workshop des International Beta genetic Resources Network in Braunschweig des Jahres 1991. 1993 folgte der dritte internationale Workshop in Fargo, North Dakota, USA. Vgl. dazu den Report zum 3nd Workshop des International Beta genetic resources network in Fargo (North Dakota) des Jahres 1993. Im Herbst ist eine deutsch-russisch-iranische Sammelreise ins Talysch-Gebirge im Grenzgebiet zwischen Aserbaidschan und dem Iran durchgeführt worden. Diese sehr wichtig gewordenen Sammelreisen haben zur Sicherung von wichtigen Genressourcen beigetragen, mit denen insbesondere die Resistenzfähigkeit der heutigen Zuckerrübensorten verbessert werden kann. In den Forschungsberichten wird immer wieder darauf hingewiesen, dass die Genreserven in einzelnen Ursprungsgebieten durch Überweidungen auch höher gelegener Vegetationszonen und durch intensiveren Ackerbau erheblich dezimiert worden sind. Genforscher haben sich daher wieder darauf besonnen, auch in den bäuerlichen Gärten, den frühesten von Menschen angelegten Schutzzonen, in den Ursprungsgebieten Mittel- und Vorderasiens nach resistenten Beta-Rüben zu suchen.

neaufwärts durch die Provence und Burgund nach Lothringen und über das Elsass an den Oberrhein. Von den uns bekannten Kulturvölkern haben auf jeden Fall die Perser, Mesopotamier, Ägypter, Phönizier, Griechen und Römer[8] die Rüben anfangs auch als Heil- und Gemüsepflanze des Gartens genutzt. Es ist davon auszugehen, dass bereits auch die Kelten in ihren Siedlungsräumen von Anatolien über den Balkan bis nach Westgallien, Südirland und das südliche England hinein mit der *Beta vulgaris* und der *Beta maritima* in Berührung kamen und sie auch nutzten.

4. Anbau einer für die Zuckererzeugung bestimmten Rübenart

4.1. Standorte des Runkelrübenanbaus

Bereits die Agrarliteratur des späten Mittelalters, der Renaissance und des Barocks berücksichtigt in der Tradition der Römer und der Franken die Rüben. Das *Capitulare de villis*, eingeteilt in 70 Kapitel, war eine gesetzliche Anweisung KARLS DES GROßEN für die Betriebsführung der Königsgüter[9] zur Intensivierung der Agrarkultur, zur Sicherung der Versorgung der Bevölkerung der Königsgüter und der Königspfalzen sowie zur Vorbeugung gegen Hungersnöte. In den Gärten der Königshöfe und der Bauern wurden neben den klassischen Gemüsen auch Zichorien, Endivien, Kohlrüben, Mangold und Beta-Rüben angebaut.[10] Zu jener Zeit verwendete man die Rübenblätter und die Rüben als Wurzeln [napos insuper] neben Fisch, Käse, Butter und Honig auch als Fastenspeise. Der Anbau blieb nicht auf die Gärten beschränkt, sondern war damals bereits auch auf den Äckern, den *campis*, für die stationäre Viehhaltung üblich. Standorte des Runkelrübenanbaus in Europa waren bereits im Mittelalter die Loire- und Seinetäler, das Pariser Becken, die Normandie, Lothringen, das Elsass, die Pfalz, Baden-Durlach, die Kölner Bucht, Erfurt, Baumberg, Magdeburg, Halberstadt, die Altmark, Bardowiek, Winsen a. d. Luhe und die Elbinsel Vierlanden. Diese und weitere Standorte beruhen auch auf der Expansion der west- und mitteleuropäischen Städte und deren Gartenbau seit dem hohen Mittelalter.

Dieser vielfältige Rübenanbau lässt allerdings noch keine Rückschlüsse auf den künftigen alternativen Zuckerrohstoff zu. Die seit Mitte des 18. Jahrhunderts zunehmend zu beobachtenden Anleitungen zum Runkelrübenanbau beziehen sich

---

8 Marcus Publius Cato: De Re Rustica. Basel 1535; Marcus T. Varro: De Re Rustica ad Fundaniam Uxorem. Basel 1535; Lucius I. M. Columella: De Re Rusitca. Basel 1535; Aus dem Lateinischen übersetzt von Karl Ahrens: Columella über Landwirtschaft. Ein Lehr- und Handbuch der gesamten Acker- und Viehwirtschaft aus dem 1. Jahrhundert u. Z. Berlin 1972.

9 Anton Tautscher: Betriebsführung und Buchhaltung in den karolingischen Königsgütern nach dem Capitulare de villis, in: VSWG 61 (1974), S. 1-28.

10 Ebenda, S. 12; Ernst W. Wies: Capitulare de villis et curtis imperialibus. Verordnung über die Krongüter und Reichshöfe und die Geheimnisse des Kräutergartens Karls des Großen. Aachen 1992, S. 22.

auf die Rübe als gehaltvolles Rinder- und Schaffutter. Die Frage nach dem Zuckergehalt der Beta-Rüben stellte sich solange noch nicht, als die Rohrzuckerzufuhr aus Amerika und Asien nach Europa ungestört verlief. Auffällig ist allerdings, dass sich seit den 60er und im Verlauf der 80er Jahre des 18. Jahrhunderts die Nachrichten über die Mangold- oder Runkelrübe sowohl im deutschen, französischen und englischen Sprachraum häuften und verdichteten. Anbauempfehlungen und Nachrichten über den Nutzen der Runkelrüben sind insbesondere bekannt aus der Markgrafschaft Baden-Durlach[11], Kursachsen[12], Thüringen[13], Lothringen[14] und Hannover[15]. Eine für die künftige Entwicklung wichtige Information kam aus Erfurt. In die Zeit der Intensivierung des Runkelrübenanbaus noch deutlich vor der Zuckerversorgungskrise in Europa fällt die durch den Ratsmeister [Bürgermeister] CHRISTIAN REICHART[16] aus Erfurt vorgenommene Differenzierung und Klassifizierung verschiedener Sorten der Runkelrüben nach dem äußeren und inneren Erscheinungsbild. „Es giebt davon verschiedene Spielarten: ganz weiße, weiße und fleischfarbige, mit rother Schale und inwendig röthlichen Ringen, und gelbe. Manche bleiben mit ihren Wurzeln mehr in der Erde, andere wachsen damit beträchtlich über die Oberfläche empor. Die weißen und gelben sind in der Regel reicher an Zuckerstoff und weniger empfindlich gegen den Frost; die röthlichen werden aber am größten“[17]. Bereits diese Beschreibung führte zu einer Klassifizierung der Rüben nach Sorten und damit auf die Spur der späteren Züchtung als wichtige Innovation.

4.2. Rübenanbau

Wegen des gewachsenen Interesses am Runkelrübenanbau bereits in der zweiten Hälfte des 18. Jahrhunderts bemühte man sich[18] auch um eine gründliche, ausführ-

11 Kurzgefaßter Unterricht vor den Baden-Durlachischen Bauersmann wie er die vier vornehmste Futterkraeuter als ewigen Klee, Esparcette, breiten Klee und Dikrüben pflanzen und benutzen sol. Carlsruhe 1762.

12 Unterricht für den kursächsischen Bauersmann, die Lucerne, Esparcette, spanischen Klee und Turneps oder Runkelrüben anzubauen und zu benutzen. Dieser Unterricht ist bis zum 31. Jener 1764 jedermann im Leipziger Intelligenzcomtoir unentgeltlich gegeben worden. (Zit. nach Johann C. Schubart: Ökonomisch-kameralistische Schriften, 1. Teil. 3. Aufl., Leipzig 1786, S. 70, Fußn. 44).

13 151. Stück der Oeconomischen Nachrichten, S. 483.

14 Abbé de Commerell aus Metz veröffentlichte eine sehr wichtige Broschüre im Jahre 1783, die auch in England und im deutschen Sprachraum verbreitet wurde.

15 69. Stück des Hannoverschen Magazins. Hannover 1754, S. 1092; Christian F. Germershausen: Der Hausvater. 1. Teil. § 21. 3. Aufl., Hannover 1771, S. 308.

16 Christian Reichart: Christian Reicharts Gemischte Schriften. 4. Buch. XII. Kapitel. Erfurt 1762.

17 Christian Reichart: Christian Reichart's Land- und Gartenschatz. 2. Teil. 7. Aufl., Stuttgart 1821, S. 277f.

18 Christian Reichart aus Erfurt, Markgräfliche Amtsverwaltung in Baden-Durlach.

liche und umfassende Behandlung aller Pflanzen- und Ackerbauschritte von der Auswahl des geeigneten Rübenbodens, der Düngung, des Pflügens oder Grabens, des Eggens und Walzens des gepflügten oder gegrabenen Ackers, der Auswahl der Rübensaat, der Rübenaussaat, der Rübenvereinzelung, des Behackens der sehr zarten Rübenpflanzen, der Schädlingsbekämpfung, der Rübenernte und der Rübenlagerung. Mit JOHANN BECKMANN[19] kann man hier bereits von einem technologischen Gesamtprozess sprechen. Dies hatte es zuvor nur selten gegeben. Insofern war mit Rübenanbauanleitungen bereits fachliterarisch etwas Neues entstanden.

REICHART[20] setzte sich als Samenzüchter 1762 bereits auch mit der Gewinnung von Runkelrübensamen auseinander und gab damit FRANZ CARL ACHARD, dem Initiator der späteren Rübenzuckerfabrikation, und seinen Zeitgenossen eine sehr gute Grundlage für die Saatzucht, die er selbst betrieb. Dabei sprach er bereits ansatzweise auch von einer Selektion der Rüben: „Diejenigen Runkel-Wurzeln, welche man zur Erziehung des Saamens aufbehalten will, sollen keine Neben-Zacken oder Wurzeln haben, sondern sie sollen fein rund und gleich seyn. [...] Sie treiben hernach ihre Saamen-Stengel 6 Schuhe hoch, weswegen man Pfähle darbey stecken, und mit Bast anbinden muss, damit der Wind solche nicht über den Haufen schmeissen, und die Saamen-Stengel, welche ohnedies von Saamen-Körnern schwer werden, zerbrechen könne. [...] Nach der völligen Reifung schneidet man die Stengel mit einem Messer ab, und legt sie alsobald auf ein Tuch; denn die reifen Körner rühren sich ab und fallen von den Saamen-Stengeln; und so bald als die Stengel und der Saame auf dem Boden trocken und dürr geworden, klopft man die Körner von den Saamen-Stengeln ab, und verwahret solche in einer lüftigen Kammer, wo keine Mäuse vorhanden.“ Diese Auszüge aus REICHARTS Zuchtanleitung enthalten mehrere kleine, aber aus vielen Erfahrungen abgeleitete präzise Innovationsschritte, die ACHARD später übernommen hat. Dazu zählen die Rübenauswahl als Saatrüben im Herbst, deren Schutz vor Frostschäden durch Einmieten, das Auspflanzen der Saatrüben im Frühjahr in Reihen, die Pflege der Saatstengel, deren Reife, Ernte und Aufbewahrung.

Neben der Behandlung der selektierten Rüben bis zur Saatgewinnung ging es um die Vorbereitung des Ackerbodens für den Rübenanbau durch möglichst tiefes Graben mit langen schmalen Spaten oder um möglichst tiefes Pflügen nicht nur zur Lockerung des Bodens, sondern auch zum geraden Wuchs der Rübenwurzeln. Wie bisher bei keiner Kulturpflanze so ausgeprägt und folgenschwer ging es für den Zuckerertrag um die Ausmittlung der Düngerarten. Aus Vergleichen hatte man schnell erkannt, dass stark stickstoffhaltige Dünger unbedingt vermieden werden mussten. REICHART empfahl[21]: „Das Land, worauf man den Runkel-Samen säen will, muß einige Jahre vorher wohl gedüngt, vor dem Winter gegraben, oder mit 3 bis 4 Pferden tief geackert [gepflügt], und zu andern Früchten

---

19 Johann Beckmann: Entwurf der allgemeinen Technologie. Aus dem Vorrathe kleiner Anmerkungen über mancherley gelehrte Gegenstände. Göttingen 1806.

20 Reichart: Gemischte Schriften (wie Anm. 16), S. 15ff.

21 Ebenda, S. 7f.

1 oder 2 Jahre vorher nutzet werden. [...] Wenn also, [...], das Land vor dem Winter gegraben worden, so wird der Saame im halben April etwas dicker als sie sonst ihren gehörigen Raum von 2 Schuh verlangen, oben auf das Land gesäet, welcher mit den Kärsten oder Rechen unter die Erde 1 Zoll tief gezogen wird. Nach dieser Arbeit muß der Acker mit der kleinen Garten-Egge überfahren werden.“ Dem Zitat ist unschwer zu entnehmen, dass die Saat noch nicht gedrillt, sondern breitwürfig auf dem geeggten Boden ausgestreut und dann durch Eggen zugedeckt wurde. Auch die vom Markgrafen Carl Friedrich von Baden ebenfalls 1762 veranlasste Anleitung[22] zum Anbau von „Runkelen“ oder „Runkelrüben“ behandelt die einzelnen Arbeitsschritte bereits relativ ausführlich. Auffällig ist an dessen Anleitung, dass bereits zwischen dem Aussäen und Auspflanzen der Rüben unterschieden worden is.[23] Das empfohlene Abblatten der Rüben erinnert noch an die von den Menschen in frühen Zeiten genutzte Art der *Beta vulgaris* als Blattgemüse des Gartens. Die Runkelrüben selbst, gelagert in Kellern oder Erdmieten, wurden insbesondere als frisches saftiges Futter im Herbst und Winter bis zum folgenden Frühjahr an die Zug-, Milch- und Mastrinder verfüttert.[24] Diese Doppelnutzung vom Blattwerk während der Vegetationszeit und den Rüben im Winter und Frühjahr wurde nach heftigen Diskussionen am Ende des 18. und zu Beginn des 19. Jahrhunderts aufgegeben, sobald aufgeklärte Praktiker mit Unterstützung der Wissenschaft in einem weiteren innovativen Schritt erkannt hatten, dass das Abblatten zu erheblichen Vegetationsverzögerungen und damit zu Verlusten bei der Einlagerung von Kohlenhydraten in den Rüben führt.

4.3. Anleitungen zum Zuckerrübenanbau

Waren die bisher behandelten Anleitungen dem Runkelrübenanbau gewidmet, so entstand die erste schriftliche Anleitung zum *Zucker*rübenanbau im deutschen Sprachraum 1836[25], also zur Zeit des Wiederauflebens der Rübenzuckerfabrikation im noch jungen Deutschen Zollverein. Das Neue an dieser und späteren Anleitungen war gegenüber den Anbauempfehlungen des 18. Jahrhunderts, dass sie sich bewusst auf den Anbau eines Industrierohstoffes bezogen. Die Rübenzuckerfabrik, die im Folgenden sehr genaue und sehr strenge Bodenbearbeitungs- und Anbauregeln vorgab, ist keine geringere als die 1836/37 gegründete *Badische Gesellschaft für Zuckerfabrikation* gewesen. Ihre Anbauregeln waren keine Empfehlungen, sondern Verpflichtungen. Mit Rübenanbauverträgen entstand im Sinne eines erweiterten Betriebskapitalbegriffs ein Netz von Verpflichtungen. Die 17 Paragraphen umfassende Anbauanleitung ist eine selektive Zusammenfassung der in größeren Schriften und Broschüren behandelten Erfahrungen, umgemünzt

22 Kurzgefaßter Unterricht vor dem Baden-Durlachischen Bauersmann (wie Anm. 11).

23 Ebenda, S. 22.

24 Ebenda, S. 25.

25 Landwirthschaftliches Wochenblatt für das Großherzogtum Baden, verfasst von der Badischen Gesellschaft für Zuckerfabrikation AG.

auf den Zuckerrübenanbau. Dazu einige aufschlussreiche Details: Zur Vermeidung von Erosions- und Wasserschäden durften keine Ackerflächen mit Mulden verwendet werden, in denen sich das Wasser stauen konnte (§ 1). Als Vorfrüchte für die Zuckerrüben empfahlen sich Raps, Hanf, Flachs, Tabak, aber auch Getreide (§ 3). Auf Grund der bereits von ACHARD gesammelten Erfahrungen sollte in der Regel die Vorfrucht gedüngt werden, nicht aber der Rübenacker, um einen hohen Stickstoff- und Salpetergehalt der Zuckerrüben zu vermeiden. Felder mit Gras und Klee sollten erst in der zweiten Frucht Rüben enthalten (§ 4), um den Stickstoffgehalt mit der ersten Frucht abzubauen. Zur Aussaat erhielt jeder Rübenanbauer pro Morgen Ackerfläche zwei Pfund Samen (§ 6). In Baden verwendete man wie in Frankreich überwiegend die weiße schlesische Rübe, ursprünglich von ACHARD gezüchtet. Entsprechend der ACHARD'schen Erkenntnisse sollten nach Möglichkeit keine Rüben gepflanzt, sondern der Samen gesteckt werden (§ 7). Danach folgte wie bei den Runkelrüben die übliche Pflanzenpflege durch Bodenlockerung und mehrmaliges Hacken. Um die Mitte des 19. Jahrhunderts sprach man davon, dass jedes Rübenhacken zu einem zusätzlichen Prozent Zuckergehalt in der Rübe führen würde. Eine Besonderheit in dieser Anleitung ist auch darin zu sehen, dass zur innovativen Rationalisierung des Rübenhackens bereits mit einem Pferd bespannte Zug- oder Reißhacken neben Handhacken empfohlen wurden, um Arbeitspersonal zu ersparen und um das Arbeitstempo zu erhöhen. Die reifen Rüben schließlich mussten mit einer Gabel vorsichtig aus dem Boden gehoben und dann so geköpft werden, dass der Blattansatz der Rübe abgeschnitten wurde (§ 16). Um die zuckerhaltigen Rüben insbesondere nicht an der Wurzel zu beschädigen, wurden sie in Körben sorgfältig auf Blockwagen geladen (§ 17). Die Anleitung enthielt auch Erntezeiten und Rübenlagerungsempfehlungen für den Fall, dass die Rüben vor der Verarbeitung zwischengelagert werden mussten. Da Baden und Württemberg zu den bäuerlichen Anbaugebieten zählten, in denen relativ früh Rüben von den Fabriken hinzugekauft werden sollten, ging es bald um die Bestimmung des Ankaufpreises nach der Höhe des Zuckergehaltes und einem niedrigen Rohstoffgewicht. Daraus ergab sich ein entsprechendes Zuchtziel, zu dessen Durchsetzung zahlreiche Innovationen entwickelt werden mussten. Sie waren botanisch-technischer Art, auf die im Zusammenhang mit der Darstellung der Zuckerrübenzucht näher eingegangen wird.

In Ergänzung zu der verpflichtenden Badener Zuckerrübenanbauanleitung verwies der preußische Landes-Ökonomie-Rat WILHELM FERDINAND WEYHE [1806-1878][26] aus Wegeleben in der Magdeburger Börde darauf: „Der Same soll nicht früher in die Erde kommen, als bis sie erwärmt und daher ein baldiges Auflaufen desselben zu erwarten ist. [...] Zum Legen der Kerne ist die Handarbeit um

26 Wilhelm Ferdinand Wei[y]he: Ueber den Anbau der Zuckerrübe bei Halberstadt; in: Annalen der Landwirthschaft in den Königlich Preußischen Staaten, 18. Bd., Berlin 1851, S. 173-183, S. 178; vgl. auch Ders.: Die Runkelrübenzucker-Fabrikation als landwirthschaftliches Nebengewerbe, in: Annalen der Landwirthschaft in den Königlich Preußischen Staaten. Berlin 1850. 8. Jg., Supplement, 2. Abteilung, S. 240-246. – Weyhe wurde 1851 zum Direktor der Landwirtschaftlichen Lehranstalt in Bonn-Poppelsdorf berufen.

so mehr der der Maschine vorzuziehen, als sie sorgfältiger und von schwachen Kräften ausgeführt werden kann. Man bedient sich zum Legen des Samens zwei verschiedener Instrumente, entweder kleiner Kellen oder kleiner Hacken mit kurzen Stielen“. Der Hinweis auf „die Maschine“ bezieht sich auf die von dem schottischen Juristen Jethro Tull[27] im frühen 18. Jahrhundert entwickelte Drillmaschine. Seine Konstruktion hat einen technischen Grundlagencharakter mit einer innovativen Langzeitwirkung. Die Konstruktion konnte den zu drillenden Saaten angepasst und abgewandelt werden. Ursprünglich nur für Getreidesaaten entwickelt, wurde sie bereits Ende des 18. Jahrhunderts für Leguminosensaaten abgewandelt, bis dann Mitte des 19. Jahrhunderts erste Drill- oder Dippelmaschinen für Rübensaaten entworfen wurden.

Nach der Saatzeit folgte die Pflege der aufkeimenden Zuckerrübenpflänzchen. „Sobald die Pflanzen so weit emporgewachsen sind, um sie bequem mit der Hand fassen und die stärkste Pflanze von der schwächern erkennen und [ab]sondern zu können, werden sie entweder verzogen oder verschnitten [...] So lange sich die Rübe im Boden befindet, wird wiederholtes Behacken auf Qualität und Quantität derselben vortheilhaft wirken. [...] Es ist zum Sprichwort geworden, daß man die Hackfrüchte groß hacken soll. Daher soll man hacken, wenn auch kein Unkraut sich zeigt, lediglich um den Boden aufzuschließen [...] Zuckerrüben sollten, wo möglich, viermal behackt werden, und selbst noch mehr ist von Vortheil und bezahlt sich“, betont Weyhe[28]. Gehackt wurde mit kurzstieligen Handhacken. Dazu bedurfte es geschulter Kräfte, insbesondere sorgfältig arbeitender Frauen und gut ausgewählter landwirtschaftlicher Geräte zum Auflockern des Bodens zwischen den handgesäten oder gedrillten Rübensaaten.

Die Zuckerrüben wurden in der Regel ab Mitte September bis Ende Oktober geerntet, wenn die unteren Blätter gelb wurden. „Bis Ende Oktober sollte die Ernte wo möglich beendet sein. Diese geht vor sich, indem Gräber mit starken Spaten oder sogenannten Gribbeln [schmaler starker Spaten mit starker Trittauflage] die Rüben vorsichtig ausheben, und durch Anschlagen möglichst von der anhängenden Erde, Kinder oder schwächere Personen durch Abschneiden der Köpfe von den Blättern befreien, und starke Männer sie in Körben nach einem vorherbezeichneten Platze tragen, woselbst sie in länglichen Haufen [...] dachförmig, den Kopf nach außen, reihenweise aufgeschichtet werden.“ Diese präzisen Angaben Weyhes[29] bestätigen, dass die Sorgfalt des Zuckerrübenanbaus und der Rübenpflege mit einer wachsenden Zahl von arbeitstechnischen und arbeitswirtschaftlichen Innovationen verbunden war, die aus sorgfältigen Beobachtungen hervorgegangen waren. Viele technische Erfahrungen hatten die Rübenanbauer aus der Magdeburger Börde und dem hallischen Kreis bereits aus dem Zichorienanbau erworben.

---

27 Jethro Tull: The horse-hoing husbandry. Compleat in four parts. Or, an essay on the principles of tillage and vegetation. 2. Aufl., London 1743.

28 Wei[y]he: Anbau der Zuckerrübe (wie Anm. 26), S. 178f.

29 Ebenda, S. 179f.

4.4. Zuckerrübenzucht

Die europäische Zuckerrübenzucht entwickelte sich schwerpunktmäßig in Preußen und Frankreich. Nachdem F. C. ACHARD und M. V. KOPPY in Niederschlesien bereits zur Zeit NAPOLEONS die relativ zuckerhaltige schlesische weiße Rübe durch Selektion gezüchtet hatten, erwarb die Familie DE VILMORIN[30] in Paris 1810 Rübensamen dieser Sorte von M. V. KOPPY und züchtete diese mit ausgeprägter innovativer Befähigung zuerst ebenfalls nach äußeren Merkmalen für die französischen Rübenanbauer fort. So erschienen aus deren Züchtungen bereits Ende der 20er Jahre in Anlehnung an den schlesischen Züchter und dessen Zuchtregion die *Betterave de Koppy*, die *Bete de Silèsie*, die *Betterave Blanche de Prusse* und die *Halberstädter* Runkelrübe. Trotz DE VILMORINS Zuchterfolgen gab es Probleme und auch Rückschläge auf Grund von nicht einkalkulierten Kreuzungsergebnissen und Fremdbestäubungen. Die Zuckerrüben-Züchtungen von PIERRE-LOUIS-FRANCOIS LEVÊQUE DE VILMORIN [1816-1860], dem bedeutendsten Züchter aus dieser Familie, waren in der zweiten Hälfte des 19. Jahrhunderts nicht nur in Frankreich, sondern auch in Österreich, im Deutschen Zollverein, im Deutschen Reich und in Russland hoch geachtet.

Eine ernsthafte Konkurrenz in den Zuchtergebnissen erwuchs der Familie DE VILMORIN erst Mitte des 19. Jahrhunderts in Preußen durch FERDINAND KNAUER[31] in Gröbers bei Halle an der Saale. Er züchtete erfolgreich neue Sorten, so seit 1849 die Sorte *Imperial* und seit 1861 die Sorte *Electoral*. Er führte damit die Tradition F. C. ACHARDS, M. V. KOPPYS und G. F. W. V. KOPPYS fort. FERDINAND KNAUERS eindrucksvolle Berichte über die Zucht der Imperialzuckerrübe geben einen Einblick in die Anfänge einer systematischen Rübenzucht um die Mitte des 19. Jahrhunderts: „Mit dem Namen Imperialrübe habe ich eine von mir zuerst entdeckte und seit fast 10 Jahren von mir allein gezüchtete Rübengattung getauft, und zwar stammen die von mir gezüchteten Imperialrüben von einer einzigen Mutterrübe ab; auch haben sich dieselben bis auf den heutigen Tag durch die sorgsamste Saamenzucht nicht nur in ihrem Zuckerreichthum und in der Schönheit des Wuchses der Wurzel erhalten, sondern sind noch von Jahr zu Jahr werthvoller und edler geworden, so daß keine Zuckerrübengattung auf der Erde im Großen angebaut wird, welche an Zuckerreichthum und Reinheit der Säfte die Imperialrübe übertrifft.“ Diese mit großem Selbstbewusstsein und Züchterstolz vorgetragene Erklärung beinhaltet eine für die weitere Rübenzucht wichtige neue Idee, die Zucht einer Sorte aus möglichst nur *einer* Stammrübe. ACHARD und Baron V. KOPPY dagegen hatten noch viele verschiedene Saatrüben verwendet, die zwar untereinander viele Ähnlichkeiten aufwiesen, aus denen aber keine *reine* Saat hervorgebracht werden konnte. Auch DE VILMORIN hatte noch Probleme mit dieser Selektion. Die zweite wichtige Innovation KNAUERS war technischer Art. Er hatte erkannt, dass er vor der endgültigen Auswahl der Mutterrübe deren Zu-

---

30 Jacques L. De Vilmorin: L'Heredite chez la betterave Cultivee. Paris 1923.

31 Vgl. dazu Herbert Pruns: Europäische Rübenzuckerindustrie im Frühindustrialismus. Wirtschaft. Staat. Verband. 1747-1799-1850. Berlin/Bonn 2000, S. 311-315.

ckergehalt konkret durch Entnahme von Gewebeproben mit einem Zuckerbestimmungsgerät ermitteln musste. Über diese Schritte berichtete er 1855. Er verteilte in der Generalversammlung des *Vereins für die Rübenzuckerindustrie im Zollverein* eine Broschüre, in der er über die Geschichte der wohl ersten echten Zuckerrübe berichtete: „Was die Auffindung der Imperialrübe anbelangt, so giebt es ohne Zweifel mehrere Sorten und mehrere Arten und Abarten unter den in Deutschland zur Zuckerfabrikation angebauten Rüben. [...] Daß nun diese verschiedenen Rüben, schon nach ihrem Aeußeren zu urtheilen, einen verschiedenen Zuckergehalt hätten, war zu vermuthen. Polarisationsapparate für zuckerhaltige Flüssigkeiten gab es damals noch nicht; ich lernte aber den verehrungswürdigen Herrn Schatten kennen und durch ihn den von ihm construirten Sacharinmeter. Durch dieses Instrument wurde es unter des verehrten Mannes persönlicher Leitung leicht, die verschiedenen Rüben auf ihren verschiedenen Zuckergehalt zu untersuchen. Da stellte sich denn das merkwürdige Resultat heraus, daß Rüben von ein und demselben Acker, unter ganz gleichen Bedingungen dicht neben einander gewachsen, an Zuckergehalt 2 % und darüber differirten und bei ganz strenger und genauer Beobachtung ergab sich, daß die nach Wurzelform, Blatt und Herzform ähnlichen, auch immer ähnliche Resultate ergaben, daß mithin hier nach Gattungen mit sehr verschiedenen Werth für Rübenzuckerfabrikation zu unterscheiden sei.“ KNAUER bestätigte, dass man Mitte des 19. Jahrhunderts vorwiegend vier „Hauptgattungen“ anbaute, „die sich durch ihr Aeußeres bestimmt von einander unterscheiden, während alle andern vorkommenden Rüben nur Bastarde dieser 4 Sorten sind. Diesen 4 Species gab ich nach ihrem Ursprunge die Namen

Nr. 1. der Französischen [Belgische kleinblättrige],
Nr. 2. der Quedlinburger [röthliche oder mit rosa Anflug],
Nr. 3. der Schlesischen [grünrippige],
Nr. 4. der Sibirischen [weißrippige].

Bei ferneren Untersuchungen fand ich noch 2 Exemplare, welche von den andern 4 Sorten sich wesentlich unterschieden und welche ihrem Aeußeren nach viel Gutes versprachen; eine von diesen wurde zerrieben und untersucht und ergab das glänzende Resultat von 2 % Zuckergehalt mehr, als die beste der übrigen Sorten, welche dicht daneben unter gleichen Bedingungen gewachsen waren. Die andere Rübe wurde somit die Mutter der Imperial-Rüben und stammen von dieser alle meine Saamen allein ab.“

KNAUER kannte das von dem damals bereits berühmten französischen Züchter P.-L.-FR. DE VILMORIN entwickelte Verfahren des Ausstechens von Rübenfleischproben zur Weiterzucht der Mutterrübe noch nicht. In dieser Verfahrensidee DE VILMORINS liegt eine weitere wichtige Innovation, die die Rübenzucht ohne Vergeudung von Genen eventueller Stammrüben weiter vorangebracht hat. KNAUER dagegen musste noch eine potenzielle Stammrübe durch Zerreiben zerstören. DE VILMORINS Verfahren des Ausstechens von Rübengewebe wurde bald mit dem Sacharinmeter des Erfinders SCHATTEN kombiniert und beeinflusste die Erfolge der nächsten Generation der Zuckerrübenzüchter. Als KNAUER in der Sitzung der Generalversammlung des *Vereins für die Rübenzuckerindustrie im Zollverein* am

31. Mai 1860 noch einmal über die Zucht der Imperialzuckerrübe referierte[32], wiederholte er mit folgendem Satz das Credo der Zuckerrübenzucht: „Die Zuckerfabrikation ist auf dem Felde und das Fabrikgebäude ist das Extractionsgebäude, in welchem wir den auf dem Felde gewonnenen Zucker extrahiren. Wenn auf dem Felde kein Zucker gewonnen wird, können wir in der Fabrik keinen finden.“ Den Höhepunkt der Zuckerrübenzucht erreichten dann in der zweiten Hälfte des 19. Jahrhunderts die Familie DIPPE und MATTHIAS RABBETHGE sen..

5. Zuckererzeugung

5.1. Das Wechselverhältnis von Zuckerrohstoff und Technologie

Die Frage nach der Zuckergewinnung aus einer zum Zuckerrohr alternativen Rohstoffressource, wie sie oben skizziert worden ist, konnte nicht einseitig von der Rübenanbau- und Rübenzuchtseite beantwortet werden. Dazu bedurfte es vieler Problemlösungen stets in einem wechselseitigen Gedankenaustausch mit einer Zuckerfabrikation aus dem alternativen Rohstoff. Auch auf der Fabrikationsseite mussten viele kleine, von zahlreichen Innovationen begleitete Schritte vollzogen werden. Auch sie beruhten teils auf Anlehnungen und Anpassungen an verfahrenstechnisch Bekanntes, teils aber auch auf völlig neuen Ideen und Verfahren, die die Rübenzuckerindustrie schließlich zu einer Leitindustrie der zweiten Hälfte des 19. Jahrhunderts werden ließen.

Die Rübenzuckerfabrikation durchlief bis Ende des 19. Jahrhunderts in ihrer technischen Entwicklung im Wesentlichen drei Phasen mit steigenden Innovationsimpulsen. Dabei handelt es sich nicht nur um technische, sondern auch um ökonomisch-organisatorische Impulse. In der ersten Phase war die aufkeimende Industrie im technischen Ablauf noch weitgehend von anderen Gewerben und Industrien abhängig. Technische Experimente und verfahrensmäßige Nachbesserungen waren an der Tagesordnung. Belegen lässt sich dies bereits an FRANZ CARL ACHARDS Fabrikausstattung in Cunern bei Steinau in Niederschlesien. Er und seine wichtigsten Nachfolger, wie sein Nachbar MORITZ V. KOPPY und die Magdeburger Fabrikanten A. L. BODENSTEIN, J. W. PLACKE und LISTEMANN & BURCHARD konnten sich im technischen Wissen an die Rohrzucker- und Zichorienpulverfabrikation, die Weinkelterei und Kartoffelspiritusbrennerei anlehnen. Diese Anlehnung begann bereits bei der Wahl der Fabrikationsstätten. Aus Zeit- und Kostenersparnisgründen richteten die ersten Unternehmer die Zuckerfabrikation in vorhandenen Gebäuden ein, so z. B. auch ACHARD. Über diesen frühen technischen und verfahrensmäßigen Anlehnungsprozess hinaus legte er allerdings mit seinem bedeutenden Werk *Die europäische Zuckerfabrikation aus Runkelrü-*

[32] Vgl. dazu Pruns: Europäische Rübenzuckerindustrie (wie Anm. 31), S. 315.

ben[33] 1809 bereits die Grundlagen für eine schrittweise innovative Verselbständigung der Rübenzuckerfabrikation.

Die Rohzuckererzeugung gliedert sich im Wesentlichen in die Prozessschritte Saftpressen, Saftreinigen, Saftsieden in Verbindung mit weiterem Saftreinigen, Safteindicken und Rohzuckerkristallisation. Diese Vorgänge hat die Rübenzuckerproduktion überwiegend in Anlehnung an die bekannten Prozessschritte der Rohrzuckergewinnung vollzogen. Bezieht man die Rübenwäsche und das Rübenschnitzeln und Rübenreiben in den Zuckererzeugungsprozess ein, so waren es zehn Verfahrensschritte, wie eine im Auftrage des Preußischen Innenministeriums im Herbst 1814 durchgeführte verfahrenstechnische Untersuchung bei JOHANN GOTTLIEB NATHUSIUS in Althaldensleben in der Magdeburger Börde[34] belegt.

5.2. Rübensaftextraktion

Die Rübensaftextraktion durchlief in ihrer verfahrenstechnischen Entwicklung mehrere Stufen. In der frühen, ersten Phase lehnten sich ACHARD, sein schlesischer Nachbar, Baron M. V. KOPPY, und die Fabrikanten der Magdeburger Börde an die Zichoriendarren und das Weinkelterverfahren an. Da einige Rübenzuckerfabrikanten der ersten Generation [1802-1818] bereits Zichoriendarren betrieben, waren sie daher technisch entsprechend ausgestattet, so dass sich von Beginn an auch partielle technische und organisatorische Annäherungen an die Zichorienröstereien ergaben. So wurden Rüben nach Zichorien- und Kartoffelart gewaschen und zerkleinert. Gewaschen wurde in Bottichen und wenig später bereits in rotierenden Trommeln, angetrieben durch Pferdegöpel oder Wasserkraft. Zum Zerkleinern der Rüben wurden Schnitzelmesser und Reiben verwendet, die man vorher nur für Zichorien und Kartoffeln verwendet hatte. Ziel des Schneide-, Schnitzel- oder Reibeverfahrens ist es, das Rübengewebe, die Parenchymzellen, zu öffnen, damit die Saccharose mit der Zellflüssigkeit durch den Pressdruck abfließen kann. Der Zuckerrübensaft ist eine graue bis schwarzgraue opalescierende trübe Flüssigkeit. Sie enthält die in der Rübenzelle molekular oder kolloidal gelösten Substanzen aus Wasser, Saccharose, Invertzucker, Kalium, Natrium, schädlichem Stickstoff, Pectin, Cellulose, Pentosanen und Lignin.[35]

Eine Anlehnung an die Weinkelter ergab sich, soweit Rübenzuckerfabrikanten zum Abpressen des Rübensaftes von Hand oder mit Wasserkraft bewegte Schraubenpressen verwendeten oder später hydraulische Pressen benutzten. In der Regel

---

33 Franz C. Achard: Die europäische Zuckerfabrikation aus Runkelrüben, in Verbindung mit der Bereitung des Brandweins, des Rums, des Essigs und eines Coffee-Surrogats aus ihren Abfällen. Leipzig 1809.

34 Wissenschaftlicher Bericht über das Verfahren in der Zuckerfabrik des Herrn Nathusius in Althaldensleben vom 28. Oktober 1814, in: Geheimes Staatsarchiv Preußischer Kulturbesitz, Rep. 120 D XVI 2, Nr. 11, Bd. 1 Bl. 187-187-193.

35 Werner Mauch: Zucker, in: Hartmut Hoffmann/Werner Mauch/Werner Untze: Zucker und Zuckerwaren. Berlin 1985, S. 17-128, hier S. 53, 58.

wurde viermal gepresst, da bei einem einmaligen Pressen in der Regel nur 60 bis 75 v. H. des Saftes und des Zuckergehaltes abgesondert werden konnten. Da beim Abpressen relativ viel Zucker im Gewebe zurückbleibt und so für die Zuckergewinnung verloren geht oder erst zu Spiritus gebrannt werden muss, ersetzte man Schritt um Schritt die Pressen durch andere Zuckerextraktionsverfahren. Obwohl im Prinzip seit dem 18. Jahrhundert bekannt, wurde es zur Zeit des Deutschen Zollvereins von dem Freiburger Chemiker DR. SCHUZENBACH technisch für die Rübenzuckererzeugung konzipiert und auf Fabrikdimensionen übertragen. Es handelte sich um einen „Appareil d`extraction par lavage", oder einen sog. Auslaugungsapparat, auch *Macerations*anlage genannt. Der Ursprung dazu lag in der Schnitzelung der Rüben, die dann mit Wasser aufgeweicht und durch Diffusion entlaugt wurden. Der Zuckersaft fließt aus den Zellen in das Wasser über. Dieser Vorgang wurde mehrfach wiederholt. Da dieser Prozess nur langsam ablief, ging ein Teil des zurückgebliebenen Zuckergehalts anfangs dennoch durch Gärung verloren. Ein wichtiges Experimentierfeld für dieses Verfahren war die Rübenzuckerfabrik der *Badischen Gesellschaft für Zuckerfabrikation* in Waghäusel gewesen, der SCHUZENBACH sein patentiertes Verfahren zur Nutzung übertragen hatte. Wiederholt mussten neue Versuche angestellt werden, um die Anlage zu verbessern. So mussten Extrahieranlagen „kurze Zeit später abgerissen [werden] und neuen Platz machen", wird berichtet.[36] Der technische und kostenmäßige Aufwand zur Durchsetzung dieser grundlegenden Innovation war sehr erheblich und wurde daher von kleineren Rübenzuckerfabriken der 30er und 40er Jahre des 19. Jahrhunderts anfangs mit großer Skepsis aufgenommen. Erst gegen Ende der 40er Jahre gelang es, durch die Umstellung der Extraktion von kaltem auf warmes Wasser nach dem Vorbild des Franzosen MARECHEAUX die täglich entzuckerte Rübenschnitzelmenge von 150 dt auf 500 dt zu erhöhen.[37] Auf 80°C erhitztes Wasser öffnete insbesondere bei Rübenschnitzeln die Zellwände relativ schnell und erreichte dadurch eine relativ schnelle Diffusion. Geschnitzelte Rüben wurden sieben bis acht Mal in Folge jeweils im Abstand von einer halben Stunde mit heißem Wasser übergossen. Das ablaufende bereits mit Zuckersaft angereicherte Wasser wurde jedesmal wieder erhitzt und erneut zum Aufguss verwendet. Durch dieses Verfahren gewann der französische Rübenzuckerfabrikant DOMBASLE in den 20er Jahren des 19. Jahrhunderts bereits 8,5 v. H. Zucker. BEAUJEU veränderte das Verfahren in der Weise, dass er mehrere nebeneinander stehende Seihbottiche durch Röhren verband, so dass er ein ständiges Aufweichen der Schnitzel durch das heiße Wasser und ein ständiges Seihen des Saftes erreichte. In der Endphase der technischen Entwicklung bestand die Macerationsanlage aus einer Batterie von Kesseln, die stufenweise aufgebaut und durch Überläufe miteinander verbunden waren.

---

36 Manfred Pohl: Südzucker, 1837-1987. 150 Jahre Süddeutsche Zucker-Aktiengesellschaft Mannheim. Mainz 1987, S. 27.

37 Ebenda, S. 27.

5.3. *Zuckersieden*

5.3.1. *Verfahrensvorgaben durch das Rohrzuckersieden*

Die ersten Rübenzuckerfabrikanten griffen bei der Rohzuckererzeugung auf die insbesondere im 18. Jahrhundert verfassten Beschreibungen der Rohrzuckersiedereien und deren Fabrikationsverfahren in der Karibik, in Brasilien und auf Java zurück. Während der Saftentzug den jeweiligen Zuckerrohstoffen angepasst sein muss und daher auf Grund der Konsistenz der Rohstoffe deutlich von einander abweicht, sind die Safteindickungs- und Zuckersiedeprozesse grundsätzlich wieder gleich. ACHARD wagte den Schritt von der Zuckergewinnung in Laborversuchen zur fabrikmäßigen Rohzuckererzeugung. Diese Entscheidung verlangte eine Beherrschung des Wissens um die organischen Inhalte des Zuckerrohrsaftes und die Kenntnis seiner Extraktion und Konzentration bis zur Ausbildung von Zuckerkristallen. ACHARD beherrschte nicht nur das Literaturwissen seiner Zeit über die Rohrzuckererzeugung, sondern er hatte auch praktische Erfahrungen in Berliner Rohrzuckerraffinerien sammeln können. Er musste versuchen, Verfahrensschritte der Rohrzuckerkristallisation stets darauf zu analysieren, inwieweit diese auf die Rübensafteindickung und Zuckerkristallisation übertragen werden konnten. Die nach- und zum Teil auch nebeneinander ablaufenden Reinigungs-, Verdampfungs- und Kristallisationsprozesse gliedern sich in die Defäktion als Fällung von Nicht-Saccharosestoffen, die Dekantierung oder Sedimentation des Saftes. Das mehrmalige Sieden dient der mehrstufigen Verdampfung des Wassers, um die gereinigte klare Saccharoselösung zu Sirup einzudicken. Bis zu Beginn des 19. Jahrhunderts geschahen diese Schritte auf offenen Kesseln und über offenem Feuer. Im ersten Kessel wurde der Rohsaft nicht nur eingedickt, sondern es wurden insbesondere durch Zusatz von Löschkalk als Kalkmilch auch Eiweißstoffe und sonstige Sedimente gebunden. Der Saft des Zuckerrohrs ist dunkelflüssig. Er ist hoch molekular, schwach sauer [pH-Wert 4,8-5,6] und enthält einen hohen Invertzuckergehalt. Ziel der Reinigung ist es, einen hohen Anteil der löslichen und unlöslichen Nicht-Saccharosekomponenten durch Sedimentation oder Filtration aus dem Rohsaft zu entfernen.[38] Calciumoxid als Kalkmilch und Wärme sind dazu die universellen Hilfsmittel. Die im Verlauf des Siedens durch Calciumoxid und Wärme gebundenen Stoffe, insbesondere Eiweiß, schäumen auf. Sie wurden mit großen Kellen abgeschöpft und separiert. Neben dem Löschkalk wurden in den folgenden Siedeprozessen auch Asche und Alaun verwendet. Den Chemikern und Fabrikanten waren die Wirkungen dieser Zusatzstoffe bereits sehr früh bekannt, so auch ACHARD. Teils war die Herstellung dieser Stoffe schon in der Antike üblich. Im 16., 17. und 18. Jahrhundert wurden die Themen in monographischen Werken abgehandelt oder in Enzyklopädien mit dem neuesten Wissensstand aktualisiert. Der schottische Naturforscher JOSEPH BLACK hatte 1755 die chemischen Veränderungsprozesse vom Kalkstein zum gebrannten Kalk ent-

[38] Mauch: Zucker (wie Anm. 35), S. 72.

schlüsselt.[39] Unter Asche verstand man bereits Mitte des 18. Jahrhunderts die bei der restlosen Verbrennung von organischen Substanzen, insbesondere von Holz und Knochen, zurückbleibenden anorganischen Bestandteile. Als Carbonatation wurde die Asche mit Wasser gemischt, um Sirup und Rohzucker vom eiweißhaltigen Schaum zu trennen. In Frankreich erschien 1766 ein Werk von C.-R. FOURCROY DE RAMECOURT, *L'art du chaufournier*, in dem sowohl das Kalkbrennen als auch die effektive Nutzung der Hitze im Brennofen beschrieben worden sind. Diese grundlegenden Innovationen konnten in angepasster Form auch für die Anlage von Öfen in der Rohzuckersiederei und in der Zuckerraffination genutzt werden. Die Öfen wurden zur Speicherung der Hitze bis zum oberen Rand in die Erde eingegraben. Im zweiten Siedekessel wurde der eingedickte und vorgeklärte Zuckersaft weiter eingedickt und geklärt, bis der hellgelbe Saft in der Konsistenz von Honig als Sirup langsam floss und zwischen den Fingern klebte. Die Zuckersieder sprachen von der sog. Fingerprobe. Im dritten Kessel wurde dann der in der Regel helle Sirup unter regulierter Siedehitze weiter eingedickt. Es musste sorgfältig darauf geachtet werden, dass die Hitze des Feuers so gesteuert wurde, dass sich das Sieden nicht bis zum Kochen steigerte, um das Verbrennen des Zuckers zu vermeiden. Durch Zusatz von Zuckerkristallen aus vorausgegangenen Siedeprozessen wurde dann der Kristallisationsprozess bewusst eingeleitet und beschleunigt. Die Kristallisation der Saccharose wird über den Verdampfungsprozess hinaus durch die sog. Kühlkristallisation durchgeführt. Das Ziel ist, möglichst viel Saccharose auskristallisieren zu lassen. Der Anteil der Melasse soll möglichst gering bleiben. Viel beachtet werden noch heute zur Veranschaulichung des Zuckersiedeprozesses die Darstellungen in der *Encyclopédie, ou Dictionnaire Raisonné des Sciences, des Arts et des Métiers, begründet 1751*, herausgegeben von D. DIDEROT und D'ALEMBERT.[40]

Der noch körperwarme mit Sirup durchsetzte Rohzucker wurde in spitz zulaufende, trichterförmige Zuckerhüte abgefüllt, die dann mit der Spitze nach unten auf einen Tonkrug gestellt wurden. Die an der Spitze des Hutes offene Form wurde verstopft, sobald der Sirup in diese auf die Spitze gestellten Tongefäße gegossen wurde. Der Zucker kristallisierte im Verlauf der Abkühlung langsam an den Tonwänden und im Kegel der Form aus, während der Sirup als sog. Melasse in die Spitze abfloss. Hatte sich nach einigen Tagen der größte Teil des Zuckers auskristallisiert und in der Hutform verklumpt, wurde der Pfropfen aus der Spitze der Tonform herausgezogen, damit die Melasse in den Tonkrug abfließen konnte. Nach dem Trocknen der Zuckerhüte auf einem Brettergestell des Trockenbodens wurde der noch gelbe Rohzucker in Brocken zerschlagen, in Kisten oder Fässer geschüttet und dann in der Regel als hellbrauner Rohzucker, teilweise aber auch bereits als weißer Rohzucker versandfertig gemacht. Bis zur Gegenwart wird Rohrzucker auf dem Weltmarkt überwiegend als Rohzucker gehandelt.[41]

39 Albert Bettex: Die Entdeckung der Natur. München 1965, S. 46f.

40 Jean d'Alembert/Denis Diderot (Hg.): Encyclopédie, ou Dictionnaire Raisonné des Sciences, des Arts et des Métiers. Paris 1751ff.

41 Mauch: Zucker (wie Anm. 35), S. 74.

5.3.2. Rübenzuckersiederei

Alle diese Prozessschritte des Rohrzuckersiedens musste ACHARD beherrschen, um dann von Verfahrensstufe zu Verfahrensstufe zu beurteilen und darüber zu entscheiden, welche er auf die Rohzuckergewinnung aus Rübensaft direkt übertragen oder abgewandelt übernehmen konnte. Das Neue an ACHARDS Überlegungen ist, dass er die Saftkonsistenzen zwischen dem Rohr und der Rübe durch viele vergleichende Experimente erfasste und u. a. für die Substanzabweichungen in den Säften eigene Lösungen der Saftklärung fand.[42] Er war so beharrlich in der Verfolgung seiner Ziele, dass er auf dem Weg zu ihrer Erreichung immer wieder eigene, neue Erkenntnisse technisch umgesetzt hat, wie sich insbesondere aus seinem Hauptwerk von 1809 beweisen lässt. Bereits kleinere technische Fortschritte, die ACHARD insbesondere auch mit Hilfe eines erfahrenen Mechanikers erreichen konnte, sind aus damaliger Sicht wichtige Detailinnovationen gewesen.

Zur *Reinigung* und *Klärung* des Saftes gab es mehrere Verfahren:

- das Verfahren nach ACHARD, zuerst Schwefelsäure und danach Löschkalk zu verwenden,
- das sogenannte französische Verfahren, zuerst Löschkalk einzusetzen und danach mit Schwefelsäure weiter zu klären sowie
- das Verfahren der Kolonien, den Zuckerrohrsaft allein mit Kalk zu klären.

Die böhmischen Fabriken arbeiteten überwiegend nach der ersten, der ACHARD'schen Methode, die französischen Unternehmer hatten dieses Verfahren Anfang der 30er Jahre bereits aufgegeben.

Das *Eindicken* des gereinigten Saftes geschah anfangs noch über offenem Feuer in Pfannen, später über Dampfkesseln oder über heißen Luftströmen. „Wer mit der Zuckerfabrication bekannt ist, weiß, daß nur bis zu einem bestimmten Grade eingekocht werden darf, weil sonst die Melasse nicht abfließt“[43], betonte ein anonymer Verfasser 1836[44], der sich zumindest in der Rohrzuckerfabrikation und wohl auch in der französischen Rübenzuckerfabrikation auskannte. Der durch das Eindicken gewonnene Sirup wurde weiter geklärt, um insbesondere den vorher hinzugesetzten Kalk und die Schleimstoffe auszusondern. Dem in der Regel auf 50°C abgekühlten Sirup wurde entweder Eiweiß, Blut oder Milch beigemischt. Den Sirup ließ man mit den Zutaten längere Zeit bei entsprechender Temperatur aufwallen und schäumte den weiter dickenden und klarer werdenden Sirup ab. Nach französischem Verfahren in Säcke gefüllt, floss der eingedickte Sirup träge ab. Der gewonnene geklärte Sirup mit weingelber Farbe wurde vielfach *Clairce* genannt.

Kristallisation: Der geklärte Sirup [Clairce] wurde mit Schaukelpfannen, die in französischen Rübenzuckerfabriken entwickelt worden waren, weiter einge-

---

42 Vgl. dazu insbesondere Hans-Heinrich Müller: Franz Carl Achard. 1753-1821. Berlin 2002, S. 25-174 und S. 175-364.

43 M. (Initiale des anonymen Verfassers): Einige Worte über Zuckerfabrikation in Deutschland, in: Allgemeine Preußische Staats-Zeitung 1836, S. 711f, 712, 2. Sp.

44 Ebenda, S. 711f.

dickt. Sobald die sog. Faden- oder Blasprobe einen zähflüssigen Sirup nachwies, wurde die bereits zur Kristallisation neigende träge Masse in Zuckerhutformen gegossen und dann nach der in der Rohrzuckersiederei bekannten Art der Rohzucker von der Melasse getrennt. Zur Extraktion weiteren Zuckers wurde die Melasse in der Regel noch ein- oder zweimal nachgesiedet. So entstanden, entsprechend in Zuckerformen abgefüllt, das zweite und dritte Produkt Zucker bis ein unkristallisierbarer Restzucker in der Melasse übrig blieb. Im Verhältnis zum ersten Produkt waren das zweite und dritte Produkt kostenaufwendiger zu gewinnen, insbesondere durch den hohen Energieverbrauch. Die Qualitäten des zweiten und dritten Produktes waren in der Regel geringerwertiger als die des ersten Produktes, so dass man aus Kostengründen und nach der Marktlage des Zuckers entschied, ob überhaupt ein drittes Mal nachgesiedet wurde.

Reinigung des Rohzuckers: Der letzte Prozessschritt bezieht sich auf die Reinigung des Rohzuckers, indem der restliche gelbliche Sirup, der dem Zuckerhut insbesondere an den Kegelwänden anhaftet, durch fließendes Wasser von den Zuckerkristallen gelöst und abgespült wurde. Dieses Wasser wurde in den Siedeprozess zurückgeleitet, um keinen Zucker zu verlieren. Die Zuckerhüte wurden dann auf die geglättete Fußfläche gestellt. Dieser Rohzucker wurde dann entweder an eine Rohrzuckerraffinerie verkauft oder ausnahmsweise wie im Falle J. G. NATHUSIUS' in Althaldensleben bei Magdeburg in die eigene Zuckerraffinerie zur Veredelung verbracht. Teilweise wurde dieser noch nicht völlig weiße Zucker direkt über Händler in den Konsum abgegeben. Er wurde gern von den städtischen Unterschichten, der Landbevölkerung, den Konditoren und Lebkuchenbäckern verwendet.

6. Zuckerraffination

Ist der Rohzucker durch den mehrfachen Siede- und Dekantierprozess auskristallisiert worden, so verläuft die weitere Veredelung des Rohzuckers aus Rohrzucker und aus Rübenzucker bis zur Raffinade und zum Kandiszucker prinzipiell gleich. Ausgangsprodukt der Raffination ist immer ein Rohzucker.[45] Denn der Raffinationsprozess beginnt mit dem Einschmelzen und Auflösen des noch mehr oder minder unreinen kristallisierten Rohzuckers. Um die Nichtsaccharosestoffe weiter durch Sedimentierung, Stoffbindung und Stofftrennung zu erreichen, bedarf es ergänzend weiterer Fremdstoffabschöpfungs-, Verdampfungs- und Kristallisationsprozesse. Nach der Rohzuckerkristallisation spricht man in der Raffination von mehreren weiteren Kristallisationsstufen. Die Raffination fand bis zum hohen Mittelalter vorwiegend im Orient statt. Dort beherrschte man relativ früh anspruchsvolle Reinigungs- und Klärungsverfahren beim Rohrzucker. Alaun, ein Kaliumaluminiumsulfat, das als farbloses Kristallpulver bereits für das Tuchfärben seit der Antike üblich und unentbehrlich war, wurde zum Ausfällen von restlichen Eiweißstoffen auch in der Zuckerraffination verwendet. Besonders bevor-

---

[45] Mauch: Zucker (wie Anm. 35), S. 65.

zugt wurde Alaun insbesondere in der Zuckerraffination im Vorderen Orient und in Südeuropa. Ägypten kannte sehr früh besondere Klärungsverfahren aus der Veredelung von Fruchtsäften. Vom Vorderen Orient und von Ägypten übernahmen insbesondere Venedig, Zypern, Sizilien und die südspanischen Rohrzuckerzentren das Raffinationsverfahren. Wegen der hohen Energiekosten in der Zuckerraffination begann sich dieser Herstellungsprozess bald vom Orient nach Mitteleuropa zu verlagern, da Brennholz und Holzkohle im Orient und in Südeuropa immer knapper wurden.[46] Die besondere räumliche und betriebswirtschaftliche Teilung zwischen der Rohzuckersiederei und der Raffinerie setzte sich in Mitteleuropa erst zu Beginn der Neuzeit endgültig durch, indem die Karibik, Mittelamerika, Brasilien und Südostasien unter dem Einfluss der Kolonialmächte im Rahmen merkantilistischer Grundsätze prinzipiell auf eine Rohzuckerproduktion festgelegt worden waren. Der importierte Rohzucker wurde insbesondere in Flandern, in den Niederlanden, in Frankreich, England, Dänemark und auch in Hamburg, Bremen, Berlin, Stettin sowie im Baltikum raffiniert.

Die Anlehnung der noch im Entstehen begriffenen Rübenzuckerindustrie an die Rohrzuckerindustrie insbesondere im Raffinationsprozess zeigte sich im Verlauf der NAPOLEONischen Kontinentalsperre seit Anfang 1807 bis Ende 1812, als viele Rohrzuckerraffinerien mangels eines ausreichenden Rohzuckerimports zusammenbrachen. Diese auf die Fabrikationskrisen der 90er Jahre des 18. Jahrhunderts folgende weitere Krise des Rohrzuckers löste auf der Seite der noch sehr rudi-mentären Rübenzuckerfabrikation einen neuen Innovationsschub in der technischen Entwicklung und in der Qualitätsverbesserung der Produkte aus. Ein in die Breite wirkender Innovationsschub ergab sich insbesondere durch angeworbene Fachkräfte aus stillgelegten Zuckerraffinerien. Im Verlauf der Kontinentalsperre arbeitslos gewordene Zuckerraffinadeure, die Zuckerbäcker, wanderten in der Regel unfreiwillig zu den jungen Rübenzuckerfabriken im Magdeburger Wirtschaftsraum und nach Franken ab und setzten dort ihr Fachwissen ein. Sie konnten die Rübenzuckerqualitäten vielfach erheblich verbessern und damit junge Rübenzuckerfabriken vorübergehend stabilisieren. Eine weitere Angleichung an die Rohrzuckerraffination ergab sich in technischer Hinsicht aus dem Verkauf kupferner Siedekessel, Kellen und Zuckerformen aus der technischen Ausstattung stillgelegter Raffinerien. So befanden sich in der Magdeburger Rübenzuckerfabrik LISTEMANN & BURCHARD drei sog. „Hamburger“ Zuckersiedepfannen[47], in der J. W. PLACKE’schen Rübenzuckerfabrik, ebenfalls Magdeburg, vier „Hamburger“ Zuckersiedepfannen[48]. Es fand ein Fachwissen- und Techniktransfer statt. Da trotz Rohrzuckerschmuggels aus Großbritannien Raffinaden sehr knapp und teuer wa-

---

46 Maurice Lombard: Blütezeit des Islam. Eine Wirtschafts- und Kulturgeschichte. 8.-11. Jahrhundert. Frankfurt a. M. 1992, S. 177-180.

47 Geheimes Staatsarchiv Preußischer Kulturbesitz, Rep. 151 III, Nr. 10448, Bl. 84ff; Rudolf E. Grotkass: Die Zuckerfabrikation im Magdeburgischen, ihre Geschichte vor und während der Kontinentalsperre sowie weiter bis zum Jahre 1827, dem Beginn der neuen Periode, in: Magdeburgs Wirtschaftsleben in der Vergangenheit. Bd. 2. Magdeburg 1927, Anlage XXIX.

48 Geheimes Staatsarchiv Preußischer Kulturbesitz, Rep. 151 III, Nr. 10448, Bl. 100 R.

ren, sahen die Rübenzuckerfabrikanten eine günstige Gelegenheit, die Raffinerielücke so weit wie möglich durch eine Annäherung an die Raffinadenqualitäten zu schließen. Dazu konnten die beschäftigten Zuckerbäcker insbesondere aus Hamburg mit den ihnen vertrauten angekauften Gerätschaften wesentlich beitragen.

In dieser Frühphase war man seitens der initiativen Rübenzuckerfabrikanten auch bestrebt, sich nicht nur im technischen Ablauf mit Hilfe erfahrener Zuckerbäcker, sondern auch im Erscheinungsbild des Rübenzuckers dem Rohrzucker anzupassen, um die Vorbehalte der Konsumenten gegen den noch als Surrogat empfundenen Rübenzucker durch Umdeklaration zu überspielen. Dazu eignete sich insbesondere das Raffinationsverfahren. Auch dies ist aus wirtschaftspolitischer Sicht eine produktspezifische „Innovation“. Das Innovative liegt nicht in etwas Neuem, sondern in dem Wiederentdecken eines Phänomens, das bereits in der Antike und im Mittelalter in Fällen von Nachahmungen und Verfälschungen[49] von Textilien, Metallen und Metall-Legierungen vielfach angewendet worden ist. Vom Staat ausgesprochene Verbote gegen Falschdeklarationen haben diese Nachahmung nicht verhindert. Dazu verleitete in der Zuckerwirtschaft bereits die Zuckerhutform, die anfangs noch mit Rohrzucker gleichgesetzt wurde und die auch heute wieder bei vielen Konsumenten die Vorstellung auslöst, als handele es sich beim Hutzucker um Rohrzucker. Bei den frühen ausgesprochenen, aber vielfach missachteten Verboten ging es dem Staat nicht immer nur um die Sicherung eines Warenzeichens oder um den Schutz einer Qualität, sondern auch um abgabenrechtliche Fragen der Zoll- und Steuerverwaltung, wenn die Produkte trotz vielfacher Qualitätsgleichheit z. B. zwischen Rohr- und Rübenzucker ungleich belastet wurden. Daher ordnete die preußische Abgabenverwaltung 1814 für die Rübenzuckerfabrikanten besondere Fabrikationssiegel an.[50] Denn die Zuckerhutform ist nicht produktspezifisch geschützt gewesen.

7. Zuckerindustrie als Impulsgeber der Industrialisierung

Die Zuckerindustrie als Impulsgeber der Industrialisierung ist in der ersten Hälfte des 19. Jahrhunderts vorwiegend auf wenige Staaten in Europa begrenzt gewesen. Sie hat hier zwei organisatorische Erscheinungsformen. Die eine bezieht sich nach 1815 auf die Umwandlung der bisher familiengebundenen norddeutschen Zuckerbäckereien in kapitalkräftige, oft als Aktiengesellschaften geführte, von Dampfmaschinen angetriebene Rohrzuckergroßraffinerien. In diesem Rationalisierungsprozess gingen viele Arbeitsplätze in den alten Zuckerbäckereien verloren. Die andere Seite spiegelt die Rationalisierung der Rübenzuckerindustrie wider. Die Wiederaufbauzeit der Rübenzuckerindustrie nach den Folgen der zusammengebrochenen Kontinentalsperre begann in Frankreich Anfang der 20er und verstärkte

[49] Zu diesem komplexen Problem wird verwiesen auf Reinhold Kaiser: Imitationen von Beschau- und Warenzeichen im späten Mittelalter. Ein Mittel im Kampf um Absatz und Märkte, in: VSWG 74 (1987), S. 457-478.

[50] Geheimes Staatsarchiv Preußischer Kulturbesitz, Rep. 120 D XVI 2, Nr. 11, Bd.1.

sich dort im Verlauf der 30er Jahre des 19. Jahrhunderts. Österreich folgte ab 1830. Im Deutschen Zollverein begann der Wiederaufstieg erst seit Mitte der 30er bis Ende der 40er Jahre. Dieser endgültige Durchbruch der europäischen Rübenzuckerindustrie zur ernsthaften Konkurrenz der Rohrzuckerindustrie ist nur vor dem Hintergrund weiterer zahlreicher und grundlegender Innovationen zu verstehen, deren Initiatoren und praktischen Gestalter von der Überzeugung ausgingen, dem ab 1814 fast ungehemmt auf die europäischen Märkte strömenden rohen Rohrzucker nicht erliegen zu wollen und zumindest gleichwertig mit diesem konkurrieren zu können.

7.1. Zuckersieden und Zuckerraffination an einem Standort

Nach den frühen Vorbildern des Kaufmanns und Fabrikanten JOHANN GOTTLOB NATHUSIUS aus Althaldensleben bei Magdeburg und weiteren dynamischen Unternehmern aus diesem Wirtschaftsraum sowie unter dem Eindruck der Standorterfolge französischer Fabrikanten wurde 1836/1837 die *Badische Gesellschaft für Zuckerfabrikation AG*[51] in Waghäusel in Baden in der Nähe des Rheins gegründet. Es entstanden an einem Standort eine Rübenzuckerfabrik zur Erzeugung von Rohzucker und eine Raffinerie anfangs für Rohrzucker und später für Rübenzucker. Dieses Vorbild hatten die Initiatoren der Gesellschaft aus Frankreich übernommen. Das technische Gesamtkonzept für die Waghäuseler Fabriken stammte von dem Pariser Dampfkesselfabrikanten L'OUVRIER GASPARD.[52] Es war zwar immer noch keine Großanlage aus einem Guss. Man lehnte sich wie zu Beginn des 19. Jahrhunderts nicht zufällig an ein vorhandenes Gebäude-Ensemble an, indem die Gesellschaft das ehemalige Jagdschloss des Fürstbischofs DAMIAN HUGO VON SCHÖNBORN 1837 von der Großherzoglich Badischen Domänenkammer mit Liegenschaften und allen Nebengebäuden erwarb.[53] Verwaltungsgebäude, Stallungen, Scheunen, Remisen, Schmiede, Böden und Keller wurden entsprechend direkt genutzt oder für die Zwecke einer Rohzuckerfabrik und einer Raffinerie umgebaut. Diese Kombination an einem Standort war zu dieser Zeit zumindest im Deutschen Zollverein ein großer organisatorischer Fortschritt. So wurden an einem Ort das Fachwissen zur Rohzuckerfabrikation aus Runkelrüben mit dem Wissen über die Rohrzuckerraffination gebündelt und technische Verbesserungen möglichst breit plaziert. Probleme gab es anfangs jedoch mit der badischen Abgabenverwaltung, die verfügte, dass Rüben- und Rohrzucker nicht gleichzeitig und vermischt raffiniert werden durften. Gleiche Probleme hatten bereits die Rübenzuckerfabrikanten im Magdeburger Wirtschaftsraum gehabt, denen es von der Abgabenverwaltung aus Sorge um betrügerische Vermischungen auch nicht erlaubt worden war, in betriebsarmen Zeiten rohen Rohrzucker zu raffinieren. Die

[51] Auch diese Rechtsform ist damals auf der Seite des Kapitals für die Rübenzuckerindustrie eine Neuheit gewesen.

[52] Pohl: Südzucker (wie Anm. 36), S. 26.

[53] Ebenda, S. 26.

badische Gesellschaft konnte sich gegenüber der dortigen Abgabenverwaltung durchsetzen, weil die badische Regierung erkannt hatte, dass anderenfalls das damals sehr moderne Konzept nicht gelingen würde und Arbeitsplätze nicht geschaffen werden könnten. Durch Rohrzuckerzukäufe aus den Niederlanden und Köln wurde die Raffinationskampagne bewusst in den Herbst hinein verlängert. Angeschlossen waren an die Zuckerfabriken an demselben Standort eine Spiritusbrennerei sowie Fabrikanlagen für die Produktion von Pottasche, Kali und Soda.[54] In Waghäusel befand sich außerdem eine Köhlerei[55], die sowohl Holzkohle als auch Knochenkohle für die Reinigung des Rohzuckers erzeugte. Schließlich brannte Waghäusel auch Kalk zum Klären des Rübenzuckers.

War schon die Bündelung mehrerer Fabrikationsanlagen an einem Standort eine logistische Innovation, so wurde dieses alles insbesondere erst durch die technischen Ideen des Freiburger Chemikers SCHUZENBACH und durch das Kapital des Karlsruher Bankhauses SALOMON V. HABER & SÖHNE möglich. SCHUZENBACH bot zur komplexen Lösung ein Rübenschnitzel- und Schnitzeltrocknungsverfahren nach dem Grundmuster einer Zichoriendarre an. Seine Konzepte und Patente umfassen ein technologisches Paket, gemischt aus bekannter und neuer Technik, aus Lösungskonzepten zur Ergänzung des zentralen Fabrikstandortes durch eine Regionalisierung der Rübenschnitzelung und -trocknung. Es ging auch um die Zwischenlagerung des geschnitzelten und gedörrten Rohstoffs und um dessen Transport zum Verarbeitungszentrum. Dort wurde der so bearbeitete Rohstoff mit Wasser aufgeweicht, ausgelaugt und der ausgeschlemmte Zuckersaft dann eingedickt und bis zur Kristallisation gesiedet. Die *Badische Gesellschaft für Zuckerfabrikation* nahm SCHUZENBACHS Konzept auf und errichtete im weiten Umkreis des Fabrikationszentrums Waghäusel in den netzartigen regionalen Unterzentren des Rübenanbaus Filialtrockenhäuser, um durch die Rübenschnitzelung und -trocknung den Zuckergehalt auf längere Zeit über die übliche Kampagne einer Frischrübenverarbeitung hinaus speichern zu können, bevor der bearbeitete Rohstoff verarbeitet werden konnte. Durch die Trocknung von Schnitzeln und deren luftige Lagerung wurde der Zucker vor der Zersetzung durch Gärung bewahrt.

Der Transport der Trockenschnitzel und deren Extraktion in einer zentralen Rohzuckerfabrik waren wegen des erheblich reduzierten Gewichtes des Rohstoffs aus wesentlich größeren Entfernungen als aus den bei Frischrüben üblichen zwei bis höchstens sechs Kilometern möglich und auf lange Strecken auch noch rentabel. Die durch die Grenznutzenerkenntnisse JOHANN HEINRICH V. THÜNENS bestimmte Entfernung für den Transport roher Rüben wurde nun durch das Schnitzelungs- und Trocknungsverfahren am Beispiel der Rüben in die Praxis umgesetzt. In dislozierter Lage zu Waghäusel entstanden nicht nur Filialtrockenanstalten, sondern es ergaben sich so auch ökonomische Unterzentren im Sinne

54 Neue Neckarzeitung, Nr. 258 vom 3. November 1854; zitiert nach: Die deutsche Zuckerindustrie 54 (Berlin 1927), S. 585.

55 Pohl: Südzucker (wie Anm. 36), S. 26.

THÜNENS[56], die ihrerseits wieder zu einem verstärkten Rübenanbau in den mittel- und kleinbäuerlichen Einzugsbereichen der einzelnen Filialen anregten. Damit wurde am Konzept SCHUZENBACHS bewiesen, dass der Zuckerrübenanbau nicht an landwirtschaftliche Großbetriebe gebunden sein musste. Bis 1864 waren neun Filialtrockenhäuser entstanden[57]. Damit stieg – wie geplant – auch die Zahl der Rüben anbauenden Landwirte entsprechend. Das Einzugsgebiet eines Trockenhauses entsprach ungefähr demjenigen einer damaligen durchschnittlichen Rübenzuckerfabrik, die rohe Rüben verarbeitete. Dadurch wurde die Rohstoffbasis für die zentrale Zuckerfabrik in Waghäusel zumindest um das Achtfache einer bis dahin im Deutschen Zollverein errichteten Rübenzuckerfabrik erweitert und die Rohzuckerkampagne wesentlich verlängert. In dem Gesamtanbaugebiet konnten außerdem Ernteschwankungen besser ausgeglichen werden. Ohne das SCHUZENBACH'sche Konzept wäre es also unmöglich gewesen, anfangs 148[58] und später über 250 Gemeinden durch den Vertragsrübenanbau an die *Badische Gesellschaft für Zuckerfabrikation* zu binden. SCHUZENBACH konnte sein Grundkonzept mehrfach verbessern und daraus weitere Innovationen ableiten, weil es ihm auch gelang, für landwirtschaftliche Großbetriebe in Schlesien und Böhmen Rationalisierungslösungen für die Zuckerrübenverarbeitung anzubieten. In den Großbetrieben des österreichischen Gesamtkaiserreiches ging es neben technischen Verbesserungen auch um Standortfragen, um einen großräumigen Rübenanbau betreiben zu können, bei dem größere Distanzen zwischen einer Fabrik und weit entfernt liegenden Rübenfeldern ohne nennenswerte Zuckerverluste in den Rüben überwunden werden konnten.

Mit der Wahl Waghäusels als Standort der Rohzuckerfabrikation und der Raffination sowohl des rohen Rübenzuckers als auch des aus den Niederlanden und Köln zugekauften rohen Rohrzuckers war auch der Rhein als Anlieferungs- und zum anderen als Ablieferungs- und Versandtrasse nach Süden und Norden wichtig geworden. Als Anlandehäfen standen Rheinhausen und Altlußheim zur Verfügung. Baustoffe und Dampfkessel konnten mit Schleppkähnen über den Rhein herangeführt werden. Gleichzeitig wurden die Häfen als Anlandeplätze anfangs für rohen Rohrzucker und später für zugekauften rohen Rübenzucker genutzt. Wegen der Ferne zu den Kohlevorkommen an der Ruhr spielten bei dem Faktor Brennmaterial anfangs Holz und Torf noch eine wichtige Rolle. Davon gab es anfangs am Rhein und Neckar genug. 1848 waren es allein 35.000 Fuhren. Als dann an der Ruhr genügend Steinkohle gefördert wurde, verschiffte man sie zunehmend auch nach Waghäusel. 75.000 dt Steinkohlen mussten mit Pferdefuhrwerken von den Rheinhäfen abgefahren werden. Der Transport der getrockneten Rübenschnitzel von den Filialtrockenhäusern nach Waghäusel erforderte noch einmal annähernd tausend zweispännige Fuhren.[59] Auch der Abtransport des Zu-

56 Johann H. Thünen: Der isolirte Staat in Beziehung auf Landwirthschaft und Nationalökonomie. Hamburg 1826, S. 232-340 (§ 31).

57 Pohl: Südzucker (wie Anm. 36), S. 26, 29.

58 Ebenda, S. 26.

59 Ebenda, S. 29.

ckers zu den Rheinhäfen beschäftigte viele qualifizierte Fuhrleute. Über die Häfen wurde der Abtransport der Zuckerraffinaden auf ferne Märkte bis nach Basel und Köln erleichtert. Die Standortwahl Waghäusel hat sich über mehr als 150 Jahre bewährt. So ist die Rübenzuckerfabrik Waghäusel zwar noch eine Gründung aus der Phase der Frühindustrialisierung, die aber mit Hilfe weitsichtiger und weitreichender technischer und zugleich organisatorischer Innovationen auch zu einem exemplarischen Modell der Rübenzuckerfabrikation in der Zeit der Hochindustrie geworden ist. Waghäusel bot auch die Möglichkeit, in seiner betrieblichen Ablaufstruktur Innovationen der folgenden Generationen aufzunehmen, ohne strukturell zu zerfallen. Während viele Fabriken der zweiten Generation bereits in den 50er und 60er Jahren des 19. Jahrhunderts durch vollständige Neubaukonzepte aufgegeben werden mussten, verjüngte sich Waghäusel über mehrere Industriegenerationen stets von neuem bis es von der *Südzucker AG* zu Beginn des 21. Jahrhunderts geschlossen worden ist.

Ein weiterer Innovationsschub entwickelte sich am Beispiel der *Badischen Gesellschaft für Zuckerfabrikation* im Kreditsektor. Waren fast alle Investitionen im Bereich der frühen Rübenzuckerindustrie entweder nur mit Eigenkapital oder mit wenigen Krediten von Privatpersonen möglich gewesen, so ergab sich wiederum nach französischem Vorbild seit Mitte der 30er Jahre des 19. Jahrhunderts die Bereitschaft einiger Banken im Deutschen Zollverein, auch von erfahrenen Unternehmern und Technikern geführte Rübenzuckerfabriken mit größeren Krediten auszustatten. Es waren Investitions- und Betriebskostenkredite. Grundlage der Kreditgewährung war die Bildung von Aktiengesellschaften und der Vertrieb dieser Aktien an Mitglieder vermögender Familien, die bereit waren, ihr Kapital endlich auch in Industrieunternehmen anzulegen und nicht nur – wie damals aus langer Tradition noch üblich – in Staatsanleihen. Dieser grundlegende innovative Schritt war damals in der Frühzeit der Industrialisierung noch mit vielen Verlustrisiken belastet.[60] Der *Badischen Gesellschaft für Zuckerfabrikation* als junge Aktiengesellschaft kamen bei der Finanzierung zwei Momente zugute. Die treibende Kraft zur Industriefinanzierung war im Bankhaus *SALOMON HABER & Söhne* in Karlsruhe der zum Bergbauingenieur ausgebildete Sohn LOUIS VON HABER und das Interesse insbesondere einer Kölner Gruppe von Rohrzuckerraffinadeuren und Händlern, die über Aktien Einblick in die Entwicklung der Rübenzuckerindustrie nehmen und den Verkauf von Rübenzuckerraffinaden an sich ziehen wollten.[61]

Unternehmerisch dynamisch im Sinne J. A. SCHUMPETERS und auch von den Banken so eingeschätzt waren in der zweiten Generation der europäischen Rübenzuckerfabrikanten die französischen Unternehmer C. J. A. MATHIEU DE DOMBASLE in Lothringen, FRANCOIS JOSEPH CRESPEL-DELLISSE in der Norman-

---

60 „Innovationen als Fremdkapitalgeber zu finanzieren, stellt einen Banker oft vor Probleme: Die Ertragsmenge ist gering, aber das Risiko, das Geld zu verlieren, hoch. Sinnvoll sind eigenkapitalähnliche Finanzierungen“. Zit. nach Stefan Schmittmann (stellvertretender Vorstand der HypoVereinsbank) in: Dostert: Innovation (wie Anm. 4), S. 22.

61 Köln wurde daher nicht zufällig zu einem wichtigen Umschlagsplatz für Raffinade aus Waghäusel.

die und die auf Betreiben LOUIS V. HABERS gegründeten Rübenzuckeraktiengesellschaften in Baden, Württemberg, Bayern und im Großherzogtum Darmstadt. Später folgten die preußischen Aktiengesellschaften insbesondere in der Magdeburger Börde und in Schlesien, die mit zur Reform des preußischen Aktienrechts beigetragen haben. In Gotha wirkte der Kaufmann und Begründer der Gothaer Feuer- und Lebensversicherungen ARNOLDI mit neuen Ideen für den sehr frühen organisatorischen Zusammenschluss der Rübenzuckerindustrie im *Verein für die Rübenzuckerindustrie im Zollverein* im Jahre 1850, nachdem bereits 1841 ein vorläufiger Zusammenschluss vorausgegangen war.[62] In Preußen sind für diese Generation insbesondere der verbandspolitisch ideenreiche und überzeugungsfähige Magdeburger Kaufmann und Rübenzuckerfabrikant LUDWIG ZUCKSCHWERDT für die Börde und die vielseitige Dürener Unternehmerpersönlichkeit HEINRICH LEOPOLD SCHOEL-LER in ihrer Wirkung für Schlesien hervorzuheben. In der Saatzucht erfüllen die von J. A. SCHUMPETER entwickelten Kriterien G. FR. WILHELM V. KOPPY in Schlesien, PIERRE-LOUIS FRANCOIS LEVÈQUE DE VILMORIN in Paris, FERDINAND KNAUER in Gröbers bei Halle, die Gebrüder DIPPE in Quedlinburg und Schladen sowie MATTHIAS RABBETHGE sen. in Kleinwanzleben in der Magdeburger Börde. Zu den großen innovativen Verfahrenstechnikern der zweiten Generation zählen der bereits gewürdigte Freiburger Chemiker DR. SCHUZENBACH, der Kölner Unternehmer und Ingenieur EUGEN LANGEN und die aus Frankreich nach Selowitz[63] im Kreise Brünn in Mähren eingewanderte Familie ROBERT. Vater FLORENTIN ROBERT[64] [1785-1870] legte ein Kapital von 200.000 Gulden österreichischer Währung an, um dort eine der größten und technisch am besten ausgestatteten Anlagen Europas zu bauen.[65] Diese Fabrik brannte bereits 1842 völlig nieder und wurde mit demselben Kapitalaufwand wieder aufgebaut, betriebswirtschaftlich aktuell ausgestattet und 1847 noch einmal erweitert. Sein Sohn JULIUS ROBERT [1826-1888] übernahm später die Selowitzer Fabrik und entwickelte die Diffusionsbatterie

als bedeutende technische Innovation zur Auslaugung des Zuckers aus den Rüben. Diese große und nachhaltige Innovation hat die Fachwissenschaft und angewandte Forschung noch Jahrzehnte beschäftigt. So wurden 1887 zwei kleine Diffusionsbatterien in dem 1867 eingerichteten Labor des *Vereins für Rübenzuckerindustrie im Zollverein* aufgestellt und zu weiterführenden fachorientierten Forschungs- und Versuchsaufgaben verwendet. In vielen Rübenkampagnen wurden zahlreiche Diffusionsversuchsreihen angestellt.[66]

---

62 Vgl. dazu im Detail Pruns: Europäische Rübenzuckerindustrie (wie Anm. 31), S. 263-272.

63 Nach Jakob Baxa/Guntwin Bruhns: Zucker im Leben der Völker. Eine Kultur- und Wirtschaftsgeschichte. Berlin 1967, S. 175 (2. Sp.) heißt der Ort Groß-Seelowitz.

64 Nach den Angaben von J. Baxa / G. Bruhns (Zucker im Leben der Völker, S. 175, 2. Sp.) war Florentin Robert in der Dauphiné geboren.

65 Christian d'Elvert, in: Zeitschrift des Vereins für die Rübenzuckerindustrie im Zollverein. Bd. 2. Berlin 1852, S. 302-321, hier: S. 308.

66 Fördererkreis Zucker-Museum e.V. (Hg.): 100 Jahre Institut für Zuckerindustrie. Berlin 2004, S. 7.

7.2. Dampfmaschinen

Handwerke, Manufakturen und Industrien waren bis Ende des 18. Jahrhunderts überwiegend noch auf die bis dahin traditionellen Energiequellen Feuer, Wasser, Wind, Tier- und Menschenkraft angewiesen. Von Großbritannien aus setzte sich zur selben Zeit zunehmend eine neue Energiequelle zum Antrieb von Rädern, Zahnrädern und Wellen durch, der in Kesseln gespeicherte Dampfdruck, die Dampfkraft. Die dazu entwickelten Dampfmaschinen wurden seit Ende des 18. Jahrhunderts auf den Kontinent anfangs noch illegal exportiert oder hier vielfach im Rahmen von Werksspionagen auch nachgebaut. Der Engländer WOOLF hatte 1804 die Dampfmaschinen des 18. Jahrhunderts technisch soweit verbessern können, dass sie bereits bis zu drei Atmosphären Druckkraft erzeugten und damit im Verständnis der Zeit zu Hochdruckmaschinen wurden. Gleichzeitig war die Festigkeit und Dichte des gewalzten und geschmiedeten Eisens verbessert worden. Zu Beginn des 19. Jahrhunderts wurden bereits Maschinen mit zwei Zylindern und Kolben gebaut. Die ursprünglich vertikal gebauten Maschinen erhielten bald eine horizontale Lage und konnten so entsprechend vergrößert und am Boden stabilisiert werden. Von diesem prinzipiell neuen Ansatz aus ergab sich eine Reihe von technischen Folgeinnovationen, die bald auch von der Zuckerindustrie genutzt wurden. An dieser Entwicklung waren sowohl die Rohr- als auch die Rübenzuckerindustrie beteiligt.

Die Rübenzuckererzeugung trat mit Hilfe der Verwendung der Dampfkraft relativ früh in den entscheidenden Prozess der Industrialisierung ein. Diese von außen gekommenen Innovationen, die sich die Rübenzuckerindustrie mit spezifischer Anpassung an die eigenen Bedürfnisse angeeignet hat, führte die junge dynamische Industrie in die erste Reihe der aufstrebenden Wirtschaftszweige. Sie folgte nicht nur den bereits vorhandenen industriellen Vorgaben, sondern sie wurde selbst zum Impulsgeber und zum Antrieb für eine weitere, der Hochindustrialisierung zustrebenden Entwicklungsstufe. EDUARD SCHMELZER bezeichnete diese Situation fast prophetisch mit einem besonderen Gespür für den kommenden Wandel und den technischen Fortschritt im Einleitungssatz des Vorwortes zu seinem Werk *Das Ganze der Runkelrüben-Zuckerfabrikation* 1836 folgendermaßen: „Runkelrübenzucker-Fabrikation[67] und Eisenbahnen sind in diesem Augenblick die mächtigen Hebel der Industrie.“

---

67 Die bisherige wirtschaftshistorische Forschung hat nur zum Teil die Bedeutung des Einsatzes von Dampfmaschinen in der Rübenzuckerindustrie gewürdigt. Im positiven Sinne ist insbesondere zu verweisen auf Hans-Heinrich Müller/Rudolf Berthold/Volker Klemm: Die Entwicklung der Produktivkräfte in der Landwirtschaft, in: Produktivkräfte in Deutschland 1800 bis 1870. Berlin 1990, S. 216-317. Nur kurz erwähnt wird die Rolle der Rübenzuckerindustrie als Abnehmer und Promotor eines beschleunigten Dampfmaschineneinsatzes in den zwei Aufsätzen von Heike Etzold: Erste Dampfmaschinen im Regierungsbezirk Magdeburg (1778 bis 1861), in: Jahrbuch für Wirtschaftsgeschichte 1 (Berlin 1990), S. 87-130; Einsatz und Herstellung von Dampfmaschinen im Regierungsbezirk Magdeburg (1837 bis 1875), in: Jahrbuch für Wirtschaftsgeschichte 2 (Berlin 1990), S. 67-81.

Seit der zweiten Hälfte der 30er Jahre des 19. Jahrhunderts verbesserte sich die technische Ausstattung der Rübenzuckerfabriken gegenüber derjenigen der Rohrzuckersiedereien in den europäischen Kolonien erheblich. Das trifft auf fast alle europäische Staaten zu, in denen in den ersten Entwicklungsstufen nur roher Rübenzucker erzeugt worden ist. Relativ früh setzten sich in Frankreich mit zunehmender Rentabilität die Dampfmaschinen bereits in den Rübenzuckerfabriken als Kraftquelle durch, als in vielen anderen Branchen noch die Wasser- oder Windkraft und zum Teil die Pferdekraft durch den Göpelantrieb genutzt wurden. Fabriken aus Belgien, Österreich und dem Deutschen Zollverein folgten mit der Installation von Dampfmaschinen. In der während der ersten Hälfte des 19. Jahrhunderts berühmten französischen Rübenzuckerfabrik des Unternehmers CRESPEL-DELISSE waren um 1835 bereits vier Dampfmaschinen britischer Bauart und Herkunft mit einer Gesamtleistung von ca. 120 Pferdestärken installiert. Ein vorbildlicher Dampfmaschinenfabrikant war bereits in den 20er Jahren des 19. Jahrhunderts auch der aus Schottland stammende JOHN COCKERILL in Seraing bei Lüttich[68], der spätere bedeutende Lokomotiven-, Eisenbahn- und Schienentrassenbauer Europas. Bis 1829 hatte er neue Niederdruckdampfmaschinen und zwei Hochdruckdampfmaschinen mit in der Regel 10 Pferdestärken „zum Betrieb von Zucker-Fabriken“ gebaut und ausgeliefert.[69] Wichtige Kunden wurden aufstrebende französische und belgische Rübenzuckerfabrikanten. Zu wichtigen Dampfmaschinenfabriken für die Rübenzuckerindustrie entwickelten sich in Frankreich selbst die Unternehmen A. HELLETTE in Arras[70] und L'OUVRIER GASPARD in Paris.[71] Die Dampfkessel wurden in Frankreich anfangs mit englischer Steinkohle geheizt. Bei steigender Nachfrage entdeckte der französische Staat in dem Import britischer Steinkohle eine „innovative“ Einnahmequelle in Gestalt eines Kohleimportzolls. Gleichzeitig löste der Staat damit einen nachhaltigen Impuls aus, indem bei wachsender Nachfrage und steigenden britischen Steinkohlepreisen endlich französische Gruben erschlossen wurden. Wegen der Nähe zu den Zuckerfabriken und entsprechend niedrigen Transportkosten zu Wasser kamen die Kohlen aus den Gruben des Departements du Nord.

Fabriken der Bau- und Ausstattungsgeneration um 1850 mit einer täglichen Verarbeitungskapazität von bis zu 500 Ztr. rohe Rüben verfügten in Frankreich in der Regel über drei Dampfkessel mit jeweils 50 PS und einer kleineren Dampfmaschine mit 10 bis 12 PS. Die Dampfmaschinen wurden nach den Bedürfnissen der Rübenzuckerfabriken in bestimmten Pferdestärken gebaut und kombiniert. Die französischen Fabriken waren in der Regel noch mit größeren Kraftanlagen aus-

---

68 Heinrich Weber: John Cockerill und seine Unternehmungen. Nebst einer Beschreibung der großen Eisen- und Maschinen-Fabrik zu Seraing bei Lüttich im Königreich der Niederlande, in: Zeitschrift für Gewerbetreibende und Freunde der Gewerbe 9 (1829), S. 129-144, 10 (1829), S. 145-160, 11 (1829), S. 161-176.

69 Ebenda, S. 175.

70 Ernst Ludwig Schubarth, Beiträge zur näheren Kenntnis der Runkelrübenzucker-Fabrikation in Frankreich. Berlin 1836, S. 53.

71 Pohl: Südzucker (wie Anm. 36), S. 26.

gestattet als die mittelgroßen Rübenzuckerfabriken im Deutschen Zollverein zur selben Zeit. Im Deutschen Zollverein verwendeten nicht nur die großen südwestdeutschen Zuckeraktiengesellschaften die Dampfkraft und Dampfwärme, sondern auch die größeren Anlagen in den preußischen Provinzen Sachsen und Schlesien. 1845 hatten erst 23 Fabriken in der Provinz Sachsen 30 Dampfmaschinen mit einer Gesamtenergie von 341 PS/251 kW[72]; eine Fabrik arbeitete mit Wasserkraft und 13 noch mit Göpelwerken, bewegt von 59 Zugtieren. Fünf Jahre später gab es kaum noch eine Zuckerfabrik, die ohne Dampfmaschinen auskam. Um 1866 verfügten von den 164 Rübenzuckerfabriken in den Teilstaaten des Kaiserreichs Österreich 140 über 714 Dampfmaschinen und 738 Dampfkessel.[73] Diese steigenden Zahlen spiegeln das sich beschleunigende Tempo der Industrialisierung wider.

Die Nachfrage und steigende Zahl der sog. Dampfapparate und Dampfmaschinen setzte auch erfahrende Maschinenbaufabrikanten in Mitteleuropa voraus. So wuchs u. a. auch die Zahl derjenigen, die sich im Deutschen Zollverein, in Österreich und später auch in Russland bei wachsender Rentabilität überwiegend mit der Technisierung der Zuckerindustrie befassten. Wichtige Dampfmaschinenfabrikanten im Deutschen Zollverein, die mit zunehmendem Aufwand und Erfolg auch für die Zuckerindustrie arbeiteten, waren die Maschinenfabrik KESSLER in Karlsruhe, die Eisengießerei & Maschinenfabrik von CRAMER-KLETT & COMP. in Nürnberg[74], JORDAN in Darmstadt[75], die Maschinenfabrik R. WOLF in Buckau bei Magdeburg[76] [77], HARKORT in Westfalen sowie die Berliner Maschinenbauer J. C. FREUND & COMP., C. HOPPE, EGELLS, J .WÖHLERT, A. BORSIG und A. FESCA. Der 1850 entstandene *Verein für die Rübenzuckerindustrie im Zollverein* befasste sich schon bald nach seiner Gründung mit den für die Rübenzuckerindustrie wichtigen Maschinenfabriken in Berlin, Magdeburg und Breslau, um für seine Mitglieder Empfehlungen auszusprechen.[78] Bereits Mitte des 19. Jahrhunderts setzte sich auch im Deutschen Zollverein der Bau von Zuckerfabriken aus einer Hand durch. In Breslau hatte sich insbesondere die Maschinenbaufirma H. G. V. RUFFER auf den Bau kompletter Rübenzuckerfabriken spezialisiert. Der Generalsekretär des Vereins, ED. STOLLE, leitete einen aufschlussreichen Bericht über Berlin mit dem für die damalige Zeit der wachsenden Industrialisierung zutreffenden Satz ein:

---

72 Müller/Berthold/Klemm: Produktivkräfte (wie Anm. 67), S. 304.

73 J. C. Rad: Adressenbuch der Rübenzucker-Fabriken und Colonialzucker-Raffinerien aller Länder Europas und Nordamerikas mit Angabe der gegenwärtig in diesen Ländern bestehenden Zuckerzöllen und Steuern. Wien 1868, S. 33.

74 Wolfgang Ruppert: Theodor Cramer-Klett. Industrieherr, in: Wolfgang Ruppert (Hg.): Lebensgeschichten zur deutschen Sozialgeschichte 1850-1950. Nürnberg 1980, S. 15-19.

75 Ernst L. Rube: Anleitung zur Fabrikation des Zuckers aus Runkelrüben. Darmstadt 1837, S. 63f.

76 Conrad Matschoss: Die Maschinenfabrik R. Wolf. Magdeburg-Buckau 1862-1912. Berlin 1912.

77 Ebenda, S. 3.

78 Eduard Stolle: Rundschau in den Werkstätten, in: Zeitschrift des Vereins für die Rübenzuckerindustrie im Zollverein. Bd. 1. Berlin 1851, S. 52-59.

„Jeder weiß zur Genüge, welchen wichtigen Einfluß die Mechanik auf unseren Gewerbszweig ausübt; [...] In dieser Ueberzeugung haben wir uns die Aufgabe gestellt, immerwährend ein achtsames Auge auf die Leistungen der besonders für unsere Industrie arbeitenden Maschinenbauanstalten, Kupferschmiede und anderen Gewerbe zu haben, in der Absicht, unsere Committenten fortdauernd von allen praktisch ausgeführten Verbesserungen in Kenntniß zu erhalten, und so aus bloßen Nützlichkeitsgründen einen Fingerzeig zu geben, welche Etablissements durch innerliche und zweckmäßige Construktion ihrer Maschinen und Geräthschaften bei etwaigen Bestellungen den Vorzug verdienen dürften.“

Mit den Erfindungen, den Installationen und dem Betrieb der Dampfmaschinen ergaben sich zwar große technische Fortschritte in der Zuckerfabrikation, aber auch neue unternehmerische und personelle Risiken. Es entstanden Personen- und Sachschäden, wenn Kessel aus Materialschwäche und Materialermüdung bei unreguliertem Dampfdruck explodierten. Die Antwort auf diese Risiken ergaben sich wiederum aus Innovationen. Um Sicherheit und Aufklärung gegen Gefahren war u. a. der Königlich Preußische Fabriken-Commissions-Rat HEINRICH WEBER in dem von ihm herausgegebenen *Zeitblatt für Gewerbetreibende und Freunde der Gewerbe* bemüht, als es noch keine normativen Regelungen gab. Es ist davon auszugehen, dass Großbritannien und Frankreich bereits vor Preußen von Regierungswegen über gesetzliche Sicherheitsstandards verfügte. Preußen erließ erst mit Kabinettorder vom 1. Januar 1831 eine Anordnung zur Kontrolle, „die Anlagen und den Gebrauch der Dampfmaschinen betreffend“[79]. Auf der Grundlage dieser Kabinettorder erging am 13. Oktober 1831 eine Instruktion[80] über die Qualitätsanforderungen beim Bau der Dampfkessel, über die Auswahl und Sicherung des Standortes der Kessel sowie die Art der technischen Kontrolle durch „sachverständige Beamte“. Diese und andere Aufsichts- und Kontrollbehörden haben im Verlauf der Industrialisierung immer wieder Sicherheitsstandards formuliert und diese mit darauf zugeschnittenen Innovationen durchgesetzt. Die Dampfkessel bestanden in der Regel aus Kupferblech, Eisenblech, Schmiedeeisen oder anfangs auch noch aus Gusseisen, niemals aber aus Messing.[81] Kupfer-, Eisen- und Blechstärken waren bereits genau vorgegeben.[82] Die Dampfkessel mussten mit Dampfdruckmessern und Ventilen zur Druckregulierung ausgestattet sein.[83] Für Dampfkessel mit größeren Leistungen als vier PS, wie sie z. B. JOHN COCKERILL[84] baute, musste im Hinblick auf das höhere Explosionsrisiko bereits ein fest gemauertes, aber nicht überwölbtes Kesselgebäude errichtet werden.[85] Die Kessel stan-

79 Gesetz-Sammlung für die Königlich Preußischen Staaten, 1831, S. 243.

80 Ebenda, S. 244.

81 § 12 der Instruktion zur Vollziehung der Allerhöchsten Kabinettorder vom 1. Januar 1831, die Anlagen und den Gebrauch der Dampfmaschinen betreffend, vom 13. Oktober 1831, in: Gesetz-Sammlung für die Königlich Preußischen Staaten, 1831, S. 244-247.

82 § 13 der Instruktion (wie Anm. 81).

83 § 10 der Instruktion (wie Anm. 81).

84 Weber: Cockerill (wie Anm. 68), S. 175.

85 § 3 der Instruktion (wie Anm. 81).

den bereits getrennt von dem Befeuerungshaus. Fabrikschornsteine mussten wegen der Funkenfluggefahr in Städten und in der Nähe von benachbarten Gebäuden mindestens 60 Fuß hoch sein.[86] Die Höhe verbesserte auch die Zugkraft der Kamine. Diese steigenden Ansprüche an Technik und Sicherheitsstandards spiegeln ihrerseits eine Fülle von Innovationen wider, die sich aufeinander aufbauten. Es handelt sich hier nicht um Innovationen, die originär aus der Rübenzuckerindustrie hervorgegangen sind, von deren Anforderungen aber maßgebliche Impulse zur Weiterentwicklung ausgegangen sind.

Um Betriebsrisiken abzusichern, entstanden relativ früh auch Feuer- und Lebensversicherungsverträge mit den führenden Versicherungsgesellschaften speziell in der Rübenzuckerindustrie. Zu ihnen zählten im Bereich der Rübenzuckerindustrie die *Magdeburger Feuerversicherungs-Gesellschaft*, die *Aachen-Münchener-Feuerversicherung*, die *Colonia*, die *Gothaer Feuerversichungs-Gesellschaft auf Gegenseitigkeit*, die *Silesia* und ab 1850 der *Feuerversicherungs-Verband der Rübenzucker-Fabriken*. Die damals bereits herrschende Vertragsfreiheit überließ es auch den Versicherungsgesellschaften, ob und zu welchen Konditionen sie Fabriken und Betriebsrisiken versichern wollten. Wegen der Explosions- und Brandrisiken stand es den Versicherungen im Sinne der Vertragsfreiheit offen, ein Versicherungsangebot anzunehmen oder es auch abzulehnen. Ablehnungen ergaben sich insbesondere dann, wenn die Fabrikanlagen überaltert oder mangelhaft konstruiert und erbaut worden waren. Die Feuerversicherungen bemühten sich also darum, zur Entlastung des Versicherungsrisikos Mindeststandards anzulegen. Nach diesen Mustern wurde entschieden, ob man ein Versicherungsangebot annahm und zu welchen Konditionen. Die Versicherungsgesellschaften und ihre Agenten waren so im Verlauf der spezifischen Geschäftsbeziehungen mit der Rübenzuckerindustrie als Einzelunternehmen und Verband stets über die neuesten technischen Betriebstandards, Sicherheits- und Schutzeinrichtungen informiert. Um Explosions- und Brandrisiken zu minimieren, drängten folglich auch die Versicherungen auf innovative Konzepte, technische Erneuerungen und Modernisierungen. Sie wurden so selbst zu Schubkräften von Innovationen in einem sich beschleunigenden Industrialisierungsprozess.

Den vorläufigen Höhepunkt der Dampfmaschinenentwicklung demonstrierte unter Königin VIKTORIA und ihrem Prinzgemahl ALBERT 1851 die Londoner Weltausstellung als Ausdruck dieses sich beschleunigenden Industrialisierungsprozesses. Es wurden insbesondere von britischer Seite beeindruckende stationäre Dampfmaschinen gezeigt, die teilweise auch für die Zuckerindustrie geeignet und bestimmt waren.[87] Auch Frankreich zeigte bereits seine Stärke in der Dampfmaschinentechnik und erhielt dafür die Anerkennung der deutschen amtlichen Berichterstatter[88] auf der Londoner Weltausstellung. Man hatte seitens Preußens be-

---

86 § 6 der Instruktion (wie Anm. 81).

87 Berichtserstattungs-Kommission der Deutschen Zollvereins-Regierungen (Hg.): Amtlicher Bericht über die Industrie-Ausstellung aller Völker zu London im Jahre 1851. Teil 1. Berlin 1852, S. 501.

88 Ebenda, S. 501f.

reits erkannt[89], dass „unter denjenigen Gewerben, für welche die Anwendung des Dampfes sich eine gewisse Geltung erworben hat, [...] unstreitig die Rübenzuckerfabriken eines der ersten" ist, und dass sich fast in keinem anderen Gewerbe, „schon heute mehr Dampfkessel im Gange [finden], als dies bei der Rübenzuckerfabrikation der Fall ist".

7.3. Technologische „Verselbständigung" der Rübenzuckerindustrie in der zweiten Hälfte des 19. Jahrhunderts

7.3.1. Rübenzuckerfabrikation

Nachdem die Rübenzuckerindustrie in der zweiten Aufbauphase bereits zu den frühen, aufstrebenden Industrien gezählt hatte, die den großen und vielseitigen Nutzen der von außen auf sie zugekommenen Dampfenergie erkannt und auch umgesetzt hatte, verselbständigte sie sich in der dritten Entwicklungsstufe, der Hochindustrialisierungsphase, in der zweiten Hälfte des 19. Jahrhunderts durch neue Innovationsschübe aus sich heraus weiter. Sie spiegeln sich im Bau und in der Ausstattung von Rübenzuckerfabriken seit der zweiten Hälfte des 19. Jahrhunderts wider. Einen besonders genauen Einblick in die Bau- und Einrichtungskosten einer durchschnittlich großen Fabrik der Generation ab 1850 im Deutschen Zollverein bietet die Anlage von ARMBRUSTER & CO. in Thale am südöstlichen Rande des Harzes bei Quedlinburg. Die Anlage bestand aus Hauptgebäude, Filterturm, Kesselhaus mit Schornstein, Knochenkohlenhaus mit Schornstein, Wasserbrunnen, Wasserkanälen, Schlammbassins und Brückenwaage. Zur Maschinen- und Geräteausstattung gehörten vier Dampfkessel, eine Hochdruckdampfmaschine mit 8-10 Pferdestärken für eine Rübenwaschmaschine, eine Rübenreibe und sieben hydraulische Pressen, eine Hochdruckdampfmaschine mit 4-6 Pferdestärken zum Betrieb einer Wasser- und Luftpumpe. Zur Rohzuckererzeugung waren eine kupferne Vacuumanlage, drei kupferne Scheidepfannen für je 10 Ztr, fünf kupferne Verdampfpfannen für je 7 Ztr. und eine Kühlung installiert. Die Investitionskosten für die Fabrik mit dieser maschinellen Ausstattung und den Geräten betrugen 74.000 Tlr.[90] [91]. Zu den technischen Details der Gebäude einige Auszüge aus einem Betriebsbericht.[92]

Kesselhaus: „Das Kesselhaus ist für 5 Dampfkessel von je 22 1/2 Fuß Länge und 4 3/4 Fuß Durchmesser eingerichtet. Es sind jedoch vorläufig, als für den jet-

---

89 Ebenda, S. 305.

90 Die Ausstattung im Detail und deren Kosten ergeben sich aus einer zeitgenössischen Auflistung.

91 O. Weishaupt: Die baulichen Einrichtungen der Rübenzucker-Fabrik der Herren Armbruster & Comp in Thale, in: Zeitschrift des Vereins für die Rübenzuckerindustrie. Bd. 2. Berlin 1852, S. 341-372 und S. 366ff; Ders.: Runkelrüben-Zucker-Fabrik der Herren Armbruster & Comp zu Thale, in: Zeitschrift für Bauwesen II (Berlin 1852), S. 172-195.

92 Weishaupt: Die baulichen Einrichtungen (wie Anm. 91), S. 343-346.

zigen Betrieb ausreichend, nur 4 Kessel eingemauert. Der in denselben erzeugte Dampf von 3 Atmosphären Ueberdruck setzt die drei Dampfmaschinen in Betrieb; er wäscht und reibt also die Rüben und preßt den Saft aus den Reibseln; außerdem kocht und filtrirt er den Saft, speist die Dampfkessel mit warmem Wasser, heizt die meisten Räume u.s.w."

Befeuerung: „Die Feuerung der Kessel ist für Steinkohlen eingerichtet. Bei einer Heizung mit Braunkohlen ist es vortheilhaft, den Zwischenraum zwischen Rost und Kessel um 2 Zoll zu vermindern. ...

Der Zug der Feuerluft ist folgender: Sie streicht unter dem Kessel entlang, geht alsdann durch das Siederohr des Kessels, theilt sich bei seinem Austritt aus demselben an der Stirn des Kessels in 2 Züge, streicht an beiden Seiten des Kesseln hin, vereinigt sich wieder am hinteren Ende desselben, und mündet endlich in einen allen Kesseln gemeinschaftlichen Kanal, welcher die Feuerluft dem Schornstein zuführt. Der Zug wird durch eiserne Schieber geregelt, welche sich vermittelst Gegengewichten leicht heben und senken lassen. Diese Anlage der Züge ist, soweit sie die Kesselheizung betrifft, die gebräuchliche, weicht aber in Hinsicht auf die Anordnung, wie die benutzte Feuerluft zum Schornstein geführt wird, wesentlich von der bisher meistens üblichen Einrichtung ab." ...

„Nicht ohne erheblichen Einfluß auf diesen günstigen Erfolg [der Steinkohleverbrennung] ist übrigens jedenfalls die Konstruction des Schornsteins. Derselbe ist, von der Plinte ab, 120 Fuß hoch; seine 27 1/2 Fuß hohe Basis ist aus Bruchsteinen, der 92 1/2 Fuß hohe Kegel aus Backsteinen aufgeführt. ...

Der gemeinschaftliche Kanal hat 21 1/2 Fuß, der untere Theil des Rauchrohrs 19 5/6 Fuß, die Minderung desselben nahe 12 1/2 Fuß Querschnitt. Der Weg, welchen die Feuerluft bis zu ihrer Vermischung mit der Atmosphäre zurücklegen muß, verengt sich demnach stetig und zwar in gleichem Maaße, wie die Feuerluft abgekühlt wird, also weniger Raum erfordert. Es wird daher ein ganz gleichmäßiger Zug bewirkt. ...

Der unter jedem Kessel streichende Feuerzug ist in seinen vom Feuer berührten Flächen aus Chamottsteinen gebildet, weil die gewöhnlichen Backsteine der Hitze nicht lange widerstehen würden. Die neben den Kesseln liegenden Züge sind durch besondere Formsteine gebildet."

Diese Fabrik nutzte mit einer Vakuum-Unterdruckanlage das Einsieden des Dünnsaftes zu Sirup nach dem Prinzip des Unterdrucks bei weniger als 70°C nach dem 1812 patentierten Verfahren des Engländers EDWARD CHARLES HOWARD. Um die Mitte des 19. Jahrhunderts wurde das RILLIEUX'sche mehrstufige Verdampfungsverfahren aus Louisiana nach dem Prinzip eines Lokomotivenkessels eingesetzt. Man regulierte, steuerte und unterbrach die Wärmezufuhr beim Saftsieden, Eindicken und Auskristallisieren des Zuckers.[93] Damit sparte man weitere Energie, und beschleunigte noch einmal den Kristallisationsprozess. Beide Verfahren verbesserten die Verdampfungskristallisation des Zuckers deutlich.

Neben dem Standort des Rübenanbaus wurde die Wahl eines Fabrikationsortes auch von den Wasserressourcen aus Flüssen und Bächen sowie aus tieferen

---

93 Baxa/Bruhns: Zucker (wie Anm. 63), S. 174, 1. Sp.

Erdschichten und deren Erschließbarkeit bestimmt. Hatte es in den 30er und 40er Jahren noch ausgereicht, Wasser aus Flüssen und Bächen oberflächig abzuleiten und für die Rübenwäsche und Dampfkessel zu verwenden, so achtete man jetzt zunehmend auch darauf, bei der Wahl eines Fabrikstandortes ausreichend Brunnenwasserreserven zu haben, um die mit dem Bau einer Rübenzuckerfabrik verbundenen hohen Investitionen mittelfristig nicht durch Wasserknappheit zu gefährden. Also wurden vor einer Standortbestimmung Tiefbohrungen vorgenommen.

Gerade wegen des anfangs starken Wasserverbrauchs entwickelte sich bald auch eine Technik zur Rückgewinnung des Brauchwassers und dessen Rückleitung in die Rübenwäsche. Das bei der Rübenwäsche entstandene Brauchwasser war anfangs noch über Flüsse und Bäche ungereinigt abgeleitet worden und hatte sie verschmutzt. Erst in der zweiten Hälfte des 19. Jahrhunderts wurden in der Regel große Klärbecken angelegt, um Erde und Schlamm vom Wasser zu trennen und um das Wasser wieder in die Rübenwäsche zurückzuleiten. Allein deren Konstruktion und schrittweise Verbesserung bergen eine Vielzahl von eigenständigen Innovationen, die später mit großem Interesse auf andere Industrien und auf die Kommunen zur Klärung der Fäkalien übertragen worden sind. Diesem einen Wasserkreislauf schloss sich bald ein zweiter an, der sich aus dem Safteindicken bis zum Rohzucker ergeben hat. Der hohe Wasseranteil der Rübe von 70 v. H. wurde als Kondenswasser aufgefangen und dann in den Zuckersiedeprozess zurückgeleitet. Die mittelfristige Folge war, dass die Rübenzuckerindustrie im 20. Jahrhundert fast unabhängig vom Brunnenwasser wurde.

Der Dampfantrieb war nicht nur als Innovation von außen eine große Bereicherung für die Rübenzuckerindustrie, sondern er machte auch innerhalb des Fabrikationsprozesses einen weiteren bahnbrechenden Fortschritt möglich. Es sind dies die Zentrifugen, die aus Innovationen innerhalb der Rübenzuckerindustrie hervorgegangen sind und von Dampfkraft angetrieben wurden. Mit deren Einsatz wurde neben dem bis dahin praktizierten Kristallisieren durch Verdampfung und Kühlkristallisation der Zucker durch einen Schleuderprozess aus einem Kristall-Sirupgemisch getrennt. Möglich war dies durch die verschiedenen spezifischen Gewichte der Zuckerkristalle und des fließfähigen Sirups. Die Kristallisationsbeschleunigung wird von dem Grad der Übersättigung des Sirups durch kristalline Saccharose, die Siruptemperatur und die Schleudergeschwindigkeit bestimmt. Die Zuckerkristalle wurden in feinmaschigen Drahtgittern gebunden und bildeten dort Kristallisationskerne. Diesem Kristallisationsprozess wurde teilweise bereits feinkörniger Rohzucker oder Raffinade hinzugesetzt, um die Kristallisation weiter zu beschleunigen und die Wirkung der Zentrifugen zu erhöhen. In Preußen wurden bereits Ende der 40er Jahre des 19. Jahrhunderts Zuckerzentrifugen u. a. von der Firma TISCHBEIN in Buckau bei Magdeburg konstruiert.[94] Die erste Weltausstellung in London bestätigte diesen besonderen Fortschritt durch die Präsentation von Rübenzucker, der nach dem Zentrifugalverfahren erzeugt worden war. Im

---

94 A. Tischbein: Ueber Centrifugal-Maschinen für Zuckerfabriken, in: Zeitschrift des Vereins für die Rübenzuckerindustrie im Zollverein. Bd. 1. Berlin 1851, S. 209-219.

Amtlichen Bericht über die Industrie-Ausstellung aller Völker zu London im Jahre 1851[95] wurde in diesem Zusammenhang sehr eindrucksvoll über die Firma HENNIGE & WIESE aus Magdeburg berichtet. „Diese großartige Fabrik von Rübenzucker, welche im Ganzen 520 Leute beschäftigt, und jährlich gegen 200.000 Centner Rüben verarbeitet, hat verschiedene Proben ihrer Fabrikate ausgestellt. Der Rohzucker ist nach der jetzt fast überall zur Anwendung gekommenen Methode mittelst der Zentrifugal-Maschine von dem anhängenden Syrup gereinigt. Die Erfindung dieser Maschine ist für die Rübenzucker-Fabrikation wahrhaft epochemachend. Bei der dickflüssigen zähen Beschaffenheit der Melasse war bisher die Trennung derselben von dem krystallisirten Zucker eine langwierige und immer nur unvollkommen erreichbare Aufgabe; nur durch wiederholtes Decken gelang es, die Melasse zu entfernen. Die Zentrifugal-Maschine besteht in einer, mit außerordentlicher Geschwindigkeit horizontal umlaufenden Trommel, deren Außenwand aus feinem Drahtgewebe gebildet ist. Die nach dem Eindampfen und Abkühlen des Zuckersaftes gewonnene körnig-breiartige Masse wird in diese Trommel gegeben, worauf in Folge der Zentrifugal- oder Schwungkraft der Syrup trotz seiner Dickflüssigkeit herausgeschleudert wird, der krystallisirte Zucker aber fast rein zurückbleibt. Durch Besprengen desselben mit wenig konzentrirter Zuckerlösung und nochmalige Behandlung in der Zentrifugal-Maschine läßt sich die Reinigung noch weiter treiben." Man sprach später von der Wäsche der Kristalle mit reinem Wasser. Es spült den diesen Kristallen anhaftenden Sirupfilm ab. Auf diesem Weg entstand bereits Mitte des 19. Jahrhunderts weißer Konsumzucker ohne Raffination. Dadurch wurden wiederum erhebliche Energiekosten, Arbeitskräfte und Arbeitszeiten eingespart.

Die für die Bewegungskräfte erforderlich Energie blieb bis Ende des 19. Jahrhunderts die Dampfkraft. Die im eigenen Betrieb erzeugte Dampfenergie wurde bereits in der Frühzeit der Dynamomaschinen seit den 80er Jahren des 19. Jahrhunderts auch zum Antrieb dieser Maschinen für Beleuchtungsanlagen in den Zuckerfabriken und auf den Rübenhöfen genutzt. Abgesehen davon spielte die Elektrizität als eine von außen hinzugetretene Energie und als ein sehr komplexes Innovationssystem bis zur Jahrhundertwende in der Zuckerindustrie noch keine nennenswerte Rolle. Die Dampfkraftanlagen ohne Energieumwandlung in Strom blieben bis zum Ersten Weltkrieg vorherrschend. Auch die Ölverbrennungsmotoren lieferten noch keinen nennenswerten Anteil an Bewegungsenergie in den Zuckerfabriken; denn der Dieselmotor setzte sich erst nach der Jahrhundertwende durch.

7.3.2. Verein für die Rübenzuckerindustrie im Zollverein als Initiator von Innovationen

Als im Jahre 1850 nach einer vorausgegangenen vorläufigen Organisation der *Verein für die Rübenzuckerindustrie im Zollverein* gegründet wurde, nahm dieser

95 Berichtserstattungs-Kommission: Industrie-Ausstellung (wie Anm. 87), S. 317.

eine erfolgreiche Förderung der Interessen seiner Verbandsmitglieder auf.[96] Der Verein wollte unter seinem Geschäftsführer EDUARD STOLLE gezielt auch zu neuen Erfindungen und technischen Verbesserungen anregen. Man wollte Impulsgeber für weitere Innovationen sein. Deren Bedeutung hatte man seit längerem voll erkannt. Es ging nicht nur um einzelne, oft auch zufällige Anregungen und deren Umsetzung, sondern um ganze Innovationsreihen. Ungefähr seit Mitte der 60er Jahre des 19. Jahrhunderts richteten die europäischen Rübenzuckerfabrikanten in ihren Vereinigungen sowohl im Deutschen Zollverein und dann im Deutschen Reich als auch im Österreichischen Kaiserreich und in Frankreich technische Arbeitsgruppen ein, die in der Regel gezielt herausgearbeitete Probleme nach einer verbandsinternen Abstimmung vorgaben und diese nach der Lösungsnotwendigkeit gewichteten. Beauftragt wurden zunehmend erfahrene Verbandsmitglieder, die sich auf Auslandsreisen über den technischen und organisatorischen Stand im Ausland informierten und darüber im Verein berichteten. Die Ergebnisse wurden bewertet, und erforderlichenfalls wurde darauf reagiert. Es wurden bereits auch externe Systemanalytiker zu Gutachten bestellt, um vorgegebene Innovationsziele zu präzisieren und dafür Lösungswege aufzuzeigen. So wurde durch den Verband nicht nur vereinsintern, sondern auch extern eine Fülle von Patenten angeregt, entwickelt und rechtlich gesichert. Die Verbandsmitglieder wurden ständig mit Patentergebnissen und mit Nachrichten über die Wirkung der Patente versorgt. Es folgten entsprechende Anwendungsempfehlungen.

1866 beantragte der Chemiker CARL SCHEIBLER als Redakteur der seit 1850 bestehenden Vereinszeitschrift bei der Vereinsleitung die Errichtung einer wissenschaftlichen, nur den Zwecken der Zuckerindustrie dienenden *Centralstation*. Der Vorstand wollte diese Gründung in eigener Regie anfangs noch nicht, war aber bereit, sie in der Verantwortung des Antragstellers mit einem erheblichen Zuschuss zu fördern. 1867 wurde dieses Laboratorium dann doch mit folgenden Zielen vom Verein übernommen:

- Erforschung aller verwendeten Materialien und Hilfsstoffe,
- Prüfung und Begutachtung der Fabrikationsmethoden,
- Vervollkommnung der Saccharometrie, Aräometrie usw.,
- Einführung einfacher und zuverlässiger Untersuchungsmethoden,
- Ausbildung von Zuckertechnikern.[97]

In der immer noch überwiegend empirisch betriebenen Zuckerindustrie fanden CARL SCHEIBLER, seine wachsende Zahl von Mitarbeitern und Praktikanten ein weites Feld für Forschungen, Untersuchungen und Belehrungen, aus denen viele zuerst produktspezifische und später produktübergreifende Innovationen hervorgegangen sind. Die in den einzelnen Unternehmen und im Verbandslaboratorium entwickelten Erkenntnisse und Innovationen wurden dann ab 1876 bewusst in Unterrichts- und Lehrkursen „für Studierende der Zuckerfabrikation in

[96] Pruns: Europäische Rübenzuckerindustrie (wie Anm. 31), S. 279f.

[97] Fördererkreis Zucker-Museum e.V.: Zuckerindustrie (wie Anm. 63), S. 3.

Verbindung mit dem chemischen Laboratorium des Vereins für die Rübenzucker-Industrie des Deutschen Reiches zu Berlin" verwendet und damit beschleunigt in die Praxis umgesetzt.[98] Es ging u. a. um folgende Forschungs- und Lehrinhalte: Mechanik, Wärmelehre, anorganische Chemie, organische Chemie, technische Chemie, analytische Chemie, mechanische Technologie, Landmaschinenlehre, Insektenforschung, Mikropilzforschungen und Mikroskopie.

7.3.3. Staat als Teilhaber an Innovationen

Technische Impulse lösten auch die Entscheidungen einzelner Staaten aus, Rübensaft als Rohstoffzwischenprodukt oder erst das Endprodukt Zucker zu besteuern. Frankreich entschied sich 1838[99] für die Besteuerung des Rübensaftes, bezogen auf den Saccharosegehalt. Die süddeutschen Staaten des Deutschen Zollvereins wählten anfangs unter dem Einfluss der französischen Abgaben- und Industriepolitik denselben Weg, der ihnen innerhalb des Zollvereins zu Beginn der Besteuerung[100] 1841 eröffnet worden war. Alle Mitgliedstaaten entschieden sich jedoch nach einer Übergangsphase von drei Jahren unter dem Einfluss technischer Fachleute unter der Führung des Berliner Professors für Technikwissenschaften

98 Ebenda, S. 4.

99 Lüdersdorf: Bericht über die im Auftrage des Königl. Ministeriums für landwirthschaftliche Angelegenheiten auf einer Reise durch Belgien und Frankreich gesammelten Beobachtungen und Erfahrungen in Betreff der in diesen Ländern stattfindenden Besteuerungsweise des Runkelrübenzuckers, in: Zeitschrift des Vereins für die Rübenzuckerindustrie im Zollverein. Bd. 3. Berlin 1853, S. 329-362; Corenwinder: Ueber die Steuer-Erhebung in den Runkelrüben-Zuckerfabriken in Frankreich, in: Zeitschrift des Vereins für die Rübenzuckerindustrie. Bd. X. Berlin 1860, S. 242-255.

100 Aufgrund des Vertrages zwischen Preußen, Bayern, Sachsen, Württemberg, Baden, Kurhessen, Großherzogtum Hessen, den Thüringischen Staaten, Nassau und der freien Stadt Frankfurt über die „Fortdauer des Zoll- und Handelsvereins betreffend" vom 8. Mai 1841 (Gesetz-Sammlung für die Königlich Preußischen Staaten, 1841, S. 141-150) wurde auch eine Übereinkunft über die Besteuerung des Runkelrübenzuckers getroffen, in der es u. a. heißt: „Während des Zeitraums vom 1. September 1841 bis dahin 1844 bleibt die Wahl der Besteuerungsweise dem Ermessen einer jeden Vereins-Regierung in der Art anheimgestellt, dass sie die Rübenzucker-Steuer entweder

a) von dem fertigen Fabrikate oder

b) von den zur Zuckerbereitung zu verwendenden rohen Rüben, und zwar entweder bei deren Einbringung in die Aufbewahrungsraume oder unmittelbar vor ihrer Verwendung zur Fabrikation erheben lassen kann."

Mit dieser Übereinkunft wurde denjenigen Zollvereinsstaaten, die sich im Mai 1839 im Rahmen der Kommissionsberatungen für eine Fabrikatsteuer ausgesprochen hatten, die Möglichkeit eingeräumt, entsprechend zu verfahren. Folglich konnte eine Fabrikatsteuer neben der Materialsteuer eingeführt werden. Dies hatte für die Fabrikeinrichtung im Rahmen der Steueraufsicht technische Folgen. Zum Gesetz und zur Abgabenhöhe: Gesetz-Sammlung für die Königlich Preußischen Staaten, 1841, S. 151-153; Pruns: Europäische Rübenzuckerindustrie (wie Anm. 31), S. 217-252.

Ernst Ludwig Schubarth[101] für die Besteuerung der Rübe, also für die Materialsteuer. Schubarth hatte bereits erkannt, dass damit eine wesentliche Weiche für neue Innovationen gestellt wurde. Sie betrafen langfristig insbesondere die Ziele der Zuckerrübenzucht, um durch einen Rohstoff mit niedrigem Gewicht die Abgabenlast pro Zentner roher Rüben zu senken und um den inneren Ablauf eines Fabrikbetriebes durch die Eingliederung von Rübenwaagen und Büros für die vor Ort stationierten Steuerbeamten neu zu organisieren, die die Menge und das Gewicht der in den Fabrikationsprozess eingeführten Rüben erfassten. Das Ergebnis einer Durchschnittsernte betrug um die Mitte des 19. Jahrhunderts im Raume Halberstadt 120 bis 130 Zentner Rüben pro Magdeburger Morgen[102]. Wegen der Materialbesteuerung strebte man im Zollverein nur Durchschnittserträge an, verfolgte aber einen hohen Prozentsatz im Zuckergehalt. Dagegen lagen die Erträge in Nordfrankreich und Belgien auf Grund einer bewußt intensiven Düngung unter Vernachlässigung des Zuckergehaltes der Zuckerrüben wegen der Besteuerung des Saccharosegehaltes, also des Zuckers, hoch. Um 1850 lagen die Zuckerrübenerträge dort bei 280 Ztr. pro Magdeburger Morgen[103]. Sie waren also doppelt so hoch wie in der fruchtbaren Gegend von Halberstadt. Landwirte, Fabrikanten und Kaufleute versuchten also in Europa, wie dieses Beispiel zeigt, mit eigenen situationsspezifischen Innovationen dem Abgabendruck auszuweichen, ihn abzufangen oder sogar zu überspringen. Dies ist ihnen vielfach gelungen. Das Abgabensystem änderte sich im Deutschen Reich erst im letzten Viertel des 19. Jahrhunderts. Der Gesetzgeber entschied sich dann wie in Frankreich und Belgien für die Produktbesteuerung und löste so wiederum Anpassungsinnovationen aus. Auch die von einzelnen Staaten oktroyierten Kontrollsysteme zur Überwachung eines Produktionsverfahrens regten weitere Innovationsziele an.

8. Zusammenfassung

Die hier skizzierte Entwicklung der Rübenzuckerindustrie hat zwar nicht einmal ein Jahrhundert innovativer Industriegeschichte erfasst. Aber dieser Zeitraum reicht aus, um zu belegen, dass diese Industrie, anfangs nur ein Segment einer industriellen Zuckererzeugung, im Verlauf ihrer Entwicklung die Zeit der Frühindustrialisierung genutzt hat, um sich innovativ zu verselbstständigen und dann in der Zeit der Hochindustrialisierung zu einem *leading sector* zu werden. Sie hat nicht nur neue chemische, technische und ganze technologische Entwicklungsreihen auf den Weg gebracht, sondern auch perfektioniert, so dass andere Industrien bereitwillig ganze Innovationsketten oder einzelne Segmente selektiv übernahmen. Die Rübenzuckerindustrie war für alle anderen Industrien auch organisato-

---

101 Ideen über die Besteuerung der Produktion von Runkelrübenzucker; Gutachten vom 6. März 1838; in: Geheimes Staatsarchiv Preußischer Kulturbesitz, Rep. 151 III, Nr. 10452, ohne Blattangabe.

102 Wei[y]he: Anbau der Zuckerrübe (wie Anm. 26), S. 181.

103 Wie[y]he: Runkelrübenzucker-Fabrikation (wie Anm. 26), S. 242.

risch ein *leading sector*, als sie 1850 den ersten dauerhaften Industrieverband innerhalb des Deutschen Zollvereins, den *Verein für die Rübenzuckerindustrie im Zollverein*, gründete. Der Bau von Rübenzuckerfabriken wurde so perfektioniert, dass deren technischen Innovationen nunmehr in der zweiten Hälfte des 19. Jahrhunderts insbesondere auf die Rationalisierung der Rohrzuckerfabriken in der Karibik, Mittel- und Südamerika sowie nach Asien übersprangen. Das gilt insbesondere für die weitere Nutzung der Dampfkraft, die Auspressung des Zuckerrohrsaftes durch mit Dampfkraft angetriebene Walzen und die Vereinfachung der Weißzuckerproduktion durch Zentrifugen.

In dieser dritten Entwicklungsphase, die bis zum Ersten Weltkrieg reicht, wurden auch andere Industrien von den stürmischen Fortschritten der Rübenzuckerindustrie beeinflusst. Technische Verfahren wurden auf andere Zweige der Lebensmittel- und Getränkeindustrie sowie die Alkoholgewinnung übertragen. Die Rübenzuckerindustrie erweiterte ihre Produktionskette auf die Futterwirtschaft durch die Herstellung von pelletierten Trockenfuttermassen. Die Rübenzuckerfabrikation beeinflusste auch die Düngerindustrie durch die Forderung nach bestimmten auf die Zuckerrübe abgestimmte Mineralien und durch die Abgabe von Mineralien als Reststoffe aus der Zuckerproduktion. Zucker wurde schließlich in der Rüstungsindustrie zur Sprengstofferzeugung eingesetzt.

Die Rübenzuckerindustrie hat durch ihren auch wiederholt von Rückschlägen geprägten Aufstieg bestätigt, dass Innovationen sich in der Regel nur dann durchsetzen können, wenn die Produzenten, die Händler als Vermittler der Produkte und die Konsumenten das Neue annehmen und die Arbeiter nach den Vorgaben produzieren. Gelingt es nicht, Innovationen durchzusetzen, so verschwinden sie in der Versenkung, bleiben ungenutzt, werden überholt und sind allenfalls als Patent zum Vergleichsmaßstab für die Beantwortung der Frage verwendbar, inwieweit ein neuer Patentantrag etwas geistig Innovatives und Schützenswertes enthält.

Je stärker sich der Zuckerkonsum von den gesellschaftlichen Oberschichten auf die Mittel- und Unterschichten übertrug, desto mehr wurde der Zucker auch für die Staatskassen zu einem lohnenden Abgabengegenstand. Sie erhoben Zölle und Steuern auf Zuckervorprodukte und Zucker und schöpften so einen Teil des Innovationsertrages wieder ab.

Jochen Streb/Jörg Baten

Ursachen und Folgen erfolgreicher Patentaktivitäten im Deutschen Kaiserreich: Ein Forschungsbericht*

1. Problemstellung

Nicht nur innerhalb der Wirtschaftsgeschichtsschreibung wird heute die Auffassung vertreten, dass Deutschland seinen in der zweiten Hälfte des 19. Jahrhunderts erfolgten Aufstieg zu einer der führenden Industrienationen der Welt in erster Linie seiner überdurchschnittlichen Innovationsfähigkeit zu verdanken hat, die ihren sichtbarsten Ausdruck in den Weltmarkterfolgen der neuen und technologisch anspruchsvollen Industrien Elektrotechnik[1] und Chemie[2] fand. So verweist beispielsweise der Ökonom Hans-Werner Sinn in seiner Analyse der Wachstumsschwächen der deutschen Volkswirtschaft Anfang des 21. Jahrhunderts explizit auf die nach seiner Einschätzung vormals überragende technologische Kreativität der Deutschen hin: „In der Zeit von der zweiten Hälfte des 19. Jahrhunderts bis zum Ersten Weltkrieg war Deutschland das Land, von dem wissenschaftliche und kulturelle Impulse ausgingen wie von keinem anderen Land. [...] Besonders ausgeprägt war die Führung im wissenschaftlichen Bereich. [...] Die Naturwissenschaften waren damals unangefochten die Domäne der Deutschen, und noch heute basiert ein Großteil des technischen Wissens, das die modernen Industriegesellschaften begründet und ihren wirtschaftlichen Wohlstand erklärt, auf Erfindungen und Forschungsergebnissen, die aus Deutschland stammen."[3] Die in diesem Zitat unterstellte positive Korrelation zwischen wissenschaftlicher Exzellenz einerseits und wirtschaftlichem Wachstum und internationaler Wettbewerbsfähigkeit andererseits setzt implizit die Existenz und Effizienz zweier grundlegender funktionaler Zusammenhänge voraus. Erstens wird offensichtlich davon ausgegangen, dass im 19. Jahrhundert Umfang und Richtung der Innovationsleistungen der deutschen Unternehmen in erster Linie durch die Quantität und Qualität der von wis-

* Das in diesem Aufsatz vorgestellte Forschungsprojekt von Jörg Baten, Universität Tübingen, und Jochen Streb, Universität Hohenheim, wurde durch eine dreijährige Sachbeihilfe der Deutschen Forschungsgemeinschaft gefördert.

1 Vgl. Paul Erker: Die Verwissenschaftlichung der Industrie. Zur Geschichte der Industrieforschung in den europäischen und amerikanischen Elektrokonzernen 1890-1930, in: Zeitschrift für Unternehmensgeschichte 35 (1990), S. 73-93.

2 Vgl. Johann Peter Murmann: Knowledge and Competitive Advantage. The Coevolution of Firms, Technology, and National Institutions. Cambridge 2003.

3 Hans-Werner Sinn: Ist Deutschland noch zu retten? 4. Aufl., München 2003, S. 38f.

senschaftlichen Einrichtungen bereitgestellten Forschungsergebnisse determiniert wurden. Otto Keck betont in diesem Zusammenhang die relative Überlegenheit des deutschen Innovationssystems, das sich gegenüber dem Ausland durch ein fortschrittliches öffentliches Bildungssystem, durch staatlich geförderte Grundlagenforschung und durch die frühzeitige Errichtung industrieller Forschungslaboratorien auszeichnete.[4] Zweitens wird angenommen, dass es gerade diese, auf wissenschaftlichen Vorleistungen beruhenden Innovationen waren, die es den deutschen Unternehmen ermöglichten, ihre Produktivität erheblich zu steigern, gegenüber der ausländischen Konkurrenz aufzuholen, und zunehmend Marktanteile auf den internationalen Märkten zu erobern. Beide Zusammenhänge sind keineswegs allgemein akzeptiert. Bengt-Åke Lundvall relativiert die Bedeutung der Wissenschaft für die Innovationsentstehung durch die Betonung der branchenübergreifenden Wissensübertragung innerhalb der Wertschöpfungskette.[5] Seiner Meinung nach richten Lieferanten ihr Innovationsprogramm insbesondere auf die latenten ökonomischen Bedürfnisse ihrer industriellen Kunden aus, über die sie in aller Regel im Rahmen langfristiger Kommunikationsbeziehungen erfahren. Ein Großteil aller erfolgreichen Innovationen sei demnach nicht oder nicht nur wissenschaftsbasiert, sondern vor allem auch kundenorientiert. Überdies wird mitunter die Ansicht vertreten, dass sich bereits im 19. Jahrhundert neues technologisches Wissen schnell auf internationaler Ebene verbreitete. Hieraus würde folgen, dass die deutschen Unternehmen keinen exklusiven Zugang zu den in Deutschland hervorgebrachten neuen technologischen Erkenntnissen und daher auch keinen Innovationsvorsprung gegenüber ihren ausländischen Konkurrenten besaßen.[6] Daher wären die Weltmarkterfolge der deutschen Industrie im 19. Jahrhundert wohl eher auf relativ niedrige Löhne als auf überdurchschnittliche Innovationsleistungen zurückzuführen.[7] In einem größeren Zusammenhang stellt sich somit weiterhin die Frage nach den Ursachen und Folgen der erfolgreichen Innovationstätigkeit der Unternehmen im Deutschen Kaiserreich.

---

4 Vgl. Otto Keck: The National System of Innovation in Germany, in: Richard R. Nelson (Hg.): National Innovation Systems. New York 1993, S. 115-157; vgl. auch Wilhelm Treue: Unternehmer, Technik und Politik im 19. Jahrhundert, in: Technikgeschichte 32 (1965), S. 175-188.

5 Vgl. Bengt-Åke Lundvall: Innovation as an Interactive Process. From User-Producer Interactive to the National System of Innovation, in: Giovanni Dosi (Hg.): Technical Change and Economic Theory. London/New York 1988, S. 349-369.

6 John Brown ist beispielsweise der Auffassung, dass die deutsche Textilfärbeindustrie Ende des 19. Jahrhunderts nicht von der räumlichen Nähe zu den innovativen deutschen Teerfarbenproduzenten wie BASF oder Bayer profitierte: „Although the training provided by the leading German dye manufacturers in the use of the rapidly expanding palette of colours was provided at sites in Germany, it was available to dye masters from around the world.“ John C. Brown: Imperfect Competition and Anglo-German Trade Rivalry. Markets for Cotton Textiles before 1914, in: Journal of Economic History 55 (1995), S. 502.

7 So sind beispielsweise Alfred Schröter und Walter Becker der Meinung, dass die deutsche Maschinenbauindustrie ihre Erfolge im internationalen Preiswettbewerb den vergleichsweise geringen Facharbeiterlöhnen in Deutschland verdankte. Vgl. Alfred Schröter/Walter Becker: Die deutsche Maschinenbauindustrie in der Industriellen Revolution. Berlin 1962, S. 153.

Im Rahmen unseres mehrjährigen Forschungsprojekts wird der Versuch unternommen, diese Frage erstmalig auf Grundlage von Massendaten zu beantworten. Dieser Aufsatz beschreibt die Datenbasis, die verwendeten Analyseinstrumente und einige der bisherigen Ergebnisse. Hierbei dient Abschnitt 2 der Vorstellung unserer neu entwickelten Datenbank von insgesamt 39.343 wertvollen Patenten, die das Kaiserliche Patentamt zwischen 1877 und 1918 gewährte und die von uns als Indikator für die Innovationsleistung der deutschen Volkswirtschaft verwendet werden.[8] Abschnitt 3 widmet sich im Rahmen der Ursachenanalyse insbesondere der Wissensübertragung zwischen unterschiedlichen Branchen in einer Region. Unsere Ergebnisse legen die Vermutung nahe, dass die Innovationsfähigkeit der deutschen Unternehmen durch den Informationsaustausch mit Kunden und Lieferanten in ihrer geographischen Nachbarschaft signifikant gesteigert wurde. Abschnitt 4 fasst die Resultate unserer Studie zur internationalen Wettbewerbsfähigkeit der deutschen Textilindustrie zusammen. Diese Untersuchung führt zu der Schlussfolgerung, dass sich die im Deutschen Kaiserreich hervorgebrachten technologischen Erkenntnisse keineswegs schnell und ungebremst über nationale Grenzen hinweg ausbreiteten, sondern als Standort gebundenes Wissenskapital den deutschen Unternehmen tatsächlich einen internationalen Wettbewerbsvorsprung verschafften.

2. Die wertvollen Patente des Deutschen Kaiserreichs

Patentstatistiken räumen jedem individuellen Patent das gleiche Gewicht ein, gleichgültig ob es sich bei der patentierten Erfindung um eine bedeutende Basisinnovation oder um die letztendlich folgenlose Liebhaberei eines rührigen Feierabendtüftlers handelt. Aus diesem Grund kann der Versuch, aus der Zahl aller in einem bestimmten Zeitraum gewährten Patente auf die Innovationsfähigkeit einer Volkswirtschaft zu schließen, zu einer erheblichen Fehleinschätzung der tatsächlichen Verhältnisse führen. Um dieses Problem zu vermeiden, ist es notwendig, zwischen den wertvollen Patenten mit einem hohen privaten oder gesellschaftlichen Nutzen und den wertlosen Patenten einer Patentstatistik zu unterscheiden. Eine Möglichkeit zur Durchführung dieser Unterscheidung besteht darin, jedes einzelne Patent einer Evaluation durch Experten zu unterziehen.[9] Diese Vorgehensweise eignet sich allerdings nur für Fallstudien mit einer vergleichsweise geringen Gesamtzahl von Patenten, da die Bewertung jedes einzelnen Patents sehr

---

8 Zu den Vorteilen und Nachteilen der Messung von Innovationsaktivitäten auf Basis von Patentstatistiken vgl. Mark Spoerer/Jörg Baten/Jochen Streb: Wissenschaftlicher Standort, Quellen und Potentiale der Innovationsgeschichte, in diesem Band; vgl. auch Zvi Griliches: Patent Statistics as Economic Indicators. A Survey, in: Journal of Economic Literature 33 (1990), S. 1661-1707.

9 Vgl. z.B. J. Townsend: Innovation in Coal-mining. The Case of the Anderton Shearer Loader, in: Keith Pavitt (Hg.): Technical Innovation and British Economic Performance. London 1980, S. 142-158.

zeitaufwendig ist und überdies ein breit gestreutes Fachwissen über technologische Zusammenhänge und industrielle Fertigungsmethoden erfordert. So scheidet für die Grundgesamtheit von über 311.000 zwischen 1877 und 1918 im Deutschen Kaiserreich gewährten Patenten die Expertenevaluation als gangbare Methode zur Identifizierung der wertvollen Patente aufgrund prohibitiv hoher zeitlicher und finanzieller Durchführungskosten definitiv aus. Glücklicherweise erlaubt jedoch die besondere Ausgestaltung des deutschen Patentrechts, von der Lebensdauer eines Patents auf seinen privaten Nutzen zu schließen.

Durch die Einführung des deutschen Patentgesetzes[10] im Jahr 1877 erhielten Unternehmen und Privatpersonen erstmals in der deutschen Geschichte die Möglichkeit, einen reichsweit gültigen Patentschutz für neuartige Produkte oder Produktionsverfahren zu erlangen.[11] Die maximale Dauer des Patentschutzes betrug fünfzehn Jahre. Allerdings mussten die Patentinhaber, um ihr Patent in Kraft zu halten, zu Beginn eines jeden Jahres eine Patentgebühr entrichten, die sich mit zunehmender Patentdauer kontinuierlich steigerte. Diese Patentgebühr betrug in den ersten beiden Jahren jeweils 50 Mark[12], um dann in jeweils 50-Mark-Schritten bis zu 700 Mark zu Beginn des fünfzehnten Jahres anzusteigen. Aus volkswirtschaftlicher Sicht stellte die Einführung einer progressiven Patentgebühr zum damaligen Zeitpunkt eine beachtenswerte Lösung des grundlegenden Dilemmas dar, dass von Patenten sowohl eine wachstumsfördernde als auch eine wachstumsbeschränkende Wirkung ausgeht. Dabei fördert die Vergabe von Patenten das Wirtschaftswachstum in einer Volkswirtschaft insoweit, als potentielle Innovatoren oftmals erst durch die Aussicht auf staatlich garantierte, wenn auch zeitlich begrenzte Monopolgewinne zur Durchführung riskanter Forschungs- und Entwicklungsprojekte motiviert werden. Gemessen an dieser Anreizwirkung scheint sich zunächst die Einführung eines möglichst langen Patentschutzes zu empfehlen. Allerdings ist bei der Ausgestaltung der Patentpolitik auch zu berücksichtigen, dass die Gewährung von Patentrechten die Diffusion von neuem technologischem Wissen verlangsamt. Andere Unternehmen werden durch Patente an der Verwendung neuer Verfahren und an der Erzeugung neuer Produkte gehindert, wodurch erhebliche volkswirtschaftliche Wachstumschancen ungenutzt bleiben. Dieser ge-

10 Vgl. Patentgesetz vom 25. Mai 1877, in: Reichsgesetzblatt (1877), S. 501-510.

11 Zur Entstehung des deutschen Patentgesetzes vgl. Alfred Heggen: Zur Vorgeschichte des Reichspatentgesetzes von 1877, in: Gewerblicher Rechtsschutz und Urheberrecht (1977), S. 322-327; Margrit Seckelmann: Industrialisierung, Internationalisierung und Patentrecht im Deutschen Reich 1871-1914. Frankfurt am Main 2006; Wilhelm Treue: Die Entwicklung des Patentwesens im 19. Jahrhundert in Preußen und im Deutschen Reich, in: Helmut Coing/ Walter Wilhelm (Hg.): Wissenschaft und Kodifikation des Privatrechts im 19. Jahrhundert. Bd. 4, Frankfurt am Main 1979, S. 163-182. Für einen internationalen Vergleich der Patentgesetzgebung vgl. Josh Lerner: Patent Protection and Innovation over 150 Years (National Bureau of Economic Research Working Paper 8977). Cambridge (Mass.) 2002.

12 Im ersten Jahr hatte der Patentnehmer 20 Mark bei der Anmeldung seines Patents und weitere 30 Mark bei der Patentgewährung, sofern diese erfolgte, zu bezahlen. Der Betrag von 50 Mark entsprach in etwa dem durchschnittlichen Bruttomonatslohn eines deutschen Industriearbeiters. Vgl. Gerhard Bry: Wages in Germany. 1871-1945. Princeton 1960, S. 51.

samtwirtschaftliche Effekt legt nun ganz im Gegensatz zur oben beschriebenen mikroökonomischen Anreizwirkung die Vorgehensweise nahe, wenn überhaupt, einen nur sehr kurzen Patentschutz zu gewähren. Das deutsche Patentrecht von 1877 trug beiden Überlegungen angemessen Rechnung. Einerseits setzte die Möglichkeit eines maximalen Patentschutzes von fünfzehn Jahren einen starken ökonomischen Anreiz zur Erhöhung der individuellen Innovationstätigkeit, andererseits beschleunigte die progressive und jährlich anfallende Patentgebühr die Freigabe des durch Patente geschützten Wissens.

Versetzen wir uns zur Verdeutlichung des zuletzt genannten Sachverhalts in die Situation eines Patentnehmers im Deutschen Kaiserreich, der zu Beginn eines jeden Jahres darüber entscheiden musste, ob er sein Patent durch die Entrichtung der fälligen Patentgebühr für ein weiteres Jahr verlängerte oder aber freigab. Die Grundlage dieser Entscheidung bildete der Vergleich zwischen den zukünftigen Kosten des Patents, das waren die anfallenden Patentgebühren, und den erwarteten zukünftigen privaten Erträgen, das waren in erster Linie die Monopolgewinne und Lizenzeinnahmen.[13] Eine Verlängerung des Patents war nur dann ökonomisch sinnvoll, wenn die erwarteten Erträge die Kosten überstiegen, die zukünftigen Nettoerträge somit positiv waren. Angesichts der Tatsache, dass viele Patente ihre volle Ertragskraft erst nach Durchführung weiterführender Entwicklungsprojekte und nach Abschluss der Markteinführungsphase entwickelten, durfte der Patentnehmer bei seiner Verlängerungsentscheidung allerdings nicht nur die Nettoerträge des jeweils nächsten Jahres berücksichtigen. Eine derartige Kurzsichtigkeit hätte nämlich dazu geführt, dass eigentlich wertvolle Patente, die längerfristig sehr ertragreich gewesen wären, in den frühen Jahren aber negative Nettoerträge erwirtschafteten, fälschlicherweise zu früh aufgegeben worden wären. Um diesen Fehler zu vermeiden, musste der Patentnehmer in jedem Jahr die erwartete Nettoertragsentwicklung des gesamten jeweils verbleibenden Patentlebenszyklus betrachten.[14]

Für die weitere Argumentation ist von entscheidender Bedeutung, dass die Ertragserwartungen eines Patentnehmers im Zeitablauf nicht konstant waren, sondern sich auf Grundlage hinzugewonnener Informationen veränderten. So mochte zum Zeitpunkt der Patenterteilung jeder Patentnehmer noch der festen Überzeugung gewesen sein, dass seine nunmehr geschützte Erfindung in Zukunft einen hohen Ertrag erbringen würde. Allerdings erfolgte diese Einschätzung unter großer Unsicherheit, die sich vor allem in den ersten Patentjahren durch das Sammeln

---

13 Ein Unternehmen kann den Markterfolg seiner eigenen Innovation auch durch die Patentierung von technologisch verwandten Konkurrenzprodukten absichern. Diese „Blockadepatente" werden nicht als Grundlage für die eigene Produktion, sondern zur Abwehr von Wettbewerbern eingesetzt und erhöhen dadurch indirekt den Marktanteil der tatsächlich produzierten Innovation. Insoweit generieren auch Blockadepatente einen positiven privaten Ertrag. Ihr gesellschaftlicher Ertrag ist aufgrund der durch sie verursachten Wettbewerbsbeschränkung jedoch eher negativ.

14 Vgl. hierzu die ausführliche Erläuterung der Entscheidungssituation in Jochen Streb/Jörg Baten/Shuxi Yin: Technological and Geographical Knowledge Spillover in the German Empire, in: Economic History Review 59 (2006), S. 347-373.

zusätzlicher Erkenntnisse über die mit der Durchsetzung der Innovation verbundenen Produktions- und Vermarktungsprobleme deutlich reduzierte.[15] Auf Basis dieser sich beständig erweiternden Informationsgrundlage erfolgte jedes Jahr eine Neubewertung der Erfolgsaussichten des Patents. Der empirische Befund legt die Vermutung nahe, dass dieser Lernprozess für die überwiegende Zahl der Patente zu einer erheblichen Reduktion der ursprünglichen Ertragserwartungen und damit zu einer frühzeitigen Aufgabe des Patentschutzes führte. So waren siebzig Prozent der zwischen 1891 und 1907 im Deutschen Kaiserreich gewährten Patente bereits nach fünf Jahren verfallen, nur zehn Prozent der Patente waren nach zehn Jahren immer noch in Kraft, lediglich knapp fünf Prozent erreichten die maximale Lebensdauer von fünfzehn Jahren.[16] Diese Zahlen belegen nicht nur die effiziente Funktionsweise der progressiven Patentgebühr, sondern zeigen auch, dass die meisten der im Deutschen Kaiserreich vergebenen Patente offensichtlich einen nur geringen privaten Ertrag generierten, schnell aufgegeben wurden und daher kaum einen präzisen Maßstab für die Innovationsfähigkeit der deutschen Volkswirtschaft darstellen.

Die bisherigen Überlegungen führen zu der Folgerung, dass aus der Überlebensdauer eines im Deutschen Kaiserreich gewährten Patents auf die Höhe seines privaten Nettoertrags geschlossen werden kann. Allerdings war es uns im Rahmen unseres Forschungsprojekts aufgrund personeller und zeitlicher Beschränkungen nicht möglich, für jedes einzelne der insgesamt über 311.000 Patente des Deutschen Kaiserreichs die exakte Lebensdauer zu ermitteln.[17] Stattdessen entschieden wir uns, „wertvolle“ und „wertlose“ Patente durch Festlegung einer bestimmten Mindestlebensdauer zu unterscheiden. Das Problem bestand nun darin, die adäquate Mindestlebensdauer zu identifizieren. Folgt man den Ergebnissen der Pioniere dieses Untersuchungsansatzes, liegt die gesuchte Mindestlebensdauer in einem Zeitintervall von fünf bis fünfzehn Jahren. Ariel Pakes weist mit Recht daraufhin, dass viele Wirtschaftssubjekte Patente zunächst nur als vergleichsweise kostengünstige Option auf einen höchst unsicheren Innovationsgewinn interpretieren. So verschaffen sich Unternehmen oder Privatpersonen durch die Entrichtung von zu Beginn noch niedrigen Patentgebühren erst einmal nur die Zeit, die notwendig ist, um ohne Wettbewerbsdruck mehr über die technologischen und ökonomischen Aussichten einer Erfindung zu lernen.[18] Die oben beschriebenen, zunächst außerordentlich hohen Verfallsraten in den jungen Jahren der Patente las-

---

15 Vgl. Ariel Pakes: Patents as Options. Some Estimates of the Value of Holding European Patent Stocks, in: Econometrica 54 (1986), S. 755-784.

16 Vgl. Blatt für Patent-, Muster- und Zeichenwesen (1914), S. 84; vgl. auch Abbildung 2 in: Spoerer/Baten/Streb: Innovationsgeschichte (wie Anm. 8).

17 Unsere Datenquelle, das jährlich vom Kaiserlichen Patentamt herausgegebene „Verzeichnis der im Vorjahre erteilten Patente“, enthält jeweils auch eine Auflistung der Patentnummern all derjenigen Patente, die im aktuellen Jahr noch in Kraft waren. So ist es generell möglich, für jedes individuelle Patent durch Durchsicht der Listen von maximal fünfzehn aufeinander folgenden Jahrgängen die exakte Lebensdauer zu ermitteln.

18 Vgl. Pakes: Patents as Options (wie Anm. 15).

sen vermuten, dass im Deutschen Kaiserreich diese Lernphase ungefähr fünf Jahre andauerte. Es liegt daher nahe, nur diejenigen Patente als Indikator für die Innovationsfähigkeit Deutschlands vor dem Ersten Weltkrieg heranzuziehen, die diese Lernphase überlebten und mindestens fünf Jahre gehalten wurden. Gegen die Wahl einer derart niedrigen Mindestlebensdauer spricht allerdings eine empirische Untersuchung von Mark Schankerman und Ariel Pakes, nach der bereits die langlebigsten fünf Prozent der Patente den überwiegenden Teil des privaten Wertes eines gesamten Patentbestandes repräsentieren.[19] Übertragen auf unsere Untersuchung würde eine Konzentration auf die langlebigsten fünf Prozent der Patente implizieren, nur diejenigen Patente des Deutschen Kaiserreichs als wertvoll zu interpretieren, welche die maximale Lebensdauer von fünfzehn Jahren erreichten. Allerdings beruhen die Ergebnisse von Schankerman und Pakes auf einer Analyse der nach dem Zweiten Weltkrieg in England, Frankreich und Westdeutschland gewährten Patente und sind somit nicht unmittelbar mit der Situation im Deutschen Kaiserreich vergleichbar. Wir entschlossen uns daher, stattdessen einer Studie von Sullivan zu folgen, in der dieser zu dem Resultat gelangt, dass die langlebigsten zehn Prozent der in der zweiten Hälfte des 19. Jahrhunderts in Großbritannien und Irland gewährten Patente einen Großteil des privaten Wertes aller Patente generierten.[20] Wie oben gezeigt, erreichten ungefähr zehn Prozent der zwischen 1891 und 1907 gewährten Patente eine Lebensdauer von zehn Jahren. Wir deuten daher im Folgenden Patente mit einer Mindestlaufzeit von zehn Jahren als die wertvollen Patente des Deutschen Kaiserreichs. Dieses Kriterium führte zur Identifizierung von insgesamt 39.343 wertvollen Patenten, für die jeweils ein elektronisch lesbarer Datensatz mit Informationen über den Namen, die Nationalität, den Standort und die Rechtspersönlichkeit des Patentinhabers sowie über die Patentklasse erstellt wurde. Abbildung 1 verdeutlicht die zeitliche Entwicklung aller vergebenen Patente und ihrer Teilmenge der wertvollen Patente, das heißt derjenigen Patente, die im angegebenen Kalenderjahr gewährt und danach mindestens zehn Jahre gehalten wurden.

Die Zahl aller in einem Kalenderjahr gewährten Patente stieg nach Einführung des Patentgesetzes von 1877 schnell auf ungefähr 4.000 an und behielt dieses Niveau bis in die späten 1880er Jahre bei. Danach begann die Zahl der jährlich vergebenen Patente im Trend zu wachsen, erreichte Anfang des 20. Jahrhunderts erstmals einen Wert von über 10.000 und im Jahr 1913 ein Maximum von 13.520. Der durchschnittliche Anteil der wertvollen Patente an allen Patenten eines Patentjahrgangs betrug zwischen 1877 und 1918 etwas über elf Prozent, war im Zeitverlauf allerdings nicht konstant. Vielmehr erhöhte sich der Anteil der wertvollen Patente zunächst langsam von 5,3 Prozent im Jahr 1877 auf 10 Prozent im Jahr 1893, verharrte hieraufhin fünfzehn Jahre lang auf diesem Wert und schoss dann auf mehr als 23 Prozent am Vorabend des Ersten Weltkriegs empor.

---

19 Vgl. Mark Schankerman/Ariel Pakes: Estimates of the Value of Patent Rights in European Countries during the post-1950 Period, in: Economic Journal 96 (1986), S. 1052-1076.

20 Vgl. R. J. Sullivan: Estimates of the Value of Patent Rights in Great Britain and Ireland, 1852-1876, in: Economica 61 (1994), S. 37-58.

Abb. 1: Die wertvollen Patente des Deutschen Kaiserreichs 1877-1918[a]

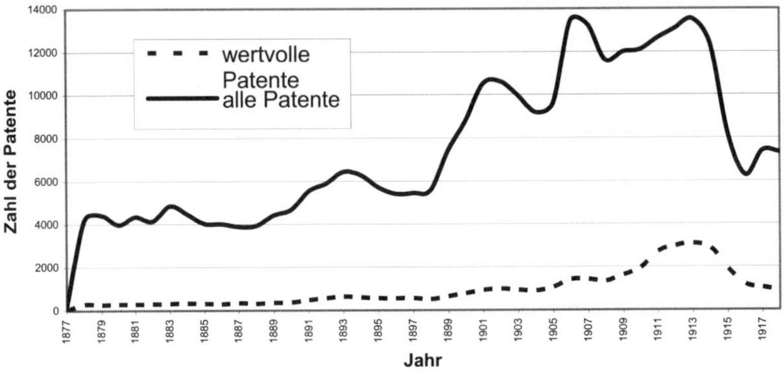

Baten/Streb-Patentdatensatz der Universitäten Tübingen und Hohenheim.

Wie kann der langsame Anstieg des Anteils der wertvollen Patente zwischen 1877 und 1893 erklärt werden? Es erscheint plausibel anzunehmen, dass die zeitgenössischen Patentanmelder, die mit den ökonomischen Wirkungen des neuen Patentgesetzes im Allgemeinen und der progressiven Patentgebühr im Besonderen anfangs nicht vertraut waren, zunächst einmal bestrebt waren, alle neuen Ideen unabhängig von deren wirtschaftlichen Erfolgsaussichten zur Patentanmeldung zu bringen. Aus diesem Grund mögen in den ersten Jahren nach Einführung des Patentgesetzes überdurchschnittlich viele letztendlich wertlose Patente beantragt worden sein. Mittelfristig bewirkte die Erfahrung, dass viele Patente nur Kosten, aber keine Erträge erzeugten, wahrscheinlich ein vorsichtigeres Verhalten der potentiellen Patentnehmer, so dass der Anteil der wertlosen Patente an allen Patenten schrittweise sank. Eine zusätzliche Erklärung für den im Zeitverlauf zunehmenden Anteil der wertvollen Patente basiert auf der Beobachtung des Kaiserlichen Patentamts, dass der Professionalisierungsgrad der Patentaktivitäten nicht über alle Patentklassen[21] gleich war.[22] Vielmehr wurden Patentklassen mit einer vergleichsweise kurzen durchschnittlichen Überlebensdauer der Patente wie zum Beispiel Hutherstellung (Klasse 41), Kurzwaren (Klasse 44) und Pferdegeschirre (Klasse 56) oftmals von Amateurerfindern dominiert. Die meisten Erfindungen

---

21 Das Kaiserliche Patentamt teilte jedes Patent einer bestimmten Patentklasse zu. Insgesamt gab es 89 Patentklassen, deren Spannbreite von Aufbereitung von Erzen und Brennstoffen (Klasse 1) bis Zucker- und Stärkegewinnung (Klasse 89) reichte. Zu Beginn des 20. Jahrhunderts wurden die Patentklassen zusätzlich in Unterklassen untergliedert.

22 Vgl. Präsident des Kaiserlichen Patentamts: Die Geschäftsthätigkeit des Kaiserlichen Patentamts und die Beziehungen des Patentschutzes zu der Entwicklung der einzelnen Industriezweige Deutschlands in den Jahren 1891 bis 1900. Berlin 1902, S. 205-207.

der Patentklassen mit einer vergleichsweise langen durchschnittlichen Überlebensdauer der Patente wie zum Beispiel Farben (Klasse 22) oder Chemische Verfahren (Klasse 12) entstanden hingegen in industriellen Forschungsabteilungen. Der beobachtbare Unterschied in der durchschnittlichen Überlebensdauer der Patente dieser beiden Gruppen von Patentklassen legt die Vermutung nahe, dass die professionellen Mitarbeiter industrieller Forschungsabteilungen den zukünftigen Wert einer Neuentwicklung realistischer einzuschätzen wussten als die möglicherweise überoptimistischen privaten Erfinder und daher im Durchschnitt weniger wertlose Patente beantragten als letztere. Da die quantitative Bedeutung der „professionellen" Patentklassen in den 1880er Jahren erheblich zunahm, kann der steigende Anteil wertvoller Patente deshalb zum Teil auch auf eine Abnahme des relativen Beitrags der Amateurerfinder zurückgeführt werden.

Die Unsicherheit von potentiellen Patentnehmern kann allerdings auch durch die zunehmende Professionalisierung der Erfindertätigkeit nicht vollständig reduziert werden. So führten nach Auffassung von Keith Pavitt noch Ende des 20. Jahrhunderts nur ungefähr zehn Prozent aller industriellen Forschungs- und Entwicklungsprojekte letztendlich zu einem kommerziellen Erfolg.[23] Aus diesem Grund waren auch die Unternehmen des Deutschen Kaiserreichs dazu gezwungen, in eine ganze Reihe von letztendlich wertlosen Patente zu investieren, um dadurch mit einer hinreichend hohen Wahrscheinlichkeit sicherzustellen, dass ihr Patentportfolio auch einige wenige wertvolle Patente umfasste. Das stabile Verhältnis zwischen den wertvollen und allen Patenten von etwa zehn Prozent in den 1880er und frühen 1890er Jahren lässt vermuten, dass die Patentnehmer zu diesem Zeitpunkt einen adäquaten Kompromiss zwischen den beiden Zielen der Vermeidung von Patentgebühren für wertlose Patente einerseits und dem Erhalt der Aussicht auf wertvolle Patente andererseits gefunden hatten.

Der plötzliche und steile Anstieg des Anteils der mindestens zehn Jahre gehaltenen Patente auf bis zu über 23 Prozent in den Jahren vor dem Ersten Weltkrieg weist auf eine fundamentale Veränderung der die Patentverlängerung betreffenden Entscheidungssituation hin. Offensichtlich wurde der durchschnittliche zukünftige Nettoertrag der seit etwa 1905 gewährten Patente entweder durch eine Erhöhung der erwarteten Erträge, durch eine Verringerung der Patentkosten oder durch eine Kombination aus beiden Effekten spürbar gesteigert. Die Analyse der Entwicklung der realen Patentgebühren während und nach dem Ersten Weltkrieg enthüllt, dass der Vorkriegsboom der wertvollen Patente wohl in erster Linie durch einen Rückgang der Patentkosten zu erklären ist. Im September 1914 wurde die Zahlung der Patentgebühren für die Dauer des Krieges ausgesetzt, da man auf Seiten der Regierung durchaus zutreffend davon ausging, dass unter den Bedingungen einer vom Außenhandel abgeschnittenen und dirigistischen Kriegswirtschaft die erfolgreiche Markteinführung einer Innovation erheblich erschwert wurde.[24] Diese Re-

---

23 Vgl. Keith Pavitt: Key Characteristics of the Large Innovating Firm, in: British Journal of Management 2 (1991), S. 41-50.

24 Vgl. Bekanntmachung betreffend vorübergehende Erleichterungen auf dem Gebiete des Patent-, Gebrauchsmuster- und Warenzeichenrechts vom 10. September 1914, in: Blatt für Pa-

gelung bedeutete, dass zwischen 1915 und 1918 die Kosten einer Patentverlängerung auf null sanken und für die Verlängerungsentscheidung der Patentinhaber keine Rolle mehr spielten. Folgerichtig sank die Verfallsrate aller Patentkohorten dramatisch.[25] Der hieraus resultierende Anstieg der noch in den Vorkriegsjahren gewährten wertvollen Patente kann anhand eines Beispiels verdeutlicht werden. Ein zu Beginn des Jahres 1906 gewährtes Patent erreichte Anfang 1915 den Beginn seines zehnten Lebensjahres und qualifizierte sich bei Durchführung der Verlängerung als wertvolles Patent. Normalerweise hätte die Patentgebühr für das zehnte Jahr 450 Mark betragen. Nehmen wir an, dass der Patentinhaber den zukünftigen Ertrag des Patents auf nur noch 400 Mark einschätzte. In Friedenszeiten hätte er das Patent deshalb aufgegeben, während des Ersten Weltkriegs lohnte sich jedoch weiterhin die Verlängerung.

Nach dem Ende des Ersten Weltkriegs wurden die Patentgebühren zwar wieder erhoben, die einsetzende Inflation führte aber aufgrund der nur unzureichenden Anpassung der nominalen Patentgebühren zu einer stetigen und erheblichen Verringerung der realen Patentgebühren. So stiegen zwischen 1914 und Oktober 1923 die Großhandelspreise um den Faktor 1,8 Billionen, die nominalen Patentgebühren jedoch nur um den Faktor 69 Milliarden an.[26] Infolgedessen erreichten auch während der Inflationszeit viele Patente eine Lebensdauer von mindestens zehn Jahren, die bei Preisniveaustabilität schon vorher aufgegeben worden wären. Zusammenfassend ist damit festzuhalten, dass der Vorkriegsboom der mindestens zehn Jahre gehaltenen Patente die Entwicklung der tatsächlichen Innovationsfähigkeit der deutschen Volkswirtschaft aufgrund gesunkener realer Patentkosten gegenüber den vorangegangenen Jahrzehnten deutlich überzeichnet. Diese Verzerrung wird bei der Folgenanalyse in Abschnitt 4 explizit berücksichtigt und korrigiert.

3. Wissensübertragung als Ursache erfolgreicher Patentaktivitäten

Das Kaiserliche Patentamt ordnete jedes Patent genau einer von 89 verschiedenen Patentklassen zu, die manchmal die Ursprungsbranche des Patents, meistens aber das primäre ökonomische Anwendungsgebiet der Erfindung näher charakterisierten. Beispielsweise wurden landwirtschaftliche Nutzmaschinen von Maschinenbauunternehmen patentiert, aber der Patentklasse Land- und Forstwirtschaft (45) zugewiesen. Tabelle 1 listet diejenigen Patentklassen auf, die in unserem Beobachtungszeitraum die meisten wertvollen Patente beinhalteten. Auf den ersten Blick scheint Tabelle 1 die vorherrschende Auffassung zu bestätigen, dass sich die Innovationsaktivitäten im Deutschen Kaiserreich auf die neuen Industrien der so

tent-, Muster- und Zeichenwesen (1914), S. 290; Bekanntmachung betreffend weitere Erleichterungen auf dem Gebiete des Patent- und Gebrauchmusterrechts vom 31. März 1915, in: Blatt für Patent-, Muster- und Zeichenwesen (1915), S. 118.

25 Vgl. Tabelle 3 in Streb/Baten/Yin: Knowledge Spillover (wie Anm. 14).

26 Vgl. Tabelle 2 in Streb/Baten/Yin: Knowledge Spillover (wie Anm. 14).

genannten Zweiten Industriellen Revolution konzentrierten. Nur vier Patentklassen, nämlich Elektrotechnik (21), Chemische Verfahren (12), Farben (22) und wissenschaftliche Instrumente (42), umfassten bereits über 25 Prozent aller zwischen 1877 und 1918 gewährten wertvollen Patente.

Tab. 1: Rangordnung der Patentklassen 1877-1918[a]

Rang	Patentklasse	Wertvolle Patente	Anteil an allen wertvollen Patenten	Kumulierte Anteile
1	21 Elektrotechnik	3350	8,51%	8,51%
2	12 Chemische Verfahren (ohne Farben)	2840	7,22%	15,73%
3	22 Farben	2206	5,61%	21,34%
4	42 Instrumente	1584	4,03%	25,37%
5	15 Druckerei	1429	3,63%	29,00%
6	49 Mechanische Metallbearbeitung	1202	3,06%	32,06%
7	20 Eisenbahnbetriebe	1146	2,91%	34,97%
8	47 Maschinenelemente	1137	2,89%	37,86%
9	72 Schusswaffen	1003	2,56%	40,42%
10	8 Färberei	928	2,36%	42,78%
11	45 Landwirtschaft	904	2,30%	45,08%
12	52 Näherei	706	1,79%	46,87%
13	80 Tonwaren	675	1,72%	48,59%
14	46 Luft- und Gasmaschinen	627	1,59%	50,18%
15	30 Gesundheitspflege	615	1,56%	51,74%
16	13 Dampfkessel	605	1,54%	53,28%
17	81 Transport	601	1,53%	54,81%
18	14 Dampfmaschine	553	1,41%	56,22%

[a] Baten/Streb-Patentdatensatz der Universitäten Tübingen und Hohenheim.

Allerdings sind bei der Interpretation von Tabelle 1 zwei eher problematische Eigenschaften der von uns herangezogenen Patentstatistik zu beachten. Erstens unterscheiden sich die vom Kaiserlichen Patentamt verwendeten Patentklassen hinsichtlich der Breite des von ihnen jeweils erfassten technologischen Bereichs. So sind die wertvollen Patente der neuen Industriebranchen Elektrotechnik und Chemie in einigen wenigen Patentklassen (21 bzw. 12 und 22) zusammengefasst, während die wertvollen Patente des Maschinenbaus über eine Vielzahl von Patentklassen wie Maschinenelemente (47), Mechanische Metallbearbeitung (49), Dampfmaschinen (14) oder Wagenbau (63) verstreut sind. Darüber hinaus finden sich Maschinenbaupatente auch in weniger offensichtlichen Patentklassen, so zum Beispiel, wie oben bereits erwähnt, landwirtschaftliche Nutzmaschinen in der Patentklasse Land- und Forstwirtschaft (45) oder Textilmaschinen in den Patentklassen Näherei (52), Spinnerei (76) und Weberei (86). Die Bedeutung des Maschinenbaus für den Innovationsstandort Deutsches Kaiserreich wird daher durch Tabelle 1 nicht adäquat wiedergegeben.

Zweitens wird unsere Datenbank durch die sehr vielen mindestens zehn Jahre gehaltenen Patente des oben beschriebenen Vorkriegsbooms dominiert. Dieser Sachverhalt kann dann zu einer Verzerrung der in Tabelle 1 wiedergegebenen Rangordnung führen, wenn die relative Bedeutung der einzelnen Patentklassen im Zeitverlauf schwankte. Dies sei an einem sehr einfachen Beispiel verdeutlicht. Nehmen wir an, dass eine fiktive Patentstatistik nur die beiden Patentklassen „erste Technologie" und „zweite Technologie" umfasst. In der Patentklasse „erste Technologie" werden nur in den 1880er Jahren insgesamt 200 Patente gewährt. Zehn Prozent dieser Patente, das sind 20 Stück, erreichen die Mindestlebensdauer von zehn Jahren und gelten daher als wertvoll. In der Patentklasse „zweite Technologie" werden nur in den Jahren vor dem Ersten Weltkrieg insgesamt 100 Patente erteilt. Aufgrund der gesunkenen realen Patentgebühren infolge von Krieg und Inflation erlebten in dieser Patentklasse aber nicht nur die üblichen zehn Prozent, sondern außergewöhnliche 25 Prozent der Patente ein Alter von mindestens zehn Jahren. Infolgedessen gelangt nicht die Patentklasse „erste Technologie", sondern die Patentklasse „zweite Technologie" mit 25 mindestens zehn Jahre gehaltenen Patenten an die Spitze der Rangordnung. Eine ähnliche Verzerrung ist auch für Tabelle 1 zu vermuten. Insbesondere mögen die hohen Ranglistenplätze der beiden Patentklassen Elektrotechnik (21) und Instrumente (42) auch aus dem Umstand resultieren, dass die Patentaktivitäten in diesen technologischen Bereichen nach der Jahrhundertwende einen besonderen Aufschwung erlebten.

Diese Interpretationsprobleme konnten im Rahmen unseres Forschungsprojekts durch eine genauere Analyse der zeitlichen Verteilung der wertvollen Patente in den 89 Patentklassen weitgehend behoben werden. Nachdem wir für jedes einzelne Kalenderjahr des Zeitraums von 1877 bis 1918 eine eigenständige Rangordnung der Patentklassen gemäß der Zahl ihrer im jeweiligen Jahr gewährten wertvollen Patente angefertigt hatten, stellte sich heraus, dass die relative Bedeutung der einzelnen Patentklassen im Zeitverlauf tatsächlich nicht konstant war. Vielmehr erlebten unterschiedliche Patentklassen in unterschiedlichen Zeiträumen den Höhepunkt ihrer jeweiligen Patentaktivitäten. Abbildung 2 verdeutlicht diesen Befund durch die Darstellung der großen Patentbooms im Deutschen Kaiserreich. Hierbei gilt die folgende Definition: Eine Patentklasse erlebte in demjenigen Zeitraum einen Patentboom, in dem sie in jedem Jahr mindestens ihren durch Tabelle 1 vorgegebenen durchschnittlichen Rangordnungsplatz und in mindestens einem Jahr einen der drei höchsten Rangordnungsplätze erreichte.

Abb. 2: Die vier großen Patentwellen 1877-1918[a]

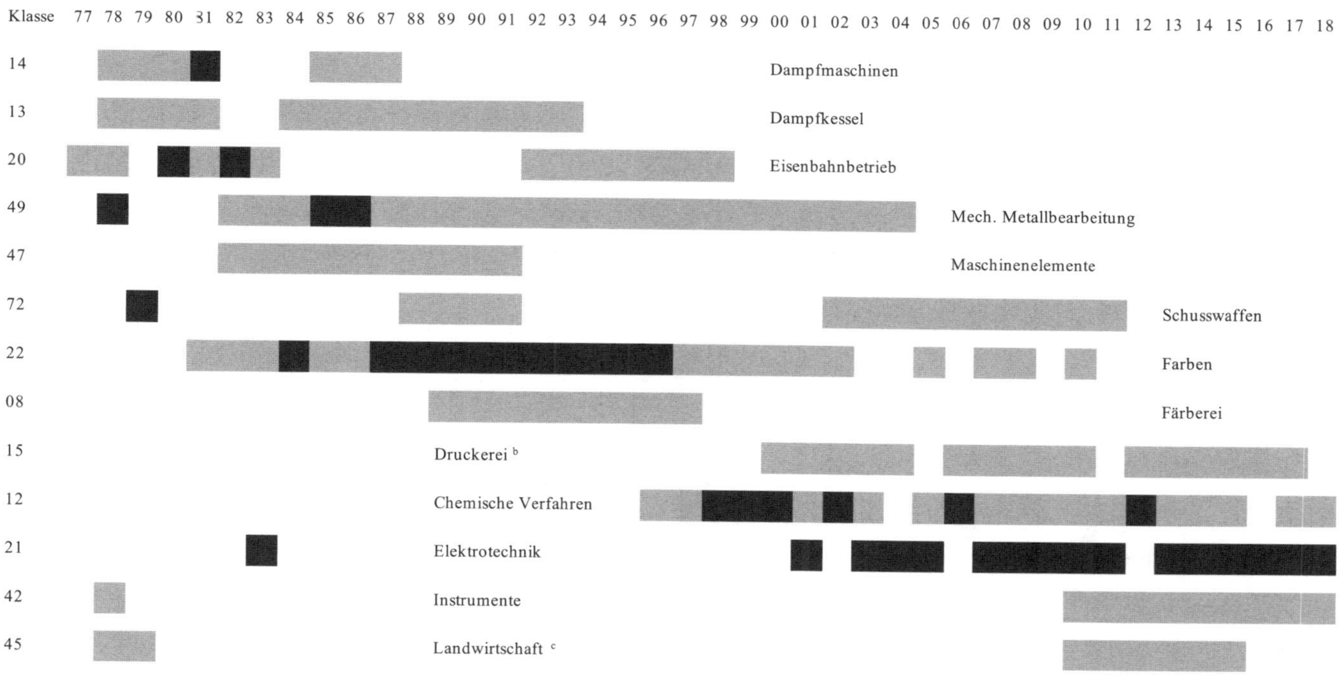

a Baten/Streb-Patentdatensatz der Universitäten Tübingen und Hohenheim. Abbildung 2 berücksichtigt nicht die weniger wichtigen Patentklassen 6 (Brauerei, Rang 2 im Jahr 1877, durchschnittlicher Rang 31), 36 (Heizungsanlagen, Rang 2 im Jahr 1878, durchschnittlicher Rang 35), 68 (Schlossereierzeugnisse, Rang 1 im Jahr 1877, durchschnittlicher Rang 40), 76 (Spinnerei, Rang 3 im Jahr 1881, durchschnittlicher Rang 25) und 89 (Zuckergewinnung, Rang 2 im Jahr 1879, durchschnittlicher Rang 44).

b Der höchste Rang der Patentklasse Druckerei war Rang 4.

c Der höchste Rang der Patentklasse Landwirtschaft war zwischen 1910 und 1915 Rang 5.

Die Patentbooms der einzelnen Patentklassen sind in Abbildung 2 im Allgemeinen durch graue Balken angezeigt. Jahre, in denen eine Patentklasse den Ranglistenplatz 1 erreichte, sind schwarz markiert. Beispielsweise erlebte die Patentklasse Dampfmaschinen (14) zu Beginn des Beobachtungszeitraums zwei kurze Patentbooms, nämlich zwischen 1878 und 1881 sowie zwischen 1885 und 1887. In beiden Zeiträumen erreichte diese Patentklasse stets mindestens ihren durchschnittlichen 18. Ranglistenplatz, in jeweils mindestens einem Jahr der beiden Patentbooms einen Platz unter den drei Patentklassen mit den meisten wertvollen Patenten, im Jahr 1881 gar den ersten Ranglistenplatz. Durch Zusammenfassen von zeitlich parallelen Patentbooms ergeben sich vier verschiedene Wellen des technischen Fortschritts im Deutschen Kaiserreich:

- die Eisenbahnwelle von 1877 bis 1886,
- die Farbenwelle von 1887 bis 1896,
- die Chemiewelle von 1897 bis 1902 und schließlich
- die elektrotechnische Welle von 1903 bis 1918.

Die Eisenbahnwelle wurde durch wertvolle Patente in den technologischen Bereichen Dampfkessel (13), Dampfmaschinen (14), Maschinenelemente (47), mechanische Metallbearbeitung (49) und Eisenbahnbetrieb (20) dominiert. Letztere Patentklasse umfasste neben den Neuerungen der Lokomotiven- und Waggontechnik auch zahlreiche Innovationen im Bereich der Gleis-, Weichen- und Signalanlagen. In der Industrialisierungsgeschichte Deutschlands wird der Eisenbahn im Allgemeinen die Rolle des primären Führungssektors zugewiesen, dessen beständig wachsende Nachfrage nach Kohle, Eisenerzeugnissen und Lokomotiven in der Mitte des 19. Jahrhunderts entsprechend hohe Wachstumsraten der in der Wertschöpfungskette vorgelagerten Montan- und Maschinenbauindustrie generierte.[27] Wie der noch zwischen 1877 und 1886 beobachtbare parallele Aufschwung der mit dem Betrieb von Eisenbahnen technologisch verknüpften Patentklassen vermuten lässt, beruhten die vom Eisenbahnsektor ausgelösten Vorwärts- und Rückwärtskopplungseffekte offensichtlich nicht nur auf dem gestiegenen Angebot an Transportdienstleistungen und der hohen Nachfrage nach materiellen Vorleistungsgütern. Vielmehr scheint sich die Hypothese zu bestätigen, dass die Eisenbahn auch als wichtiger Motor für Unternehmen und Branchen übergreifende Wissensübertragungen im Bereich des Maschinenbaus diente.[28] So legt Schaubild 2 nahe, dass die Nachfrage nach neuer Maschinenbautechnologie im Eisenbahnbetrieb zeitlich parallele Innovationsschübe in technologisch benachbarten Bereichen hervorrief.

Die überdurchschnittlichen Patentaktivitäten der Branchen des Eisenbahnclusters hielten zum Teil bis zu Beginn des 20. Jahrhunderts an. Dies verhinderte

---

27 Vgl. zum Beispiel aktuell Toni Pierenkemper: Wirtschaftsgeschichte. Eine Einführung – oder: Wie wir reich wurden. München/Wien 2005, S. 131f.

28 Vgl. Rainer Fremdling: Eisenbahnen und deutsches Wirtschaftswachstum 1840-1879. Dortmund 1975, S. 5.

jedoch nicht, dass Mitte der 1880er Jahre die neue Chemische Industrie die technologische Führerschaft im Deutschen Kaiserreich übernahm. Dabei war es nicht zuletzt die Einführung des deutschen Patentgesetzes im Jahr 1877, die deutsche Chemieunternehmen wie AGFA, BASF, Bayer oder Hoechst dazu veranlasste, ihre Strategie der schnellen Imitation ausländischer Innovationen aufzugeben und sich statt dessen verstärkt um eigene Innovationen zu bemühen. Die entscheidende Neuerung der hierzu errichteten unternehmenseigenen Forschungsabteilungen war, dass in diesen erstmals arbeitsteilig und systematisch nach ökonomisch verwertbaren Inventionen gesucht wurde.[29] Dabei widmeten sich die an einem zentralen Ort versammelten Wissenschaftler je nach individueller Eignung entweder der kreativen Entwicklung von neuen chemischen Verbindungen oder der eher anwendungsorientierten Erprobung neuer Produkte. Eine dritte Gruppe versuchte, auf Grundlage von wissenschaftlichen Veröffentlichungen neuartige Erkenntnisse der öffentlichen Forschungseinrichtungen möglichst schnell nachzuvollziehen und hinsichtlich ihrer wirtschaftlichen Bedeutung zu beurteilen. Regelmäßige Gesprächskreise und Seminare förderten den Wissensaustausch zwischen diesen verschiedenen Bereichen, um so zu vermeiden, dass aufgrund einer zu großen Isolierung der spezialisierten Individuen die nur durch Teamarbeit erreichbaren Innovationen übersehen wurden.

Die mit dieser neuen Forschungsstrategie eng verknüpfte und überraschend moderne Patentierungsstrategie der deutschen Chemieunternehmen beschreibt Carl Duisberg, Mitarbeiter des Forschungslaboratoriums und späterer Vorstandsvorsitzender von Bayer, in seinen Lebenserinnerungen für das Jahr 1885: „Zeit war nicht zu verlieren. Es kam nach Lage der Patentgesetzgebung darauf an, wer der erste Anmelder war. Die Berliner [gemeint ist AGFA] konnten inzwischen auch die Reaktion gefunden und angemeldet haben. Deshalb war es allgemeiner Brauch, wenn man eine neue Reaktion ausfindig gemacht hatte, diese sofort mit allen theoretischen Möglichkeiten in Form einer Patentanmeldung niederzuschreiben und noch am gleichen Tage zur Einreichung an das Patentamt nach Berlin zu senden.“[30] Systematische Forschung war frühzeitig mit systematischer Patentierung verbunden.

Diese grundlegenden Veränderungen im Forschungs- und Patentierungsverhalten der deutschen Chemieunternehmen führten zunächst zur Farbenwelle: In den Jahren von 1887 bis 1896 nahm die Patentklasse Farben (22), die neue synthetische Farbstoffe zum Färben und Bedrucken von Textilien umfasste[31], bezüglich der Zahl der wertvollen Patente stets den ersten Rangordnungsplatz ein. Da die traditionellen Maschinen und Verfahren der Färbereibetriebe zur Verarbeitung

[29] Vgl. Georg Meyer-Thurow: The Industrialisation of Invention. A Case study from the German Chemical Industry, in: ISIS 73 (1982), S. 363-381.

[30] Carl Duisberg: Meine Lebenserinnerungen. Leipzig 1933, S. 134.

[31] Zur Entwicklung der Technologie der Synthesefarben vgl. Murmann: Knowledge and Competitive Advantage (wie Anm. 2), S. 239-257.

der neuen Farbstoffe ungeeignet waren[32], löste der Farbenboom überdies einen Innovationsschub im Bereich der Färbetechniken (Patentklasse 8) aus, der 1889 einsetze und bis 1897 andauerte. Bald begannen die Forschungslaboratorien der deutschen Chemieunternehmen auch andere technologische Bereiche wie anorganische Säuren, Arzneimittel und Kunstdünger systematisch zu erforschen. Die wachsende Bedeutung dieser Produktfelder enthüllte sich während der chemischen Welle, die sich nahtlos an die Farbenwelle anschloss und von 1897 bis 1902 anhielt.

Überraschenderweise wurden die Innovationsaktivitäten der elektrotechnischen Welle nicht durch die beiden Berliner Großunternehmen Siemens und AEG beherrscht, die zusammengenommen nur 18,6 Prozent der zwischen 1901 und 1916 ausgegebenen wertvollen Patente der Patentklasse Elektrotechnik (21) in Besitz hielten. Unsere Datenbank erlaubt uns die Identifizierung anderer wichtiger industrieller Patentinhaber wie zum Beispiel die Felten & Guilleaume AG in Köln, Robert Bosch in Stuttgart, die Hartmann & Braun AG in Frankfurt am Main oder die Eisenbahn-Signalbau-Anstalt Max Jüdel & Co. AG in Braunschweig. In Berlin nutzten viele verhältnismäßig kleine Unternehmen wie die C. Lorenz Telephon- & Telegrafenwerke AG und die Deutsche Telephonwerke GmbH die Möglichkeiten der neuen Fernsprechtechnologie zum Markteintritt. Diese Beobachtungen lassen vermuten, dass die Hypothese von Joseph Alois Schumpeter, dass marktbeherrschende Großunternehmen ein größeres Innovationspotential als kleine Unternehmen besitzen, zumindest für die Zweite Industriellen Revolution im Deutschen Kaiserreich keine generelle Gültigkeit beanspruchen kann.[33] Dieser Eindruck wird durch einen Vergleich der Rangordnungen der hundert größten deutschen Unternehmen des Jahres 1907 gemäß ihrer Beschäftigtenzahl[34] und gemäß ihrer wertvollen Patente bestätigt. Der Rangordnungskorrelationskoeffizient von Spearman[35] ist nicht, wie die von Schumpeter aufgestellte Hypothese implizieren würde, positiv, sondern besitzt einen negativen Wert von -0,242. Offensichtlich waren die kleineren Unternehmen dieser Auswahl innovativer als die größeren. Zurückzuführen ist dieses statistische Ergebnis unter anderem auf die Tatsache, dass die Gruppe der hundert größten deutschen Unternehmen des Jahres 1907 viele große Montanunternehmen und Eisenbahngesellschaften wie die Bergwerksgesellschaft Hibernia, die Röchling'schen Eisen- und Stahlwerke oder die

32 Vgl. Präsident des Kaiserlichen Patentamts: Die Geschäftsthätigkeit des Kaiserlichen Patentamts (wie Anm. 22), S. 68-72.

33 Vgl. Joseph A. Schumpeter: Kapitalismus, Sozialismus und Demokratie. 2. Aufl., München 1950, S. 135; vgl. auch John Kenneth Galbraith: American Capitalism. The Concept of Countervailing Power, 2. Aufl., London 1957, S. 88.

34 Die Liste der hundert größten deutschen Unternehmen des Jahres 1907 findet sich in Martin Fiedler: Die 100 größten Unternehmen in Deutschland nach der Zahl ihrer Beschäftigten 1907, 1938, 1973 und 1995, in: Zeitschrift für Unternehmensgeschichte 44 (1999), S. 44-48.

35 Zur Anwendung des Rangordnungskorrelationskoeffizienten von Spearman in der wirtschaftshistorischen Forschung vgl. Charles H. Feinstein/Mark Thomas: Making History Count. A Primer in Quantitative Methods for Historians. Cambridge 2002, S. 86-89.

Preussisch-Hessische Staatseisenbahn umfasste, die nicht von den technologischen Wellen der Zweiten Industriellen Revolution profitierten und daher nur eine sehr geringe Zahl von wertvollen Patenten aufwiesen. Allerdings ergeben sich auch dann keine eindeutigen Hinweise auf eine überdurchschnittliche Innovationsleistung von Großunternehmen, wenn man die einzelnen Branchen isoliert voneinander betrachtet.[36] Möglicherweise ist es deshalb notwendig, die Hypothese Schumpeters vom Kopf auf die Füße zu stellen und davon auszugehen, dass überdurchschnittliche Innovationsleistung zu einem überdurchschnittlichen Unternehmenswachstum führte. Deshalb planen wir zu untersuchen, inwieweit sich die Patentaktivitäten im Deutschen Kaiserreich auf die Unternehmensgrößen in der Weimarer Republik und im Dritten Reich auswirkten.

Eine interessante Einzelheit der elektrotechnischen Welle ist der Patentboom der Patentklasse wissenschaftliche Instrumente (42), der mit einer gewissen zeitlichen Verzögerung sieben Jahre nach dem Patentboom der Elektrotechnik (21) einsetzte. Generell kann die Entwicklung dieser Patentklasse als Indikator für das zukünftige Innovationspotential einer Volkswirtschaft herangezogen werden, da die Verfügbarkeit neuartiger wissenschaftlicher Instrumente die Innovationsaktivitäten in anderen technologischen Bereichen erleichtern oder gar erst möglich machen. In dieser Hinsicht mag der Boom der Patentklasse wissenschaftliche Instrumente im Zeitraum von 1910 bis 1918 anzeigen, dass sich Deutschland am Ende des Deutschen Kaiserreichs die technologischen Grundlagen erarbeitet hatte, um nach dem Ersten Weltkrieg eine neue Generation wertvoller Patente hervorzubringen.

An dieser Stelle ist festzuhalten, dass im Deutschen Kaiserreich die volkswirtschaftlich bedeutsamen Innovationsschübe technologisch verwandter Bereiche wie Eisenbahnbetrieb und Maschinenbau, Synthesefarben und Färbeverfahren oder Elektrotechnik und wissenschaftliche Instrumente zeitlich parallel verliefen. Dieser Befund lässt vermuten, dass die Innovationsaktivitäten einzelner Branchen durch Wissensübertragungen entlang der Wertschöpfungskette gefördert wurden. Nunmehr stellt sich die Frage, ob diese Wissensübertragungen auch über große geographische Distanzen erfolgten oder eher auf bestimmte innovative Regionen beschränkt waren. Generell ist festzustellen, dass die wertvollen Patente des Deutschen Kaiserreichs geographisch nicht gleich verteilt waren, sondern sich auf bestimmte geographische Regionen konzentrierten, gleichgültig, ob man als Bewertungsmaßstab die absolute Zahl der wertvollen Patente oder die wertvollen Patente je Kopf der Bevölkerung heranzieht.[37] Tabelle 2 zeigt die gemessen an der Zahl der wertvollen Patente jeweils innovativsten Regionen der vier großen Patentwellen.

---

36 Vgl. Spoerer/Baten/Streb: Innovationsgeschichte (wie Anm. 8).

37 Vgl. hierzu Abbildung 3 in Spoerer/Baten/Streb: Innovationsgeschichte (wie Anm. 8).

Tab. 2: Die innovativsten Regionen (Regierungsbezirke) während der vier großen Patentwellen, gemessen am Anteil an den wertvollen Patenten einer Patentwelle[a]

Eisenbahn (1877-1886)		Farben (1887-1896)		Chemische Vefahren (1897-1902)		Elektrotechnik (1903-1914)	
Region	Patente	Region	Patente	Region	Patente	Region	Patente
Berlin	11,7%	Berlin	10,7%	Berlin	11,7%	Berlin	14,2%
Düsseldorf	5,6%	Düsseldorf	10,7%	Düsseldorf	9,3%	Düsseldorf	8,9%
Dresden	3,8%	Wiesbaden	6,2%	Wiesbaden	5,4%	Wiesbaden	5,6%
Leipzig	3,8%	Pfalz	3,9%	Dresden	2,8%	Potsdam	4,2%
Wiesbaden	3,3%	Dresden	3,0%	Pfalz	2,7%	Pfalz	2,6%
Arnsberg	2,8%	Köln	2,7%	Arnsberg	2,3%	Arnsberg	2,3%
Köln	2,7%	Arnsberg	2,5%	Köln	2,2%	Köln	2,3%
Magdeburg	2,6%	Leipzig	2,1%	Potsdam	2,2%	Dresden	2,2%
Hamburg	2,2%	Chemnitz	2,0%	Hamburg	2,1%	Leipzig	2,0%
Karlsruhe	2,1%	Hamburg	1,7%	Leipzig	2,1%	Neckar	1,8%

[a] Baten/Streb-Patentdatensatz der Universitäten Tübingen und Hohenheim

Offensichtlich verschob sich die Rangordnung der innovativsten Regionen im Zeitverlauf. Tabelle 2 erlaubt uns, Regionen mit konstant hoher, zunehmender und abnehmender relativer Innovationsfähigkeit zu unterscheiden. Die Regierungsbezirke Berlin und Düsseldorf verteidigten ihre Stellung als herausragende Innovationsstandorte während der gesamten Beobachtungsperiode. Allerdings fällt auf, dass Düsseldorf während der Farbenwelle zu Berlin aufschließen konnte, während der elektrotechnischen Welle jedoch wieder deutlich hinter Berlin zurückfiel. Wiesbaden und die Pfalz erhöhten ihre relative Innovationsfähigkeit ebenfalls während der Farbenwelle, Potsdam erst während der elektrotechnischen Welle. Die Regionen Dresden und Leipzig, die noch während der Eisenbahnwelle die Plätze drei und vier der Rangordnung der innovativsten Regionen des Deutschen Kaiserreichs eingenommen hatten, verloren während den nachfolgenden technologischen Wellen deutlich an relativer Innovationsfähigkeit.

Um zu überprüfen, ob diese Veränderungen in der Rangordnung der innovativsten Regionen tatsächlich durch den Übergang von einer technologischen Welle zur nächsten verursacht wurden, errechneten wir für alle 89 Patentklassen der in Tabelle 2 aufgeführten Regionen den folgenden Index des komparativen technologischen Vorteils, der für jede Patentklasse die relativen Patentaktivitäten einer Region mit den relativen Patentaktivitäten des Deutschen Kaiserreichs vergleicht:

$$KTV_{ij} = \frac{n_{ij} / n_i}{n_j / n_{DK}}$$

Hierbei bezeichnet n die Zahl der wertvollen Patente, i die Region, j die Patentklasse und n_{DK} die Gesamtzahl aller wertvollen Patente, die von deutschen Patentnehmern zwischen 1877 und 1918 im Deutschen Kaiserreich gehalten wurden.

Wenn KTV_{ij} den Wert eins annimmt, stimmen die relativen Patentaktivitäten von Region *i* in der Patentklasse *j* mit den entsprechenden relativen Patentaktivitäten im Deutschen Kaiserreich überein. Wenn KTV_{ij} größer als eins ist, hat sich Region *i* im Vergleich zum Reichsdurchschnitt auf die Patentaktivitäten in Patentklasse *j* spezialisiert. In Tabelle 3 sind für alle in Tabelle 2 genannten Regionen die fünf Patentklassen mit dem jeweils höchsten Index des komparativen technologischen Vorteils aufgeführt. In einigen Regionen weist die technologische Ausrichtung dieser Patentklassen auf das Vorhandensein eines innovativen Clusters technologisch und ökonomisch verknüpfter Industriebranchen hin, dessen Bezeichnung gegebenenfalls in der letzten Spalte aufgeführt ist. Fett gedruckte Buchstaben zeigen einen Cluster mit mindestens drei Industriebranchen an, normale Buchstaben beziehen sich auf kleinere Cluster mit zwei Industriebranchen.

Das verblüffende Ergebnis dieser Analyse ist, dass die meisten Regionen mit konstant hoher relativer Innovationsfähigkeit und alle Regionen mit zunehmender Innovationsfähigkeit einen innovativen Cluster besaßen, während sich die Patentaktivitäten der Regionen mit abnehmender Innovationsfähigkeit in aller Regel nicht auf einen technologisch und ökonomisch zusammenhängenden Bereich konzentrierten. Dieser Befund belegt unsere Hypothese, dass im Deutschen Kaiserreich Wissensübertragungen zwischen geographisch benachbarten Industriezweigen eines technologischen Bereichs eine wichtige Ursache für erfolgreiche Patent- und damit Innovationsaktivitäten bildeten. Die Region Berlin spezialisierte sich auf das Gebiet der Elektrotechnik, das neben Patentklasse 21 auch die Patentklassen Signalwesen (74) und Beleuchtung (4) umfasste, und steigerte dementsprechend die Zahl seiner wertvollen Patente während der elektrotechnischen Welle erheblich. Die Innovationsstandorte Wiesbaden und die Pfalz besaßen einen komparativen technologischen Vorteil auf dem Gebiet der Chemie und florierten deshalb insbesondere während der Farben- und der Chemiewelle. Düsseldorf und Potsdam waren Zentren der Patentaktivitäten im Maschinenbaucluster, hielten oder verbesserten ihren Rang aber auch nach Abflauen der Eisenbahnwelle, was wiederum als indirekter Nachweis für die anhaltend hohe Bedeutung des Maschinenbaus im Deutschen Kaiserreich zu deuten ist. Insbesondere impliziert die Entwicklung in den Regionen Köln, Potsdam und Neckar, dass sich zu Beginn des 20. Jahrhunderts eine fünfte Patentwelle aufzubauen begann, die als Automobilwelle insbesondere die beiden Patentklassen Luft- und Gasmaschinen (46) und Wagenbau (63) umfasste.[38]

Zusammenfassend stärken die in diesem Abschnitt präsentierten empirischen Fakten die Hypothese, dass Wissensübertragungen zwischen technologisch, ökonomisch und geographisch benachbarten Industriebranchen eine wichtige Ursache für erfolgreiche Patentaktivitäten im Deutschen Kaiserreich darstellten.

---

[38] Mitte der 1920er Jahre nahmen die beiden Patentklassen Luft- und Gasmaschinen (46) und Wagenbau (63) gemessen an der Zahl der beantragten Patente den sechsten beziehungsweise zweiten Platz der Rangordnung aller 89 Patentklassen ein. Vgl. Wernekke (ohne Vorname): Einiges aus der Statistik des Reichspatentamtes, in: Gewerblicher Rechtsschutz und Urheberrecht (1927), S. 414.

Tab. 3: Komparative technologische Vorteile und innovative Cluster[a]

Region	Komparative technologische Vorteile 1	2	3	4	5	Innovative Cluster
Konstant hohe relative Innovationsfähigkeit						
Berlin	Elektrotechnik (21) 3,2	Signalwesen (74) 3.1	Beleuchtung (4) 2.4	Druckerei (15) 2.3	Eisenbahnbetrieb (20) 2.0	**Elektrotechnik**
Düsseldorf	Schusswaffen (72) 4.2	Schneidewerkzeuge (69) 4.1	Bleche (7) 2.7	Eisenerzeugung (18) 2.5	Farben (22) 2.4	**Metallverarbeitung**
Wiesbaden	Farben (22) 4.3	Hüttenwesen (40) 3.0	Schuhwerk (71) 2.6	Chemische Verfahren (12) 2.5	Erzaufbereitung (1) 2.1	Chemie + Hüttenwesen
Arnsberg	Pumpen (59) 11.3	Brennstoffe (10) 9.1	Trocknerei (82) 8.9	Werkzeuge (87) 6.8	Bergbau (5) 6.7	**Bergbau**
Köln	Seilerei (73) 13.7	Erzaufbereitung (1) 7.7	Geschirre (56) 7.4	Schreibgeräte (70) 5.6	Luft- und Gasmaschinen (46) 8.3	
Zunehmende relative Innovationsfähigkeit						
Pfalz	Farben (22) 5.3	Chemische Verfahren (12) 3.8	Färberei (8) 2.5	Schuhwerk (71) 2.4	Chemische Metallbearbeitung (48) 1.5	**Chemie**
Potsdam	Spielzeug (77) 4.9	Photographie (57) 4.8	Wagenbau (63) 2.5	Eisenbahnbau (19) 2.2	Feuerungsanlagen (24) 2.0	**Maschinenbau**
Neckar	Luft- und Gasmaschinen (46) 8.3	Bäckerei (2) 7.9	Gerberei (28) 5.3	Buchbinderei (11) 4.7	Schneidewerkzeuge (69) 3.6	Maschinenbau
Abnehmende relative Innovationsfähigkeit						
Dresden	Glas (32) 11.8	Tabakwaren (79) 11.5	Regler für Kraftmaschinen (60) 8.9	Papierverarbeitung (54) 4.6	Nahrungs- und Genussmittel (53) 3.5	
Leipzig	Buchbinderei (11) 13.7	Musikinstrumente (51) 9.9	Geschirre (56) 7.4	Spinnerei (76) 3.9	Druckerei (15) 3.3	Bücher
Magdeburg	Salzgewinnung (62) 30.4	Hutherstellung (41) 12.4	Regler für Kraftmaschinen (60) 9.0	Geschirre (56) 7.6	Erzaufbereitung (1) 6.6	
Hamburg	Kurzwaren (44) 6.7	Schiffbau (65) 6.4	Näherei (52) 5.3	Nahrungs- und Genussmittel (53) 4.7	Geschirre (56) 4.4	
Karlsruhe	Kurzwaren (44) 8.9	Geschirre (56) 8.3	Hand- und Reisegeräte (33) 6.4	Wasserversorgung (85) 5.8	Sprengstoffe (78) 5.2	

a Baten/Streb-Patentdatensatz der Universitäten Tübingen und Hohenheim.

4. Internationale Wettbewerbsfähigkeit als Folge erfolgreicher Patentaktivitäten

In den Jahrzehnten der Globalisierungsphase[39] vor dem Ersten Weltkrieg gelang es einer Reihe von deutschen Industriebranchen, ihre Marktanteile auf dem Weltmarkt erheblich zu erhöhen. Zu diesen Globalisierungsgewinnern zählten nicht nur die Chemie und die Elektrotechnik, sondern auch weniger nahe liegende Kandidaten wie zum Beispiel die Textilindustrie. So erhöhten die deutschen Exporteure von Baumwolltextilien ihren Weltmarktanteil von 3,6 Prozent Mitte des 19. Jahrhunderts auf 6,9 Prozent im Jahr 1913 und wurden dadurch zum zweitgrößten Exporteur hinter ihren immer noch dominierenden britischen Konkurrenten, die allerdings im gleichen Zeitraum einen dramatischen Verfall ihres Weltmarktanteils von 83 auf 54,6 Prozent hinnehmen mussten.[40]

Es liegt nahe, diesen Anstieg der internationalen Wettbewerbsfähigkeit verschiedener deutscher Industriebranchen ähnlich wie der bereits in der Einleitung zitierte Hans-Werner Sinn als Resultat einer signifikanten Erhöhung des in der deutschen Volkswirtschaft verfügbaren technologischen Wissensbestands zu deuten, der von einer ganzen Reihe von Ökonomen ähnlich wie das Realkapital als eigenständiger volkswirtschaftlicher Produktionsfaktor interpretiert wird, der durch Investitionen in Forschung und Entwicklung aufgebaut werden kann, gegebenenfalls aber auch veraltet und dadurch an Wert verliert.[41] Das eigentliche methodische Problem der empirischen Überprüfung dieser durchaus plausiblen Vermutung besteht in der Quantifizierung des Wissensbestands. In diesem Abschnitt wird daher abschließend am Beispiel der deutschen Textilindustrie verdeutlicht, wie die von uns aufgebaute Datenbank wertvoller Patente zur Abschätzung der Entwicklung des relevanten Wissensbestands und damit zur empirischen Analyse des funktionalen Zusammenhangs zwischen internationaler Wettbewerbsfähigkeit und technologischem Wissen genutzt werden kann.[42] Es wird sich zeigen, dass die Weltmarkterfolge der deutschen Textilindustrie im Deutschen Kaiserreich insbesondere auf das während der Farbenwelle neu entstandene Wissen um syntheti-

39 Zu den Ursachen und dem Verlauf dieser Globalisierungsphase vgl. Kevin H. O'Rourke/Jeffrey G. Williamson: Globalization and History. The Evolution of a Nineteenth-Century Atlantic Economy. Cambridge (Mass.)/London 1999.

40 Vgl. Brown: Competition (wie Anm. 6), S. 496; vgl. auch Christoph Buchheim: Deutsche Gewerbeexporte nach England in der Zweiten Hälfte des 19. Jahrhunderts. Zur Wettbewerbsfähigkeit Deutschlands in seiner Industrialisierungsphase. Ostfildern 1982, S. 38f.

41 Vgl. zum Beispiel Derek Bosworth/Gregory Jobome: The Rate of Depreciation of Technological Knowledge. Evidence from Patent Renewal Data, in: Economic Issues 8 (2003), S. 59-82; Ishaq Nadiri/Ingmar Prucha: Estimation of the Depreciation Rate of Physical and R&D Capital in the U.S. Total Manufacturing Sector, in: Economic Inquiry 34 (1996), S. 43-56; Schankerman/Pakes: Value of Patent Rights (wie Anm. 19).

42 Vgl. auch die Untersuchung zur internationalen Wettbewerbsfähigkeit der deutschen Maschinenbauindustrie von Kirsten Labuske/Jochen Streb: Technological Creativity and Cheap Labour? Explaining the Growing International Competitiveness of German Mechanical Engineering before World War I., erscheint in: German Economic Review.

sche Farbstoffe und Färbetechniken zurückzuführen ist, das von den Chemieunternehmen systematisch an die Textilunternehmen transferiert wurde.

Im letzten Drittel des 19. Jahrhunderts entwickelten die deutschen Chemieunternehmen neben den industriellen Forschungslaboratorien als zweite wesentliche organisatorische Innovation die neuartigen Absatzstrategien der Kundenberatung und Kundenausbildung.[43] Träger dieser Absatzstrategien waren die so genannten Coloristischen Abteilungen, die als Schnittstelle zwischen Forschungslaboratorium und Vertrieb sowohl mit technischem als auch mit kaufmännischem Personal besetzt waren. Die eigentliche Kundenberatung übernahmen Chemiker, die nicht nur mit den theoretischen Eigenschaften der innovativen Synthesefarben vertraut waren, sondern auch selbst die praktischen Verfahren des Färbens und Bedruckens von Textilien erlernt hatten. Diese Kundenberater leisteten die branchenübergreifende Wissensübertragung, indem sie während der Verkaufsgespräche den Textilproduzenten ausführlich erklärten, für welche Textilien und mit Hilfe welcher neuen Verfahren die innovativen Teerfarben ihres Unternehmens genutzt werden konnten. Wenn beim Färben oder Bedrucken unvorhergesehene Schwierigkeiten auftraten, waren die Kundenberater darüber hinaus bereit und befähigt, die Textilproduzenten bei der Optimierung ihrer Produktion mit Rat und Tat unmittelbar zu unterstützen. Um 1900 entwickelten die Coloristischen Abteilungen zusätzlich die Absatzstrategie der Kundenausbildung, welche beinhaltete, Angehörige der Textilindustrie in Lehrwerkstätten der Chemieunternehmen in den jeweils neuesten Techniken des Färbens und Bedruckens zu unterrichten. Aus Sicht der Chemieunternehmen bestand das Ziel dieser Absatzstrategien in der Stabilisierung oder gar Erhöhung der nationalen und internationalen Marktanteile durch langfristige Kundenbindung.[44]

Welchen Nutzen zogen die Textilproduzenten aus der Kundenberatung und Kundenausbildung? Solange die synthetischen Farbstoffe lediglich ein billigeres Substitut für die traditionell genutzten pflanzlichen und tierischen Farbstoffe darstellten, konnten die erhaltenen Informationen über die neuartigen Färbetechniken hauptsächlich zur Verringerung der Produktionskosten verwendet werden. Sobald sich aber die synthetischen Farbstoffe ihren natürlichen Vorläufern auch im Bezug auf qualitative Kriterien wie Dauerhaftigkeit oder Glanz überlegen zeigten, besaßen die gut informierten Textilunternehmen zusätzlich die Chance, ihre Marktanteile auch ohne Preissenkungen zu Lasten ihrer uneingeweihten Konkurrenten zu steigern, die weiterhin nur Textilien auf Grundlage von Naturfarben oder qualitativ minderwertigen Synthesefarbstoffen anzubieten hatten. Auch wenn die deut-

---

43 Vgl. zu den folgenden Ausführungen Jochen Streb: Kundenberatung und Kundenausbildung als innovative Marketingstrategien der deutschen Chemieindustrie im 19. und 20. Jahrhundert, in: Christian Kleinschmidt/Florian Triebel (Hg.): Marketing: Historische Aspekte der Wettbewerbs- und Absatzpolitik (Bochumer Schriften zur Unternehmens- und Industriegeschichte, Bd. 13). Essen 2004, S. 85-104.

44 Zur spieltheoretischen Analyse dieser Absatzstrategien vgl. Jochen Streb: Product Differentiation by Bundling Standard Good and Innovative Knowledge. Technological Transfers in the German Plastics Industry from the 1930s to the 1970s, in: Journal of European Economic History 33 (2004), S. 71-106.

schen Chemieunternehmen ihre neuen Absatzstrategien generell weltweit einsetzten, muss doch davon ausgegangen werden, dass die in Deutschland ansässigen Textilunternehmen aufgrund ihrer geographischen und kulturellen Nähe zuerst und vergleichsweise ausführlich über die Anwendungsmöglichkeiten der innovativen Teerfarben informiert wurden. Aufgrund dieses Informationsvorsprungs ist wiederum zu erwarten, dass die deutschen Textilunternehmen ihre internationale Wettbewerbsfähigkeit in der innovativen Hochphase der deutschen Teerfarbenindustrie erheblich verbesserten und ihre Exportleistung entsprechend erhöhten. Hierbei ist zu beachten, dass die neue Technologie der Synthesefarben natürlich nicht zu einer gleichmäßigen Steigerung der Produktivität in allen Produktionsstufen der Textilindustrie führte. Vielmehr blieben die Aktivitäten Spinnen und Weben weitgehend unbeeinflusst, während sich die Verfahren zur Färbung von Textilien erheblich veränderten. Es ist daher anzunehmen, dass die Übertragung des innovativen Wissensbestands von den Chemieunternehmen zu den Textilunternehmen in erster Linie die internationale Wettbewerbsfähigkeit der deutschen Produzenten von gefärbten Geweben und gefärbter Kleidung verbessert hat.

Zur empirischen Überprüfung dieser Hypothese ist es zunächst einmal notwendig, die Entwicklung des relevanten Wissensbestands im technologischen Bereich des Färbens und Bedruckens von Textilien anhand eines geeigneten Indikators abzuschätzen. Zur Quantifizierung dieses Indikators werden in einem ersten Schritt die wertvollen Patente der beiden Patentklassen Farben (22) und Färberei (8) über den Beobachtungszeitraum akkumuliert. Die hieraus resultierende Zeitreihe des nominalen Patentbestands ist der dieser Kalkulation zugrunde liegenden Zeitreihe der jährlich gewährten wertvollen Patente grundsätzlich vorzuziehen, da das in den Patenten enthaltene neue Wissen nicht nur im Jahr der Patentgewährung, sondern über einen längeren Zeitraum hinweg ökonomisch nutzbar war und zudem in aller Regel als notwendige Ausgangsbasis für eine Vielzahl neuer Forschungs- und Entwicklungsprojekte diente. Allerdings veralten längerfristig selbst die wichtigsten Basisinnovationen aufgrund des fortgesetzten technischen Fortschritts. Es erscheint daher sinnvoll anzunehmen, dass jedes der wertvollen Patente der Patentklassen Farben (22) und Färberei (8) nur über einen bestimmten endlichen Zeitraum hinweg einen kontinuierlich abnehmenden positiven ökonomischen Ertrag generierte und deshalb analog zum Fall einer zum Realkapital zählenden Maschine im Zeitverlauf abzuschreiben ist. Die empirische Schwierigkeit dieser theoretisch plausiblen Überlegung liegt in der Bestimmung der adäquaten Abschreibungsrate. Schankerman und Pakes ermittelten für die nach dem Zweiten Weltkrieg in Westdeutschland insgesamt gewährten Patente eine jährliche lineare Abschreibungsrate von etwa zwölf Prozent, die impliziert, dass in diesem Beobachtungszeitraum der ökonomische Wert eines durchschnittlichen Patents bereits nach neun Jahren auf null gesunken war.[45] Da unsere Datenbank nicht die Gesamtheit aller gewährten Patente, sondern nur die Teilmenge der wertvollen Patente umfasst, die aufgrund positiver Nettoerträge definitionsgemäß mindestens zehn Jahre gehalten wurden, erscheint für unsere Zwecke eine Abschreibungsrate

45 Vgl. Schankerman/Pakes: Value of Patent Rights (wie Anm. 19).

von zwölf Prozent als eindeutig zu hoch.[46] Wir gehen stattdessen in unserem Modell von einer deutlich geringeren linearen Abschreibungsrate in Höhe von fünf Prozent aus, die einem wertvollen Patent des Deutschen Kaiserreichs eine ökonomische Wirksamkeit von zwanzig Jahren zubilligt. Die resultierende Zeitreihe wird im Folgenden als abgeschriebener nominaler Patentbestand bezeichnet.

Schließlich ist in unserem konkreten historischen Fall zu berücksichtigen, dass der Vorkriegsboom der mindestens zehn Jahre gehaltenen Patente nicht durch eine sprunghafte Zunahme des technologischen Wissens, sondern durch einen Rückgang der realen Patentgebühren während des Ersten Weltkriegs und der nachfolgenden Inflation verursacht wurde. Um diese Verzerrung unserer Datengrundlage zu beseitigen, prognostizierten wir auf Grundlage des statistischen Zusammenhangs zwischen der Zahl der wertvollen Patente und dem deutschen Bruttoinlandsprodukt vor 1905 die kontrafaktische Zahl der jährlich gewährten wertvollen Patente, die sich im Zeitraum von 1905 bis 1913 bei Konstanz der realen Patentgebühren ergeben hätte.[47] Das Ergebnis dieser Schätzung nutzten wir dann zur Berechnung des so genannten abgeschriebenen realen Patentbestands. Abbildung 3 veranschaulicht die Ergebnisse unserer schrittweisen Vorgehensweise graphisch.

Abb. 3: Die Entwicklung des Patentbestands der Patentklassen Farben und Färberei, 1877-1913[a]

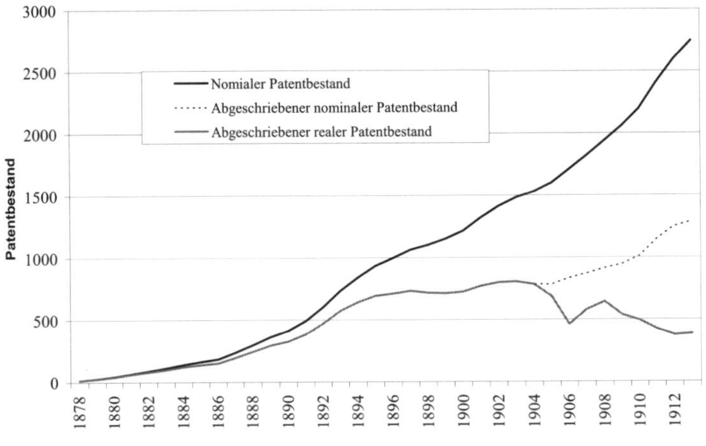

[a] Baten/Streb-Patentdatensatz der Universitäten Tübingen und Hohenheim.

---

[46] Man könnte versucht sein, als zusätzliches Argument die Vermutung anführen, dass die Rate des technischen Fortschritts in den Wirtschaftswunderjahren deutlich höher als im Deutschen Kaiserreich war. Diese Vermutung wäre allerdings zunächst nicht nur gesamtwirtschaftlich, sondern auch für die zur Debatte stehenden Industriebranchen empirisch zu belegen.

[47] Eine ausführliche Beschreibung dieses Prognoseverfahrens findet sich in Jochen Streb/Jacek Wallusch/Shuxi Yin: Knowledge Spill-over from New to Old Industries. The Case of German Synthetic Dyes and Textiles 1878-1913, erscheint in: Explorations in Economic History.

Zunächst fällt auf, dass der durch die schwarze Linie angezeigte nominale Patentbestand der Patentklassen Farben (22) und Färberei (8) im Betrachtungszeitraum beständig anstieg, während der durch eine Kombination der grauen Linie (vor 1905) und der gestrichelten Linie (ab 1905) dargestellte abgeschriebene nominale Patentbestand nach dem Abflauen der Farbenwelle (1887-1896) zunächst auf dem erreichten Niveau stagnierte und erst während des Patentbooms des Vorkriegsjahrzehnts wieder anwuchs. Nach unserer Auffassung liefert jedoch erst der durch die gesamte graue Linie dokumentierte Verlauf des abgeschriebenen realen Patentbestands eine plausible Beschreibung der Entwicklung des technologischen Wissens im Bereich des Färbens und Bedruckens von Textilien. So spiegelt der Rückgang des realen abgeschriebenen Patentbestands nach 1904 die Tatsache wider, dass sich das Innovationspotential der Synthesefarbentechnologie zu Beginn des 20. Jahrhunderts langsam, aber sicher erschöpfte.

Abb. 4: Die Entwicklung der Nettokleidungsexporte der deutschen Textilindustrie, 1878-1913, logarithmischer Maßstab[a]

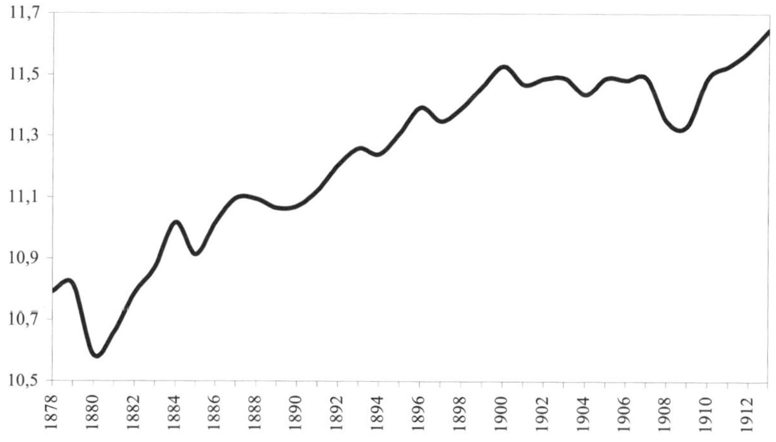

[a] Kaiserlich Statistisches Amt: Statistik des Deutschen Reichs. Berlin, verschiedene Jahrgänge.

Abbildung 4 zeigt im logarithmischen Maßstab die Entwicklung der Nettokleidungsexporte der deutschen Textilindustrie, die in den letzten beiden Jahrzehnten des 19. Jahrhunderts mit hohen Wachstumsraten anstiegen, zwischen 1900 und 1908 stagnierten, im Jahr 1909 einen Einbruch erlebten, und danach wieder zunahmen. Nunmehr besitzen wir alle Informationen, die notwendig sind, um mit Hilfe ökonometrischer Methoden zu untersuchen, ob die internationale Wettbewerbsfähigkeit der deutschen Kleidungsproduzenten, gemessen durch ihre Nettoexporte, durch den Bestand an technologischem Wissen, gemessen durch den abgeschriebenen realen Patentbestand, signifikant beeinflusst wurde. Zur Zeitreihenanalyse nutzten wir ein Vector Auto Regression (VAR) Modell[48], dessen Vor-

[48] Vgl. ausführlich hierzu Streb/Wallusch/Yin: Knowledge Spill-over (wie Anm. 47).

teil darin liegt, dass es ex ante nicht zwischen der unabhängigen und der abhängigen Variable unterscheidet und damit in unserem Fall offen lässt, ob die Nettoexporte durch den Patentstock oder der Patentstock durch die Nettoexporte beeinflusst wurden. Interessanterweise identifizierten wir eine wechselseitige statistische Beeinflussung, die die Existenz der folgenden ökonomisch-technologischen Aufwärtsspirale impliziert: Die von den deutschen Chemieunternehmen entwickelten und vorrangig an die deutschen Textilunternehmen kommunizierten Innovationen erhöhten die internationale Wettbewerbsfähigkeit insbesondere der deutschen Kleidungsproduzenten. Die aus deren Weltmarkterfolgen resultierende gestiegene Nachfrage nach Synthesefarben erhöhte in einem zweiten Schritt den Absatz der deutschen Chemieunternehmen und ermutigte sie deshalb zur Durchführung weiterer Forschungs- und Entwicklungsprojekte auf dem Gebiet der Synthesefarbentechnologie, die im Erfolgsfall die internationale Wettbewerbsfähigkeit der deutschen Textilindustrie in einem dritten Schritt erneut erhöhte. Diese positiven Rückkoppelungseffekte dauerte so lange an, bis das Innovationspotential der Synthesefarbenindustrie erschöpft war, so dass die ausländischen Textilunternehmen durch Imitation der zu Standardverfahren geworden ehemaligen Innovationen die Möglichkeit erhielten, gegenüber ihren deutschen Konkurrenten technologisch aufzuschließen.

5. Ausblick

Dieser Forschungsbericht verdeutlicht, dass die Innovationsgeschichte durch die Analyse von Massendaten um neue Erkenntnisse bereichert wird, die durch die Untersuchung von einzelnen Basisinnovationen, Unternehmen oder Branchen kaum zu gewinnen sind. Insbesondere zeigte sich, dass Wissensübertragungen zwischen technologisch, ökonomisch und geographisch benachbarten Industriebranchen als wichtige Ursache für die Steigerung der Innovationsfähigkeit der deutschen Volkswirtschaft in den Jahrzehnten vor dem Ersten Weltkrieg zu deuten sind.

Dieser Forschungsbericht ist insoweit nur ein Zwischenbericht, als die Möglichkeiten unserer über 39.000 wertvolle Patente umfassenden Datenbank noch lange nicht ausgeschöpft sind. So beruhten die hier präsentierten Ergebnisse in erster Linie auf der Nutzung der für jedes Patent verfügbaren Informationen über den Standort des Patentnehmers und die Patentklasse. Weitgehend ungenutzt blieben jedoch bisher die ebenfalls verfügbaren Daten über den Namen des jeweiligen Patentnehmers, die insbesondere einen Vergleich der individuellen Forschungsstrategien der einzelnen Unternehmen des Deutschen Kaiserreichs ermöglichen. Überdies kann aufbauend auf der Analyse der Wissensübertragungen zwischen Chemieindustrie und Textilunternehmen eine Matrix der technologischen Verflechtungen im Deutschen Kaiserreich erstellt werden, die zeigt, in welchem Umfang die einzelnen Geberbranchen, ermittelt aus dem Unternehmensnamen des Patentinhabers, Innovationen für Nehmerbranchen, ermittelt aus der Patentklasse, bereitstellten. Abschließend soll nicht verschwiegen werden, dass unsere Patentdatenbank inzwischen um die wertvollen Patente der Weimarer Republik ergänzt wurde. Diese Erweiterung wird System übergreifende Langfristanalysen ermöglichen, von denen zu hoffen ist, dass sie unser Wissen um die Ursachen und Folgen erfolgreicher Patentaktivitäten ergänzen und vertiefen.

Rainer Metz

Korreferat zu Jochen Streb und Jörg Baten

„Ursachen und Folgen erfolgreicher Patentaktivitäten im Deutschen Kaiserreich: Ein Forschungsbericht"

Einleitung

Der hier zu kommentierende Aufsatz analysiert Ursachen und Folgen erfolgreicher Innovationstätigkeit der Unternehmen im Deutschen Kaiserreich auf Grund von Massendaten. Als empirische Grundlage dient ein Sample von knapp 40.000 als wertvoll identifizierter Patente, die das Kaiserliche Patentamt zwischen 1877 und 1918 erteilt hat. Als wertvoll werden jene Patente definiert, für die der Patentschutz mindestens 10 Jahre aufrechterhalten wurde. Diese wertvollen Patente werden als Indikator für die Innovationsleistung der deutschen Volkswirtschaft interpretiert.

Die Autoren kommen zu dem Ergebnis, dass es zeitliche Cluster von Innovationen gibt, die in ihrer sektoralen Struktur und geographischen Verteilung die Führungssektoren der deutschen Industrie widerspiegeln. Bezüglich der Ursachen dieser Innovationsleistung stellen die Autoren fest, dass die Innovationsfähigkeit der deutschen Unternehmen durch den Informationsaustausch mit Kunden und Lieferanten in ihrer jeweiligen geographischen Nachbarschaft signifikant gesteigert wurde. Als Standort gebundenes Wissenskapital haben, so die Autoren, die technologischen Kenntnisse den Unternehmen einen internationalen Wettbewerbsvorsprung verschafft.

Da die Analyse erfolgreicher Innovationstätigkeit zuallererst die quantitative Darstellung bzw. Messung eben dieser Innovationsleistung erfordert, steht die Frage, inwieweit sich Patente überhaupt als Indikatoren der Innovationsleistung einer Volkswirtschaft eignen, im Mittelpunkt der folgenden Ausführungen. Erst wenn die volkswirtschaftliche Innovationsleistung adäquat operationalisiert und anhand geeigneter Indikatoren abgebildet ist, lassen sich in einem zweiten Schritt Ursachen und wirtschaftliche Folgen dieser Innovationen untersuchen.

Die Untersuchung des Kausalzusammenhangs von Innovationsleistung und wirtschaftlicher Entwicklung ist darüber hinaus ein eigenständiges Problem. Sie erfordert ein adäquates Messkonzept (Testproblem), bei dem Innovationsindikatoren mit ökonomischen Erfolgsindikatoren messbar verbunden werden. Auf die damit zusammenhängenden Probleme soll im Folgenden jedoch nicht weiter eingegangen werden, da sie den Rahmen des Korreferates sprengen würden.[1]

Zunächst sollen der historische Hintergrund und die allgemeine Zielsetzung der Innovationsforschung sowie der Begriff der Innovation thematisiert werden. Daran anschließend wird der Wert von Patenten als Innovationsindikator zu diskutieren sein, um dann der Frage nach einer geeigneten Auswahl von wertvollen Patenten und deren Indikatorfunktion nachzugehen.

Innovationen und Innovationsforschung

Innovationen stehen im Mittelpunkt wirtschafts- und sozialwissenschaftlicher Forschung, seit mit dem ersten Ölpreisschock im Jahr 1973 das exorbitante Wachstum vieler Volkswirtschaften aus damaliger Sicht einen dramatischen und – heute kann man sagen – nachhaltigen Einbruch erfahren hat. Mit dem Wachstumseinbruch waren ein Anstieg der Inflationsrate und ein dramatischer und nachhaltiger Anstieg der Arbeitslosenzahlen verbunden.[2] In dieser Zeit wurde klar, dass hohes Pro-Kopf-Wachstum weder eine Selbstverständlichkeit darstellt, noch wirtschaftspolitisch beliebig steuerbar ist. Hatte man bis dahin geglaubt, gestützt vor allem auf die Theorie von Keynes, mit der Steuerung der (Netto)Investitionen den entscheidenden Schlüssel für wirtschaftliches Wachstum gefunden zu haben, so zeigte sich nun, dass die verfügbaren wirtschaftspolitischen Steuerungsmechanismen nicht den gewünschten Erfolg brachten. Ein hohes Pro-Kopf-Wachstum stellt, wenn man so will, keine Selbstverständlichkeit, sondern immer eine Besonderheit dar. Besonders deutlich zeigt sich das an der Tatsache, dass sich im letzten Viertel des 20. Jahrhunderts in vielen Industrienationen eine durchschnittliche Pro-Kopf-Wachstumsrate etabliert hat, die in etwa dem säkularen Durchschnitt dieser Volkswirtschaften entspricht.[3]

Was sind nun die ursächlichen Faktoren, die ein hohes Pro-Kopf-Wachstum sicherstellen? Die Auseinandersetzung mit dieser Frage ist gleichzeitig auch die

---

1 Im Rahmen der Innovationstheorie gibt es dazu unterschiedliche Ansätze, die sich grob in neoklassisch und schumpeterianisch geprägte Theorien unterscheiden lassen. Vgl. Hariolf Grupp: Messung und Erklärung des Technischen Wandels. Grundzüge einer empirischen Innovationsökonomik. Berlin u.a. 1997, S. 49; vgl. auch Petra Bollmann: Technischer Fortschritt und wirtschaftlicher Wandel. Eine Gegenüberstellung neoklassischer und evolutorischer Innovationsforschung. Heidelberg 1990.

2 Harm G. Schröter: Von der Teilung zur Wiedervereinigung, in: Michael North (Hg.): Deutsche Wirtschaftsgeschichte. Ein Jahrtausend im Überblick, 2. Aufl., München 2005, S. 356-426.

3 Vgl. Rainer Metz: Säkulare Trends der Deutschen Wirtschaft, in: North: Deutsche Wirtschaftsgeschichte (wie Anm. 2), S. 441. Angus Maddison hat in zahlreichen Publikationen umfangreiches Material zur intertemporalen und internationalen Vergleichbarkeit langfristigen Wirtschaftswachstums bereitgestellt, vgl. z.B. Angus Maddison: The World Economy in the 20th Century. Paris 1995.

Geschichte der neueren Innovationsforschung.[4] Bedeutsam ist in diesem Zusammenhang die Wiederentdeckung des österreichischen Nationalökonomen Joseph Alois Schumpeter, in dessen Werk die schöpferische Zerstörung durch dynamische Unternehmer als die Grundantriebskraft der kapitalistischen Entwicklung schlechthin ausgemacht wird.[5] Damit rücken die durch unternehmerisches Handeln realisierten Innovationen in den Mittelpunkt des Interesses, wenn es um die wirtschaftliche Leistungsfähigkeit einer Volkswirtschaft geht. Der Innovationsprozess hängt dabei allerdings von einer Vielzahl von Faktoren ab. So z.B. vom allgemeinen Entwicklungsstand bzw. Bildungsniveau und damit dem Bildungssystem eines Landes (Humankapital), von den vorhandenen Forschungseinrichtungen, den Forschungsgeldern und den Erfahrungen im Bereich Forschung und Entwicklung, vom Know-how-Transfer und nicht zuletzt von der Bereitschaft der Gesellschaft, den technologisch-institutionellen Wandel und seine Folgen zu tragen.[6]

Aber nicht nur Innovationen entscheiden über die wirtschaftliche Leistungsfähigkeit einer Gesellschaft. Auch die Institutionen sind in diesem Zusammenhang von zentraler Bedeutung. Die Institutionen liefern nicht nur Orientierungskriterien für unser tägliches Leben, sie vermindern auch Unsicherheiten bei Tauschbeziehungen und verkörpern die gesellschaftlich-kulturellen Leistungsanreize menschlichen und damit unternehmerischen Handelns. Ähnlich wie die Technologie die Produktionskosten, so determinieren die Institutionen die Transaktionskosten, worunter man ganz generell die Betriebskosten einer Volkswirtschaft verstehen kann. Wirtschaftliches Wachstum ist nur möglich, wenn die Produktivitätsgewinne im Transformationsbereich als Folge des technologischen Fortschritts größer sind als der durch zunehmende Arbeitsteilung und Spezialisierung verursachte Anstieg der Transaktionskosten.[7] In diesem Zusammenhang hat

---

4 Christopher Freeman: The Economics of Technical Change. A Critical Survey, in: Cambridge Journal of Economics 18 (1994), S. 1-50; Ders.: The „National System of Innovation“ in Historical Perspective, in: Cambridge Journal of Economics 19 (1995), S. 5-24; vgl. auch Frank R. Pfetsch: Innovationsforschung in historischer Perspektive. Ein Überblick, in: Technikgeschichte 45/2 (1978), S. 118-133.

5 Joseph A. Schumpeter: Theorie der wirtschaftlichen Entwicklung. Eine Untersuchung über Unternehmergewinn, Kapital, Kredit, Zins und den Konjunkturzyklus. Berlin 1911. Für die neuere Forschung in der Tradition Schumpeters vgl. z.B. Yuichi Shionoya/Mark Perlman (Hg.): Innovation in Technology, Industries and Institutions. Studies in Schumpeterian Persepectives, Ann Arbor 1993.

6 Vgl. allgemein Bundesministerium für Bildung und Forschung BMBF (Hg.): Zur technologischen Leistungsfähigkeit Deutschlands 2005, Berlin 2005. Da in den letzten Jahren vor allem wissensintensive Branchen ein überdurchschnittliches Jobwachstum gezeigt haben, avanciert Wissen zum strategischen Produktionsfaktor Nummer Eins. Darüber hinaus werden Forschung & Entwicklung als Leitvariable der Innovationsaktivitäten angesehen, da heutzutage die innovationsfreudigsten Branchen in der Regel auch die forschungsintensivsten sind.

7 Horst Löchel: Institutionen, Transaktionskosten und wirtschaftliche Entwicklung. Ein Beitrag zur Neuen Institutionenökonomik und zur Theorie von Douglas C. North (Volkswirtschaftliche Schriften, Bd. 444), Berlin 1995. Die Transaktionskosten sind dabei in zweierlei Hinsicht von Bedeutung. Einmal ist der Effekt effizienter Institutionen gerade der, dass Transaktionskos-

Douglass North argumentiert, dass die technologische Entwicklung nur dann produktivitätssteigernd sein kann, wenn sie von einem effizienten institutionellen Wandel begleitet ist.[8] Die Innovationskraft einer Volkswirtschaft hängt offensichtlich von vielen Faktoren ab. Eine wichtige Aufgabe der Innovationsforschung besteht deshalb darin, jene Faktoren zu identifizieren, die die wirtschaftliche Leistungsfähigkeit einer Volkswirtschaft bestimmen.

Zum Begriff der Innovation

Was versteht man unter einer Innovation? Die Antwort darauf ist nicht einfach. Bereits 1911 hat Schumpeter fünf verschiedene Arten von Innovationen unterschieden.[9] In den 1950er und 1960er Jahren reduziert sich der Innovationsbegriff weitgehend auf den technischen Fortschritt,[10] wobei dieser als die Anwendung neuen technischen Wissens in der Wirtschaft definiert ist. Auch in der neueren Innovationsforschung spielt die Technik eine große Rolle, aber sie ist eingebettet in ein nationales Innovationssystem, in dem neben den bereits genannten Institutionen auch den sozialen Innovationen große Bedeutung zukommt. Die heutige Innovationsforschung ist sich darin einig, dass Innovationen weit mehr umfassen als Technologie oder technologischen Fortschritt. Innovationsprozesse sind generell als ökonomische und soziale Prozesse aufzufassen.[11] Innovationen sind danach alle Ereignisse, mit denen eine Neuerung technischer, ökonomischer, organisatorischer, gesellschaftlicher oder institutioneller Art verbunden ist. Innovationen lassen sich damit weder allein auf ökonomische Neuerungen reduzieren, noch ist es statthaft, ökonomische Innovationen mit dem technischen Fortschrittsprozess gleichzusetzen.

---

ten gesenkt werden, andererseits führen zunehmende Arbeitsteilung und Spezialisierung zu einem permanenten Anstieg der Transaktionskosten und haben damit eine wachstumslimitierende Funktion.

8 Douglass C. North: Theorie des institutionellen Wandels. Eine neue Sicht der Wirtschaftsgeschichte. Tübingen 1988; John J. Wallis/Douglass C. North: Measuring the Transaction Sector in American Economy. 1870-1970, in: Stanley L. Engerman/Robert E. Gallmann (Hg.): Long-Term Factors in American Economic Growth. Chicago/London 1986, S. 95-148.

9 Schumpeter: Theorie der wirtschaftlichen Entwicklung (wie Anm. 5), S. 100f.

10 Doris André: Indikatoren des technischen Fortschritts. Eine Analyse der Wirtschaftsentwicklung in Deutschland von 1850 bis 1913 (Weltwirtschaftliche Studien, Bd. 16). Göttingen 1971. Für die wirtschaftsgeschichtliche Forschung vgl. z.B. Eckart Schremmer: Wie groß war der „technische Fortschritt" während der industriellen Revolution in Deutschland 1850-1913, in: Vierteljahrschrift für Sozial- und Wirtschaftsgeschichte 60 (1973), S. 433-458.

11 Katrin Gillwald: Konzepte sozialer Innovation. Abteilung Sozialstruktur und Sozialberichterstattung des Wissenschaftszentrums Berlin. Berlin 2000. Zu einem nationalen Innovationssystem Deutschlands in historischer Perspektive vgl. Hariolf Grupp/Icíar Dominquez-Lacasa/ Monika Friedrich-Nishio: Das deutsche Innovationssystem seit der Reichsgründung. Indikatoren einer nationalen Wissenschafts- und Technikgeschichte in unterschiedlichen Regierungs- und Gebietsstrukturen (Schriftenreihe des Fraunhofer-Instituts für Systemtechnik und Innovationsforschung, Bd. 48). Heidelberg 2002.

Allerdings wirft dieser weit gefasste Innovationsbegriff sowohl in seiner theoretischen Konzeptualisierung als auch in seiner empirischen Konkretisierung eine Reihe gravierender Probleme auf, besonders dann, wenn sich das Interesse auf weiter zurückliegende Zeiten richtet. Aus diesem Grunde wird der Innovationsbegriff häufig disziplinspezifisch sehr viel enger gefasst, als es der Bedeutung von Innovationen entspricht. So wird in der ökonomischen Forschung unter Innovation meist die Umsetzung neuen Wissens, technischer oder nicht-technischer Art, in die Produktion verstanden, wobei man eine gesamtwirtschaftliche und eine betriebswirtschaftliche Betrachtung unterscheiden kann. Danach sind ökonomische Innovationen das Ergebnis einer Reihe unternehmerischer Aktivitäten, die zu neuen Formen der Leistungserstellung führen. Unternehmerisches Handeln spielt damit als jene Tätigkeit eine zentrale Rolle, bei der neue Ideen durch entsprechendes Handeln marktwirksam realisiert werden.[12] Dieses Handeln ist von subjektiven Faktoren genau so beeinflusst wie von institutionellen Gegebenheiten, welche nicht nur Verhaltensmuster und Wertvorstellungen bestimmen, sondern über die Transaktionskosten direkten Einfluss auf das Kosten-Nutzen-Kalkül und damit auf unternehmerisches Handeln haben.

Für die Analyse ökonomischer Innovationen sind in der Literatur weitergehende Systematisierungen vorgeschlagen worden. Dabei werden Innovationen nach Phasen, nach Objekten und nach ihrer Intensität unterschieden. Schumpeter nennt drei Phasen, nämlich Erfindung, Innovation und Imitation. Sinnvoll erscheint auch eine Unterteilung in vier Phasen.[13] In der Grundlagenphase (1) entsteht eine neue Idee bzw. es wird eine Entdeckung gemacht.[14] In der Inventionsphase (2) wird das neue Wissen versuchsweise angewandt.[15] Dieser folgt die Phase der Umsetzung des neuen Wissens in die Produktion (3). In der Diffusions- und Imitationsphase (4) schließlich breitet sich die Innovation in der Volkswirtschaft aus und wird von anderen imitiert. In dieser Phase verhalten sich die Imitatoren in dem Sinne innovativ, als sie die Neuerungen an die eigenen Produktions- und Marktbedingungen anpassen.

Unterscheidet man nach der Art der Objekte, die Gegenstand der Neuerungen sind, dann lassen sich Produktinnovationen (neue Produkte bzw. Produktqualitäten) und Prozessinnovationen unterscheiden, wobei letztere in technische und nicht-technische Neuerungen unterteilt werden. Technische Prozessinnovationen

---

12 Zum betrieblichen Innovationsmanagement vgl. Wilhelm H. Bierfelder: Innovationsmanagement. Prozessorientierte Einführung. 3. Aufl., München/Wien 1994.

13 Vgl. Manfred Lahner/Erhard Ulrich: Analyse von Entwicklungsphasen technischer Neuerungen, in: Mitteilungen aus der Arbeitsmarkt- und Berufsforschung 6 (1969). Unterschiedliche Phaseneinteilungen bei Bjørn L. Basberg: Patents and the Measurement of Technological Change: A Survey of the Literature, in: Research Policy 16 (1987), S. 131-141.

14 Eng verbunden mit diesen Aktivitäten sind Forschung & Entwicklung als zielgerichtete Ausweitung des Wissens.

15 Im Gegensatz zu Innovation versteht man unter Invention jede Neuerung, die die technischen Möglichkeiten des Menschen erweitert. Der Prozess der Erweiterung technischen Wissens wird auch als technikwissenschaftlicher Erkenntnisprozess bezeichnet, für den Patente einen wichtigen Indikator darstellen.

sind z.B. die Einführung neuer Produktionsmethoden. Bei den nicht-technischen Prozessinnovationen unterscheidet man soziale und organisatorische Neuerungen. So kann eine Unternehmung nicht nur im Produktionsbereich Neuerungen aufweisen, sondern auch im Organisationsbereich, wenn z.B. neue Formen der Unternehmensorganisation eingeführt werden.

Eine in der bisherigen Forschung viel diskutierte Systematisierung ist die Einteilung von Innovationen nach ihrer Intensität, wobei man u.a. Basisinnovationen und Folgeinnovationen unterscheidet. Basisinnovationen sind grundlegende Neuerungen, die immer mit einem tief greifenden regionalen und sektoralen Strukturwandel verbunden sind.[16] Folgeinnovationen dagegen bedeuten die Weiterentwicklung und Perfektionierung jener grundlegenden Neuerungen, die durch Basisinnovationen etabliert worden sind. Basisinnovationen hat Schumpeter als primäre Antriebskraft der gesamtwirtschaftlichen Entwicklung seit dem Ende des 18. Jahrhunderts identifiziert und sie mit den von Kondratieff thematisierten „Langen Wellen" der Konjunktur in Verbindung gebracht. Die Bedeutung solcher Basisinnovationen wird gegenwärtig in unterschiedlichen Kontexten diskutiert.[17]

Innovationsindikatoren und Patente

Die bisherigen Überlegungen haben gezeigt, dass sich Innovationen in vielfältiger Form und in allen Bereichen von Wirtschaft und Gesellschaft manifestieren, dass sie ganz unterschiedliche Wirkungen haben, dass sie in komplexe Realisierungsprozesse eingebettet und dabei auch integraler Bestandteil von historisch gewachsenen Innovationssystemen sind. Es liegt auf der Hand, dass sich ein derart komplexes Phänomen nur sehr eingeschränkt mit Hilfe von quantitativen Indikatoren messen und beschreiben lässt. Die heutige Innovationsforschung bedient sich deshalb eines umfangreichen Indikatorensystems, das u.a. zwischen Input- und Outputindikatoren unterscheidet.[18] Mit den Inputindikatoren versucht man, jene Faktoren zu messen, die zu Innovationen führen. Wichtige Indikatoren sind z.B. staatliche und private Forschungs- und Entwicklungsausgaben oder Bildungsausgaben. Mit den Outputindikatoren versucht man den Ertrag eben dieses Aufwandes, also

---

16 Gerhard Mensch: Das technologische Patt. Innovationen überwinden die Depression. Frankfurt am Main 1975 definiert die technologische Basisinnovation als dasjenige technische Ereignis, bei dem der neu entdeckte Stoff oder das neu entwickelte Verfahren erstmals in fabrikmäßiger Produktion angewendet wird, oder bei dem für das neue Produkt erstmals ein organisierter Markt geschaffen wird.

17 Besonders viel versprechend erscheinen die Überlegungen zu den General Purpose Technologies. Vgl. hierzu Elhanan Helpman (Hg.): General Purpose Technologies and Economic Growth. Cambridge (Mass.) 1998 sowie Norbert Kriedel: Lange Wellen der wirtschaftlichen Entwicklung. Empirische Analysen, bestehende Erklärungsmodelle und Neumodellierung. Münster 2005.

18 Vgl. Grupp: Messung und Erklärung (wie Anm. 1) sowie OECD (Hg.): OECD Proposed Guidelines for Collecting and Interpreting Technological Innovation Data (Oslo Manual). 2. Aufl., Paris 1997.

die Innovationsleistung als solche zu messen. Zu nennen sind hier z.B. wissenschaftliche Publikationen, Lizenzen, Gebrauchsmuster, Warenzeichen, Patente, der Export von Lizenzen sowie die sich in der wissenschaftlichen Literatur niederschlagenden Ergebnisse der Grundlagenforschung.[19] Patente stehen dabei als Indikator für den technisch-wissenschaftlichen Erkenntnisprozess und sind nach wie vor einer der wichtigsten Output-Indikatoren.[20] Während Patentanmeldungen die erfolgreiche Erfindungstätigkeit aus der subjektiven Sicht des Erfinders repräsentieren, stehen die Patenterteilungen für die erfolgreiche Erfindungstätigkeit aus der objektiven Sicht des Patentprüfers.

Das Patenterteilungsverfahren, das grob in Anmeldung, Prüfung und Erteilung unterteilt werden kann, wurde für das Deutsche Reich im Patentgesetz von 1877 geregelt[21] und hat bis heute zahlreiche Modifikationen erfahren.[22] Vom Patentschutz ausgeschlossen waren sittenwidrige Erfindungen, Nahrungs-, Genuss- und Arzneimittel sowie auf chemischem Wege hergestellte Stoffe. Voraussetzung für die Erteilung aller anderen „neuen" Erfindungen war nach §1 Abs. 1 des Patentgesetzes eine gewerbliche Verwertung. Eine Erfindung galt nicht als neu, „wenn sie zur Zeit der auf Grund dieses Gesetzes erfolgten Anmeldung in öffentlichen Druckschriften bereits derart beschrieben oder im Inlande bereits so offenkundig ist, dass danach die Benutzung durch andere Sachverständige möglich erscheint." In diesen Prämissen werden bereits diejenigen Probleme deutlich, welche die Rechtsprechung und die juristische Diskussion in den kommenden Jahrzehnten beschäftigen sollte. Es sollten nämlich die Neuheit und die Verwertbarkeit nachgewiesen werden und es wurden nur solche Inventionen patentiert, die in allen ihren Teilen noch nicht bekannt waren. Alle anderen wurden vom Patentschutz ausgenommen.[23]

Unser Wissen um die Funktion von Patenten im Kontext des Innovationsprozesses basiert einerseits auf den Patentschriften bzw. deren Inhalt sowie andererseits

19 Vgl. z.B. Roland Wagner-Döbler: Wachstumszyklen technisch-wissenschaftlicher Kreativität. Eine quantitative Studie unter besonderer Berücksichtigung der Mathematik. Frankfurt am Main u.a. 1997.

20 Zvi Griliches: Patent Statistics as Economic Indicators. A Survey, in: Journal of Economic Literature 28 (1990), S. 1661-1707.

21 Rudolf Boch: Das Patentgesetz von 1877 – Entstehung und wirtschaftliche Bedeutung, in: Ders. (Hg.): Patentschutz und Innovation in Geschichte und Gegenwart. (Studien zur Technik-, Wirtschafts- und Sozialgeschichte, Bd. 11). Frankfurt am Main u.a. 1999, S. 71-84.

22 Friedrich-Karl Beier/Rainer Moufang: Vom deutschen zum europäischen Patentrecht – 100 Jahre Patentrechtsentwicklung im Spiegel der Grünen Zeitschrift, in: Friedrich-Karl Beier/Alfons Kraft/Gerhard Schricker/Elmar Wadle (Hg.): Gewerblicher Rechtsschutz und Urheberrecht in Deutschland. Festschrift zum hundertjährigen Bestehen der Deutschen Vereinigung für gewerblichen Rechtsschutz und Urheberrecht und ihrer Zeitschrift, Bd. 1. Weinheim 1991, S. 241-321.

23 Vgl. zu den Voraussetzungen der Patentfähigkeit R. Pietzker: Voraussetzungen der Patentierung: Neuheit, Fortschritt und Erfindungshöhe, in: Friedrich-Karl Beier u.a. (Hg.): Gewerblicher Rechtsschutz (wie Anm. 22), S. 417-458 sowie für die Diskussion um das Problem des Patenterteilungsverfahrens Werner Gramm: Probleme des Patenterteilungsverfahrens, in: Beier/Kraft/Schricker/Wadle: Gewerblicher Rechtsschutz (wie Anm. 22), S. 459-501.

seits auf den Reihen zur Patentstatistik. Patentschriften, deren inhaltliche Struktur im Laufe der Zeit gewissen Veränderungen unterlag, beschreiben das erteilte Patent. Sie enthalten z.B. folgende Angaben: Patentnummer, Patentklassifikation (ursprünglich gab es 89), Ausgabedatum, Beginn des Patentschutzes, Patentnehmer (ab 1936 Erfinderprinzip), Titel, Erfindungshöhe (ab der Reform von 1936), Beschreibung und eine technische Zeichnung. Bezüglich einer vollständigen Auswertung der Patentschriften ist jedoch anzumerken, dass allein ihre Anzahl eine systematische und vollständige Auswertung erschwert. So sind von 1877 bis 1900 bzw. von 1901 bis 1910 285.372/340.005 Patente angemeldet, 131.856/ 127.094 Patente bekannt gemacht und 117.974/111.256 Patente erteilt worden.[24] Addiert man – beginnend mit 1878 – die Anzahl der jährlich erteilten Patente, dann sind bis 1943 745.710 und bis 1993 1.633.600 Patente erteilt worden.[25] Auswertungsmöglichkeiten historischer Patentschriften illustrieren z.B. die Arbeiten von John Cantwell.[26] Er stellte in Zusammenarbeit mit dem U.S. Patent and Trademark Office eine Datenbank zusammen, die Patente zwischen 1890 und 1962 hinsichtlich des Patentnehmers und seiner Herkunft sowie der Patentierungstätigkeit großer Firmen ausweist (ab 1963 liegen die Patente vollständig maschinenlesbar vor). Cantwell konnte anhand dieser Datenbank sowohl zentrale Technologiefelder nachweisen, als auch wichtige ausländische Patentnehmer in den USA benennen.

Die Patentstatistik gibt Auskunft über das quantitative Ausmaß der verschiedenen Tätigkeiten des Patentamtes.[27] Je nach Tätigkeit und ausgewählter Patentstatistik handelt es sich dabei um Zeitreihen mit unterschiedlichen Längen, die das quantitative Ausmaß der verschiedenen Patentaktivitäten wiedergeben (z.B. Anmeldungen, Bekanntmachungen, Versagungen, Erteilungen, Zurücknahme abge-

---

24 Eduard Strehl: Die Entwicklung der Geschäftslage des Deutschen Patentamtes, in: Blatt für Patent-, Muster- und Zeichenwesen 54, Heft 7: Festschrift zum 75jährigen Bestehen des Deutschen Patentamtes, hrsg. v. Deutschen Patentamt, München 1952, S. 238. Zum Vergleich: In Westdeutschland wurden 1950 53.375 und 1961 58.187 Patente angemeldet. Bis 1990 verringerte sich diese Zahl auf 40.451. Nach der Wiedervereinigung ist die Zahl der Patentanmeldungen wieder gestiegen, 1998 betrug sie 83.338.

25 Von 1944 bis 1949 sind keine Patente erteilt worden.

26 John Cantwell: The Evolution of European Industrial Technology in the Interwar Period, in: Francois Caron/Paul Erker/Wolfram Fischer (Hg.): Innovations in the European Economy between the Wars. Berlin u.a. 1995, S. 277-319; Ders.: Technological Lock-in of Large Firms since the Interwar Period, in: European Review of Economic History 4 (2000), S. 147-174. Vgl. auch Birgitte Andersen: The Hunt for S-shaped Growth Paths in Technological Innovation. A Patent Study, in: Journal of Evolutionary Economics 9 (1999), S. 487-526; Dies.: Technological Change and the Evolution of Corporate Innovation. The Structure of Patenting 1890-1990. Cheltenham 2001 sowie M. Pilar Barrera: The Evolution of Corporate Technological Capabilities. Du Pont and IG Farben in Comparative Perspective, in: Zeitschrift für Unternehmensgeschichte 39 (1994), S. 31-45.

27 Eine internationale historische Patentstatistik hat bereits 1964 Pasquale J. Federico: Historical Patent Statistics 1791-1961, in: Journal of the Patent Office Society 46 (1964), S. 89-171 zusammengestellt; vgl. auch Rainer Metz/Oliver Watteler: Historische Innovationsindikatoren, in: Historical Social Research/Historische Sozialforschung 27/1 (2002), S. 4-129.

laufener bzw. erloschener Patente insgesamt und nach Patentklassen). Die Verwendung der Reihen der Patentstatistik als Innovationsindikator ist allerdings mit einer Reihe von grundlegenden Schwierigkeiten verbunden[28], auf die im Folgenden näher eingegangen werden soll, wobei alle Probleme, die sich aus dem Vergleich nationaler Patentstatistiken ergeben, unberücksichtigt bleiben.[29]

1) Ein grundlegendes Problem bei der Verwendung von Patentstatistiken resultiert aus der Tatsache, dass sie, wie übrigens auch die Patentschriften, über die technische und wirtschaftliche Bedeutung der Patente gerade nichts aussagen, denn in den Reihen der Patentstatistik werden wirtschaftlich wichtige und unwichtige Patente gleichermaßen berücksichtigt. Aus der Anzahl der angemeldeten oder erteilten Patente kann man deshalb nicht auf das Innovationspotenzial einer Branche, eines Sektors oder gar der Volkswirtschaft schließen. Dies führt zum Problem der Gewichtung von Patenten, auf das wir weiter unten noch ausführlich eingehen werden.[30]
2) Ein zweites Problem ergibt sich daraus, dass viele ökonomische Innovationen überhaupt nicht patentiert werden.[31] Dies kann verschiedene Gründe haben, wie z.B. dass die Erfindung nicht patentierungsfähig ist oder dass der Wunsch nach einer Geheimhaltung der Erfindung deren Offenlegung verbietet.
3) Eine dritte Schwierigkeit bei der Verwendung von Patentstatistiken als Innovationsindikatoren besteht darin, dass der Zeitpunkt der Patenterteilung bzw. der Zeitraum der Aufrechterhaltung des Patentschutzes nicht mit dem Zeitpunkt bzw. dem Zeitraum der ökonomischen Nutzung übereinstimmen muss. Diese Kritik trifft natürlich auch die zeitliche Verortung der wertvollen Patente anhand des Datums der Patenterteilung.[32] Ein Beispiel hierfür ist der häufig

---

28 Vgl. Alfred Kleinknecht/Donald Bain (Hg.): New Concepts in Innovation Output Measurement. New York 1993; Alfred Kleinknecht/Kees van Montfoort/Erik Brouwer: The Non-Trivial Choice Between Innovation Indicators, in: Economics of Innovation and New Technology 11/2 (2002), S. 109-121.

29 Zu Problemen der international vergleichenden Patentstatistik vgl. Ulrich Schmoch: Eignen sich Patente als Innovationsindikatoren, in: Rudolf Boch (Hg.): Patentschutz und Innovation in Geschichte und Gegenwart (Studien zur Technik-, Wirtschafts- und Sozialgeschichte, Bd. 11). Frankfurt am Main u.a. 1999.

30 In der modernen Innovationsforschung werden z.B. Triade-Patente als Indikator wichtiger Erfindungen gewertet, vgl. Grupp: Messung und Erklärung (wie Anm. 1), S. 170.

31 So argumentieren Lothar Scholz/Heinz Schmalholz: Patentschutz und Innovation, in: Karl Heinrich Oppenländer (Hg.): Patentwesen, technischer Fortschritt und Wettbewerb. Berlin/München 1984, S. 189-211, dass in der Wirtschaft Innovationen dominieren würden, die nicht patentgeschützt seien.

32 Eine wesentliche Kritik an den Forschungen zu Basisinnovationen war ja, dass es äußerst schwierig sei, sowohl das Ausmaß wie auch den Zeitraum ihrer ökonomischen Wirkung zu bestimmen, weshalb eine auf das Jahr genau Datierung von Basisinnovationen wenig Sinn machen würde. Vgl. hierzu Reinhard Spree: Lange Wellen wirtschaftlicher Entwicklung in der Neuzeit. Historische Befunde, Erklärungen und Untersuchungsmethoden (Historical Social Research/Historische Sozialforschung, Suppl. No. 4). Köln 1991.

zitierte, nach seinem Erfinder Rudolf Diesel benannte „Motor", der im Jahr 1893 unter der Nummer 67207 patentiert wurde, von dem Diesel jedoch selbst wusste, dass er in seiner patentierten Form nicht realisierbar war. Erst vier Jahre später entstand der erste Prototyp eines wirklichen Dieselmotors, der über viele Zwischenschritte in den 1920er Jahren in Straßenfahrzeuge und Flugzeuge eingebaut werden konnte.[33]

4) In diesem Zusammenhang ist viertens zu berücksichtigen, dass zwischen der Anmeldung des Patentes und der Patenterteilung ein unbestimmter time-lag besteht, wobei seit der Gründung des Patentamtes zunehmend mehr Patente angemeldet als erteilt wurden. Diese Verzögerung wurde bereits vor dem I. Weltkrieg kritisiert.[34] Die Abbildung 1 zeigt die jährlichen Patentanmeldungen und -erteilungen von 1877 bis 1895.[35] Bildet man die Differenz zwischen Anmeldungen und Erteilungen und kumuliert diese über die Jahre 1877 bis 1895 (in Abbildung 1 als „kumulierte Differenz" dargestellt), dann zeigt sich das wachsende Ausmaß dieser unerledigten Anmeldungen überdeutlich.[36] Dieser Trend war auch in der Folgezeit ungebrochen. Von 1923-1930 sind die Patentanmeldungen von 45.000 auf 78.400, also um ca. 75% angestiegen. Im selben Zeitraum sind die unerledigten Anmeldungen von 66.600 auf 128.500 also um fast 100% angewachsen.[37]
Die zeitliche Verzögerung zwischen Anmeldung und Erteilung eines Patentes ist in unserem Zusammenhang deshalb wichtig, weil damit die zeitlich verorteten Zahlen der Patenterteilungen ein zunächst unbestimmtes time-lag sowohl zum ökonomisch relevanten Erfindungszeitpunkt als auch zum Zeitraum der ökonomischen Nutzung implizieren. Hier müsste man prüfen, inwieweit für die als wertvoll identifizierten Patente das Datum der Patentanmeldung eine zuverlässigere Angabe des Beginns der ökonomischen Nutzung darstellt. Ganz generell ist jedoch der Zusammenhang zwischen dem zeitlichen Aufkommen der Patentanmeldung und der Patenterteilung ein Problem bei der Bestimmung des Zeitpunktes der technischen und ökonomischen Wirksamkeit der Patente, das auch durch die von den Autoren verwendeten Daten ungelöst bleibt.

---

33 Vgl. Hans-Jürgen Reuß: Hundert Jahre Dieselmotor. Idee, Patente, Lizenzen, Verbreitung. Stuttgart 1993.

34 Vgl. Beier/Moufang: Vom deutschen zum europäischen Patentrecht (wie Anm. 22).

35 Quelle: Blatt für Patent-, Muster- und Zeichenwesen, hrsg. vom Kaiserlichen Patentamt, Jg. 1, Nr. 4, Berlin 1895, S. 75.

36 Abgesehen von den Versagungen nach der Bekanntmachung und den vernichteten und zurückgenommenen Patenten.

37 Strehl: Die Entwicklung (wie Anm. 24), S. 237.

Abb. 1: Patentanmeldungen und -erteilungen

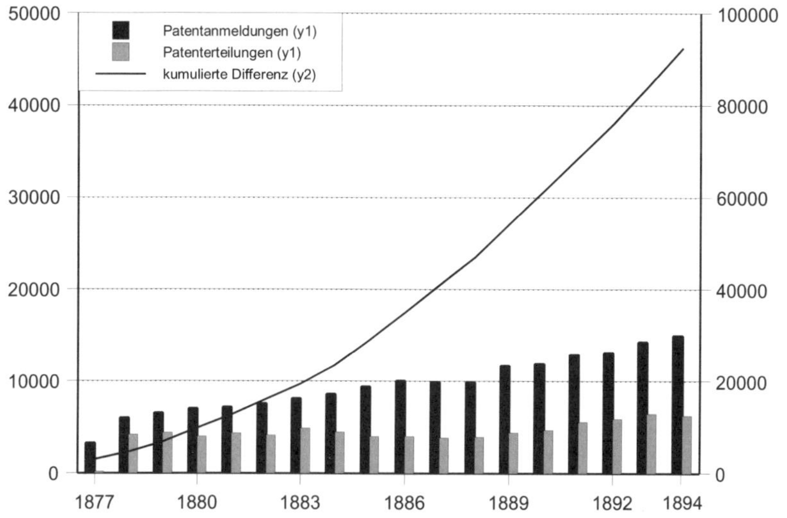

5) Ein weiteres Problem bei der Verwendung von Patentstatistiken ergibt sich aus der Klassifizierung der Patente nach Patentklassen, das bereits 1966 von Schmookler thematisiert wurde.[38] Da die von den Patentämtern gebildeten Klassen und Gruppen nämlich nicht mit industriellen Sektoren und damit den verfügbaren ökonomischen Kenngrößen übereinstimmen, ist es schwierig, die Anzahl der in den einzelnen Klassen erteilten Patente mit der ökonomischen Leistungsfähigkeit wirtschaftlicher Sektoren systematisch zu vergleichen.[39]

6) Damit nicht genug: Auch die Zuordnung der Patente zu den verschiedenen Patentklassen ist im Zeitablauf nicht konstant. So erklärt sich das Anwachsen der erteilten Patente in Klasse 12 im Jahr 1894 dadurch, dass seit Ende Mai desselben Jahres die Phenole, Amine usw. hierher aus der in Folge dessen kleiner gewordenen Klasse 22, nämlich Farbstoffe, übernommen worden sind.[40] In welcher Weise die wechselnde Zuordnung der Patente zu den Patentklassen das Niveau und den zeitlichen Verlauf der Patenterteilungen in einer Klasse beeinflusst, zeigt exemplarisch die Abbildung 2. In dieser werden die von Hoffmann aggregierten Patenterteilungen für die Chemie mit den Patenterteilungen für die Chemie verglichen, die sich nach der heutigen interna-

38 Jacob Schmookler: Invention and Economic Growth. Cambridge (Mass.) 1966.

39 Basberg: Patents (wie Anm. 13) stellt seinem Aufsatz jedoch den Ratschlag voran, „that it seems necessary to utilize the data at the lowest possible level of aggregation to overcome the problem of validity“ (S. 131).

40 Kaiserliches Patentamt: Blatt für Patent-, Muster- und Zeichenwesen (wie Anm. 35), S. 79.

tionalen Patentklassifikation ergeben.[41] Wie man sieht, führt diese Reklassifikation zu einer trendmäßigen Zunahme der Differenz, wodurch auch die Anzahl der wertvollen Patente in den Patentklassen systematisch verzerrt sein dürfte.

Abb. 2: Patente im Bereich Chemie

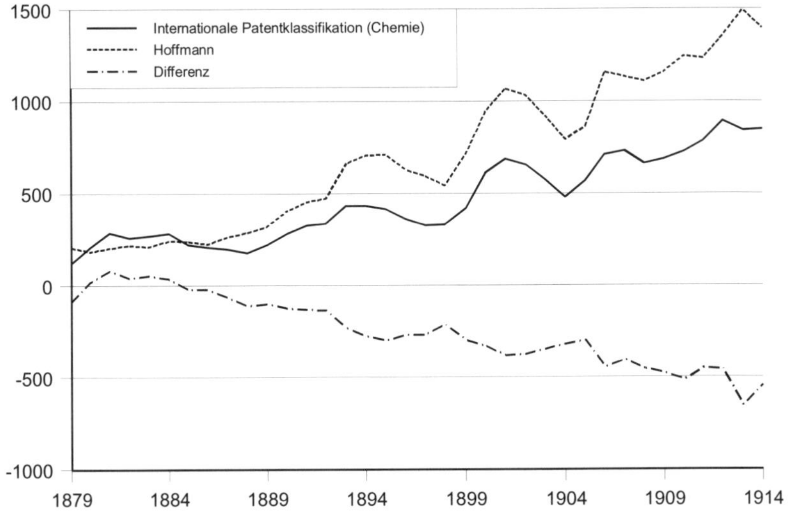

7) Weiter sei darauf hingewiesen, dass es große sektorale Unterschiede im Patentierungsverhalten gibt.[42] So betonen Arundel und Kabla: „Both the wide range in patent propensity rates [...] and the low rate in many sectors, indicates that great caution must be taken when using patents as a measure of innovative output [...]"[43]
8) Als letzter Punkt sei das Problem der Patenterteilungen für ausländische Patentnehmer angesprochen. Wir wissen aus Stichproben für die Jahre 1902 und 1913, dass in der Elektrotechnik der Anteil ausländischer Patentnehmer mit etwa 35% aller erteilten Patente relativ hoch ist.[44] Die Frage ist also, welche

---

41 Walther G. Hoffmann Das Wachstum der deutschen Wirtschaft seit der Mitte des 19. Jahrhunderts. Berlin/Heidelberg/New York 1965, S. 266 sowie Metz/Watteler: Historische Innovationsindikatoren (wie Anm. 27), S. 39.

42 Erik Brouwer/Alfred Kleinknecht: Innovative Output, and Firm's Propensity to Patent. An Exploration of CIS Micro Data, in: Research Policy 28 (1999), S. 615-624.

43 Anthony Arundel/Isabelle Kabla: What Percentage of Innovations are Patented? Empirical Estimates for European Firms, in: Research Policy 27 (1998) S. 138.

44 Grupp u.a.: Das deutsche Innovationssystem (wie Anm. 11), S. 84f. Dort heißt es: „Diese Ergebnisse weisen darauf hin, dass auch in der historischen Betrachtung ausländische Patentnehmer eine wesentliche Rolle für die Patentintensität in Deutschland spielen." (S. 84).

Bedeutung die (wertvollen) Patente ausländischer Patentnehmer für die von den Autoren abgeleiteten Ergebnisse haben.

Zum Umgang mit den Schwächen der Patentstatistik

Nach dem bisher Gesagten ist offensichtlich, dass sich die Zeitreihen der Patentstatistik nur eingeschränkt als Indikator für den technischen Fortschrittsprozess eignen. Aus diesem Grund sind in der Literatur eine Reihe von Vorschlägen entwickelt worden, die versuchen, diese Nachteile auszugleichen. Ganz offensichtlich zielt die von den Autoren vorgenommene Patentauswahl darauf ab, den unter 1) genannten Nachteil zu beheben, der besagt, dass in die Statistik der Patenterteilungen alle Patente unabhängig von ihrem ökonomischen Wert mit dem selben Gewicht eingehen. Die Autoren gehen, wie bereits erwähnt, davon aus, dass Patente mit einer Laufzeit von mindestens 10 Jahren wertvolle Patente sind. Nur diese, so die Hypothese, haben einen hohen privaten oder gesellschaftlichen Nutzen und bilden die Innovationsleistung der deutschen Volkswirtschaft valide ab.

Wie ist die von den Autoren vorgenommene Auswahl von wertvollen Patenten zu bewerten? Ist die Dauer des Patentschutzes überhaupt ein geeignetes Kriterium zur Identifikation wertvoller Patente und wenn ja, ab welcher Dauer sind Patente generell wertvoll? Hierzu ist Folgendes zu sagen: Zunächst einmal kann man bei ökonomisch rationalem Verhalten der Patentnehmer davon ausgehen, dass bei den nach dieser Regel ausgewählten Patenten die in den 10 Jahren erzielten Erträge aus der Verwertung des Patentes $E(10)$ größer sind als die dabei entstandenen Kosten $K(10)$ (inkl. der Aufrechterhaltung des Patentschutzes):

$$E(10) > K(10)$$

Über die Höhe der absoluten Differenz zwischen Ertrag und Kosten, also den Reinertrag $R(10)$ sind keine präzisen Aussagen möglich:

$$R(10) = E(10) - K(10) > 0$$

Nun ist aber leicht vorstellbar, dass der Reinertrag aus der Verwertung eines Patentes, für das der Patentschutz weniger als 10 Jahre besteht, größer sein kann als $R(10)$. Das bedeutet, dass erstens aus der Laufzeit des Patentschutzes keine generellen Aussagen über die absolute Höhe des wertmäßigen Ertrages eines Patentes abgeleitet werden können und dass zweitens mit den als wertvoll ausgewählten Patenten ganz unterschiedliche wertmäßige Erträge verbunden sind. Der letztgenannte Aspekt bedeutet, dass in eine anhand der Laufzeit definierten Patentstatistik sehr wertvolle und weniger wertvolle Patente, ähnlich wie bei der ungewichteten Statistik, mit demselben Gewicht eingehen. Die Kritik an der ungewichteten Statistik trifft demnach auch auf die gewichtete Statistik der Patenterteilungen zu. Will man Aussagen zum ökonomischen Wert eines Patentes ableiten, kommt man offensichtlich nicht darum herum, diesen Wert historisch zu rekonstruieren.

Offensichtlich ist die Annahme, wertvolle Patente ließen sich von wertlosen Patenten anhand der Dauer des Patentschutzes unterscheiden eine Hypothese, über deren Gültigkeit a priori keine Aussagen möglich sind. In diesem Fall muss man die Gültigkeit der Hypothese empirisch überprüfen. Eine Möglichkeit bestünde darin, dass man patentierte technische Erfindungen unabhängig von deren Dauer des Patentschutzes auswählt und dann versucht, den ökonomischen Wert dieser Patente zu ermitteln. In einem nächsten Schritt müsste geprüft werden, ob Dauer des Patentschutzes und Höhe des ökonomischen Wertes der technischen Erfindung positiv korrelieren. Dies ist zugegebenermaßen nicht einfach und wird vielleicht auch nicht immer möglich sein. Es wäre aber ein wichtiger Schritt im Hinblick auf die Beurteilung der Validität der von den Autoren aufgestellten Hypothese.

Akzeptiert man jedoch die Dauer des Patentschutzes als Kriterium für die Auswahl wertvoller Patente, so ergibt sich als nächstes die Frage, wie lange diese Dauer sein soll. Sind Patente mit einer 9-jährigen Dauer des Patentschutzes tatsächlich in der Regel wertlos, dagegen Patente mit einem 10-jährigen Patentschutz generell wertvoll? Auch mit der Gültigkeit dieser Hypothese setzen sich die Autoren nicht empirisch auseinander, sondern nur in Bezug auf die vorhandene Literatur, die dazu, wie meistens, sehr unterschiedliche Auffassungen enthält. Dem Blatt für Patent-, Muster- und Zeichenwesen von 1895[45] entnehmen wir, dass z.B. in der Zeit vom 1. Juli 1877 bis 31. Dezember 1894 59% aller Patente in den ersten drei Jahren erlöschen und damit das 3. und 4. Jahr das eigentlich kritische ist. Es heißt dort:

> „Das dritte Jahr des Schutzes ist das kritische. Hauptursache für diese Erscheinung dürfte der Umstand sein, daß in dieser Frist die Hoffnungen der Patentinhaber auf ergiebige wirthschaftliche Verwertung der geschützten Erfindungen meist sich als nichtig erwiesen haben und die Aufwendungen der fälligen Gebühren nicht mehr zu lohnen scheinen. Vom vierten Schutzjahre an, nehmen die Löschungen stetig ab bis zum siebenten in größeren Sprüngen, von da ab nur in kleinen prozentualen Brüchen. Von allen Patenten erreichen nur 35% das vierte, 6,8% das achte, 2,1% das zwölfte und 0,8% das letzte Schutzjahr. Nur 600 Patente von nahezu 80000 – je 1 von 133 – haben bisher die ganze Schutzfrist von 15 Jahren durchgehalten."

Ob nun die von den Autoren festgelegte Dauer von 10 Jahren tatsächlich geeignet ist, die ökonomisch wertvollen Patente zu identifizieren, könnte wiederum mit Hilfe einer Stichprobe untersucht werden. Dabei müsste der ökonomische Wert von nach dem 10-Jahres-Kriterium ausgewählten Patenten mit dem ökonomischen Wert von Patenten verglichen werden, bei denen der Patentschutz weniger als 10 Jahre bestand.

Würde man als Ergebnis einer solchen Analyse eine bestimmte Dauer des Patentschutzes als Kriterium für die Auswahl wertvoller Patente akzeptieren, wären damit allerdings alle anderen oben genannten Probleme immer noch nicht gelöst. Für besonders gravierend halte ich die Tatsache, dass wertvolle Patente bestenfalls eine Teilmenge ökonomisch wichtiger Erfindungen darstellen, denn bei einer ausschließlichen Verwendung von Patentstatistiken bleiben alle wertvollen Erfindungen, die überhaupt nicht patentiert werden, außer Betracht.

Ein Beispiel ist Aspirin®, das 1909 fast ein Drittel des Gesamtumsatzes von Bayer ausmachte. Aspirin® wurde 1899 in die Warenzeichenrolle des Kaiserlichen Patentamtes aufgenommen und 1900 erteilten die amerikanischen Patentbehörden

---

45 Kaiserliches Patentamt: Blatt für Patent-, Muster- und Zeichenwesen (wie Anm. 35), S. 79.

dafür Dr. Felix Hoffmann das Patent mit der Nummer 644077. Auch hier müsste man also wiederum stichprobenartig prüfen, inwieweit wertvolle (technische) Innovationen überhaupt patentiert wurden und wenn ja, ob sie das 10-Jahres-Kriterium erfüllen. Ansatzweise könnte das anhand der in der Literatur identifizierten Basisinnovationen geschehen.

Kritisch ist weiterhin zu bedenken, dass die Statistik der Patenterteilung, und damit natürlich auch die Statistik der wertvollen Patente, den technischen Neuerungsprozess sowohl sektoral als auch zeitlich verzerrt abbilden. Wie wir gezeigt haben, ist es problematisch, aus dem Datum der Patenterteilung auf die Zeit der ökonomischen Wirksamkeit der entsprechenden Erfindung zu schließen. Ebenso problematisch ist es, aus der Anzahl der Patente pro Patentklasse auf die Innovationskraft der entsprechenden Sektoren Rückschlüsse zu ziehen. Dies betrifft insbesondere das Problem der zeitlichen Datierung von Innovationsclustern. Für die Elektrotechnik ergibt z.B. die Auswertung einer vom IAB zusammengestellten Datenbank ein Innovationscluster in den 1880er und, etwas abgeschwächt, in den 1890er Jahren, während die von den Autoren ausgewählten wertvollen Patente der Elektrotechnik erst ab 1900 den Spitzenplatz einnehmen.

Abb. 3: Innovationen

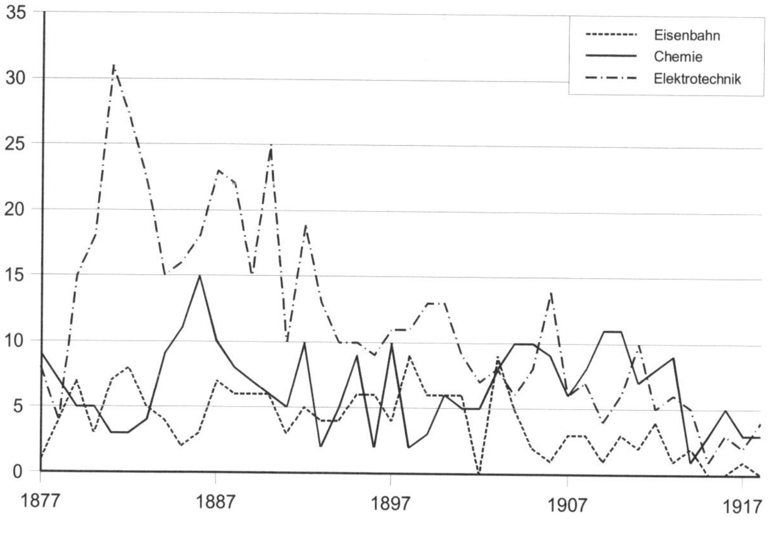

Die Abbildung 3 zeigt die aus der IAB-Datenbank ermittelte Innovationshäufigkeit für die Bereiche Elektrotechnik, Chemie und Eisenbahn, wobei die zeitliche Verteilung dieser Cluster recht gut mit früheren Forschungen zum Aufkommen von Basisinnovationen korrespondiert.[46]

---

[46] Rainer Metz: Wirtschaftliches Wachstum, technischer Fortschritt und Innovationen in Deutschland. Eine Säkularbetrachtung, in: Dietrich Ebeling/Volker Henn/Rudolf Holbach/Winfried Reichert/Wolfgang Schmid (Hg.): Landesgeschichte als multidisziplinäre Aufgabe.

Fazit

Wie unsere Ausführungen gezeigt haben, handelt es sich bei Innovationen um ein sehr komplexes Phänomen, das sich einer eindeutigen Operationalisierung entzieht. Patente eignen sich dabei keinesfalls als Indikator der Innovationsleistung schlechthin, sondern bestenfalls als Outputindikator für den technischen Fortschrittsprozess. Aber auch in diesem Zusammenhang ergeben sich aus der Verwendung von Patentstatistiken eine Reihe von Schwierigkeiten, die im wesentlichen aus den rechtlichen Bedingungen und der praktischen Handhabung des Patenterteilungsverfahrens resultieren. Auf die Besonderheiten, die die Qualität der Patentstatistik als Indikator für den technischen Fortschrittsprozess einschränken, wurde unter den Punkten 1) bis 8) hingewiesen. Dabei hat sich u.a. gezeigt, dass die in der Patentstatistik ausgewiesene Anzahl erteilter Patente keine Aussage über den ökonomischen Wert dieser Erfindungen erlaubt, da in diese Statistik alle Patente, ob nun ökonomisch wertvoll oder wertlos, mit demselben Gewicht eingehen. Diesen Nachteil der Patentstatistik versuchen die Autoren durch ihre Gewichtung zu beheben. Diese Gewichtung entspricht der Einführung eines formalen Kriteriums zur Auswahl von Patenten, da eine Einzelprüfung des Wertes von allen Patenten aus arbeitsökonomischen Gründen bei der großen Anzahl erteilter Patente nicht in Frage kommt. Allerdings haben unsere Überlegungen gezeigt, dass die Hypothese, wonach nur Patente wertvoll sind, für die der Patentschutz mindestens 10 Jahre aufrechterhalten wird, einer empirischen Überprüfung bedarf. Weiterhin haben wir kritisiert, dass die wertvollen Patente nicht unbedingt einen validen Indikator für die wertvollen technischen Erfindungen darstellen (Punkt 2), und dass die zeitliche Verortung der technischen und ökonomischen Wirksamkeit der wertvollen Patente anhand des Datums der Patenterteilung nur eingeschränkt möglich ist. Und schließlich haben wir argumentiert, dass aus der Anzahl wertvoller Patente pro Patentklasse nicht ohne weiteres auf die wirtschaftliche Leistungsfähigkeit der entsprechenden ökonomischen Sektoren geschlossen werden kann (Punkte 5 und 6).

Damit ist die von den Autoren aufgestellte These, bei den ausgewählten wertvollen Patenten handle es sich um einen validen Indikator für die Innovationsleistung der deutschen Volkswirtschaft, nach wie vor mit einem Fragezeichen zu versehen. Selbst als Indikator für den technischen Neuerungsprozess ist diese Patentstatistik nur eingeschränkt tauglich. Weitere Untersuchungen sind erforderlich, bei denen wahrscheinlich weit mehr auf einzelne Innovationen bzw. spezielle Stichproben eingegangen werden muss als bisher geschehen.

Obwohl alle hier vorgebrachten Kritikpunkte die Qualität der Reihe der wertvollen Patente als Indikator des technischen Neuerungsprozesses einschränken, muss man andererseits zugeben, dass es zu Patenten als Outputindikator im Kontext nationaler Innovationssysteme keine Alternative gibt. Die Frage ist also nicht, ob Patente herangezogen werden, sondern wie man mit den Schwächen der Pa-

---

Festgabe für Franz Irsigler zum 60. Geburtstag. Trier 2001, S. 679-709 sowie Metz/Watteler: Historische Innovationsindikatoren (wie Anm. 27).

tentstatistik umgehen soll. Mit dem von den Autoren zusammengestellten Patentsample steht deshalb der historischen Innovationsforschung zweifellos ein wichtiger Datensatz zur Verfügung, dessen Vorteil u.a. darin besteht, dass alle forschungsleitenden Begriffe exakt definiert und eindeutig nachvollziehbar sind. Die Frage allerdings, inwieweit die erfassten Patente den technischen Fortschrittsprozess oder gar die ökonomische Innovationskraft der entsprechenden Branchen valide abbilden, bedarf weiterer Untersuchungen, bei denen dann auch weitere Innovationsindikatoren berücksichtigt werden müssten.

Carsten Burhop

Regionale Beschäftigungsstruktur und Patentierungstätigkeit in Deutschland, 1877-1914

I. Einleitung

Mit Inkrafttreten des Reichspatentgesetzes zum 1.7.1877 wurde erstmals ein im ganzen Deutschen Reich anerkanntes persönliches Eigentumsrecht an Erfindungen geschaffen. Die Entstehung dieses Gesetzes ist eng mit der wirtschaftlichen Entwicklung in Deutschland nach dem Börsenkrach von 1873, der folgenden Abkehr von der liberalen Wirtschaftspolitik und dem Bedeutungsgewinn wissensbasierter Industrien verbunden. Während die Entstehungsgeschichte des Gesetzes verhältnismäßig gut erforscht ist, stehen die wirtschaftshistorische Evaluierung der Gesetzesfolgen sowie die Analyse von Auslösern und Wirkungen von Gesetzesreformen noch aus.[1] Eine solche Wirkungsanalyse scheint aber, wie die ausführliche Analyse der Datenlage durch Grupp (u.a.)[2] und Metz/Watteler[3] zeigt, durchaus – und vor allem mit Hilfe von Patentdaten – möglich.

Bereits den Zeitgenossen ist aufgefallen, dass die Wirkung von neuen Produkten oder Verfahren auf die Wirtschaftsentwicklung erst nach einiger Zeit sichtbar wird, dass die Bedeutung des Patentgesetzes für einzelne Industrien unterschiedlich ist, und dass technischer Fortschritt in Form von Basis- und Ergänzungserfindungen (technologischen Wellen) vor sich geht:

> „Namentlich solche Erfindungen, die neue Bahnen erschließen, brauchen zu ihrer technischen und industriellen Durchbildung nicht selten eine längere Zeit. Erst nach deren Ablauf zeigt sich, ob die Neuerung lebensfähig ist und welchen Werth sie für die Industrie besitzt. Dann

---

1 Vgl. zur Entstehung des Gesetzes Alfred Heggen: Erfindungsschutz und Industrialisierung in Preußen 1793 bis 1877. Göttingen 1975; Wilhelm Treue: Die Entwicklung des Patentwesens im 19. Jahrhundert in Preußen und im Deutschen Reich, in: Helmut Coing/Walter Wilhelm (Hg.): Wissenschaft und Kodifikation des Privatrechts im 19. Jahrhundert, Bd. 4, Frankfurt am Main 1979, S. 163-182 und Friedrich K. Beier: Gewerbefreiheit und Patentschutz. Zur Entwicklung des Patentrechts im 19. Jahrhundert, in: ebenda, S. 183-205. Die Entwicklung des Patentrechts zwischen 1877 und 1913 wird kurz von Elmar Wadle: Gewerbliche Schutzrechte und Unternehmensorganisation in Deutschland (1870-1914), in: Norbert Horn/Jürgen Kocka: Recht und Entwicklung der Großunternehmen im 19. und frühen 20. Jahrhundert, Göttingen 1979, S. 343-365, geschildert.

2 Hariolf Grupp u.a.: Das deutsche Innovationssystem seit der Reichsgründung. Heidelberg 2002.

3 Rainer Metz/Oliver Watteler: Historische Innovationsindikatoren – Ergebnisse einer Pilotstudie, in: Historical Social Research 27 (2002), S. 4-99.

erst pflegt auch der Werth der Erfindung sich in ergänzenden oder gleichlaufenden Anmeldungen zu offenbaren. Die nachstehenden Berichte [...] lassen auch erkennen, daß die einzelnen Industriezweige eine verschiedene Stellung zum Patentschutz einnehmen. Während dieser für manche Gebiete ohne tiefere Bedeutung geblieben zu sein scheint, oder eine solche erst allmählich erlangt, ist auf den meisten Gebieten der Zusammenhang zwischen industriellem Fortschritt und Patentschutz ein so inniger, daß unser gewerbliches Leben ohne den Patentschutz nicht mehr zu deuten ist."[4]

Die Evaluierung von Innovationen kann auf neuere wirtschaftstheoretische Entwicklungen zurückgreifen, denn insbesondere die endogene Wachstumstheorie und die neue Wirtschaftsgeographie haben sich mit dem Phänomen und den Folgen technischen Fortschritts auseinandergesetzt. Die endogene Wachstumstheorie sieht im technischen Fortschritt den entscheidenden Auslöser für anhaltendes Wirtschaftswachstum, die neue Wirtschaftsgeographie zeigt, dass die räumliche Verteilung wirtschaftlicher Aktivitäten den technischen Fortschritt wesentlich beeinflussen kann. Die räumliche Verteilung der Wirtschaftseinheiten ist vor allem aufgrund von lokal begrenzten externen Effekten in der Wissensproduktion wichtig: Wirtschaftliche Ballungsräume ermöglichen die gemeinsame Nutzung von (teilweise unteilbaren) Einsatzfaktoren – beispielsweise öffentliche Transport- oder Informationsinfrastruktur oder Arbeitskräftepools – und den schnelleren Austausch von neuem Wissen durch persönlichen Kontakt.[5] Zahlreiche Arbeiten bestätigen, dass neue Industrien in großen, diversifizierten Städten entstehen, wohingegen etablierte Industrien in kleineren, spezialisierten Städten besser gedeihen.[6] Zudem wird belegt, dass Erfindungen zunächst nur in einem geographisch eng begrenzten Raum verwendet werden.[7]

Ziel der vorliegenden Untersuchung ist es, einfache stilisierte Fakten zur Patentierungstätigkeit auf regionaler Ebene im Deutschen Reich für die Jahre 1877 bis 1913 zu ermitteln, sowie den Zusammenhang von Patentierungstätigkeit und

---

4 Kaiserliches Patentamt: Die Geschäftsthätigkeit des Kaiserlichen Patentamts und die Beziehungen des Patentschutzes zu der Entwicklung der einzelnen Industriezweige Deutschlands in den Jahren 1891 bis 1900, Berlin 1902, S. 6.

5 Vgl. Masahisa Fujita u.a.: The spatial economy. Cities, Regions, and International Trade. Cambridge (Mass.) 2001 für einen Überblick zur neuen Wirtschaftsgeographie.

6 Vgl. zur empirischen Evidenz u.a. Edward L. Glaeser u.a.: Growth in cities, in: Journal of Political Economy 100 (1992), S. 1126-1152; Maryann P. Feldman/David B. Audretsch: Innovation in cities. Science-based diversity, specialization and localized competition, in: European Economic Review 43 (1999), S. 409-429; Vernon Henderson/Ari Kuncoro/Metthew Turner: Industrial development in cities, in: Journal of Political Economy 103 (1995), S. 1067-1090 und Stephen N. Broadberry/Andrew Marrision: External economies of scale in the Lancashire cotton industry, 1900-1950, in: Economic History Review 55 (2002), S. 51-77. Ein entsprechendes Modell wird von Gilles Duranton/Diego Puga entwickelt in: Nursery cities. Urban diversity, process innovation, and the life cycle of products, in: American Economic Review 91 (2001), S. 1454-1477.

7 Vgl. Adam B. Jaffe u.a.: Geographic localization of knowledge spillovers as evidenced by patent citations, in: Quarterly Journal of Economics 108 (1993), S. 577-598; Adam B. Jaffe u.a.: Knowledge spillovers and patent citations. Evidence from a survey of inventors, in: American Economic Review, Papers and Proceedings 90 (2001), S. 215-218.

wirtschaftlicher Entwicklung während dieser Dekaden zu untersuchen. Als Maß für den technischen Fortschritt und für die Innovationstätigkeit werden Patente herangezogen. Als erklärende Variablen werden verschiedene sozio-ökonomische Charakteristika – beispielsweise die Bevölkerungsdichte, die Erwerbsstruktur und der Urbanisierungsgrad – in den preußischen Provinzen und den außerpreußischen Staaten des Deutschen Reichs verwendet. Die wirtschaftliche Entwicklung in diesen Regionen wird schließlich anhand der Arbeitsmarktentwicklung quantifiziert. Die verwendeten Datenquellen werden in Abschnitt II vorgestellt und kurz diskutiert. In Abschnitt III werden die aufgeworfenen Fragen mit einfachen ökonometrischen Verfahren untersucht und die Ergebnisse interpretiert. Abschnitt IV fasst die wichtigsten Ergebnisse zusammen und schließt den Beitrag ab.

II. Daten

Die direkte Messung von Innovationen und ihren Auswirkung auf die Wirtschaftsentwicklung sind kaum möglich, da weder die Innovation selbst noch ihre ökonomische Wirkung direkt beobachtbar sind. Zunächst einmal können verschiedene Phasen eines Innovationsprozesses – Invention, Innovation, Diffusion – unterschieden werden. Innovation und Diffusion sind dabei die Phasen, die einen Einfluss auf wirtschaftliche Tätigkeit haben können, denn sie haben das Potential, die Produktionsmöglichkeitskurve zu verschieben. Hier stehen die Messung der Innovationstätigkeit und ihr Zusammenhang mit wirtschaftlicher Entwicklung im Vordergrund. Die Innovationstätigkeit kann anhand verschiedener Einsatz- oder Ergebnisgrößen gemessen werden, beispielsweise durch die Anzahl der Wissenschaftler, die Ausgaben für Forschung und Entwicklung, die Anzahl wissenschaftlicher Veröffentlichungen oder die Anzahl der beantragten bzw. bewilligten Patente.[8] Für das späte 19. Jahrhundert sind Einsatzgrößen nicht verfügbar und als einzige Ergebnisgröße scheinen Patente durchgängig vorhanden zu sein.[9] Die Verwendung von Patenten als Innovationsindikator wirft verschiedene Probleme auf, vor allem da der wirtschaftliche Wert von Patenten stark schwankt und da nicht alle ökonomisch wertvollen Erfindungen patentiert werden bzw. patentierbar sind.[10] Gleichwohl sind Patente eine fruchtbare Quelle für die historische For-

---

8 Grupp u.a.: Innovationssystem (wie Anm. 2), S. 11.

9 Vgl. für eine Diskussion Grupp u.a.: Innovationssystem (wie Anm. 2); Metz/Watteler: Innovationsindikatoren (wie Anm. 3).

10 Das Problem, dass einige Patente keinen ökonomischen Wert haben, lösen Baten und Streb durch die Begrenzung ihres Untersuchungsgegenstandes auf diejenigen Patente, die mindestens zehn Jahre in Kraft waren. Bei dieser Abgrenzung ist jedoch zu berücksichtigen, dass Voraussetzung für die Patentgewährung die wirtschaftliche Verwendbarkeit der Erfindung war (§ 1 PatentG) und dass zweitens alle Patente innerhalb von drei Jahren zur Anwendung gebracht werden mussten, so dass diejenigen Patente, die länger als drei Jahre in Kraft gewesen sind, einen ökonomischen Wert haben. Vgl. für eine kritische Diskussion: Zvi Griliches: Patent statistics as economic indicators. A survey, in: Journal of Economic Literature 28 (1990), S. 1661-1707.

schung, denn sie enthalten zahlreiche Informationen über die Erfindung selbst, über die Beziehungen zu anderen Erfindungen, den Erfinder und über Gebührenzahlungen. Zudem ist die Quellengattung durch amtliche Publikationen leicht zugänglich.

Der wirtschaftswissenschaftlichen Forschung folgend könnte ein Zusammenhang zwischen Patentierungstätigkeit und den sozio-ökonomischen Charakteristika in einer Region bestehen. Beispielsweise kann die Bevölkerungs- bzw. Beschäftigungsdichte in einer Region entscheidend sein, denn mit steigender Bevölkerungsdichte steigt die Wahrscheinlichkeit, mit anderen Wissensträgern in Kontakt zu treten und mit diesen Ideen auszutauschen.[11] Eine besonders hohe Bevölkerungs- bzw. Beschäftigungsdichte weisen Großstädte auf, deren besondere Bedeutung für den Innovationsprozess bereits seit längerem in der wirtschafthistorischen Forschung hervorgehoben wird. Des Weiteren kann die Beschäftigungs- und Unternehmensstruktur auf die Patentierungstätigkeit Einfluss nehmen. In Regionen mit geringer Wettbewerbsintensität könnte der Anreiz zu Innovationen geringer sein als in Regionen mit vollständiger Konkurrenz.[12] Zudem könnte mit steigender Unternehmensgröße eine bessere Arbeitsteilung innerhalb von Unternehmen möglich sein; eine höhere Spezialisierung von Innovation und Produktion kann die Innovationsdichte positiv beeinflussen. Insgesamt könnten somit die Bevölkerungs- und Beschäftigungsdichte, die Beschäftigungsstruktur, der Urbanisierungsgrad und die durchschnittliche Unternehmensgröße einen Einfluss auf die Patentierungstätigkeit in einer Region haben.

Diese Hypothesen können mit vorhandenen Daten geprüft werden: Patentdaten sind auf regionaler Ebene in den Statistischen Jahrbüchern für das Deutsche Reich veröffentlicht, ebenso Bevölkerungs- und Flächendaten, aus denen Bevölkerungsdichte und Urbanisierungsgrad berechnet werden können.[13] Die Anzahl der Beschäftigten und die Anzahl der Betriebe wurden 1882, 1895 und 1907 erhoben. Diese Zensusdaten wurden zudem zur Periodisierung des Untersuchungsgegenstandes genutzt. Die Patentierungsintensität wurde als die Anzahl der im Durchschnitt der Jahre 1877 bis 1895, 1896 bis 1907 und 1908 bis 1914 in einer Region pro 100.000 Einwohner gewährten Patente berechnet. Die so ermittelte Patentierungsintensität, für die insgesamt 114 Beobachtungen (3 Zeiträume für 38 Regionen) vorliegen, ist die abhängige Variable, die durch die Beschäftigungsdichte (Anzahl der Beschäftigten je Quadratkilometer), den Urbanisierungsgrad (Anteil der Personen in Städten mit mehr als 5.000 Einwohner), die durchschnittliche Betriebsgröße (Anzahl der Beschäftigten je Betrieb) und die Heterogenität

11 Norman Sedgley/Bruce Elmslie: Agglomeration and congestion in the economics of ideas and technological change, in: American Journal of Economics and Sociology 60 (2001), S. 101-121.

12 Vgl. Glaeser u.a.: Growth in the cities (wie Anm. 6); Feldman/Audretsch: Innovation in cities (wie Anm. 6); Henderson/Kuncoro/Turner: Industrial development in cities (wie Anm. 6); Broadberry/Marrision: External Economies of scale (wie Anm. 6).

13 Der Urbanisierungsgrad berechnet sich als Anteil der Personen, die in Städten mit mindestens 5.000 Einwohnern leben.

der Beschäftigung in einer Region erklärt werden soll. Die Beschäftigungsheterogenität ergibt sich aus dem Herfindahl-Index der Beschäftigungsanteile der einzelnen Gewerbezweige. Je stärker die Beschäftigung in einer Region in wenige Gewerbezweige konzentriert ist, desto höher ist der Herfindahl-Index bzw. die Beschäftigungshomogenität. Anders ausgedrückt: Mit steigendem Herfindahl-Index nimmt die Beschäftigungsheterogenität ab.

Erfindungen sollten sich in Form von technischem Fortschritt auf die Produktionsmöglichkeitskurve der Volkswirtschaft auswirken. Diese ist jedoch – insbesondere bei wirtschaftshistorischen Untersuchungen – kaum beobachtbar. Daher können Hilfsgrößen herangezogen werden, beispielsweise das Wachstum der totalen Faktorproduktivität oder das Beschäftigungswachstum. Da regionale Sozialprodukts- und Kapitalstockdaten für das 19. und frühe 20. Jahrhundert nicht vorhanden sind, bietet sich das Beschäftigungswachstum zur Messung von wirtschaftlichem Fortschritt an. In diesem Zusammenhang muss allerdings berücksichtigt werden, dass nicht einzig technischer Fortschritt Beschäftigungswachstum anregt. Mit Hilfe der shift-share-Analyse[14] kann das Beschäftigungswachstum einer Region in drei Komponenten zerlegt werden, nämlich in die gesamtwirtschaftliche Wachstumskomponente, die Industriestrukturkomponente und die Effizienzkomponente. Das regionale Beschäftigungswachstum hängt somit von der gesamtwirtschaftlichen Entwicklung sowie der Dynamik der in einer Region vertretenen Industrien ab. Lediglich der unerklärliche Rest – hier sei auf die Analogie zur Wachstumsbilanzierung hingewiesen –, die so genannte Effizienzkomponente, kann auf technischen Fortschritt bzw. Innovationstätigkeit zurückgeführt werden.[15] Gleichung (1) formalisiert die shift-share-Analyse:

$$(1)\quad N_{i,r}^{t+1}-N_{i,r}^{t}=N_{i,r}^{t}\left(\frac{\sum_{i}\sum_{r}N_{i,r}^{t+1}}{\sum_{i}\sum_{r}N_{i,r}^{t}}-1\right)+\sum_{i}N_{i,r}^{t}\left(\frac{\sum_{r}N_{i,r}^{t+1}}{\sum_{r}N_{i,r}^{t}}-\frac{\sum_{i}\sum_{r}N_{i,r}^{t+1}}{\sum_{i}\sum_{r}N_{i,r}^{t}}\right)+\sum_{i}N_{i,r}^{t}\left(\frac{N_{i,r}^{t+1}}{N_{i,r}^{t}}-\frac{\sum_{i}\sum_{r}N_{i,r}^{t+1}}{\sum_{i}\sum_{r}N_{i,r}^{t}}\right)$$

Anhand von Gleichung (1) kann die Veränderung der Beschäftigung N in Region r und Industrie i zwischen zwei Perioden t und t+1 in drei Komponenten zerlegt werden. Die linke Seite der Gleichung (Beschäftigungszunahme) und die beiden ersten Komponenten der rechten Seite (gesamtwirtschaftliche Komponente und Industriestrukturkomponente) können mit Hilfe von Beschäftigungszensusdaten berechnet werden, die Effizienzkomponente (dritter Teil der rechten Seite) ergibt sich folglich als Residuum. Entsprechende Beschäftigungsdaten für 13 preußische Provinzen und 25 nicht-preußische Staaten wurden im Juni der Jahre 1882, 1895

---

14 Vgl. Zoltan Acs: Innovation and the growth of cities. Cheltenham 2002, Kapitel 7.

15 Genauer gesagt misst die Effizienzkomponente die Effizienz, mit der die Arbeitskräfte in einer Region im Produktionsprozess eingesetzt werden. Die Effizienz kann durch hohes technisches Niveau einer Region beeinflusst werden, jedoch auch durch andere Faktoren, beispielsweise durch gute Institutionen (z.B. Banken) oder einen hohen Humankapitalbestand.

und 1907 erhoben.[16] Die Daten wurden drei Oberklassen (Bergbau, Industrie, Dienstleistungen) und 24 Unterklassen zugewiesen.

III. Analyse

Die Patentierungsintensität (die Anzahl der Patente je 100.000 Einwohner) war im Deutschen Reich räumlich ungleich verteilt. Zwischen 1877 und 1895 erreichten Hamburg, das Königreich Sachsen und Braunschweig die höchste, Hohenzollern, Waldeck und Ostpreußen die geringste Patentierungsintensität. In den folgenden Jahren 1895 bis 1907 waren Hamburg, Hessen-Nassau und das Königreich Sachsen führend, wohingegen Mecklenburg-Strelitz, Hohenzollern und Waldeck relativ am wenigsten Innovationen hervorbrachten. In der ersten Teilperiode waren die Einwohner Hamburgs 41-mal innovativer als diejenigen in Ostpreußen, in der zweiten Periode waren sie 51-mal innovativer als die Bewohner von Waldeck.

Hamburg war somit die innovativste Region im Deutschen Reich, zumindest wenn man Staaten bzw. preußischen Provinzen als regionale Einheit verwendet. Hamburg ist nun auch eine Großstadt und insofern könnten andere Großstädte eine bessere Referenzgruppe sein. Da amtliche Publikationen keine aggregierten Daten zur Patentierungstätigkeit in Großstädten enthalten, wurde eine 2,5-prozentige Zufallsstichprobe aller zwischen Juli 1877 und Dezember 1882 gewährten Patente gezogen.[17] Während dieser fünfeinhalb Jahre wurden 54 Prozent aller Inländern gewährten Patente an Personen mit Wohnsitz in Städten mit mehr als 50.000 Einwohnern (Zensusjahr 1875) vergeben. Diese 33 Städte hatten insgesamt 4,2 Mio. Einwohner, lediglich 9,3 Prozent der Gesamtbevölkerung. Die Einwohner der Großstädte waren im Schnitt somit 5,8 mal innovativer als der Durchschnittsbewohner im Reich. Beschränkt man die Untersuchungseinheit auf die zwölf Städte mit mehr als 100.000 Einwohnern – diese hatten insgesamt 2,67 Mio. Einwohner, repräsentieren aber 39 Prozent aller Patente – dann ist die Innovationsintensität sogar 6,6 mal stärker als im Reichsdurchschnitt. Dieses Ergebnis deutet an, dass der Urbanisierungsgrad besonders wichtig zur Erklärung von Innovationstätigkeit sein könnte. Innerhalb der Gruppe von Städten mit mehr als 50.000 Einwohnern im Jahre 1875 befinden sich die Stadtstaaten hinsichtlich ihrer Innovationsstärke im Mittelfeld: Hamburg belegt den 15. Platz, Bremen den 20. Platz. Besonders innovationsstark waren in den Jahren 1877 bis 1882 Magdeburg, Frankfurt am Main und Leipzig.

Geographische Einheit in den folgenden Analysen sind die 13 preußischen Provinzen und die 25 außerpreußischen Staaten des Deutschen Reichs. Zunächst wurde mit einer einfachen Regression jeweils eine unabhängige Variable sowie

---

16 Drei Großstädte (Hamburg, Bremen, Lübeck) waren gleichzeitig Staaten. Entsprechende Angaben liegen auch für eine größere Zahl von Großstädten vor (1882: 15 Städte; 1895 und 1907: 28 Städte).

17 Die Patente sind fortlaufend nummeriert. Das erste untersuchte Patent wurde durch eine Zufallszahl bestimmt, die weiteren Patente folgen im Abstand von jeweils 40 Patentnummern.

eine Konstante auf die abhängige Variable, in diesem Fall die durchschnittliche Anzahl der in einer Region pro Jahr pro 100.000 Einwohner gewährten Patente (Innovationsstärke), regressiert.

Tab. 1: Einfache Kleinst-Quadrate-Regression

Abhängige Variable: Anzahl der Patente p.a. je 100.000 Einwohner

Unabhängige Variable	Konstante (p-Wert)	Steigung (p-Wert)	adjustiertes R^2	F-Statistik
Dichte der gewerblichen Erwerbstätigkeit	6,475 (0,000)	0,073 (0,000)	0,611	178,308
Dichte der industriellen Erwerbstätigkeit	5,122 (0,000)	0,163 (0,000)	0,654	214,867
Homogenität der gewerblichen Erwerbstätigkeit	5,414 (0,106)	35,807 (0,163)	0,008	1,968
Homogenität der industriellen Erwerbstätigkeit	13,033 (0,000)	-22,022 (0,328)	0,000	0,965
Betriebsgröße	-11,777 (0,000)	8,094 (0,000)	0,407	78,477
Urbanisierungsgrad (ab 5.000 Einwohner)	-3,560 (0,009)	36,638 (0,000)	0,540	133,724

Es zeigt sich, dass vor allem Erwerbstätigkeitsmerkmale die Innovationstätigkeit erklären können: Die Erwerbstätigendichte (Anzahl der gewerblich bzw. industriell Erwerbstätigen je Quadratkilometer) in den Jahren 1882, 1895 und 1907 weisen, gemessen am t-Test, F-Test und am R^2 der Gleichung, die beste Erklärungsgüte auf. Insbesondere eine hohe industrielle Erwerbstätigendichte ist positiv mit der Innovationsstärke einer Region verbunden. Eine einprozentige Erhöhung der industriellen (gewerblichen) Erwerbstätigendichte führte zu einer Steigerung der Innovationsintensität um 0,16 (0,07) Prozent. Auch der Anteil der Bewohner in Städten mit mehr als 5.000 Einwohnern (Urbanisierung) in den Jahren 1875, 1895 und 1910 ist signifikant positiv mit der Innovationsstärke verbunden. Die Struktur der Beschäftigung, gemessen durch den Herfindahl-Index der Erwerbskonzentration auf einzelne Gewerbezweige in den Jahren 1882, 1895 und 1907, hat hingegen keinen signifikanten Einfluss auf die Innovationskraft.[18] Erschwert

[18] Die Homogenität der Beschäftigung wird anhand der Beschäftigung in folgenden Klassen gemessen: Kunst- und Handelsgärtnerei; Tierzucht; Bergbau, Hütten und Salinen; Steine und Erden; Metallverarbeitung; Maschinen, Apparate und Instrumente; Chemie; forstwirtschaftliche Nebenprodukte; Textilindustrie; Papierindustrie; Leder, Wachstuch, Gummi; Holz- und Schnittstoffe; Nahrungs- und Genussmittel; Bekleidung und Reinigung; Bau; Polygraphisches Gewerbe; Künstlerisches Gewerbe; Handelsgewerbe; Versicherungsgewerbe; Verkehrsgewerbe; Beherbergung und Erquickung. Zur Ermittlung der Homogenität der Industriebeschäftigung wurden folgende Klassen nicht berücksichtigt: Kunst- und Handelsgärtnerei; Tierzucht; forstwirtschaftliche Nebenprodukte; Handelsgewerbe; Versicherungsgewerbe; Verkehrsgewerbe; Beherbergung und Erquickung.

wird die Interpretation an dieser Stelle zudem durch die widersprüchlichen Vorzeichen: Eine heterogene gewerbliche Erwerbsstruktur fördert die Patentierungstätigkeit, eine heterogene industrielle Erwerbstätigkeit verringert die Patentierungsintensität. Einen signifikant positiven Einfluss hat schließlich die durchschnittliche Betriebsgröße: Je größer die Gewerbebetriebe in einer Region waren, desto höher war die Innovationsstärke.[19]

Betrachtet man den Einfluss mehrerer Einflussfaktoren auf die Innovationskraft einer Region gleichzeitig (Tabelle 2), so zeigt sich, dass die Dichte der industriellen Erwerbstätigkeit, der Urbanisierungsgrad und die Betriebsgröße einen signifikant positiven Einfluss haben. Bemerkenswert ist vor allem die Variation der Ergebnisse im Zeitablauf: Die Dichte der industriellen Erwerbstätigkeit hat einen gleich bleibend hohen, signifikant positiven Einfluss auf die regionale Innovationsstärke. Die Betriebsgröße hingegen hat nur über die Gesamtperiode einen signifikanten Einfluss; während der einzelnen Teilperioden ist der Einfluss zwar stets positiv, aber insignifikant. Der Einfluss des Urbanisierungsgrads nimmt im Zeitablauf an Stärke deutlich zu – der Koeffizient vervierfacht sich nahezu – und auch die Insignifikanz des Koeffizienten in der ersten Sub-Periode löst sich später zugunsten eines signifikanten Einflusses auf.

Tab. 2: Multiple Kleinst-Quadrate-Regression

Abhängige Variable: Anzahl der Patente p.a. je 100.000 Einwohner

Unabhängige Variable	1877-1914	1877-1895	1896-1907	1908-1914
Konstante	-4,008 (0,031)	-0,460 (0,824)	-1,792 (0,576)	-2,542 (0,679)
Dichte der industriellen Erwerbstätigkeit	0,111 (0,000)	0,113 (0,001)	0,084 (0,000)	0,099 (0,000)
Betriebsgröße	2,412 (0,006)	1,177 (0,297)	0,083 (0,955)	0,098 (0,968)
Urbanisierungsgrad (ab 5.000 Einwohner)	11,400 (0,004)	8,792 (0,077)	17,726 (0,003)	31,014 (0,006)
adjustiertes R^2	0,735	0,738	0,726	0,746
F-Test	105,300	35,773	33,741	37,162
Stichprobenumfang	114	38	38	38

Zwar beeinflusst die Dichte der industriellen Erwerbstätigkeit durchgehend die Innovationstätigkeit, aber es kam trotz der Konzentration industrieller Beschäftigung in wenigen Führungsregionen nicht zu einer geographischen Konzentration der Innovationstätigkeit. Vielmehr scheint sich der Innovationsprozess im späten

19 Die Einbeziehung der quadrierten Werte der jeweiligen unabhängigen Variablen führte meist zu keinen signifikanten Ergebnissen. Einzig der quadrierte Urbanisierungsgrad war positiv und signifikant. In diesem Fall war der Urbanisierungsgrad selbst aber positiv und insignifikant.

19. und frühen 20. Jahrhundert zunehmend – und sich darin deutlich von der industriellen Erwerbsstruktur unterscheidend – über den Raum verteilt zu haben. Abbildung 1 verdeutlicht den Zusammenhang zwischen der Innovationsstärke während der Jahre 1877 bis 1895 und dem Wachstum der Innovationsstärke bis 1908-1914. Die Punktewolke verläuft von links oben nach rechts unten, d.h. Regionen mit einer anfänglich niedrigen Innovationsstärke erlebten ein starkes Wachstum ihrer Innovationskraft in den folgenden Jahrzehnten: Die Innovationskraft der preußischen Provinzen und deutschen Staaten konvergierte. Der bildliche Eindruck wird durch eine Konvergenzregression gestützt, denn diese ergibt:

(2) Log(Patente 1908-14)-Log(Patente 1877-95) = 2,581 – 0,232*Log(Patente 1877-95)

Der Konvergenzparameter (die Steigung der Regressionsgerade) ist mit -0,232 (t-Wert: -2,566) signifikant negativ, d.h. die Wachstumsrate der Innovationsstärke ist in Regionen mit anfänglich hoher Innovationsstärke niedriger als in den anderen Regionen.[20]

Abb. 1: Konvergenz der Patentierungsintensität

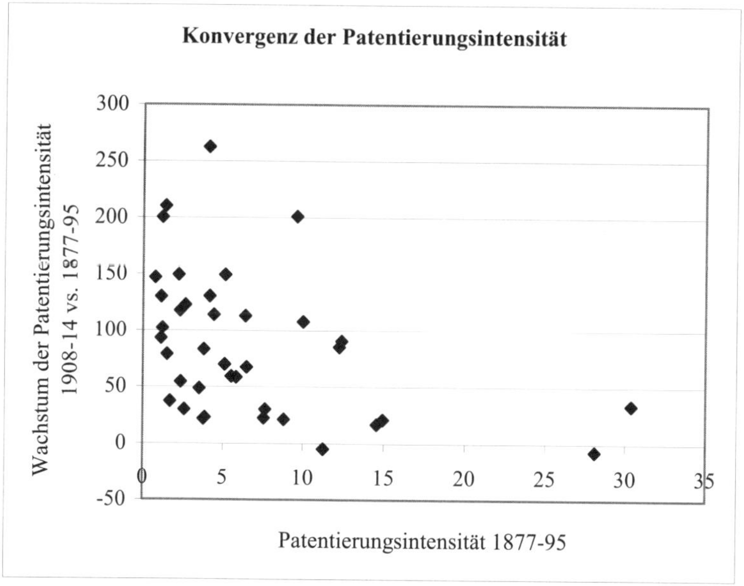

Unterstützung findet die These einer räumlichen Lösung des Innovations- vom Produktionsprozess durch die räumliche Divergenz der industriellen Erwerbsstruktur (Abbildung 2). Die Anzahl der im Industriesektor beschäftigten Erwerbs-

20 Das adjustierte R^2 der Regressionsgleichung ist 0,1311, der F-Test ist 6,587. Dieses Ergebnis bleibt erhalten, wenn die beiden Ausreißer Brandenburg-Berlin und Hamburg ausgeschlossen werden. Der Konvergenzparameter ist dann -0,29 (t-Wert: -2,388, R^2 = 0,118; F-Test = 5,703).

tätigen pro Quadratkilometer (industrielle Beschäftigungsdichte) hat sich nämlich zwischen 1882 und 1907 deutlich auseinander bewegt, d.h. es entstanden industrielle Ballungsräume. Dies belegt folgende Konvergenzregression, bei der das Wachstum der industriellen Beschäftigungsdichte zwischen 1882 und 1907 auf die industrielle Beschäftigungsdichte des Jahres 1882 regressiert wurde:

(3) Log(industrielle Beschäftigungsdichte 1907)-Log(industrielle Beschäftigungsdichte 1882) = -0,427 + 0,100*Log(industrielle Beschäftigungsdichte 1882)

Der Konvergenzparameter ist mit 0,1 (t-Wert: 3,665) signifikant positiv und indiziert damit Divergenz, d.h. die Wachstumsrate der industriellen Beschäftigungsdichte war in Regionen mit anfänglich hoher industrieller Beschäftigungsdichte höher als in anderen Regionen.[21]

Abb. 2: Divergenz der industriellen Beschäftigungsdichte

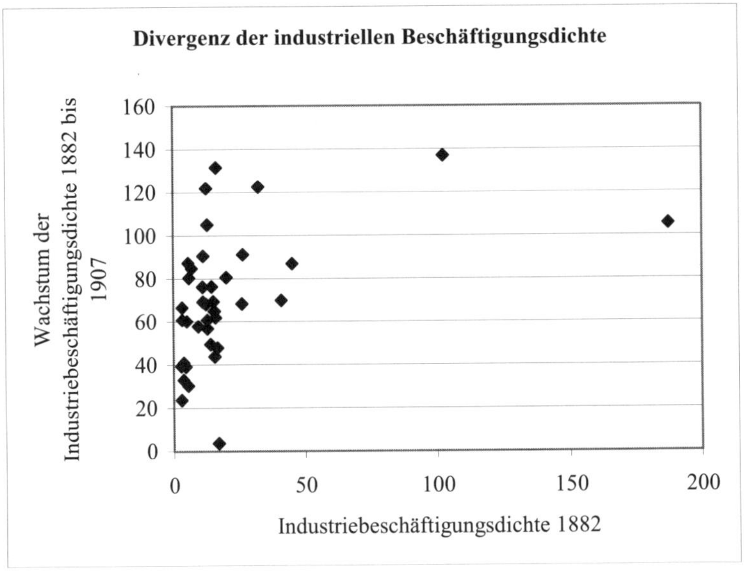

Möglicherweise hat die besser entwickelte Informationsinfrastruktur zu einer weiter gestreuten Verteilung der Innovationstätigkeit im Raum beigetragen. Ein weiterer Grund könnte die bessere Ausbildung von Patentmärkten im späten 19. und frühen 20. Jahrhundert gewesen sein, die sich beispielsweise im Gesetz über Patentanwälte aus dem Jahre 1901 niederschlug. Ein Patent ist ein handelbares Gut, sodass eine zunehmende Arbeitsteilung zwischen Erfinder und Produzent möglich ist. Der Erfinder kann dabei räumlich durchaus vom Verwender des Patents ge-

---

21 Das adjustierte R^2 der Regressionsgleichung ist 0,252, der F-Test ist 13,435. Dieses Ergebnis bleibt erhalten, wenn die beiden Ausreißer Bremen und Hamburg ausgeschlossen werden. Dann ergibt sich ein Konvergenzparameter von 0,159 (t-Wert: 2,715; R^2 = 0,154; F-Test = 7,372).

trennt sein.[22] Diese räumliche Trennung wurde möglicherweise durch den Produktions- und Lizenzierungszwang des Reichspatentgesetzes gefördert: Die Patente mussten binnen drei Jahren zur Anwendung durch den Anmelder kommen bzw. falls dieser nicht dazu in der Lage war an potentielle Anwender lizenziert werden.[23] Tatsächlich zeigt eine Erhebung gehandelter Patente für die Jahre 1884, 1889 und 1899 einen Anstieg der Patenthandelsaktivität im Zeitablauf: Wurden 1884 und 1889 lediglich knapp 2,2 Prozent aller in Kraft befindlichen Patente übertragen, so erhöhte sich der Anteil 1899 auf über 2,5 Prozent.[24] In absoluten Zahlen stieg das Handelsvolumen von 241 (1884) auf 276 (1889) und schließlich sogar auf 563 (1899) an. Gleichzeitig kam es zur Herausbildung eines zentralen Marktortes. Der Anteil mit Hilfe Berliner Patentanwälte gehandelter Patente an allen gehandelten Patenten stieg von 57 Prozent (1884) auf 87 Prozent (1899) an.[25]

Schließlich ist fraglich, ob Regionen mit hoher Patentierungstätigkeit auch Regionen mit einer hohen Effizienz auf dem Arbeitsmarkt waren. Effizienz der Faktorallokation auf dem Arbeitsmarkt kann durch das Effizienzresiduum der shift-share-Analyse gemessen werden, d.h. durch denjenigen Anteil des Arbeitskräftezuwachses einer Region, der nicht auf den gesamtwirtschaftlichen Wachstumstrend bzw. die regionale Industriestruktur zurückzuführen ist. Zwischen 1882 und 1895 wiesen die beiden Fürstentümer Reuß sowie die preußische Provinz Brandenburg die höchste Effizienzkomponente beim Beschäftigungswachstum auf, wohingegen Elsaß-Lothringen, Hohenzollern und Schaumburg-Lippe die geringste Effizienzkomponente aufwiesen.[26] In der zweiten Teilperiode (1895-1907) waren Bremen, Brandenburg und Hamburg die führenden Regionen, wohingegen Schaumburg-Lippe, Mecklenburg-Schwerin und Mecklenburg-Strelitz am Ende der Skala standen. Fraglich ist nun, ob Regionen mit einem vergleichsweise hohen, aus gesamtwirtschaftlichen oder industriespezifischen Gründen un-

---

22 Die neuere Forschung zur US-amerikanischen Innovationsgeschichte stellt auf die Bedeutung von Patentmärkten ab, vgl. dazu Naomi R. Lamoreaux/Kenneth L. Sokoloff: Market trade in patents and the rise of a class of specialized inventors in the 19th-century United States, in: American Economic Review, Papers and Proceedings 91 (2001), S. 39-44; Dies.: Intermediaries in the U.S. Market for Technology, 1870-1920, in: Stanley L. Engerman u.a. (Hg.): Finance, intermediaries, and economic development, Cambridge 2003, S. 209-246.

23 Allerdings könnten auch die Erfinder in Regionen mit guter Infrastruktur, also vor allem die bereits bestehenden Produktionsstandorte, gewandert sein.

24 Zusammengestellt nach Daten aus Kaiserliches Patentamt: Verzeichnis der vom Kaiserlichen Patentamt im Jahre 1884 erteilten Patente, Berlin 1885; Dass.: Verzeichnis der vom Kaiserlichen Patentamt im Jahre 1889 erteilten Patente, Berlin 1890; Dass.: Verzeichnis der vom Kaiserlichen Patentamt im Jahre 1899 erteilten Patente, Berlin 1900, Übersicht 5.

25 Um zu allgemeinen Aussagen über die Bedeutung von Patentmärkten zu gelangen, ist freilich die Auswertung größerer Datenbestände notwendig, da bei nur drei Zeitpunkten weder eine Bereinigung für konjunkturelle Effekte, noch eine statistische Untersuchung auf Trends in den Zeitreihen möglich ist.

26 Die beiden Fürstentümer Reuß zeichnen sich durch eine starke Beschäftigungskonzentration im Textilgewerbe aus, die Region Brandenburg umfasst vor allem den Großraum Berlin.

erklärlichen Beschäftigungswachstum, auch Regionen mit hoher Innovationsdichte gewesen sind.

Tab. 3: Patentierungstätigkeit und Beschäftigungseffizienz

Abhängige Variable: Effizienzresiduum der shift-share-Analyse

Unabhängige Variable	1877-1914	1877-1895	1896-1907	1908-1914	1877-1914
Konstante	-0,1357 (0,000)	-0,109 (0,000)	-0,100 (0,000)	-0.256 (0,000)	-0,179 (0,000)
Patentierungs-intensität	0,006 (0,000)	0,008 (0,008)	0,007 (0,002)	0,009 (0,000)	
Dichte der industriellen Erwerbstätigkeit					0,000 (0,246)
Betriebsgröße					0,006 (0,808)
Urbanisierungsgrad (ab 5.000 Einwohner)					0,204 (0,060)
adjustiertes R^2	0,147	0,157	0,221	0,280	0,135
F-Test	20,438	7,873	11,509	.15,420	6,895
Stichprobenumfang	114	38	38	38	114

Tatsächlich besteht ein statistisch signifikanter und über die Zeit stabiler positiver Zusammenhang zwischen der Patentierungstätigkeit in einer Region und dem Effizienzresiduum der shift-share-Analyse. Der Zusammenhang ist allerdings, wie die nahe bei Null liegenden Koeffizienten zeigen, nur sehr schwach positiv. Indes wird die Güte der Regression – gemessen am adjustierten R^2 und am F-Test – im Zeitablauf besser. Die Patentierungsintensität in einer Region misst zudem einen Einfluss auf die Effizienzkomponente, die von den Größen, die die Patentierungsintensität selbst positiv beeinflussen, nicht gemessen wird. Die Dichte der industriellen Erwerbstätigkeit, der Urbanisierungsgrad und die durchschnittliche Betriebsgröße haben keinen signifikanten Einfluss auf das Effizienzresiduum der shift-share-Analyse. Diese Komponente regionaler Beschäftigungsdynamik scheint somit anhand der regionalen Patentierungstätigkeit besser erklärbar als anhand sozio-ökonomischer Charakteristika der preußischen Provinzen und deutschen Staaten.

IV. Schluss

Zwischen 1877 und 1914 bestand in Deutschland ein statistisch signifikanter positiver Zusammenhang zwischen sozio-ökonomischen Charakteristika einer Region und der Patentierungsintensität in dieser. Sowohl die Siedlungsstruktur der Menschen, gemessen durch den Anteil der Personen in Städten mit mehr als 5.000 Einwohnern, als auch die Erwerbsstruktur, quantifiziert anhand der durchschnittlichen Betriebsgröße und der industriellen Erwerbstätigendichte, beeinflussten die Patentierungstätigkeit in den 13 preußischen Provinzen und den 25 außerpreußischen deutschen Staaten. Die Konzentration der industriellen Beschäftigung an wenigen Orten und die Organisation der Beschäftigten in größeren Unternehmen hatten einen messbaren positiven Einfluss auf die Patentierungstätigkeit während der Hochindustrialisierung. Bemerkenswert ist allerdings die divergierende Entwicklung von Beschäftigung und Innovationsstärke der Regionen über die Zeit: Während sich die industrielle Erwerbstätigkeit zunehmend in industriellen Ballungsräumen konzentrierte, verteilte sich die Patentierungstätigkeit zunehmend gleichmäßig über den Raum. Da die Patentierungstätigkeit, aber nicht die sie erklärenden sozio-ökonomischen Charakteristika die Arbeitsmarkteffizienz in den Regionen positiv beeinflusst haben, trug die Patentierungstätigkeit zur Entstehung von industriellen Ballungsräumen bei. Zugleich konzentrierte sich die Patentierungstätigkeit nicht in wenigen Innovationszentren. Dies ließe sich durch den Transfer von Patenten über den Raum erklären, z.B. wenn Erfinder mit ihrer Innovation in Produktionszentren gewandert sind oder wenn Erfinder ihre Innovation über Patentmärkte an Produzenten abgegeben haben. Die relative Bedeutung dieser beiden institutionellen Arrangements bleibt ein Desiderat der Forschung.

Heike Knortz

Korreferat zu Carsten Burhop

„Regionale Beschäftigungsstruktur und Patentierungstätigkeit in Deutschland, 1877-1914“

Carsten Burhop hat uns mit seinem Beitrag einen überaus interessanten und innovativen methodischen Zugriff zum Thema „Innovationen und Raum“ vorgestellt, dessen Einzelheiten positiv hervorzuheben sich lohnte. Nun haben Korreferate jedoch neben der Funktion wissenschaftlicher Bestätigung bzw. Ergänzung auch die der Kritik bzw. Widerlegung. Wenn ich mich im Folgenden – auch aus zeitlichen Gründen – vorwiegend auf kritische Bemerkungen beschränke, soll damit in erster Linie die anschließende Diskussion wie überhaupt der Diskurs belebt werden.

Zunächst hat Carsten Burhop im Ergebnis einen statistisch signifikanten positiven Zusammenhang zwischen Bevölkerungs- respektive Beschäftigungsdichte, Erwerbsstruktur, Unternehmensgröße sowie Urbanisierungsgrad einer Region und deren Patentierungsintensität festgestellt. Zugleich zeichne sich über die Zeit hinweg eine räumliche Lösung der industriellen Erwerbstätigkeit, die sich konzentriere, von der sich gleichmäßig über den Raum verteilenden Patentierungstätigkeit ab. Ich meine, dass es sich hier doch um ein etwas widersprüchliches Ergebnis handelt, dessen etwas beiläufig eingeführte Erklärung, nämlich der Handel mit Patenten, nicht überzeugt.

Mir persönlich ist im Übrigen nicht klar geworden, warum die Patentierungstätigkeit die Arbeitsmarkteffizienz in den Regionen positiv beeinflusst und damit zur Entstehung von industriellen Ballungsräumen beigetragen haben soll, nicht aber die genannten sozioökonomischen Charakteristika. Diese Aussage beruht offensichtlich auf mit Hilfe der *Shift-Share*-Analyse herbeigeführten Ergebnissen.

Tatsächlich kann mit dieser Methode die Arbeitsplatzentwicklung einer Region relativ zur nationalen Ebene in verschiedene Elemente bzw. Komponenten differenziert werden. Neben der nationalen bzw. gesamtwirtschaftlichen sowie der strukturellen Komponente haben wir bei Carsten Burhop hinsichtlich der dritten von der „Effizienzkomponente“ gehört. Die dritte Komponente bezeichnet jedoch nur einen Standorteffekt, hinter dem eine Vielzahl von Einflussgrößen stehen kann, so dass dieser Komponente bereits auch eine „Mülleimerfunktion“ zugeschrieben worden ist.[1] Streng genommen darf dieses Residuum somit also nicht als Effizienzkomponente bezeichnet werden.

Hierüber sollten wir jedoch nicht allzu sehr streiten, denn der von Carsten Burhop festgestellte Zusammenhang zwischen Patentierungstätigkeit und sog. „Effizienzkomponente" ist – nach seinen eigenen Worten – nur sehr schwach positiv. Und selbst wenn der konstruierte Zusammenhang signifikanter ausfallen würde: die *Shift-Share*-Analyse ermöglicht eine quantitative Differenzierung der Veränderung einer Variablen in mehrere Komponenten. Dies bedeutet aber nicht, dass die realen Ursachen der Entwicklung damit identifiziert werden. Stattdessen bietet die Methode laut Boddy, Lovering und Bassett hauptsächlich die Möglichkeit *„to raise questions for more detailed enquiry.*"[2]

Ein Letztes hierzu: Aufgrund der vielfältigen Kritik an der konventionellen *Shift-Share*-Analyse wurde bekanntlich von Patterson 1991[3] ein regressionsanalytisches Äquivalent der klassischen *Shift-Share*-Methode formuliert. Ich lasse mich gerne korrigieren, habe jedoch den Eindruck, dass wir es hier – obwohl Carsten Burhop auch regressiert – mit der klassischen Analyse zu tun haben. Wir wären sicher über eine kurze Bemerkung darüber dankbar, warum von dem auf die 1960er Jahre rückführbaren Ansatz Gebrauch gemacht wurde.

Für insgesamt sehr viel problematischer halte ich indessen das Heranziehen der Patentierungstätigkeit als Indikator für wirtschaftliche Entwicklung oder gar Innovationsfähigkeit, wozu ja bereits im Verlauf der Tagung einiges angemerkt worden ist. Mit Bezug auf Griliches[4], der die Patentstatistik in Relation zu *R & D*, also Forschung und Entwicklung untersucht, hat Carsten Burhop einerseits selbst kritisch auf Probleme bei der Verwendung von Patenten als Innovationsindikator aufmerksam gemacht, sie gleichwohl als „fruchtbare Quelle für die historische Forschung" bezeichnet, weil sie zahlreiche Informationen über die Erfindung selbst, über die Beziehungen zu anderen Erfindungen, usw. enthielten. So gesehen kann die Patentstatistik natürlich für die Forschung allgemein fruchtbar wirken, allerdings wäre dafür zunächst eine qualitative, eine hermeneutische Auswertung spezifischer Quellen, beispielsweise der Patentblätter, notwendig. Eine solchermaßen angelegte Analyse wurde jedoch nicht vorgenommen.

Zudem werden Patente viel zu selten in Produkte umgesetzt. Nach einigen Schätzungen landen selbst gegenwärtig noch immer neun von zehn firmeninternen Patenten einfach in der Schublade. So liegen also – um es mit von Randow

---

1 Einen guten Überblick zur Shift-Share-Analyse bietet Katja Wolf: Analyse regionaler Beschäftigungsentwicklung mit einem ökonometrischen Analogon zu Shift-Share-Techniken, in: Gerhard Kleinhenz (Hg.): IAB-Kompendium Arbeitsmarkt- und Berufsforschung (Beiträge zur Arbeitsmarkt- und Berufsforschung, Bd. 250). Nürnberg 2002, S. 325-333, hier: S. 325ff.

2 Vgl. Martin Boddy/John Lovering/Keith Bassett: Sunbelt City? A Study of Economic Change in Britains M4 Growth Corridor. Oxford 1986, S. 24.

3 Murray G. Patterson: A Note on the Formulation of a Full-Analogue Regression Model of the Shift-Share Method, in: Journal of Regional Science 31 (1991), S. 211-216.

4 Zvi Griliches: Patent Statistics as Economic Indicators. A Survey, in: Journal of Economic Literature XXVIII (1990), S. 1661-1707.

eher populärwissenschaftlich auszudrücken – „am Weg der Technikgeschichte Millionen toter Erfindungen, die einmal Innovationen werden wollten."[5] Helmut Braun hat dies in der bisherigen Diskussion auf die griffige Formel von den „Flops" gebracht.

Auch ist bereits auf den mit dieser Vorgehensweise immanent auf Technik verengten Innovationsbegriff verwiesen worden, der neue Methoden, Verfahren oder beispielsweise auch neue Finanzprodukte ausschließt. Zudem zeigen neuere empirische Untersuchungen, dass gerade innovative Firmen mehr als andere über ihre Grenzen hinweg kommunizieren, dass Innovationen dort gehäuft vorkommen, wo Netzwerke bestehen. Porter[6] hat dies bereits 1990 empirisch belegt. Demnach hat nur ganz selten ein einzelnes Unternehmen eine starke Wettbewerbsposition inne, vielmehr agieren in der Regel mehrere Unternehmen einer eng begrenzten Branche bzw. verwandter sowie sich unterstützender Branchen international erfolgreich.

Dem steht die eben von Carsten Burhop gehörte Feststellung diametral entgegen, nach der „die Struktur der Beschäftigung keinen signifikanten Einfluss auf die Innovationskraft habe". Auch hier müsste meiner Meinung nach stärker hermeneutisch, aber auch quantitativ präziser gearbeitet werden, denn während Carsten Burhop die Struktur der Beschäftigung durch den Herfindahl-Index[7] misst und dem nur eine sehr grobe Gewerbeeinteilung zugrunde legt, beispielsweise die Klasse „Chemie", arbeitet Porter mit sehr viel enger begrenzten Branchen, um bei meinem Beispiel zu bleiben also mit Klassifizierungen wie „anorganische und organische Grundstoffe/Chemikalien", „Kunststoffe/Isolierungen", „Pharmazie", etc. Infolge eigener Arbeiten[8] kann ich mir sehr gut vorstellen, dass eine solchermaßen analysierte Beschäftigtenstruktur durchaus Einflüsse auf die Innovationskraft erkennen ließe.

Lassen Sie mich abschließend auf meinen Hauptkritikpunkt kommen. Porter hat empirisch nachgewiesen, dass die in Konkurrenz zueinander stehenden, einer eng begrenzten sowie verwandten Branchen angehörenden innovativen Unternehmen häufig regional konzentriert sind. Innerhalb eines Landes entstehen auf diese Art und Weise *clusters*, die schließlich auch den Staat oder die Nation als theoretischen Bezugsrahmen in den Hintergrund treten lassen. Damit geht jener

---

5 Hierzu und zur aktuellen Diskussion in der Bundesrepublik vgl. Uwe Jean Heuser/Gero von Randow: Alles wird neu. 2003 war Reform, jetzt ist Innovation. Klingt einfach schön – und schön einfach. Doch das verlangt mehr Geld, Freiraum und Wettbewerb, als Deutschland derzeit bietet, in: Die Zeit, Nr. 3 vom 8.1.2004.

6 Michael E. Porter: The Competitive Advantage of Nations. New York, 1990. Deutsch: Nationale Wettbewerbsvorteile. Erfolgreich konkurrieren auf dem Weltmarkt. Sonderausgabe Wien 1993.

7 Zum Herfindal-Index vgl. beispielsweise das gesamte Kapitel 26 bei Josef Bleymüller/Günther Gehlert/Herbert Gülicher: Statistik für Wirtschaftswissenschaftler, 14. Aufl., München 2004.

8 Heike Knortz: Ökonomische Integration und Desintegration am Oberrhein. Eine clustertheoretisch-wirtschaftshistorische Analyse zum Europa der Regionen (Studien zur Technik-, Wirtschafts- und Sozialgeschichte, Bd. 13). Frankfurt am Main u.a. 2003.

mit Erkenntnissen der modernen Regionalökonomie konform, die sich auf Regionen als ökonomische Wachstumsmotoren rückbesinnt, dabei aber auf die Wirtschafts- oder Industrieregion Bezug nimmt. Im vorliegenden Fall findet jedoch mit der spezifisch gewählten Datenbasis eine Ausrichtung an politisch-administrativen Einheiten, sozusagen ein Rückschritt zu an nationalen oder staatlichen Grenzen ausgerichteten Vorgehensweisen statt. Damit geht innerhalb einer Verwaltungseinheit, hier also innerhalb einer preußischen Provinz, jegliche räumliche Differenziertheit des Untersuchungsgegenstandes verloren, werden zudem ausgesprochene Passivräume mit industriellen Ballungsgebieten verglichen. Auch Jochen Streb, der mit seinem Rückgriff auf die Hirschmann'schen Vorwärts- und Rückwärtskopplungseffekte[9] in seinem Referat zwar stärker auf die Rolle von Wissen und verwandten Branchen abhebt, ist solchermaßen vorgegangen. Durch den – im Hinblick auf den anfallenden Arbeitsaufwand her – einfachen Rückgriff auf Daten der Regierungsbezirke jedoch kommt er zu einem Vergleich solcher Bezirke wie der Pfalz und Berlin! Nicht nur in Anbetracht dieser exemplarisch ausgewählten Bezirke handelt es sich dabei um ein nicht haltbares Vorgehen. Dass die Aufbereitung vorliegender, an Verwaltungsgrenzen ausgerichteter Daten mit der von Carsten Burhop gewählten methodischen Vorgehensweise durchaus vereinbar ist, haben neben Boddy u.a. über die *Bristol Economy* gerade erst kürzlich Broadberry und Marrison mit ihrer Untersuchung über die *Lancashire Cotton Industry*[10] gezeigt.

Summa summarum halte ich den *cluster*-theoretischen Ansatz jedoch nicht etwa für eine interessante Alternative, ich halte ihn vielmehr dafür geeignet, mit dem methodischen Vorgehen von Carsten Burhop unter Beachtung der angesprochenen Kritikpunkte integriert zu werden, zumindest sollten Anleihen in Betracht gezogen werden. Also eine zusätzliche hermeneutische Analyse der Patentdaten, ausgerichtet an Wirtschaftsregionen anstatt Verwaltungsbezirken, alles schließlich in Beziehung gesetzt zur Beschäftigungsstruktur eng begrenzter Branchen. Kurz: eine Evaluation der Variablen „Netzwerk" *und* „Patente", weil Innovationen auch für Porter eine zentrale Rolle spielen und über die damit verbundenen Wettbewerbsvorteile wiederum auf die regionale Beschäftigungsstruktur rückwirken.

---

9 Albert O. Hirschmann: Die Strategie der wirtschaftlichen Entwicklung (Ökonomische Studien, Bd. 13). Stuttgart 1967.

10 Stephen Broadberry/Andrew Marrison: External Economies of Scale in the Lancashire Cotton Industry. 1900-1950, in: The Economic History Review 55 (2002), S. 51-77.

Ursula Nienhaus

Innovationen im Bürobereich

Einleitung

Der mir vorgegebene Titel enthält zwei zumindest wissenschaftlich nicht unproblematische Begriffe. Aber beide Begriffe: *Innovationen* und *Bürobereich* tauchen derzeit in Medien, auch kombiniert, sehr häufig auf. Schon der deutsche Germanistentag 2001 beschäftigte sich aus literatur- und sprachwissenschaftlicher Sicht mit Innovation und Fortschritt,[1] der VDI veranstaltete Ende 2001 eine Konferenz zum „Innovations-Kompass"; an vielen Universitäten wurden Lehrstühle für „Innovationsmanagement" eingerichtet; die Bundesregierung erklärte 2004 zum „Jahr der Innovationen", und auf der didacta Bildungsmesse im Februar 2005 erhielt der Präsident des Bundesinstituts für Berufsbildung Helmut Pütz den Weiterbildungs-Innovations-Preis (WIP). Das Bundesministerium für Bildung und Forschung betont neuerdings – durchaus im Einklang mit manchen Unternehmensveröffentlichungen: „Innovation ist mehr als technischer Fortschritt, sie ist eine gesellschaftliche Kultur, sie bedeutet Mut zur Veränderung [...] Innovationen – das heißt nicht nur, neue Technologien einzusetzen, es heißt auch, bessere Arbeitsbedingungen zu entwickeln, für eine intaktere Umwelt zu sorgen und effizientere Abläufe einzuführen." Treibende Auslöser für Innovationen können demnach „wissenschaftliche oder technische Durchbrüche (Science bzw. Technology Push) oder eine Nachfrage nach neuen Problemlösungen (Market Pull) sein. Auch gesellschaftliche Wunsch- und Zielvorstellungen (Societal Demand, Social Shaping of Technologies) können die Genese von Innovationen beeinflussen", so das Ministerium. „Während früher ein Unternehmen, das eine Innovation als erstes erfolgreich einführte, lange Zeit eine hohe Investitionsrendite einstreichen konnte, ist heute der internationale Wettbewerb in vielen Branchen so scharf, dass die Unternehmen zur Aufrechterhaltung ihrer Marktposition zu fortgesetzten Innovationen gezwungen sind. Die Frage des Innovationsmanagements ist für Unternehmen daher zu einer Überlebensfrage geworden. Mikroökonomisch gesehen profitiert das einzelne Unternehmen von Innovationen, weil sie Effizienzgewinne bewirken (Prozessinnovationen) oder die Erschließung neuer Märkte bzw. die Anpassung an veränderte Kundenwünsche erlauben (Produktinnovationen)." Makroökonomisch betrachtet ergibt sich daher für das Ministerium, „ dass Innovationen zur Sicherung der internationalen Wettbewerbsfähigkeit und damit zum

[1] www.germanistik2001.de/s6abstracts.html.

Erhalt hoch bezahlter Arbeitsplätze unverzichtbar sind [...]".[2] Zweitens: das Wort Bürobereich. Das ist ein völlig unklarer Begriff, der in kaum einem Wirtschaftslexikon zu finden ist. Aber ein Baulexikon definiert Büro als Nichtwohngebäude der gewerblichen Wirtschaft, darunter Banken und Versicherungen, solche der öffentlichen Hand wie Ministerien, Stadtverwaltungen, Postämter, Bahnverwaltungen, ebenso Rundfunkhäuser und Verwaltungsgebäude von Kirchen, Gewerkschaften, Parteien, der Arbeiterwohlfahrten oder ähnlicher Organisationen. Das Fraunhofer-Institut dagegen behauptete schon 2000: „Der typische Nutzer von Büroimmobilien existiert nicht mehr. Die Nutzeranforderungen an Büroraum und Immobilie haben sich hochgradig individualisiert und variieren je nach Branche, Unternehmensgröße, Organisationsstruktur, Arbeitsweise und weiteren Kriterien... die Koordinaten der Bürowelt – Ort, Zeit und Struktur – sind deutlich in Bewegung geraten und verändern die Welt der Büros radikaler als je zuvor."[3] Innerhalb dieses weitgesteckten Rahmens werde ich mich im Folgenden mit der Erfindung, Patentierung, Produktion und dem Vertrieb von Büromaschinen seit 1864 unter den Fragestellungen technology push oder demand pull, unternehmerische Innovationen, Beschäftigtenqualifikationen, sozialer Wandel, Forschungsförderung, makroökonomische Effekte und sog. Flexibilisierung der Arbeit beschäftigen.

1. Büromaschinen zwischen technology push und demand pull

Die Büromaschinenherstellung war nach ungefähr 1870 das Ergebnis von Marktsicherungsstrategien bei Werkzeug-Maschinen-Industrien, vor allem der Waffen-, Nähmaschinen-, Fahrrad- und Uhrenproduktion; und es waren Kriegsfolgen, die diese Marktsicherung nötig machten. Zwar ließ der amerikanische Schriftsetzer und Verleger Christopher Latham Sholes schon 1864 eine automatische Rechenmaschine patentieren und konstruierte im gleichen Jahr auch eine kompakte Schreibmaschine, für die er zusammen mit seinen Freunden Soulé und Glidden ebenfalls Patente erwarb. Er besaß jedoch kein Kapital, um die Maschine herzustellen und verkaufte die Rechte daher an James Densmore, der die ersten Maschinen 1874 bei der Remington Gewehrfabrik produzierte, die zwischen 1861 und 1865 im amerikanischen Sezessionskrieg mit der Lieferung von 50.000 Gewehren an den Norden sehr geboomt hatte, aber in der Folgezeit Absatzrückgang verzeichnete. Jedoch verkauften sich die ersten serienmäßig produzierten Schreibmaschinen nur sehr mäßig. Erst eine verbesserte Version, die ab 1877 unter der Bezeichnung Remington No. 2 auf den Markt kam, wurde populärer, weil

2 www.bmbf.de/de/1316.php 2005; vgl. auch Deutsche Pharmazeutische Gesellschaft e.V.: www.dphg.de/read_news/?detail=41; Heiko Barske/Alexander Gerybadze/Lars Hüninghausen/Tom Sommerlatte (Hg.): Das innovative Unternehmen. Digitale Fachbibliothek. www.innovation-aktuell.de/kv0107.htm; zur Unklarheit des Innovationsbegriffs auch schon: Rolf G. Sternberg: The Regional Impact of Innovation Networks, in: Ludwig Schätzl/Revilla J. Diez (Hg.): Technological Change and Regional Development in Europe. Heidelberg/New York 2002, S. 135-155.

3 Fraunhofer Institut. Arbeitswirtschaft und Organisation: Office Index 2000.

der nun erfolgreiche Schriftsteller Mark Twain ein Gerät erwarb und das erste maschinengeschriebene Buchmanuskript bei einem Verlag einreichte. Aber es waren noch ständige technische Verbesserungen der Maschine, die zunächst nur große Buchstaben druckte, nötig: 1878 wurde die Umschalttaste erfunden und erst 1890 der Frontanschlag, der Geschriebenes sofort sichtbar machte. Seit 1880 wetteiferten verschiedenste Fabrikate (Hammond, Yost, Smith Premier, National, Oliver, Courier und Blickensderfer) um die Gunst der Kunden, bis ab 1896 die Remington Standart No. 7 als bis dahin vollkommenstes, einfachstes, und sehr strapazierfähiges Gerät vertrieben und auch in Deutschland, bei der Berliner Firma Glogowski und Co, hergestellt wurde. 1898 begann auch das zur Herstellung von Fahrrädern in Frankfurt/M. gegründete Adlerwerk Schreibmaschinen als erstes deutsches Unternehmen seriell herzustellen. Weil es aber fast 30 Jahre an kompetentem und willigem Bedienungspersonal fehlte, wurden Schreibmaschinen, vorwiegend aus amerikanischer und deutscher Produktion erst um 1900 ein Massenprodukt, nun hauptsächlich von jungen Frauen bedient, da männliche Schreiber sie ausdrücklich boykottiert hatten. Aber um 1900, vor allem nach der Gründerzeit im Gefolge des deutsch-französischen Kriegs, gab es auch in Deutschland bereits eine voll ausgebildete Bürokratie der privaten Wirtschaft, entsprechend der Entwicklung im öffentlichen Dienst, obwohl die Wirtschaftsbranchen sich sehr unterschiedlich verhielten, wobei der Geld- und Kredithandel am längsten an Althergebrachtem festhielt.[4] Der technology push, dem der demand pull erst folgte, führte nun zu einer sozialen Neuerung, weil er die Geschlechterverhältnisse auf dem segregierten Erwerbsarbeitsmarkt veränderte, deren Voraussetzungen wiederum in unterschiedlichen Wirtschaftszweigen verschiedene Akzelerationsprozesse mit massiven arbeitsorganisatorischen Verfahrensänderungen waren und die auch weiterhin folgten.[5]

Ähnliches galt für Rechenmaschinen. Ihre Produktion, aber auch ihr Vertrieb, konnte oft schon auf den Erfahrungen mit Schreibmaschinen aufbauen. Ein nennenswerter Markt dafür musste aber ebenfalls lange geschaffen werden. Bereits 1876 hatte der Dresdener Uhrmacher Curt Dietzschold in Glashütte/Sachsen eine Rechenmaschine für die vier Grundrechenarten erfunden, so dass Arthur Burckhard hier 1878 die erste deutsche Rechenmaschinenfabrik gründete. Burckhardt verfügte über die Unterstützung des Direktors des preußischen statistischen Amtes, Engel, in Berlin, der ihn durch positive öffentliche Gutachten förderte, so dass einige preußische und Reichsbehörden sowie Versicherungsgesellschaften erste Geräte abnahmen.[6] Dennoch blieb die Nachfrage so gering, dass das Unternehmen zeitweilig geschlossen wurde. Die durch Bismarck angestoßene Sozialgesetzgebung, die zur Einrichtung zahlreicher neuer Rechenämter führte, ließ die Nachfra-

---

4 Ursula Nienhaus: Büro und Verwaltungstechnik, in: Ulrich Troitzsch/Wolfhard Weber: Die Technik von den Anfängen bis zur Gegenwart. Stuttgart 1987, S. 544-563.

5 Ursula Nienhaus: Berufsstand weiblich. Die ersten weiblichen Angestellten, Berlin 1982; vgl. jetzt auch: Bernhard Siegert/Joseph Vogl (Hg.): Europa. Kultur der Sekretäre, Zürich/Berlin 2003, die allerdings die Geschlechterperspektive völlig vermissen lassen.

6 Hartmut Petzold: Moderne Rechenkünstler. Die Industrialisierung der Rechentechnik in Deutschland. München 1992, S.66-68 und im Folgenden.

ge ab 1892 ansteigen. Jedoch setzten sich auch in Deutschland Rechenmaschinen erst durch, als der in den Werkzeugmaschinen- und Gewehrfabriken Nobels in St. Petersburg nach der russischen Niederlage im Krimkrieg und Reformmaßnahmen Alexanders II. tätige Schwede W. Th. Odhner durch Einsatz spezieller Werkzeugmaschinen eine kleine, leichte und billige sog. Sprossenrad-Rechenmaschine herstellte. Er konnte 1880 dafür eine eigene Fabrik für Massenproduktion nach amerikanischem Vorbild eröffnen, setzte moderne Reklame ein und verbreitete sein Patent an Lizenznehmer in anderen Ländern, um eine sehr große Nachfrage nach narrensicheren Maschinen zu erzeugen. Auf der Tagung deutscher Nähmaschinenfabrikanten in Hamburg 1892 kaufte der Ingenieur Franz Trinks von der Fa. Grimme, Natalis und Co in Braunschweig gegen den Widerstand seiner Betriebsleitung die Odhner-Rechte für Deutschland und entwickelte eine laufend technisch weiter verbesserte Maschine unter dem Namen „Brunsviga", die die Absatzprobleme der Nähmaschinenfabrik verkleinerte. Aber dennoch mussten die Verkäufer die Kunden erst mühsam von den Vorteilen eines Kaufs der Maschinen überzeugen, wodurch der Begriff „Kundenbearbeitung" entstand. Noch 1914 beschäftigte die Firma 25 „Reisevertreter", die zuvor sechs Wochen lang im Maschinenrechnen geschult worden waren. Tatsächlich war – ähnlich wie bei Schreibmaschinen zuvor – systematische Kundenschulung auch nötig, weil die Maschinen noch viele technische Mängel aufwiesen und ihr Gebrauch von jedem einzelnen Kunden individuell erlernt werden musste. Die ersten Kunden waren daher Großfirmen und Vermessungsämter, während Behörden später folgten. Seit 1900 wurden auch digitale Ziffernrechenmaschinen des Christel Hamann serienmäßig produziert und seit 1905 unter der Bezeichnung „Mercedes" von Liebenwerda aus vertrieben. Im gleichen Jahr nahm Gustav Metz, Büromaschinenhersteller in Baden, der die Generalvertretung der amerikanischen Oliver-Schreibmaschine hatte, Kontakt zu Hamann auf, was im Dezember 1906 zur Gründung der Mercedes-Büromaschinen-GmbH in Berlin-Charlottenburg führte. Schon nach einem Jahr wurde die Firma zur Reduktion der Arbeiterfluktuation ins thüringische Zella-Mehlis verlegt, wo es durch langjährige Waffenherstellung bodenständige gut qualifizierte Arbeiter gab, die ihre Arbeitsstellen kontinuierlicher als in Berlin beibehielten. Im ersten Weltkrieg produzierte das Mercedes Werk auch Waffen und wurde 1927 durch die New Yorker Underwood-Elliott-Fisher mit Aktienmehrheit erworben sowie schließlich nach dem zweiten Weltkrieg in Frankfurt/M. als hundertprozentige Tochter der Underwood Corp New York neu gegründet.

2. Zum Zusammenhang von Krieg, Produkt- und Prozessinnovation, Rationalisierung, Arbeitskrafteinsatz und sozialem Wandel

Der erste Weltkrieg ermöglichte auch, dass der zuvor durch amerikanische Addiermaschinen gesättigte, noch sehr bescheidene deutsche Markt ab 1914 eine Serienproduktion der Addiermaschine „Phoenix" unter Verwendung gleichartiger Stanzteile wie bei Schreibmaschinen hergab. Seit 1916 konnten die Wanderer-

Fahrrad- und seit 1902 auch Schreibmaschinen-Werke in Chemnitz die Produktion ihrer Continental-Addiermaschine verdreifachen und unter Nutzung der vorhandenen Fabrikationseinrichtungen und -verfahren in der Nachkriegszeit bei Hochkonjunktur mit steigenden Exporten gute Profite erzielen. Hier, wie auch in den Zwanziger Jahren bei Grimme, Nathalis und Co in Braunschweig, wurden durch Zusammenfassung verschiedener Teil- und Fertigmontagen zu einem fließenden Prozess bei gleichzeitiger Entwicklung neuer Spezialwerkzeuge und Einspannvorrichtungen Fließbandarbeit und Arbeitszeitreduktion möglich. Als 1921 im Rahmen eines Mathematiker-Kongresses in Göttingen Trinks-Rechenmaschinen ausgestellt wurden, bedauerten viele Besucher, dass die Anschaffungskosten für Schulen und Universitäten noch immer zu hoch seien. Im Juni 1930 führte die Firma aber schon wesentlich erfolgreicher auf dem Deutschen Handelsschultag in Hannover einen Stand mit 20 Handelsschülerinnen beim Maschinenrechnen vor. Diese hatten zuvor die ständig weitergehende Systematisierung von Rechengängen erst aufwändig lernen müssen. Zu dieser Zeit war bei den staatlichen Postscheckämtern die Umstellung auf Maschinenbuchung, die mithilfe von staatlichen Geldern aus Arbeitsbeschäftigungsprogrammen erworben worden waren, nahezu völlig durchgeführt, was erste Entlassungen des weiblichen Personals zur Folge hatte.[7] Es gab massive Beschwerden, weil ältere Frauen die Umstellung gar nicht verkrafteten und jüngere Kräfte wegen der mit dem Maschinenrechnen verbundenen Arbeitsintensivierung nach wenigen Jahren dem Dienst nicht mehr gewachsen seien. Der Verwaltungsrat der deutschen Reichspost argumentierte dagegen: Wo Verbesserungen nötig sind, muss man sie auch durchführen, „selbst wenn durch die Verwendung von Maschinen hier und da Arbeitskräfte entbehrlich werden. Das ist weniger nachteilig, als wenn wir die Rationalisierung ganz abstoppen [...]. Namentlich die Buchungsmaschinen im Postscheckdienst sind nicht zu entbehren. Sie sind nicht in erster Linie Rationalisierungsmaßnahmen, sondern sie sind dazu da, den ganzen Geschäftsbetrieb zu verbessern und zu beschleunigen [...]. Wir haben damit gute Erfahrungen gemacht [...] sie werden vom weiblichen Personal tadellos bedient [...].“ Ein Arbeitsloser aus Zwickau kritisierte daher „die ledigen Fräuleins bei der Post, natürlich Beamtentöchter.“ Ihm wurde beschieden, „wenn jetzt umgekehrt die weiblichen Kräfte durch männliche ersetzt würden, so würden hohe Mehrkosten entstehen, die das Postscheckwesen wieder zu einem Zuschussbetriebe machen würden.“ Es wurde auch auf die angeblich „geringere Eignung“ von Männern für die Arbeit verwiesen, während „jahrzehntelange Erfahrung“ ergeben habe, dass mit weiblichem Personal, „in jüngeren Jahren eingestellt“, die besten Ergebnisse erzielt werden. Noch 1939 entfielen 70 % der Herstellungskosten von Büromaschinen auf die darin enthaltene Arbeit, die besonders hohe Qualifikation von männlichen Facharbeitern erforderte. Die Büromaschinenindustrie galt daher unmittelbar vor dem Zweiten Weltkrieg auch deshalb als stabiler Industriezweig, weil sie seit den Rationalisierungsmaßnahmen der Weimarer Republik kontinuierlich gute Absatzquoten hatte, weil Ausgangsmaterial fast ausschließlich aus eigener Erzeugung verwendet wurde und die Hersteller sich auf

7 Akten ReichsPostMinisterium 47.11/22549, Akten der weiblichen Beamten.

ein in langer Tradition erworbenes technisches Können mit sog. „Mechanikertugenden“ bei den männlichen Produktionsarbeitern stützten, während staatliche Behörden als Vorreiter privater Industrien zur Reduzierung der Einsatzkosten der Maschinen beitrugen, weil sie – gestützt von „Doppelverdienerkampagnen“ – unterbezahlte junge Frauen als weibliche „Reservearmee“ vernutzten und mit dieser Verringerung des Humankapitaleinsatzes die Geschlechterkonkurrenz auf dem Arbeitsmarkt beförderten.[8]

3. Zusammenfall von technology push und demand pull durch staatliche Nachfrage seit Beginn der maschinellen Datenverarbeitung

Die Lochkartentechnik, ein technisches Gesamtsystem, das auf einem ganzen Satz verschiedener einzelner Maschinen beruht, ist ein Beispiel für den Zusammenfall von technology push und demand pull vor allem von staatlicher Seite aus. Ihre Anwendung gewann daher schneller gesellschaftlich-politische Bedeutung als die von Schreib- und Rechenmaschinen. Sie ist der Beginn der maschinellen Datenverarbeitung, die wiederum im Zusammenhang militärischer Entwicklungen seit dem zweiten Weltkrieg massiv staatlich gefördert wurde.

Gerade als Hermann Hollerith ein Lochkartensystem erfunden hatte, erhielt er schon von der amerikanischen Bundesbehörde den Auftrag, die Volkszählung von 1890 durchzuführen, denn für die vorherige von 1880 hatte die Auszählung von Hand sieben Jahre benötigt.[9] Die endgültige Konstruktion der Hollerithschen Zählmaschine, für die Hollerith das Patent Nr. 327 als „Census Machine“ erhalten hatte, wurde 1889 auf der Pariser Weltausstellung vorgestellt, 1890 in Norwegen und bei der Pariser Stadtverwaltung eingesetzt und bei der US-Zählung 1900 wieder verwendet. Dazu kam, dass Hollerith die Maschinen zunächst verlieh. Die neue Vermarktungsstrategie Leasing trug zu dem Durchsetzungserfolg bei. 1891 baute Otto Schäffler in Wien nach Patenten Holleriths eine eigene Tabelliermaschine für die österreichische Volkszählung, und diese Maschinen wurden 1896 in Russland weiter verwertet. Nach England gelangte das Hollerith-System erst 1902, aber dort wurde 1907 the British Tabulating Machine Co. (BTM) gegründet mit Vertriebsrechten für das ganze Empire und Kanada. In Deutschland blieb der Industrielle Carl Duisberg skeptisch, sah hier den dafür nötigen amerikanischen Geist nicht gegeben und glaubte, dass Gewinne damit nicht zu erwarten seien. Aber in Berlin fand sich Willy Heidinger, Direktor der kleinen Fa. Karl Fleming AG, Berlin und Glogau, zum Vertrieb bereit, der schon die Elliott-Fisher-Büromaschinen vertrieben hatte. So entstand am 22.11.1910 auch die Deutsche Hollerith Maschinen-Gesellschaft mbh (Dehomag) mit den Absatzgebieten Deutschland, Österreich-Ungarn, Schweiz, Schweden und Norwegen. Die Firma arbeitete von Anfang an mit Gewinn und konnte ihre Einnahmen zwischen 1911

---

8 Ursula Nienhaus: Vater Staat und seine Gehilfinnen. Die Politik mit der Frauenarbeit bei der deutschen Post (1864-1945). Frankfurt am Main/New York 1995, S. 151-174.

9 Petzold: Moderne Rechenkünstler (wie Anm. 6), S. 117ff.

und 1914 verdreifachen. Die wichtigsten Kunden waren zunächst staatliche Behörden. Im Februar 1911 wurde die Lochkartenmaschine für Mitglieder des Reichstags bei Berliner Elektrizitätswerken vorgeführt; versuchsweise wurde sie bei der Erstellung der Handelsstatistik eingesetzt; Vertreter mehrerer Reichsämter und preußischer Ministerien verfolgten interessiert die Vorführungen. 1910 wurde ein Lochkartensystem bei den Volkszählungen in Württemberg, Elsass-Lothringen und Baden eingesetzt; 1913 bei der Kaiserlichen Werft in Kiel und bei der Reichsversicherungsanstalt für Angestellte in Berlin. Ein wichtiger Markt waren auch die Kommunalverwaltungen. Den Anfang machte Köln für die statistische Abteilung, später für Gehalts- und Lohnabrechnung und für das Fürsorgewesen; Frankfurt/M. setzte das System für die gesamte Mittelverwaltung einschließlich Steuererhebung und Verrechnung ein und für städtische Betriebe wie Gas-, Wasser- und Elektrizitätswerke; andere Städte folgten. Zu den frühen Kunden gehörten außerdem Sozialversicherungs-, Fürsorge- und Wohlfahrtsunternehmen sowie Krankenkassen. Hollerith erwuchs eine ernsthafte Konkurrenz durch James Legrand Powers und seine Accounting and Tabulating Machine Co.[10] in den USA. Da Powers auch am europäischen Markt interessiert war, führte er seine Maschine persönlich 1913 den Chefs der Dehomag vor, welche die technischen Vorteile zur Kenntnis nahmen. Nachdem sich die Firmenchefs darüber zerstritten hatten, verließ Heidinger seine alte Firma und vertrieb nun die Powers-Maschine, deren Überlegenheit besonders in der druckenden Tabelliermaschine bestand, der Erfahrungen mit Fehleranfälligkeiten der frühen Hollerithmaschine zugrunde lagen. Seit Januar 1914 vertrieb die Deutsche Gesellschaft für Addier- und Sortiermaschinen GmbH in Berlin die Powers-Maschinen in Deutschland; im Unterschied zur Dehomag befand sich das ganze Kapital der GmbH in den USA.

Dehomag hatte zu dieser Zeit 44 Kunden in Deutschland, Österreich-Ungarn, Norwegen, Schweden und in der Schweiz samt fünf Tabelliermaschinen und 52 Sortierern. In ganz Europa einschließlich Großbritannien standen damals rund 150 Maschinen. Der Erste Weltkrieg führte zur weiteren Verbreitung, zeigte aber auch sehr schnell die Grenzen der Maschinen. Rüstungsbetriebe wie Blohm und Voss in Hamburg und Mix- und Genest, Telefon- und Telegrafenwerke Berlin führten das Lochkartenverfahren ebenso wie die staatlichen Kontroll-, Verteilungs- und Abrechnungsgesellschaften sofort ein. Da die britische Blockade der Nordsee die Lieferung aus den USA unterbrach, beschränkte sich die Dehomag auf Einrichtung und Wartung der vorhandenen Maschinen. Trotz des Kriegs verdreifachten sich die Einnahmen der Dehomag zwischen 1911 und 1914; aber bis 1918 waren sie siebenmal so hoch. Im März 1918 kaufte die Dehomag einen Betrieb in Villingen, um dort Lochkarten, Lochgeräte und Ersatzteile für die vorhandenen Maschinen selber herzustellen. Das Kriegsende und die Pariser Friedensverträge reduzierten die Markt- und Einflussgebiete der Dehomag; trotzdem gelang es ihr, die Zahl der installierten Maschinen auf 89 Tabelliermaschinen und 75 Sortierer zu steigern. Aber ausgerechnet die wachsende Nachfrage führte die Firma in Schwierigkeiten, da sie die Dollarzahlungen an die CTR bald nicht mehr leisten

---

10 www.officemuseum.com/data_processing_machines.htm.

konnte und die Schulden mit der Vermietung weiterer Maschinen anwuchsen. Daher verkaufte Heidinger die Dehomag 1922 an die amerikanische CTR, die sich 1924 in International Business Machines (IBM) umbenannte.

1925 arbeiteten in Europa bereits mehr als 250 installierte Lochkartenanlagen mit immer weiter wachsenden Lochkartenspalten. Die technischen Weiterentwicklungen fanden in den USA statt und die Dehomag als deutsche Tochter konnte davon profitieren.

Als private Kunden waren die chemische und elektrotechnische Industrie Vorreiter, aber auch das Statistische Reichsamt in Berlin arbeitete mit dem System, möglicherweise gezwungen durch den DAWES-Plan. Versicherungsunternehmen setzten Lochkartenmaschinen in der Buchhaltung ein; der Einzel- und Großhandel zur Kundenverwaltung; 1930 auch die Reichspost für die Abrechnung der Sozialrenten; die Reichsbahn schon seit 1924 für Betriebs- und Verkehrsstatistiken und Rechnungswesen.

Die einschneidenden wirtschaftlichen und politischen Veränderungen in den ersten 30 Jahren des Zwanzigsten Jahrhunderts führten zu radikalen organisatorischen Änderungen der Arbeitsweise der deutschen Großbanken, was zunächst Auswirkungen auf deren Personalpolitik hatte: Es kam zu kurzfristigen Kündigungen und Neueinstellungen, zur Ersetzung gebundener Bücher durch Lose-Blatt-Buchführung, zur Einführung von Durchschreibeverfahren und zwischen 1924 und 1930 zur verstärkten Beschäftigung mit Rationalisierungsmöglichkeiten. Der Einsatz des Lochkartensystems Ende der Zwanziger Jahre bei allen deutschen Großbanken bewirkte eine Zentralisierung, wobei Buchhaltung, Aufgaben-Schreibstellen und Rechenstellen zu möglichst wenig Abteilungen zusammengefasst wurden. Die einzelnen Abteilungen blieben mit der Zentrale über Hauspostsysteme, wie Rohrpostnetz oder Seilbahnanlagen mit automatischem Abwurf und häufig einem zentralen Botendienst ständig verbunden. Am Arbeitsplatz der einzelnen Beschäftigten führte dies zur `Arbeit am laufenden Band´. Die später allgemein geforderte Fließbandarbeit in der Verwaltung war hier bereits verwirklicht. 1934 wurden in den deutschen Großbanken sämtliche Ermittlungen über Effektenbestände mit zentralen Lochkartensystemen durchgeführt. Effekten-, Geld-, Wechsel-, Scheckbuchungen, Ein- und Ausgänge, Kassen-, Tresor- und Giroeffektendepotbestände wurden täglich lochkartenmäßig ermittelt, so dass eine aktuelle Bilanzerstellung möglich war. 1934 galt das maschinelle Buchen und der Einsatz des Lochkartenverfahrens für eine tägliche Fehlerstatistik auch zur Leistungskontrolle der BearbeiterInnen bereits als Standard. Zum Teil wurden dafür spezielle Tastenanschlagszähler zur Kontrolle der Arbeitsleistung der Locherinnen eingesetzt.

Als im Juni 1933 bei der Berufs- und Betriebszählung Lochkartensysteme eingesetzt wurden, kaufte die Dehomag Grundstücke und Anlagen in Berlin-Lichterfelde und errichtete im Januar 1934 die erste deutsche Lochkartenmaschinenfabrik mit bis November 1935 1110 Beschäftigten. Sie arbeitete mit amerikanischem Kapital nach amerikanischen Patenten in Erwartung weiterer Zentralisierung der Verwaltung mit zunehmendem Umfang der Statistik im nationalsozialistischen Staat. Im Herbst 1934 schloss die Powers GmbH mit Siemens & Halske einen Vertrag über die Kombination zwischen Mechanik und Elektrotechnik, die zur Koppelung der Vierspezies-Rechenmaschine Cordt-Universal mit einem Powers-Kartenlocher führte. Die Cordt-Maschine war die einzige rechnende Buchungsmaschine aus einer deutschen Fabrikation, mit der Multiplikationen und Divisionen durchgeführt werden konnten. Sie konnte außerdem mehrere Zahlen speichern und damit Kontrollrechnungen ausführen, und sie verfügte über eine Buchstabentastatur, um Texte zu schreiben. Die Siemens-Kupplung, die nach dem Vertragsabschluss als „Siemens-Powers-Kupplung Cordt-Universal" bezeichnet wurde, mit dem Powers-Locher machte es möglich, eine Buchung gleichzeitig auf die Buchungskarte und die Lochkarte zu bringen. Die Nationalsozialisten übertrugen die Planung des Straßenbaus als wichtiges Element der Kriegsvorbereitungen dem Statistischen Reichsamt und seiner Lochkartentechnologie. Wieweit die amtliche Statistik mit Lochkarten sonst bereits benutzt wurde, ist heute wissenschaftlich nicht unstrittig.[11] Im zweiten Weltkrieg urteilte das Heereswaffenamt, dass Konrad Zuses Arbeiten an Rechenautomaten nicht von Nutzen seien;[12] die deutsche Armee setzte aber etwa 100.000 Exemplare der 1918 von Arthur Scherbius und Richard Ritter entwickelten Chiffriermaschine Enigma ein.[13] Hier ist nicht der Platz, weiter danach zu fragen, wie durch solche „Innovationsleistungen" die nationalsozialistische staatliche Rassen- und Vernichtungspolitik gesteigert werden konnte.[14]

4. Zum „extremely disorderly process that follows upon the first ... introduction ... of a technological innovation" (Nathan Rosenberg)

Der Zweite Weltkrieg hatte Bedarf für programmgesteuerte Rechenanlagen (wie den von Howard Aiken entwickelten Mark I, der von der US Navy geleast und wesentlich für ballistische Rechnungen verwendet wurde), aber auch staatliche Finanzmittel besonders in den USA und Großbritannien freigesetzt, die zur schnellen Entwicklung von Großrechnern führten. Im anschließenden Kalten Krieg gingen diese Entwicklungen in Universitäten aber auch in Firmen weiter.[15]

---

11 Vgl. Götz Aly/Karl-Heinz Roth: Die restlose Erfassung. Volkszählen, Identifizieren und Aussondern im Nationalsozialismus. Berlin 1984; Edwin Black: IBM und der Holocaust, besprochen von Konrad Lischka 2000 unter: www.konradlischka.de/nhproben262.htm; Martin Stromberg/Andreas Vangerow: Computergeschichte und Militär. Ausarbeitung zum Seminar „Gedankengeschichte der Informatik" Universität Bielefeld SoSe 2001; Hans G. Helms: Datenverarbeitung bei Militär und SS unter www.jungewelt.de/start.html 28.12.1999; R. Lindner/B. Wohak/H. Zeltwanger: Planen, Entscheiden, Herrschen. Hamburg 1984, S. 67-70.

12 Dazu ausführlicher Petzold: Moderne Rechenkünstler (wie Anm. 6), S. 174ff.

13 Dazu: www.bletchleypark.net/stationx/enigma.html.

14 Dazu der Absatz: Informationssysteme und Rassenpolitik in der Onlinepublikation Bundesministerium für Familie, Senioren, Frauen und Jugend sowie Universität Bremen: www.frauen-informatik-geschichte.de.

15 Friedrich-Wilhelm Hagemeyer: Die Entstehung von Informationskonzepten in der Nachrichtentechnik. Berlin 1979. George Gray: UNIVAC I: The First Mass-Produced Computer, in: Unisys History Newsletter, vol. 5, no 1, January 2001, www.cc.gatech.edu/gvu/people/

Seit August 1943 wurde an der Universität von Pennsylvania der Röhrenrechner ENIAC gebaut, die erste vollelektronische Großrechenanlage der Welt, die auf dem Binärsystem aufbaute, das mit 600 Schaltern und Kabelsteckverbindungen programmiert wurde. Dafür zuständig waren die sog. „ENIAC-girls", hoch ausgebildete Mathematikerinnen.[16] Seitdem der Mathematiker Janos von Neumann um 1950 Programme und Daten magnetisch auf einer schnell rotierenden Trommel gespeichert hatte, so dass auch die Programme der Bearbeitung durch Rechner selbst zugänglich wurden, setzte die stürmische Entwicklung von fünf Generationen elektronischer Rechner ein. Aber der Zeitraum von den Fünfziger bis zu den Siebziger Jahren war noch durch relativ vage Erwartungen an die Nutzungseffekte geprägt. Einerseits erhoffte man sich die Erschließung neuer Potentiale in Büros und Verwaltungen oder automatisierte verbesserte Leistungen der öffentlichen Verwaltungen gegenüber den Bürgern, andererseits wurden eine drohende Massenerwerbslosigkeit und tief greifende Veränderungen der Arbeitsbeziehungen befürchtet.[17]

In den 50er Jahren entwickelte IBM ein neues multinationales Lochkartenfabrikationssystem für die westeuropäischen Staaten mit Fertigung in Deutschland, Frankreich und Italien sowie den Niederlanden und Großbritannien mit paralleler Endmontage in jedem der Länder für den Binnen- und den Exportmarkt.

Zu dieser Zeit stieg in der BRD die Nachfrage nach Lochkartenanlagen besonders in 3000 großen und mittleren Betrieben erneut unter dem Gesichtspunkt betrieblicher Rationalisierung, aber die Zeitschrift für handelswissenschaftliche Forschung stellte noch 1952 fest, „dass genaue Zahlenangaben über die Wirtschaftlichkeit des Lochkartenverfahrens völlig fehlten."[18] Die Lochkartenabteilungen entwickelten sich in vielen Unternehmen zum „eigentlichen Herzstück des Rechnungswesens". Damit war eine wesentliche organisatorische Vorbereitung für die Ankunft der ersten elektronischen Rechenanlagen und zugleich der neue Beruf der schlecht entlohnten Lochkartenstanzerin bzw. Datentypistin geschaffen. Im September 1950 zeigte die Schweizer Bürofachausstellung in Zürich erstmalig zwei Lochkartenmaschinen mit elektronischen Bauteilen. In der Bundesrepublik konkurrierten zu dieser Zeit IBM Deutschland mit Hollerith-Maschinen, Remington mit Powers-Maschinen, Mücher mit Samas-Maschinen und Exacta mit Bull-Maschinen. Die Zeitschrift für Organisation benannte schon anlässlich der Han-

---

randy.carpenter/folklore/v5n1.html; Paul N.Edwards: The Closed World. Computers and the Politics of Discourse in Cold War America. Cambridge (Mass.) 1996; Hans-Jürgen Michalski: Der Einfluss des Militärs auf die Entwicklung der Telekommunikation in Deutschland, in: Ute Bernhardt/Ingo Ruhmann: Ein sauberer Tod. Informatik und Krieg (Schriftenreihe Wissenschaft und Frieden, Bd. 15). Marburg 1991, S. 8-20.

16 Martin H. Weik: The ENIAC Story: http://ftp.arl-mil~mike/comphist/eniac-story.html, zuletzt modifiziert am 20.06.2005.

17 Das rationelle Büro: Elektronengehirne denken und rechnen, 1953, S. 339; Werner Rammert: Gesellschaftliche Innovation durch reflexive Informatik, in: Dirk Siefkes (Hg.): Beiträge zur Sozialgeschichte der Informatik, Bd. 1, Berlin 1955, S. 7; Gefahren der informationstechnologischen Entwicklung. Perspektiven der Wirkungsforschung, hrsg. von der Gesellschaft für Mathematik und Entwicklung. Frankfurt am Main 1979.

18 Petzold: Moderne Rechenkünstler (wie Anm. 6), S. 169.

nover Messe 1955 vier Entwicklungstendenzen der Lochkartentechnik: Verfeinerung der bisherigen Lochkartenmaschinen, universelle Synchronisierung zwischen Lochkartenmaschinen und zahlreichen anderen Büromaschinen, Einzug mittlerer und kleinerer Elektronenrechner in die Praxis und verschiedene neue Techniken unter Erfahrungsauswertungen der „Elektronentechnik". IBM ging relativ spät ab 1952 zum serienmäßigen Bau elektronischer Rechenanlagen über. Jetzt kam die IBM 650 auf den Markt, deren Mietkosten allerdings noch immer den Haushalt der meisten Universitätsinstitute in Deutschland sprengten. Bedarf hatte aber schon vor 1955 die Bayer AG, die seit 1958 als erste deutsche Firma eine IBM 650 einsetzte und Überlegungen und Kostenabschätzung für Eigenentwicklung vornahm.

Ein neuer Zusammenhang von Aufrüstung und Forschungsförderung etablierte sich in der Bundesrepublik besonders ab 1956. Denn mit der Ratifizierung der Pariser Verträge 1954/55 endete das Verbot der Entwicklung elektronischer Geräte für „Automatisierung", was neue Herausforderungen für die deutsche nachrichtentechnische Industrie bedeutete: Siemens & Halske, SEL und Telefunken arrangierten sich in verschiedener Weise mit der IBM. Aus den USA kamen sensationelle Meldungen über „Elektronengehirne" (giant brains), eingesetzt bei der Entwicklung der Wasserstoffbombe und der Installierung des weltumspannenden NATO-Frühwarnsystems. Da die Einführung der Rechner durch Kauf oder Miete noch hohe Kosten verursachte, zeigten viele Betriebe aber Zurückhaltung. Jedoch wurden neue Verfahren wie „linear programming" entwickelt, um die bisher getrennten Bereiche Produktion und Verwaltung in den Betrieben zu einer „Administrationssphäre" zusammenzuführen und mittels der Strategie des „management by exceptions", Ursachenanalyse und Korrekturen anhand der Feststellung der Abweichungsdaten vom Betriebsoptimum betreiben zu können. IBM und Remington boten massiv fertige „Lösungen" an, aber die deutsche Betriebswirtschaft argumentierte mit zu hohen Kosten dagegen. Seit 1956 entstanden in Deutschland erste öffentliche Rechenzentren von IBM und Remington, in denen eine Rechenstunde 110 Mark kostete. So wurden noch bis in die 1970er Jahre Lochkartensysteme als Programm- und Datenspeicher verwendet. Jedoch löste nach 1957 der „Sputnik-Schock" vor allem bei amerikanischen Militärs die Überlegungen zum „Distributed Network" aus, aus dem 1983 ARPANET und schließlich seit der Einführung von sog. Hyperlinks nach 1990 das World Wide Web entstand, das sich mit Christopher Freemann und Carlota Perez als „technological revolution" oder „new techno-economic paradigm"[19] charakterisieren lässt.

---

[19] Christopher Freeman: As Time goes by. From the Industrial Revolution to the Information Revolution. Oxford 2002; Carlota Perez: Technological Revolutions and Financial Capital. The Dynamics of Bubbles and Golden Ages. Cheltenham 2002.

5. Bilanzierung unter dem Aspekt Innovationen

Für alle besprochenen Büromaschinen galt, dass der Nachfrage nach ihnen durch ganze Gesellschaften oder gesellschaftlich relevante Akteure und Akteurinnen die Erfindung, das wissenschaftliche Tüfteln, ursächlich also der technology push, vorausging. Daher sollte nicht schon eine Patentanmeldung oder -erteilung bzw. der Patenterwerb als Nachweis einer Innovation gelten. Für Schreib- und Rechenmaschinen musste ein market pull erst sehr langwierig und für die Produzenten der ersten Serienherstellungen auch kapitalaufwändig hergestellt werden und war zudem ebenfalls noch Jahre lang von weiteren technischen Verbesserungen durch unterschiedliche, miteinander konkurrierende Hersteller, nicht nur in unterschiedlichen Ländern, sondern auch auf unterschiedlichen Kontinenten, bei gleichzeitiger Verkaufskostenminimierung begleitet.

Dabei war durchaus relevant, dass einzelne unternehmerische Persönlichkeiten, in etwa die Schumpeterschen „creative entrepreneurs“[20], wie James Densmore, W. Th. Odhner, Franz Trinks, Gustav Metz, Hermann Hollerith oder Willy Heidinger durch eigene Vermarktungsideen und -risiken jeweils von gesellschaftlichen Kontexten – häufig für ein Unternehmen oder einen Unternehmenszweig negative Kriegsfolgen – gebotene Chancen erkannten und Wege für die Anwendung des neuen Produkts bahnten. Schwieriger ist es, mit Schumpeter zu unterscheiden, wem dabei die Rolle des „innovators“ oder lediglich des „imitators“ zukam und wer die größere Bedeutung hatte, die Erfinder oder diejenigen, welche die Erfindung letztendlich für verschiedenste Anwendungen modifizierten oder solche, die mittels neuer Vermarktungsideen oder -verfahren den Absatz sicherstellten. Mit West und Farr[21] oder Rosenberg ist nämlich festzuhalten, dass Innovationsprozesse „extrem ordnungswidrig“ verlaufen, da verschiedene Akteure diverse Aktivitäten aus unterschiedlichen Gründen entfalten, ehe die Einführung eines neuen Produkts einen positiven ökonomischen oder sonstigen gesellschaftlichen Effekt zeitigt. Zumindest noch in den 1950er Jahren war zudem völlig unklar, wie sich denn solch ein ökonomischer Nutzen betriebs-, geschweige denn volkswirtschaftlich *vor* der Einführung neuer Büromaschinen tatsächlich bestimmen, d.h. messen und mit den Erwerbskosten sinnvoll bilanzieren lasse. In Frage steht, ob sich daran zumindest volkswirtschaftlich bis heute überhaupt schon viel verändert hat. Daher bleibt die Aussage einer kanadischen Regierungswebsite „innovation occurs when a business introduces new products or services to the marketplace, or adopts new ways of making products or services“ in Bezug wenigstens auf Büromaschinen wirtschaftlich ähnlich vage wie die Aussage der Siemens AG Österreich: „Als Innovation (wörtlich: Erneuerung aus sich selbst heraus) bezeichnet man eine technische, soziale, prozessuale, strukturelle *oder* öko-

---

20 Joseph A. Schumpeter: Essays on entrepreneurs, innovations, business cycles, and the evolution of capitalism. Reprint. New Brunswick 1991.

21 Michael E. West/James L. Farr (Hg.): Innovation and Creativity at Work. Psychological and Organizational Strategy. Chichester 1990, S. 1-13; Nathan Rosenberg/David Mowery: Paths of Innovation. Technological Change in 20th Century America. Cambridge 1998.

nomische Neuerung (Invention, Erfindung), wenn sie vom Innovator (z.B. einem Unternehmen) erstmals angewandt bzw. am Markt eingeführt wird. Der Anwendungsbezug und die (subjektive) Neuheit für den Anwender sind kennzeichnende Eigenschaften von Innovationen. Ihr Ursprung kann auf zufälliger und unbewusster (unternehmerischer) Intuition oder auf bewussten und zielgerichteten Managementaktivitäten basieren."[22] Wenn aber ökonomische Effekte sich kaum sinnvoll sachlich vorherbestimmen lassen oder wenn es höchstens gilt, Plausibilitätsszenarien zu entwickeln, ist es wahrscheinlich angeraten, eher der kanadischen Regierungs- und der österreichischen Unternehmensbestimmung von Innovation zu folgen, als dem schon eingangs erwähnten umfassenden Verständnis des Bundesforschungsministerium, wonach Innovationen auch in einen Zusammenhang mit der Entwicklung „bessere(r) Arbeitsbedingungen" und im gleichen Atemzug mit der Einführung „effizientere(r) Abläufe" gebracht werden. Vor dem Hintergrund der hier kursorisch betrachteten drei Innovationswellen im Bürobereich (um 1910, nach 1920 und nach 1945) ist zu fragen, aus wessen Perspektive die besseren Arbeitsbedingungen gesehen werden. Denn die Beschäftigtenperspektive der wenigen Bediener und vielen Bedienerinnen von Büromaschinen konnte es bereits im 20. Jahrhundert schon deshalb nicht sein, weil der lange Prozess der Einführung immer neuer Büromaschinen langfristig privaten und staatlichen Betrieben Rationalisierung ermöglichte, für Arbeitnehmerinnen und Arbeitnehmer jedoch gleichzeitig extreme Arbeitsintensivierung, fortschreitende Dequalifizierung und bescheidenste Entlohnung bedeutete.

Deshalb ist festzuhalten, dass betriebswirtschaftlicher, volkswirtschaftlicher oder gesellschaftlicher Nutzen von Innovationen sehr wohl auseinander fallen können. Nicht erst die Anwendung von technologisch relativ komplexen, aber staatlich nachgefragten Lochkartenmaschinen im Nationalsozialismus oder der mit staatlicher Forschungsförderung vorangetriebenen Rechenautomaten als militärische Neuerungen im Zweiten Weltkrieg und ihm folgenden Kalten Krieg machen diese Unterscheidung dringlich.[23]

Mit Christopher Freeman und Carlota Perez ist festzuhalten: Wenn in wirtschaftswissenschaftlicher Perspektive Kondratieff-Zirkel mit wichtigen technologischen Änderungen assoziiert werden, ist zu beachten, dass technologischer Wandel das Resultat der Entwicklung eines ganzen Systems von Technologien und Innovationen ist, die für die Wirtschaft sehr unterschiedliche Bedeutung haben. Sog. „incremental innovations" als häufige Folgen von Erfindungen haben alleine nie dramatische Auswirkungen auf Ökonomien. Auch „radical innovations", die Einführung neuer Produkte und Verfahren als diskontinierliche und in den unterschiedlichen Sektoren der Wirtschaft ungleichmäßig verteilte Faktoren, haben nur begrenzte ökonomische Folgen. Technologische Revolutionen dagegen beeinflussen in ihren Auswirkungen ganze Ökonomien. Als Ergebnis verschiede-

---

22 Zitiert nach der Website vom 07.03.2002; in etwa so auch Jürgen Hauschildt: Innovationsmanagement, 2. Aufl., München 1997.

23 Vgl. auch den Artikel „Innovativ in die Sackgasse" der Hans Böckler Stiftung unter: www.boeckler/de/cps/rde/xchg/SID-3D0AB75D-FD7B9B36/hbs/hs.xsl vom 29.05.2003.

ner Innovationen benötigen sie jedoch relativ lange Zeit; und sie beinhalten ein komplexes Zusammenspiel technologischer, ökonomischer, politischer und sozialer Kräfte, die ein bestehendes Paradigma der effizientesten Organisation der Produktion *über mehrere Dekaden hinweg* ersetzen. Sie korrespondieren am ehesten mit Schumpeters kreativen Stürmen von Destruktion, die lange Wellen ökonomischer Entwicklung *im Nachhinein* erklären können.

Ausblick: Die „Innovationsoffensive Office 21" des Fraunhofer Instituts

Das Institut für Arbeitswirtschaft und Organisation beschäftigt sich seit 1996 mit einem groß angelegten Verbundforschungsprojekt Office 21. Ausgangspunkt ist die These:

„War bis dato die Welt der Büroarbeit weitgehend durch starre Arbeitszeiten, fixe Orte und zentrale Unternehmensstrukturen bestimmt, so erfordert das erfolgreiche Arbeiten in einer zunehmend globalisierten Wissensgesellschaft ein hohes Maß an Flexibilität. Verkürzte Produktionszyklen, beschleunigte Entwicklungsprozesse, sowie eine immer weiter zunehmende Individualisierung von Kunden und Produkten erfordern einen hohen Grad an Mobilität und Kommunikation. Der technologische Fortschritt (!) im Bereich der Informations- und Kommunikationstechnologie, sowie veränderte Management und Führungsinstrumente (!) erlauben uns bereits heute faszinierende Arbeitsmöglichkeiten in einem dreidimensionalen Aktionsfeld von Ort, Zeit und Struktur."[24]

Im Rahmen der empirischen Untersuchung Office Index 2000 untersuchte das Institut, „in welcher Form Büros gegenwärtig in Deutschland realisiert werden [...]". Anhand der Auskünfte von 898 befragten Büronutzern, davon gut 60 % Männer und knapp 40 % Frauen aus verschiedenen Branchen und Beschäftigungsebenen, wurde ermittelt:

- Knapp 92 % aller Bürobeschäftigten verfügten über persönlich zugeordnete, feste Arbeitsplätze.
- Ca. 72 % der Befragten arbeiteten in Zellenbüros, vornehmlich in Form von Einzelbüros oder als Einrichtung mit zwei bis sechs Arbeitsplätzen.
- Die Bewertung der „Bürogesamtqualität" wurde am stärksten von der Beurteilung der „Raumqualität" bestimmt.
- Die Analyse der Nutzungszeiten von Büroarbeitsplätzen wies für ca. 30 % der Befragten überdurchschnittlich hohe Abwesenheitsquoten aus.
- Die informations- und kommunikationstechnische Ausstattung des nutzbaren Büroumfelds wurde überdurchschnittlich gut beurteilt.
- Bezüglich des Themenfeld I + K Technik wurden in den nächsten 5-10 Jahren die größten Veränderungen im Bereich des Dokumentenmanagements erwar-

---

24 Nach der im Internet abrufbaren Datei: www.office21.de/Projektbeschreibung/Projektbeschreibung _office21.pdf.

tet. Die Befragten glaubten, dass Papier als Träger langfristig aufzubewahrender Informationen stark zurückgedrängt werde.

- Die größte Zukunftsfähigkeit wurde teamorientierten Büroformen, also Mehrpersonen- und Gruppen- oder Kombi-Büros attestiert.
- Telearbeit galt als zukunftsfähigste Variante. Aber persönlich zugewiesene Arbeitsplätze, Sharing-Konzepte oder non-territoriale Bürokonzepte galten alle als überdurchschnittlich zukunftsfähig.
- Bereits knapp 64 % der an der Untersuchung beteiligten Unternehmen beschäftigten sich – allerdings mit unterschiedlichsten Realisierungsstufen – mit „New Work Konzepten".

Wie dem Internet zu entnehmen ist, wird nicht nur bei der niederländischen Versicherung „Interpolis" bereits nicht mehr in Büros gearbeitet, sondern „im Clubhaus-Ohrensessel"[25]; auch der Automobilzulieferer „Brose Fahrzeugteile GmbH & Co" in Coburg hat für 1200 Angestellte seit 2001 ein „flexibles Büro" eingeführt und dadurch 20 % „Bürokosten" eingespart: „Technisch funktioniert das Desk-Sharing so: Jeder Mitarbeiter holt morgens einen Rollcontainer (Caddy) mit seinen persönlichen Unterlagen von Caddy-Bahnhof ab und sucht sich einen freien Schreibtisch. Dieser kann wechseln – [...] 12 Mitarbeiter teilen sich jeweils zehn Schreibtische [...] dadurch können sich interdisziplinäre Projektteams auch räumlich zu Gruppen formieren [...] Früher saßen sie in verschiedenen Gebäuden, heute können sie Informationen schnell und direkt austauschen. Dabei hilft modernste Kommunikationstechnik, u.a. ein firmeneigenes Satellitennetzwerk." Flexible Arbeitszeiten und „ein tätigkeitsbezogenes Tarifgehalt" sowie Leistungszulagen gehören zur „Neuen Arbeitswelt".[26]

---

25 Frankfurter Rundschau 08.01.2005.

26 www.chancenfuerfueralle.de/Arbeit/Neue_Arbeitswelt/Neue_Arbeitsweltbeider_FirmaBrose.html. – Ich danke Barbara Reschka und Gisela Vollradt für kritische Lektüre und hilfreiche Anmerkungen.

Günther Schulz

Korreferat zu Ursula Nienhaus

Phasen und Ursachen. „Innovationen im Bürobereich“

Das Thema „Innovationen im Bürobereich“ ist schwer einzugrenzen. Der „Bürobereich“ ist keinesfalls auf die Verwaltungssphäre begrenzt, sondern ebenso ein wichtiger Teil von Produktion und Handel – sei es das „klassische“ Meisterbüro, der von der (übrigen) Produktion abgetrennte Glaskasten, sei es das „Back Office“ in der Kreditwirtschaft oder beim Discounter im Einzelhandel. Ist es schon schwierig, die „Unternehmung“ selbst zu definieren[1], so wohl noch mehr das Büro. Es ist in der Moderne geradezu ubiquitär: der Ort für planende und verwaltende, arbeitsvorbereitende, koordinierende, leitende und kontrollierende Tätigkeiten ebenso wie für die Produktion von Dienstleistungen selbst, beispielsweise die Ausfertigung von Verträgen oder die Abwicklung finanzieller Transaktionen.[2]

Lässt sich das Thema zum einen mit Hilfe funktionaler Beschreibungen erschließen, so zum andern mit Hilfe historischer Zugriffe, die etwa den Wandel der Ursachen, Ausprägungen und Wirkungen von betrieblicher Macht und Prestige, Qualifikation und Arbeitshaltung etc. in den Vordergrund des Interesses rücken. Um das Thema zu strukturieren, legen sich zwei Zugriffsweisen nahe: zum einen – eher deskriptiv – die zeitliche Unterscheidung von Innovationsphasen, zum anderen – eher analytisch – die systematische Unterscheidung von Ursachen, einerseits der Nachfrage (Pull) nach Innovationen und andererseits des Angebots an Invention (Push). Blickt man nur auf Deutschland und nur auf die Entwicklung seit dem 19. Jahrhundert, so liegt es nahe, vier Wellen zu unterscheiden:

I) Im ausgehenden 19. Jahrhundert, etwa seit den achtziger Jahren bis zum Ersten Weltkrieg, hatte die Einführung der Schreibmaschine den wohl größten Einfluss auf die Innovation im Bürobereich.[3] Ursache war wohl mehr das durch die Erfindung und die technischen Möglichkeiten bereitgestellte Ange-

---

1 Berghoff verweist darauf, dass es rund zweihundert Definitionen von „Unternehmung“ gebe. Hartmut Berghoff: Moderne Unternehmensgeschichte. Eine themen- und theorieorientierte Einführung. Paderborn u. a. 2004, S. 120.

2 Aus der Fülle der Literatur siehe z.B. Hans-Joachim Fritz: Menschen in Büroarbeitsräumen. Über langfristige Strukturwandlungen büroräumlicher Arbeitsbedingungen mit einem Vergleich von Klein- und Großraumbüros. München 1982.

3 Dazu immer noch grundlegend Theo Pirker: Büro und Maschine. Zur Geschichte und Soziologie der Mechanisierung der Büroarbeit, der Maschinisierung des Büros und der Büroautomation. Mit Vor- und Nachwort von Edgar Salin. Basel-Tübingen 1962.

bot als die Nachfrage. Es brauchte einigen Aufwand, um dieses Angebot am Markt durchzusetzen. Die Einführung der Schreibmaschine trug zugleich zum Siegeszug der Stenographie bei, denn nur mittels der Stenographie und damit des sehr schnellen Erfassens von Texten war es wirtschaftlich vernünftig, die Schreibmaschine einzusetzen. Der Einsatz der Schreibmaschine und der Stenographie hatten erhebliche Auswirkungen auch auf gesellschaftliche Innovationen. Dies betraf nicht nur die geschlechtliche Segregation – insofern der ursprünglich überwiegend männliche Sekretär bald durch die Sekretärin ersetzt, vielleicht sogar verdrängt wurde –, sondern es hatte auch weitere soziale Konsequenzen – insofern nun zunehmende Standardisierung und damit auch Nivellierung der Büroarbeit im Rahmen fortschreitender Arbeitsteilung einsetzte. Diese umfasste eine neue Segmentierung und Differenzierung von Qualifikation, Status und Entlohnung etc. Dies war in der Vorkriegszeit allerdings erst qualitativ wichtig, quantitativ noch nicht sehr bedeutend.

II) Die zweite Innovationswelle setzte 1923/24 ein, nach der Sanierung der Währung. Nun war Kapital außerordentlich knapp und damit teuer. Nun erfasste die Arbeitszerlegung, die im späten 19. und frühen 20. Jahrhundert vornehmlich die Betriebe betroffen hatte, massiv auch die Büros. Die Bürosphäre wurde tayloristisch durchdrungen – bedingt vornehmlich durch die Nachfrage nach rationellen, arbeits- und kapitalsparenden Innovationen. Unter Vorstellungen und Begriffen wie „Human Engineering" und „Psychotechnik" wurden Arbeitsprozesse analysiert, funktional zerlegt, es wurden Karteisysteme, neue Büromaschinen und anderes mehr eingeführt.[4] Vieles von dem, was in der Weimarer Zeit in funktionalen Kontexten begonnen hatte, griffen die Nationalsozialisten auf und formten es diktatorisch-disziplinierend und rassistisch um. Als Beispiele seien nur das Deutsche Institut für technische Arbeitsschulung (Dinta) genannt, 1925 gegründet und 1934 als „Amt für Berufserziehung und Betriebsführung" in die „Deutsche Arbeitsfront" eingegliedert, ferner Initiativen wie das 1933 gegründete Amt „Schönheit der Arbeit" im Rahmen von „Kraft durch Freude".

III) Nach 1945/49 erhielten Innovationen im Bürobereich gewaltigen Auftrieb. Das meiste dessen, was nun durchgeführt wurde, war nicht qualitativ neu – neu war das Ausmaß. Vorhandene Inventionen wurden in Deutschland nun umfangreich zu Innovationen. Schreib-, Rechen- und Buchungsmaschinen hielten, meist im Rahmen der „Amerikanisierung", Einzug in die Produktion und Verwaltung. Die Büroarbeit in beiden Bereichen erfuhr eine starke quantitative Steigerung bzw. Verdichtung von Innovation, die neue Qualität erlangte. Dies lässt sich wohl am ehesten als Nachfrageeffekt aus dem Anwendermarkt heraus erklären.

---

4 Siehe als ein Beispiel von vielen die Entwicklung bei den Sparkassen: Günther Schulz: Der Sparkassenbetrieb bis in die fünfziger Jahre des 20. Jahrhunderts, in: Technik und Management in der Sparkassen-Finanzgruppe. Sparkassenhistorisches Symposium 2000. Stuttgart 2001, S. 21-55.

IV) Die vierte Innovationswelle war bzw. ist der Einsatz der elektronischen Datenverarbeitung in der jüngsten Zeit in all ihren Facetten. Die EDV bewirkte nichts weniger als eine kalte, „weiße“ Revolutionierung der Büroarbeit mit weitreichenden gesellschaftlichen Wirkungen. Sie führte unter anderem zu (räumlicher) Auflösung der traditionellen Einheit des Bürobereichs. Sie erfüllte freilich nicht alle Erwartungen – die Vorstellung vom „papierlosen Büro“ entpuppte sich bald als Chimäre. Doch die massive Umstellung der Büroarbeit auf EDV führte zu Dezentralisierung der Bildschirmarbeitsplätze und Flexibilisierung der Arbeitszusammenhänge. Dequalifikation, die Innovationen meist auch zur Folge haben, schritt rasch voran – im Gegenzug erlangten allerdings neue Qualitäten Bedeutung. Die Texterfassung trat und tritt zurück, organisierende, planende, koordinierende Tätigkeiten gewannen und gewinnen hingegen mehr Gewicht. Sie tragen die Möglichkeit zu mehr Selbstbestimmung ebenso in sich wie die zu mehr Fremdbestimmung, neuer Unübersichtlichkeit und Selbstausbeutung.[5] Die neuen Dequalifikations- und Qualifikationsprozesse fanden und finden ihren Ausdruck auch in einheitlicher Tarifgestaltung für den gewerblichen und den kaufmännischen Bereich. Insgesamt lässt sich bei der vierten Welle eine enge – kausale und zeitliche – Verbindung von Invention einerseits und Implementierung am Markt andererseits beobachten.

Unter der Oberfläche der Innovationen im Bürobereich verbargen sich stets – oft tiefgreifende – wirtschaftliche und gesellschaftliche Veränderungen. Dazu gehören die Feminisierung der Büros, die Nivellierung, Differenzierung und Versachlichung der Arbeits- und Qualifikationsprozesse.[6] Mit Dequalifizierung verband sich, wie angesprochen, meist auch neue Qualifizierung.

Die Frage, ob Innovationen im Bürobereich eher nachfrage- oder eher angebotsinduziert waren, ist so etwas wie die Frage nach Henne und Ei. Die dargelegten Beispiele zeigen zwei unterschiedliche Verläufe bzw. Ursachenfolgen:

A) Im späten 19. Jahrhundert war die Schreibmaschine eine technisch-materielle Grundinnovation, deren massenhafte Nutzung erst recht mühsam durchgesetzt werden musste. Sie setzte sich insbesondere mit Hilfe von Werbung durch, flankiert von der forcierten Verbreitung der Stenographie und begünstigt durch allmähliche technische Optimierung der Schreibmaschine selbst. Keineswegs hatte der Markt nach der Maschine gerufen. Wahrscheinlich profitierte die Durchsetzung der Schreibmaschine vom hochindustriellen Boom der Wirtschaft. Man könnte diese Innovation also als Frucht des Wirtschaftsaufschwungs bezeichnen – gewissermaßen als ein „Kind des Glücks“, um ein

5 Siehe dazu beispielhaft für die späten siebziger Jahre Georg Schreyögg/Horst Steinmann/Brigitte Zauner: Arbeitshumanisierung für Angestellte. Job-Enrichment im Verwaltungs- und Dienstleistungsbereich. Stuttgart u.a. 1978.

6 Siehe dazu Günther Schulz: Die industriellen Angestellten. Zum Wandel einer sozialen Gruppe im Industrialisierungsprozess, in: Hans Pohl (Hg.): Sozialgeschichtliche Probleme in der Zeit der Hochindustrialisierung (1870-1914). Paderborn u.a. 1979, S. 217-266, insbes. S. 238-266.

bekanntes, auf die Kartelle gemünztes Diktum aufzugreifen. Diese Innovation war nicht militärisch bedingt, sie war keine Folge des Kriegs wie manch andere Neuerung. Langfristig dürfte auch die Entfaltung des Wohlfahrtsstaats im 20. Jahrhundert diese Innovation – wie viele andere – befördert haben, insofern der Wohlfahrtsstaat mit der Verwaltung von Massendaten mittel- und langfristig entsprechende (zusätzliche) Nachfrage im Bürobereich schuf.

B) Anders stellte sich die Situation nach 1923/24 und nach 1945/49 dar. Nun waren die Verfahren und Maschinen vorhanden, sie wurden jetzt, nach der Währungsumstellung bzw. nach dem Krieg, auf dem Weg der Übernahme („Amerikanisierung") implementiert. Jetzt also waren Innovationen eher „Kinder der Not", geboren oder begünstigt durch Kapitalmangel.

Die Entwicklung in der jüngsten Zeit ist durch sehr rasche, globale Umsetzung von Inventionen und sehr schnelle Verbreitung von Innovationen gekennzeichnet. Die Innovationszyklen haben sich stark verkürzt. Push und Pull, technologisches Angebot und wachsende Nachfrage gehen Hand in Hand.

Für die Deutung der Durchsetzungsbedingungen von Innovationen lässt sich die heuristische These formulieren: Inventionen setzen sich im Bürobereich durch, wenn (andere) Faktoren sie begünstigen. Sie werden zu Innovationen, wenn neben den inventorischen Voraussetzungen auch die wirtschaftlichen und die gesellschaftlichen Voraussetzungen es gestatten. Die Kombination der Faktoren, das Design der innovatorischen Voraussetzungen, ist freilich jeweils verschieden, es lassen sich allenfalls Plausibilitäten herausarbeiten. Historische Innovationsforschung könnte insofern dazu beitragen, das Plausibilitätsszenario für künftige Entwicklungen besser zu fundieren.

Uwe Cantner/Kristina von Rhein/Jens Krüger

Die Evolution der deutschen Automobilindustrie (1886-1939) Die Rolle technologischen Wissens und seiner Anwendung

1. Einleitung

Das Forschungsgebiet der Industrielebenszyklen befasst sich mit der empirischen Analyse der Entwicklung von Industrien, verstanden als die Gesamtheit aller Unternehmen, die ein bestimmtes Produkt in verschiedenen Varianten, z.B. Automobile, herstellen. Ziel dabei ist es, charakteristische Muster in der Entwicklung dieser Branchen zu identifizieren und ökonomische Erklärungen hierfür zu finden. Um die Entwicklung einer Industrie zu beschreiben, wird meist die Anzahl der Unternehmen am Markt betrachtet.[1] In Abbildung 1 ist ein idealtypischer Verlauf der Unternehmensanzahl einer Industrie dargestellt, deren Entwicklung dem Lebenszyklusmuster folgt. Man kann dabei einen starken Anstieg zu Beginn der Industrieentwicklung beobachten, dem bei einem typischen Verlauf ein rapider Abfall folgt, der in der Literatur auch als Shakeout[2] bezeichnet wird. Anschließend kommt es zur Stabilisierung der Unternehmenszahl. Zur Beantwortung der Frage, wie diese Entwicklung zustande kommt, müssen die Entwicklungen von Markteintritt und Marktaustritt betrachtet werden. Die Veränderung der Anzahl der Unternehmen, resultierend aus der Differenz zwischen Markteintritt und -austritt, wird durch die Kurve der Nettomarkteintritte in Abbildung 1 beschrieben. Demnach wird der typische Verlauf eines Industrielebenszyklus zunächst durch eine vergleichsweise hohe Anzahl von Markteintritten bestimmt, die dann auf Null sinken. Sie werden im Zeitablauf von Marktaustritten überkompensiert, die anfänglich noch selten auftreten, dann aber zunehmen und erst mit dem Einstellen einer konstanten Anzahl von Unternehmen auch wieder abnehmen und auf Null zurückgehen.

---

1 Michael Gort/Steven Klepper: Time Paths in the Diffusion of Product Innovations, in: Economic Journal 92 (1982), S. 630-653.

2 Steven Klepper: Entry, Exit, Growth, and Innovation over the Product Life Cycle, in: American Economic Review 86 (1996), S. 562-583.

Abb. 1: Entwicklung der Unternehmensanzahl (idealisierter Verlauf)

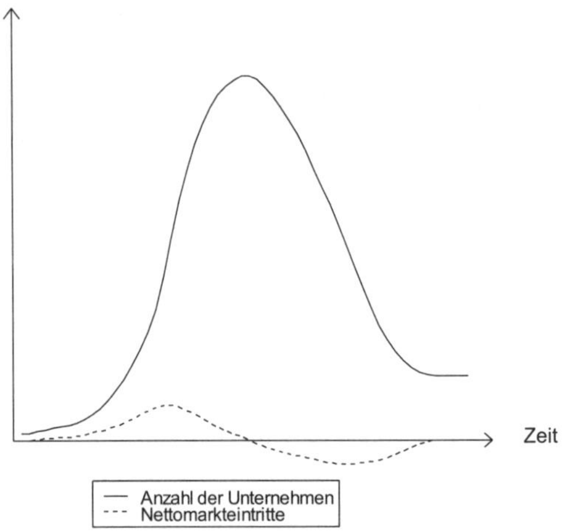

Einen überzeugenden theoretischen Ansatz für ein derartiges Entwicklungsmuster einer Industrie liefert das Modell von Klepper.[3] Dort stellt das Wissen eines Unternehmens die zentrale Größe dar, welche den Markteintritt bzw. -austritt eines Unternehmens steuert. Es kann generell in zwei Ausprägungen auftreten: zum einen als Wissen, welches durch die Forschungs- und Entwicklungstätigkeit eines Unternehmens generiert wird und zum anderen als Wissen, welches im Laufe der Zeit durch das Lernen über den Produktionsprozess entsteht. Beides sind Formen von Wissen, die nach Markteintritt generiert werden.

Im Modell von Klepper haben früh in den Markt eingetretene Unternehmen einen Vorteil, da sie gegenüber später eintretenden Unternehmen einen Zeitvorsprung nutzen können, um zu lernen. Dies spiegelt sich in Form von kostensenkenden Prozessinnovationen wider, zusätzlich verstärkt durch einen höheren Output. Dieser Vorteil kann von später hinzukommenden Unternehmen nur durch eine höhere Innovationsfähigkeit bei Markteintritt, und einen damit verbundenen, höheren Gewinn aus Produktinnovationen, ausgeglichen werden. Es überleben danach nur die Unternehmen am Markt, die entweder früh eingetreten oder besonders innovativ sind. Klepper untersucht in seinen empirischen Arbeiten zudem noch eine dritte Wissenskomponente: die zusätzliche Erfahrung, die ein Unternehmen bereits haben kann, wenn es in den Markt eintritt.[4]

---

3 Klepper: Entry, Exit, Growth, and Innovation over the Product Life Cycle (wie Anm. 2).

4 Steven Klepper: The Capabilities of New Firms and the Evolution of the US Automobile Industry, in: Industrial and Corporate Change 11 (2002), S. 645-666.

Der Fokus unserer Untersuchung der deutschen Automobilindustrie zwischen 1886 und 1939 liegt auf der Entwicklung der Marktaustritte. Die Untersuchung erfolgt in Form einer Analyse der Überlebenswahrscheinlichkeit der Unternehmen. Dabei wird der Einfluss des Wissens auf das Überleben von Unternehmen als zentrale Erklärungsdeterminante untersucht. Hierfür wird zunächst in Abschnitt 2 ein kurzer historischer Überblick über die Entwicklung der deutschen Automobilindustrie gegeben. Anschließend werden die Methoden erläutert, die zur empirischen Auswertung herangezogen werden und die Ergebnisse dieser Auswertung vorgestellt. Dabei wird das Wissen in die bereits erwähnten drei Komponenten aufgeteilt, die durch die Erfahrung vor Markteintritt, die Erfahrung nach Markteintritt und die Innovationstätigkeit repräsentiert werden. Der Einfluss dieser Komponenten wird zunächst in den Abschnitten 3.1 bis 3.3 zuerst voneinander isoliert untersucht, bevor im Abschnitt 3.4 die Frage beantwortet wird, ob es Kompensationsmöglichkeiten zwischen den einzelnen Komponenten gibt. Im Abschnitt 4 werden die Ergebnisse kurz zusammengefasst.

2. Historischer Hintergrund der deutschen Automobilindustrie 1886-1939 und Datenbasis

Die Automobilgeschichte in Deutschland und damit auch die weltweite Verbreitung des Automobils beginnt 1886 mit den Unternehmen von Gottlieb Daimler und Karl Benz. Während Daimler und Maybach eine Kutsche motorisiert hatten, entwickelte Benz ein völlig neues Fahrzeug. In Deutschland fand der Motorwagen allerdings zunächst wenig Akzeptanz, was auf folgende Gründe zurückgeführt werden kann: Automobile wurden, wenn überhaupt zur Kenntnis genommen, als stinkende Krachmacher empfunden, welche die Pferde der anderen Verkehrsteilnehmer verschreckten. Außerdem waren die größtenteils handgefertigten Motorwagen teuer.[5] Da sich daher anfangs nur reiche Leute ein Automobil leisten konnten, umfasste die Zielgruppe der Automobilunternehmen nur eine kleine Bevölkerungsschicht. Aufgrund dieses in Deutschland zu kleinen Absatzmarktes richtete sich das Engagement von Daimler und Benz zunächst auf Frankreich, wo es Ende des 19. Jahrhunderts mehr reiche Bürger gab, die als potentielle Nachfrager nach Motorwagen in Frage kamen. Als Folge verlagerte sich die Entwicklung der Automobilindustrie für ein paar Jahre dorthin, sodass man sagen kann, „[...] *das Automobil ist zwar in Deutschland geboren, aber in Frankreich erzogen worden.*"[6] Neben diesen Akzeptanzproblemen stand das gut entwickelte Eisenbahnnetz im Deutschen Reich einer größeren Verbreitung des Automobils entgegen. Die Menschen in Deutschland waren daher nicht in dem Maße auf das Automobil angewiesen, wie beispielsweise die US-Amerikaner. Entsprechend war die Bedeutung der Automobile als Verkehrs- und Transportmittel ziemlich gering, man nutzte sie

---

5 Reiner Flik: Von Ford lernen? Automobilbau und Motorisierung in Deutschland bis 1933. Köln/Weimar/Wien 2001.

6 Wolfgang Rödiger: 100 Jahre Automobil. 3. Aufl., Leipzig/Jena/Berlin 1990, S. 23.

mehr für Rennsport, Freizeitgestaltung und Repräsentation und betrachtete sie als „[...] Luxusgüter von fragwürdigem Nutzen."[7] Dies hatte auch eine entsprechend hohe Besteuerung zur Folge. Des Weiteren standen die verschärfte Haftpflicht für Kraftfahrzeughalter[8] und die so genannte „Garagenfrage"[9] einer weiteren Verbreitung des Automobils entgegen.[10]

Abb. 2: Die Entwicklung der Unternehmensanzahl (deutsche Automobilindustrie)

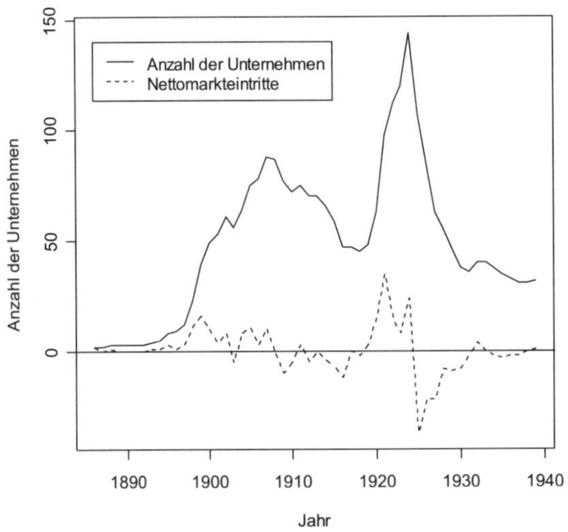

Dies änderte sich erst in den letzten Jahren des 19. Jahrhunderts, was auch die Entwicklung der Anzahl der Unternehmen in der deutschen Automobilindustrie von 1886 bis 1939 in Abbildung 2 dokumentiert. Die Orientierung von Daimler und Benz nach Frankreich und die dortige Popularisierung des Automobils beeinflussten die Unternehmensgründungen Ende des 19. und Anfang des 20. Jahrhunderts. Während die neu gegründeten französischen Unternehmen der 80er Jahre des 19. Jahrhunderts Lizenzen der Firmen Daimler und Benz verwandt hatten,

7 Flik: Von Ford lernen? (wie Anm. 5), S. 21.

8 Die Gefährdungshaftung verpflichtete den Halter eines Automobils im Falle eines Unfalls auch dann zum Schadensersatz, wenn er diesen nicht verursacht hatte. Dies hatte zur Folge, dass sich vorsichtige Leute kein Fahrzeug zulegten und die Kosten der Haftpflichtversicherung sehr hoch waren.

9 Viele Großstädte erließen aufgrund der Explosionsgefahr der Benzine strenge feuerpolizeiliche Bestimmungen für den Umgang mit Kraftwagen, die es beispielsweise verboten, Automobile im Freien unterzubringen. Die Stadtbewohner waren also gezwungen, für ihre Fahrzeuge Garagen zu mieten, wovon es damals erstens wenig gab und wofür zweitens die Mieten sehr hoch waren. Die „Garagenfrage" war damit ein weiterer Grund, kein Fahrzeug zu kaufen.

10 Flik: Von Ford lernen? (wie Anm. 5).

bauten die in dieser Zeit entstandenen deutschen Automobilunternehmen ihre Fahrzeuge hauptsächlich nach französischen Lizenzen.[11] Aber nicht nur die Entwicklung der französischen Automobilindustrie weckte in Deutschland ein verstärktes Interesse für Automobile. Um Zuverlässigkeit und Leistung der Fahrzeuge zu testen, wurden regelmäßig Wett- und Fernfahrten veranstaltet, die zunehmende Aufmerksamkeit auf sich zogen und dafür sorgten, dass sich das Automobil mehr und mehr durchsetzen konnte. Im deutschen Reich wurde so einerseits rückwirkend das Geschäft der bestehenden Automobilunternehmen belebt und andererseits ein Marktpotential eröffnet, aufgrund dessen neue Unternehmen in den Markt eintraten.[12]

Die deutsche Automobilindustrie entwickelte sich auf diese Weise bis zum Beginn des ersten Weltkrieges 1914 beachtlich: die Dividenden und Reserven der Aktiengesellschaften der Branche lagen in den Jahren vor Kriegsbeginn weit über dem Durchschnitt sämtlicher vom Statistischen Reichsamt untersuchter Gesellschaften.[13] Zu Kriegsbeginn wurden alle felddiensttauglichen Kraftfahrzeuge vom Militär beschlagnahmt, es erfolgte keine Pkw-Produktion für private Zwecke mehr und die zivile Nutzung von Personenwagen wurde verboten. Alle Lieferverträge an die Privatwirtschaft wurden bis Kriegsende aufgeschoben und die meisten Automobilunternehmen stellten ihre Produktion auf mittelschwere Lastwagen um.[14] Das Kriegsende 1918 bedeutete jedoch für viele deutsche Unternehmen auch das Ende des Automobilbaus. Den meisten von ihnen fehlten nach der Zweckentfremdung durch die Kriegsproduktion die erforderlichen Mittel, um den zivilen Automobilbau wieder aufzunehmen.[15]

Mit der ersten Hälfte der 20er Jahre setzte eine Entwicklung ein, die man als die zweite große Gründerzeit in der deutschen Automobilindustrie bezeichnet. Die auf den Krieg folgende Inflation brachte zunächst eine „Scheinblüte" mit sich, da Automobile als Sachwerte verstärkt nachgefragt wurden. Der Automobilbau war auch für viele Spekulanten und Nachahmer attraktiv, da sich „[...] *aus vorhandenen und (auf Kredit) erworbenen Vorprodukten* [...] *am Markt begehrte Güter herstellen lassen*"[16]. Die Anzahl der Automobilunternehmen stieg demzufolge stark an.

---

11 Volkmar Köhler: Deutsche Personenwagenfabrikate zwischen 1886 und 1965 (Sonderdruck aus Tradition. Zeitschrift für Firmengeschichte und Unternehmensbiographie 3/1966). München 1966, S. 127-151.

12 Rödiger: 100 Jahre Automobil (wie Anm. 6).

13 Heidrun Edelmann: Vom Luxusgut zum Gebrauchsgegenstand. Die Geschichte der Verbreitung von Personenkraftwagen in Deutschland. Frankfurt am Main 1989.

14 Flik. Von Ford lernen? (wie Anm. 5); Edelmann: Vom Luxusgut zum Gebrauchsgegenstand (wie Anm. 13).

15 Köhler: Deutsche Personenwagenfabrikate zwischen 1886 und 1965 (wie Anm. 11).

16 Rainer Gömmel/Helmut Braun: Aufstieg und Niedergang der deutschen Motorradindustrie, in: Gerhard, Hans-Jürgen (Hg.): Struktur und Dimension. Festschrift für Karl Heinrich Kaufhold zum 65. Geburtstag. Teil 2: Neunzehntes und zwanzigstes Jahrhundert. Stuttgart 1997, S. 167-194, hier S. 171.

Als Ende 1925 die mit Beginn des ersten Weltkriegs verhängten Importbeschränkungen aufgehoben wurden, konnte die Konkurrenz mit den günstigeren und teilweise qualitativ besseren ausländischen Fahrzeugen, hauptsächlich aus den USA, die deutschen Hersteller unter Druck setzen. Die Importe der ausländischen Unternehmen nahmen zu, während die Exporte der deutschen Unternehmen, denen mit Stabilisierung der eigenen Währung 1923/24 der Preisvorteil im Ausland wegfiel, rückläufig waren. Da zusätzlich auf dem Binnenmarkt die inflationsbedingte Nachfrage wegbrach[17], waren viele der Unternehmen, die Anfang der 20er Jahre in dem Markt eingetreten waren, gezwungen, ihre Produktion bereits wenige Jahre später wieder einzustellen.

Die am Markt verbliebenen deutschen Automobilunternehmen reagierten auf den Nachfragerückgang mit Verringerung der Modellauswahl, Umstellung auf effizientere Produktionsmethoden und Fusionen. Mit Einsetzen der Weltwirtschaftskrise im Jahr 1929 sank der Auslastungsgrad der Kapazitäten auf 25 Prozent und weitere Unternehmen mussten die Produktion einstellen. Die zweite Hälfte der 20er Jahre war somit geprägt von einer harten Auslese und Konzernbildung sowie infolgedessen einer Konzentration des Sektors. Trotz dieser Schwierigkeiten fand das Automobil weiterhin zunehmende Verbreitung in der deutschen Bevölkerung und das Image vom Luxusgut verlor sich allmählich. Anfang der 30er Jahre kristallisierte sich auch die vorerst endgültige Gruppierung der Hersteller von Personenwagen auf dem deutschen Markt heraus. Vier große Unternehmen, Opel, Ford, Daimler-Benz (seit 1927 zusammen) und Auto-Union (1932 aus den Unternehmen Audi, Wanderer, Horch und DKW gebildet) dominierten ab diesem Zeitpunkt den Markt. Neben ihnen entfiel ein geringer Rest des Marktes auf kleine und spezialisierte Unternehmen. Diese Konstellation setzte sich bis zum Beginn des zweiten Weltkriegs im Jahr 1939 fort.[18] Mit dieser Stabilisierung der Unternehmensanzahl war die letzte Phase der Lebenszyklusentwicklung erreicht.

Diese historische Beschreibung der Entwicklung der deutschen Automobilindustrie hat gezeigt, in welchen ökonomischen und politischen Situationen sich die Anzahl der Unternehmen erhöht (v.a. Nachfragewachstum und Flucht in die Sachwerte) und in welchen sich diese wieder verringert hat (v.a. kriegsbedingte Austritte und Wettbewerbsdruck). Die sich ergebende charakteristische Entwicklung einer Industrie resultiert so aus dem Zusammenspiel von Markteintritten und -austritten. Hierbei bleiben jedoch einige Fragen offen, wie etwa, warum die Markteintritte sowie nachfolgend auch die Marktaustritte auf Null zurückgehen, d.h. die Markteintritts- und -austrittsentwicklung fallend ist, und warum die sich dann einstellende Anzahl von Unternehmen für längere Zeit konstant bleibt. Daneben ist von Interesse, wie Unternehmen charakterisiert sind, die in den Sektor eintreten bzw. zum Austreten gezwungen sind, und wie sie sich von Unternehmen unterscheiden, die nicht in den Sektor eingetreten sind bzw. im Sektor verbleiben konnten.

---

17 Flik: Von Ford lernen? (wie Anm. 5).

18 Köhler: Deutsche Personenwagenfabrikate zwischen 1886 und 1965 (wie Anm. 11).

Eine weitergehende systematische empirische Analyse des Lebenszyklusmusters muss sich entsprechend diesen beiden wesentlichen Determinanten zuwenden. Dabei ist man aufgrund der Datenverfügbarkeit allerdings oft gezwungen, auf eine umfassende Analyse zu verzichten und sich auf einige wesentliche Faktoren zu beschränken. So ist es im vorliegenden Fall nicht möglich, sich näher mit den Markteintritten und ihren Determinanten zu befassen, da Informationen über den Pool der potentiellen Eintrittskandidaten, über technologische Opportunitäten und Nachfragepotentiale u.a.m. nicht vorhanden sind. Entsprechend lassen sich keine Eintrittswahrscheinlichkeiten als wesentliche Determinante der Markteintritte zu einem bestimmten Zeitpunkt bestimmen. Anders verhält es sich bei der Entwicklung der Marktaustritte, die von den Überlebenschancen (Wahrscheinlichkeit in der Industrie zu verbleiben) der sich zu einem bestimmten Zeitpunkt in der Industrie befindlichen Unternehmen bestimmt sind.

Die weitere Analyse wird sich diesem zweiten Fragekomplex zuwenden und dort die Marktaustrittsproblematik untersuchen. Die folgenden statistischen Untersuchungen basieren auf einem umfassenden Datensatz mit insgesamt 441 Automobilunternehmen im Zeitraum von 1886 bis 1939, der aus einer Vielzahl von Quellen zusammengestellt wurde.[19] Von diesen 441 Unternehmen konnten allerdings nur 349 untersucht werden, da bei ihnen Ein- und Austrittsjahr bekannt ist. Wie Abbildung 2 zeigt, ist das grundsätzliche Entwicklungsmuster eines Industrielebenszyklus erkennbar, wenn auch nicht idealtypisch.

3. Die Rolle des Wissens

Die zentrale Fragestellung, der die Analyse der Marktaustrittsentwicklung im Industrielebenszyklus nachgeht, betrifft die Determinanten der Überlebenswahrscheinlichkeit der Unternehmen. Diese ist zwischen Unternehmen sehr unterschiedlich und hängt von verschiedenen technologischen und ökonomischen Faktoren, wie beispielsweise Eintrittszeitpunkt[20], Unternehmensgröße[21] und Innovationsfähigkeit[22] ab. Zur Analyse der Überlebenswahrscheinlichkeit wird die Hazardrate betrachtet, die angibt, mit welcher Wahrscheinlichkeit ein Unternehmen in der nächsten Periode aus dem Markt austreten muss. Als zentrale Determinante der Hazardrate wird im Weiteren das Wissen der Unternehmen betrachtet, wel-

---

19 Eine detaillierte Beschreibung findet sich in Uwe Cantner/Kristina Dreßler/Jens J. Krüger: Firm Survival in the German Automobile Industry (Jenaer Schriften zur Wirtschaftswissenschaft, 08/2004) und Uwe Cantner/Kristina Dreßler/Jens J. Krüger: Knowledge and Creative Destruction over the Industry Life Cycle: The Case of the German Automobile Industry (Jenaer Schriften zur Wirtschaftswissenschaft, 05/2005).

20 Steven Klepper: Firm Survival and the Evolution of Oligopoly, in: Rand Journal of Economics 33 (2002), S. 37-61.

21 David B. Audretsch/Talat Mahmood: Entry, Growth, and Survival. The New Learning on Firm Selection and Industry Evolution, in: Empirica 20 (1993), S. 25-33.

22 Klepper: Entry, Exit, Growth, and Innovation over the Product Life Cycle (wie Anm. 2).

ches zu diesem Zweck in drei Komponenten, die Erfahrung nach Markteintritt, die Erfahrung vor Markteintritt und die Innovationstätigkeit, unterteilt wird.[23]

3.1. Erfahrung nach Markteintritt

Die Erfahrung, die ein Unternehmen nach Markteintritt sammelt, und ihr Einfluss auf das Überleben des Unternehmens werden zuerst untersucht. Unterschiedlich große Erfahrungen von Unternehmen zu einem bestimmten Zeitpunkt ergeben sich aus den unterschiedlichen Zeitpunkten des Markteintritts. Diese müssen miteinander verglichen werden. Um zu aussagekräftigen Ergebnissen zu kommen, werden die wenigen Markteintritte pro Jahr in einen mehrere Jahre umfassenden Zeitraum zu Eintrittskohorten zusammengefasst. Diese Kohorten werden dann hinsichtlich ihrer unterschiedlichen Überlebenschancen verglichen. Hierfür wird im Rahmen eines Regressionsansatzes eine Dummy-Variable[24] für die jeweilige Markteintrittskohorte in die Schätzung der Hazardrate eines Unternehmen aufgenommen und somit der Einfluss untersucht, den die Zugehörigkeit zu einer bestimmten Kohorte auf das Überleben eines Unternehmens hat. Aus den zahlreichen Möglichkeiten, die Unternehmen einer Industrie in Eintrittskohorten einzuteilen, übernimmt diese Arbeit eine Einteilung in Anlehnung an Klepper[25]. Dabei werden die Unternehmen einer Industrie so eingeteilt, dass sich in jeder Kohorte mindestens 15 Unternehmen befinden, die mindestens 15 Jahre überlebt haben. Klepper begründet diese Einteilung mit dem Ziel, „[...] *to accentuate differences in cohort survival rates at older stages*“[26].

Für die deutsche Automobilindustrie erhält man gemäß dieser Vorgehensweise vier Eintrittskohorten, die der Tabelle 1 zu entnehmen sind.

Tab. 1: Eintrittskohorten für die deutsche Automobilindustrie

Kategorie	Zeitraum	Anzahl	Variable
Kohorte 1	1886-1901	56	E_1
Kohorte 2	1902-1906	52	E_2
Kohorte 3	1907-1922	126	E_3
Kohorte 4	1923-1939	115	E_4

23 Cantner/Dreßler/Krüger: Firm Survival in the German Automobile Industry (wie Anm. 19). Dies.: Knowledge and Creative Destruction over the Industry Life Cycle: The Case of the German Automobile Industry (wie Anm. 19).

24 Dummy-Variablen erfassen lediglich den Umstand, ob ein bestimmtes Merkmal erfüllt ist oder nicht. Bei Erfüllung erhält die Dummy-Variable den Wert 1, ansonsten den Wert 0.

25 Klepper: Firm Survival and the Evolution of Oligopoly (wie Anm. 20).

26 Ebenda, S. 45.

Zunächst lassen sich die Überlebensfunktionen der vier Eintrittskohorten graphisch mit Hilfe des Kaplan-Meier-Schätzers darstellen. Die Aussagekraft dieser Darstellung ergibt sich insbesondere aus dem Vergleich der Überlebensfunktionen verschiedener Gruppen von Unternehmen. Die zur Schätzung der Überlebensfunktion verwendeten Verweildauerdaten weisen zwei grundlegende Eigenschaften auf: Sie können einerseits nicht negativ werden und sind andererseits meist zensiert. Zensierung bedeutet dabei, dass bei der Schätzung berücksichtigt wird, dass sich Unternehmen zu Beginn des Betrachtungszeitraumes bereits im Markt befunden haben (Linkszensierung) oder sich am Ende des Betrachtungszeitraumes noch im Markt befinden (Rechtszensierung). Im Fall der deutschen Automobilindustrie wird nur eine Rechtszensierung verwendet, da die Analyse 1886 mit dem Eintritt der ersten Unternehmen startet. Bei zensierten Unternehmen wird berücksichtigt, dass die Verweildauer mindestens so groß ist, wie das Ende des Betrachtungszeitraumes, obwohl man die tatsächliche Verweildauer nicht kennt.[27] Die Berücksichtigung der Zensierung geschieht in Form einer Dummy-Variable, die den Umstand der Zensierung in Form einer Null-Eins-Kodierung erfasst, und so eine Zensierung der Daten hier für Unternehmen erfolgt, die über 1939 hinaus existiert haben. Zensiert werden ebenfalls fusionierte und übernommene Unternehmen.[28]

Die Ergebnisse der Kaplan-Meier-Schätzung für die Überlebenschancen der Unternehmen können der Abbildung 3 entnommen werden (die Überlebenswahrscheinlichkeit ist mit einer logarithmischen Skala auf der Ordinate abgetragen). Die Unterschiede zwischen den einzelnen Überlebensfunktionen sind bis auf die erste und die zweite Kohorte jeweils signifikant voneinander verschieden.[29] Der Absolutwert des Anstiegs der einzelnen Überlebensfunktionen gibt die Hazardrate der Unternehmen an. Weist eine Überlebensfunktion einen flachen Verlauf, also einen betragsmäßig geringeren Anstieg auf, so haben die Unternehmen dieser Kohorte eine niedrigere Hazardrate und somit bessere Überlebenschancen. Da die Überlebensfunktionen der einzelnen Kohorten in Abbildung 3 deutlich übereinander liegen, kann man daraus schließen, dass die Unternehmen aus der ersten und der zweiten Eintrittskohorte deutlich bessere Überlebenschancen haben als die Unternehmen der späteren Kohorten. Die Unternehmen der dritten Kohorte haben wiederum bessere Überlebenschancen als die Unternehmen der vierten Eintritts-

27 Jeffrey M. Wooldridge: Econometric Analysis of Cross Section and Panel Data. Cambridge (Mass.) 1990, Kapitel 20; William H. Greene: Econometric Analysis. 3. Aufl., New York 1997, Kapitel 20; Tony Lancaster: The Economic Analysis of Transition Data. Cambridge 1997, Kapitel 1; Uwe Cantner/Kristina Dreßler/Jens J. Krüger: Verweildaueranalysen in der empirischen Wirtschaftsforschung, in: Das Wirtschaftsstudium 33 (2005) S. 1287-1293.

28 Alle Schätzungen wurden mit Hilfe der Programmiersprache R durchgeführt. R ist verfügbar über CRAN, The Comprehensive R Archive Network, http://cran.r-project.org, 2005; siehe William N. Venables/Brian D. Ripley: Modern Applied Statistics with S. 4. Aufl., New York 2003, Kapitel 13 für die Umsetzung von Verweildauermethoden in dieser Programmiersprache.

29 David P. Harrington/Thomas R. Fleming: A Class of Rank Test Procedures for Censored Survival Data, in: Biometrika 69 (1982), S. 553-566.

kohorte. Vergleicht man beispielsweise die Überlebenschancen im Firmenalter von 10 Jahren über die 4 Kohorten hinweg, so ist aus Abbildung 3 ablesbar, dass die Chancen, mindestens 10 Jahre zu überleben, für ein Unternehmen aus der ersten Kohorte bei ca. 50 Prozent liegen, während sie für ein Unternehmen aus der vierten Kohorte nur ca. 10 Prozent betragen. Als Ergebnis dieser graphischen Analyse kann somit festgehalten werden, dass früh in den Markt eingetretene Unternehmen systematisch bessere Überlebenschancen haben als später hinzukommende Konkurrenten.

Abb. 3: Überlebensfunktionen der Unternehmen der einzelnen Eintrittskohorten

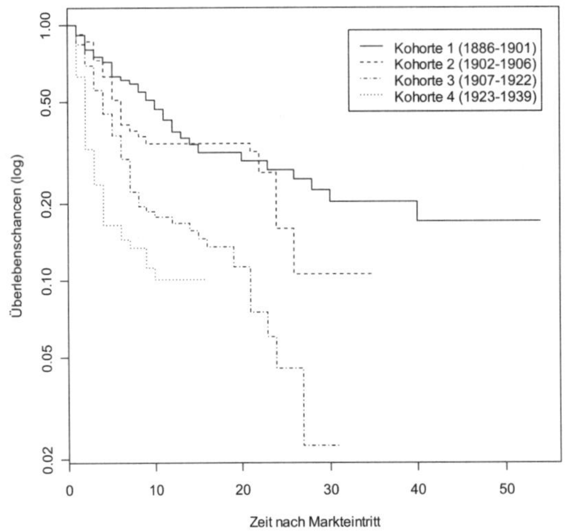

Während bei der nichtparametrischen Schätzmethode des Kaplan-Meier-Schätzers vollständig auf eine funktionale Spezifikation der zugrunde liegenden Hazardrate verzichtet wurde, wird bei der semiparametrischen Cox-Regression ein Teil der Hazardrate als Funktion der Erklärungsvariablen funktional spezifiziert. Im Folgenden wird hier eine proportionale Hazardrate in multiplikativer Form verwendet:

$$h(t_i) = h_0(t_i) \cdot e^{\beta_1 x_{i1} + \ldots + \beta_k x_{ik}} .$$

Hierbei werden k Erklärungsvariablen für die Beobachtung der Verweildauer t_i des Unternehmens i in Form von $x_{t1},\ldots,x_{tk}$ berücksichtigt. Der Einfluss der einzelnen Variablen $x_{t1},\ldots,x_{tk}$ auf die Hazardrate $h(t_i)$ und somit auf die Überlebenschancen des Unternehmens i wird durch die entsprechenden Parameter $\beta_1,\ldots,\beta_k$

erfasst. Da die Hazardrate definitionsgemäß nicht negativ werden darf, erfolgt eine Transformation über die Exponentialfunktion. Die Grundhazardrate $h_0(t_i)$ spielt bei der Schätzung der Parameter keine Rolle. Bei der Interpretation der Parameterschätzungen ist zu beachten, dass negative Schätzwerte mit einer Reduktion der Hazardrate verbunden sind und folglich einen positiven Einfluss der zugehörigen Erklärungsvariablen auf das Überleben der Unternehmen repräsentieren.[30] Wie bei der Methode des Kaplan-Meier-Schätzers wird bei der Cox-Regression die Zensierung der Daten für Unternehmen, die über 1939 hinaus existiert haben, sowie für fusionierte und übernommene Unternehmen berücksichtigt. Die Schätzergebnisse der Cox-Regression für die Erfahrung nach Markteintritt finden sich in Spalte (A) von Tabelle 2.

Tab. 2: Einfluss der Erfahrung auf das Überleben der Unternehmen

	(A)	(B)	(C)
E_1	-1,345 (0,000)	-1,387 (0,000)	-1,264 (0,000)
E_2	-1,101 (0,000)	-1,159 (0,000)	-1,263 (0,000)
E_3	-0,597 (0,000)	-0,804 (0,000)	-0,963 (0,000)
Erf		-0,964 (0,000)	
$E_1 \cdot Erf$			-1,244 (0,000)
$E_2 \cdot Erf$			-0,924 (0,004)
$E_3 \cdot Erf$			-0,780 (0,000)
$E_4 \cdot Erf$			-1,106 (0,000)
R^2	0,164	0,300	0,304
Log L	-1475,513	-1368,591	-1367,574
n	349	333	333

Die Werte in Klammern geben die jeweiligen p-Werte an.

30 David R. Cox: Regression Models and Life Tables, in: Journal of the Royal Statistical Society, Serie B, Vol. 34 (1972), S. 187-220; Cantner/Dreßler/Krüger: Verweildaueranalysen in der empirischen Wirtschaftsforschung (wie Anm. 27).

Die Variablen E_1, E_2 und E_3 sind die Dummy-Variablen für die ersten drei Eintrittskohorten, wobei die vierte Eintrittskohorte als Referenzkategorie dient. Die Koeffizienten für die drei Variablen sind alle negativ und signifikant[31], woraus folgt, dass die Unternehmen der ersten drei Eintrittskohorten ein geringeres Marktaustrittsrisiko und bessere Überlebenschancen als die Unternehmen der Referenzgruppe der vierten Kohorte haben. Der Betrag der geschätzten Werte für die einzelnen Variablen ist beginnend bei dem für die erste Kohorte abnehmend. Demzufolge ist die Risikoreduktion für die Unternehmen der ersten Eintrittskohorte am größten, so dass die Unternehmen der ersten Eintrittskohorte bessere Überlebenschancen haben als alle anderen Unternehmen. Die aus der Theorie abgeleitete Hypothese, dass früh in den Markt eingetretene Unternehmen ein geringeres Austrittsrisiko und bessere Überlebenschancen haben, kann somit bestätigt werden.

3.2. Erfahrung vor Markteintritt

In Ergänzung der Analyse der akkumulierten Erfahrung nach Markteintritt soll in einem zweiten Schritt der Einfluss von Erfahrungen vor Markteintritt auf die Überlebenswahrscheinlichkeit von Unternehmen untersucht werden. Hierzu wurde die Art der Markteintritte der einzelnen Unternehmen, sofern die Umstände bekannt sind, anhand der vor dem Markteintritt gemachten Erfahrung in verschiedene Kategorien unterteilt.[32] Als Ergebnis erhält man drei Gruppen von in den Markt eintretenden Unternehmen, nämlich diversifizierende Unternehmen, Spinoffs und Startups. Bei den Startups handelt es sich um völlig neue Unternehmen ohne relevante Erfahrungen vor Markteintritt. In der Gruppe diversifizierender Unternehmen sind bereits bestehende Unternehmen enthalten, die neu in den Automobilmarkt eintreten, dabei aber die Produktion des bisher hergestellten Produktes beibehalten. Diese Unternehmen sind bei Markteintritt tendenziell größer[33] und verfügen über Erfahrungen in der Finanzierung des Unternehmens, im Marketing, in der Logistik und im Umgang mit Kunden. Zusätzlich entstehen in diversifizierenden Unternehmen häufig Verbundvorteile (*economies of scope*) aus der Produktion mehrerer Produkte. Diese Ressourcen und Fähigkeiten lassen einen

---

31 Signifikanz bedeutet hierbei eine geringe Irrtumswahrscheinlichkeit für diese Aussage. Diese Irrtumswahrscheinlichkeit kann berechnet werden und ist in Klammern unterhalb der Parameterschätzwerte wiedergegeben. Üblicherweise wird eine Irrtumswahrscheinlichkeit kleiner als 0,05 als akzeptabel betrachtet.

32 Klepper: The Capabilities of New Firms and the Evolution of the US Automobile Industry (wie Anm. 4); Guido Bünstorf/Steven Klepper: The Origin and Location of Entrants in the evolution of the US tire Industry (Papers on Econonmics and Evolution 2004-07, Max Planck Institute of Economics, Jena, Evolutionary Economics Group).

33 Paul A. Geroski: What Do We Know About Entry?, in: International Journal of Industrial Organization 13 (1995), S. 421-440.

positiven Einfluss auf Überlebenschancen der Unternehmen vermuten.[34] Als dritte Gruppe von Unternehmen wurden die Spinoffs als erfahrene Unternehmen klassifiziert. Hierbei handelt es sich um Unternehmensgründungen, bei denen der Gründer bereits über Erfahrung im Automobilbau verfügt, da er vorher in einem anderen Automobilunternehmen tätig war. Diese Erfahrung ist anderer Natur als die diversifizierender Unternehmen, da Spinoffs Fähigkeiten von der Muttergesellschaft übernehmen, die direkt den Automobilmarkt und die Technologie, möglicherweise aber auch eine Innovation, betreffen.[35] Im Weiteren werden diversifizierende Unternehmen und Spinoffs zur Kategorie „Erfahrung" zusammengefasst.

Der Kaplan-Meier-Schätzer für die Unternehmen mit und ohne Erfahrung vor Markteintritt ist in Abbildung 4 dargestellt. Die Unterschiede zwischen den beiden Überlebensfunktionen sind signifikant voneinander verschieden.

Abb. 4: Überlebenschancen der Unternehmen nach Erfahrung vor Markteintritt

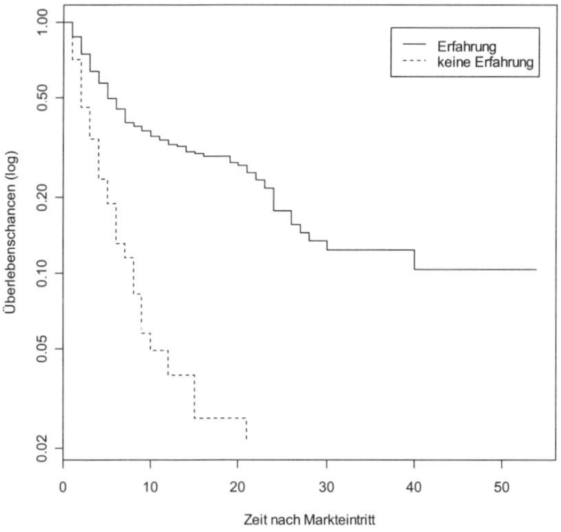

So ist deutlich ersichtlich, dass die Funktion der Unternehmen mit Erfahrung flacher verläuft. Der Betrag des Anstiegs der Funktion der Unternehmen mit Erfahrung und damit deren Hazardrate ist demnach wesentlich geringer. Unternehmen, die mit Erfahrung in den Markt eintreten, haben also wesentlich bessere Überlebenschancen als unerfahrene Unternehmen.

34 Constance E. Helfat/Marvin B. Lieberman: The Birth of Capabilities: Market Entry and the Importance of Pre-history, in: Industrial and Corporate Change 11 (2002), S. 725-760.

35 Steven Klepper/Sally Sleeper: Entry by Spinoffs, in: Management Science 51 (2005), S. 1291-1306.

In Spalte (B) der Tabelle 2 wird in Erweiterung von Spalte (A) zusätzlich die Erfahrung vor Markteintritt berücksichtigt, die durch die Dummy-Variable *Erf* repräsentiert wird. Da diese Information für 16 Unternehmen nicht verfügbar ist, reduziert sich die Stichprobe auf 333 Beobachtungen. Es wird nicht zusätzlich zwischen diversifizierenden Unternehmen und Spinoffs unterschieden. Das Muster der Schätzwerte für die Eintrittskohorten E_1, E_2 und E_3 (negativ, signifikant und betragsmäßig abnehmend) bleibt erhalten. Der Koeffizient für die Variable *Erf* ist ebenfalls negativ und signifikant. Dies bedeutet, dass Unternehmen, die mit Erfahrung in den Markt eintreten, einen zusätzlichen Überlebensvorteil haben. Bemerkenswert ist ferner, dass der Erklärungsgehalt der Regression, gemessen am R^2, deutlich von 16 % auf 30 % steigt.

In diesem Zusammenhang stellt sich die Frage, ob die erfahrenen Unternehmen bestimmter Kohorten größere Vorteile aus ihrer Erfahrung vor Markteintritt ziehen können. Klepper[36] schreibt dazu *„the earlier the time of entry, the lower the hazard of experienced firms at every age,* [...]*"*. Zur Analyse der unterschiedlichen Hazardraten der erfahrenen Unternehmen verschiedener Kohorten wurde in der Spalte (C) in Tabelle 2 die Variable *Erf* mit den Variablen E_1 bis E_4 für die jeweiligen Eintrittskohorten interagiert. Man erhält damit vier zusätzliche Dummy-Variablen für die erfahrenen Unternehmen der einzelnen Kohorten. Die Schätzwerte sind alle signifikant negativ und bestätigen das bereits gefundene Muster: Erfahrene Unternehmen haben nicht nur im Durchschnitt, sondern in jeder einzelnen Eintrittskohorte ein geringeres Austrittsrisiko als unerfahrene Unternehmen. Betrachtet man den Betrag der einzelnen Schätzwerte genauer, so sieht man, dass diese von der ersten zur dritten Eintrittskohorte abnehmend sind. Folglich weisen erfahrene Unternehmen der ersten Kohorte, zusätzlich zum reinen Vorteil ihres früheren Markteintritts, eine höhere Risikoreduktion auf als Unternehmen der anderen beiden Kohorten. Der Vorteil für ein Unternehmen, das mit Erfahrung in den Markt eintritt, ist demnach umso größer, je früher es in den Markt eingetreten ist. Die früh in den Markt eintretenden erfahrenen Unternehmen sind also besser in der Lage, ihr mitgebrachtes Wissen zu nutzen.

3.3. Innovationstätigkeit

Aufbauend auf den Untersuchungen zum Einfluss der Erfahrung vor Markteintritt sowie der Erfahrung nach Markteintritt, wird in einem dritten Schritt die Innovationstätigkeit als weitere erklärende Variable einbezogen. Die Innovationstätigkeit wird anhand von Patenterteilungen der Unternehmen in relevanten Technologiefeldern gemessen[37], wobei das Jahr der Anmeldung erfasst wurde, da spätestens ab

---

[36] Klepper: Firm Survival and the Evolution of Oligopoly (wie Anm. 20), S. 41.

[37] Rajshree Agarwal: Evolutionary Trends of Industry Variables, in: International Journal of Industrial Organization 16 (1998), S. 511-525.

diesem Zeitpunkt die entsprechende Innovation für das Unternehmen nutzbar ist.[38] Dabei tritt allerdings ein methodisches Problem dahingehend auf, dass zwar einerseits die Patente Einfluss auf die Verweildauer (bzw. das Überleben der Unternehmen) haben, aber andererseits die Verweildauer die Anzahl der Patente eines Unternehmens beeinflusst. Ursache ist der Umstand, dass je länger sich ein Unternehmen am Markt befindet (je höher also seine Verweildauer ist), desto größer auch die Wahrscheinlichkeit mindestens ein Patent zu haben ist, und desto höher auch die erwartete Anzahl der Patente dieses Unternehmens ist. Diese Rückwirkung kann zu verzerrten und inkonsistenten Schätzergebnissen führen und so das Ergebnis der Analyse verfälschen. Zur Korrektur dieses Problems wird hier eine Instrumentvariablen-Schätzung mit anschließendem Bootstrapping vorgenommen.[39]

Es gibt verschiedene Möglichkeiten, den Einfluss der Innovationstätigkeit, operationalisiert anhand der Patente, in die Schätzung der Hazardraten der Unternehmen einzubeziehen. So werden die Variable *PatCount* für die Anzahl der Patente eines Unternehmens, die zugehörige Dummy-Variable *DPatCount* (mit 1 für Unternehmen, die mindestens ein Patent haben und 0 für Unternehmen ohne Patente) und die durchschnittliche Anzahl der Patente eines Unternehmens pro verweiltem Jahr, repräsentiert durch die Variable *AvPat*, in die Schätzungen aufgenommen. Die Ergebnisse sind in Tabelle 3 dargestellt.

In Spalte (A) wird zunächst allein der Einfluss der Variablen *DPatCount* und *PatCount* geschätzt. Beide Koeffizienten sind negativ, aber nur der Wert für die Dummy-Variable ist signifikant. Innovationstätigkeit senkt somit die Hazardrate und wirkt positiv auf das Überleben eines Unternehmens, während die Anzahl der Patente keine Rolle spielt. Es ist demnach nur relevant, ob ein Unternehmen innovativ ist oder nicht, aber nicht wie stark innovativ es ist. Spalte (B) ergänzt dieses Ergebnis: der Koeffizient der Variable *AvPat* hat eine Irrtumswahrscheinlichkeit, die geringfügig oberhalb von 5 % liegt. Er ist aber positiv, was bedeutet, dass mehr Patente pro verweiltem Jahr die Hazardrate erhöhen und sich negativ auf das Überleben der Unternehmen auswirken.

---

[38] Zvi Griliches: Patent Statistics as Economic Indicators. A Survey, in: Journal of Economic Literature 28 (1990), S. 1661-1707.

[39] Siehe Kristina Dreßler: Der Lebenszyklus der deutschen Automobilindustrie. Know-how und Überleben von Unternehmen 1886-1939. Köln 2006, für eine detaillierte Beschreibung der Schätzmethodik.

Tab. 3: Einfluss der Innovationstätigkeit

	(A)	(B)	(C)	(D)	(E)	(F)	(G)
E_1			-1,275 (0,000)	-1,171 (0,000)	-1,389 (0,000)	-1,233 (0,000)	-1,258 (0,000)
E_2			-1,202 (0,000)	-1,220 (0,000)	-1,230 (0,000)	-1,212 (0,000)	-1,182 (0,000)
E_3			-0,762 (0,000)	-0,825 (0,000)	-0,846 (0,000)	-0,775 (0,000)	-0,740 (0,000)
Erf			-0,742 (0,000)	-0,871 (0,000)	-0,902 (0,000)	-0,753 (0,000)	-0,732 (0,000)
DPatCount	-1,121 (0,016)	-1,831 (0,000)	-0,587 (0,010)			-0,487 (0,260)	-0,677 (0,033)
PatCount	-0,003 (0,790)			-0,007 (0,220)		-0,002 (0,820)	
AvPat		0,128 (0,056)			-0,056 (0,228)		0,021 (0,669)
R^2	0,128	0,148	0,315	0,311	0.305	0,316	0,316
n	333	333	333	333	333	333	333

Die Werte in Klammern geben die jeweiligen p-Werte an.

In den Schätzungen ab Spalte (C) werden die Variablen der bereits untersuchten Wissenskomponenten der Erfahrung vor und nach Markteintritt in die Analyse einbezogen. Die Schätzung in Spalte (C) beinhaltet zunächst nur die Dummy-Variable *DPatCount* für die innovativen Unternehmen. Die Koeffizienten aller Variablen sind signifikant negativ und reduzieren demnach alle die Hazardrate der Unternehmen. Die Innovationstätigkeit hat dabei zusätzlich zu den anderen Wissenskomponenten einen positiven Einfluss auf das Überleben der Unternehmen. Die Modelle in den Spalten (D) bis (G) zeigen die Robustheit der Ergebnisse, dass die Anzahl der Patente für das Überleben der Unternehmen keine Rolle spielt, sondern es nur relevant ist, ob ein Unternehmen überhaupt innovativ ist.

3.4. Kompensationsmöglichkeiten

In den vorangegangenen Abschnitten wurde der Einfluss des Wissens auf das Überleben von Unternehmen analysiert. Dabei wurde das Wissen in die drei Komponenten, Erfahrung vor Markteintritt, Erfahrung nach Markteintritt und Innovationstätigkeit aufgeteilt. Die Untersuchung hat ergeben, dass alle drei Komponenten unabhängig voneinander das Marktaustrittsrisiko reduzieren und somit die Überlebenschancen der Unternehmen verbessern. In diesem Abschnitt soll nun geklärt werden, ob sich die drei Effekte in ihrer Intensität unterscheiden und sich möglicherweise auch kompensieren können. Dies soll klären, ob beispielsweise ein Unternehmen, welches spät in den Markt eintritt, die ihm dadurch entstehenden Nachteile kompensieren kann, indem es innovativ ist.[40]

Zunächst soll die Beziehung zwischen der Erfahrung vor Markteintritt und der Innovationstätigkeit analysiert werden. Als Indikator für die Innovationstätigkeit werden wieder Patente genutzt, hier in Form der Information, ob Patente nach Markteintritt vorliegen. Die Unternehmen der deutschen Automobilindustrie werden dazu in vier Gruppen unterteilt. Man unterscheidet zwischen Unternehmen, die Erfahrung vor Markteintritt haben und innovativ tätig sind (erfahrene Innovatoren), Unternehmen ohne Erfahrung vor Markteintritt, die innovativ tätig sind (unerfahrene Innovatoren), Unternehmen mit Erfahrung vor Markteintritt, die nicht innovativ tätig sind (erfahrene Nicht-Innovatoren) und Unternehmen ohne Erfahrung vor Markteintritt, die auch nicht innovativ tätig sind (unerfahrene Nicht-Innovatoren). Die Ergebnisse der Cox-Regressions-Schätzungen unter Einbezug von Instrumentvariablen können Spalte (A) der Tabelle 4 entnommen werden. Referenzgruppe sind dabei die erfahrenen Nicht-Innovatoren.

Tab. 4: Kompensation der Wissenskomponenten

	(A)		(B)	(C)	(D)
			Kohorten 1 vs. 2-4	Kohorten 1-2 vs. 3-4	Kohorten 1-3 vs. 4
erfahrene Innovatoren	-1,763 (0,000)	frühe Innovatoren	-2,224 (0,002)	-1,956 (0,001)	-2,170 (0,000)
unerfahrene Innovatoren	-1,645 (0,104)	späte Innovatoren	-2,197 (0,002)	-1,588 (0,000)	-1,547 (0,004)
unerfahrene Nicht-Innovatoren	0,575 (0,027)	späte Nicht-Innovatoren	0,333 (0,399)	0,739 (0,008)	0,760 (0,000)
R^2	0,226	R^2	0,206	0,250	0,264
n	333	n	333	333	333

Die Werte in Klammern geben die jeweiligen p-Werte an.

Die Schätzwerte für die Innovatoren, unabhängig von ihrer Eintrittserfahrung, sind beide negativ, allerdings ist nur der erste Koeffizient signifikant. Damit wird das bereits bekannte Ergebnis bestätigt, dass die Innovatoren ein geringeres Austrittsrisiko aufweisen als die Nicht-Innovatoren. Der Koeffizient für die unerfahrenen Nicht-Innovatoren ist positiv und signifikant, was für ein höheres Austrittsrisiko im Vergleich zur Referenzgruppe der erfahrenen Nicht-Innovatoren spricht. Aufgrund der fehlenden Signifikanz des zugehörigen Schätzwertes kann der Ver-

40 Steven Klepper/Kenneth L. Simons: Industry Shakeouts and Technological Change, in: International Journal of Industrial Organization 23(2005), S. 23-43.

gleich zwischen den unerfahrenen Innovatoren und der Referenzgruppe der erfahrenen Nicht-Innovatoren hinsichtlich einer möglichen Kompensation nur vorsichtig gezogen werden. Gegeben, dass dieser wirklich negativ ist, würde dies ein geringeres Risiko der unerfahrenen Innovatoren im Vergleich zur Referenzgruppe der erfahrenen Nicht-Innovatoren implizieren. Die Nachteile fehlender Eintrittserfahrung könnten in diesem Fall durch Innovationstätigkeit kompensiert werden.

Eine weitere Form der Kompensation kann sich zwischen der Erfahrung nach Markteintritt und der Innovationstätigkeit abspielen. Hierfür werden drei Möglichkeiten der Unterteilung in früh und spät eingetretene Unternehmen untersucht, wobei die Einteilung gemäß der Eintrittskohorten erfolgt. In Spalte (B) gelten die Unternehmen der ersten Kohorte, in Spalte (C) die Unternehmen der ersten und der zweiten Kohorte und in Spalte (D) die Unternehmen der ersten, der zweiten und der dritten Kohorte als früh eingetreten. Man erhält damit wieder vier Gruppen von Unternehmen, die entweder früh in den Markt eingetreten und innovativ tätig sind (frühe Innovatoren), spät in den Markt eingetreten und innovativ tätig sind (späte Innovatoren), früh in den Markt eingetreten und nicht innovativ tätig sind (frühe Nicht-Innovatoren), oder spät in den Markt eingetreten und nicht innovativ tätig sind (späte Nicht-Innovatoren). Die frühen Nicht-Innovatoren werden als Referenzgruppe behandelt.

Abgesehen vom Koeffizienten für die späten Nicht-Innovatoren in Regression (B) sind alle Schätzwerte signifikant von Null verschieden. Die Werte für die frühen und späten Innovatoren sind alle negativ, unabhängig davon, wie die Abgrenzung in „früh“ und „spät“ vorgenommen wird. Demnach haben Innovatoren ein systematisch geringeres Austrittsrisiko als Nicht-Innovatoren, da es sich bei der Referenzgruppe um die frühen Nicht-Innovatoren handelt. Unterstützt wird diese Aussage durch die positiven Schätzwerte für die späten Nicht-Innovatoren. Innerhalb der Gruppe der Innovatoren haben die frühen Innovatoren die besseren Überlebenschancen, da ihr Koeffizient betragsmäßig höher als der für die späten Innovatoren ist, gleichbedeutend mit einer höheren Risikoreduktion. Generell haben die späten Nicht-Innovatoren das höchste Austrittsrisiko, wie aus den positiven Schätzwerten ersichtlich. Am interessantesten ist der Vergleich zwischen den späten Innovatoren und den frühen Nicht-Innovatoren. Hier zeigt der signifikant negative Koeffizient für die späten Innovatoren, dass diese die systematisch besseren Überlebenschancen aufweisen. Dies bedeutet, dass die Nachteile, die einem Unternehmen durch den späten Markteintritt entstehen, durch Innovationstätigkeit nach dem Markteintritt kompensiert werden können. Mit anderen Worten: ein innovatives, junges Unternehmen ist in der Lage, ein etabliertes, erfahrenes Unternehmen vom Markt zu verdrängen, sofern dieses nicht innovativ ist. Dies entspricht genau jenem Prozess, den bereits Schumpeter[41] als schöpferische Zerstörung bezeichnet hat.

---

41 Joseph A. Schumpeter: Kapitalismus, Sozialismus und Demokratie, Tübingen 1950, S. 138.

4. Zusammenfassung

Unsere Untersuchungen zum Einfluss des Wissens auf das Überleben von Unternehmen in der deutschen Automobilindustrie haben gezeigt, dass Unternehmen, die früh in den Markt eingetreten sind, ein vergleichsweise geringeres Austrittsrisiko aufweisen als ihre später hinzu gekommenen Konkurrenten. Weiterhin haben Unternehmen, die zum Zeitpunkt des Markteintritts bereits über Erfahrung verfügen, bessere Überlebenschancen als unerfahrene Unternehmen. Innovationstätigkeit bringt eine weitere Verringerung des Austrittsrisikos mit sich und hat zusätzlich zu den anderen beiden Komponenten einen positiven Einfluss auf die Überlebenswahrscheinlichkeit. Die (absolute) Anzahl der Patente spielt dagegen keine Rolle. Weiterhin können durch Innovationstätigkeit Nachteile aufgrund mangelnder Eintrittserfahrung und Nachteile späten Markteintritts kompensiert werden, genau wie von Schumpeter als kreative Zerstörung beschrieben.

Diese Resultate für die deutsche Automobilindustrie finden sich in ähnlicher Weise in vergleichbaren Untersuchungen für die US-amerikanische und die britische Automobilindustrie.[42] Übereinstimmend wird von diesen Studien die Bedeutung des kumulativen Charakters des Wissens für das Überleben von Unternehmen aufgezeigt. Daneben geben die Ergebnisse auch Hinweise darauf, dass sich Nachteile hinsichtlich des Fehlens einer Wissenskomponente durch erfolgreiche Innovationstätigkeit nach dem Markteintritt kompensieren lassen. Gerade die Fragestellung der Kompensationsmöglichkeiten zwischen verschiedenen Formen von Wissen verdient allerdings noch größere Aufmerksamkeit durch weitere Untersuchungen.[43]

---

42 Klepper: The Capabilities of New Firms and the Evolution of the US Automobile Industry (wie Anm. 4); Ders.: Firm Survival and the Evolution of Oligopoly (wie Anm. 20); Ders./Simons: Industry Shakeouts and Technological Change (wie Anm. 40); Ron A. Boschma/Rik Wenting: The Spatial Evolution of the British Automobile Industry (Papers in Evolutionary Economic Geography 05.04, 2004, Utrecht University).

43 Eine detaillierte Analyse aller Kompensationsmöglichkeiten findet sich in Uwe Cantner/Kristina Dreßler/Jens J. Krüger: Knowledge Compensation in the German Automobile Industry (Jenaer Schriften zur Wirtschaftswissenschaft, 11/2005).

Reiner Flik

Korreferat zu Uwe Cantner/Kristina von Rhein/Jens Krüger

„Die Evolution der deutschen Automobil-Industrie 1886-1939.
Die Rolle technischen Wissens und seiner Anwendung."

Mein Kommentar beruht auf der Lektüre von zwei Diskussionspapieren des Lehrstuhls für Innovationsökonomik der Friedrich Schiller-Universität Jena, in denen die Entwicklung der deutschen Automobilindustrie bis 1939 mit ökonometrischen Methoden untersucht wird.[1] Diese Arbeiten sind an einer Studie der US-amerikanischen Automobilindustrie orientiert[2] und übertragen deren Fragestellung auf Deutschland. Der Ansatz erscheint einleuchtend und einfach zu realisieren: Man sammle alle Firmen, die die deutsche Automobilindustrie bildeten, in einer Datenbank, klassifiziere sie nach Herkunft, Lebensdauer und Zahl ihrer Patente, und unterziehe diesen Datensatz einer aufwändigen statistischen Auswertung.

Die Durchführung wirft freilich beträchtliche Abgrenzungsschwierigkeiten auf. Ein Problem ist der Gebietsstand. Z. B. enthält Volker Köhlers Liste deutscher Automobilfirmen sechs Firmen aus Elsass-Lothringen. Jedoch mag dieses Problem bei einer Grundgesamtheit von 441 Firmen vernachlässigbar sein. Ein zweites, größeres Problem ist die Abgrenzung des Marktes – wer gehört überhaupt zur Automobilindustrie? Für Nordamerika ist der Begriff Automobil fast gleichbedeutend mit Personenkraftwagen. Hingegen gab es in Deutschland vor dem Zweiten Weltkrieg eine breite Grauzone zwischen Personenkraftwagenbau und Motorradbau. Das augenfälligste Beispiel für geringe Trennschärfe und Substitutionsbeziehungen auf dem deutschen Automobilmarkt war der Dreirad-Personenkraftwagen mit Motorradmotor und Ladepritsche – in der Zwischenkriegszeit ein Verkaufsschlager, technikgeschichtlich freilich ein Symbol für eine verfehlte Steuerpolitik, die den Automobilbau in eine falsche Richtung lenkte.

---

1 Uwe Cantner/Kristina von Rhein/Jens Krüger: Firm Survival in the German Automobile Industry. Unveröffentlichtes Arbeitspapier der Friedrich-Schiller-Universität Jena, Februar 2004; Dies.: Knowledge and Creative Destruction over the Industry Life Cycle. The Case of the German Automobile Industry (Jenaer Schriften zur Wirtschaftswissenschaft. Arbeits- und Diskussionspapiere der Wirtschaftswissenschaftlichen Fakultät der Friedrich-Schiller-Universität Jena, 05/2005), Jena 2005.

2 Steven Klepper: The Capabilities of New Firms and the Evolution of the U.S. Automobile Industry, in: Industrial and Corporate Change 11 (2002), S. 645-666; Ders.: The Evolution of the U.S. Automobile Industry and Detroit as its Capital. Mimeo 2002.

Die Industrie, die Cantner/von Rhein/Krüger ihrer Studie zugrundelegen, ist ein heterogenes Konstrukt. Sie vereinigt vertikal integrierte Firmen mit hoher Fertigungstiefe mit Montagefirmen, die alle wichtigen Komponenten ihres Produkts einkauften, große Konzernfirmen mit Ein-Mann-Bastler-Werkstätten, die nur wenige Fahrzeuge oder sogar nur einen Prototypen herausbrachten. Dazu kommt noch ein Quellenproblem. Von den 441 Automobilherstellern, die in den von ihnen herangezogenen Quellen verzeichnet sind, kennt man von etwa hundert kaum mehr als den Namen. Den statistischen Berechnungen liegt ein Datensatz von 349 Firmen zugrunde.

Ziel der Untersuchung ist es, den Einfluss von Wissen und Erfahrung – das ist eine Quelle, aus der Wissen entspringt – auf die Lebensdauer von Unternehmen abzuschätzen. Dazu gehen Cantner/von Rhein/Krüger von einer in der Industrieforschung gut bestätigten Theorie aus – dem Industrie-Lebenszyklus. Man unterteilt ihn gewöhnlich in drei Stadien: eine Wachstumsphase, in der die Zahl der Firmen zunimmt, eine Auslesephase, in der sie abnimmt und eine Reifephase, in der der Firmenbestand auf niedrigem Niveau stagniert. Die Struktur des Marktes wandelt sich während dieses Vorgangs von einem Monopol über ein Polypol zu einem Oligopol. Das Wachstum des Firmenbestandes in Phase I folgt aus dem Markteintritt von Nachahmern, die vom Pioniergewinn angelockt werden. Der Rückgang in Phase II folgt aus der Nutzung von Rationalisierungspotentialen, die in der Kostentheorie unter den Schlagworten economies of scale (Skalenerträge), economies of scope (Verbundvorteile, Synergieeffekte) und transaction costs economies (Senkung von Transaktionskosten) subsummiert werden. Hier interessiert die Frage, welche Voraussetzungen eine Firma mitbringen und wie sie sich im Wettbewerb verhalten muss, um unter denen zu sein, die es bis in Phase III schaffen.

Abb. 1: Produkt-Lebenszyklus und Industrie-Lebenszyklus

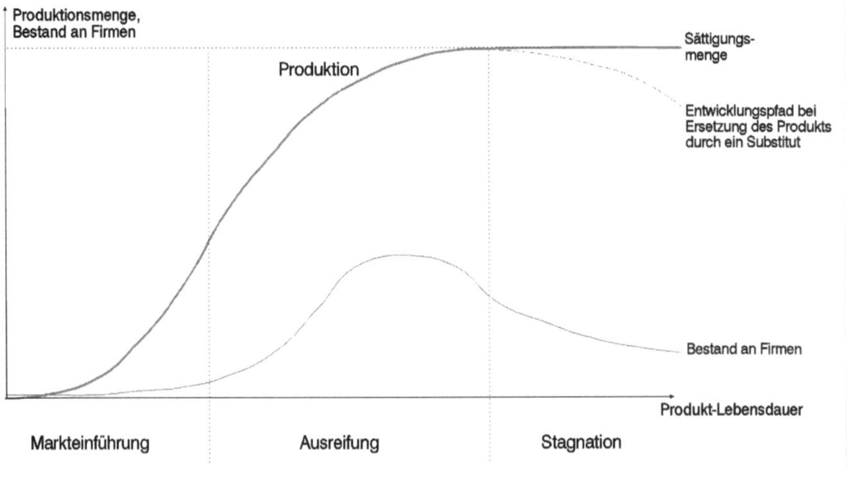

Abb. 2: Firmenbestand im deutschen Personenkraftwagenbau, 1886-1945

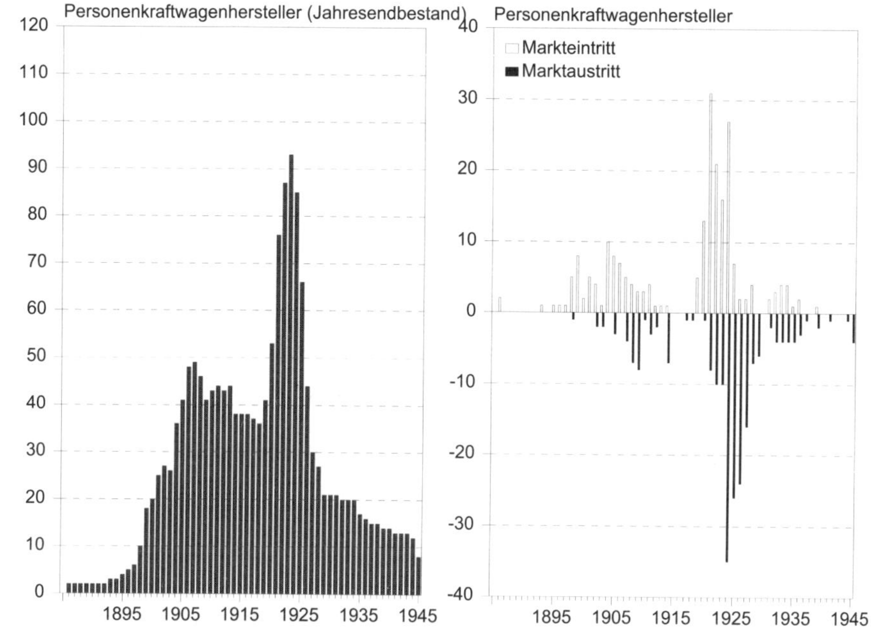

Das Lebenszyklus-Modell harmoniert glänzend mit einer Darstellung der Entwicklung des Bestands an Automobilfirmen in Deutschland, die ich einer Arbeit von mir entnommen habe[3] – abgesehen von einem merkwürdigen Höcker, der anscheinend einen kurzen zweiten Frühling des Pioniergeists in der deutschen Automobilindustrie anzeigt. Ich werde auf die Ursache dieses Ausreißers später eingehen. Zuvor will ich die Ergebnisse der beiden Papiere zusammenfassen.

Cantner/von Rhein/Krüger unterscheiden drei Formen von Wissen, das die Lebensdauer von Firmen beeinflusst:

1. das bei der Gründung vorhandene Wissen,
2. das im laufenden Betrieb erworbene Wissen über Produktionstechnik, Beschaffungs- und Absatzmarkt – Zulieferer, Vertriebspartner, Kunden, Banken, Gewerkschaften, Behörden usw.,
3. einen von der Forschungs- und Entwicklungsabteilung erzeugten Bestand an Wissen, der anhand der Zahl von Patenten, die einer Firma erteilt wurden, gemessen wird.

[3] Reiner Flik: Von Ford lernen? Automobilbau und Motorisierung in Deutschland bis 1933. Köln 2001, S. 153.

Tab. 1: Wissensbasis und Sterberisiko von Automobilfirmen

Einflussfaktor	Maßgröße	Einfluss auf die Lebensdauer der Firma
Vorwissen *(Pre-entry experience)*	Bei Diversifizierung: Verwandte Branchen? Bei Neugründung: Einschlägige Ausbildung des Gründers?	günstig
Zuerwerb von Wissen *(Post-entry experience)*	Produktionsdauer (als Indikator für *learning by doing*)	günstig (aber nicht bedeutend)
Innovationsneigung	Erwerb automobilbezogener Patente	günstig

Der Befund ist nicht überraschend. Wer früh dran war, hatte eine größere Überlebenschance als Spätkömmlinge. Es scheint, als ob Kapitalbedarf, akkumuliertes Know-how und Markenbindung in der Automobilindustrie schon früh Markteintrittsbarrieren schufen, die Nachzügler nicht mehr überwinden konnten.

Dass Patente – seien sie durch eigene Forschung, seien sie durch Übernahme anderer Firmen erworben – die Lebensspanne verlängerten, überrascht ebenfalls nicht. Aber der Fall ist insofern nicht eindeutig, als eine der von Cantner/von Rhein/Krüger zitierten Studien einen negativen Zusammenhang nicht ausschließt.[4] In der deutschen Automobilindustrie war Geld für Forschung & Entwicklung aber anscheinend gut angelegt. Freilich ist dieser Schluss so lange problematisch, solange man nicht in jedem Einzelfall geprüft hat, mit welchem Gesamt-Kapitaleinsatz die Präsenz auf dem Markt erkauft wurde.

4 „Whereas the level of technological activity lowers the hazard rate in Agarwal (1996) and Agarwal and Gort (1996, 2002), the R&D intensity and the innovation rate used in Audretsch and Mahmood (1994, 1995) tend to raise the hazard rate." Cantner: Firm Survival (wie Anm. 1), S. 1, mit Bezug auf: David B. Audretsch/Talat Mahmood: The Rate of Hazard Confronting New Firms and Plants in U.S. Manufacturing, in: Review of Industrial Organization 9 (1994) 1, S. 41-56.

Tab. 2: Automobilhersteller in Deutschland 2005

Firma (in Klammern: Vorgänger)	*Gründung*	*Abstammung*
DaimlerChrysler (Daimler, Benz)	1886	Gasmotorenbau
Opel	1898	Fahrradbau
BMW (Wartburg)	1898	Fahrradbau
Audi (Auto-Union, Horch)	1899	Automobilbau
Ford (Ford [Detroit])	1903	Automobilbau
Volkswagen	1938	Automobilbau
Porsche	1948	Automobilbau

Führt man die sieben deutschen Automobilfirmen, die bis heute überlebt haben, auf ihre älteste Wurzel zurück, dann erscheinen ein Markteintritt zu Beginn des Industrie-Lebenszyklus und einschlägige Vorbildung als wichtigste Faktoren für ein langes Leben. Die beiden in der Liste aufgeführten Jünglinge sind Sonderfälle insofern, als Volkswagen eine vom Staat ins Werk gesetzte Unternehmung ist und Porsche als Ausgliederung daraus („spin off") betrachtet werden kann. Im Datensatz von Cantner/von Rhein/Krüger ist die Firma Volkswagen nicht berücksichtigt, weil sie im Untersuchungszeitraum keine Serienproduktion ziviler Fahrzeuge hatte, auch Ford nicht, weil sie als Auslandsfirma eingestuft wurde.

Ich soll nicht länger als zehn Minuten reden, will deshalb nur an zwei Stellen leise Kritik anmelden. Der erste Kritikpunkt betrifft das Verfahren, mit dem der Einfluss von hinzugewonnenem Wissen geschätzt wurde. Dafür wurden vier Kohorten von Firmen gebildet. Die Regressionsanalyse ergibt, dass namentlich die Mitglieder der jüngsten Kohorte nur kurze Zeit am Leben waren. Wer sich in Deutschland nach dem Ersten Weltkrieg im Automobilbau versuchte, starb gewissermaßen schon im Kindbett. Zwar stimmt auch dieser Befund grundsätzlich mit dem Ergebnis von Kleppers Untersuchung des US-amerikanischen Automobilbaus überein – Unternehmen aus jüngereren Alterskohorten hatten schlechtere Überlebenschancen als die Angehörigen der älteren Kohorten. Freilich war die Lebenserwartung bei den deutschen Unternehmen der vierten Generation auffallend gering – hauptsächlich infolge der Inflation nach dem Ersten Weltkrieg. Der Zwang, die Produktion von Kriegsbedarf – Flugzeuge, Waffen, Munition – auf Güter des zivilen Bedarfs umzustellen und die „Flucht in die Sachwerte" brachten von 1919 bis 1923 eine zweite Gründungswelle hervor. Nach der Währungsreform 1923/24 wurden die Inflationsblüten rasch ausgeschieden. Von 87 Personenkraftwagenmarken, die nach der Abbildung 2 zugrunde liegenden Zählweise von 1919 bis 1923 entstanden, existierten 1925 noch 36. 1930 existierte davon nur noch Maybach, eine Firma, die Luxuswagen für den Hoch- und den Geldadel herstellte.

Kleppers Vorschrift über die Bildung von Kohorten hat im Falle Deutschlands zur Folge, dass die Abgrenzung der Kohorten 3 und 4 mitten in die Inflationszeit fällt. Da es in der Studie darum geht, die Arbeitsweise des Marktes in gewöhnlichen Zeiten zu modellieren, ist es m. E. zweckmäßig, die Inflationsblüten aus dem Datensatz auszuscheiden.

Der andere Kritikpunkt betrifft Grundsätzliches. Der Kirchenvater Augustin sagte einmal über die Zeit, dass er von ihrem Wesen durchaus eine Vorstellung habe – solange er nicht aufgefordert sei, diese konkret in Worte zu fassen. Ähnlich verhält es sich mit dem Begriff Wissen. Mir scheint, dass damit ein neues weasel-word im Fach etabliert wurde, das alles und zugleich nichts erklärt. Der Befund: „Zur Gründung der Firma war das für eine gedeihliche Entwicklung notwendige Wissen vorhanden“ hat m. E. nicht dieselbe Erklärungskraft wie: „Bei Gründung der Firma war ein Kanal-, Eisenbahn-, Autobahnanschluss usw. vorhanden“. Wissen ist in Menschen – Arbeitskraft – verkörpert, und es bedarf einer bestimmten Infrastruktur auf dem Gebiet der Technik, des Rechtswesens, der Gesellschaft usw., um marktreife Produkte hervorzubringen. Die Wirtschaftsgeschichte ist reich an Erfindern, die bahnbrechende Ideen hatten, aber im Armenhaus starben, weil die Zeit für ihre Erfindung noch nicht reif war. Und: Wissen veraltet: Was gestern Erfolg brachte, kann heute falsch sein. Henry Ford wurde im Weltkriegsjahrzehnt durch die Idee, ein Einheitsauto zu bauen, das nur über den Preis konkurrierte, zum Milliardär. In den 1920er Jahren fuhr er sein Unternehmen mit dieser Strategie beinahe an die Wand. Die Regel, man solle Erfahrung mit Risikofreude kombinieren, hört sich gut an im Unternehmerberatungsgeschäft und in den Gründerseminaren der Wirtschaftsfakultäten. Aber welcher von vielen möglichen neuen Wegen der richtige ist, weiß man eben immer erst im Nachhinein, wenn die Gewinn- und Verlustrechnung aufgemacht wird. So viel zu meiner Skepsis bezüglich der Chance, den wissensbasierten Ansatz der Innovationsökonomik zu einem Regelwerk, das praktische Hilfestellung für die Wirtschaftspolitik bietet, zu machen.

Abschließend noch einige Gedanken darüber, was die Wirtschaftsgeschichte zur Weiterentwicklung des Ansatzes von Cantner/von Rhein/Krüger beitragen kann. Derzeit steht die Vernetzung von Universität und Industrie hoch im Kurs. Es gab in Deutschland zur Kaiserzeit schon einmal so etwas wie eine Wissensgesellschaft. Zu Beginn des 20. Jahrhunderts war die deutsche Ingenieurswissenschaft in der Welt führend. Der Erfinder des Viertaktmotors, Nikolaus August Otto, war Autodidakt. Aber die nächstfolgende Erfindergeneration – Gottlieb Daimler, Carl Benz, Rudolf Diesel –, wurde bereits an Polytechnischen Schulen, wo Wärmelehre seinerzeit ein Hauptthema war, ausgebildet. Im Lichte aktueller Fragen der Forschungspolitik erscheint es als spannendes Thema, die Wechselwirkung zwischen der Entwicklung der deutschen Automobilindustrie (Standort, Lebensdauer von Firmen) und dem Aufbau von Motoren- und Automobilbau-Forschungszentren an Technischen Hochschulen (z. B. Aachen, Stuttgart, Berlin-Charlottenburg, Dresden) zu untersuchen.

AUTORINNEN UND AUTOREN

Albrecht, Peter

Dr. Peter Albrecht, geboren 1937 in Lübeck, akademischer Direktor a. D. am Institut für Sozialwissenschaften an der Technischen Universität Braunschweig. Studium in Göttingen und Hamburg.

Baltzarek, Franz

Dr. Franz Baltzarek, geboren 1944 in Wien, außerordentlicher Professor am Institut für Volkswirtschaftslehre der Universität Wien und geschäftsführender Herausgeber der „Forschungen zur Wirtschafts-, Finanz- und Sozialgeschichte".

Baten, Jörg

Prof. Dr. Jörg Baten, geboren 1965 in Hamburg, seit 2001 Inhaber des Lehrstuhls für Wirtschaftsgeschichte an der Eberhard-Karls-Universität Tübingen.

Braun, Helmut

Dr. Helmut Braun, geboren 1960 in Straubing, seit 2002 wissenschaftlicher Oberassistent und Privatdozent am Lehrstuhl für Wirtschaftsgeschichte an der Universität Regensburg.

Burhop, Carsten

PD Dr. Carsten Burhop, geboren 1973 in Bremen, seit August 2003 wissenschaftlicher Assistent am Institut für Wirtschafts- und Sozialgeschichte der Westfälischen Wilhelms-Universität Münster.

Cantner, Uwe

Prof. Dr. Uwe Cantner geboren 1960 in Wuppertal, seit Dezember 2000 Inhaber des Lehrstuhls für Mikroökonomik an der Friedrich-Schiller-Universität Jena.

Dowling, Michael

Prof. Dr. Michael Dowling, geboren 1958 in New York, seit Juli 1996 Inhaber des Lehrstuhls für Innovations- und Technologiemanagement an der Universität Regensburg.

Feuerle, Mark

Dr. phil. Mark Feuerle, geboren 1970, Lehrbeauftragter und Wissenschaftlicher Mitarbeiter am Institut für Geschichte und historische Landesforschung im Bereich Mittelalter & Frühe Neuzeit an der Hochschule Vechta.

Flik, Reiner

PD Dr. Reiner Flik, geboren 1954 in Althengstett, Dozent für Wirtschaftsgeschichte und Wirtschaftspolitik an den Fachhochschulen Reutlingen und Pforzheim.

Gömmel, Rainer

Prof. Dr. Rainer Gömmel, geboren 1944 in Nürnberg, seit 1990 Inhaber des Lehrstuhls für Wirtschaftsgeschichte an der Universität Regensburg.

Häberlein, Mark

Prof. Dr. Mark Häberlein, geboren 1966 in Stillwater/Oklahoma, USA, seit dem Wintersemester 2004/05 Inhaber des Lehrstuhls für Neuere Geschichte an der Otto-Friedrich-Universität Bamberg.

Herrmann, Klaus

Dr. Klaus Herrmann, geboren 1947 in Koblenz, akademischer Direktor und Leiter des Deutschen Landwirtschaftsmuseums der Universität Hohenheim.

Hüsig, Stefan

Dr. Stefan Hüsig, geboren 1972 in Hannover, seit Januar 2001 wissenschaftlicher Mitarbeiter am Lehrstuhl für Innovations- und Technologiemanagement an der Universität Regensburg.

Kiehling, Hartmut

Dr. Hartmut Kiehling, geboren 1953 in Lüdenscheid, lehrt an der German University in Cairo.

Knortz, Heike

PD Dr. Heike Knortz, seit 1993 am Institut für Sozialwissenschaften, Abteilung Ökonomie, der Pädagogischen Hochschule Karlsruhe.

Kreft, Thomas

Dr. Thomas Kreft, geboren 1967 im Sauerland, seit 2004 tätig als freier Journalist.

Krüger, Jens

PD Dr. Jens Krüger, geboren 1969 in Augsburg, seit 2000 wissenschaftlicher Mitarbeiter am Lehrstuhl für Mikroökonomik der Friedrich-Schiller-Universität Jena.

Leng, Rainer

Dr. phil. habil. Rainer Leng, geboren 1966 in Weißenburg, seit dem Wintersemester 2000/01 Privatdozent am Lehrstuhl für Fränkische Landesgeschichte des Mittelalters an der Universität Würzburg.

Mathieu, Christian

Christian Mathieu, geboren 1975 in Neunkirchen, wissenschaftlicher Mitarbeiter am Historischen Institut, Abteilung Wirtschafts- und Sozialgeschichte (einschließlich Technik- und Umweltgeschichte) an der Universität des Saarlandes.

Metz, Rainer

Prof. Dr. Rainer Metz, geboren 1951 in Plochingen, seit 1996 Abteilungsleiter am Zentralarchiv für Empirische Sozialforschung, Abteilung Zentrum für Historische Sozialforschung, an der Universität zu Köln, seit 2002 Titularprofessor für Wirtschaftsgeschichte und Methoden der Empirischen Wirtschaftsforschung an der Universität St. Gallen, Lehrbeauftragter am Seminar für Wirtschafts- und Sozialgeschichte der Universität zu Köln.

Nienhaus, Ursula

Prof. Dr. Ursula Nienhaus, geboren 1946, Mitbegründerin des Frauenforschungs-, bildungs- und -informationszentrums (FFBIZ) in Berlin und Dozentin für Frauen-/Geschlechterforschung und Gender Studies an der Humboldt-Universität zu Berlin.

Pfister, Ulrich

Prof. Dr. Ulrich Pfister, geboren 1956 in der Schweiz, Inhaber des Lehrstuhls für Sozial- und Wirtschaftsgeschichte und des Instituts für Wirtschafts- und Sozialgeschichte der Westfälischen Wilhelms-Universität Münster.

Pruns, Herbert

Dr. Herbert Pruns, geboren 1935 in Bonn, Ministerialdirigent a. D. im Bundesministerium für Verbraucherschutz, Ernährung und Landwirtschaft. Vorstand der Gesellschaft für Agrargeschichte e. V.

Rhein, Kristina von

Dr. Kristina von Rhein, geboren 1978, seit 2006 wissenschaftliche Mitarbeiterin am Max-Planck-Institut für Ökonomik, Jena.

Schulz, Günther

Prof. Dr. Günther Schulz, geboren 1950 in Morsbach/Sieg, seit 2000 Inhaber des Lehrstuhls für Verfassungs-, Sozial- und Wirtschaftsgeschichte des Historischen Seminars an der Rheinischen Friedrich-Wilhelms-Universität Bonn.

Spoerer, Mark

PD Dr. Mark Spoerer, geboren 1963 in Köln, wissenschaftlicher Mitarbeiter am Lehrstuhl für Wirtschafts- und Sozialgeschichte mit Agrargeschichte an der Universität Hohenheim.

Streb, Jochen

Prof. Dr. Jochen Streb, geboren 1966 in Weinheim, Inhaber des Lehrstuhls für Wirtschafts- und Sozialgeschichte mit Agrargeschichte an der Universität Hohenheim.

Walter, Rolf

Prof. Dr. Rolf Walter, geboren 1953 in Kirchheim/Teck, seit 1991 Inhaber des Lehrstuhls für Wirtschafts- und Sozialgeschichte der Friedrich-Schiller-Universität Jena.

Witthöft, Harald

Univ.-Prof. em. Dr. Harald Witthöft, geboren 1931, ehemaliger Inhaber des Lehrstuhls für Wirtschafts- und Sozialgeschichte sowie Didaktik der Geschichte an der Universität Siegen.

VIERTELJAHRSCHRIFT FÜR SOZIAL- UND WIRTSCHAFTSGESCHICHTE (VSWG) BEIHEFTE

Herausgegeben von **Günther Schulz, Christoph Buchheim, Gerhard Fouquet, Rainer Gömmel, Friedrich-Wilhelm Henning, Karl Heinrich Kaufhold, Hans Pohl**

63. **Hans Pohl: Die Portugiesen in Antwerpen (1567–1648).** Zur Geschichte einer Minderheit. 1977. X, 439 S., 2 Faltktn., kt., 2380-1; Ln. 2381-X
64. **Hannah Rabe: Das Problem Leibeigenschaft.** Eine Untersuchung über die Anfänge einer Ideologisierung und des verfassungsrechtlichen Wandels von Freiheit und Eigentum im deutschen Bauernkrieg. 1977. XII, 128 S., kt. 2678-9
65. **Franz Irsigler: Die wirtschaftliche Stellung der Stadt Köln im 14. und 15. Jahrhundert.** Strukturanalyse einer spätmittelalterlichen Exportgewerbe- und Fernhandelsstadt. 1979. VIII, 413 S. m. 7 Ktn. u. 15 Graphiken, kt. 2743-2
66. **Ludolf Kuchenbuch: Bäuerliche Gesellschaft und Klosterherrschaft im 9. Jahrhundert.** 1978. XVI, 443 S., 20 Ktn., 1 Abb., 4 Tab., kt. 2829-3
67. **Jörg Jarnut: Bergamo 568–1098.** Verfassungs-, Sozial- und Wirtschaftsgeschichte einer lombardischen Stadt im Mittelalter. 1979. X,330 S., 6 Ktn., kt. 2789-0
68. **Erich Maschke: Städte und Menschen.** Beiträge zur Geschichte der Stadt, der Wirtschaft und Gesellschaft 1959–1977. 1980. XX, 532 S., kt. 3329-7
69. **Helmut Grieser: Die ausgebliebene Radikalisierung.** Zur Sozialgeschichte der Kieler Flüchtlingslager im Spannungsfeld von sozialdemokratischer Landespolitik und Stadtverwaltung 1945–1950. 1980. XII, 185 S. m. 1 Taf., kt. 3110-3
70. **Reinhard Liehr: Sozialgeschichte spanischer Adelskorporationen.** Die Maestranzas de Caballería (1670–1808). 1981. X, 380 S. m. 4 Abb., 4 Ktn. u. 3 Schaubilder, kt. 2923-0
71. **Wilfried Reininghaus: Die Entstehung der Gesellengilden im Spätmittelalter.** 1981. X, 361 S., kt. 3428-5
72. **Wolfgang Hartung: Die Spielleute.** Eine Randgruppe in der Gesellschaft des Mittelalters. 1982. VIII, 112 S. m. 5 Abb., kt. 3690-3
73. **–: Süddeutschland in der frühen Merowingerzeit.** Studien zu Gesellschaft, Herrschaft, Stammesbildung bei Alamannen und Bajuwaren. 1983. X, 227 S., kt. 3418-8
74. **Marian Biskup / Klaus Zernack,** Hg.: **Schichtung und Entwicklung der Gesellschaft in Polen und Deutschland im 16. und 17. Jahrhundert.** Parallelen, Verknüpfungen, Vergleiche. 1983. VIII, 310 S., kt. 3805-1
75. **Rudolf A. Helling †: Socio-Economic History of German-Canadians.** They, too, founded Canada. A research report by Rudolf A. Helling, Jack Thiessen, Fritz Wieden, Elizabeth and Kurt Wangenheim, Karl Heeb. Edited and with a preface by **Bernd Hamm.** 1984. 156 S. m. 1 Abb. u. 2 Tab., kt. 4014-5
76. **Reinhard R. Doerries: Iren und Deutsche in der Neuen Welt.** Akkulturationsprozesse in der amerik. Gesellschaft im späten 19. Jh.. 1986. 363 S., kt. 4102-8
77. **Josef Rosen: Verwaltung und Ungeld in Basel 1360–1535.** Zwei Studien zu Stadtfinanzen im Mittelalter. 1986. 231 S. m. 12 Tab., kt. 3348-3
78. **Hans Pohl,** Hg.: **Gewerbe- und Industrielandschaften vom Spätmittelalter bis ins 20. Jahrhundert.** Referate der 10. Arbeitstagung der Gesellschaft für Sozial- und Wirtschaftsgeschichte vom 5.–9.April.1983 in Graz. 1986. 497 S. m. 73 Ktn., 7 Graph., 2 Diagr. u. zahlr. Tab., u. 6 Faltktn, kt. 4392-6
79. **Anselm Faust: Arbeitsmarktpolitik im Deutschen Kaiserreich.** Arbeitsvermittlung, Arbeitsbeschaffung und Arbeitslosenunterstützung 1890–1918. 1986. VIII, 338 S., kt. 4422-1
80. **Hans Pohl,** Hg.: **Die Auswirkungen von Zöllen und anderen Handelshemmnissen auf Wirtschaft und Gesellschaft vom Mittelalter bis zur Gegenwart.** Referate der 11. Arbeitstagung der Gesellschaft für Sozial- und Wirtschaftsgeschichte vom 9.–13. April. 1985 in Hohenheim. 1987. 397 S. m. 21 Abb. u. 14 Ktn., kt. 4739-5
81. **Werner Abelshauser,** Hg.: **Die Weimarer Republik als Wohlfahrtsstaat.** Zum Verhältnis von Wirtschafts- und Sozialpolitik in der Industriegesellschaft. 1987. 337 S., kt. 4738-7
82. **Toni Pierenkemper: Arbeitsmarkt und Angestellte im Deutschen Kaiserreich 1880–1913.** Interessen und Strategien als Elemente der Integration eines segmentierten Arbeitsmarktes. 1987. 391 S. m. 53 Tab. u. Schaubildern, kt. 4747-6
83. **Uta Lindgren,** Hg.: **Alpenübergänge vor 1850.** Landkarten – Straßen – Verkehr. Symposium am 14. und 15. Februar 1986 in München. 1987. 188 S., 26 Abb., kt. 4847-2
84. **Hermann Kellenbenz / Hans Pohl,** Hg.: **Historia socialis et oeconomica.** Festschrift für **Wolfgang Zorn** zum 65. Geburtstag. 1987. 369 S., kt. 4959-2
85. **Renate Pieper: Die spanischen Kronfinanzen in der zweiten Hälfte des 18. Jahrhunderts.** Ökonomische und soziale Auswirkungen. 1988. 333 S., 27 Tab., 17 Abb., 144 Tab. i. Anh., kt. 5086-8
86. **Ulrich Kluge: Bauern, Agrarkrise und Volksernährung in der europäischen Zwischenkriegszeit.** Studien zur Agrargesellschaft und -wirtschaft der Republik Österreich 1918 bis 1938. 1988. 515 S., kt. 4802-2
87. **Hans Pohl,** Hg.: **Die Bedeutung der Kommunikation für Wirtschaft und Gesellschaft.** Referate der 12. Arbeitstagung der Gesellschaft für Sozial- und Wirtschaftsgeschichte vom 22.–25.April 1987 in Siegen. 1989. 485 S., kt. 5320-4
88. **Rüdiger vom Bruch / Rainer A. Müller,** Hg.: **Formen außerstaatlicher Wissenschaftsförderung im 19. und 20. Jahrhundert.** Deutschland im europäischen Vergleich. 1990. 304 S., kt. 5337-9
89. **Hans Pohl,** Hg.: **The European Discovery of the World and its Economic Effects on Pre-Industrial Society, 1500–1800.** Papers of the Tenth International Economic History Congress. Edited on Behalf of the International Economic History Association. 1990. X, 330 S., kt. 5546-0
90. **Peer Schmidt: Die Privatisierung des Besitzes der Toten Hand in Spanien.** Die Säkularisation unter König Karl IV. in Andalusien (1798–1808). 1990. 356 S. m. 22 Abbildungen, zahlreichen Tabellen und Karten., 1 Faltplan, kt. 5585-1
91. **Brigitte Maria Wübbeke: Das Militärwesen der Stadt Köln im 15. Jahrhundert.** 1991. 308 S., kt. 5702-1

92–94. **Hermann Kellenbenz †: Kleine Schriften**

92. **I. Europa, Raum wirtschaftlicher Begegnung.** 1991. 441 S., kt. 5805-2
93. **II. Dynamik in einer quasi-statischen Welt.** 1991. 300 S., kt. 5854-0
94. **III. Wirtschaftliche Leistung und gesellschaftlicher Wandel.** Aus dem Nachlaß hrsg. sowie mit einem Nachwort, einem Schriftenverzeichnis des Verfassers und einem Register für alle 3 Bände

versehen von **Rolf Walter**. 1991. VI, 534 S., kt. 5896-6

95. **Hans Pohl**, Hg.: **Staatliche, städtische, betriebliche und kirchliche Sozialpolitik vom Mittelalter bis zur Gegenwart.** Referate der 13. Arbeitstagung der Gesellschaft für Sozial- und Wirtschaftsgeschichte vom 28.3.–1.4.1989 in Heidelberg. 1991. 395 S., kt. 5824-9
96. **Ursula Beyenburg-Weidenfeld: Wettbewerbstheorie, Wirtschaftspolitik und Mittelstandsförderung 1948–1963.** Die Mittelstandspolitik im Spannungsfeld zwischen wettbewerbstheoretischem Anspruch und wirtschaftspolitischem Pragmatismus. 1992. 413 S. m. 25 Tab., kt. 5799-4
97. **Wolfram Pyta: Landwirtschaftliche Interessenpolitik im Deutschen Kaiserreich.** Der Einfluß agrarischer Interessen auf die Neuordnung der Finanz- und Wirtschaftspolitik am Ende der 1870er Jahre am Beispiel von Rheinland und Westfalen. 1991. 157 S., kt. 5883-4
98. **Ian Blanchard / Anthony Goodman / Jennifer Newman, Ed.: Industry and Finance in Early Modern History.** Essays presented to **George Hammersley** on the occasion of his 74th birthday. 1992. 272 S. m. 10 Abb., 18 Tab., 5 Ktn., kt. 5806-0
99. **Markus Bittmann: Kreditwirtschaft und Finanzierungsmethoden.** Studien zu den wirtschaftlichen Verhältnissen des Adels im westlichen Bodenseeraum 1300–1500. 1991. 303 S., kt. 5914-8
100. **Wolfgang Zorn: Wirtschaftlich-soziale Bewegung und Verflechtung.** Ausgewählte Aufsätze. 1992. 530 S. m. 2 Faltktn. u. 29 Abb., geb. 6135-5
101. **Dietrich Ebeling: Der Holländerholzhandel in den Rheinlanden.** Zu den Handelsbeziehungen zwischen den Niederlanden und dem westlichen Deutschland im 17. und 18. Jahrhundert. 1992. 241 S. m. 33 Abb., 3 Ktn., 2 Tab., kt. 5972-5
102. **Ruth M. Vornefeld: Spanische Geldpolitik in Hispanoamerika 1750–1808.** Konzepte und Maßnahmen im Rahmen der bourbonischen Reformpolitik. 1992. 300 S. m. 5 Abb., 14 Tab., kt. 6015-4
103. **Manfred Pix / Hans Pohl**, Hg.: **Invention – Innovation – Diffusion.** Die Entwicklung des Spar- und Sparkassengedankens in Europa. Zweites Europäisches Kolloquium für Sparkassengeschichte am 28./29. Mai 1990 in München. 1992. 236 S., kt. 6104-5
104. **Peter Lewek: Arbeitslosigkeit und Arbeitslosenversicherung in der Weimarer Republik 1918–1927.** 1992. 483 S. m. 23 Tab., kt. 6008-1
105. **Christian Windler: Lokale Eliten, seigneurialer Adel und Reformabsolutismus in Spanien (1760–1808).** Das Beispiel Niederandalusien. 1992. 577 S., kt. 6212-2
106. **Eckart Schremmer**, Hg.: **Geld und Währung in der Neuzeit vom 16. Jahrhundert bis zur Gegenwart.** Referate der 14. Arbeitstagung der Gesellschaft für Sozial- und Wirtschaftsgeschichte vom 9. bis 13. April 1991 in Dortmund. 1993. 343 S., kt. 6220-3
107. **Karlheinz Wiegmann**: **Textilindustrie und Staat in Westfalen 1914-1933**. 1993. 289 S., kt. 6194-0
108. **Hartmut Benz: Finanzen und Finanzpolitik des Heiligen Stuhls.** Römische Kurie und Vatikanstaat seit Papst Paul VI. 1993. 183 S., kt. 6204–1
109. **Siegfried Epperlein: Waldnutzung, Waldstreitigkeiten und Waldschutz in Deutschland im hohen Mittelalter.** 2. Hälfte 11. Jahrhundert bis ausgehendes 14. Jahrhundert.1993. 108 S., kt. 6305–6
110. **Rudolf Holbach: Frühformen von Verlag und Großbetrieb in der gewerblichen Produktion (13.–16. Jahrhundert)**. 1994. 764 S., geb.5820-6
111. **Karl-Heinz Spieß: Familie und Verwandtschaft im deutschen Hochadel des Spätmittelalters** 13. bis Anfang des 16. Jahrhunderts. 1993. XIV, 627 S., kt. 6418-4
112. **Lambert F. Peters: Der Handel Nürnbergs am Anfang des Dreißgjährigen Krieges.** Strukturkomponenten, Unternehmen und Unternehmer. Eine quantitative Analyse. 1994. 694 S., geb. 6288-2
113. **Thomas Südbeck: Motorisierung, Verkehrsentwicklung und Verkehrspolitik in der Bundesrepublik Deutschland der 1950er Jahre.** Umrisse der allgemeinen Entwicklung und zwei Beispiele: Hamburg und das Emsland. 1994. 379 S. m. 14 Abb., 62 Tab, kt. 6488-5
114. **Eckart Schremmer**, Hg.: **Steuern, Abgaben und Dienste vom Mittelalter bis zur Gegenwart.** Referate der 15. Arbeitstagung der Gesellschaft für Sozial- und Wirtschaftsgeschichte vom 14. bis 17. April 1993 in Bamberg. 1994. 247 S. m. 8 Abb., kt. 6518-0
115. **Ekkehard Westermann**, Hg.: **Vom Bergbau- zum Industrierevier.** Montandistrikte des 17./18. Jahrhunderts auf dem Wege zur industriellen Produktionsweise des 19. Jahrhunderts. III. Ettlinger Tagung zur europäischen Bergbaugeschichte, 19.-25. September 1993. 1995. 492 S., zahlr. Abb., kt., 6469-9
116. **Ian Blanchard**, Ed.: **Labour and Leisure in Historical Perspective, Thirteenth to Twentieth Centuries.** Papers presented at Session B-3a of the Eleventh International Economic History Congress, Milan 12th–17th September 1994. 1994. 198 S., kt. 6595-4
117. **Markus Schreiber: Marranen in Madrid 1600–1670.** 1994. 455 S. m. 2 Ktn., kt. 6559-8
118. **Paul Thomes: Kommunale Wirtschaft und Verwaltung zwischen Mittelalter und Moderne.** Bestandsaufnahme – Strukturen – Konjunkturen. Die Städte Saarbrücken und St. Johann im Rahmen der allgemeinen Entwicklung (1321–1768). 1995. 446 S., Kartenmappe m. 3 Faltktn., 17 Tab., kt.6555-5
119. **Karl Christian Führer: Mieter, Hausbesitzer, Staat und Wohnungsmarkt.** Wohnungsmangel und Wohnungszwangswirtschaft in Deutschland 1914–1960. 1995. 463 S., kt. 6673-X

120a. **Wilfried Feldenkirchen, Frauke Schönert-Röhlk und Günther Schulz**, Hg.: **Wirtschaft – Gesellschaft – Unternehmen.** Festschrift für **Hans Pohl** zum 60. Geburtstag. 1. Teilband: Wirtschaft.

120b. **Wilfried Feldenkirchen, Frauke Schönert-Röhlk und Günther Schulz**, Hg.: **Wirtschaft – Gesellschaft – Unternehmen.** Festschrift für **Hans Pohl** zum 60. Geburtstag. 2. Teilband: Gesellschaft, Unternehmen. 1995. Zus. XIV, X, 1249 S., geb. 6646-2

121. **Albrecht Jockenhövel**, Hg.: **Die Arbeiten der Montani und Silvani – Auswirkungen auf Mensch und Umwelt.** Internationaler Workshop (Dillenburg, 11.–15. Mai 1994. Wirtschaftshistorisches Museum „Villa Grün"). 1996. 298 S., kt. 6644-6
122. **Rolf Straubel: Kaufleute und Manufakturunternehmer.** Eine empirische Untersuchung über die sozialen Träger von Handel und Großgewerbe in den mittleren preußischen Provinzen (1763 bis 1815). 1995. 588 S., kt. 6714-0
123. **Mark Spoerer: Von Scheingewinnen zum Rüstungsboom. Die Eigenkapitalrentabilität der deutschen Industrieaktiengesellschaften 1925–1942.** 1996. 236 S., kt. 6756-6
124. **Achim Knips: Deutsche Arbeitgeberverbände der Eisen- und Metallindustrie, 1888–1914.** 1996. 319 S., kt. 6748-5

125. **Natalie Fryde: Ein mittelalterlicher deutscher Großunternehmer.** Terricus Teutonicus de Colonia in England, 1217–1247. 1996. 246 S., kt. 6817-1

126. **Hildegard Adam: Das Zollwesen im fränkischen Reich und das spätkarolingische Wirtschaftsleben.** 1996. 270 S. m. 1 Kte., kt. 6806-6

127. **Dieter Ziegler: Eisenbahnen und Staat im Zeitalter der Industrialisierung.** 1996. 604 S. m. 21 Abb., kt. 6749-3

128. **Eckart Schremmer,** Hg.: **Wirtschaftliche und soziale Integration in historischer Sicht.** Arbeitstagung der Gesellschaft für Sozial- und Wirtschaftsgeschichte in Marburg 1995. 1996. 364 S., kt. 6924-0

129. **Hans-Liudger Dienel/Barbara Schmucki,** Hrsg.: **Mobilität für alle.** Geschichte des öffentlichen Nahverkehrs in der Stadt zwischen technischem Fortschritt und sozialer Pflicht. 1997. 267 S., kt. 6892-9

130. **Ekkehard Westermann,** Hg.: **Bergbaureviere als Verbrauchszentren.** Fallstudien zu Beschaffung und Verbrauch von Lebensmitteln sowie Roh- und Hilfsstoffen in Montandistrikten des vorindustriellen Europa (13. bis 18. Jahrhundert). 1997. 494 S., kt. 7005-2

131. **Angela Verse-Herrmann:** Die „Arisierungen" in der Land- und Forstwirtschaft 1938–1942. 1997. 202 S., kt. 6895-3

132. **Hans-Jürgen Gerhard,** Hg.: **Struktur und Dimension.** Festschrift für **Karl Heinrich Kaufhold** zum 65. Geburtstag. Band 1: Mittelalter und Frühe Neuzeit. 1997. XXVI, 525 S., geb. 7065-6

133. **Hans-Jürgen Gerhard,** Hg.: **Struktur und Dimension.** Festschrift für **Karl Heinrich Kaufhold** zum 65. Geburtstag. Band 2: Neunzehntes und Zwanzigstes Jahrhundert. 1997. XVIII, 608 S., geb. 7066-4

134. **Cord Ulrichs: Vom Lehnhof zur Reichsritterschaft.** Strukturen des fränkischen Niederadels am Übergang vom späten Mittelalter zur frühen Neuzeit. 1997. 222 S., kt. 7109-1

135. **Dieter Schott,** Hg.: **Energie und Stadt in Europa.** Von der vorindustriellen ‚Holznot' bis zur Ölkrise der 1970er Jahre. 1997. 207 S., kt. 7155-5

136. **Hans Pohl,** Ed.: **Competition and Cooperation of Enterprises on National and International Markets (19th–20th Century).** 1997. 176 S., kt. 7142-3

137. **Sabine Lorenz-Schmidt: Vom Wert und Wandel weiblicher Arbeit.** Geschlechtsspezifische Arbeitsteilung in der Landwirtschaft in Bildern des Spätmittelalters und der Frühen Neuzeit. 1998. 310 S., 31 Taf., kt. 6988-7

138. **Marcel Boldorf: Sozialfürsorge in der SBZ/DDR 1945–1953.** Ursachen, Ausmaß und Bewältigung der Nachkriegsarmut. 1998. 254 S., kt. 7237-3

139. **Markus A. Denzel: Professionen und Professionisten.** Die Dachsbergsche Volksbeschreibung im Kurfürstentum Baiern (1771–1781). 1998. 517 S., kt. 7244-6

140. **Astrid Petersson: Zuckersiedergewerbe und Zuckerhandel in Hamburg im Zeitraum von 1814 bis 1834.** Entwicklung und Struktur zweier wichtiger Hamburger Wirtschaftszweige des vorindustriellen Zeitalters. 1998. 315 S., kt. 7265-9

141. **Andreas Otto Weber: Studien zum Weinbau der altbayerischen Klöster im Mittelalter.** Altbayern – Österreichischer Donauraum – Südtirol. 1999. 479 S. m. 20 Ktn., 7 Taf., kt. 7290-X

142. **Hans Cymorek: Georg von Below und die deutsche Geschichtswissenschaft um 1900.** 1998. 374 S., kt. 7314-0

143. **Oskar Schwarzer: Das ordnungspolitische Experiment der sozialistischen Zentralplanung am Beispiel der SBZ/DDR.** Eine Effizienz-Analyse (1945–1989). 1999. XII, 422 S., kt. 7379-5

144. **Birgit Buschmann: Unternehmenspolitik in der Kriegswirtschaft und in der Inflation.** Die Daimler-Motoren-Gesellschaft 1914–1923. 1998. 453 S., kt. 7318-3

145. **Eckart Schremmer,** Hg.: **Wirtschafts- und Sozialgeschichte. Gegenstand und Methode.** 17. Arbeitstagung der Gesellschaft für Sozial- und Wirtschaftsgeschichte in Jena 1997. 1998. 228 S., kt. 7385-X

146. **Michel Hubert: Deutschland im Wandel.** Geschichte der deutschen Bevölkerung seit 1815. 1998. 368 S., kt. 7392-2

147. **Hans-Jürgen Teuteberg und Cornelius Neutsch,** Hg.: **Vom Flügeltelegraphen zum Internet.** Geschichte der modernen Telekommunikation. 1998. 480 S., kt. 7414-7

148. **Karl Heinrich Kaufhold und Bernd Sösemann,** Hg.: **Wirtschaft, Wissenschaft und Bildung in Preußen.** Zur Wirtschafts- und Sozialgeschichte vom 18. bis zum 20. Jahrhundert. 1998. 233 S., kt. 7424-4

149. **Rolf Sprandel: Von Malvasia bis Kötzschenbroda.** Die Weinsorten auf den spätmittelalterlichen Märkten Deutschlands. 1998. 207 S., kt. 7425-2

150. **Anne Aengenvoort: Migration – Siedlungsbildung – Akkulturation.** Die Auswanderung Nordwestdeutscher nach Ohio, 1830–1914. 1999. 371 S., kt. 7423-6

151. **Reinhold Reith: Lohn und Leistung.** Lohnformen im Gewerbe 1450–1900. 1999. 476 S., kt. 7512-7

152. **Thomas Rhenisch: Europäische Integration und industrielles Interesse.** Die deutsche Industrie und die Gründung der Europäischen Wirtschaftsgemeinschaft. 1999. 276 S., kt. 7537-2

153. **Angela Schwarz: Der Schlüssel zur modernen Welt.** Wissenschaftspopularisierung in Großbritannien und Deutschland im Übergang zur Moderne (ca. 1870–1914). 1999. 423 S., kt. 7520-8

154. **Wolfgang König: Geschichte der Konsumgesellschaft.** 2000. 509 S., geb. 7650-6

155. **Christoph Bartels / Markus A. Denzel,** Hg.: **Konjunkturen im europäischen Bergbau in vorindustrieller Zeit.** Festschrift für Ekkehard Westermann zum 60. Geburtstag. 2000. 272 S., kt. 7684-0

156. **Jürgen Schneider,** Hg.: **Öffentliches und privates Wirtschaften in sich wandelnden Wirtschaftsordnungen.** Referate der 18. Arbeitstagung der Gesellschaft für Sozial- und Wirtschaftsgeschichte vom 7. bis 9. April 1999 in Innsbruck. 2001. II, 266 S., kt. 7868-1

157. **Elisabeth Weinberger: Waldnutzung und Waldgewerbe in Altbayern im 18. und beginnenden 19. Jahrhundert.** 2001. 315 S., kt. 7610-7

158. **Dagmar Bechtloff: Madagaskar und die Missionare.** Technisch-zivilisatorische Transfers in der Früh- und Endphase europäischer Expansionsbestrebungen. 2002. 258 S., geb. 7873-8

159. **Rainer Gömmel u. Markus A. Denzel,** Hg.: **Weltwirtschaft und Wirtschaftsordnung.** Festschrift für Jürgen Schneider zum 65. Geburtstag. 2002. XVI, 410 S., geb. 8043-0

160. **Kristina Winzen: Handwerk – Städte – Reich.** Die städtische Kurie des Immerwährenden Reichstags und die Anfänge der Reichshandwerksordnung. 2002. 206 S., kt. 7936-X

161. **Michael Pammer: Entwicklung und Ungleichheit.** Österreich im 19. Jahrhundert. 2002. 318 S., kt. 8064-3

162. **Bernhard Löffler: Soziale Marktwirtschaft und administrative Praxis.** Das Bundeswirtschaftsministerium unter Ludwig Erhard. 2002. 658 S., geb. 7940-8
163. **Markus A. Denzel / Jean Claude Hocquet / Harald Witthöft**, Hg.: **Kaufmannsbücher und Handelspraktiken vom Spätmittelalter bis zum 20. Jahrhundert / Merchant's Books and Mercantile Pratiche from the Late Middle Ages to the Beginning of the 20th Century.** 2002. 219 S., kt. 8187-9
164. **Manuel Schramm: Konsum und regionale Identität in Sachsen.** Die Regionalisierung von Konsumgütern im Spannungsfeld von Nationalisierung und Globalisierung. 2002. 329 S., kt. 8169-0
165. **Rainer Metz: Trend, Zyklus und Zufall.** Bestimmungsgründe und Verlaufsformen langfristiger Wachstumsschwankungen. 2002. XVIII, 533 S., geb. 8238-7
166. **Jürgen Schneider**, Hg.: **Natürliche und politische Grenzen als soziale und wirtschaftliche Herausforderung.** Referate der 19. Arbeitstagung der Gesellschaft für Sozial- und Wirtschaftsgeschichte vom 18. bis 20. April 2001 in Aachen. 2003. 299 S., kt. 8254-9
167. **Albert Fischer: Luftverkehr zwischen Markt und Macht (1919–1937).** Lufthansa, Verkehrsflug und der Kampf ums Monopol. 2003. 367 S., kt. 8277-8
168. **Bettina Emmerich: Geiz und Gerechtigkeit.** Ökonomisches Denken im frühen Mittelalter. 2004. 334 S., kt. 8041-4
169. **Günther Schulz, Christoph Buchheim, Gerhard Fouquet, Rainer Gömmel, Friedrich-Wilhelm Henning, Karl Heinrich Kaufhold, Hans Pohl**, Hg.: **Sozial- und Wirtschaftsgeschichte.** Arbeitsgebiete – Probleme – Perspektiven. 100 Jahre Vierteljahrschrift für Sozial- und Wirtschaftsgeschichte. 2003. 661 S., geb. 8435-5
170. **Christine Reinle: Bauernfehden.** Studien zur Fehdeführung Nichtadliger im spätmittelalterlichen römisch-deutschen Reich. 2003. 589 S., geb. 7840-1
171. **Bernd Fuhrmann: Konrad von Weinsberg.** Ein adliger Oikos zwischen Territorium und Reich. 2004. 388 S., kt. 8456-8
172. **Thomas Hill: Die Stadt und ihr Markt.** Bremens Umlands- und Außenbeziehungen im Mittelalter (12.–15. Jahrhundert). 2004. 423 S., 29 Abb., geb. 8068-6
173. **Susanne Hilger: „Amerikanisierung" deutscher Unternehmen.** Wettbewerbsstrategien und Unternehmenspolitik bei Henkel, Siemens und Daimler-Benz (1945/49–1975). 2004. 314 S. m. 16 Abb. u. 7 Grafiken, geb. 8283-2
174,I. **Gerd Höschle: Die deutsche Textilindustrie zwischen 1933 und 1939.** Staatsinterventionismus und ökonomische Rationalität. 2004. 369 S., kt. 8531-9
174,II **Michael Ebi: Export um jeden Preis.** Die deutsche Exportförderung von 1932 bis 1938 (Mannheimer Projekt zur Wirtschaftsgeschichte des Dritten Reiches). 2004. 268 S., kt. 8597-1
175. **Rolf Walter**, Hrsg.: **Geschichte des Konsums.** Erträge der 20. Arbeitstagung der Gesellschaft für Sozial- und Wirtschaftsgeschichte 23.–26. April 2003 in Greifswald. 2004. 452 S., kt. 8540-8
176. **Georg Altmann: Aktive Arbeitsmarktpolitik.** Entstehung und Wirkung eines Reformkonzepts in der Bundesrepublik Deutschland. 2004. VI, 289 S., kt. 8606-4
177. **Arnd Reitemeier: Pfarrkirchen in der Stadt des späten Mittelalters: Politik, Wirtschaft und Verwaltung.** 2005. 722 S., geb. 8548-3
178. **Hans Pohl: Wirtschaft, Unternehmen, Kreditwesen, soziale Probleme.** Ausgewählte Aufsätze. 2005. XII, 1–872 u. VIII, 873–1333 S., 2. Bde., geb. 8583-1
179. **Moritz Isenmann: Die Verwaltung der päpstlichen Staatsschuld in der Frühen Neuzeit.** Sekretariat, Computisterie und Depositerie der Monti vom 16. bis zum ausgehenden 18. Jahrhundert. 2005. 182 S., kt. 8523-8
180. **Carsten Jahnke: Netzwerke in Handel und Kommunikation an der Wende vom 15. zum 16. Jahrhundert am Beispiel zweier Revaler Kaufleute.** 2005. Ca. 512 S., kt. 8674-9
181. **Henning Trüper: Die *Vierteljahrschrift für Sozial- und Wirtschaftsgeschichte* und ihr Herausgeber Hermann Aubin im Nationalsozialismus.** 2005. 167 S., kt. 8670-6
182. **C. Bettina Schmidt: Jugendkriminalität und Gesellschaftskrisen.** Umbrüche, Denkmodelle und Lösungsstrategien im Frankreich der Dritten Republik (1900–1914). 2005. 589 S., kt. 8706-0
183. **Josef Matzerath: Adelsprobe an der Moderne.** Sächsischer Adel 1763–1866. Entkonkretisierung und nichtrationale Rededefinition einer traditionalen Sozialformation. 2006. Ca. 600 S., geb. 8596-3
184. **Brigitte Kasten**, Hg.: **Tätigkeitsfelder und Erfahrungshorizonte des ländlichen Menschen in der frühmittelalterlichen Grundherrschaft (bis ca. 1000).** Festschrift für Dieter Hägermann zum 65. Geburtstag. 2006. XX, 408 S., geb. 8788-5
185. **Jennifer Schevardo: Vom Wert des Notwendigen.** Preispolitik und Lebensstandard in der DDR der fünfziger Jahre. 2006. 320 S., kt. 8860-1
186. **Irmgard Zündorf: Der Preis der Marktwirtschaft.** Staatliche Preispolitik und Lebensstandard in Westdeutschland 1948 bis 1963. 2006. 333 S. m. 11 Grafiken, kt. 8861-X
187. **Torsten Fischer: "Y-a-t-il une fatalité d'hérédité dans la pauvreté?"** Dans l'Europe moderne: les cas d'Aberdeen et de Lyon. 2006. 236 S., kt. 8885-7
188. **Rolf Walter**, Hrsg.: **Innovationsgeschichte.** Erträge der 21. Arbeitstagung der Gesellschaft für Sozial- und Wirtschaftsgeschichte, 30. März bis 2. April 2005 in Regensburg. 2007. 362 S. m. 40 Abb. + 3 Ktn., kt. 8928-9
189. **Sebastian Schmidt / Jens Aspelmeier**, Hrsg.: **Norm und Praxis der Armenfürsorge in Spätmittelalter und früher Neuzeit.** 2006. 233 S. m. 14 Grafiken und 1 Kte., kt. 8874-1